国家科学技术学术著作出版基金资助出版

黄羽肉鸡的营养

蒋守群　蒋宗勇　主编

中国农业出版社
北　京

编写人员

主　　编：蒋守群　蒋宗勇

副 主 编：苟钟勇　阮　栋　王一冰

编　　者（按姓氏笔画排序）：

王一冰　叶金玲　阮　栋　李　龙

张　赛　苟钟勇　范秋丽　林厦菁

崔小燕　蒋守群　蒋宗勇　程忠刚

序 言
PREFACE

在我国全面建成小康社会、经济持续向好发展的形势下，消费者对肉类品质提出了更高的要求。我国肉鸡产业主要包括白羽肉鸡和黄羽肉鸡生产，其中黄羽肉鸡以肉质鲜美、风味独特著称，深受广大消费者喜爱。近年来，黄羽肉鸡产业稳步发展，每年出栏量约45亿只，产肉量近700万吨，使我国成为优质鸡肉在鸡肉总产品中占比最高的国家，较好地满足了消费者的需求。

我国黄羽肉鸡地方品种资源丰富，已录入《中国畜禽遗传资源志·家禽志》的地方品种有107个。充分利用优异的地方品种资源，采用先进的遗传育种技术，我国已培育出适应市场需求的黄羽肉鸡新品种（配套系）共计62个，每个品种（配套系）各有特色和优势，为保障我国优质肉食品稳定供应发挥了重要作用。

优良的品种需良法配套支撑。黄羽肉鸡品种的遗传背景、生产性能等与白羽肉鸡明显不同，其优良遗传基因和肉质风味优势的发挥与独特的营养精准供给和科学饲粮配制密不可分。本书作者及其团队长期致力于黄羽肉鸡营养与饲料研究，通过大量数据聚类分析，建立了黄羽肉鸡商品鸡和种鸡营养需要模型，提出适用于不同品种类型、性别、饲养阶段的黄羽肉鸡营养需要量参数，将黄羽肉鸡营养需要量从《鸡饲养标准》中独立出来，制定了专用的饲养标准《黄羽肉鸡营养需要量》。

本书是作者及其团队在多年深耕黄羽肉鸡营养与饲料研究和标准制定的基础上撰著而成的，全书系统收集整理了黄羽肉鸡营养与饲料研究领域相关研究进展，突出强化了饲料营养价值评定与饲料资源高效利用、肉品质风味评定与营养调控等方面研发与应用技术进展，是国内最新的也是唯一的一部系统介绍黄羽肉鸡营养学理论知识与技术体系的书籍，可供从事与黄羽肉鸡养殖业相关的科研人员、教师、学生和生产技术人员使用。

文杰

2022 年 5 月

前 言
FOREWORD

近几年来，我国黄羽肉鸡产业一直保持良好的发展态势，这得益于黄羽肉鸡新品种（品系）培育技术的进步和营养需要等的研究成果。但随着遗传育种、动物营养、生理生化、生物技术等科研工作的不断深入，黄羽肉鸡生产性能和肉品质量不断改善，迫切需要及时提出精准营养需要量和配套的饲料配制技术。广东省农业科学院动物科学研究所动物营养与饲料研究团队长期致力于黄羽肉鸡营养与饲料的研究，通过饲粮营养途径来提高黄羽肉鸡的生产水平及其品质，为黄羽肉鸡健康、高效、精准、标准化养殖提供技术支撑。相关研究工作得到了国家科技攻关计划、科技支撑计划和重点研发计划、国家现代农业产业技术体系、农业农村部行业科技计划、国家自然科学基金项目、农业行业标准制定项目、广东省科技计划项目、广东省自然科学基金项目以及广州市科技计划重点项目等资金资助。经过二十多年的艰苦努力，我们团队对黄羽肉鸡营养需要量和营养调控技术、饲料营养价值评定与安全高效利用技术等进行了较全面系统的研究，取得了丰硕的科研成果。其中，黄羽肉鸡营养需要与肉质改良营养技术研究成果获得了2014年广东省科技奖一等奖，黄羽肉鸡营养需要量标准已作为农业行业标准首次由农业农村部于2020年颁布，由中国农业出版社出版发行。我们团队也先后获得了2006年全国五一劳动奖和2013年中华农业科技奖创新团队奖。团队的发展和进步得到了上级有关部门的大力支持以及各级领导、专家、同行的支持、关心和鼓励，在此向他们致以衷心的感谢！

为了及时总结和扩大交流，我们收集整理了在黄羽肉鸡营养与饲料研究领域相关研究进展，汇编成册，供同行交流和参考。本书内容包括：黄羽肉鸡品种及其生产性能、黄羽肉鸡的消化生理特点、黄羽肉鸡的水营养、黄羽肉鸡的能量营养、黄羽肉鸡的蛋白质和氨基酸营养、黄羽肉鸡的脂肪营养、黄羽肉鸡的维生素营养、黄羽肉鸡的矿物元素营养、黄羽肉鸡肉品质评定与营养调控、黄羽肉鸡的饲料营养价值评定、黄羽肉鸡非常规饲料资源安全高效利用技术，共11个部分。

由于水平有限，书中难免有错漏之处，许多研究还需进一步完善，敬请各位读者不吝赐教。

编　者

2020年3月

目　录
CONTENTS

第一章　黄羽肉鸡品种及其生产性能

第一节　黄羽肉鸡及其特点

一、黄羽肉鸡概念

黄羽肉鸡（Yellow Chicken）指《中国畜禽遗传资源志·家禽志》及各省、自治区、直辖市《畜禽品种志》所列的地方品种鸡，同时还含有这些地方品种鸡血缘的培育品系、配套系鸡种，包括黄羽、麻羽、黄麻羽、红羽、褐羽、黑羽、丝羽、白羽等羽色，按生长速度分为快速型、中速型和慢速型三种。黄羽肉鸡，又称为“三黄鸡”、“优质鸡”，近年甚至有人称为“国鸡”。“优质鸡”是黄羽肉鸡最开始的别称，“优质鸡”一词，是20世纪60年代计划经济时代在广东地区收购地方鸡销往港澳地区的过程中产生的，是对肉鸡按等级分类制定标准时的提法，是相对于国外快大白羽肉鸡来说的，但一直没有明确的定义。著名家禽育种学家、四川农业大学教授邱祥聘（1989）指出，从消费者的角度出发，“优质鸡”的内涵应包括风味、外观、保存性、纯洁度、嫩度、营养品质和价格等项目，其中风味主要体现在肉的气味和滋味两方面；外观主要体现在羽色、肤色、屠体组成；保存性主要体现在加工、储藏、运输等过程中抵抗外界因素干扰的能力；纯洁度是指肌肉中不能有任何有毒有害物质、微生物及其他外物（包括吸收水分等）。赵河山（2001）从品种的角度出发，认为“优质鸡”除了肉质优良外，还须有较好的符合某地区和民族喜好的体型外貌（如特定的羽色、肤色等，活鸡市场尤其如此）及较高的生产性能。由于黄羽肉鸡饲养到一定日龄而肉质特别鲜美、风味独特，并且早期的黄羽肉鸡品种具有三黄特征，即“黄羽”、“黄脚”、“黄喙”的外貌特征，因此俗称“三黄鸡”。随着“优质鸡”养殖业在全国范围内的蓬勃发展，现在通常将我国地方品种及含有中国地方鸡种血缘、外观能满足消费者需求的有色羽鸡统称为黄羽肉鸡。

二、黄羽肉鸡的形成历史和产业发展

（一）黄羽肉鸡的起源

我国黄羽肉鸡的祖先来源于原鸡属的祖先红色原鸡，红色原鸡的两个亚种——滇南亚种和海南亚种，主要分布于我国的云南、广西、广东和海南等地。

（二）黄羽肉鸡的形成和发展

黄羽肉鸡在中国的饲养历史至少有几千年，由于我国各地自然生态条件差异以及社会、经济、文化发展程度的不同，人们对鸡的选择和利用目的也不尽相同，历史上就形成了体形、外貌、用途各异的黄羽肉鸡遗传资源。

1. 黄羽肉鸡品种的形成　黄羽肉鸡的品种形成具有其历史原因。比如古代有崇尚斗鸡活动的习俗，由此形成了斗鸡品种。浙江丘陵山区以前经济和社会发展落后，当地不适

合饲养体型大、耗料多的鸡品种，饲料的不足就迫使当地群众喜欢养行动灵活、善于觅食、节省饲料、主要靠放牧的小型鸡种，加上当地有很多孵化坊，盛行孵化鸡苗到外地出售，且当地人养鸡的目的不是为了产肉，而是为了多产蛋，因而当地群众喜欢选择无就巢性、产蛋多的鸡留种，长期的人为选育逐渐形成了体型小、无就巢性、产蛋性能良好的仙居鸡。在华南地区人们喜食白切鸡，因此长期选择体型小、骨细软、肉多、肉滑（肌内脂肪多）的鸡，这些形成了小型肉用品种——惠阳胡须鸡、清远麻鸡、杏花鸡等的饲养。而西藏高原地区海拔高、气候寒冷，当地群众养鸡方式粗放，任由鸡在野外觅食，晚上鸡栖息在住宅旁的树枝上或牲畜房屋圈梁架上，所饲养的鸡保留了红色原鸡的生活习性，形成了藏鸡品种。不同品种肉鸡在羽色上有黄羽、麻羽、黑羽、白羽、芦羽、瓦灰羽等差异，在羽型上有丝羽、片羽之别，在其他外观上有绿耳、缨头、胡须、五爪、毛脚、秃尾等不同，在经济用途上分为肉用型、蛋用型、肉蛋兼用型和玩赏型。因此，黄羽肉鸡具有外貌特色鲜明、遗传资源丰富、肉质特别鲜美的特点。

2. 黄羽肉鸡产业的发展 改革开放以来，我国黄羽肉鸡产业得到快速发展。回顾黄羽肉鸡产业的发展，可将其划分为以下 3 个阶段。

（1）萌芽阶段（1980 年以前）。此阶段以饲养地方鸡种和农家庭院散养鸡为主要特点，国营鸡场饲养的鸡数量不多，出栏千只以上规模的鸡场极少，没有形成规模。黄羽肉鸡产业萌芽可追溯到 20 世纪 60 年代初期。当时广东将胡须鸡、石岐鸡等优良地方鸡种传到我国香港，深受市场欢迎，但由于这些鸡种生长速度慢、繁殖性能低，因此香港鸡农在石岐鸡种的基础上引入了新汉夏、狄高、红波罗等外来鸡种进行杂交改良，并选育出石岐杂鸡，使其生长性能和繁殖性能得到大幅度提高。

（2）起步阶段（1981—1995 年）。20 世纪 80 年代初期开始，石岐杂鸡被大量引入我国华南地区进行饲养和杂交利用，国内黄羽肉鸡配套系研究就此展开。20 世纪 80 年代到 90 年代，我国黄羽肉鸡产业发展迅猛，生产规模不断扩大，养殖遍布全国各地，品种、类型多样化，已经成为我国农村经济的新增长点和现代肉鸡产业化生产的主体。这一时期黄羽肉鸡生产规模较小，农户养鸡规模发展到每户圈养几百只，多的上千只，仅大型企业才有较大规模的养殖场。为缓解肉类短缺及满足粤、港、澳市场的需求，以广东为代表的地区涌现出专门致力于品种改良和育种研究的机构和企业，改良和培育出多种黄羽肉鸡新品种，饲养技术日趋成熟，黄羽肉鸡产业在广东省率先得到快速发展。1995 年广东省黄羽肉鸡饲养量已超过 4 亿只。

（3）发展阶段（1996 年以后）。此阶段以饲养配套系和规模化、产业化生产为特点，以岭南黄鸡、新兴黄鸡、京星黄鸡等为代表的配套系在全国大多数地区均有饲养和消费。全国提供父母代种鸡的企业主要集中在广东、广西，其次是华东地区。黄羽肉鸡生产实现规模化和经营模式多样化，并向专业化、产业化、现代化方向发展。

三、黄羽肉鸡产业规模

从 1980 年至今，黄羽肉鸡养殖经历了农户散养、农户圈养、规模化养殖、大型养殖企业生产、农业龙头企业生产、产业链分工生产、龙头企业一体化经营等发展阶段，逐步完成了由分散零星粗放饲养向现代规模化、集约化、专业化生产，由小农经济向社会大市场经济的转变，黄羽肉鸡养殖的总量和养殖规模越来越大。据中国畜牧业协会禽业分会推算：2017 年黄羽肉鸡祖代种鸡存栏约 120.98 万套，父母代种鸡约 3 491.48 万套，按每套父母代种鸡一年产 102 只商品代雏鸡、出栏存活率 94%计算，2018 年全国商品代黄羽肉鸡的理论出栏量约为 37 亿只，可充分满足黄羽肉鸡市场需求。广东省始终处于我国黄羽肉鸡产业发展的领先地位，连续多年出栏量达 7 亿只，2012—2017 年略有下降，约 6 亿只。据中国畜牧业协会禽业分会 2015 年不完全统计，全国在产父母代种鸡平均存栏量为 1 万套以上的黄羽肉鸡企业约有 105 家。其中，规模 20 万套以下的有 70 家，占这 105 家的比重为 66.7%；规模在 20 万～50 万套的有 22 家，占比 20.95%；规模在 50 万～100 万套的企业有 12 家，占比 11.43%；规模在 100 万套以上的只有温氏 1 家，占比不到 1%。在这 105 家企业中，兼而从事祖代种鸡生产的企业有 49 家，其中，在产祖代黄羽肉种鸡存栏量在 10 万套以上的企业有 3 家，5 万～10 万套的有 10 家，2 万～5 万套的有 14 家，2 万套以下的有 22 家。

黄羽肉鸡养殖规模受市场影响而波动较大。2013 年上海、安徽等地的人感染 H7N9 禽流感事件令我国黄羽肉鸡行业遭受惨重打击，三成左右的企业退出或者倒闭，黄羽肉鸡饲养量骤减，养殖规模缩小。由于 2018 年以来我国受非洲猪瘟疫情暴发的影响，猪肉产量大幅下降，2019 年我国肉鸡，包括黄羽肉鸡行业替代性消费增长，黄羽肉鸡出栏量有较大增长。据中国畜牧业协会公布的数据，2019 年我国商品代白羽肉鸡、黄羽肉鸡、水禽出栏量分别为 44 亿只、49 亿只、42 亿只，同比分别增加约 5 亿只、10 亿只、13 亿只，增幅分别达到 12.8%、25.6%、44.8%。蛋鸡和 817 肉杂鸡的数据因各方统计数据略有不同，淘汰蛋鸡约 11 亿只。817 肉杂鸡的出栏量为 15 亿～20 亿只，取平均值 18 亿只左右，同比增加 6 亿只以上，增幅在 50%以上。各类肉鸡出栏量和价格双双创历史新高。

四、黄羽肉鸡品种分类和特点

据我们对全国 104 个地方品种和 44 个配套系的统计：快速型黄羽肉鸡，一般 49～70 日龄出栏，体重达到 1.5～2.6kg，料重比为（1.7～2.6）∶1；中速型黄羽肉鸡，一般 71～90 日龄出栏，体重达到 1.3～2.5kg，料重比为（2.4～3.3）∶1；慢速型黄羽肉鸡，91 日龄以上出栏，体重达到 1.1～2.1kg 以上，料重比为（2.5～4.2）∶1。

相对于白羽肉鸡，黄羽肉鸡在外观、风味、鲜味、嫩度和营养品质方面具有独有的优势。黄羽肉鸡一般以活鸡或带皮全胴体销售，很少以分割形式销售，因此黄羽肉鸡外观非常重要，包括体型、羽毛颜色、皮肤细嫩度、肥度和清洁度等。黄羽肉鸡的皮肤颜色在活体和屠体外观评定中占有重要地位，是一般消费者判断肉质的关键指标之一。鸡皮肤显黄色主要由含有氧化功能基团（如羟基、羰基等）的类胡萝卜素——含氧类胡萝卜素（又称叶黄素）的沉积而成。从营养成分看，黄羽肉鸡肌肉含水量一般低于白羽肉鸡，而其蛋白质、胶原蛋白、热残留胶原蛋白含量则高于白羽肉鸡。相对于白羽肉鸡，黄羽肉鸡具有风味物质肌苷酸含量高、鸡肉红度值高、鸡肉多汁性高、货架期短等特点（李龙等，2015），也具有嫩度高、肌内脂肪含量高的特点（王修启，2006；瞿浩等，2009）。黄羽肉鸡因具有胴体外观好、肉质鲜嫩多汁、风味好且独特等特点而深受我国消费者喜爱。

五、黄羽肉鸡养殖现状和问题

在20世纪80年代以前，我国黄羽肉鸡养殖基本上是家庭散养，只是小农经济的一种家庭副业。为改变落后的传统养殖模式，我国从80年代开始给鸡饲喂配合饲料，改善饲养方式，加强饲养管理和疾病防控，提高了黄羽肉鸡的生产水平。

（一）饲养方式

黄羽肉鸡饲养方式从散养向圈养、平养、网养和笼养等多种方式发展。目前，黄羽肉鸡饲养主要采用“地面平养加垫料”模式，而果园养鸡、林地养鸡、草场养鸡、山地养鸡的放养方式以养殖慢速型黄羽肉鸡为主，这是近几年颇为流行的饲养方式。种鸡在20世纪80年代以离地栏养和地面平养方式为主，90年代以来以笼养方式为主。

（二）饲养管理

随着育种技术的发展，黄羽肉鸡新品种（配套系）不断涌现。根据黄羽肉鸡品种特性、饲养期等不同，将饲养过程划分为若干饲养阶段，并相应配制不同的全价配合饲料，配套不同的饲养管理规程。饲养过程通常分为小鸡、中鸡和大鸡三个阶段，慢速型黄鸡还有肥育鸡阶段。而种鸡涉及限制饲养、人工授精、光照制度、温度和通风控制等，随着相关技术的发展与应用，种鸡育成率大幅度提高，产蛋性能快速提升。

（三）饲料

近年来，全国肉禽饲料总产量逐年增长。据中国饲料工业协会统计，2019年全国肉禽饲料产量达到8 909.6万t，占全国饲料总产量的30.4%，饲料产品质量稳步提高，质量安全状况明显改善。

（四）疾病防控

随着养鸡业的迅速发展及规模化养殖带来的养殖环境的恶化，鸡病越来越复杂，养殖风险也随之加大，例如禽流感的暴发给养鸡业带来了极大冲击。随着分子生物学等新技术的应用，鸡疫病病原监测和诊断技术得到了大幅度提高，各种基因工程疫苗和新型特效药物的研发与应用大大提高了免疫和治疗的效果。各地区已逐步建立和完善了疫病防控体系，及时有效地开展家禽疫病防控工作。

（五）营养需要标准

20世纪80年代初，广东省农业科学院畜牧研究所和华南农学院等单位合作，制订了《广东省肉鸡饲养标准试行方案》，其中地方品种的饲养标准被列为全国鸡饲养标准中地方品种鸡的饲养标准。此后制定了黄羽肉鸡系列营养标准。在总结相关研究结果、大量调研黄羽肉鸡养殖和饲料生产企业数据的基础上，制定了“黄羽肉鸡营养需要”，并于2004年在《鸡饲养标准》（NY/T 33—2004）中发布，该标准的发布对黄羽肉鸡的生产发挥了重要的指导作用。然而，随着家禽育种工作的快速发展，黄羽肉鸡的品种（配套系）特点、生长性能等发生了很大变化，导致其营养需求也发生了改变。《鸡饲养标准》（NY/T 33—2004）已经不能适应黄羽肉鸡当前生产实际的需要。基于此，广东省农业科学院动物科学研究所（原广东省农业科学院畜牧研究所）蒋宗勇研究员、蒋守群研究员带领黄羽肉鸡营养与饲料研究团队根据品种类型、生长速度等不同，开展了不同品种类型、不同饲养阶段、不同饲养方式、不同生产性能的黄羽肉鸡营养需要量和饲料原料营养价值评定的研究工作，总结了快速型、中速型和慢速型黄羽肉鸡营养需要研究的阶段性成果与数据，形成了主要针对当前我国黄羽肉鸡营养与生产需求的《黄羽肉鸡营养需要量》（2018 年报批稿），经过专家反复审阅、修改，最终于 2020 年 7 月由农业农村部以农业行业标准《黄羽肉鸡营养需要量》（NY/T 3645—2020）发布。

第二节　黄羽肉鸡主产区和品种分布

一、黄羽肉鸡主产区

黄羽肉鸡的生产与消费市场由原来的港、澳和两广地区为主，逐步向全国各地推广，目前以广东、广西、海南、香港、澳门、台湾、湖南、江西、福建、云南、贵州等为主。四川、重庆、湖北、安徽、江苏、浙江、上海等地的消费市场正逐渐扩大。我国北方地区由于消费习惯等因素，黄羽肉鸡消费量相对较少，但是部分黄羽肉鸡养殖龙头企业开始拓展北方市场，开发适应北方养殖环境和消费习惯的品种，北方消费市场方兴未艾。黄羽肉鸡一般以活鸡或整只光鸡销售为主，所以消费需求会拉动当地生产发展。黄羽肉鸡产地区域性特征明显，由南向北发展，逐步延伸。黄羽肉鸡产业延伸的途径一般有三条：第一，南方的黄羽肉鸡企业向北发展，建立分公司；第二，南方黄羽肉鸡企业将父母代或商品代雏鸡销售给没有开展育种的北部区域企业；第三，重点培育北部当地黄羽肉鸡企业。尽管各地黄羽肉鸡养殖产业不断发展，但仍然以南方地区为主产区，尤其集中在两广地区。各地在养殖品种和产业模式上各有特点。华南地区年出栏黄羽肉鸡 15 亿只左右，以慢速型黄羽肉鸡为主，占消费市场的 40%左右，快速型和中速型黄羽肉鸡各占消费市场的 30%左右。华东地区是我国第二大黄羽肉鸡消费市场，上海、浙江市场以中速型黄羽肉鸡为主，江苏、安徽市场则以快速型、中速型黄羽肉鸡为主。华中地区过去主要以快速型黄羽肉鸡为主，慢速型黄羽肉鸡后来居上，现在占据了一定的市场份额。湖北以快速型黄羽肉鸡份额较大，湖南以慢速型黄羽肉鸡需求较大。西南地区品种类型相对简单，四川、重庆主要是以中速型青脚麻鸡和青脚乌皮麻鸡为主。华北、东北、西北地区仍以白羽肉鸡养殖为主，黄羽肉鸡养殖比例较小。

广东是现代黄羽肉鸡养殖业的发源地，其黄羽肉鸡饲养量居全国第一。2019 年广东省家禽出栏总量约为 12.12 亿只，其中黄羽肉鸡出栏量超过 8 亿只。2018 年，广东祖代种鸡存栏约 75 万套，父母代种鸡存栏约 1 050 万套，商品代鸡苗产量约 12 亿只，其中 4 亿只销往外省。广东的黄羽肉鸡生产集中在珠三角和粤西地区，其中广州、佛山、云浮、茂名和江门各市的年出栏量均超过 1 亿只，惠州、肇庆和湛江市的年出栏量均超过 5 000 万只。

广西是仅次于广东的黄羽肉鸡主产区。近年来，广西黄羽肉鸡每年出栏量为 7 亿～8 亿只。2018 年，广西祖代黄羽肉鸡存栏 61 万套，父母代黄羽肉鸡存栏 1 250 万套左右，商品代出栏黄羽肉鸡 7.5 亿只左右。其中以玉林、南宁、钦州、北海和桂林等地出栏量最多，各市的年出栏量都达到了 5 000 万只以上。

二、黄羽肉鸡的品种分布

目前，我国黄羽肉鸡品种分布情况见表 1-1。

表 1-1 我国黄羽肉鸡品种分布情况

产区	所属省份	品　种
东北地区	黑龙江	林甸鸡
	辽宁	大骨鸡
华北地区	内蒙古	边鸡
	北京	北京油鸡
	河北	坝上长尾鸡
	山西	边鸡
华中地区	湖北	江汉鸡、郧阳大鸡、景阳大鸡、双莲鸡、郧阳白羽乌鸡、洪山鸡
	湖南	黄郎鸡、桃源鸡、雪峰乌骨鸡、东安鸡
	河南	河南斗鸡、卢氏鸡、固始鸡、正阳三黄鸡、淅川乌骨鸡
	江西	东乡绿壳鸡、余干乌骨鸡、白耳黄鸡、丝羽乌骨鸡、康乐鸡、安义乌骨鸡、宁都乌骨鸡、宁都黄鸡、崇仁麻鸡
华东地区	上海	浦东鸡
	山东	寿光鸡、汶上芦花鸡、鲁西斗鸡、琅琊鸡、济宁百日鸡、烟台糁糠鸡
	江苏	鹿苑鸡、狼山鸡、溧阳鸡、如皋黄鸡、太湖鸡、花山麻鸡
	安徽	淮北麻鸡、宣州鸡、皖北斗鸡、淮南麻黄鸡、黄山黑鸡、五华鸡、皖南三黄鸡、淮南三黄鸡
	浙江	萧山鸡、仙居鸡、江山乌骨鸡、灵昆鸡
	福建	金湖乌凤鸡、德化黑鸡、闽清毛脚鸡、河田鸡、象洞鸡、漳州斗鸡
西北地区	宁夏	静原鸡、吐鲁番斗鸡、拜城油鸡、和田黑鸡
	新疆	吐鲁番斗鸡、拜城油鸡、和田黑鸡
	青海	海东鸡
	陕西	略阳鸡、太北鸡、陕北鸡
	甘肃	静原鸡
西南地区	四川	泸宁鸡、梁山崖鹰鸡、米易鸡、石棉草科鸡、彭县黄鸡、峨眉黑鸡、金阳丝毛鸡、旧院黑鸡、四川山地乌骨鸡
	云南	西双版纳斗鸡、尼西鸡、腾冲雪鸡、云顶矮脚鸡、茶花鸡、独龙鸡、大围山微型鸡、兰坪绒毛鸡、瓢鸡、他留乌骨鸡、无量山乌骨鸡、武定鸡、盐津乌骨鸡
	贵州	乌蒙乌骨鸡、高脚鸡、威宁鸡、竹乡鸡、黔东南小香鸡、瑶鸡、长顺绿壳蛋鸡、矮脚鸡
	西藏	藏鸡
	重庆	大宁河鸡、城口山地鸡
华南地区	广东	杏花鸡、中山沙栏鸡、阳山鸡、惠阳胡须鸡、清远麻鸡、信宜怀乡鸡、五华三黄鸡、麒麟鸡、贵妃鸡
	广西	霞烟鸡、广西三黄鸡、龙胜凤鸡、广西乌鸡、广西麻鸡、野鸡、瑶鸡
	海南	文昌鸡、儋州鸡

黄羽肉鸡生产以购买配套系和一些商用价值高的地方鸡品种鸡苗为主进行饲养。市场上常见的配套系（品种）通过国家品种审定委员会审定的有 44 个配套系（品种），1 个培育品种。45 个黄羽肉鸡配套系及培育品种信息如表 1－2 所示。

表 1－2　45 个黄羽肉鸡配套系及培育品种信息

所属地区	编号	名称	类型	培育或申报单位
华南地区	农 09 新品种证字第 1 号	康达尔黄鸡 128	配套系	深圳康达尔有限公司家禽育种中心
华南地区	农 09 新品种证字第 3 号	江村黄鸡 JH－2 号	配套系	广州市江丰实业有限公司
华南地区	农 09 新品种证字第 4 号	江村黄鸡 JH－3 号	配套系	广州市江丰实业有限公司
华南地区	农 09 新品种证字第 5 号	新兴黄鸡Ⅱ号	配套系	广东温氏食品集团有限公司
华南地区	农 09 新品种证字第 6 号	新兴矮脚黄鸡	配套系	广东温氏食品集团有限公司
华南地区	农 09 新品种证字第 7 号	岭南黄鸡Ⅰ号	配套系	广东省农业科学院畜牧研究所
华南地区	农 09 新品种证字第 8 号	岭南黄鸡Ⅱ号	配套系	广东省农业科学院畜牧研究所
华东地区	农 09 新品种证字第 9 号	京新黄鸡 100	配套系	中国农业科学院北京畜牧兽医研究所
华东地区	农 09 新品种证字第 10 号	京新黄鸡 102	配套系	中国农业科学院北京畜牧兽医研究所
华东地区	农 09 新品种证字第 12 号	邵伯鸡	配套系	江苏省家禽科学研究所 江苏省扬州市畜牧兽医站 江苏畜牧兽医职业技术学院
华东地区	农 09 新品种证字第 13 号	鲁禽 1 号麻鸡	配套系	山东省家禽科学研究所、山东省畜牧兽医总站、淄博明发种禽有限公司
华东地区	农 09 新品种证字第 14 号	鲁禽 3 号麻鸡	配套系	山东省家禽科学研究所、山东省畜牧兽医总站、淄博明发种禽有限公司
华南地区	农 09 新品种证字第 16 号	新兴竹丝鸡 3 号	配套系	广东温氏南方家禽育种有限公司
华南地区	农 09 新品种证字第 17 号	新兴麻鸡 4 号	配套系	广东温氏南方家禽育种有限公司
华南地区	农 09 新品种证字第 18 号	粤禽皇 2 号	配套系	广东粤禽育种有限公司
华南地区	农 09 新品种证字第 19 号	粤禽皇 3 号	配套系	广东粤禽育种有限公司
华东地区	农 09 新品种证字第 20 号	京海黄鸡	培育品种	江苏京海禽业集团有限公司、扬州大学、江苏省畜牧总站
华南地区	农 09 新品种证字第 23 号	良凤花鸡	配套系	广西南宁市良凤农牧有限责任公司
华南地区	农 09 新品种证字第 24 号	墟岗黄鸡 1 号	配套系	广东省鹤山市墟岗黄畜牧有限公司
华中地区	农 09 新品种证字第 25 号	皖南黄鸡	配套系	安徽华大生态农业科技有限公司
华中地区	农 09 新品种证字第 26 号	皖南青脚鸡	配套系	安徽华大生态农业科技有限公司
华中地区	农 09 新品种证字第 27 号	皖江黄鸡	配套系	安徽华卫集团禽业有限公司
华中地区	农 09 新品种证字第 28 号	皖江麻鸡	配套系	安徽华卫集团禽业有限公司
华东地区	农 09 新品种证字第 29 号	雪山鸡	配套系	江苏省常州市立华畜禽有限公司
华东地区	农 09 新品种证字第 30 号	苏禽黄鸡 2 号	配套系	江苏省家禽科学研究所
华南地区	农 09 新品种证字第 31 号	金陵黄鸡	配套系	广西金陵养殖有限公司

（续）

所属地区	编号	名称	类型	培育或申报单位
华南地区	农09新品种证字第32号	金陵麻鸡	配套系	广西金陵养殖有限公司
华南地区	农09新品种证字第33号	岭南黄鸡3号	配套系	广东智威农业科技股份有限公司
华南地区	农09新品种证字第34号	金钱麻鸡1号	配套系	广东宏基种禽有限公司
华南地区	农09新品种证字第35号	南海黄麻鸡1号	配套系	佛山市南海种禽有限公司
华南地区	农09新品种证字第36号	弘香鸡	配套系	佛山市南海种禽有限公司
华南地区	农09新品种证字第37号	新广青脚（铁脚）麻鸡	配套系	佛山市高明区新广农牧有限公司
华南地区	农09新品种证字第38号	新广黄鸡K996	配套系	佛山市高明区新广农牧有限公司
西南地区	农09新品种证字第39号	大恒699肉鸡	配套系	四川大恒家禽育种有限公司
华南地区	农09新品种证字第42号	凤翔青脚麻鸡	配套系	广西凤翔集团畜禽食品有限公司
华南地区	农09新品种证字第43号	凤翔乌鸡	配套系	广西凤翔集团畜禽食品有限公司
华中地区	农09新品种证字第46号	五星黄鸡	配套系	安徽五星食品股份有限公司、安徽农业大学、中国农业科学院北京畜牧兽医研究所、安徽省宣城市畜牧局
华南地区	农09新品种证字第47号	金种麻黄鸡	配套系	惠州市金种家禽发展有限公司
华东地区	农09新品种证字第49号	振宁黄鸡	配套系	宁波市振宁牧业有限公司、宁海县畜牧兽医技术服务中心
华南地区	农09新品种证字第50号	潭牛鸡	配套系	海南（潭牛）文昌鸡股份有限公司
华中地区	农09新品种证字第51号	三高青脚黄鸡3号	配套系	河南三高农牧股份有限公司
华南地区	农09新品种证字第55号	天露黄鸡	配套系	广东温氏食品集团股份有限公司、华南农业大学
华南地区	农09新品种证字第56号	天露黑鸡	配套系	广东温氏食品集团股份有限公司、华南农业大学
华东地区	农09新品种证字第57号	光大梅黄1号肉鸡	配套系	浙江光大种禽业有限公司、杭州市农业科学研究院
华南地区	农09新品种证字第59号	桂凤二号黄鸡	配套系	广西春茂农牧集团有限公司、广西壮族自治区畜牧研究所

第三节　黄羽肉鸡主要品种生产性能

黄羽肉鸡按其商品代生长速度可划分为快速型、中速型和慢速型。由于黄羽肉鸡保留了许多地方品种特色，其体型、外貌、生产性能各异。当地居民将某些品种特征与肉质相联系形成了不同的消费习惯，也形成了黄羽肉鸡相对复杂的区域市场需求。为了便于区分，通常按照毛色（麻羽、黄羽、黑羽、花羽）、肤色（黄色、白色、黑色）、胫色（黄色、青色、白色、黑色）、胫长（长脚、矮脚）、生长速度（快速、中速、慢速）、上市日龄（60 日龄前、60～90 日龄和 90 日龄后）及市场区域（华南、华中、华东、华北、西南）等方面的特征将其分类，其中以上市日龄和生长速度相结合的方式即 60 日龄左右出栏的快速型、60～90 日龄出栏的中速型和 90 日龄以后出栏的慢速型黄羽肉鸡进行划分的方法因简单、实用而得到了普遍认可。李龙等（2018）根据国家审定的在市场上占有率较高的 107 个地方品种和审定的 44 个配套系生产性能数据进行计算，得出了三种类型黄羽肉鸡的生产性能统计数据，见表 1－3。

表 1－3　三种类型黄羽肉鸡的生产性能统计数据

品种	出栏日龄/d	平均日龄/d	体重/kg	平均体重/kg	料重比	平均料重比
快速型公鸡	49～70	59	1.5～2.6	1.9	1.7～2.6	2.2
快速型母鸡	49～70	61	1.5～2.1	1.7	2.0～2.7	2.4
中速型公鸡	71～90	82	1.3～2.5	1.7	2.4～3.0	2.5
中速型母鸡	71～90	85	1.3～2.1	1.5	2.4～3.3	2.8
慢速型公鸡	91～180	116	1.2～2.1	1.6	2.5～3.8	3.1
慢速型母鸡	91～180	125	1.1～1.7	1.4	3.0～4.2	3.4

这三类商品鸡各有相应的消费市场和消费群体，据此提出的快速型、中速型和慢速型商品鸡营养需要标准，为黄羽肉鸡饲粮配制提供了重要的科学依据。

一、快速型黄羽肉鸡主要品种和生产性能

快速型黄羽肉鸡以长江中下游的安徽、江苏、浙江和上海等地为主要市场。生长速度较快的黄羽肉鸡通过选育和配套杂交，具有白羽肉鸡（主要为隐性白羽鸡）血缘成分较高，脚粗壮，生长速度很快等特点。有的母鸡 60 日龄即上市，上市体重达 1.3～2.0kg。饲料转化率也有较大提高。快速型黄羽肉鸡市场对鸡的生长速度要求较高，对“三黄”特征要求较为次要，黄羽、麻羽、黑羽均可，胫（小腿）色有黄色、青色和黑色，其肉质中等。

快速型黄羽肉鸡的主要代表品种为快长型商业品种（配套系），岭南黄鸡 1 号配套系、岭南黄鸡 2 号配套系、新兴黄鸡 2 号配套系、江村黄鸡 JH－2 号配套系、京星黄鸡 102 配套系、新广黄鸡 K996 等都是国内著名的快速型品种。部分快速型黄羽肉鸡特征见表 1－4。

表 1－4　部分快速型黄羽肉鸡特征

品种	生产性能	适宜养殖区域	培育单位
岭南黄鸡 1 号配套系	商品代公鸡 45 日龄体重 1 580g，母鸡 45 日龄体重 1 350g，公母平均料重比 2.0∶1	全国（除西藏）饲养	广东省农业科学院畜牧研究所
岭南黄鸡 2 号配套系	商品代公鸡 42 日龄体重 1 530g，母鸡 42 日龄体重 1 275g，公母平均料重比 1.83∶1	全国（除西藏）饲养	广东省农业科学院畜牧研究所

（续）

品种	生产性能	适宜养殖区域	培育单位
新兴黄鸡2号配套系	商品代公鸡60日龄体重1 500g，料重比2.1∶1	华南、华东、华中等地区	广东温氏南方家禽育种有限公司
江村黄鸡JH-2号配套系	商品代63日龄公鸡体重1 850g，料重比2.2∶1；70日龄母鸡体重1 550g，料重比2.1∶1	华南、华东、华中等地区	广州市江丰实业有限公司
京星黄鸡102配套系	商品代50日龄公鸡体重1 500g，料重比2.03∶1；63日龄母鸡体重1 680g，料重比2.38∶1	海拔2 000m以下的地区	中国农业科学院北京畜牧兽医研究所

来源：《生态型肉鸡养殖》，李平、李龙主编；2018。

二、中速型黄羽肉鸡主要品种和生产性能

中速型黄羽肉鸡以香港、澳门和广东珠江三角洲地区为主要市场。粤、港、澳的市民偏爱接近性成熟的小母鸡，要求60～90日龄上市，体重1.5～2.0kg，鸡冠红而大，毛色光亮，具有典型的“三黄”外形特征。其肉质细嫩、味道鲜美、羽毛黄色、在市场上具有较强的竞争力和较高的价值。

中速型黄羽肉鸡主要代表品种有少部分地方品种或培育品种，如固始鸡、崇仁麻鸡、鹿苑鸡、丝羽乌骨鸡等。市场上的中速型商业品种（配套系）比较多，如新兴麻鸡4号配套系、新兴矮脚黄鸡配套系、新兴竹丝鸡3号配套系、苏禽黄鸡配套系、粤禽皇2号配套系、金陵麻鸡配套系等。部分中速型黄羽肉鸡特征见表1-5。

表1-5 部分中速型黄羽肉鸡特征

名称	生产性能	适宜养殖区域	培育单位
新兴麻鸡4号配套系	商品代母鸡77d出栏，体重1 600g，料重比2.4∶1	全国（除西藏）	广东温氏南方家禽育种有限公司
新兴矮脚黄鸡配套系	商品代母鸡80d出栏，成年母鸡均重1 400g	华南、华东、华中等地区	广东温氏南方家禽育种有限公司
新兴竹丝鸡3号配套系	商品代公鸡70d出栏，体重1 100g以上；商品代母鸡75d出栏，体重1 000g以上，公母鸡出栏时的料重比为2.6∶1以下	广东、广西和海南等地区	广东温氏南方家禽育种有限公司
苏禽黄鸡配套系	商品代母鸡体重70日龄达到1 530g，料重比为2.5∶1	江苏、上海、浙江、安徽	江苏省家禽科学研究所
粤禽皇2号配套系	商品代母鸡63～70d出栏，体重达1 500～1 600g，平均料重比为2.4∶1	全国（西藏除外）	广东粤禽育种有限公司
金陵麻鸡配套系	公鸡65d出栏，体重2 000～2 150g，料重比（2.2～2.3）∶1；母鸡65日龄出栏，体重1 850～1 950g，料重比（2.3～2.5）∶1	广西、云南、贵州、四川、重庆、新疆、江西、湖南、湖北	广西金陵农牧集团有限公司

来源：《生态型肉鸡养殖》，李平、李龙主编；2018。

三、慢速型黄羽肉鸡主要品种和生产性能

慢速型黄羽肉鸡的消费市场以广西、广东湛江地区和部分广州市场为代表，消费群体为内地中高档宾馆、饭店及高收入人群。要求 90～120 日龄，或 120 日龄以上出栏，体重 1.1～1.5kg，鸡冠红而大，羽色光亮，胫较细，羽色和胫色随鸡种不同而有所不同。这种类型的鸡一般未经杂交改良，肉质鲜美，风味独特，最受消费者欢迎，但料重比高，饲养周期较长。

大多数地方品种黄羽肉鸡都属于慢速型品种，如清远麻鸡、惠阳胡须鸡、杏花鸡、文昌鸡等。市场上的慢速型商业品种正在逐渐增多，如岭南黄鸡 3 号配套系、潭牛鸡、三高青脚黄鸡 3 号配套系、天露黄鸡、天露黑鸡等。部分慢速型黄羽肉鸡特征见表 1－6。

表 1－6　部分慢速型黄羽肉鸡特征

名称	生产性能	适宜养殖区域	培育单位
岭南黄鸡 3 号配套系	母鸡 115 日龄出栏，体重为 1 300g，料重比为 4.0∶1	以广东、广西和海南为代表的华南地区，以及以安徽、江苏和浙江为代表的华东地区	广东智威农业科技股份有限公司
潭牛鸡	110 日龄母鸡上市体重 1 500～1 600g，料重比为（3.5～3.7）∶1	全国（西藏除外）	海南（潭牛）文昌鸡股份有限公司
三高青脚黄鸡 3 号配套系	商品代肉鸡公鸡 16 周龄平均体重 1 862.8g，母鸡平均体重 1 421.6g，平均料重比为 3.34∶1	全国大部分地区（西藏除外）	河南三高农牧股份有限公司
天露黄鸡	母鸡 105 日龄上市，体重 1 400～1 500g，料重比为（3.5～3.6）∶1	广东、广西、湖南、湖北、福建、浙江等地	广东温氏南方家禽育种公司
天露黑鸡	母鸡 105 日龄上市，体重 1 450～1 550g，料重比为（3.4～3.5）∶1	湖南、湖北、江西、福建、浙江、广东、广西、四川、贵州等地	广东温氏南方家禽育种公司

来源：《生态型肉鸡养殖》，李平、李龙主编；2018。

第四节　黄羽肉鸡羽毛遗传与生长发育

黄羽肉鸡羽毛的颜色、光泽、形态等外观性状是反映黄羽肉鸡品种、性别、发育和健康的重要表征。羽毛的生长发育主要受遗传、环境、营养三方面因素的影响。

一、黄羽肉鸡羽毛遗传

黄羽肉鸡羽毛性状遗传规律、基因型、表现型等方面的研究报道较少。羽毛性状主要分为羽型性状、羽色性状和羽速性状。羽型性状受常染色体基因 H/h 控制。片状羽型对丝状羽型为显性，如片状羽型在仙居鸡、固始鸡、萧山鸡、北京油鸡、狼山鸡群体中均为

显性纯合，遗传符合孟德尔遗传规律（张以训等，2009）。催乳素受体（*PRLR*）基因、精子鞭毛蛋白2（*SPEF2*）基因和卵泡抑制素（*FST*）基因在慢羽鸡的高表达，与慢羽鸡主翼羽、覆主翼羽的生长抑制，以及快慢羽鸡胚20胚龄后的主翼羽、覆主翼羽生长速度的改变有关；慢羽鸡毛囊中的*PRLRS 2*剪接体参与*PRLR*基因的羽型调控（杜小龙等，2020）。通过对寿光鸡全基因组关联分析和差异表达基因分析发现，*PRLR*和*SPEF2*是仅有的两个重叠基因，这意味着*PRLR*和*SPEF2*可能是形成鸡羽毛表型的候选基因（Liu et al.，2020）。羽色性状均为一对或几对基因控制，主要涉及色素形成基因、色素原基因、氧化酶基因、色素表现基因、非白化基因等15个基因位点。黑素皮质素受体（*MC1R*）、酪氨酸酶相关蛋白（*TYR*）和鼠灰信号蛋白（*ASIP*）基因的突变与鸡的羽色表型有一定相关性，是影响鸡羽色性状的重要基因（冉金山，2017）。羽速基因是位于Z染色体上的基因，与内源性反转录病毒基因21（*ev21*）连锁，影响初生雏鸡主翼羽与覆主翼羽的相对长度。国内的一些地方品种部分慢羽鸡个体染色体上基因占据区域*ev21*基因缺失以及部分快羽鸡的基因未占据区域存在*ev21*基因插入，可通过*PRLR*基因与*SPEF2*基因的部分重复序列（JS序列）扩增对快慢羽表型进行准确鉴定。JS序列可作为快慢羽鉴定候选基因（付华丽等，2021）。李达鉴等（2021）研究发现，毛囊大小与主翼羽没有显著遗传相关，但与黄羽肉鸡87日龄活体重有较高的遗传和表型相关性。利用腿部和背部毛囊大小作为选育标记更容易获得遗传进展。因此，对以上候选基因的功能、作用机制以及表达调控进一步深入研究将有助于阐明黄羽肉鸡羽型、羽色和快慢羽形成的分子基础。

二、黄羽肉鸡羽毛生长发育

鸡的羽毛是高度有序的分支结构，能因损伤或生理需要周期性再生。羽毛的生长周期由引发期、生长期和静止期3个阶段组成。黄羽肉鸡羽毛生长发育主要经历四代，0日龄覆盖在鸡体表的第一代羽毛（绒羽）在胚胎期经历了发育和生长，已基本成熟。8日龄鸡体表仍以绒羽为主，在翅膀、肩部和尾部出现第二代羽毛。19日龄左右鸡体部分绒羽被第二代羽毛替换。35日龄左右，随着鸡体的生长，绒羽相继被第二代羽毛替换，此时鸡体表附着的羽毛以第二代羽毛为主。55日龄左右鸡体表第二代羽毛开始脱落，大量第三代羽毛（青年羽）开始出现。103日龄鸡体多数部位第三代羽毛占主导地位。131日龄左右开始第三次换羽，主要特征为在翅膀及尾部出现早期的第四代羽毛。171日龄鸡体表羽毛主要包括未成熟的第四代羽毛和成熟的第三代羽毛（李莹等，2013）。研究报道，甲状腺功能和羽毛生长关系非常密切，甲状腺素的生成和分泌量减少时，羽毛生长会迟缓。相反，当处于换羽期时，甲状腺的分泌量增加会促进新羽毛的生成（Knight，2012）。

毛囊是羽毛生长发育的基础与核心，并决定每代羽毛的生长与成熟。羽毛在发生期阶段毛囊孔径较小；在生长期显著扩张，毛囊长度增加，真皮层向下生长，毛基板细胞不断分化发育成羽毛；静止期毛基板分化停止，毛囊退化，随之羽毛伸长停止。毛囊基底层可通过再生循环，进入下一个生长周期。多种信号分子参与调控毛囊的生长、静止和再生过程。其中，对毛囊形成起促进作用的是成纤维细胞生长因子家族、Wnt/β-连环蛋白（βcatenin）和调节性蛋白信号通路等；而另一些信号分子则会抑制羽毛的生长和更替，如骨形态发生蛋白家族等。不同的信号通过促进和抑制毛囊发育因子的平衡来调控毛囊活动的启动或休止，进而实现羽毛的生长或更替。在这些调控毛囊生长发育的基因或信号通路中，Wnt/β－catenin 信号通路可通过调节 β－catenin 蛋白质、细胞周期蛋白 D1 和 c－Myc 蛋白质的表达在调控黄羽肉鸡毛囊发育和羽毛生长过程中发挥重要作用（谢文燕等，2017；Xie et al.，2020）。

不同品种黄羽肉鸡或多或少存在羽毛问题，包括生长迟缓、羽毛脆弱易断，以及明显的羽毛缺陷和无序。羽毛问题发生在黄羽肉鸡生长的各个阶段、所有种类以及所有地区，呈季节性发生，主要发生在夏季至秋季高温季节。

三、营养对黄羽肉鸡羽毛生长发育的影响

营养在鸡的羽毛生长发育中起重要作用。其中影响鸡羽毛生长的营养因素包括能量、蛋白质、氨基酸、维生素、矿物质和粗纤维等。

（一）能量

鸡能够依据饲粮能量水平调节采食量，因此能量对羽毛生长的影响比较小，但是饲粮能量水平的高低会影响鸡的啄羽行为。饲喂低能饲粮时，鸡采食量会更高，采食时间增加，鸡羽毛覆盖度更好，啄羽时间明显减少。

（二）蛋白质和氨基酸

蛋白质为鸡羽毛的主要构成成分，其含量高达 89%～97%（主要为角蛋白）。因此，饲粮中粗蛋白质和氨基酸的含量对羽毛的生长发育至关重要，提供给鸡充足的粗蛋白质饲粮可提高羽毛的产量和质量。当饲粮粗蛋白质含量不足时，雏鸡阶段羽毛质量会变差。

羽毛中角蛋白的含量与饲粮中含硫氨基酸（蛋氨酸和半胱氨酸）直接相关，当饲粮缺乏这些氨基酸时，首先表现为羽毛生长发育异常。半胱氨酸是角蛋白的主要组成成分，而蛋氨酸可转化为半胱氨酸。研究报道，在 43～63 日龄黄羽肉鸡基础饲粮（蛋氨酸水平为 0.25%）中添加 0.35%～0.45%蛋氨酸可显著提高羽毛中干物质含量及蛋白质沉积（席鹏彬等，2011）。对快羽及慢羽肉鸡的研究发现，半胱氨酸比蛋氨酸在肉鸡羽毛的生长发育中更为重要。饲喂半胱氨酸缺乏的饲粮，49 日龄肉鸡毛囊更短；当转硫途径被抑制时，同样导致毛囊长度变短（Kalinowski et al.，2003；Vilar Da Silva et al.，2020）。此外，赖氨酸缺乏可能会导致有色羽毛鸡羽毛色素沉积增多。生长鸡饲粮缺乏色氨酸、甘氨酸、精氨酸、缬氨酸、亮氨酸、异亮氨酸、苯丙氨酸和酪氨酸时，都会使鸡只羽毛出现多种异常症状（李娇，2016；Van Emous et al.，2019）。关于营养调控鸡羽毛生长发育的作用机制方面研究报道很少。有研究发现，蛋氨酸可通过激活 Wnt/β－catenin 信号通路促进胚胎期黄羽肉鸡的毛囊发育和羽毛生长。但具体的调控机制尚不清楚。蛋氨酸是否直接通过同时激活经典或非经典 Wnt 信号通路或其他信号分子来调控毛囊发育和羽毛生长，有待进一步研究确定（Chen et al.，2020）。

（三）维生素

维生素作为诸多与毛囊发育和羽毛生长相关酶的辅酶，与鸡的羽毛生长发育密切相关。当饲粮缺乏某些维生素时，其羽毛生长发育异常。缺乏维生素 A 会引起上皮组织干

燥和皮肤过度角质化，缺乏维生素 D 导致羽毛蓬松无光泽，缺乏核黄素会使羽毛卷曲脱落、足趾向内弯曲。与氨基酸或微量元素的缺乏症相类似，给雏鸡饲喂缺乏烟酸、叶酸、泛酸或生物素饲粮，均会导致其羽毛粗糙、稀疏和易脱落等症状；而饲粮中添加叶酸和核黄素等可有效防止雏鸡羽毛生长不良，且在一定剂量范围内随着添加量的增加，羽毛色泽更加鲜亮。

（四）矿物质

饲粮矿物质元素锌、硒、锰和铬等的缺乏，均会不同程度地引起羽毛生长受阻、羽毛磨损和易断等，其中以锌的缺乏较为明显。饲粮锌缺乏通常伴随着较差的羽毛生长，导致羽毛破损、卷缩和皱起等。此外，饲粮中缺锌时会在羽轴上出现特征性的水泡，主翼羽和次翼羽生长速度变慢；而在饲粮中添加不同形式的锌（硫酸锌和蛋氨酸锌等）均可防止其羽毛生长发育不良。补锌还可改善高温对鸡尾羽生长的不利影响，然而过量的钙会破坏锌代谢，对羽毛正常生长产生有害作用（谢文燕等，2017；Lai et al.，2010）。饲粮缺硒也会影响鸡羽毛生长发育。与无机硒相比，有机硒如酵母硒更利于羽毛生长（Choct et al.，2004；李欣泽等，2020）。鸡缺钠时表现为羽毛生长缓慢，并伴随有啄羽行为的发生。

（五）粗纤维

饲料中粗纤维的含量不足会导致鸡啄羽行为的发生。含有较高纤维的饲料可以增加鸡进食的时间，减少啄羽的次数。饲喂大麦青贮饲料或含燕麦壳和葵花籽提取物饲料的鸡攻击行为和啄羽行为减少，羽毛损伤降低，羽毛评分提高，羽毛质量得到改善。高纤维饲粮可减少鸡对颈部、背部、翅膀、尾部羽毛的啄食，老龄阶段效果更明显（Kalmendal et al.，2012；Qaisrani et al.，2013；Johannson et al.，2017）。

综上所述，关于营养因素对黄羽肉鸡羽毛生长影响的研究进展仍相对缓慢，特别是营养物质如何调控羽毛生长发育的相关作用机制有待进一步的深入研究。

参考文献

陈继兰，文杰，1999. 黄羽肉鸡的饲养和肉质特点［J］. 中国动物保健（2）：43.

杜小龙，张乐超，赵丽杰，等，2020. 太行鸡胚 *PRLR* 基因表达与主翼羽和覆主翼羽长关系［J］. 中国兽医学报，40（9）：1847－1853.

付华丽，莫国东，伍子放，等，2021. 地方品种鸡 *ev21* 基因和 JS 序列分布对鸡羽速表型的影响［J］. 中国家禽，43（3）：11－15.

宫桂芬，仇宝琴，吕淑艳，等，2015. 凤凰涅槃中的黄羽肉鸡业新版图［J］. 中国禽业导刊（14）：9.

国家畜禽遗传资源委员会，2011. 中国畜禽遗传资源志：家禽志［M］. 北京：中国农业出版社.

李达鉴，张燕，冼远荣，等，2021. 黄羽肉鸡毛囊大小与主翼羽性状遗传参数估计［J］. 中国家禽，43（8）：14－18.

李蛟，2016. 家禽羽毛出现异常原因及防治［J］. 中国畜牧兽医文摘，32（5）：77－78.

李龙，蒋守群，郑春田，等，2015. 不同品种黄羽肉鸡肉品质比较研究［J］. 中国家禽，37（21）：6－11.

李平，李龙，2018. 生态型肉鸡养殖技术［M］. 北京：中国农业出版社.

李欣泽，石博文，郝赫，2020. 硒对肉鸡生长性能、羽毛生长及肉质的影响［J］. 北方牧业，5：28.

李莹，舒鼎铭，2013. 鸡羽毛发生发育特征概况［J］. 广东畜牧兽医科技，38（6）：1－6.

冉金山，2017. 鸡羽色相关基因 *MC1R*、*YTR* 和 *ASIP* 的多态性及组织表达研究［D］. 成都：四川农业大学.

舒鼎铭，2015. 黄羽肉鸡规模化健康养殖综合技术［M］. 北京：中国农业出版社.

席鹏彬，林映才，蒋守群，等，2011. 饲粮蛋氨酸水平对 43～63 日龄黄羽肉鸡生长性能、胴体品质、羽毛蛋白质沉积和肉质的影响［J］. 动物营养学报，23（2）：210－218.

谢文燕，王修启，严会超，等，2017. 家禽羽毛生长发育规律及其调控机制［J］. 动物营养学报，29（10）：3452－3459.

张以训，韩威，陆进宏，2009. 6 个地方鸡种羽毛性状遗传的研究［J］. 云南农业大学学报，24（2）：235－238.

赵河山，欧锡钊，陈智武，2001. 中国优质黄羽肉鸡的生产［J］. 中国禽业导刊（1）：2－4.

Chen M J，Xie W Y，Pan N X，et al.，2020. Methionine improves feather follicle development in chick embryos by activating Wnt/β－catenin signaling［J］. Poultry Science，99（9）：4479－4487.

Choct M，Naylor A J，Reinke N，2004. Selenium supplementation affects broiler growth performance，meat yield and feather coverage［J］. British Poultry Science，45（5）：677－683.

Johannson S G，Raginski C，Schweanlardner K，et al.，2017. Providing laying hens in group－housed enriched cages with access to barley silage reduces aggressive and feather－pecking behavior［J］. Canadian Journal of Animal Science，96（2）：161－171.

Kalinowski A，Moran E T，Wyatt C，2003. Methionine and cystine requirements of slow－and fast－feathering male broilers from zero to three weeks of age［J］. Poultry Science，82（9）：1423－1427.

Kalmendal R，Bessei W，2012. The preference for high－fiber feed in laying hens divergently selected on feather pecking［J］. Poultry Science，91（8）：1785.

Lai P W，Liang J B，HSIA L C，et al.，2010. Effects of varying dietary zinc levels and environmental temperatures on the growth performance，feathering score and feather mineral concentrations of broiler chicks［J］. Asian－Australasian Journal of Animal Sciences，23（7）：937－945.

Liu X，Wu Z，Li J，et al.，2020. Genome－wide association study and transcriptome differential expression analysis of the feather rate in Shouguang chickens［J］. Frontiers in Genetics，11：613078.

Qaisrani S N，Van Krimpen M M，KWAKKEL R P，2013. Effects of dietary dilution source and dilution level on feather damage，performance，behavior，and litter condition in pullets［J］. Poultry Science，92（3）：591－602.

Vilar Da Silva J H，Gonzalez－Ceron F，Howerth E W，et al.，2020. Alteration of dietary cysteine affects activities of genes of the transsulfuration and glutathione pathways，and development of skin tissues and feather follicles in chickens［J］. Animal Biotechnology，31（3）：203－208.

Xie W Y，Chen M J，Jiang S G，et al.，2020. The Wnt/β－catenin signaling pathway is involved in regulating feather growth of embryonic chicks［J］. Poultry Science，99（5）：2315－2323.

第二章　黄羽肉鸡的消化生理特点

鸡的消化系统由消化器官和消化腺构成，其肠道中存在丰富的多功能微生物菌群，以及复杂、有序的肠道屏障系统，它们对机体生长发育与健康具有重要作用。鸡的某些消化器官如喙、肌胃等在形态、构造和作用上都与家畜有明显不同，黄羽肉鸡和白羽肉鸡的消化器官组成、消化吸收过程一致，但二者对营养物质的消化吸收效率等消化生理又有些许差别。透彻了解与深入研究黄羽肉鸡的消化生理特点对提高饲料养分消化利用率、改善机体健康、提高养殖效率等具有重要意义。

第一节　鸡消化系统解剖学特点

鸡的消化系统由喙、口咽腔、食管、嗉囊、胃、小肠、大肠、泄殖腔、肝、胆囊和胰腺等组成。鸡的消化道短，体长与消化道的长度比约为 1∶4。黄羽肉鸡消化器官的生长发育强度随着日龄增长逐渐减弱，在 35～42 日龄后趋于稳定（林厦菁等，2017）。

一、喙

喙是鸡消化道的起始部分，它由两部分组成，即骨质和皮肤衍生角质层。鸡的上、下喙相合形成尖端向前的圆锥形，组织坚硬，边缘光滑，适于摄取细小饲料和撕裂大块饲料。角质层即外鞘，主要成分是蛋白质，起保护喙的作用。鸡喙顶壁为硬腭，顶壁中部有一裂隙，为鼻后孔，许多唾液腺开口于顶壁和底壁的黏膜上，上颚有含大量感应磁场的乳头状突起（朱静等，2012）。

鸡喙骨质部分不同区段化学组分有所不同，喙尖即前颌骨部分矿物质含量较高，骨骼钙化程度高，喙坚硬有力，以满足鸡啄食较硬的颗粒物的需要；鸡喙中部即前鼻骨软骨部分脂质含量相对较高，起到隔热保温的作用，以及缓冲啄食时对脑部的冲击力（Falkenberg et al.，2010）；鸡鼻甲骨部分蛋白质含量较高，可保持鸡啄食时喙坚硬且具有弹性，同时具有保护鼻部的功能（Wu et al.，2006）。鸡喙畸形会不同程度地影响鸡的采食，导致生长缓慢甚至死亡（朱静，2012）。

二、口咽腔

硬腭位于口咽顶壁，形状与上喙相似。口腔因无软腭而向后与咽的顶壁直接相连，很难识别口腔的后缘，所以口腔和咽又合称为口咽腔。在口腔和咽部黏膜上皮深层分布有连续层的唾液腺，种类多、体积小（罗克，1983）。口腔内唾液腺分泌唾液以湿润食管，唾液内含有很少量的淀粉酶。

鸡口腔内无牙齿，口腔底部为舌头所在。舌黏膜上缺味觉乳头，仅分布有数量少、结构简单的味蕾，所以鸡的味觉不敏感，但能经验性地感觉味道。饲料在鸡口腔内停留的时间极短，不经咀嚼就很快被咽下。

三、食管

食管是一条从咽部到胃的细长、壁薄、易于扩张的肌性管道。鸡食管管腔较大，便于鸡吞咽较大的食团。食管壁从外向内，由外膜、肌膜、黏膜下层和黏膜构成。黏膜厚，形成许多纵行皱襞。在黏膜下分布有食管腺，可分泌黏液。食管通过肌膜产生蠕动，将饲料逐渐向后推移。

四、嗉囊

在进入胸腔之前，鸡食管下部形成一个囊状膨大部，称为嗉囊。嗉囊是饲料的暂时贮存处，它能分泌黏液软化饲料。其中一些细菌和淀粉酶使饲料保持适当的温度和湿度，有利于进一步发酵和软化。切除嗉囊会导致鸡食欲不振，饲料消化率下降，致使未完全消化的饲料随粪便排出。

嗉囊疾病是鸡消化机能障碍的一种病。严重时可见鸡嗉囊极度膨大并垂向下方，继发嗉囊下垂，嗉囊壁呈现弛缓和麻痹。鸡食入发酵、腐败饲料会诱发嗉囊炎，富含粗而长的纤维性饲料会造成嗉囊阻塞。另外，过量采食、缺乏运动和饮水不足等均可能是嗉囊疾病的诱发因素。

五、胃

鸡的胃分为腺胃和肌胃。

（一）腺胃

腺胃呈前后方向延长的纺锤形、壁薄。腺胃黏膜固有层富有发达的腺体，所以胃壁很厚。腺胃具有强大的伸缩力和贮存饲料的功能，其主要功能是分泌胃液、促进饲料与消化酶的混合及消化以及推移饲料与胃液进入肌胃。腺胃开口于黏膜表面的一些乳头上，腺胃上皮含有两个主要的腺体，分别是分泌黏液的管状腺和能分泌胃酸（盐酸）、胃蛋白酶的胃腺体，腺胃可初步消化饲料。饲料可在腺胃和肌胃间来回运动，在腺胃停留时间取决于嗉囊和食管胸段的运动能力以及肌胃的充盈程度，假如肌胃空虚，饲料在腺胃中只停留几秒钟。

鸡腺胃炎又称鸡传染性腺胃炎，是一种以消化不良、消瘦、发育不全、饲料转化率低为主要临床症状的慢性消化道疾病（李培培等，2019）。常见患病鸡初期表现精神沉郁、翅膀下垂、有轻微呼吸道症状；羽毛蓬乱、眼睛流泪、眼眶肿大，随后出现闭目呆立病状，畏寒、采食与饮水明显减少，部分鸡只甩鼻、有呼噜声，严重者张口呼吸；鸡粪便呈绿色或白色稀粪，内含未消化完全的饲料和黏液，肛门沾污严重，随后鸡逐渐消瘦，肉鸡生长速度缓慢或不生长，最后死亡（彭羽，2019）。该病初发时鸡较少死亡，但在病程后期往往会继发感染大肠杆菌病、传染性法氏囊炎、新城疫、球虫病等，导致鸡死亡率升高（王杨，2018）。近年来，鸡腺胃炎发病率较高，且在同一鸡群内快速传播。鸡腺胃炎是我国鸡场最为常见的病毒性疾病之一，现已成为影响黄羽肉鸡健康生产的一大疾病。

由于鸡腺胃炎病因复杂，影响因素较多，因此在确诊和防控上比较困难。研究表明，鸡腺胃炎可能的发病原因如下：①饲料诱因，如鸡饲喂营养比例不均衡、粗蛋白质水平过低、缺乏维生素的饲料，或饲喂污染霉菌、毒素等的饲料；②鸡发生眼炎，这是引起鸡腺胃炎的一种重要诱因，通过调查发现，鸡群患有传染性腺胃炎前都会具有眼炎病状的先兆；③传染病诱因，临床上主要是由于出现鸡痘、鸡肠毒综合征等传染性疾病，继而引发该病（王杨，2018）。

（二）肌胃

肌胃又称砂囊（gizzard），具有坚硬的类角质膜衬里和强而厚的平滑肌层。角质膜坚硬，对蛋白酶、稀酸、稀碱等有抗性，并具有磨损脱落和不断修补更新的特点。

饲料的坚硬程度决定了饲料在肌胃中的停留时间，细软饲料约在肌胃停留 1min，即进入十二指肠，而坚硬饲料可在肌胃中停留数小时之久。肌胃收缩时，其腔内压极大，可达 13.3～20.0kPa。当肌胃进行收缩运动时，其中的石砂便和饲料混合，将饲料磨碎，同时也提高了饲料与胃液的接触表面积，使饲料更容易被消化。如果除去肌胃内腔中的石砂，鸡的消化率会降低 25%～30%，其粪便中会出现整粒饲料。

肌胃炎通常和腺胃炎伴随发病。感染鸡以肌胃和腺胃出现溃疡、糜烂和出血性病变为主要特征，生产性能严重下降。肉鸡表现为饲料转化率低，机体衰弱，出栏日龄延长。部分黄羽肉鸡在出壳后的第 3 天即有本病表现，直至出栏前，每个阶段都有可能出现本病。引发本病的常见病因有霉菌毒素中毒、白色念珠菌感染、腺病毒感染和维生素 A 缺乏等，临床可针对发病鸡场的不同病因针对性地采取措施进行防控（王玉香，2020；辛颖，2020）。

六、小肠

小肠与肌胃相连接，包括十二指肠（duodenum）、空肠（jejunum）和回肠（ileum）。以成年（63 日龄）快速型黄羽肉鸡为例，其小肠总长约 120cm，其中十二指肠约长 27cm、空肠约长 46cm、回肠约长 45cm，而白羽鸡罗斯 308 此三段肠道长度分别为 27.5cm、61cm 和 56cm。黄羽肉鸡各段小肠长度均短于白羽肉鸡。

十二指肠管腔直径比空肠、回肠略大，呈淡灰红色 U 形袢。十二指肠内有胰管和胆管的开口。肠上皮组织中含有丰富的杯状细胞，能够分泌黏液，该黏液可防止肠黏膜被消化酶消化及食糜物理磨损，尤其是十二指肠起始段黏液更浓，能抵抗来源于胃的酸性食糜。空肠形成许多肠袢，中部的卵黄憩室形成一小突起，是胚胎期卵黄囊柄的遗迹，空肠颜色较暗，回肠短而直（辜新贵，2010）。

鸡小肠不同肠段的组织形态结构相似，由黏膜、黏膜下层、肌层、外膜组成。黏膜中的黏膜上皮与固有膜向肠腔突出，形成许多皱襞和肠绒毛，大大增加了肠管的消化和吸收的表面积；黏膜上皮是单层柱状上皮，由大量吸收细胞与其中的杯状细胞等构成。小肠的肌层发达。

食糜在肠管内停留约 8h，小肠是蛋白质、糖类、脂肪、维生素及微量元素进行消化和吸收的主要场所。小肠内壁黏膜有许多小肠腺，能分泌麦芽糖酶、蔗糖酶等，还有从腺胃来的胃液及胆汁、胰液等消化酶，所以小肠内的消化能力很强。

研究表明，小肠各段具有不同的消化吸收功能，十二指肠主要吸收脂肪酸等，空肠主要吸收游离氨基酸、葡萄糖和 Na^+ 等，而回肠主要吸收维生素 B_{12} 和胆汁盐等（Turner et al.，2010；曾杰等，2019），水溶性维生素主要在十二指肠被吸收，维生素 B_{12} 与内因子结合在回肠被吸收，脂溶性维生素以与脂肪相同的方式在十二指肠与近侧空肠被吸收。

七、大肠

鸡的大肠分为两段：盲肠与直肠。

（一）盲肠

盲肠是一对长 14～23cm（成年肉鸡）的盲管，通过系膜附着于回肠末端两侧，整条盲肠可分为三部：近侧部（基部），起自回盲部（回肠与盲肠相结合的部位），呈淡红色，管径较小，肠壁厚；中间部（体部），较长，呈灰绿色，管径大而壁薄；远侧部（尖部），短而色淡，末端尖。正常盲肠组织的表面平滑且形成肠皱褶，而被感染后（如被鸡球虫感染后）的盲肠组织肠上皮细胞发生炎症，坏死脱落会导致盲肠黏膜肌层裸露（莫平华等，2014）。

鸡盲肠具有消化吸收功能，其主要作用是将小肠内未被消化酶分解的食糜进一步消化，并吸收水和电解质。鸡从饲料、饮水以及与周围环境的接触中不断获得大量非致病性微生物。相比于胃内的强酸环境（pH2.0～4.0），盲肠中的 pH 是 6.5～7.5，而且内容物运行很慢，每隔 6～8h 才排空一次，因此盲肠内是微生物生长繁殖的理想环境。盲肠内大量微生物使食糜尤其是其中的纤维素、半纤维素得到分解和吸收，还可分解食糜中的蛋白质和氨基酸，产生氨、胺类和挥发性脂肪酸，并能合成菌体蛋白质以及 B 族维生素等。

（二）直肠

鸡的直肠较短，3～4cm，是淡灰绿色的直形管道，前接回盲部，向后逐渐变粗，接泄殖腔。直肠温度是鸡体温的通用指标，正常约为 41℃，在热应激时显著上升至 42～43℃（He et al.，2019）。

八、泄殖腔

泄殖腔是鸡肠管末端膨大而成的腔道，是消化、泌尿、生殖三系统的共同通道，内有输尿管和生殖导管的开口，故鸡的粪尿不能分开。成年鸡泄殖腔最宽部位的横径约 2.5cm，背腹径约 2.0cm，前后长约 2.5cm，如其中贮有粪便则体积扩大。泄殖腔内有两个由黏膜形成的不完全环形壁，把泄殖腔分隔成粪道、泄殖道和肛道三部分。

泄殖腔背壁是腔上囊（bursa of fabricius），又名法氏囊，是一个盲囊突起。对于未性成熟的鸡，腔上囊体积比泄殖腔大，随着年龄的增长而逐渐退化。腔上囊与鸡的免疫功能有关。

泄殖腔的对外开口为泄殖孔，即肛门。

九、肝

鸡的肝在腹腔各器官中相对体积较大。成年鸡肝呈红褐色，其组织学结构包括肝小叶、被膜和门管区三部分。

肝是鸡体内最大的消化腺，参与多种物质（如糖原、胆固醇、脂蛋白）的代谢活动。鸡肝是合成脂肪的主要场所，鸡体内脂肪酸的合成大部分在肝中完成，只有少部分在脂肪组织中进行（Goodridge，1968；那威等，2012）。

十、胆囊

鸡的胆囊呈长椭圆形，位于肝右叶脏面中部偏前背侧的胆囊窝内。胆囊只与肝右叶的肝管相连，从胆囊发出的胆囊管到达十二指肠的末端。胆囊分泌的胆汁是小肠正常吸收脂肪不可缺少的物质。

十一、胰腺

鸡的胰腺是呈长条分叶状的淡黄色腺体，位于十二指肠降袢与升袢之间的系膜内，通常分为背叶、腹叶和中间叶。胰腺上皮分化形成外分泌部和内分泌部：外分泌部占绝大部分，基本结构是腺泡，分泌胰液，属于消化腺；内分泌部是由上皮细胞组成的胰岛，散布于胰腺泡之间，分泌胰岛素与胰高血糖素等，调节机体糖代谢。

第二节　黄羽肉鸡营养物质的消化与吸收

一、消化方式

消化是将蛋白质、脂肪、糖类等营养物质转变为可被肠黏膜上皮吸收的物质（如氨基酸、游离脂肪酸、葡萄糖）的过程。饲料在消化道内通过以下三种方式被消化：机械性消化、化学性消化和微生物消化。

（一）机械性消化

机械性消化也称为物理消化，是指通过咀嚼和消化道肌肉的收缩活动来完成的消化活动。机械性消化主要包括口腔内的咀嚼和胃肠道的运动，其主要作用是将饲料磨碎。磨碎后的饲料颗粒或片段的表面积增加，可与消化液充分混合，为后续化学性消化创造条件。同时，机械性消化使消化道内容物不断地向消化道远端移送。

鸡的肌胃内壁衬有坚硬的角质层，食入沙砾可增加肌胃的活动，帮助消化饲料。

（二）化学性消化

化学性消化是指通过由消化道的腺体结构及与消化道有关的分泌器官分泌的消化液来完成的消化活动。消化液由水、无机物和有机物组成。无机物主要为酸，有机物中最重要的成分是各类消化酶，如唾液中的淀粉酶，胃液中的蛋白酶，小肠液中的淀粉酶、蛋白酶、脂肪酶等，它们能分别将饲料中的糖类、蛋白质和脂肪分解为小分子物质。经过化学降解，饲料养分转变成其相应的小分子化学组成物质，如葡萄糖、氨基酸和脂肪酸等。

有些植物饲料本身也含有一些酶，能参与化学性消化过程。此外，在养殖业中还广泛添加外源性酶制剂到饲料中，如蛋白酶、非淀粉多糖酶、植酸酶等酶制剂，以补充内源酶的不足，从而提高营养物质在消化道内的消化率。

（三）微生物消化

微生物消化也称为生物学消化，是指由栖居在动物消化道内的微生物来完成的消化活动。鸡盲肠中有大量的微生物，这些微生物对消化饲料中的纤维素、半纤维素、果胶等高分子糖类具有特别重要的意义。

机械性消化、化学性消化和微生物消化是同时进行的，三者相互依存、相互配合。机械性消化为化学性消化和微生物消化创造条件，化学性消化和微生物消化又在一定程度上影响机械性消化。因为不同部位的消化道结构不同，所以消化方式各有侧重。口腔内以机械性消化为主，小肠内以化学性消化为主，盲肠内以微生物消化为主。

二、消化腺的分泌

（一）消化腺

消化腺主要包括唾液腺、胃腺、肠腺、肝和胰腺。消化腺属于外分泌腺，其分泌的物质即消化液，通过导管排入消化道内。

（二）消化液

消化液由水、无机盐和有机物组成。胆汁中的有机物主要是胆酸和胆盐，除此之外，其他消化液中的有机物主要是消化酶。

消化液的功能：①改变消化道内的 pH，以适应消化酶活性的需要。63 日龄黄羽肉鸡各段消化道的 pH 见表 2－1（林厦菁等，2017），其消化道 pH 以小肠最高，肌胃和腺胃最低，且各段消化道 pH 随着日龄（1～63）的变化并无明显变化。②将复杂的饲料分解成为简单的、可吸收的小分子物质。③稀释饲料或消化产物，调节消化道内容物的渗透压，便于黏膜上皮细胞的吸收。④通过分泌黏液、抗体和大量液体，保护消化道黏膜。

表 2－1　63 日龄黄羽肉鸡各段消化道的 pH

部位	pH
腺胃	2.9
肌胃	3.2
十二指肠	6.1
空肠	6.1
回肠	6.6

肝分泌胆汁，在未经胆管分泌入小肠前，胆汁贮存在胆囊内。鸡胆管胆汁中 HCO_3^- 的浓度为 36.2mmol/L，三羟胆酸浓度为 7.48mg/mL。胆汁可降低脂肪滴的表面张力以乳化脂肪。胆酸盐是胰脂肪酶的辅助因子，能增强脂肪酶活性，胆酸盐与脂肪酸及甘油一酯结合成水溶性复合物促进脂肪酸吸收；胆汁中的碱性无机盐可中和由胃进入小肠的食糜酸度。

胰腺分泌的胰液含有大量的水解酶原（如胰蛋白酶原、糜蛋白酶原、羧肽酶等），还有淀粉酶、DNA 酶、RNA 酶、胆固醇酯酶、脂肪酶、磷脂酶以及碳酸氢钠等。

腺胃分泌胃蛋白酶、少量淀粉酶和脂肪酶，还分泌盐酸。成年鸡分泌胃液 15.4mL/h，平均每千克体重分泌 8.8mL/h；分泌盐酸 1.37mg/h，平均每千克体重分泌 0.78mg/h，酸的浓度为 93mg/L。消化道的酸性环境具有多种生理功能：①促进消化酶分泌，增强消化酶活性。淀粉酶的最适宜 pH 为 5.0～6.0；除胰蛋白酶外，其他多数蛋白酶的最适宜 pH 小于 6，尤其是胃蛋白酶，最适宜 pH 为 1.6～1.8（最低）；纤维酶、果胶酶最适宜 pH 分别为 3.5～5.3、4.0～4.5。②维持消化道正常微生物菌群结构。③促进饲料消化，低 pH 能对饲料产生膨胀、变性和溶解等作用，有利于饲料消化吸收（张心如等，2005）。

鸡胰腺和肠道的消化酶活性基本上随着日龄的升高而上升。研究表明，在胰腺，淀粉酶、胰蛋白酶、糜蛋白酶和脂肪酶活性分别在第 10 日龄、7 日龄、21 日龄和 10 日龄达到峰值。在肠道，淀粉酶、胰蛋白酶、糜蛋白酶和脂肪酶活性均在第 10 日龄达到峰值（安永义等，2016）。

各段消化道消化液的主要成分及作用见表 2-2（欧阳五庆，2006）。

表 2-2　各段消化道消化液的主要成分及作用

消化液	作用	主要成分	底物	水解产物
唾液	润湿口腔和饲料；溶解可溶性成分，刺激产生味觉；水解淀粉；清洁和保护；维持口腔碱性环境以保护饲料中碱性酶	黏液 α-淀粉酶	淀粉	麦芽糖
胃液	盐酸：激活胃蛋白酶原；杀菌；促进后续消化液分泌；酸性环境可使蛋白质变性易于消化，并促进钙、铁吸收 胃蛋白酶：可分解蛋白质	盐酸 胃蛋白酶 黏液、内因子	蛋白质	脲、胨、多肽
胰液	中和随食糜进入十二指肠的胃酸，使肠黏膜免受胃酸侵蚀；为小肠内各种消化酶提供适宜的弱碱环境	碳酸氢盐 胰蛋白酶（原） 糜蛋白酶（原） 羧肽酶 胰脂肪酶 DNA 酶 RNA 酶 α-淀粉酶 胆固醇酯酶 磷脂酶	 蛋白质 蛋白质 肽 甘油三酯 RNA DNA 淀粉 胆固醇酯 磷脂	 小肽、氨基酸 小肽、氨基酸 氨基酸 脂肪酸、甘油、甘油一酯 单核苷酸 单核苷酸 麦芽糖 胆固醇、脂肪酸 脂肪酸、溶血磷脂
胆汁	降低脂肪表面张力、加速脂肪水解；与脂肪分解产物形成混合微胶粒，便于脂肪分解产物的吸收；增强脂肪酶活性；促进脂溶性维生素的吸收；刺激小肠运动	胆酸、胆盐 胆固醇 胆色素		
小肠液	将营养物质进一步分解成为可被吸收的小分子	黏液 肠致活酶	胰蛋白酶（原）	胰蛋白酶
大肠液	保护肠黏膜、润滑粪便	黏液 碳酸氢盐		

（三）黄羽肉鸡与白羽肉鸡消化道的对比

研究表明，黄羽肉鸡消化道内的 pH 与白羽肉鸡（罗斯 308）相比无显著差异（表 2-3）；黄羽肉鸡的腺胃、肌胃的相对质量和十二指肠、空肠、回肠的相对长度（长度与体重的比值）均高于白羽肉鸡（表 2-4、表 2-5）（林厦菁等，2017）。

表 2-3　黄羽肉鸡和白羽肉鸡胃肠道 pH 的比较

日龄	黄羽肉鸡	白羽肉鸡	P 值
腺胃			
1 日龄	3.27±0.26	2.09±0.19	0.011
7 日龄	2.10±0.15	1.88±0.11	0.247
14 日龄	2.04±0.18	2.15±0.16	0.656
21 日龄	2.08±0.22	2.05±0.18	0.913
28 日龄	1.80±0.18	2.27±0.23	0.119
35 日龄	2.09±0.18	2.41±0.19	0.231
42 日龄	2.35±0.20	2.12±0.23	0.447
49 日龄	2.05±0.15	2.56±0.25	0.092
56 日龄	2.84±0.22	2.74±0.15	0.709
63 日龄	2.93±0.23	2.80±0.26	0.723
肌胃			
1 日龄	2.78±0.22	2.53±0.15	0.375
7 日龄	2.06±0.04	2.11±0.12	0.697
14 日龄	2.73±0.33	2.24±0.10	0.165
21 日龄	2.50±0.15	2.27±0.11	0.239
28 日龄	2.15±0.12	2.35±0.13	0.283
35 日龄	2.14±0.17	2.62±0.22	0.098
42 日龄	2.36±0.18	2.62±0.18	0.318
49 日龄	2.37±0.16	2.57±0.23	0.499
56 日龄	2.80±0.22	2.66±0.14	0.580
63 日龄	3.24±0.18	2.89±0.24	0.245
十二指肠			
1 日龄	6.09±0.04	6.06±0.05	0.619
7 日龄	6.23±0.04	6.25±0.04	0.715
14 日龄	6.07±0.07	6.18±0.06	0.301
21 日龄	6.04±0.10	6.10±0.07	0.679
28 日龄	6.08±0.09	5.96±0.07	0.302
35 日龄	6.11±0.12	6.01±0.11	0.550
42 日龄	6.02±0.12	5.82±0.10	0.211
49 日龄	5.82±0.14	5.78±0.06	0.773
56 日龄	6.03±0.10	5.82±0.11	0.147
63 日龄	6.12±0.06	5.97±0.06	0.083

（续）

日龄	黄羽肉鸡	白羽肉鸡	P 值
空肠			
1 日龄	6.25±0.15	6.62±0.14	0.120
7 日龄	6.07±0.06	6.03±0.05	0.744
14 日龄	6.06±2.04	6.03±0.05	0.698
21 日龄	6.01±0.06	6.15±0.03	0.066
28 日龄	6.18±0.04	6.08±0.06	0.167
35 日龄	6.10±0.03	6.08±0.06	0.728
42 日龄	6.03±0.04	5.90±0.08	0.164
49 日龄	5.97±0.05	5.89±0.06	0.294
56 日龄	6.13±0.04	6.12±0.04	0.912
63 日龄	6.07±0.04	5.92±0.09	0.144
回肠			
1 日龄	6.77±0.11	7.24±0.18	0.071
7 日龄	7.23±0.11	7.18±0.08	0.743
14 日龄	6.77±0.15	6.77±0.09	0.994
21 日龄	6.70±0.14	6.68±0.10	0.905
28 日龄	6.55±0.14	6.36±0.09	0.288
35 日龄	6.72±0.40	6.66±0.16	0.758
42 日龄	6.55±0.08	6.72±0.11	0.196
49 日龄	6.40±0.13	6.28±0.16	0.574
56 日龄	6.60±0.09	6.63±0.09	0.798
63 日龄	6.61±0.10	6.54±0.12	0.693

表 2-4　黄羽肉鸡和白羽肉鸡腺胃、肌胃相对质量的比较

日龄	黄羽肉鸡	白羽肉鸡	P 值
腺胃			
1 日龄	1.06±0.10	0.93±0.09	0.339
7 日龄	0.97±0.03	0.92±0.03	0.235
14 日龄	0.68±0.03	0.68±0.02	0.926
21 日龄	0.61±0.02	0.59±0.03	0.521
28 日龄	0.41±0.01	0.41±0.02	0.934
35 日龄	0.37±0.01	0.39±0.02	0.333
42 日龄	0.37±0.01[a]	0.28±0.01	0.000
49 日龄	0.32±0.01	0.26±0.01	0.012
56 日龄	0.29±0.02	0.23±0.01	0.027
63 日龄	0.29±0.01	0.22±0.01	0.003

（续）

日龄	黄羽肉鸡	白羽肉鸡	P 值
肌胃			
1 日龄	5.98±0.24	5.46±0.25	0.181
7 日龄	3.96±0.12	3.86±0.09	0.544
14 日龄	2.94±0.09	2.23±0.21	0.005
21 日龄	2.31±0.10	1.84±0.07	0.001
28 日龄	1.97±0.06	1.53±0.05	0.000
35 日龄	1.61±0.06	1.29±0.03	0.000
42 日龄	1.58±0.06	1.15±0.06	0.000
49 日龄	1.58±0.09	1.14±0.05	0.000
56 日龄	1.32±0.08	1.00±0.04	0.002
63 日龄	1.33±0.06	1.01±0.05	0.001

表 2-5　黄羽肉鸡和白羽肉鸡十二指肠、空肠、回肠相对长度的比较

日龄	黄羽肉鸡	白羽肉鸡	P 值
十二指肠			
1 日龄	22.81±1.17	17.48±0.71	0.008
7 日龄	12.01±0.31	11.20±0.21	0.039
14 日龄	7.36±0.15	6.09±0.19	0.000
21 日龄	4.29±0.10	3.60±0.08	0.000
28 日龄	3.13±0.12	2.49±0.06	0.000
35 日龄	2.43±0.04	1.93±0.06	0.000
42 日龄	1.79±0.06	1.45±0.05	0.000
49 日龄	1.47±0.05	1.22±0.04	0.001
56 日龄	1.14±0.03	0.97±0.04	0.005
63 日龄	1.19±0.05	0.09±0.04	0.000
空肠			
1 日龄	37.25±0.43	37.94±1.77	0.716
7 日龄	22.88±0.83	20.14±0.78	0.025
14 日龄	12.17±0.27	12.42±0.39	0.596
21 日龄	7.50±0.85	7.51±0.83	0.980
28 日龄	5.42±0.21	5.00±0.24	0.202
35 日龄	4.29±0.15	3.85±0.16	0.051
42 日龄	3.27±0.08	2.73±0.10	0.000
49 日龄	2.71±0.13	2.56±0.14	0.414
56 日龄	2.13±0.06	1.88±0.12	0.089
63 日龄	2.03±0.09	2.06±0.12	0.847

（续）

日龄	黄羽肉鸡	白羽肉鸡	P 值
回肠			
1 日龄	24.08±4.50	26.63±1.02	0.772
7 日龄	18.79±0.74	18.01±0.68	0.476
14 日龄	11.17±0.57	11.28±0.38	0.875
21 日龄	7.13±0.25	6.88±0.36	0.574
28 日龄	5.42±0.84	5.00±0.84	0.231
35 日龄	4.32±0.20	4.04±0.15	0.277
42 日龄	3.25±0.07	2.63±0.10	0.000
49 日龄	2.54±0.11	2.43±0.13	0.530
56 日龄	2.12±0.06	1.95±0.09	0.109
63 日龄	1.97±0.07	1.83±0.06	0.170

总的来说，黄羽肉鸡食糜排空时间为 4～24h，排空速率比白羽肉鸡更快，表明白羽肉鸡具有更长的养分吸收时间。黄羽肉鸡和白羽肉鸡消化道食糜排空规律基本一致（表 2－6）（林厦菁等，2017）。

表 2－6　黄羽肉鸡和白羽肉鸡消化道食糜排空率的比较

时间/h	品种	饲喂量/g	食糜排空率/%				
			嗉囊	胃	小肠	盲肠	全消化道
4	黄羽肉鸡	14.2	92.84	86.67	65.56	75.94	51.74
	白羽肉鸡	13.29	98.67	83.42	52.29	87.75	37.75
8	黄羽肉鸡	22.16	99.95	91.85	81.17	97.03	72.35
	白羽肉鸡	20.52	99.76	92.17	80.30	94.41	69.64
14	黄羽肉鸡	29.86	99.98	92.12	91.65	97.89	82.59
	白羽肉鸡	29.86	99.55	92.32	87.86	94.88	76.66
24	黄羽肉鸡	33.36	99.94	98.64	93.36	97.80	90.05
	白羽肉鸡	42.69	99.93	98.92	90.74	96.62	86.70
36	黄羽肉鸡	38.49	99.93	99.75	96.75	98.70	95.19
	白羽肉鸡	26.43	99.92	99.46	97.64	98.00	95.13
48	黄羽肉鸡	49.92	99.93	98.80	97.41	99.31	95.52
	白羽肉鸡	62.00	99.81	99.60	98.26	99.45	97.36

黄羽肉鸡和白羽肉鸡的淀粉酶、脂肪酶、胰蛋白酶和糜蛋白酶均表现为空肠和回肠中的活性高于十二指肠；黄羽肉鸡小肠脂肪酶、淀粉酶和腺胃胃蛋白酶活性高于白羽肉鸡，小肠胰蛋白酶和糜蛋白酶活性低于白羽肉鸡（表 2－7 至表 2－10）。说明黄羽肉鸡对于淀

粉类和脂肪类的饲料原料消化能力可能比白羽肉鸡更强，而白羽肉鸡对于蛋白质类的饲料原料消化能力可能比黄羽肉鸡强。

表 2-7　黄羽肉鸡、白羽肉鸡腺胃胃蛋白酶活性的比较

项目	日龄								
	7 日龄	14 日龄	21 日龄	28 日龄	35 日龄	42 日龄	49 日龄	56 日龄	63 日龄
黄羽肉鸡/(U/mg)	52.44	48.23	19.38	33.98	69.76	37.51	47.41	77.26	56.19
白羽肉鸡/(U/mg)	46.59	28.53	15.49	26.22	47.66	30.49	27.96	50.05	28.82
P 值	0.591	0.036	0.575	0.384	0.040	0.431	0.007	0.130	0.012

表 2-8　黄羽肉鸡和白羽肉鸡十二指肠脂肪酶、淀粉酶、胰蛋白酶、糜蛋白酶活性比较

项目	日龄								
	7 日龄	14 日龄	21 日龄	28 日龄	35 日龄	42 日龄	49 日龄	56 日龄	63 日龄
脂肪酶/(U/mg)									
黄羽肉鸡	45.32	31.51	32.43	33.98	15.64	23.11	39.92	104.50	34.62
白羽肉鸡	36.33	22.50	28.60	24.48	9.82	22.76	27.03	61.70	34.54
P 值	0.174	0.007	0.166	0.016	0.072	0.897	0.054	0.118	0.991
淀粉酶/(U/mg)									
黄羽肉鸡	7.32	3.08	2.35	3.15	15.64	1.60	2.21	8.25	3.10
白羽肉鸡	5.44	1.22	1.24	2.37	9.82	1.52	2.10	7.82	2.80
P 值	0.260	0.000	0.046	0.405	0.072	0.811	0.834	0.973	0.656
胰蛋白酶/(U/g)									
黄羽肉鸡	246.64	129.10	122.98	174.51	89.10	167.65	175.08	125.93	256.65
白羽肉鸡	286.99	126.03	104.63	188.33	130.50	228.39	254.51	149.55	308.10
P 值	0.535	0.769	0.360	0.741	0.284	0.013	0.168	0.095	0.304
糜蛋白酶（U/mg)									
黄羽肉鸡	3.33	1.28	0.97	1.97	2.27	2.23	1.56	0.71	1.34
白羽肉鸡	4.07	1.21	1.59	2.29	2.86	2.55	1.19	1.26	1.56
P 值	0.255	0.757	0.000	0.095	0.084	0.331	0.108	0.049	0.230

表 2-9　黄羽肉鸡和白羽肉鸡空肠脂肪酶、淀粉酶、胰蛋白酶、糜蛋白酶活性比较

项目	日龄								
	7 日龄	14 日龄	21 日龄	28 日龄	35 日龄	42 日龄	49 日龄	56 日龄	63 日龄
脂肪酶/(U/mg)									
黄羽肉鸡	238.47	404.10	127.06	205.16	128.55	117.89	105.11	156.85	238.47
白羽肉鸡	139.12	87.88	60.64	141.79	59.17	70.19	47.46	130.05	139.12
P 值	0.005	0.000	0.043	0.165	0.032	0.022	0.005	0.329	0.005

（续）

项目	日龄								
	7 日龄	14 日龄	21 日龄	28 日龄	35 日龄	42 日龄	49 日龄	56 日龄	63 日龄
淀粉酶/(U/mg)									
黄羽肉鸡	40.59	77.62	19.91	42.47	87.17	53.88	193.70	48.01	40.59
白羽肉鸡	37.97	30.75	6.91	33.53	50.62	53.62	210.74	42.32	37.90
P 值	0.780	0.001	0.040	0.462	0.002	0.985	0.653	0.518	0.780
胰蛋白酶/(U/g)									
黄羽肉鸡	1 085.06	87.88	807.10	1 174.19	828.00	1 118.39	1 165.17	1 201.91	1 085.06
白羽肉鸡	1 285.99	404.10	726.39	1 059.43	1 310.05	1 270.47	1 284.71	1 493.52	1 285.99
P 值	0.358	0.000	0.509	0.484	0.117	0.348	0.315	0.046	0.358
糜蛋白酶/(U/mg)									
黄羽肉鸡	9.61	1.14	1.83	2.75	2.92	5.40	—	1.08	2.04
白羽肉鸡	15.76	1.78	2.58	2.43	2.51	6.37	—	2.05	10.68
P 值	0.017	0.136	0.112	0.482	0.400	0.305	—	0.010	0.001

表 2-10 黄羽肉鸡和白羽肉鸡回肠脂肪酶、淀粉酶、胰蛋白酶、糜蛋白酶活性比较

项目	日龄								
	7 日龄	14 日龄	21 日龄	28 日龄	35 日龄	42 日龄	49 日龄	56 日龄	63 日龄
脂肪酶/(U/mg)									
黄羽肉鸡	254.96	222.50	136.60	118.39	125.79	108.82	78.00	37.29	93.38
白羽肉鸡	111.09	130.88	155.48	97.26	180.07	57.58	44.56	33.65	65.17
P 值	0.003	0.096	0.654	0.355	0.213	0.004	0.003	0.617	0.089
淀粉酶/(U/mg)									
黄羽肉鸡	52.44	48.23	19.38	33.98	69.76	37.51	47.41	77.26	56.19
白羽肉鸡	46.59	28.53	15.49	26.22	47.66	30.49	27.96	50.05	28.82
P 值	0.591	0.036	0.575	0.384	0.040	0.431	0.007	0.130	0.012
胰蛋白酶（U/g)									
黄羽肉鸡	1 340.07	1 594.41	1 302.17	1 289.81	1 518.57	1 510.76	1 543.03	1 276.90	1 469.78
白羽肉鸡	1 744.78	1 808.33	1 470.54	1 462.48	2 000.53	1 606.28	1 650.97	1 661.94	1 262.08
P 值	0.061	0.331	0.265	0.370	0.014	0.468	0.680	0.038	0.140
糜蛋白酶/(U/mg)									
黄羽肉鸡	6.12	4.81	1.49	1.50	0.92	1.68	3.63	2.64	4.43
白羽肉鸡	6.35	4.66	1.88	1.68	2.03	2.62	4.48	3.16	3.66
P 值	0.893	0.866	0.519	0.579	0.026	0.122	0.459	0.546	0.482

三、营养物质的吸收

饲料中的营养物质或其消化后的产物透过黏膜上皮，进入血液或淋巴的过程称为吸收。饲料经过消化后，蛋白质分解为氨基酸和小分子肽，脂肪分解为甘油一酯、脂肪酸和甘油，糖类分解为单糖。这些物质与饲料中不需要消化的维生素、无机物、水等营养物质被消化道上皮吸收。

吸收过程包括以下四个方面：①营养物质分子从肠腔到肠壁的物理运动；②肠上皮细胞表面积的最大化；③营养物质穿越上皮细胞膜进入细胞质的机制；④营养物质从肠上皮细胞转运到细胞外体液，即血液或淋巴液。

（一）吸收部位

消化道不同部位的吸收能力和吸收速度不同，这主要取决于消化道各部位的组织结构，以及饲料在各部分的消化程度和停留时间。在口腔和食管内，饲料通常是不被吸收的。在胃内，一般只吸收少量电解质和水分。小肠是鸡的主要吸收部位。糖类、蛋白质和脂肪的消化产物大部分在十二指肠和空肠吸收，回肠能主动吸收胆盐和维生素 B_{12}。大部分营养物质到达回肠时已吸收完毕，因此回肠主要起吸收机能的储备作用。大肠进行微生物消化活动，因此其消化产物会在大肠吸收。

小肠是最主要的吸收部位，这与小肠的组织结构特点有关。小肠黏膜具有环形皱褶，并有大量的绒毛。绒毛是小肠黏膜的微小突出结构，长度为 0.5～1.5mm。每一条绒毛的外周是一层柱状上皮细胞，上皮细胞的肠腔面又覆有许多长 1～1.5μm、宽 0.1μm 的微绒毛。由于环形皱褶、绒毛和微绒毛的存在，使小肠的吸收面积比同样长度的简单圆筒的面积增加约 600 倍。肠绒毛高度的增加能够使小肠吸收营养物质的面积增大，所以肠绒毛的高度直接关系着动物的生长发育。只有成熟的绒毛上皮细胞才具有营养物质吸收功能，因此绒毛短时，成熟细胞少，对营养物质的吸收能力低（Kiela et al.，2016）。小肠隐窝是绒毛根部上皮陷入固有层形成的管状腺体。隐窝深度主要是反映上皮细胞的生成率，上皮细胞不断从隐窝基部向绒毛端部移动，形成具有吸收能力的新绒毛细胞，以补充正常的细胞脱落。如果此过程减慢，则基部的细胞生成率降低，使隐窝变深（王子旭等，2003）。绒毛高度/隐窝深度比则综合反映小肠绒毛吸收功能。这个比值下降，表示消化吸收功能下降，常伴随腹泻的发生；这个比值上升，消化吸收功能增强，腹泻率下降（吴姝等，2018）。小肠具有巨大的吸收面积，食糜在小肠内停留的时间也较长，并且食糜在小肠内已被消化成适于吸收的小分子物质，因此小肠是消化吸收的主要场所。

肠绒毛内有平滑肌细胞，绒毛的运动可促进食糜混合，并减少界面层的厚度。每个绒毛含有一个乳糜管，乳糜管是淋巴系统的末梢，是吸收脂肪和水的重要途径。绒毛内有血管，可以吸收转运营养物质。微绒毛表面覆盖黏多糖和蛋白片段形成的网状膜，许多重要的消化酶如胰淀粉酶、二糖酶和二肽酶就吸附在这一蛋白多糖网膜上。

小肠绒毛的运动也是促进营养物质吸收的重要因素。空腹时，绒毛不活动。进食后，随着平滑肌的收缩和舒张，小肠绒毛产生节律性的伸缩和摆动。缩短时，既可把绒毛内压降低，又可吸收肠腔内已被消化好的物质。绒毛摆动时，能增加食糜与肠黏膜接触的机会，便于食糜混合和营养物质吸收。

（二）吸收方式

肠道对营养物质的吸收方式有四种：①被动扩散；②异化扩散；③主动转运；④胞饮作用。其中主动转运是最普遍的方式。

1. 氨基酸、肽的转运、吸收 饲料中的蛋白质经消化后，产生许多小肽和氨基酸。游离氨基酸的吸收是与钠吸收相偶联的继发性主动转运过程，由上皮细胞嗜碱侧面的 Na^+- K^+- ATP 酶供能。小肠壁有四种氨基酸转运系统，分别为中性氨基酸转运系统、酸性氨基酸转运系统、碱性氨基酸转运系统，以及亚氨酸、甘氨酸转运系统（转运甘氨酸、脯氨酸、羟脯氨酸）。

小肠黏膜也存在二肽和三肽的转运系统，且吸收速率快于氨基酸。小肠黏膜主要有以下三种吸收机制：①依赖 Ca^{2+} 或 H^+ 的转运系统；②具有 pH 依赖性的非耗能 Na^+/H^+ 转运系统；③谷胱甘肽转运系统。进入上皮细胞后，一部分二肽和三肽被细胞内的肽酶水解成氨基酸，还有部分直接进入血液。

2. 糖类的吸收 糖类包括淀粉、非淀粉多糖、单糖、二糖等。淀粉需经过消化酶的水解，降解为单糖（葡萄糖、果糖、半乳糖）才能被小肠吸收。双糖如麦芽糖、蔗糖、乳糖等也不能被直接吸收，需要经过二糖酶水解为单糖。非淀粉多糖一般不能被消化吸收，可被微生物发酵。

单糖的吸收是一个消耗能量的主动转运过程，可逆着浓度梯度进行，能量来自钠泵对 ATP 的分解。肠黏膜上皮细胞的刷状缘上存在一种钠依赖性葡萄糖转运载体，可以选择性地把葡萄糖或半乳糖从肠黏膜上皮细胞刷状缘的肠腔面转运入细胞内。进入细胞内的葡萄糖随着浓度的升高，在小肠上皮细胞基底膜上另一类葡萄糖转运载体的帮助下，通过易化扩散的方式进入细胞间液，再转入血液中。上述转运过程反复进行，不断把肠腔中的葡萄糖转运入血液，完成葡萄糖的吸收。由于动物体所有的组织细胞均需要利用葡萄糖，因此，除小肠上皮细胞外，其他组织细胞都存在转运葡萄糖的载体蛋白。

3. 脂类的吸收、转运 脂类的吸收开始于十二指肠远端，在空肠近端结束。脂类的消化产物脂肪酸、甘油一酯和胆固醇等很快与胆汁中的胆盐形成混合微胶粒。胆盐具有亲水性，可携带脂肪消化产物通过覆盖在小肠绒毛表面的净水层而靠近上皮细胞，脂肪酸、甘油一酯和胆固醇等从混合微胶粒中释放出来，以扩散的方式透过细胞膜进入上皮细胞。短链脂肪酸（一个分子中碳原子少于 6 个）溶于水，可以直接扩散进入毛细血管。中链脂肪酸（一个分子中有 6～12 碳原子）被吸收后可以直接透过上皮细胞而进入血液循环。长链脂肪酸被吸收后，在肠上皮细胞的内质网中大部分重新合成甘油三酯，并与细胞中的载脂蛋白形成乳糜微粒，以出胞的方式离开上皮细胞，扩散进入中央乳糜管，进入淋巴循环。由于饲料中的脂肪酸大部分为长链脂肪酸，因此脂肪的吸收途径以淋巴液为主。而大部分磷脂经胰液和小肠液中的磷脂酶的作用，分解为游离脂肪酸和溶血磷脂，溶血磷脂被肠上皮吸收，随后酯化。

4. 无机盐的吸收 一价盐很容易通过主动转运在肠道被吸收，二价或多价离子则较难被吸收。

钠离子主要在小肠被吸收，其中在空肠中的吸收最快。钠离子吸收有以下三种机制：

①钠偶联转运系统，即钠与葡萄糖、氨基酸、胆盐等相偶联的主动转运过程；②钠离子、氯离子同时被吸收；③钠离子也可通过被动扩散到上皮细胞内。

氯离子主要在小肠被吸收，且是小肠中最容易吸收的无机离子。其吸收的机制为：①钠离子、氯离子同时被吸收；②旁细胞途径，即在钠离子偶联转运葡萄糖、氨基酸等时，细胞由于吸收了钠离子产生了电位梯度，从而推动氯离子经旁细胞被吸收；③直接与碳酸氢根离子进行交换。

钙的吸收部位主要为空肠和回肠。钙离子的吸收方式是主动转运。钙离子通过小肠黏膜刷状缘上的钙通道进入上皮细胞，然后由细胞基底膜上的钙泵泵至细胞外并进入血液，通过肠黏膜细胞的微绒毛上的与钙有高度亲和性的钙结合蛋白被最终吸收，这一吸收机制受维生素D和甲状旁腺素的调控。另外，钙盐只有在溶解状态下才能被吸收。

铁的吸收部位为十二指肠和空肠，方式是主动吸收。铁的吸收取决于肠腔内环境、二价铁离子、三价铁离子的浓度，以及黏膜细胞中的转铁蛋白含量等因素。二价铁离子的吸收比三价铁离子的吸收快2～5倍。铁在酸性环境中易溶解，也易于被吸收，因此胃液中的盐酸有促进铁吸收的作用。

锌主要在鸡的回肠被吸收，回肠的锌吸收极显著高于十二指肠和空肠。回肠的锌吸收为非饱和扩散过程，而十二指肠和空肠的锌吸收是一个饱和且有载体参与调节的过程（于昱等，2008）。

锰主要的吸收部位为回肠，其吸收包括非饱和扩散与饱和载体转运两种途径。首先，肠腔中的锰被肠黏膜上皮细胞摄取，然后在上皮细胞内转移，最后经上皮细胞基底膜进入血液（李晓丽等，2013）。

硒主要通过胃、肠吸收，由被动扩散方式通过肠壁，进入血液，与血液中的α球蛋白、β球蛋白结合，经血浆运载进入各组织（李建柱等，2014）。

铜在胃和小肠的每个部位都能够被吸收，但主要还是在小肠前段。铜的吸收并不是单纯的以铜离子形式进入体内，主要是通过与一个或多个配位体结合成可吸收螯合物（如氨基酸螯合物），通过胃壁和小肠刷状缘表面被吸收。铜的吸收存在主动转运机制，并在转运过程中呈浓度依赖型和饱和型（高晨，2014）。

5. 维生素的吸收 水溶性维生素（B族维生素和维生素C）以扩散的方式被吸收。分子质量小的维生素更易被吸收。脂溶性维生素（维生素A、维生素D、维生素E、维生素K）的吸收机制与脂类相似，需要与胆盐结合才能进入小肠黏膜表面的静水层，以扩散的方式进入上皮细胞，而后进入淋巴或血液循环。

6. 水的吸收 水的吸收是被动的。各种溶质的吸收，特别是氯化钠的吸收所产生的渗透压梯度是水分吸收的主要动力。细胞膜和细胞间紧密连接，对水的通透性都很强。水在十二指肠和空肠的净吸收量较少，回肠净吸收的水分较多。

第三节 肠道屏障功能

肠道既是消化和吸收营养物质的重要脏器，又是保护机体免受饲料抗原、病原微生物及其产生的有害代谢产物的损害、保持机体内环境稳定的先天性屏障。

鸡的肠道屏障包括机械屏障、化学屏障、免疫屏障和微生物屏障。这四个屏障功能相对独立又密切联系，共同构成了一个复杂有序的屏障网络，任何一种屏障受到损伤都将导致疾病的发生。在鸡的生长过程中，受环境和营养应激等因素的影响，肠道屏障很容易受到损伤，造成肠道菌群失衡、紊乱，引发各种疾病，进而降低生产性能，甚至导致死亡（冯焱等，2016）。

一、机械屏障

机械屏障又称物理屏障，在肠道屏障中尤为重要，它是由肠黏膜上皮细胞及与其紧密连接的黏膜下固有层组成的完整的肠道上皮结构，是维持肠上皮细胞通透性及其屏障功能的结构基础。肠上皮细胞是肠道主要的功能细胞，具有一定的选择性，可以阻挡肠腔内致病菌、毒素等进入体内，但允许营养物质和其他可溶性物质进入体循环中进行吸收。鸡肠道上皮为单层柱状上皮，包括吸收细胞、杯状细胞和未分化细胞。吸收细胞呈高柱状排列，数量最多，相邻细胞间有由紧密连接、黏着连接和桥粒等组成的连接复合体，起着主要的机械屏障作用。紧密连接位于肠上皮细胞膜外侧的顶部，为一狭窄的带状结构，其作用为封闭细胞间的间隙，阻止肠腔有毒物质进入周围组织，还可起到调节肠上皮细胞旁路的流量速度及将细胞顶部与基侧膜分开的作用。细胞间紧密连接的通透性决定着整个肠上皮细胞的屏障功能。黏着连接位于紧密连接下方，起着细胞与细胞之间的黏附和细胞内信号传递的作用。黏着连接和紧密连接（合称为顶端连接复合体）与肌动蛋白细胞骨架相连。桥粒起到铆接相邻细胞的作用（呙于明等，2014）。

透射电镜下鸡回肠绒毛形态见图 2-1。

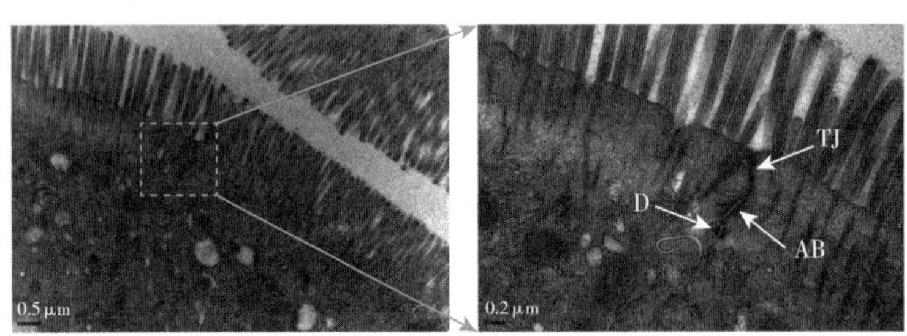

图 2-1 透射电镜下鸡回肠绒毛形态（王佰魁，2017）
TJ. 紧密连接 AB. 黏合带 D. 桥粒

紧密连接的形成有多种蛋白质参与。闭锁蛋白（occludin）、闭合蛋白（claudins）和连接黏附分子（junctional adhesion molecule，JAM）是跨膜蛋白，它们的胞外域与相邻细胞构成选择性屏障，参与调节细胞间黏附、移动和细胞的通透性，而胞内域则与细胞质内的闭合小环蛋白（zonula occludens，ZO）等外周包浆蛋白相连。ZO 是紧密连接支持结构的基础，起到连接跨膜蛋白与细胞骨架及传递信号分子的作用，参与调解细胞物质转运、维持上皮极性等重要过程。闭合蛋白为紧密连接蛋白的结构骨架。紧密连接和肌动蛋白细胞骨架的交互作用对紧密连接功能的维护也是极其重要的（呙于明，2004）。肠道紧密连接蛋白的结构与功能示意见彩图 1。

二、化学屏障

肠道化学屏障主要由覆盖在肠上皮细胞上的含一定数量微生物的疏松黏液外层和含少量微生物的黏液内层组成。杯状细胞分泌的黏液中含有细菌黏附受体的类似物——糖蛋白和糖脂，它们可改变细菌的进攻位点，使细菌与糖蛋白和糖脂结合后随粪便排出。此外，肠道分泌的各种物质，如胃酸、胆汁、消化酶、溶菌酶、糖蛋白、黏多糖和糖脂等也起到一定的化学屏障作用。胃酸能杀灭进入胃肠道的细菌，抑制细菌在胃肠道上皮的黏附和定植。胆汁中的胆盐和胆酸能与细菌内毒素结合或直接降解内毒素。溶菌酶可以使细菌细胞壁中的肽聚糖骨架结构断裂，导致细菌裂解。肠道分泌的大量消化液通过稀释毒素和冲洗肠腔使潜在的条件性致病菌难以黏附到肠上皮上。肠黏膜黏液的分泌、组成以及基因表达会受肠道微生物和宿主炎症介质的影响。

三、免疫屏障

肠道是机体最大的免疫器官，也是机体接触外界抗原物质最广泛的部位，承担着耐受饲料抗原和免疫防御的双重任务。肠道的免疫防御系统主要由肠道相关淋巴组织和弥散性淋巴组织构成。肠道相关淋巴组织是机体最大的淋巴器官和重要的黏膜相关淋巴组织，是防御病原体侵入机体的第一道防线。肠道相关淋巴组织主要由分布于肠道黏膜固有层和黏膜下层的淋巴细胞组成。鸡发达的肠道相关淋巴组织弥补了其淋巴结缺乏的缺陷。黏膜相关淋巴组织是免疫应答的传出淋巴区，为肠道免疫的主要效应部位（陈继发等，2018）。高度完整和调节完善的肠道免疫屏障，可对大量无害抗原下调免疫反应或产生耐受，而对有害抗原和病原体产生体液和细胞免疫，进行有效免疫排斥或清除（呙于明，2014）。

肠道免疫应答系统中的主要效应因子是由浆母细胞分泌的分泌型免疫球蛋白 A（sIgA），它分布于肠黏膜表面，是肠道分泌物中含量最丰富的免疫球蛋白，可以强有力地与抗原相结合，阻止病毒、细菌等有害抗原在肠上皮上的黏附并继而促发肠道的体液和细胞免疫，最终有效免疫排斥或清除有害抗原。如肠道中 sIgA 减少，可使肠黏膜抗感染免疫屏障功能下降，增加肠道细菌和内毒素与黏膜上皮细胞互作的机会，促进细菌移位和内毒素吸收（呙于明，2004）。

四、微生物屏障

鸡消化道中正常微生物群与宿主形成一个相互依赖、相互制约的统一整体，即微生态系统，该系统是宿主和微生物、微生物和微生物之间在长期进化过程中相互适应的结果。

肠道微生物屏障是肠道屏障的重要组成部分，可影响肠黏膜上皮的代谢和增殖。动物体肠道中存在着大量的细菌，通常黏附在细胞表面，与宿主相互作用，互利共生，形成一个动态平衡的微生态系统。当这个微生态系统的稳定性遭到破坏时，就会导致肠道中潜在病原体（包括条件致病菌）的定植和入侵。

对肠道屏障起重要作用的微生物主要为一些专性厌氧菌，包括乳酸杆菌、双歧杆菌等。这些肠道常驻菌群通过竞争肠黏膜上的黏附、分泌抗菌物质、增加黏液分泌来抑制致病菌的定植和生长，也可产生乳酸和短链脂肪酸（如乙酸、丙酸和丁酸等）来降低肠道

pH 与氧化还原电势（呙于明，2004）。短链脂肪酸还充当信号分子，通过结合肠上皮细胞黏膜上的 G 蛋白偶联受体 GPR43、GPR41 和 GPR109A，抑制 NF-κB 及下游促炎因子的表达，缓解肠道炎症、从而维持肠道屏障功能的完整性（Ohira et al.，2017）。因此，保持肠道内有益微生物的绝对优势，对于抑制有害微生物的生长繁殖、激活免疫系统、维持肠道微生态平衡至关重要（冯焱，2016）。

第四节　黄羽肉鸡消化道微生物组成

一、微生物组成

肠道菌群可分为三大部分：①与宿主共生的生理性细菌，为专性厌氧菌，是肠道的优势菌群，具有营养及免疫调节作用；②与宿主共栖的条件致病菌，以兼性需氧菌为主，是胃肠道非优势菌群，如肠球菌、肠杆菌等，在肠道微生态平衡时是无害的，在特定条件下具有侵袭性，对机体有害；③病原菌，多为过路菌，长期定植的机会少，微生态平衡时，这些菌数量少，不具有致病性，若数量超出正常水平，则会引发疾病（周剑波等，2012）。

鸡的消化道可分为许多段，每一段都有各自的特点。这些肠段在 pH、食糜成分、盐分和水分的含量上均存在差异。这些差异为不同微生物在不同肠段中的定植提供了选择。成年鸡的肠道菌群至少含有 17 种不同的微生物家族，这包含了约 500 种不同的微生物种类，它们沿着肠道分布。微生物的多样性和复杂性从肠道近端到远端逐步增加。

（一）嗉囊、腺胃、肌胃

鸡的嗉囊、腺胃和肌胃中的微生物菌群多样性较低，而肠道末端中的微生物菌群较之更为复杂。嗉囊、腺胃和肌胃中的微生物菌群组成非常相似，以乳酸杆菌属的细菌为主（Meyer et al.，2012；Sekelja et al.，2012）。无论鸡采食何种类型的饲料，其嗉囊内通常都含有敏捷乳酸杆菌、唾液乳杆菌、约氏乳杆菌、罗伊氏乳杆菌、瑞士乳杆菌（*Lactobacillus helveticus*）、*Lactobacillus ingluviei* 和阴道乳杆菌（Hammons et al.，2010）。采食小麦、玉米和豆粕的鸡，其嗉囊中会含有大量的鸟乳杆菌、唾液乳杆菌和一小部分与梭状芽孢杆菌相关的细菌，包括分节丝状菌（Gong et al.，2007）。此外，奇异菌属、双歧杆菌以及与直肠真杆菌和球形梭菌有关的梭菌属已被证明可黏附于鸡嗉囊的表面（Collado et al.，2007），这表明嗉囊腔内可形成厌氧环境。腺胃中也检测到柔嫩梭菌属和拟杆菌属等厌氧菌（Videnska et al.，2013）。

（二）小肠（十二指肠、空肠、回肠）

研究表明，黄羽肉鸡小肠的三个肠段——十二指肠、空肠、回肠，在门水平具有相似的微生物群落，包括变形菌、厚壁菌、放线菌和拟杆菌；在属水平，十二指肠和回肠的优势菌属相似，为赭杆菌和红球菌，而未分类梭状芽孢杆菌科是空肠中最多的菌属（Wen et al.，2019）。然而，小肠微生物菌群组成会因动物饲料成分的不同而发生变化。例如，给肉鸡喂含羽毛粉的饲粮后，发现屎肠球菌、卷曲乳杆菌、罗伊氏乳杆菌和唾液乳杆菌的含量显著升高（Meyer et al.，2012）。小肠是营养物质消化和吸收的主要区域，其微生物菌群的组成对这些过程有积极的作用。

在雏鸡回肠中，乳酸杆菌的含量最丰富，从 21 日龄开始至 42 日龄，乳酸杆菌的多样性不断增加。21 日龄时，雏鸡小肠中出现唾液乳杆菌、约氏乳杆菌、罗伊氏乳杆菌、口乳杆菌和卷曲乳杆菌；21 日龄后，小肠中大量出现鸡乳杆菌（*Lactobacillus gallinarum*）、唾液乳杆菌、卷曲乳杆菌、鸟乳杆菌（*Lactobacillus aviaries*）、约氏乳杆菌和罗伊氏乳杆菌。这些研究表明，虽然乳杆菌是小肠微生物菌群的主导细菌，但随着鸡年龄的增长，一系列菌种和菌株会出现在肠道中（Lu et al.，2003）。Lu 等（2003）发现鸡回肠中梭菌的数量从育雏期开始至生长期不断增加，并且在育成期结束时达到最大丰度。

（三）后肠（盲肠、直肠）

盲肠内细菌的种类和数量最多，且以厌氧菌为主。盲肠微生物多样性显著高于十二指肠、空肠和回肠（Wen et al.，2019）。研究表明，在门水平，黄羽肉鸡盲肠菌群主要由拟杆菌（47.86%）、厚壁菌（46.50%）、变形菌（3.97%）（Wang et al.，2019），以及放线杆菌（0.53%）、柔嫩杆菌（0.24%）等构成。快大型黄羽肉鸡盲肠微生物群落结构（门水平）见彩图 2。黄羽肉鸡盲肠细菌基因序列可归属于 78 个细菌属，其优势属主要有拟杆菌（21.70%）、巴氏杆菌（14.85%）、粪杆菌（5.41%）、螺旋菌（5.23%）、巨单胞菌（4.33%）、普氏菌（3.04%）、瘤胃球菌（2.52%）、幽门螺杆菌（2.02%）等。厚壁菌门可有效分解饲料中难以消化的非淀粉多糖类物质，拟杆菌门有利于糖类的消化吸收和利用，放线菌门有助于宿主提高机体抵抗力。宋颖超等（2018）的报道指出，放线菌门是影响黄羽肉鸡饲料效率的重要菌门，双歧杆菌属是影响饲料效率的重要菌属。

后肠的另一个肠段直肠，其微生物数量远低于盲肠，但微生物组成与盲肠较为相似，可能是因为盲肠和直肠的位置是相连的，盲肠中的部分消化液可能在鸡屠宰挣扎时移向直肠。直肠的主要微生物是毛螺旋菌和未培养细菌（Yang et al.，2019）。

（四）小肠与后肠微生物的区别

张艳等（2018）研究表明，肉鸡小肠和后肠微生物菌群存在明显的差异。在门水平，小肠与后肠的放线菌门和拟杆菌门的相对丰度有显著差异；在属水平上，乳酸菌属是前肠的绝对优势微生物属，此外，棒杆菌属、短杆菌属和短状杆菌属等微生物属在小肠中相对丰度也显著高于后肠；而多种厌氧菌属如罕见小球菌属、拟杆菌属、粪杆菌属、梭菌属和丁酸球菌属在后肠中相对丰度更高，这与后肠微生物主要进行厌氧发酵的现象一致。研究表明，黄羽肉鸡小肠和后肠微生物菌群的优势菌群有显著不同（Wen et al.，2019）。

小肠和后肠微生物功能的差异也显著。在小肠微生物中，有关遗传信息的复制及翻译、核酸代谢、脂代谢的基因相对丰度较高；后肠微生物中，有关氨基酸代谢、能量代谢、次级代谢微生物合成的基因相对丰度较高，这与后肠大量微生物发酵，产出各种氨基酸、短链脂肪酸、次级代谢产物等生理功能相符。研究表明，黄羽肉鸡小肠微生物群落在小分子营养物质的代谢中起着重要作用，而盲肠微生物群落对大分子的降解能力较强。具体而言，黄羽肉鸡小肠菌群中丙酮酸和丁酸的脂肪酸生物合成和代谢，以及盲肠菌群中糖类和能量代谢多于小肠，盲肠中甲烷代谢丰度显著增高（Wen et al.，2019）。

二、微生物群落结构变化规律

刚出壳的健康雏鸡消化道内通常无菌，出雏后会立即接触周围环境中的微生物，通过空气、饮水和饲料等途径，逐渐形成自己特有的肠道微生物区系。事实上，抓捕、运输和接种疫苗的过程均有助于生产条件下的鸡肠道微生物菌群发生变化。雏鸡进入养殖场时，其肠道中已有了一个有明显构建特性的微生物菌群。肠道微生物菌群的这种构建十分迅速，并且幼龄雏鸡肠道中的菌种在育成期结束时可能仍然存在（Yin et al.，2010）。许多研究表明，食源性病原体最容易在雏鸡出雏后的第一周在雏鸡肠道中定植成功，因为此时雏鸡肠道环境正处于迅速变化之中，内部的微生物菌群缺乏多样性且极不稳定（Nurmi et al.，1992；Wagner，2006）。

在采用厚垫料的养殖场，雏鸡暴露于高度多样化的环境中，这会大大增加雏鸡肠道内微生物菌种的数量。在此期间，幼龄雏鸡盲肠微生物菌群结构相对简单，且与小肠中的微生物菌群组成非常相似，这表明肠道尚未在空间环境上形成各种间隔（Lu et al.，2003）。在 3 日龄时，雏鸡的回肠微生物菌群大部分是周围环境中的细菌；7 日龄雏鸡的回肠微生物以乳酸杆菌为主，其次为未分类的毛螺菌和肠球菌（Cressman et al.，2010）。2 周龄后，雏鸡的肠道空间环境成熟，其盲肠和小肠微生物发育成有明显差异的菌群，包括 pH、气体（O_2、CO_2 和 NH_3）、表面活性剂、渗透压、底物和细菌代谢物如短链脂肪酸等的差异。

参考文献

安永义，周毓平，呙于明，等，1999. 0～3 周龄肉仔鸡消化道酶发育规律的研究 [J]. 动物营养学报（1）：17 - 24.

曾杰，陈听冲，钟圣伟，等，2019. 泰和乌骨鸡回肠显微结构及黏膜上皮机械屏障结构 [J]. 中国兽医学报，39（7）：1342 - 1346.

陈继发，曲湘勇，2018. 家禽肠道屏障功能及其影响因素 [J]. 广东饲料，27（6）：41 - 43.

冯焱，张芬鹊，李建慧，2016. 家禽肠道黏膜屏障结构及功能研究进展 [J]. 中国家禽，38（4）：1 - 4.

高晨，2014. 纳米氧化铜在 Caco - 2 细胞模型及鸡肠道中吸收转运机制的研究 [D]. 长春：吉林大学.

辜新贵，王启军，周樱，等，2010. 雏鸡消化道发育与营养消化吸收特征 [J]. 广东畜牧兽医科技，35（6）：11 - 15.

呙于明，2004. 家禽营养 [M]. 北京：中国农业大学出版社.

呙于明，刘丹，张炳坤，2014. 家禽肠道屏障功能及其营养调控 [J]. 动物营养学报，26（10）：3091 - 3100.

李培培，冯永胜，郝小静，等，2019. 鸡腺胃炎非传染性致病因素研究进展 [J]. 国外畜牧学（猪与禽），39（4）：58 - 60.

李建柱，唐雪峰，赵云焕，等，2014. 硒的代谢机制及其对家禽生产性能影响的研究进展 [J]. 中国饲料（24）：27 - 30.

李晓丽，吕林，解竞静，等，2013. 锰在鸡肠道中吸收的特点、影响因素及分子机制 [J]. 动物营养学报，25（3）：486 - 489.

林厦菁，蒋守群，洪平，等，2017. 黄羽肉鸡与白羽肉鸡胃肠道消化酶活性比较研究 [J]. 中国家禽，39（13）：26 - 30.

林厦菁，蒋守群，蒋宗勇，等，2017. 罗斯鸡与快大型黄羽肉鸡消化生理比较研究 [J]. 中国家禽，39（18）：63 - 68.

罗克，1983. 家禽解剖学与组织学 [M]. 福州：福建科学技术出版社.

莫平华，马庆涛，纪小霞，等，2014. 青蒿素对鸡柔嫩艾美耳球虫第二代裂殖子微线基因 mRNA 转录及鸡盲肠组织结构的影响［J］. 畜牧兽医学报，45（5）：833－838.
那威，吴媛媛，王宇祥，等，2012. 肉鸡胚胎发育过程中肝脏的组织学观察［J］. 中国畜牧兽医，39（11）：111－115.
欧阳五庆，2006. 动物生理学［M］. 北京：科学出版社.
彭羽，2019. 鸡传染性腺胃炎的防治［J］. 养殖与饲料（4）：97－98.
王佰魁，2014. 益生菌对肉鸡产气荚膜梭菌攻毒的保护效果研究［D］. 杭州：浙江大学.
王杨，2018. 鸡传染性腺胃炎的流行病学、临床表现及防控［J］. 现代畜牧科技（7）：124.
王玉香，2020. 鸡肌腺胃炎病的防控［J］. 养殖与饲料（4）：92－93.
王子旭，佘锐萍，陈越，等，2003. 日粮锌硒水平对肉鸡小肠黏膜结构的影响［J］. 中国兽医科技（7）：18－21.
吴姝，蒋步云，宋泽和，等，2018. 植物多酚对黄羽肉鸡抗氧化性能、肠道形态及肉品质的影响［J］. 动物营养学报，30（12）：5118－5126.
辛颖，2020. 肉鸡传染性法氏囊病的流行病学、临床特征、剖检变化与防控措施［J］. 现代畜牧科技（4）：94－95.
于昱，吕林，罗绪刚，等，2008. 锌在肉仔鸡小肠不同部位吸收机理的研究［J］. 中国农业科学（9）：2789－2797.
张心如，罗宜熟，杜干英，等，2005. 鸡消化道酸度与用药［J］. 江西畜牧兽医杂志（1）：29.
张艳，2018. 鸡肠道微生物的群落结构和功能基因与鸡的健康养殖［D］. 北京：中国农业科学院.
周剑波，王晶，武书庚，2012. 鸡消化道微生物菌群及其作用［J］. 饲料与畜牧（9）：5－7.
朱静，陈继兰，刘冉冉，等，2012. 鸡喙组织主要化学成分分析［J］. 中国家禽，34（10）：59－60.
Byrd J C，Yunker C K，Xu Q S，et al.，2000. Inhibition of gastric mucin synthesis by Helicobacter pylori［J］. Gastroenterology，118（6）：1072－1079.
Collado M C，Sanz Y，2007. Characterization of the gastrointestinal mucosa－associated microbiota of pigs and chickens using culture－based and molecular methodologies［J］. J Food Prot，70（12）：2799－2804.
Cressman M D，Yu Z，Nelson M C，et al.，2010. Interrelations between the microbiotas in the litter and in the intestines of commercial broiler chickens［J］. Appl Environ Microbiol，76（19）：6572－6582.
Falkenberg G，Fleissner G，Schuchardt K，et al.，2010. Avian magnetoreception：elaborate iron mineral containing dendrites in the upper beak seem to be a common feature of birds［J］. PloS one，5（2）：e9231.
Goodridge A，1968. Lipolysis in vitro in adipose tissue from embryonic and growing chicks［J］. American Journal of Physiology，214（4）：902－907.
Gong J，Si W，Forster R J，et al.，2007. 16S rRNA gene－based analysis of mucosa－associated bacterial community and phylogeny in the chicken gastrointestinal tracts：from crops to ceca［J］. FEMS Microbiol Ecol，59（1）：147－157.
Hammons S，Oh P L，Martinez I，et al.，2010. A small variation in diet influences the Lactobacillus strain composition in the crop of broiler chickens［J］. Syst Appl Microbiol，33（5）：275－281.
Hansen R，Russell R K，Reiff C，et al.，2012. Microbiota of de－novo pediatric IBD：increased Faecalibacterium prausnitzii and reduced bacterial diversity in Crohn's but not in ulcerative colitis［J］. Am J Gastroenterol，107（12）：1913－1922.
He S，Li S，Arowolo M A，et al.，2019. Effect of resveratrol on growth performance，rectal temperature and serum parameters of yellow－feather broilers under heat stress［J］. Animal Science Journal，90（3）：401－411.

Kiela P R，Ghishan F K，2016. Physiology of Intestinal Absorption and Secretion [J]. Best Practice & Research Clinical Gastroenterology，30 (2)：145 - 159.

Meyer B，Bessei W，Vahjen W，et al.，2012. Dietary inclusion of feathers affects intestinal microbiota and microbial metabolites in growing Leghorn - type chickens [J]. Poult Sci，91 (7)：1506 - 1513.

Nurmi E，Nuotio L，Schneitz C，1992. The competitive exclusion concept：development and future [J]. Int J Food Microbiol，15 (3 - 4)：237 - 240.

Ohira H，Tsutsui W，Fujioka Y，2017. Are short chain fatty acids in gut microbiota defensive players for inflammation and atherosclerosis [J]. Journal of Atherosclerosis and Thrombosis，24：660 - 672.

Sekelja M，Rud I，Knutsen S H，et al.，2012. Abrupt temporal fluctuations in the chicken fecal microbiota are explained by its gastrointestinal origin [J]. Appl Environ Microbiol，78 (8)：2941 - 2948.

Turner H L，Turner J R，2010. Good fences make good neighbors [J]. Gut Microbes，1 (1)：22 - 29.

Videnska P，Faldynova M，Juricova H，et al.，2013. Chicken faecal microbiota and disturbances induced by single or repeated therapy with tetracycline and streptomycin [J]. BMC Vet Res，9：30.

Wagner R D，2006. Efficacy and food safety considerations of poultry competitive exclusion products [J]. Mol Nutr Food Res，50 (11)：1061 - 1071.

Wang Y，Wang Y，Wang B，et al.，2019. Protocatechuic acid improved growth performance，meat quality，and intestinal health of Chinese yellow - feathered broilers [J]. Poult Sci，98 (8)：3138 - 3149.

Wen C，Yan W，Sun C，et al.，2019. The gut microbiota is largely independent of host genetics in regulating fat deposition in chickens [J]. ISME J；13 (6)：1422 - 1436.

Wu P，Jiang T，Shen J，et al.，2006. Morphoregulation of avian beaks：Comparative mapping of growth zone activities and morphological evolution [J]. Developmental Dynamics，235 (5)：1400 - 1412.

Yang G Q，Zhang P，Liu H Y，et al.，2019. Spatial variations in intestinal skatole production and microbial composition in broilers [J]. Animal Science Journal，90：412 - 422.

Yin Y，Lei F，Zhu L，et al.，2010. Exposure of different bacterial inocula to newborn chicken affects gut microbiota development and ileum gene expression [J]. ISME J，4 (3)：367 - 376.

第三章　黄羽肉鸡的水营养

水，是黄羽肉鸡生长过程中需求量最大、最重要的物质，黄羽肉鸡所有的生命活动都与水密切相关。生命活动中所有的化学反应都是在水中进行的。因此，水是维持机体正常生理活动的重要养分。此外，水又是最便宜、最容易得到的营养物质，黄羽肉鸡对水的需求量是饲料的 2～3 倍。但在黄羽肉鸡生产上水的重要性往往被大多数人所忽视。在日常的饲养、繁殖和疾病预防与治疗中，提供充足、干净的饮水是黄羽肉鸡生产潜力发挥的基本条件之一。

第一节　黄羽肉鸡的需水量

一、黄羽肉鸡需水量及其影响因素

（1）黄羽肉鸡的需水量受生理阶段、活动量、饲料组分搭配和环境等因素影响。黄羽肉鸡饮水量见表 3－1。

表 3－1　黄羽肉鸡饮水量

日龄	平均饮水量/g・d
1～21	61
22～42	175
≥43	273

资料来源：于欢，2016。

（2）黄羽肉鸡的饮水量与饲料干物质采食量呈正相关，即干物质采食量越大，需水量就越多。另外，当采食含粗纤维较高的饲料时，无法消化的粗纤维残渣要排出体外，也需要充足的水，所以饮水量增加。当肉鸡采食高蛋白饲料时，蛋白质的代谢产物尿酸生成量增加，这就需要较多的水稀释尿酸，因此需水量增加。家禽采食干物质与其饮水量比例为1∶(2～3)。

（3）黄羽肉鸡的需水量与环境温度呈正相关，即随着环境温度的升高，肉鸡饮水量增加。在正常情况下，夏季饮水量远高于冬季。当气温低于 10℃时，需水量减少，饮水量降低明显。另外，当环境相对湿度较大时，需水量也会增加。气温在 21℃以上，每升高1℃，饮水量约增加 7%。随日龄增加，饮水量加大：在 21℃以上，1 周龄雏鸡饮水 25g/d，4 周龄 55g/d，8 周龄 180g/d。

二、缺水对黄羽肉鸡的影响

饮水不足或缺水的家禽，饲料消耗减少，体重下降，生产力降低，严重者死亡。禽类失去其全部体脂 50%仍可能生存，但体内水分散失 10%即可能死亡。肉鸡连续限制饮水

20%，即能严重影响饲料利用率。出壳雏在第一次饮水之前，如管理不善、长途运输等，较长时间未获饮水，自身水分过分消耗，身体处于严重的缺水状态，这是比较常见但并未引起普遍注意的问题，对鸡的生长发育和存活率影响很大。据报道，4 周龄的小鸡断水喂食，体重下降到 40%～50%时死亡，平均存活时间为 11d，最长不超过 16d（王际龙等，2013）。

第二节　黄羽肉鸡饮水管理

在高密度规模化养殖模式下做好肉鸡的饮水管理对于防病、灭病、提高经济效益是非常重要的。

一、选择适当的饮水系统

目前，机械化种鸡场所采用的饮水系统有开放式饮水系统（如水罐、微型饮水器、水槽、钟型饮水器等）、封闭式饮水系统（常用的为乳头饮水器）。开放式饮水器价格便宜，操作方便，但使用起来不卫生，易产生滴漏，污染饲料。乳头饮水器可以降低劳动力成本，改善饮水卫生，但对水质要求高，在水质不好时易堵塞管道或造成漏水。雏鸡开始不易找到乳头，需要将微型饮水器置于垫料上引导雏鸡饮水。因此，在使用时应谨慎选择饮水系统。雏鸡开始饮水时宜使用开放式饮水系统，笼养育成鸡及产蛋鸡宜使用水槽。常用饮水器有饮水槽（小鸡）（彩图 3）、饮水乳头（彩图 4）、饮水箱（彩图 5）。

二、雏鸡饮水管理

雏鸡饮水关键在于卫生、均匀和引导饮水。雏鸡饮水的水温以 17～20℃为宜，开食前先饮水 2～3h。雏鸡的饮水一般采用开放式饮水系统，先选用微型饮水器，逐渐改为水槽，待雏鸡适应新饮水器后，再把旧饮水器取走。随着鸡只的生长，及时调整饮水设备，确保水槽始终处于略高于鸡背的高度，以减少饮水外溅。雏鸡水槽的宽度一般为 1.5cm/只。

三、育成鸡饮水管理

育成鸡生长旺盛，采食量快速增加，提供充足的饮水及饮水位是这个阶段的关键。如使用水槽，母鸡水槽宽度以 2.5cm/只为宜，公鸡以 4cm/只为宜，混饲时平均以 2.5cm/只为宜。使用乳头饮水器时，母鸡以 10～12 只/个为宜，公鸡以 8 只/个为宜，混饲时以 10～12 只/个为宜。为限制体重，延迟性成熟，提高种蛋质量，肉用种鸡场一般在 3～4 周龄开始限饲。为防止停料时饮水过多，造成粪便过稀或腹泻而污染饲料和环境，在停料的同时也要限水。以下限水程序可供参考。在饲养日，上午持续供水 1 次 6h，即在饲喂前 1h 开始供水，直到吃完饲料后 1～2h 停水；午前供水 30min；下午供水 2～3 次，每次 30min，最后 1 次应正好在天黑前供给。在非饲喂日，清晨供水 1 次 30min，中午前供水 1 次 20～30min，下午供水 1 次 30min。如果气温超过 30℃要中断限水程序（王琤铧，2002）。

四、种鸡产蛋期饮水管理

种鸡产蛋期所需的最小饮水空间与育成期基本相同。产蛋期的饮水也要随着供料量和气温的变化而变化。产蛋高峰过后，鸡只体重继续增长，这时就有必要限料，在限料的同时也要限水。限水程序为：饲喂期，从喂料前 30min 到吃完后 1～2h 期间持续供水，下午供水 30min，天黑前供水 30min。天气炎热时，不能限水。如果用乳头饮水器时，通常没有必要限水。如温度高于 30℃，每小时必须供水 20min。天气极为炎热时，取消限水（曹衡，2012）。

第三节　水质控制技术与措施

黄羽肉鸡与其赖以生存的内外环境协调一致，是黄羽肉鸡正常生长发育的基础。随着集约化生产水平的不断提高，放养密度过大，使养殖环境的污染程度不断加剧，养殖环境日益恶化，致使黄羽肉鸡不可避免地处于各种环境因子的胁迫之下。畜禽饮用水作为维持畜禽生命活动与保持生产性能的重要基础物质之一，其品质直接影响了畜禽的活力与健康，基于畜禽饮用水水质检测要求，农业部在 2001 年 9 月第一次发布了农业行业标准 NY 5027—2001《无公害食品畜禽饮用水水质》。2008 年，农业部对 NY 5027—2001 进行了修订，更新标准为 NY 5027—2008。其中水质安全指标对畜、禽分别规定了标准值，检测方法均按照 GB/T 5750《生活饮用水标准检验方法》执行。

一、黄羽肉鸡饮用水水质标准

感官指标：标准的饮用水无色，无味，无臭，无悬浮物，清澈透明，无杂质，无藻类，无泥沙，要求色度不大于 30 度，浑浊度不大于 20 度。如果有杂物会使水浑浊，滋生病毒、细菌，产生有害毒素物质，不能用于动物饲养饮水。

一般化学指标：饮用水水质标准中规定肉鸡饮用水酸碱度为 pH6.5～8.5，硬度不大于 1 500mg/L。若大量偏碱水，可引起碱中毒；若 pH 低于 3，会引起细胞代谢紊乱，甚至中毒。高硬度的水中钙、镁离子浓度偏高，能与其他水溶物发生离子竞争，在温度影响下，这些离子会使蛋白凝固，结晶沉淀。若碳酸镁、磷酸钙、碳酸钙和碳酸钠等的含量过高，易形成结晶和沉淀物阻塞水管或乳头饮水器，还会降低疫苗效价、分解消毒药。

毒理学指标：水中的微量有害毒物及杂质主要包括氟化物（≤2.0mg/L）、氰化物（≤0.05mg/L）、砷（≤0.20mg/L）、镉（≤0.01mg/L）、铬（≤0.05mg/L）、铅（≤0.10mg/L）、汞（0.001mg/L），若长期饮用超出这个限度的水，就会引起家禽生长停滞或中毒。

细菌学指标：水中有很多的致病微生物，像大肠杆菌群、沙门氏菌群、巴氏杆菌、枯草杆菌、寄生虫类等。肉鸡饮水中的总大肠杆菌群标准不得超过 100 个/L。

离子指标：饮水中的离子主要有钙、磷、镁、铁、锌、铜、锰等。镁是泻剂，要求镁指标在 125mg/L 以下；锰 0.05mg/L 以下；铁 0.3mg/L 以下；铜 1.0mg/L 以下；锌的要求量为 1mg/L 以下。饮水中离子含量的变化对肉鸡的生产性能与健康有一定影响，如在饮水中大剂量添加氯化钠可诱发肉鸡肺动脉高压和腹水症。水中的无机离子钙、镁、钠盐是形成可溶性总固体（TDS）的主要成分，而 TDS 含量高，最容易对鸡群造成有害影响。有研究表明饮水中钙、镁离子浓度的变化对肉鸡（0～3 周龄）的生长无显著影响，但饲料转化率随镁离子浓度增加而提高（王蕾等，2015）。

二、饮水给药和饮水免疫应注意的问题

（一）肉鸡饮水量变化大

不少药物是按饮水比例计算，但饮水量受多种因素的影响，同一肉鸡在不同情况下饮水量可能相差几倍。如高温环境饮水量可能为低温环境的 2～3 倍。又如患肾传支的病禽饮水量可能为其他禽的数倍，若仅按饮水浓度给药，用药量可能相差数倍。

（二）水质的影响

水质对药物效果影响很大，比如氯常作为饮水消毒剂，但氯能杀灭许多疫苗，饮水含氯量超过 0.5mg/L，可使 95%的传支疫苗失去活性；氯含量达到 1mg/L，可降低新城疫疫苗效价 20%；2mg/L 时疫苗效价下降 85%。饮水中含氯量应低于 0.1mg/L。当饮水含氯时，可在饮水中添加奶粉（浓度为 4mg/L），以减轻氯的不利影响。

（三）浓度的影响

一些药物在饮水中的浓度不同，其疗效不同，甚至作用相反。比如，因肉鸡小肠逆蠕动很强，小肠对硫酸钠和硫酸镁很敏感，8%以上浓度即可增强小肠逆蠕动，易引起肌胃痉挛。在解救有机磷中毒时，只能用 5%以下浓度，否则，反而会延缓下泻，甚至造成新的药物中毒。而目前一些资料只讲用药量，未讲饮水浓度，应引起注意。

（四）水中毒

长时间干渴脱水的肉鸡，突然短时间内大量饮水，可能引起死亡。尤其是对雏鸡危害大。在这种情况下，应少量多次逐步给水。

（五）饮水免疫的用水量

采用饮水免疫稀释配制疫苗时，可用深井水或凉开水，饮水中不应含有任何使疫苗灭活的物质，如氯、锌、铜、铁等离子，稀释疫苗的用水量应根据肉鸡的大小来确定，肉鸡疫苗稀释用水量见表 3-2（余刘平，2001）。

表 3-2　肉鸡疫苗稀释用水量

周龄	疫苗稀释用水量/(mL/只)
1～2	8～10
3～4	15～20
5～6	20～30
7～8	30～40
9～10	40～50

（六）饮水免疫前后应控制饮水和避免使用其他药物

饮水免疫的家禽，应提前 2～3h 停止供水，具体停水时间的长短可灵活掌握，一般在

天气炎热的夏季或饲喂干料时，停水时间可适当短些，在天气寒冷的冬季，停水时间可适当长些，使肉鸡在施用饮水免疫前有一定的口渴感，确保肉鸡在短时间内将疫苗稀释液饮完。此外，肉鸡在饮水免疫前后24h内，其饲料和饮水中不可使用消毒剂和抗菌类药物，以防引起免疫失败或干扰机体产生免疫力（张家峥等，2002）。

三、饮水质量控制措施与方式

（一）水源的选择和饮水的消毒

1. 水源的选择　养殖场建立时选择水质较好的自来水或地下深井水，水源周围50～100m内不得有污染源，从源头保证水质安全。防止污染，做好粪污处理，保持养殖场清洁。

2. 饮水的消毒　对饮水进行消毒处理，也是从源头上控制污染，预防肠道传染病流行的重要措施。饮水的消毒方法主要有煮沸消毒法和漂白粉消毒法。

①煮沸消毒法。此法简便易行，效果可靠，生水经煮沸5min左右，可杀死大部分水中的病原微生物，有条件的单位应尽量给鸡饮用凉开水或深井水，尽量不饮地面水和坑、塘死水及污水。

②漂白粉消毒法。此法是当前广泛采用的饮水消毒法。把100L水倒入水缸中，加漂白粉1g（含有效氯0.2g），使用干净棒子搅拌溶解后，放置30min即可使用。如往水井、水塔、水罐中加漂白粉，可按每立方米水中加漂白粉8g计算，消毒30min即可使用。

此外，也可用高锰酸钾或其他消毒药进行消毒处理，确保水质安全（Tahseen，2006）。

（二）微酸性电解水在肉鸡饮水系统的应用

微酸性电解水是采用无隔膜电解槽，将稀盐酸或/和低浓度的NaCl电解而成的（谢丹，2017）。微酸性电解水的主要特点如下：①广谱杀菌、瞬时高效，微酸性电解水能杀灭多种微生物，并且作用时间短暂，不利于微生物抗体的产生，更不利于抗性的形成（Suzuki et al.，2005）；②无污染、无残留，微酸性电解水除含有杀菌效果的有效氯外，不再产生氯的高次氧化物，溶解氧、臭氧和氯氧化物等副产物的浓度较低（梁永娅，2012）；③安全性高（孙芳艳等，2011）；④制取方便、成本低廉，无需大量的化学试剂以及复杂的单元操作（梁永娅等，2012）；⑤储藏较稳定（Cui，2009）。王阳（2017）等发现添加余氯浓度0.3mg/L的微酸性电解水，可有效降低黄羽肉鸡鸡场饮水水线内细菌浓度总数，杀菌效果显著，并且水线末端余氯浓度大于0.05mg/L，达到饮用水管网末梢水中余氯含量及水质卫生标准。

总之，水是黄羽肉鸡十分重要的必需营养物质，黄羽肉鸡一切生命活动和生产过程都离不开水。水的营养主要通过饮水来提供，饮水的管理是黄羽肉鸡生产上不能忽视的关键问题。

四、饲料添加剂在肉鸡饮水中的应用

葡萄糖氧化酶（glucose oxidase）属脱氢酶类，被广泛地应用于食品、饲料、医药等行业，起到脱氧、去除葡萄糖、抑菌杀菌的作用。早在1999年，葡萄糖氧化酶就被农业部批准为 12 种允许使用的饲料添加剂之一，并纳入了《饲料添加剂目录》。葡萄糖氧化酶在养鸡生产中的应用较早，主要是利用其在反应过程中的产酸、耗氧、产过氧化氢等特点，清除肠道内的氧自由基，增殖有益菌，抑制有害菌和霉菌的生长，提高鸡肠道抗致病菌、抗球虫能力，破坏霉菌毒素的分子结构，改善饲料的质量。据报道，肉鸡饮水中添加葡萄糖氧化酶可降低料重比，提高鸡只的成活率 0.7%，提高养殖经济效益 0.6 元/只（荆新堂等，2018）。

胆汁酸是胆汁的主要成分，胆汁酸具有亲水性和疏水性，可使分子具有界面活性分子的特征，能降低油和水两相之间的表面张力，促进脂类乳化，扩大脂肪和脂肪酶的接触面，加速脂类的消化吸收。据文献报道，饲料中添加胆汁酸可以活化脂肪酶，促进脂肪乳化，进而提高脂肪在肠道中的消化吸收率（王继强等，2009）。柴世庆等（2015）研究表明，饮水中添加 150g/t 胆汁酸能够提高肉鸡出栏率和出栏重量，显著提高养殖效益。

微生态制剂具有无污染、无残留、抗菌保健和促生长等特点，与抗生素相比较，其在有效抑制肠道有害菌繁殖的同时，能够完全避免因长期使用抗生素而引起的耐药性问题。吕国荣（2016）研究表明，在肉鸡饮水中添加枯草芽孢杆菌可以显著提高肉鸡的增重水平，降低料重比。有研究报道，在快大型肉鸡养殖中，通过饮水途径添加天蚕素抗菌肽是有效的，可以提高肉鸡的日增量，降低料重比，因而提高饲料转化率，提高健康水平和雏鸡出栏率，适宜的天蚕素抗菌肽饮水添加量水平为 60mg/kg（单达聪等，2012）。

免疫多糖作为广泛存在于动物细胞膜、植物和自由往来物细胞壁中的生物大分子，具有多方面的生物活性，如增强免疫、降血糖、抗病毒、抗肿瘤、抗衰老、抗氧化等作用，并且对机体毒副作用小，无细胞毒性等优势。据报道，幼龄黄羽肉鸡饮水中添加免疫多糖（天然植物及真菌提取物——复合多糖）能够提高机体抗体滴度和整齐度，降低死亡率；能显著提高日增重，降低料重比，增加经济效益；能够维持胃肠道健康，提高垫料质量，改善养殖环境（程相逢，2013）。

中草药具有无毒害、无残留、无耐药性等特点。当归含有苏氨酸、亮氨酸、色氨酸等 19 种氨基酸，以及钾、铁、锌等 23 种微量元素，还包含维生素 E、维生素 B_{12} 等营养成分。淫羊藿和补骨脂为中国传统的补肾中药，具有补肾阳、强筋骨、祛风湿之功效。苍术中的水溶性多糖具有免疫调节作用，苍术挥发油中的成分具有降血压、利尿、促进胃排空和抗炎等作用。五加皮具有促进消化酶分泌的作用，同时加皮皂苷及黄酮有抗疲劳，抗低压、低氧，抗低温、高温等应激反应的作用。孙月华（2018）在安卡红种公鸡的饮水中添加 5%的中草药汤剂（淫羊藿、当归、苍术、五加皮和补骨脂），可以显著提高种母鸡的受精率、孵化率、健雏率和采精量，以饲养 10 000 羽肉种鸡计算，可以多增加收入 10 万元以上。

弯曲杆菌病是常见的细菌介导的胃肠道疾病，肉鸡是其天然宿主，污染弯曲杆菌的禽肉产品是将病原性弯曲杆菌传播给人类的主要来源。比利时根特大学的科研人员将中链脂肪酸添加在饮水中供试验鸡饮用，虽然这种干预措施并不会阻止弯曲杆菌的定植和传播，但是可以降低弯曲杆菌定植的敏感性及其在饮水中的存活率。鉴于此，研究人员认为在饮水中添加中链脂肪酸有助于降低弯曲杆菌进入家禽以及在禽群中传播的概率。丁莹（2017）研究发现，在肉鸡的饮水中添加中短链脂肪酸可以改善肉鸡生产性能，降低肉鸡垫料水分含量、改善脚垫炎症；以肉鸡生产性能为指标适宜添加剂量为 0.5mL/L，以肉鸡垫料水分或脚垫炎症为指标适宜添加剂量为 1.5mL/L，并且饮水中添加中短链脂肪酸可以改善肉鸡肠道组织形态，降低肉鸡盲肠食糜大肠杆菌的数量。Eftekhari 等（2015）研究发现，在肉鸡饮水中添加 0.35mL/L 复合有机酸（乳酸、甲酸、丙酸、山梨酸和柠檬酸）能够改善肉鸡生产性能，降低回肠和盲肠食糜中的大肠杆菌数量，提高乳酸杆菌的数量。Hermans 等（2012）在肉鸡的饮水中添加 4mL/L 乳化型中链脂肪酸（己酸、辛酸、月桂酸）能够降低饮水中弯曲杆菌的数量，增加肉鸡采食量和体增重，缓解肉鸡肠道损伤。

参考文献

TahseenAziz，2006. 鸡场饮用水的氯化处理［J］. 中国家禽（23）：36-37.

曹衡，2012. 种鸡场种鸡的饮水管理［J］. 养殖技术顾问（12）：30.

柴世庆，张坤，2015. 饮水中添加胆汁酸对肉鸡生产的影响［J］. 家禽科学（4）：40-41.

程相逢，舒绪刚，李子强，等，2013. 免疫多糖在幼龄黄羽肉鸡饮水中的应用试验［J］. 广东饲料（10）：20-21.

单达聪，季海峰，魏元彬，等，2012. 饮水饲喂天蚕素抗菌肽对肉鸡生产性能的影响［J］. 饲料研究（6）：59-60.

丁莹，2017. 饲粮和饮水添加中短链脂肪酸对肉鸡的生产性能和肠道健康的影响［D］. 雅安：四川农业大学.

荆新堂，陈锋亮，于东，等，2018. 饮水中添加葡萄糖氧化酶对肉鸡生长性能的影响［J］. 饲料广角（8）：44-46.

梁永娅，余晓青，Kurahashi Midori，等，2012. 微酸性电解水的研究与应用展望［J］. 科技创新导报（34）：33-36.

吕国荣，2016. 饮水中添加枯草芽孢杆菌对育肥期肉鸡生产性能的影响［J］. 福建畜牧兽医，38（4）：26-27.

沈同，王镜岩，1991. 生物化学［M］. 2 版. 北京：高等教育出版社.

宋志刚，2003. 水是养殖生产中的重要生命营养素［J］. 四川畜牧兽医，30（5）：42-42.

孙芳艳，钱培芬，2011. 微酸性电解水的临床应用与进展［J］. 上海护理，11（2）：66-69.

孙月华，2018. 种公鸡饮水中添加中草药汤剂的经济效益分析［J］. 国外畜牧学（猪与禽），38（1）：2.

王琤铧，2002. 饮用水的管理对畜禽生长的重要性［J］. 上海畜牧兽医通讯（1）：32.

王际龙，田衍平，2013. 水的生理作用与养禽科学供水［J］. 山东畜牧兽医（7）：70-72.

王继强，龙强，李爱琴，等，2009. 胆汁酸的生理功能及在养殖业上的应用研究进展［J］. 中国动物保健，11（7）103-105.

王蕾，常维山，2015. 肉鸡饮用水的安全标准［J］. 家禽科学（2）：19.

王燕，钱培芬，孙芳艳，2013. 4 种存放条件下两种电解水稳定性和杀菌效果的观察［J］. 中华护理杂志，48（1）：60-63.

王阳，张家发，胡喜军，等，2017. 规模化鸡场饮水系统添加微酸性电解水杀菌效果试验［J］. 农业工程学报（18）：230-236.

王阳，张家发，李保明，2018. 饮水系统添加微酸性电解水对蛋鸡肠道微生物的影响［J］. 中国农业大学学报，23（1）：113-119.

谢丹，2017. 微酸性电解水在断奶仔猪饮水中的应用研究 [D]. 雅安：四川农业大学.
余刘平，2001. 鸡群饮水免疫注意的问题 [J]. 中国家禽，23 (6)：32.
张家峥，刘小燕，2002. 正确认识和慎重使用鸡的饮水免疫 [J]. 当代畜禽养殖业 (12)：6-7.
张子仪，2000. 中国饲料学 [M]. 北京：中国农业出版社.
周明，2014. 动物营养学教程 [M]. 北京：化学工业出版社.
周孝明，2018. 浅论水与动物的健康营养 [J]. 山东畜牧兽医，39 (2)：83-84.
Cui X，Shang Y，Shi Z，et al.，2009. Physicochemical properties and bactericidal efficiency of neutral and acidic electrolyzed water under different storage conditions [J]. Journal of Food Engineering，91 (4)：582-586.
Eftekhari A，Rezaeipour V，Abdullahpour R，2015. Effects of acidified drinking water on performance，carcass，immune response，jejunum morphology，and microbiota activity of broiler chickens fed diets containing graded levels of threonine [J]. Livestock Science，180：158-163.
Hermans D，Martel A，Garmyn A，et al.，2012. Application of medium-chain fatty acids in drinking water increases Campylobacter jejuni colonization threshold in broiler chicks. [J]. Poultry Science，91 (7)：1733-1738.
Suzuki K，Nakamura T，Kokubo S，et al.，2005. The chemical properties of slightly acidic electrolyzed water prepared with hydrochloric acid as a raw material [J]. Journal of Antibacterial and Antifungal Agents，33：63-71.

第四章　黄羽肉鸡的能量营养

能量在黄羽肉鸡饲料与营养中占有重要地位。饲料成本占黄羽肉鸡养殖成本的70%以上，能量饲料又占饲料成本的60%以上。能量代谢是一切生命活动的动力来源，鸡生长发育、生产繁殖的每一个生理生化反应都与能量代谢密切相关。

第一节　能量单位和术语

能量单位通常以焦耳（J）、千焦（kJ）或兆焦（MJ）表示，传统上也采用卡（cal）、千卡（kcal）或兆卡（Mcal）。

卡*：饲料中常用的能量单位。

焦耳：国际单位，可表达所有形式的能量，有很多国家和期刊杂志要求用焦耳取代卡作为能量单位。但是，卡仍是畜禽饲料能量的标准术语，因此在本书中保持跟美国国家科学研究委员会（NRC）发布的《家禽营养需要》（NRC，1994）和《猪营养需要》（NRC，2012）中的能量单位一致，仍主要以卡作为黄羽肉鸡饲粮/饲料的能量单位。

总能（GE）：物质被完全氧化为二氧化碳和水时以热的形式释放的能量，也称为燃烧热能，通常在氧弹式能量测定仪中使用25～30个大气压的氧来燃烧测量。

代谢能（ME）：为表观代谢能（AME）的简称，摄入饲料的GE减去粪便、尿液和消化气体中所含的GE。对于家禽来说，气体产物通常忽略不计，所以ME代表的是饲料的GE减去排泄物的GE。

氮校正代谢能（ME_n）：测定家禽对饲料代谢的能量时对家禽体内沉积的氮进行校正，即为体内氮沉积为零时的ME值，是家禽饲料配方中最常用的有效能。

真代谢能（TME）：摄入饲料的GE减去来源于摄入饲料经消化后的排泄物的GE。换言之，TME即为ME加上动物内源损失的能量。

净能（NE）：ME减去热增耗的能量。

第二节　黄羽肉鸡饲料能量剖分与转化

能量在鸡体内的分配是把摄入的能量划分为三个部分，即产热（维持＋热增耗）、产品（组织）形成和排泄物（粪＋尿）。其分配模式受饲料原料的理化特性和鸡生理状态（体重变化、产蛋）的影响，进而影响饲料成分的有效能值和鸡能量需要量。鸡摄入饲粮能量的分配见图4-1。

---

* 卡（cal）为非法定计量单位，1cal＝4.184J。——编者注

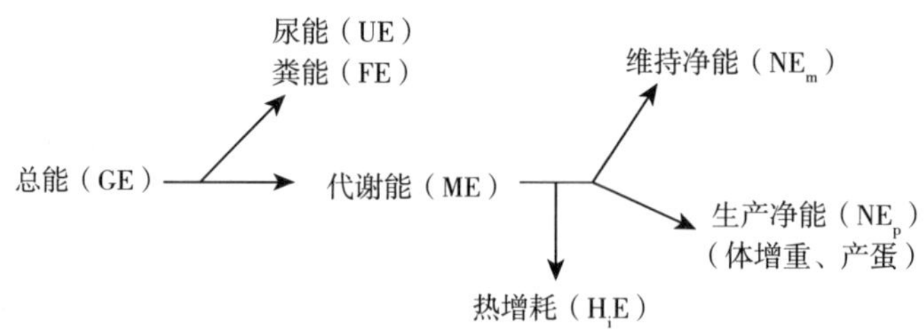

图 4－1　鸡摄入饲粮能量的分配

一、总能

在营养研究中，总能只是其他能量评定体系的起始点。通过开展黄羽肉鸡代谢试验，测定肉鸡采食饲料、排出粪尿、热增耗等的 GE 计算出黄羽肉鸡饲料原料的 ME 和 NE 值。按饲料原料被黄羽肉鸡利用用途，可将饲料能量划分为黄羽肉鸡饲料 ME、MEn、NE 等。简而言之，ME 和 NE 是针对饲料原料在某种动物上的利用用途而言的。总能可通过饲料原料或饲料的化学组成，用模型 GE（kcal/kg）＝4 413＋(56×EE％)＋(15×CP％)－(44×灰分％）预测计算得到。式中，EE％为饲料原料中乙醚浸出物的百分含量，CP％为饲料原料中粗蛋白质的百分含量，灰分％为饲料原料中灰分的百分含量（Ewan，1989）。类似的公式还有 GE（kcal/kg）＝(9 034×EE％)＋(5 688×CP％)＋(4 087×淀粉％)＋(3 442×糖类％)，式中，EE％为饲料原料中乙醚浸出物的百分含量，CP％为饲料原料中粗蛋白质的百分含量，淀粉％为饲料原料中淀粉的百分含量，糖类％为饲料原料中糖类的百分含量（Van Der Klis et al.，2019；Carré et al.，2014）。尽管结构不同，但只要糖类、脂肪或蛋白质元素组成相同，其总能值都比较接近，所以测定总能来区分饲料成分或饲粮等级意义不大。

二、代谢能

在家禽中，如果不做手术将输尿管从腹腔中取出，就很难将其粪尿分开。由收集的粪尿混合物（作为排泄物）可直接估计 ME，因此饲料/饲粮的 ME 为饲料/饲粮的 GE 减去粪尿的 GE。ME 又区分为 AME 和 TME，这取决于是否以内源排泄能进行校正，理论上讲 TME 应该更加准确。1976 年加拿大学者 Sibbald 提出的以成年公鸡强饲为特色的 TME 法，测定饲料 TME，此方法备受争议而被淘汰。目前文献中 ME 值通常是指 AME，除非特别说明。

在大多数情况下，测定家禽 ME 时有必要对其进行氮平衡校正得到 ME_n。ME_n 是根据 Anderson 等（1958）所述的方法或对该方法稍做修改后确定的，因此 ME_n 法是家禽饲料配方中最常用的有效能度量方法。在 ME 测定过程中，如果有氮沉积在鸡体内，粪便排泄物中将含有较少的尿氮，因此与没有发生氮沉积的鸡相比，粪便排泄物中的能量减少了。例如，在用试验鸡测定能量时，不可能保证每只鸡的生长速度或产蛋重完全一致。为了减少这种差异，在鸡代谢试验中，常选择不再生长的成年公鸡。但是，即使这些公鸡处于维持平衡状态，在蛋白质和氨基酸沉积相关的氮平衡方面也存在差异。若一次试验中使用两只鸡，在氮平衡期一只鸡沉积 5g 氮，另一只鸡沉积 10g 氮，这种差异就会影响 ME 值和 TME 值。所有的储存蛋白质作为体蛋白质正常周转的一部分最终都要进行分解，剩余氮（含有能量）随排泄物排出；在常见的 3～4d 鸡代谢试验中，这种蛋白周转远未完成。因此，沉积 10g 氮的鸡 ME 值较高，因为它的代谢物所含能量减少了。在数学模型中，可以假设每只鸡沉积氮的数量相同，就可以使以蛋白质形式沉积的能量标准化。校正时，通常将氮沉积校正为零。进行这种校正时，按尿酸的能值计算，即每克氮沉积或排出相当于 8.22kcal，即 ME_n（kcal/kg）＝ME(kcal/kg)－RN×8.22，RN 为家禽每日沉积的氮量（g），可为正值、负值或零，计算时需将符号带入。如果在鸡代谢试验中存在氮沉积为负平衡状态，这种校正值就需要从排泄物扣除，此时，ME_n 就会高于 ME 值。氮沉积量会因鸡日龄和种类不同而不同。在美国国家科学研究委员会发布的《家禽营养需要》标准（NRC，1994）中明确提到采用的是 ME_n，但是国内有翻译其营养需要量表时直接当作 ME。我国农业行业标准《鸡饲养标准》（NY/T 33—2004）则采用了 ME，不是 ME_n。目前，欧美国家家禽营养标准中代谢能均采取 ME_n。为了避免出现混淆，新近发布的我国农业行业标准《黄羽肉鸡营养需要量》（NY/T 3645—2020，中华人民共和国农业农村部，2020）同时提供了 ME_n、ME，使用时需要注意区分。

三、净能

在代谢过程中，约有 15％的能量以热的形式散失，称为热增耗。代谢能减去热增耗就等于净能（NE），NE 直接被动物有效地利用于维持和生产。在预测维持净能（NE_m）时的误差有时会非常大，这主要是因为 NE_m 通常是借助于绝食产热 FHP 法测定，而 FHP 法的准确测定存在很多困难，这会直接影响到预测净能值的准确性。产热量可以通过估测呼吸熵（RQ）来测定。呼吸熵指排出 CO_2 量与所消耗 O_2 量的比值。当脂肪被单独氧化时，RQ 值为 0.7；当糖类被单独氧化时，RQ 值为 1.0。因为没有一种营养素的分解代谢可不受其他营养素的影响而独立进行，所以 RQ 值一般为 0.7～1.0。由糖类合成脂肪时可产生的 RQ 值较高，有时会超出范围；由脂肪或蛋白质转化成糖类时产生的 RQ 值较低。蛋白质分解代谢时，禽类排泄的是尿酸而非尿素，所以禽类的 RQ 值比哺乳动物低。通过测定不同采食量下的 RQ 值，可估测热增耗。

生产净能和维持净能也可以直接通过估算产品中沉积的能量来确定。Fraps 及其合作者提出通过比较屠宰法估测饲粮中“生产能”的经典方法。代谢能直接反映的是能量代谢，能量代谢到能量利用、沉积还存在转化过程和转化效率等问题，因此相对于家禽中常用的代谢能来讲，净能反映能量利用情况更准确、更有效。遗憾的是，净能很难直接进行测定，通常只能测定鸡在一定体组织生长、一定产蛋量等条件下的净能值。实际上，不同养分的利用效率不同，所以净能值随家禽生长阶段、生产或发育阶段的不同而变化，理论上，这对使用净能饲粮配方带来一些问题。继在猪上成功实施净能体系后，家禽净能体系研究已经有 20 年了。然而，到目前为止，还没有成熟的净能体系用于家禽。因为在家禽中应用净能体系的效果还没有被证明可以超过当前的代谢能体系（Van Der Klis et al.，2019)。很少有试验测定单个饲料原料的 NE 值，许多 NE 值只是在 ME_n 基础上通过适当校正得来的。实际设计配方时，仍习惯使用 ME_n。

几乎所有 NE 体系均以 ME_n 为起点，并假定 ME_n 转化为 NE 的效率是线性的。事实上代谢能以及脂肪和蛋白质沉积的分配比例随年龄而改变，因此预测转化效率时必须考虑这一复杂性。Pirgozliev 和 Rose（1999）指出，ME_n 与 NE_p 间存在线性关系。不同品种、不同生长阶段鸡饲粮代谢能转化为净能的效率不一样，蒋守群等（2003a）报道黄羽肉鸡0～21 日龄的研究结果公母鸡之间差别较大，公母鸡的效率平均值为 53.1%。另有研究报道，34 周龄和 37 周龄吉林芦花鸡代谢体重绝食产热量均为 107kcal/kg $BW^{0.75}$/d，饲粮净能分别为 8.15MJ/kg 和 7.72MJ/kg，净能/代谢能比率分别为 68.5%和 66.3%，均显著低于 38 周龄和 41 周龄海兰褐鸡（72.2%和 71.1%），说明吉林芦花鸡作为肉蛋兼用型地方鸡品种其呼吸代谢和体产热特征更接近肉鸡品种。Pirgozliev 等（1999）给出的代谢能转化为净能效率虽然考虑了 93%的变异，但还是高估了高蛋白饲料 ME_n 向 NE_p 的转化效率。NE_p 预测受到蛋白质沉积能量消耗这一复杂因素的影响。早在 1965 年，Kieanowski 测得的蛋白质沉积能量消耗比按 ATP 化学计量法计算的能量消耗要高 5～6 倍。由于大多数家禽机体蛋白质合成量远高于蛋白质沉积量，因此关于能量差异合乎逻辑的解释便是蛋白质周转。蛋白质周转所消耗的能量约占蛋白质合成与蛋白质沉积两者差异的 50%。蛋白质沉积时会激活许多依赖 ATP 的生化反应途径。

黄羽肉鸡营养中饲料和饲养方式变化较大，净能体系仍然较复杂。随着黄羽肉鸡生产的进一步专业化和精细化，NE 体系的潜力将会得到进一步体现。

第三节　黄羽肉鸡的代谢产热

动物总产热（HE）由维持产热（H_eE）、热增耗（H_iE）、活动产热（H_jE）和维持体温（H_cE）几部分组成（$HE=H_eE+H_iE+H_jE+H_cE$）。由 ME 转化成 NE 的效率（维持+生长、产蛋）受 H_iE 影响显著：$ME=H_eE+H_iE+NE_p$（生长、产蛋），因此分配至生产特定产品（蛋白质、脂肪），H_eE［通常只考虑禁食产热（FHP）］和 H_iE 的比例是影响 ME 用于维持和生产总效率的重要因素。此外，热增耗还可以进一步分为消化和分泌产热（H_dE）、组织生产产热（H_rE）、发酵产热（H_fE）和废弃物生产产热（H_wE）（$H_iE=H_dE+H_rE+H_fE+H_wE$）。

H_iE 的组成可以通过试验测定或理论估计（Baldwin et al.，1998）。其中，H_dE 代表了较大比例的 H_iE（可占 ME_m 的 10%～20%）（Baldwin et al.，1974）。营养和生理状态也是影响 H_iE 组成的重要因素，但是这些因素通常不适于当作鸡的 ME 利用效率预测模型中独立或具体的预测因子。目前最常用的预测饲粮对生长［蛋白质沉积能量（PEG）与脂肪沉积能量（LEG）］和其沉积效率的影响模型是基于 Kielanowski（1965）的方程。在此模型中，ME 摄入量（ME_i）定义为 $ME_i=ME_m+(1/k_p)\ PEG+(1/k_f)\ LEG$，其中，$ME_i$ 为 ME 摄入量，ME_m 为维持代谢能，通常为代谢体重（BW^b）的函数，k_p 和 k_f 分别是 ME 用于 PEG 和 LEG 的分配系数。目前在《猪营养需要》（NRC，2012）中依然采用这个公式。

摄入的 ME 在体内分配一般为体组织（主要为脂肪和蛋白质）中能量沉积（ER）和产热（HP）：ME＝HP＋ER。在适宜温度条件下，HP 表示利用摄入的 ME 进行维持

（ME_m）和生产过程中产生的热量。在雏鸡中，HP 占总摄入能量的 52%～64%。因此，ER 表示 ME 与 HP 之间的差异。在评价 ER 时，必须测定以脂肪（LEG）和以蛋白质（PEG）形式沉积的能量，以及它们对 ME 的利用效率 k_f 和 k_p，使用间接测热法和比较屠宰法以估测肉鸡中 LEG 和 PEG 的值。k_f 和 k_p 的值可通过开展不同程度的限饲试验得到试验结果后经统计模型分析估计得到。这种方法在研究中还存在一些争议，争议的问题是在绝大多数动物生产中脂肪和蛋白质的沉积都是非常复杂的。

一、维持能量需要

鸡体组成保持恒定，没有增重等生产、不进行活动状态下所需的能量称为维持代谢能（ME_m）（Wenk et al.，2001）。通常，ME_m用以代谢体重（BW^b）为基础的模型 $ME_m = a \times BW^b$表示，而且已经有相关文献报道（文伯珍等，1995；Romero et al.，2009；NRC，1994）。

肉鸡 ME_m 占 ME_i 的较大部分，为 42%～44%（Lopez et al.，2005），并受 ME_m 表示方式的影响。Van Milgen 等（2001b）用间接测热法将 21～35 日龄的肉鸡进行饲养试验，并将 HP 分为绝食产热（FHP）、H_jE 和采食的热效应（TEF）三个主要组成部分，结果表明，FHP 和 H_jE 加在一起占总 ME 摄取量的 36%～37%。Van Milgen 等（2001b）将身体活动确定为 ME_m 的一个主要组成部分（占 8%～10%）。对于 ME_m，包括主要组成部分 FHP 和 H_jE，确定为 152～157kcal/kg $BW^{0.60}$。这些值与 Lopez 等（2005）使用比较屠宰法报道的值（155kcal/kg $BW^{0.60}$）相似，代谢体重指数估计值（kg $BW^{0.60}$）也相同。FHP 是 ME_m 中最大组成部分：$ME_m = FHP + H_iE$。通常，FHP 和 ME_m 一样，也以代谢体重为基础的数学方程模型（$a \times BW^b$）表示，也有大量相关文献报道（Noblet et al.，2015；O'Neill et al.，2009；Liu et al.，2014；Liu et al.，2017）。

FHP 占 ME_m 的绝大部分，相关的 FHP 方程涉及不同的指数，也有一些报道二者的值分别为 120kcal/kg $BW^{0.60}$（Carré et al.，2014；Carré et al.，2013）、98.0～110kcal/kg $BW^{0.70}$（Noblet，2015）。许多因素会影响 FHP（Baldwin，1995；Birkett et al.，2001），比如测定试验前的能量和营养（蛋白质）摄入会影响 FHP，增加能量和蛋白质摄入（Koong 等，1983）也会增加 FHP，这主要是由于增加了胃肠道和肝的重量（Critser et al.，1995）。据估计，胃肠道和肝的 FHP 均占总 FHP 的 30%左右（Baldwin，1995）。

李龙（2020）采用比较屠宰法建立了清远麻鸡能量需要模型试验。分性别、分阶段（1～30 日龄、31～60 日龄、61～90 日龄和 91～120 日龄）共建立了 2 个模型。模型Ⅰ：$ME_i = ME_m + ME_g$（用于增重的 ME），参照 Sakomura 等（2005）报道的方法，以 ER（ER=结束时体能量－开始时体能量）为自变量，ME_i 为因变量，拟合得到回归函数，其截距为 ME_m；模型Ⅱ：$ME_i = ME_m + ME_f$（用于脂肪沉积的 ME）$+ ME_p$（用于蛋白沉积的 ME），其截距即为 ME_m。研究结果表明：通过模型Ⅰ得到 1～30 日龄清远麻鸡公鸡和母鸡的 ME_m 分别为 110 和 106kcal/kg $BW^{0.75}$/d；31～60 日龄公鸡和母鸡的 ME_m 分别为 151 和 139kcal/kg $BW^{0.75}$/d；61～90 日龄公鸡和母鸡的 ME_m 分别为 150 和 131kcal/kg $BW^{0.75}$/d；91～120 日龄公鸡和母鸡的 ME_m 分别为 150 和 127kcal/kg $BW^{0.75}$/d。根据模型Ⅱ得到 1～30 日龄公鸡和母鸡的 ME_m 分别为 103 和 102kcal/kg $BW^{0.75}$/d；31～60 日龄

公鸡和母鸡的 ME_m 分别为 153 和 133kcal/kg $BW^{0.75}$/d；61～90 日龄公鸡和母鸡的 ME_m 分别为 148 和 125kcal/kg $BW^{0.75}$/d；91～120 日龄公鸡和母鸡的 ME_m 分别为 142 和 121kcal/kg $BW^{0.75}$/d。可见，不同日龄测得的 ME_m 不同，在 1～30 日龄，ME_m 低于其他日龄，分析认为可能是卵黄残留所致，而 31～120 日龄各阶段较为接近，公鸡高于母鸡。平均而言，31～120 日龄公鸡和母鸡的 ME_m 分别为 150 和 132kcal/kg $BW^{0.75}$/d。田亚东（2002）在慢速型黄羽肉鸡固始鸡上分性别、分阶段（0～4 周龄、5～8 周龄、9～12 周龄）通过屠宰试验，以固始鸡体重沉积的 ME 为自变量，以食入的 ME 为因变量，建立一元线性回归法分析得到 0～4 周龄、5～8 周龄、9～12 周龄公鸡、母鸡的 ME_m 分别为 88.5 和 84.9kcal/kg $BW^{0.75}$/d、108 和 98.1kcal/kg $BW^{0.75}$/d、116 和 105kcal/kg $BW^{0.75}$/d。

我国其他研究者测定的部分黄羽肉鸡的 ME_m 分别为：0～4 周龄杏花鸡 123kcal/kg $BW^{0.75}$/d；0～4 周龄石岐杂鸡 117kcal/kg $BW^{0.75}$/d（黄世仪等，1986）；0～5 周龄苏禽 85 肉鸡 99.5kcal/kg $BW^{0.75}$/d；6～10 周龄苏禽 85 肉鸡 107kcal/kg $BW^{0.75}$/d；11～13 周龄苏禽 85 肉鸡 109kcal/kg $BW^{0.75}$/d（文伯珍等，1995）。这反映了鸡种之间的基础代谢、饥饿产热、消化生理和生长率等存在差异。

在生产实际中岭南黄羽肉鸡公母多被分栏饲养，因此蒋守群等（2003a）对 0～21 日龄公母鸡的能量需要量分别进行了测定，经回归分析得出快速型岭南黄羽肉鸡公母雏 ME_m 需要量均高于一般白羽肉鸡上的研究结果。这可能与白羽肉仔鸡和黄羽肉仔鸡的基础代谢、饥饿产热、消化生理和生长率等存在差异有关。Mashaly 等（2000）认为通过选择某一性状改变某些基因片段可能影响其他重要生理过程（如代谢），其研究表明，经过遗传选择的蛋鸡每单位代谢体质量的 ME_m（119kcal/d）明显高于未选择组（112kcal/d）。蒋守群等（2003a）进一步证实，黄羽肉鸡的遗传基础影响其 ME_m 需要量，黄羽肉鸡 ME_m 需要量受性别影响也较大。

于叶娜（2010）采用饥饿代谢法测定了 1～21 日龄黄羽肉鸡的维持净能为 90.0kcal/kg $BW^{0.75}$/d，与王骁（2009）利用回归法测定的同一品种同样日龄鸡的维持净能 85.5kcal/kg $BW^{0.75}$/d 比较接近。理论上，饥饿代谢测定值应低于回归法，用饥饿法测定肉鸡的维持净能时，肉鸡在 72h 的禁食过程中处于严重的应激状态，而当肉鸡处于过度饥饿或营养不良的生理状况时，机体会降低基础代谢能值以缓解机体能量不足导致的生命衰竭（Kromann，1973）。高亚俐（2010）采用回归法和饥饿法比较了艾维因白羽肉鸡的维持净能，也得到类似的结论。采用回归法测定维持净能时，肉鸡虽然处在正常采食生理状态下，但同样也存在问题，即在 NE_m 计算过程中引入 ME_n 参数，ME 测定的准确性也会影响最终结果。

鸡代谢产热的主要因素包括以下两个方面。

（一）体温维持

鸡散热系统不发达，导致鸡易受外界环境的刺激，应激耐受力下降（Soleimani et al.，2011）。环境温度对肉鸡维持能量消耗影响较大，异常环境温度会影响鸡的产热/损失和 ME_i，温度较低时，鸡平均日采食量（ADFI）会增加，相反，环境温度升高时，鸡呼吸频率升高，ADFI 会减少（Niu et al.，2009）。鸡采食量对环境温度的反应也会受到鸡和环境（包括空气温度、湿度、风速、栏舍材料和饲养密度等）的互作影响，能量浓度对肉鸡自由采食量的影响最直接，而且能量浓度和冷应激条件下鸡采食量的互作与 H_iE 相关。采食高纤维饲粮会产生更多的 H_iE，有助于冷应激条件下鸡的产热；相反，补充油脂饲粮可产生较少的 H_iE，这有助于降低鸡的热应激。

（二）活动

生理活动也影响产热。Kampen（1976）研究了站立、自发活动和进食对鸡产热的影响发现，站立产生的额外热量与站立时长呈负相关。在站立 30min 的短时间内，鸡啄触呼吸测热室壁面和抖松羽毛的相关活动频率非常高，与卧时相比，产生的热量增加了 25%。站立 1h 后，自发性活度很低，站立与卧的产热差降低了 9%。鸡在采食过程中，产热平均增加了 37%（范围值为 11%～68%）；这里只计算了采食本身行为过程中的产热，排除了消化过程中的产热。通过计算得到，鸡采食的平均能量消耗为 143J/kg $BW^{0.75}$/min。此外，黄羽肉鸡一般采用地面平养或放养方式，其活动产热会明显高于笼养方式。

二、蛋白质和脂肪沉积能量需要

蛋白质和脂肪的沉积是鸡品种品系、性别、环境条件、营养水平、*BW* 和生长发育程度相互作用的结果。发育成熟的动物主要以脂肪的形式储存能量，而生长中的动物则以脂肪和蛋白质的形式储存能量。体内以蛋白质（TERP）和脂肪（TERF）形式沉积的能量占体内总沉积能量（TER）的绝大部分。蛋白质沉积和脂肪沉积在能量从饲料到组织的转化效率上可能有所不同（Pullar et al.，1977），因此脂肪和蛋白质在生长过程中所占比例的变化影响体内总能量。

各种研究表明，蛋白质沉积的效率低于脂肪沉积的效率（Boekholt et al.，1994；De Groote，1974）。Lopez 等（2008）指出，沉积 1g 蛋白和 1g 脂肪所含能量分别为 5.7 和 9.5kcal。李龙（2020）在慢速型黄羽肉鸡清远麻鸡中开展了饲喂水平为正常标准采食量的 100%、82.5%、66%、49.5%和 33%的限饲试验，分性别、分阶段（1～30 日龄、31～60 日龄、61～90 日龄和 91～120 日龄）建立了 $ME_i = ME_m + ME_p$（用于蛋白沉积的 ME）$+ ME_f$（用于脂肪沉积的 ME）的模型，测定其生产性能并得到清远麻鸡各阶段 ER、ER_p 和 ER_f。通过模型得到的 1～30 日龄、31～60 日龄、61～90 日龄和 91～120 日龄公鸡和母鸡的 k_p 分别为 0.67 和 0.80、0.65 和 0.62、0.63 和 0.55、0.60 和 0.47；k_f 分别为 1.09 和 1.10、0.66 和 0.76、0.78 和 0.81、0.94 和 0.90，由此推算清远麻鸡 1～30 日龄公鸡沉积 1g 蛋白质和 1g 脂肪分别需要 8.51 和 8.72kcal ME，母鸡沉积 1g 蛋白质和 1g 脂肪分别需要 7.13 和 8.64kcal ME；清远麻鸡 31～60 日龄公鸡沉积 1g 蛋白质和 1g 脂肪分别需要 8.77 和 14.4kcal ME，母鸡沉积 1g 蛋白质和 1g 脂肪分别需要 9.19 和 12.5kcal ME；清远麻鸡 61～90 日龄公鸡沉积 1g 蛋白质和 1g 脂肪分别需要 9.05 和 12.2kcal ME，母鸡沉积 1g 蛋白质和 1g 脂肪分别需要 10.4 和 11.7kcal ME；清远麻鸡 91～120 日龄公鸡沉积 1g 蛋白质和 1g 脂肪分别需要 9.50 和 10.1kcal ME，母鸡沉积 1g 蛋白质和 1g 脂肪分别需要 12.1 和 10.6kcal ME。全期平均而言，沉积蛋白质需要 ME 为 9.33kcal/kg，沉积脂肪需要 ME 为 11.11kcal/g。

De Groote（1974）报道，在成年鸡中，ME_m 之外的 ME 用于脂肪沉积的利用效率为 70%～84%，而在生长肉鸡中的利用效率为 37%～85%。Petersen（1970）使用白洛克鸡估计蛋白质和脂肪沉积的效率分别为 51%和 78%，表明沉积 1g 蛋白质和 1g 脂肪分别需要 11.2 和 12.2kcal ME。另有研究报道更高的蛋白质（66%）和脂肪（86%）沉积效率（Boekholt et al.，1994），表明沉积 1g 蛋白质和 1g 脂肪分别只需要 8.63 和 10.9kcal ME。此外，由于瘦肉中水分和蛋白质之间的密切关系，每克瘦肉组织获得的 ME 远远低于每克脂肪组织获得的 ME。ER_p/ER_f 的增加和每克蛋白沉积所需能量的降低都有助于提高现代肉鸡的饲料效率（Lopez et al.，2007）。k_p 和 k_f 的变异是由于饲粮的性质、动物的影响和动物利用饲料效率等因素造成的（Birkett et al.，2001），这是由于从吸收的营养素中合成脂肪和蛋白质的化学转化过程中不同的能量效率导致的（Van Milgen et al.，2001）。

第四节　黄羽肉鸡能量需要量

能量需要量一般以饲粮能量浓度（kcal/d）和/或每日需要量（kcal/d）表示。能量需要的制定首先要满足机体对基础代谢的维持，在此基础上，为鸡组织和器官的生长发育以及鸡肉、鸡蛋产品的生产提供能量，多余的能量作为脂肪沉积。当能量供给过高时，不仅会造成饲料成本的增加，还会造成鸡腹脂大量沉积和脂肪肝的产生，极大地影响鸡的生产性能。在实际生产中，常通过确认获得最佳生产性能时的饲粮能量水平作为能量需要量。根据日采食量，两种能量需要量表示法可相互换算。

研究肉鸡能量需要最常用的计算方法一般有两种。一种方法是通过剂量法，设计不同饲粮能量水平处理组，一般不少于 5 个水平，通过饲养试验（自由采食），建立二次曲线或折线模型，以获得最佳生长性能的最低饲粮能量水平和对应的每日能量摄入量，分别为饲粮能量需要量和每日能量需要量（Abouelezz 等，2019；El - Senousey et al.，2019）。另一种方法是数学模型模拟的方法。数学模型模拟，一是机械模型（经验模型），依据大量试验统计数据，以体重或/和日增重与每日代谢能摄入量建立回归模型（田亚东，2005；Hadinia et al.，2018；Klein et al.，2020），在《猪营养需要量》（NRC，2012）中的每日能量需要量就是采用这种方法计算的，而其饲粮能量水平则采用常用的玉米豆粕型饲粮能量水平。二是机制模型（析因法），基于肉鸡维持、生长和生产所需的能量需要量分配这种生理学机制来确定每日代谢能需要量（Sakomura et al.，2005；Lin et al.，2010）。据 Sakomura 等（1993）研究表明，通过使用模型对能量需要量进行预测，可以兼顾考虑品种、不同生理阶段、地区和季节之间的差异情况下的能量需要，这样确定的能量需要量比剂量法得到的能量需要量更加准确。

一、黄羽肉鸡能量需要

饲料能量主要来源于糖类、脂肪和蛋白质。肉鸡采食饲料后，三大营养物质经消化吸收进入体内，通过糖酵解、三羧酸循环或氧化磷酸化过程释放能量，最终以 ATP 的形式满足机体需要。饲粮能量水平会直接影响肉鸡的生产性能，进而影响其经济效益。肉鸡具有“为能而食”的特征，即根据饲粮能量水平一定程度上可调节采食量。饲粮能量水平直接影响肉鸡生产性能和胴体组成。

我国黄羽肉鸡遗传资源丰富，不同地方品种、品系、配套系各具特色，分类方法繁多。一般来讲，生产中黄羽肉鸡按生长速度和出栏时间分为快速型、中速型和慢速型三种类型。这三种类型黄羽肉鸡都有相应的市场和消费群体，由此提出了快速型、中速型和慢速型三种类型黄羽肉鸡能量需要量。三种类型黄羽肉鸡的生产性能统计数据见第一章第三节表 1-3。

（一）确定黄羽肉鸡能量需要量的数据来源

收集 2000—2019 年我国科技人员在国内外期刊上公开发表的黄羽肉鸡饲养试验研究报告 350 余篇，筛选其中在国内开展的动物饲养试验、代表我国生产水平、具有完整饲粮配方、能计算每个阶段黄羽肉鸡平均体重、生产性能和代谢能摄入量的试验报告共 195 篇。

（二）黄羽肉鸡代谢能需要量和生产性能

1. 平均日龄和平均体重的关系　对筛选统计的 195 篇试验研究报告中的不同类型黄羽肉鸡小鸡、中鸡、大鸡、肥鸡阶段的日增重数据，采用 SPSS 18.0 统计软件系统聚类方法绘制出树状图进行聚类分析，把日增重数据聚类成快速型、中速型和慢速型三种类型。按照聚类分析的结果，采用 Gompertz 模型分别对快速型、中速型和慢速型黄羽肉鸡公鸡和母鸡的日龄（*D*，d）和体重（*BW*，g）进行曲线拟合，得到相应的日龄—体重生长曲线方程。黄羽肉鸡体重与日龄的回归方程见表 4-1。快速型、中速型和慢速型黄羽肉鸡日龄与体重之间的回归关系分别见图 4-2、图 4-3 和图 4-4。

表 4-1　黄羽肉鸡体重与日龄的回归方程

类型、性别	生长曲线方程
快速型公鸡	$BW\ (g)=4\,296\times e^{[-4.20\times EXP(-0.03\times D)]}$ $(R^2=0.935)$
快速型母鸡	$BW\ (g)=3\,168\times e^{[-4.30\times EXP(-0.036\times D)]}$ $(R^2=0.970)$
中速型公鸡	$BW\ (g)=3\,203\times e^{[-4.41\times EXP(-0.028\times D)]}$ $(R^2=0.882)$
中速型母鸡	$BW\ (g)=1\,768\times e^{[-3.73\times EXP(-0.028\times D)]}$ $(R^2=0.827)$
慢速型公鸡	$BW\ (g)=2\,728\times e^{[-4.43\times EXP(-0.022\times D)]}$ $(R^2=0.912)$
慢速型母鸡	$BW\ (g)=1\,839\times e^{[-4.13\times EXP(-0.023\times D)]}$ $(R^2=0.940)$

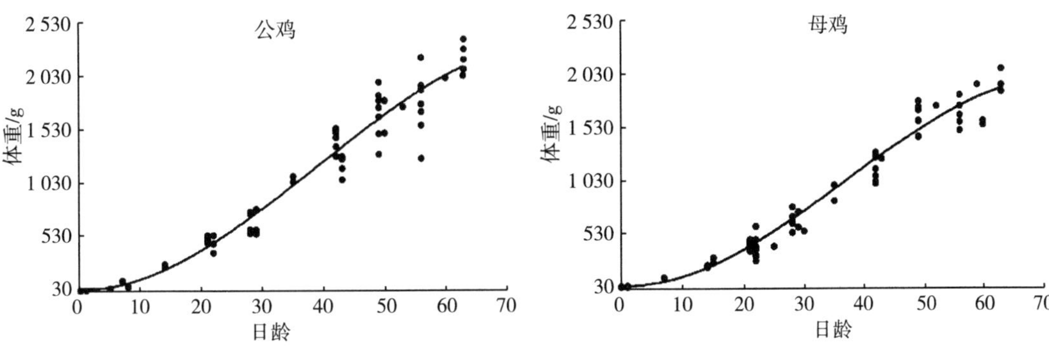

图 4-2　快速型黄羽肉鸡日龄与体重之间的回归关系

（公鸡、母鸡体重数据来源于 1～63 日龄鸡）

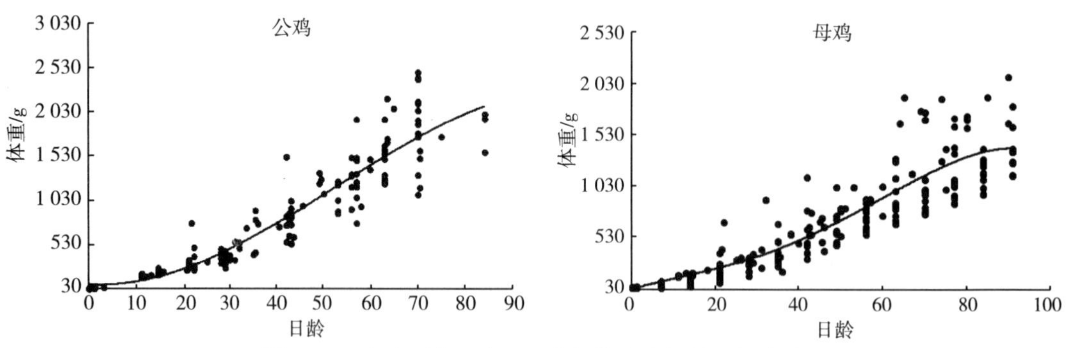

图 4-3 中速型黄羽肉鸡日龄与体重之间的回归关系

（公鸡、母鸡体重数据分别来源于 1～84 日龄鸡和 1～90 日龄鸡）

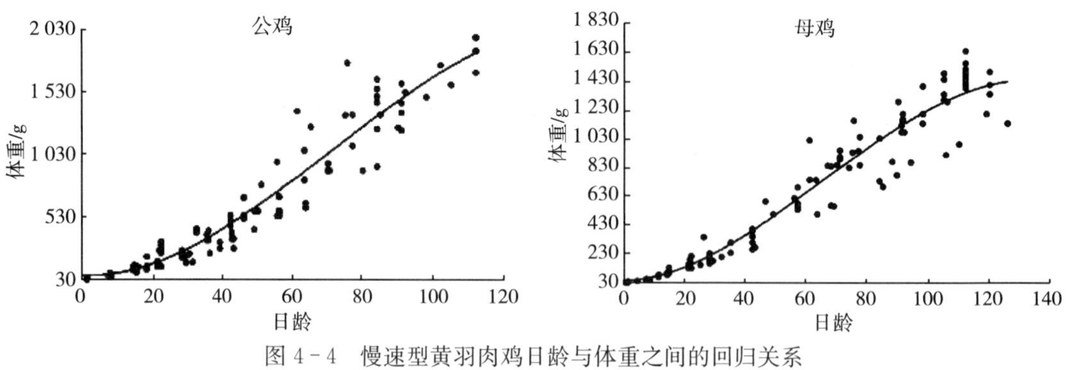

图 4-4 慢速型黄羽肉鸡日龄与体重之间的回归关系

（公鸡、母鸡体重数据分别来源于 1～112 日龄鸡和 1～120 日龄鸡）

最后，根据表 4-1 中的方程计算得到快速型、中速型和慢速型黄羽肉鸡随着平均日龄变化的平均体重。

2. 饲粮代谢能浓度和耗料量 黄羽肉鸡常用饲料原料代谢能和净能值见表 4-2。采用黄羽肉鸡饲料原料成分及营养价值表［见《黄羽肉鸡营养需要》（NY/T 3645—2020）］中 29 种饲料原料的氮校正代谢能值，计算所有试验报告中快速型、中速型和慢速型黄羽肉鸡不同饲养阶段的饲粮氮校正代谢能浓度（ME_n），取其平均值作为饲粮能量浓度。作为营养需要量或饲养标准所确定的饲粮能量浓度或水平，一般根据所适用的国家或地区饲粮结构特点而确定的。比如《家禽营养需要》（NRC，1994）确定的肉仔鸡饲粮氮校正代谢能（国内常被误解为代谢能 ME）水平为 3 200kcal/kg 是依据美国肉鸡生产中常用的玉米-豆粕型饲粮（添加部分油脂）确定的，而《猪营养需要》（NRC，2012）中确定的生长肥育猪饲粮代谢能水平为3 300kcal/kg是依据美国玉米-豆粕型饲粮能量水平。当然，其前提是在此饲粮能量水平下动物自由采食可以达到最大生长性能。换言之，确定的饲粮能量水平必须高于达到最大生产性能的饲粮最低浓度水平。否则，就不能达到最大生长性能。

表 4-2　黄羽肉鸡常用饲料原料代谢能和净能值

中国饲料号	原料	代谢能/(kcal/kg)	氮校正代谢能/(kcal/kg)	净能/(kcal/kg)
4-02-0889	玉米淀粉	3 160	3 157	3 045
4-07-0295	小麦	3 148	3 086	2 438
4-07-0280	玉米	3 219	3 179	2 533
4-07-0277	大麦	2 701	2 643	2 084
4-07-0270	高粱	3 298	3 250	2 505
4-10-0244	玉米胚芽粕	2 070	1 960	1 549
5-10-0243	向日葵仁粕	2 029	1 852	1 408
5-10-0241	大豆饼	2 519	2 299	1 747
5-09-0128	全脂大豆（膨化）	3 750	3 563	2 708
5-10-0121	菜籽粕	1 771	1 568	1 193
5-10-0117	棉籽粕	2 029	1 800	1 368
5-10-0116	花生仁饼	2 780	2 544	1 934
5-10-0115	花生仁粕	2 600	2 347	1 783
5-10-0104	豆粕	2 223	1 978	1 503
4-08-0104	次粉	2 373	2 294	1 900
4-08-0070	麸皮	1 680	1 601	1 348
5-13-0045	鱼粉	2 911	2 581	1 962
4-08-0041	米糠	2 679	2 612	2 316
5-13-0036	血粉	2 459	2 024	1 537
4-17-0016	大豆油	8 378	7 804	6 727
4-17-0012	棕榈油	8 569	7 057	6 084
4-10-0018	米糠粕	1 979	1 900	1 501
4-17-0007	玉米油	9 670	8 531	7 354
5-13-0011	肉骨粉	2 380	2 118	1 609
4-17-0005	菜籽油	9 218	9 019	7 775
4-17-0003	猪油	9 117	8 254	7 115
5-11-0007	玉米酒糟及可溶物	2 199	2 055	1 561
7-15-0001	啤酒酵母	2 519	2 244	1 704
5-11-0001	玉米蛋白粉	3 879	3 545	2 694

根据筛选的 195 篇试验报告中的饲粮配方，计算得到饲粮氮校正代谢能（ME_n）浓度（kcal/kg）。获得最大生长性能所需要的饲粮氮校正代谢能最低浓度：快速型黄羽肉鸡参考了蒋守群等（2003、2013）、周桂莲等（2003、2004）试验结果；中速型黄羽肉鸡参考了刘松柏等（2019）、林厦菁等（2015）研究结果；慢速型黄羽肉鸡参考了蒋守群等（2013）和苟钟勇等（2015）研究结果。依据 195 篇试验报告计算得到的饲粮氮校正代谢能浓度平均值和试验得到的最大生长性能所需的最低饲粮氮校正代谢能浓度，得到黄羽肉鸡营养需要量标准推荐的饲粮氮校正代谢能（ME_n）浓度（为了实际应用方便而取整数）。黄羽肉鸡饲粮氮校正代谢能（ME_n）浓度推荐依据见表 4-3。

表 4-3 黄羽肉鸡饲粮氮校正代谢能（ME_n）浓度推荐依据

类型	项目	1～21 日龄（快速型）1～30 日龄（中速、慢速型）		22～42 日龄（快速型）31～60 日龄（中速、慢速型）		43～70 日龄（快速型）61～90 日龄（中速、慢速型）		91～120 日龄（慢速型）	
		公鸡	母鸡	公鸡	母鸡	公鸡	母鸡	公鸡	母鸡
快速型 ME_n	统计值/(kcal/kg)	2 807	2 813	2 907	2 907	2 971	2 966		
	研究结果①/(kcal/kg)	2 641	2 869	2 830	2 830	2 941	2 941	—	—
	推荐值/(kcal/kg)	2 850	2 850	2 950	2 950	3 000	3 000		
中速型 ME_n	统计值/(kcal/kg)	2 807	2 813	2 929	2 907	2 954	2 954		
	研究结果②/(kcal/kg)	2 734	2 734	2 722	2 722	2 902	2 902	—	—
	推荐值/(kcal/kg)	2 850	2 850	2 900	2 900	2 950	2 950		
慢速型 ME_n	统计值/(kcal/kg)	2 724	2 756	2 824	2 824	2 881	2 881	2 913	2 913
	研究结果③/(kcal/kg)	2 830	2 830	2 896	2 896	2 890	2 890	2 947	2 947
	推荐值/(kcal/kg)	2 850	2 850	2 900	2 900	2 900	2 900	2 950	2 950

注：①为蒋守群等（2003、2013）、周桂莲等（2003、2004）研究结果。
②为刘松柏等（2019）、林厦菁等（2015）研究结果。
③为蒋守群等（2013）、苟钟勇等（2015）研究结果。

每日能量需要量计算：按能量需要量的析因法原理，每日能量需要量＝维持能量需要量＋脂肪沉积能量需要量＋蛋白质沉积能量需要量。由于缺乏黄羽肉鸡体成分沉积的能量需要量数据，因此每日代谢能需要量则按照简捷方法计算：黄羽肉鸡代谢能摄入量(kcal/d)＝ME_m 需要量（kcal/d)＋生长代谢能需要量（kcal/d)，分别计算 ME_m 需要量和生长代谢能需要量。尽管其准确性不如经典析因法，但可能优于 NRC 经验公式(2012)。析因法公式具有生物学意义，而经验公式没有生物学意义，不能外推。前期的 NRC 肉仔鸡营养需要量标准（1994）和我国肉鸡饲养标准［包括《鸡饲养标准》（NY/T 33—2004)］均未提供每日营养需要量（包括能量需要量）参数。

3. 维持代谢能 ME_m（kcal/d）**计算** 不同品种类型黄羽肉鸡的维持代谢能 ME_m(kcal/d) 可根据广东省农业科学院动物科学研究所和广东省家禽研究所研究得出的如下公式计算。

快速型黄羽肉鸡：ME_m（kcal/d)＝$103\times BW^{0.75}$（文伯珍等，1995)。

中速型黄羽肉鸡：ME_m（kcal/d)＝$117\times BW^{0.75}$（黄世仪等，1986)。

慢速型黄羽肉鸡：ME_m（kcal/d)＝$123\times BW^{0.75}$（黄世仪等，1986)。

计算得到代谢能 ME_m，再采用广东省农业科学院动物科学研究所黄羽肉鸡营养与饲料研究团队计算得到的公式 ME（kcal/kg)＝$1.038\times ME_n$（kcal/kg）换算成维持的氮校正代谢能 ME_{nm}。

用于生长的氮校正代谢能需要量：根据计算公式［用于生长的氮校正代谢能需要量(kcal/d)＝氮校正代谢能摄入量（kcal/d)－维持的氮校正代谢能需要量（kcal/d)］，采用上述试验报告中氮校正代谢能摄入量、平均体重等数据，计算出生长需要的氮校正代谢能 ME_{ng} 和平均日增重 ADG 数据，建立 ADG 与 ME_{ng} 的如下回归公式（图 4－5，图 4－6，图 4－7）：

快速型黄羽肉鸡：ME_{ng}（kcal/d）＝0.443×$ADG^{1.65}$（R^2＝0.897）

中速型黄羽肉鸡：ME_{ng}（kcal/d）＝0.972×$ADG^{1.44}$（R^2＝0.809）

慢速型黄羽肉鸡：ME_{ng}（kcal/d）＝1.84×$ADG^{1.27}$（R^2＝0.791）

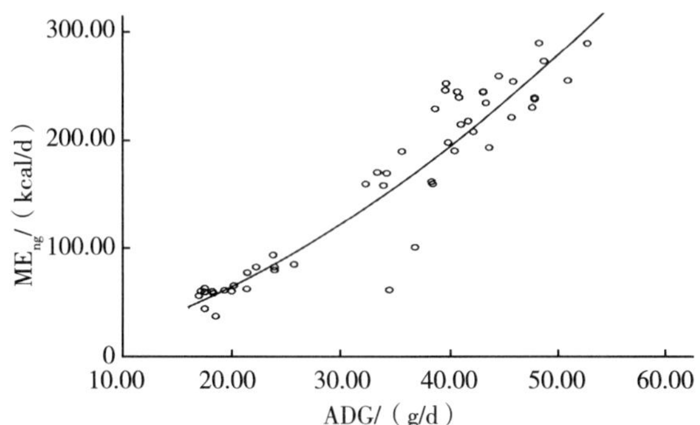

图 4－5　快速型黄羽肉鸡日增重与用于生长的氮校正代谢能摄入量之间的回归关系，ME_{ng}（kcal/d）＝0.443×$ADG^{1.65}$（R^2＝0.897）

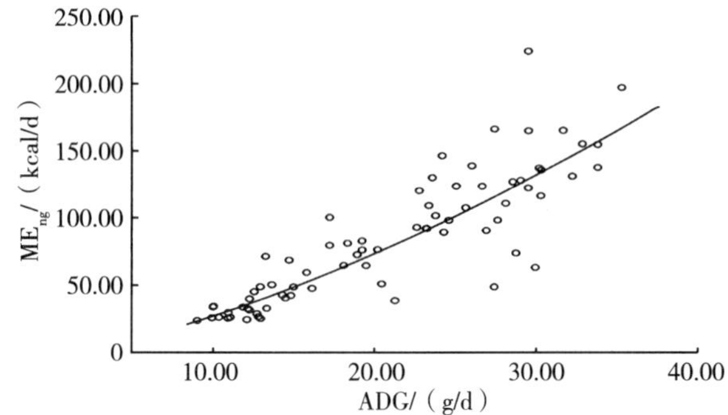

图 4－6　中速型黄羽肉鸡日增重与用于生长的氮校正代谢能摄入量之间的回归关系，ME_{ng}（kcal/d）＝0.972×$ADG^{1.44}$（R^2＝0.809）

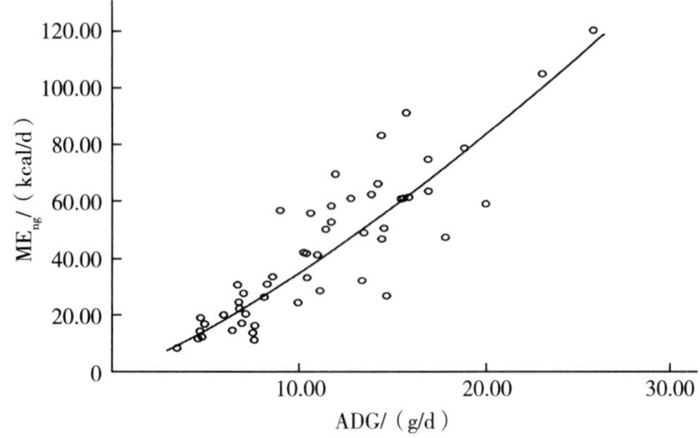

图 4－7　慢速型黄羽肉鸡日增重与用于生长的氮校正代谢能摄入量之间的回归关系，ME_{ng}（kcal/d）＝1.84×$ADG^{1.27}$（R^2＝0.791）

4. 每日氮校正代谢能 ME_n 需要量 每日维持的氮校正代谢能需要量和每日生长的氮校正代谢能需要量之和即为每日氮校正代谢能需要量。根据预测的体重、日增重以及ADG与ME_{ng}之间的回归公式，计算得到每日氮校正代谢能需要量ME_n（kcal/d）：

快速型黄羽肉鸡 ME_n（kcal/d）$=103\times BW^{0.75}\div1.038+0.443\times ADG^{1.65}$

中速型黄羽肉鸡 ME_n（kcal/d）$=117\times BW^{0.75}\div1.038+0.972\times ADG^{1.44}$

慢速型黄羽肉鸡 ME_n（kcal/d）$=128\times BW^{0.75}\div1.038+1.84\times ADG^{1.27}$

5. 代谢能需要量计算 根据黄羽肉鸡饲料原料成分及营养价值表和收集的所有试验报告中的饲粮配方，计算所有饲粮配方的氮校正代谢能 ME_n 和代谢能 ME，建立 ME_n 与 ME 的回归方程，结果如下：

快速型黄羽肉鸡：ME（kcal/kg）$=1.038\times ME_n$

中速型黄羽肉鸡：ME（kcal/kg）$=1.038\times ME_n$

慢速型黄羽肉鸡：ME（kcal/kg）$=1.037\times ME_n$

从建立的回归方程看，三种类型黄羽肉鸡 ME 与 ME_n 转换系数非常接近。为了计算方便，三种类型黄羽肉鸡统一采用 ME（kcal/kg）$=1.038\times ME_n$ 或 $ME_n=0.963\times ME$。根据回归方程，可计算出三种类型黄羽肉鸡代谢能 ME 需要量。

6. 净能需要量计算 根据黄羽肉鸡饲料原料成分及营养价值表和收集的所有研究报告中的饲粮配方，计算所有饲粮配方的氮校正代谢能 ME_n 和净能 NE，建立 ME_n 与 NE 的回归方程，结果如下：

快速型黄羽肉鸡：NE（kcal/kg）$=0.797\times ME_n$

中速型黄羽肉鸡：NE（kcal/kg）$=0.792\times ME_n$

慢速型黄羽肉鸡：NE（kcal/kg）$=0.790\times ME_n$

同样，从建立的回归方程看，三种类型黄羽肉鸡 NE 与 ME_n 的转换系数有所差异，生长速度越慢，其代谢能转化为净能的效率也越低。根据回归方程，可计算出三种类型黄羽肉鸡净能 NE 需要量。

二、种鸡能量需要

（一）黄羽肉鸡种用母鸡能量需要量确定依据

以广东省农业科学院动物科学研究所2010—2019年在黄羽肉鸡种用母鸡营养需要的20次试验研究结果（部分未发表）和企业提供的生产数据为基础，搜集2000—2019年我国科技人员在国内外公开发表的黄羽肉鸡种用母鸡营养研究报告69篇，对全国黄羽肉鸡种用母鸡产蛋期生产性能数据进行数据分析，发现成年体重和平均每日产蛋量是确定黄羽肉鸡种用母鸡分类类型的关键指标。因此，将种用母鸡的成年体重和平均每日产蛋量作为确定重型、中型和轻型三类黄羽肉鸡种用母鸡的关键指标。

（二）种用母鸡的生产性能

1. 体重 根据收集的研究报告数据和企业生产数据，分类型、分阶段建立了种用母鸡周龄（W）与体重的回归方程。

重型种用母鸡：

0～6周龄：BW（g）$=1\,294\times e^{-3.47\times EXP(-0.330\times W)}$（$R^2=0.997$）

7～23 周龄：BW（g）$=1\,739\times e^{-5.73\times EXP(-0.012\times W)}\times 100$（$R^2=0.995$）

24～66 周龄：BW（g）$=3\,144\times e^{-12.6\times EXP(-0.162\times W)}$（$R^2=0.644$）

重型种用母鸡产蛋期体重数据来源于 24～69 周龄母鸡。重型种用母鸡产蛋期周龄与体重的回归模型建立见图 4－8。

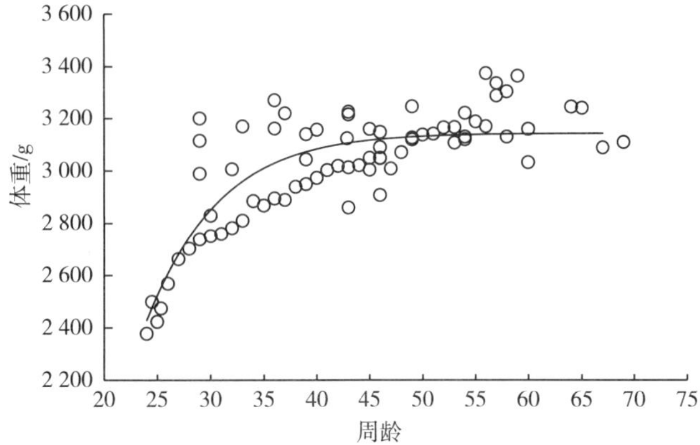

图 4－8　重型种用母鸡产蛋期周龄与体重的回归模型建立

中型种用母鸡：

0～6 周龄：BW（g）$=957\times e^{-3.28\times EXP(-0.326\times W)}$（$R^2=0.982$）

7～21 周龄：BW（g）$=6\,276\times e^{-2.57\times EXP(-0.029\times W)}$（$R^2=0.887$）

22～66 周龄：BW（g）$=2\,526\times e^{-585\times EXP(-0.333\times W)}$（$R^2=0.630$）

中型种用母鸡产蛋期体重数据来源于 24～54 周龄母鸡。中型种用母鸡产蛋期周龄与体重的回归模型建立见图 4－9。

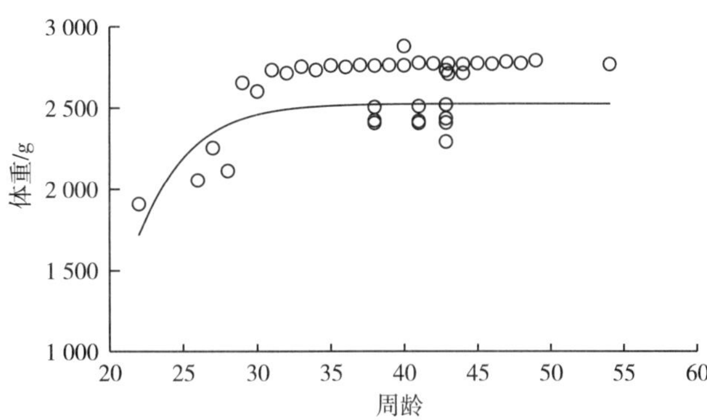

图 4－9　中型种用母鸡产蛋期周龄与体重的回归模型建立

轻型种用母鸡：

0～6 周龄：BW（g）$=689\times e^{-3.05\times EXP(-0.299\times W)}$（$R^2=0.979$）

7～21 周龄：BW（g）$=1\,537\times e^{-1.89\times EXP(-0.080\times W)}$（$R^2=0.732$）

21～66 周龄：BW（g）$=1\,612\times e^{-54.1\times EXP(-0.242\times W)}$（$R^2=0.550$）

轻型种用母鸡产蛋期体重数据来源于 21～66 周龄母鸡。轻型种用母鸡产蛋期周龄与体重的回归模型建立见图 4-10。

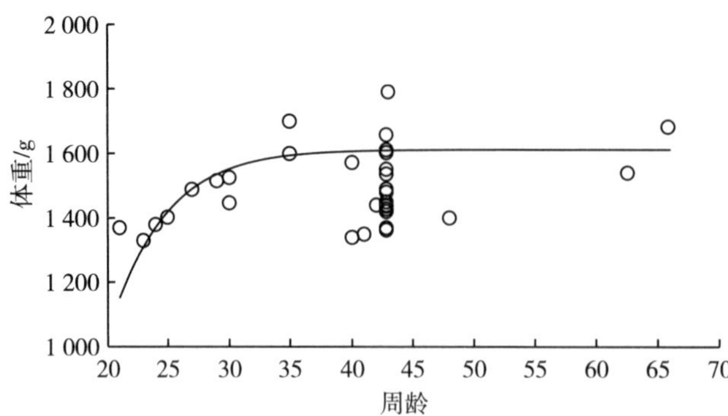

图 4-10　轻型种用母鸡产蛋期周龄与体重的回归模型建立

根据上述回归公式计算得到种用母鸡产蛋期各周龄体重预测值、各周龄平均日增重（ADG）计算值。

2. 产蛋期的产蛋率、蛋重和每日产蛋量　根据研究报告和企业生产数据，分别建立三类种用母鸡产蛋期周龄（*W*）与产蛋率之间的回归方程，结果如下：

重型种用母鸡：产蛋率（%）$=124\times e^{-0.017\times W}\div[1+e^{-0.870\times(W-26.2)}]$（$R^2=0.954$），产蛋率数据来源为 23～61 周龄母鸡。重型种用母鸡周龄与产蛋率的回归模型建立如图 4-11 所示。

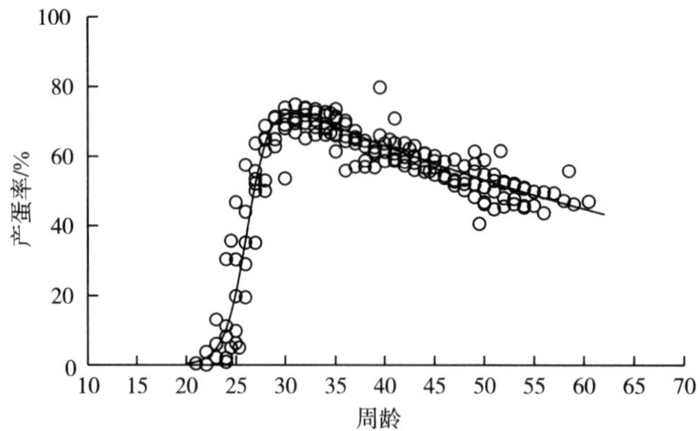

图 4-11　重型种用母鸡周龄与产蛋率的回归模型建立

中型种用母鸡：产蛋率（%）$=144\times e^{-0.020\times W}\div[1+e^{-0.751\times(W-24.9)}]$（$R^2=0.937$），中型数据来源为 21～51 周龄母鸡。中型种用母鸡周龄与产蛋率的回归模型建立如图 4-12 所示。

轻型种用母鸡：产蛋率（%）$=163\times e^{-0.024\times W}\div[1+e^{-0.476\times(W-26.5)}]$（$R^2=0.972$），轻型数据来源为 19～61 周龄母鸡。轻型种用母鸡周龄与产蛋率的回归模型建立见图 4-13 所示。

同时分别建立三类种用母鸡产蛋期周龄与蛋重（g/枚）的回归方程，结果如下：

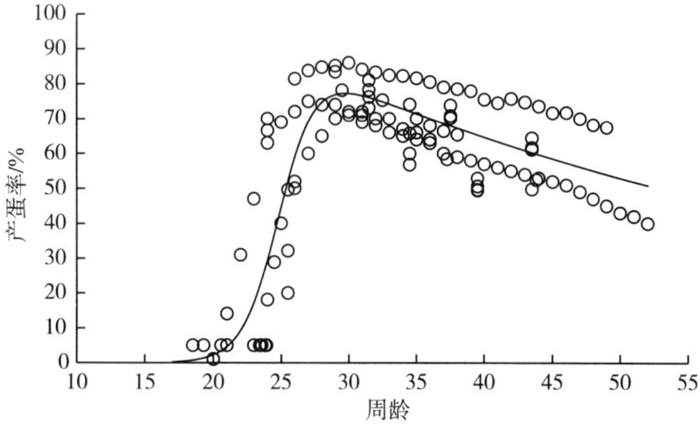

图 4-12　中型种用母鸡周龄与产蛋率的回归模型建立

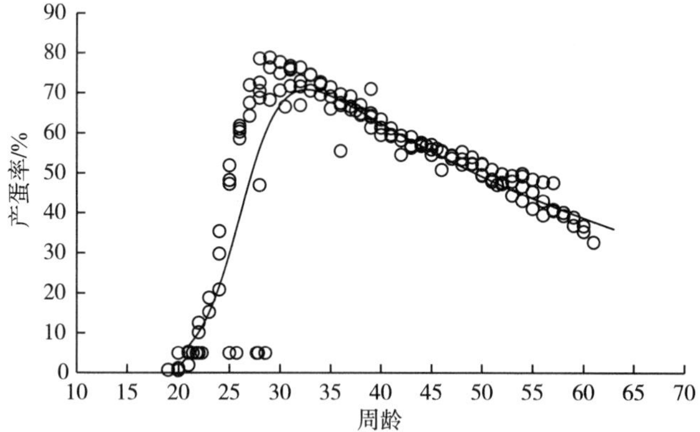

图 4-13　轻型种用母鸡周龄与产蛋率的回归模型建立

重型种用母鸡：蛋重（g/枚）$=64.3-191\times0.898^{W}$($R^2=0.680$)，蛋重数据来源于 23～61 周龄母鸡产蛋，重型种用母鸡周龄与蛋重的回归模型建立如图 4-14 所示。

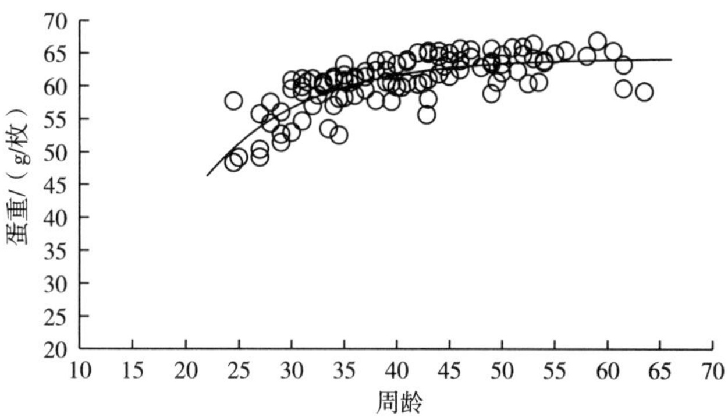

图 4-14　重型种用母鸡周龄与蛋重的回归模型建立

中型种用母鸡：蛋重（g/枚）$=11.9\times\ln W+9.45$($R^2=0.566$)，数据来源于 21～51 周龄母鸡产蛋。中型种用母鸡周龄与蛋重的回归模型建立如图 4-15 所示。

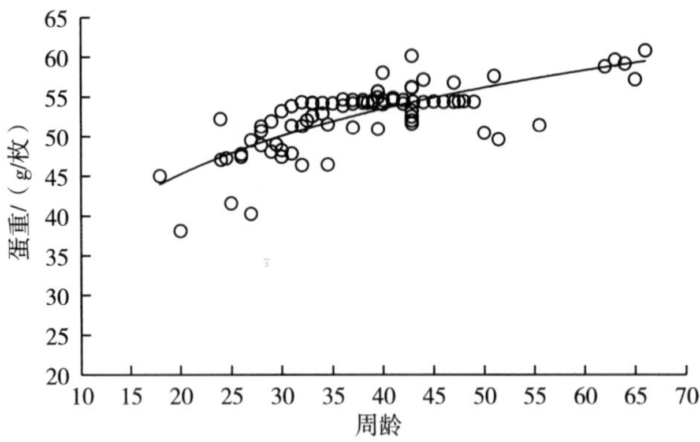

图 4-15 中型种用母鸡周龄与蛋重的回归模型建立

轻型种用母鸡：蛋重（g/枚）$=14.2\times \ln W-7.73$（$R^2=0.659$），数据来源于 19～61 周龄母鸡产蛋。轻型种用母鸡周龄与蛋重的回归模型建立如图 4-16 所示。

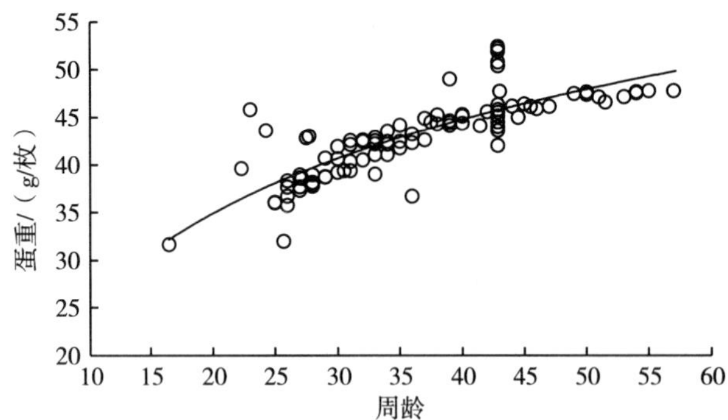

图 4-16 轻型种用母鸡周龄与蛋重的回归模型建立

根据回归方程计算每周的产蛋率、蛋重，根据日产蛋量=产蛋率×蛋重，计算得到每周的平均日产蛋量。重型、中型、轻型种用母鸡开产周龄、开产体重以及 43 周龄的生产性能范围值见表 4-4。

表 4-4 重型、中型、轻型种用母鸡开产周龄、开产体重、43 周龄的生产性能范围值

指标	重型	中型	轻型
开产周龄/周	21～25	19～23	18～22
开产体重/kg	2.1～2.7	1.5～2.1	0.9～1.5
43 周龄体重/kg	2.8～3.4	2.2～2.8	1.3～1.9
43 周龄每日饲喂量/(g/d)	115～135	100～120	75～95
43 周龄产蛋率/%	55～65	55～65	55～65
43 周龄蛋重/(g/枚)	57～67	50～60	40～50
43 周龄每日产蛋量/(g/d)	34～40	30～36	24～30
43 周龄料蛋比	3.0～3.8	2.8～3.6	2.6～3.4

3. 育雏期、育成期和开产前饲粮能量水平　根据三种类型种鸡开产周龄并参考《鸡饲养标准》（NY/T 33—2004）将黄羽肉鸡种用母鸡产蛋前的饲养期分成三个阶段，分别为育雏期（0～6 周龄）、育成期（重型，7～20 周龄；中型，7～18 周龄；轻型，7～17 周龄）和开产前（重型，21 周龄～开产；中型，19 周龄～开产；轻型，18 周龄～开产。开产前按 3 周时间计算）。

饲粮 ME_n 水平确定：重型种用母鸡 ME_n 浓度参数参照《鸡饲养标准》（NY/T 33—2004）中黄羽肉鸡种用母鸡饲粮 ME 浓度参数，采用 $ME_n=0.963\times ME$ 公式换算得到育雏期、育成期两个阶段 ME_n 分别为 2 792 和2 600kcal/kg，而开产前则采用 $ME_n=0.969\times ME$ 换算得到 2 665kcal/kg，三个阶段饲粮 ME_n 取整后确定分别为 2 800、2 600 和 2 650kcal/kg（表 4-5）。以此为基础，再以 $ME=1.038\times ME_n$ 公式反推算，得到 ME 分别为 2 906、2 699 和 2 735kcal/kg。同时以 $NE=0.797\times ME_n$（0～20 周龄），$NE=0.789\times ME_n$（21 周龄～开产）计算得到净能 NE 分别为 2 232、2 072 和 2 091kcal/kg。中型种用母鸡 0～6 周龄、7～18 周龄和 19 周龄～开产前的饲粮 ME_n 浓度直接采用重型种用母鸡饲粮 ME_n，分别为 2 800、2 600 和 2 650kcal/kg，采用 $ME=1.038\times ME_n$ 公式换算成 ME，分别为 2 906、2 699 和2 735kcal/kg，再以 $NE=0.792\times ME_n$（0～18 周龄）、$NE=0.789\times ME_n$（19 周龄～开产前）换算成 NE，分别为 2 232、2 072 和 2 091kcal/kg。轻型种用母鸡饲粮 ME_n 在重型种用母鸡饲粮 ME_n 水平基础上均降低 50kcal/kg，分别为 2 750、2 550 和 2 600kcal/kg，采用 $ME=1.038\times ME_n$ 公式换算出 ME，分别为 2 855、2 647 和 2 683kcal/kg。再以 $NE=0.790\times ME_n$（0～17 周龄）、$NE=0.789\times ME_n$（18 周龄～开产）公式换算得到轻型种用母鸡 NE 浓度分别为 2 172、2 015 和 2 051kcal/kg。

表 4-5　黄羽肉鸡种用母鸡育雏期、育成期和开产前饲粮能量水平

单位：kcal/kg

种用母鸡种类	育雏期			育成期			开产前		
	ME_n	ME	NE	ME_n	ME	NE	ME_n	ME	NE
重型	2 800	2 906	2 232	2 600	2 699	2 072	2 650	2 735	2 091
中型	2 800	2 906	2 232	2 600	2 699	2 072	2 650	2 735	2 091
轻型	2 750	2 855	2 172	2 550	2 647	2 015	2 600	2 683	2 051

4. 产蛋期饲粮能量水平　根据黄羽肉鸡饲料原料成分及营养价值表，重新计算所有种用母鸡试验研究报告中的重型、中型、轻型种用母鸡产蛋期饲粮 ME_n。计算得到的重型、中型、轻型黄羽肉鸡种用母鸡产蛋期的平均 ME_n 分别为：2 668、2 647、2 600kcal/kg，取整（取整为 0 或 50kcal 的整数倍）后分别是：2 650、2 650、2 600kcal/kg。

（1）ME 水平计算。根据广东省农业科学院动物科学研究所黄羽肉鸡营养与饲料研究团队建立的黄羽肉鸡饲料原料数据库和收集的所有研究报告中的饲粮配方，计算所有饲粮配方的 ME 和 ME_n，建立 ME 与 ME_n 的回归方程，结果如下：

重型种用母鸡：ME_n（kcal/kg）$=0.969\times ME$

中型种用母鸡：ME_n（kcal/kg）$=0.970\times ME$

轻型种用母鸡：ME_n（kcal/kg）＝0.968×ME

从建立的回归方程看，三种类型种用母鸡 ME 与 ME_n 转换系数非常接近，为了方便计算，我们确定三种类型种用母鸡 ME 与 ME_n 转换系数一致，均为 ME（kcal/kg）＝1.032×ME_n 或 ME_n＝0.969×ME。根据一致的回归方程，分别计算三种类型种用母鸡 ME 需要量。

（2）NE 水平计算。根据黄羽肉鸡饲料原料成分及营养价值表和收集的所有研究报告中的饲粮配方，计算所有饲粮配方的 NE 和 ME_n，建立 NE 与 ME_n 的回归方程，结果如下：

重型种用母鸡：NE（kcal/kg）＝0.789×ME_n

中型种用母鸡：NE（kcal/kg）＝0.788×ME_n

轻型种用母鸡：NE（kcal/kg）＝0.789×ME_n

同样，从建立的回归方程看，三类种用母鸡 NE 与 ME_n 的转换系数趋于一致，为了方便计算，我们确定三类种用母鸡 NE 与 ME_n 转换系数一致，均为 NE（kcal/kg）＝0.789×ME_n。根据一致的回归方程，分别计算三类种用母鸡 NE 需要量。

5. 种用母鸡育雏期、育成期和开产前每日能量需要量 根据三类种用母鸡育雏期、育成期和开产前的体重数据，计算各周龄日增重 ADG。因生产中种用母鸡育雏阶段（0～6 周龄）多采用自由采食的饲喂方式，因此重型种用母鸡 0～6 周龄参照前面建立的快速型黄羽肉鸡商品代能量需要模型 ME_{ni}（kcal/d）$=99\times BW^{0.75}+0.443\times ADG^{1.65}$ 计算各周龄种用母鸡每日氮校正代谢能 ME_{ni}需要量；重型种用母鸡 7～23 周龄为限饲饲喂，宜采用前面建立的中速型黄羽肉鸡商品代能量需要模型 ME_{ni}（kcal/d）$=113\times BW^{0.75}+0.972\times ADG^{1.44}$ 计算各周龄 ME_{ni}。中型种用母鸡 0～6 周龄常为自由采食饲喂方式，宜采用前面建立的中速型黄羽肉鸡商品代能量需要模型 ME_{ni}（kcal/d）$=113\times BW^{0.75}+0.972\times ADG^{1.44}$ 计算各周龄 ME_{ni}；中型种用母鸡 7～21 周龄为限饲饲喂，宜采用前面建立的慢速型黄羽肉鸡商品代能量需要模型 ME_{ni}（kcal/d）$=123\times BW^{0.75}+1.84\times ADG^{1.27}$ 计算产蛋前各周龄 ME_{ni}。轻型种用母鸡 0～20 周龄参照前面建立的慢速型黄羽肉鸡商品代能量需要模型 ME_{ni}（kcal/d）$=123\times BW^{0.75}+1.84\times ADG^{1.27}$ 计算产蛋前各周龄 ME_{ni}。种用母鸡育雏期、育成期和开产前每日增重氮校正代谢能（ME_{ng}）与每日氮校正代谢能（ME_{ni}）见表 4－6。

表 4－6 种用母鸡育雏期、育成期和开产前每日增重氮校正代谢能（ME_{ng}）与每日氮校正代谢能需要量摄入量（ME_{ni}）

周龄	重型		中型		轻型	
	ME_{ng}/(kcal/d)	ME_{ni}/(kcal/d)	ME_{ng}/(kcal/d)	ME_{ni}/(kcal/d)	ME_{ng}/(kcal/d)	ME_{ni}/(kcal/d)
1	28.6	47.1	26.0	44.5	21.3	38.4
2	51.4	82.7	41.3	71.6	30.2	56.8
3	68.4	114	51.2	94.5	35.9	72.6
4	72.7	133	52.9	109	37.1	83.8

（续）

周龄	重型		中型		轻型	
	ME_{ng}/(kcal/d)	ME_{ni}/(kcal/d)	ME_{ng}/(kcal/d)	ME_{ni}/(kcal/d)	ME_{ng}/(kcal/d)	ME_{ni}/(kcal/d)
5	65.5	138	47.7	115	34.6	90.4
6	45.4	138	67.8	115	45.3	109
7	30.3	138	59.4	115	38.2	109
8	21.2	138	21.4	115	19.7	109
9	22.8	138	22.2	118	19.6	109
10	24.5	144	23.0	123	19.3	109
11	26.3	152	23.8	128	19.0	114
12	28.2	159	24.5	133	18.5	118
13	30.1	167	25.2	138	18.0	121
14	32.2	175	25.9	144	17.3	125
15	34.4	184	26.6	149	16.6	128
16	36.7	193	27.2	154	15.9	131
17	39.2	202	27.8	159	15.1	134
18	41.7	211	28.4	164	14.3	136
19	44.4	221	28.9	170	13.5	138
20	47.2	231	29.4	175	32.9	161
21	50.1	242	64.4	212	—	—
22	53.2	253	—	—	—	—
23	78.2	286	—	—	—	—

6. 种鸡产蛋期每日能量需要量　种用母鸡 ME_m 参照 Romero 等（2009）公式：ME_m (kcal/d)＝（111.95－0.36×T)×$BW^{0.75}$（T 为鸡舍环境温度，在此设定为 22℃，BW 为体重），即 ME_m＝104×$BW^{0.75}$，同时参考黄羽肉鸡的研究结果和收集的文献建立 ME 与 ME_n 的回归公式，将 ME_m 乘以转换系数 0.969 得到 ME_{nm}，即 ME_{nm}＝101×$BW^{0.75}$。

参照 NRC（1994）报道的蛋鸡种母鸡每日增重代谢能（ME_g）需要量公式：ME_g (kcal/d)＝5.5×ADG，同时参考黄羽肉鸡研究结果和收集文献建立的 ME 与 ME_n 的回归公式，将 ME_g 乘以转换系数 0.969 得到 ME_{ng}，即 ME_{ng}＝5.33×ADG。根据研究结果计算试验期周龄平均每日氮校正代谢能 ME_{ni}需要量、ADG、平均日产蛋量 EM（g/d）和平均体重 BW（kg），采用析因法公式 ME_{np}＝ME_{ni}－ME_{nm}－ME_{ng}，计算得到每日产蛋氮校正代谢能 ME_{np}需要量。建立每日产蛋量 EM（g/d）与 ME_{np}之间的回归公式，重型种用母鸡：ME_{np}（kcal/d)＝2.55×EM（R^2＝0.711)，重型种用母鸡产蛋期每日产蛋量 EM 与每日产蛋氮校正代谢能 ME_{np}的回归关系如图 4－17 所示。

同理，建立中型种用母鸡产蛋期日产蛋量 EM 与 ME_{np}的回归方程：ME_{np}（kcal/d)＝2.70×EM（R^2＝0.741)，中型种用母鸡产蛋期每日产蛋量 EM 与每日产蛋氮校正代谢能

ME_{np}的回归关系如图 4 - 18 所示。

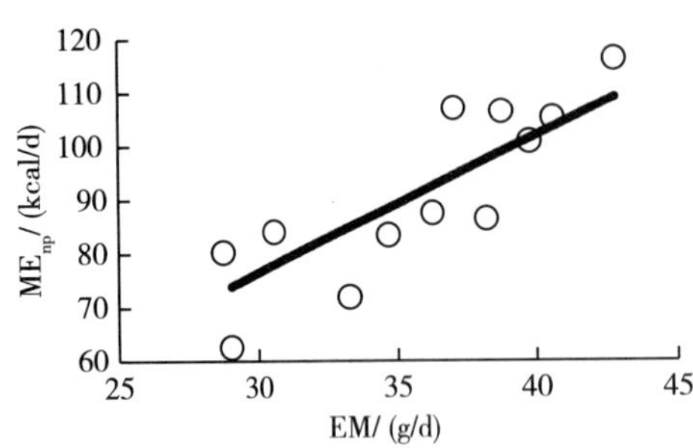

图 4 - 17 重型种用母鸡产蛋期每日产蛋量 EM 与每日产蛋氮校正代谢能 ME_{np}的回归关系

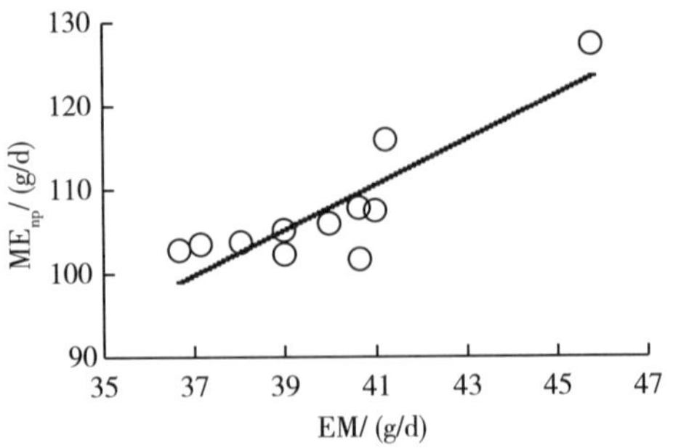

图 4 - 18 中型种用母鸡产蛋期每日产蛋量 EM 与每日产蛋氮校正代谢能 ME_{np}的回归关系

同理，建立轻型种用母鸡产蛋期日产蛋量 EM 与 ME_{np} 的回归方程：ME_{np}（kcal/d）= 2.94×EM（$P<0.001$；$R^2=0.765$），轻型种用母鸡产蛋期每日产蛋量 EM 与每日产蛋氮校正代谢能 ME_{np}的回归关系如图 4 - 19 所示。

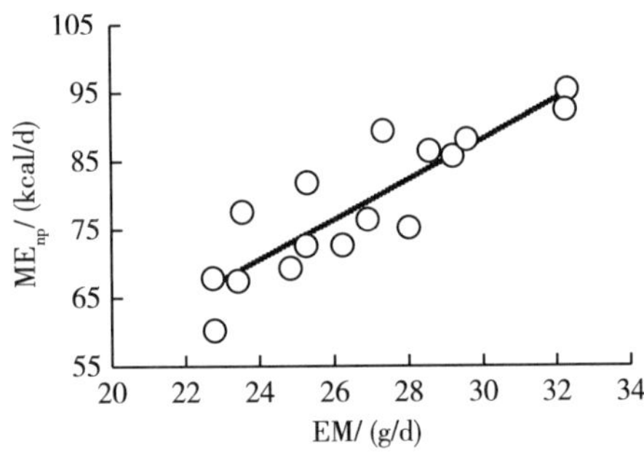

图 4 - 19 轻型种用母鸡产蛋期每日产蛋量 EM 与每日产蛋氮校正代谢能 ME_{np}的回归关系

根据上面建立的三类种用母鸡 EM 与 ME_{np} 的回归方程，计算得到各类型种用母鸡产蛋期各周龄平均每日产蛋氮校正代谢能 ME_{np}，再加上各周龄平均每日维持代谢能 ME_{nm} 和每日增重氮校正代谢能 ME_{ng}（根据各周龄体重计算），得到产蛋期各周龄平均每日氮校正代谢能 ME_{ni}，种用母鸡产蛋氮校正代谢能 ME_{np}与每日氮校正代谢能 ME_{ni}需要量见表 4 - 7。

表 4 - 7 种用母鸡每日产蛋氮校正代谢能（ME_{np}）与每日氮校正代谢能（ME_{ni}）需要量

周龄	重型		中型		轻型	
	ME_{np}/(kcal/d)	ME_{ni}/(kcal/d)	ME_{np}/(kcal/d)	ME_{ni}/(kcal/d)	ME_{np}/(kcal/d)	ME_{ni}/(kcal/d)
21	—	—	—	—	7	190
22	—	—	12	251	11	190
23	—	—	22	265	16	190
24	13	294	38	278	24	193
25	27	298	58	291	33	198
26	48	316	77	304	44	205
27	71	336	91	318	55	213
28	89	350	99	326	66	221

（续）

周龄	重型		中型		轻型	
	ME_{np}/(kcal/d)	ME_{ni}/(kcal/d)	ME_{np}/(kcal/d)	ME_{ni}/(kcal/d)	ME_{np}/(kcal/d)	ME_{ni}/(kcal/d)
29	99	358	103	323	74	227
30	104	360	104	320	80	231
31	106	360	104	316	84	234
32	106	358	103	313	86	235
33	106	356	102	310	87	235
34	105	354	101	307	87	235
35	105	352	100	305	87	234
36	104	349	99	303	86	233
37	103	347	97	301	85	231
38	101	345	96	299	84	230
39	100	343	95	298	83	228
40	99	341	93	296	82	227
41	98	340	92	295	81	226
42	97	338	91	293	79	224
43	95	336	89	292	78	223
44	94	334	88	290	77	222
45	93	333	87	289	75	220
46	91	331	85	288	74	219
47	90	330	84	286	73	218
48	89	328	83	285	72	216
49	87	327	81	284	70	215
50	86	325	80	282	69	214
51	85	324	79	281	68	212
52	83	322	78	280	67	211
53	82	321	76	279	65	210
54	81	320	75	278	64	209
55	79	318	74	276	63	208
56	78	317	73	275	62	206
57	77	316	72	274	61	205
58	76	314	70	273	60	204
59	74	313	69	272	58	203
60	73	312	68	270	57	202
61	72	311	67	269	56	201
62	71	309	66	268	55	200
63	70	308	65	267	54	199
64	68	307	64	266	53	197
65	67	306	63	265	52	196
66	66	305	62	264	51	195

第五节　黄羽肉鸡的能量来源

鸡的能量最终来源是 ATP 的高能磷酸键。当 ATP 释放一个磷酸键转化成 ADP 时，每摩尔会释放 8kcal 能量。ATP 的周转速度非常快，在绝大多数分子中不足 40min 即可反应生成。ADP 重新生成 ATP 需要从不同饲粮底物（主要为糖类、蛋白质和脂肪）氧化过程中获取能量。鸡饲粮中，能量主要来源于糖类。

一、糖类

谷物类如玉米、高粱、小麦和大麦为鸡提供了大部分的糖类。谷物中的大部分糖类以淀粉的形式存在，很容易被鸡消化（Moran，1985）。淀粉是植物的一种贮存性糖类，完全以葡萄糖分子为基本组成单位连接而成，一般占禾谷类和薯类干物质的 70%左右，是鸡的主要能量来源。淀粉成分不均一，依据其分子化学结构特点，淀粉可分为直链淀粉和支链淀粉。直链淀粉结构呈线形，由 250～300 个葡萄糖分子以 α-D-1,4 糖苷键脱水缩合而成。支链淀粉结构呈一种不规则的树枝状，每隔 8～9 个葡萄糖单位出现一个分支，分支点以 α-1,6 糖苷键相连。直链淀粉和支链淀粉的分子大小和结构存在差异，两者性质也明显不同。直链淀粉易溶于温水，溶解后黏度较低；而支链淀粉是由许多支链结合而成的分支状聚合物，在支链淀粉中 α-1,6 糖苷键约占总糖的 5%，加热后开始溶解，形成的溶液黏度较大。

淀粉在鸡消化道内经消化酶作用水解为葡萄糖，被小肠吸收后进入血液，葡萄糖和氨基酸是消化道代谢的主要能量来源。为提高蛋白质的利用效率，需要葡萄糖的及时供给，减少机体内用于氧化供能的氨基酸的数量。有研究表明，淀粉的相关理化特性会直接影响其消化性及营养特性。

除了淀粉外，其他糖类以不同浓度存在于谷类和蛋白质饲料中。这些糖类包括一些非淀粉多糖（NSP），如纤维素、半纤维素、戊聚糖和寡糖类，如水苏糖和棉籽糖，所有这些都很难被鸡消化。因此，这些非淀粉糖类通常对满足家禽的能量需求贡献很小（可忽略不计）。但是，当其在饲粮中含量较高时，会对鸡的消化过程产生不利影响。NSP 不能被鸡自身分泌的消化酶水解，可分为可溶性 NSP 和不溶性 NSP。可溶性 NSP 主要以氢键松散地同纤维素、木质素或蛋白质结合，易溶于水，主要存在于一些谷物的细胞壁中。不溶性 NSP 以酯键、酚键、阿魏酸、钙离子桥等共价键或离子键较牢固地和其他成分结合，故难溶于水或不溶于水。可溶性 NSP 包括常见的阿拉伯木聚糖、β-葡聚糖、甘露聚糖、果胶多糖等，是降低饲料脂肪、淀粉和蛋白质营养价值的主要因素（Anmison et al.，1999）。NSP 的典型不良影响主要表现为鸡生长受阻、粪便变湿、变黏稠。NSP 主要存在于黑麦、大麦和小麦这类谷物中，其中以黑麦中 NSP 对鸡生长影响最大，大麦和小麦中 NSP 影响程度较轻。大豆中的 NSP 也很难被消化。黑麦的戊聚糖和大麦中的β-葡聚糖会增加消化系统的黏度，从而干扰鸡对营养素的利用（Antoniou et al.，1981；Bedford et al.，1991；Classen et al.，1985；Wagner et al.，1978）。小麦-豆粕-棕榈粕型饲粮中添加木聚糖酶、木聚糖酶-甘露聚糖酶复合酶能降低黄羽肉鸡肠道食糜黏度，提高饲粮中粗蛋白和无氮浸出物的表观代谢率；添加木聚糖酶能显著提高黄羽肉鸡对饲粮的能量利用率，黄羽肉鸡后期（10～13 周龄）的日增重也提高了，料重比显著降低（张兴，2013）。适当添加酶制剂补充到含黑麦或大麦的饲粮中可以提高小鸡对其营养素的利用和促进小鸡的生长（Edney et al.，1989；Leong et al.，1962；Friesen et al.，1992）。

二、脂肪

脂肪和油也是鸡饲粮中重要的能量来源。典型的脂肪分子的经验式为 $C_{57}H_{105}O_6$，与葡萄糖相比，脂肪含有更多的碳原子和氢原子。因此，脂肪在氧化供能过程中可产生更多的二氧化碳和水，释放更多的能量。前面也提到，1g 脂肪的能值是 9.4kcal，1g 淀粉的能值是 4.15kcal，脂肪能值是同等质量淀粉的 2.25 倍。

脂质是所有脂溶性物质的统称。简单脂质是由单纯的脂肪酸与醇类，特别是丙三醇（甘油）或胆固醇缩合而形成的酯。脂肪酸与乙醇酯化生成的脂（而非甘油酯）的营养作用很小。复合脂质是由一分子甘油与两分子脂肪酸，还有其他成分如胆碱（通过磷酸连接）等发生酯化反应生成的，其中最主要的复合磷脂有卵磷脂、脑磷脂和鞘磷脂。衍生脂质是由简单脂质和复合脂质水解生成的产物，包括脂肪酸、醇类（如甘油、十六烷醇、羊毛脂等）和固醇类（如胆固醇、麦角固醇）。有关大豆卵磷脂代谢能测定的试验表明，卵磷脂中的脂肪酸和甘油均能被鸡完全利用，其代谢能值约为 6.5kcal/g。

由于脂肪的供能作用，在肉鸡全价饲粮中添加脂肪能提高其生长速度和饲料利用效率，增加体脂肪（尤其是腹脂）沉积。家禽饲粮中主要以甘油三酯为非糖类饲粮的能源时，鸡仍能正常生产，但是，如果游离脂肪酸含量超过 20%，鸡生长便会受到抑制。此时，甘油三酯的甘油部分缺乏，不足以通过糖异生途径生成足够的葡萄糖，而仅凭生糖氨基酸不能保证血糖处于正常水平。鸡饲粮中添加脂肪可改善能量利用效率，可能是因为脂肪的代谢能转化为净能值的效率比糖类更高。

三、蛋白质和氨基酸

饲粮中蛋白质的许多组分均能转化成糖类或脂肪酸的代谢物以便生成机体所需的葡萄糖，从而维持正常的血糖水平。当以不同氨基酸分别饲喂鸡时，有些氨基酸可在机体内代谢转化为葡萄糖或糖原，另一些氨基酸能转变成丙酮或其他酮类。所有非必需氨基酸都是生糖氨基酸，丙氨酸的燃烧热是 4.35kcal/g，谷氨酸的碳、氢与氧的比例较小，每克谷氨酸转变成葡萄糖释放的能量是 3.69kcal。通常用 4.1kcal/g 作为蛋白质的平均能值，反映的是以肽键连接成蛋白质的不同氨基酸的平均值。

四、常见的能量饲料

（一）玉米

玉米是谷实类饲料的主体，是肉鸡最主要的能量饲料来源，被称为“能量之王”。玉米中糖类含量在 70%以上，主要为淀粉，单糖和二糖较少，粗纤维含量也较少。玉米中脂肪含量为 3%～5%，高油玉米中粗脂肪含量可达 8%以上（周明，2010）。玉米中蛋白质含量较少，一般为 7%～9%。肉鸡对玉米消化率高，因此其有效能也高，每千克干物质含量为 88%的玉米的鸡氮校正代谢能 ME_n 为 3 179kcal。玉米在肉鸡饲料配方中占比较大，一般在 60%以上，所以玉米价格上涨大大提高了饲料成本。在玉米价格高涨的情况下，可考虑用其他能量饲料来替代玉米以节省饲料成本。

（二）稻谷

稻谷中无氮浸出物含量在 60%以上，但粗纤维含量达 8%以上，粗纤维主要集中于稻壳中，稻壳量占稻谷重的 20%～25%，稻壳中含 40%以上的粗纤维，且半数为木质素，鸡对稻壳的消化率为负值。因此，稻壳是稻谷饲用价值的限制成分，在生产上一般不直接用稻谷喂鸡。稻谷中粗蛋白质含量为 7%～8%。稻谷因含稻壳，有效能值比玉米低得多。稻谷的鸡氮校正代谢能 ME_n 约为 2 588kcal/kg。用稻谷直接饲喂肉鸡会影响其生长，但是限制添加一定比例的稻谷替代玉米却对肉鸡生长无负面影响。刘松柏等（2021）研究发现，在黄羽肉鸡小鸡和中鸡阶段分别用稻谷替代 15%和 30%的玉米未影响肉鸡生长。

（三）其他能量饲料

小麦、高粱、大麦、黑麦、燕麦、甘薯、木薯、小麦加工副产物等也是非常好的能量饲料资源。

第六节　黄羽肉鸡的采食量

一、黄羽肉鸡采食量

肉鸡“为能而饲”。根据前面建立的黄羽肉鸡每日氮校正代谢能需要量 ME_{ni}（kcal/d），除以确定的黄羽肉鸡氮校正代谢能 ME_n（kcal/kg，饲粮浓度），计算得到采食量预测值 ADFI（kg/d）以及满足营养需要时达到的相应生产性能预测值。快速型、中速型和慢速型黄羽肉鸡满足营养需要量时达到的生产性能分别见表 4－8、表 4－9 和表 4－10。

表 4－8　快速型黄羽肉鸡满足营养需要量时达到的生产性能

（自由采食，以 88%干物质为计算基础）

周龄	体重/g		周耗料量/g		料重比	
	公鸡	母鸡	公鸡	母鸡	公鸡	母鸡
0	44	36	/	/	/	/
1	140	110	105	95	1.09	1.28
2	270	240	210	190	1.62	1.46
3	460	420	360	345	1.89	1.92
4	700	660	510	500	2.13	2.08
5	990	940	670	645	2.31	2.30
6	1 300	1 230	810	740	2.61	2.55
7	1 630	1 520	900	778	2.72	2.68
8	1 960	1 790	946	778	2.87	2.88
9	2 280	2 030	951	783	2.97	3.26

注：耗料量数据是在农业行业标准《黄羽肉鸡营养需要量》（NT/T 3645—2020）中快速型黄羽肉鸡不同生长阶段饲粮能量水平下计算得到的；如果饲粮能量水平变化，耗料量值随之变化。“/”表示不需要给出数据。

表 4-9　中速型黄羽肉鸡满足营养需要量时达到的生产性能

（自由采食，以 88%干物质为计算基础）

周龄	体重/g		周耗料量/g		料重比	
	公鸡	母鸡	公鸡	母鸡	公鸡	母鸡
0	33	31	/	/	/	/
1	90	90	70	65	1.23	1.10
2	160	150	135	105	1.93	1.75
3	280	220	225	155	1.88	2.21
4	430	310	335	195	2.23	2.17
5	610	420	430	255	2.39	2.32
6	820	550	530	320	2.52	2.46
7	1 050	690	610	360	2.65	2.57
8	1 280	830	670	405	2.91	2.89
9	1 510	980	680	445	2.96	2.97
10	1 720	1 120	700	460	3.33	3.29
11	1 920	1 270	700	480	3.50	3.20
12	2 110	1 410	700	490	3.68	3.50
13	—	1 540	—	505	—	3.88

注：耗料量数据是在农业行业标准《黄羽肉鸡营养需要量》（NT/T 3645—2020）中中速型黄羽肉鸡不同生长阶段饲粮能量水平下计算得到的；如果饲粮能量水平变化，耗料量值随之变化。“/”表示不需要给出数据。“—”表示没有相关数据。

表 4-10　慢速型黄羽肉鸡满足营养需要量时达到的生产性能

（自由采食，以 88%干物质为计算基础）

周龄	体重/g		周耗料量/g		料重比	
	公鸡	母鸡	公鸡	母鸡	公鸡	母鸡
0	33	30	/	/	/	/
1	60	60	58	48	2.14	1.61
2	110	90	96	82	1.93	2.73
3	170	140	140	116	2.34	2.32
4	250	210	193	159	2.41	2.28
5	350	290	251	201	2.51	2.52
6	470	380	314	246	2.62	2.73
7	610	480	373	285	2.66	2.85
8	750	590	428	324	3.06	2.95
9	900	700	470	350	3.13	3.18
10	1 060	810	510	375	3.19	3.41

（续）

周龄	体重/g		周耗料量/g		料重比	
	公鸡	母鸡	公鸡	母鸡	公鸡	母鸡
11	1 210	910	540	395	3.60	3.95
12	1 360	1 010	560	410	3.73	4.10
13	1 500	1 110	580	410	4.14	4.10
14	1 630	1 190	580	420	4.46	5.25
15	1 760	1 270	585	425	4.50	5.31
16	1 870	1 340	590	430	5.36	6.14
17	1 980	1 410	595	430	5.41	6.14

注：耗料量数据是在农业行业标准《黄羽肉鸡营养需要量》（NT/T 3645—2020）中慢速型黄羽肉鸡不同生长阶段饲粮能量水平下计算得到的；如果饲粮能量水平变化，耗料量值随之变化。“/”表示不需要给出数据。

但是，大量肉鸡试验数据也表明，采食量的变化与饲粮能量水平的变化并不完全成反比，特别是在饲喂高能饲粮时反差更明显。有研究报道，与不添加脂肪的饲粮相比，脂肪含量为3%的饲粮增加了肉鸡日采食量，而蛋白质含量较高的饲粮也消耗了更多的能量。需要特别说明的是，黄羽肉鸡能量摄入量往往随能量浓度升高而升高，黄羽肉鸡“为能而饲”的调节能力较弱，尤其是母鸡中后期，过高能量会导致母鸡过肥。研究发现，不同饲粮能量水平（2 839、2 913、3 088、3 160 和 3 250kcal/kg）对 0～21 日龄快速型岭南黄羽肉鸡公、母鸡的采食量均没有显著影响，但是均显著影响了公、母鸡每日能量摄入量，高能量饲粮显著提高了公鸡腹脂沉积，但是对母鸡腹脂沉积影响不显著；不同饲粮能量水平（2 797、2 897、2 997、3 097 和 3 197kcal/kg）对 22～42 日龄快速型岭南黄羽肉鸡公鸡采食量有显著影响，高能量饲粮降低了公鸡的采食量，对母鸡采食量却没有显著影响，对公、母鸡代谢能摄入量影响也不显著，但是高能量饲粮均显著提高了公、母鸡的腹脂率；不同饲粮能量水平（2 897、2 997、3 097、3 197 和 3 297kcal/kg）对 43～63 日龄快速型岭南黄羽肉鸡公、母鸡采食量也均无显著影响，但是高能量饲粮导致公、母鸡能量摄入量均显著提高了，也显著提高了公鸡的腹脂率，对母鸡腹脂率没有显著影响。不同饲粮能量水平（2 663、2 763、2 849、3 009 和 3 297kcal/kg）对 1～28 日龄慢速型岭南黄羽肉鸡公鸡采食量也无显著影响，同样，高能量饲粮导致公鸡能量摄入量也显著提高了，对腹脂率影响不显著。Abouelezz 等（2019）研究发现，不同饲粮能量水平（2 805、2 897、2 997、3 095 和 3 236kcal/kg）对 9～15 周龄慢速型岭南黄羽肉鸡公鸡采食量和能量摄入量均有显著影响，当饲粮能量升高到 3 095kcal/kg 时，肉鸡采食量显著下降，能量摄入量随饲粮能量水平升高而呈显著线性升高。这些试验说明恰当的饲粮能量浓度也是十分重要的。

二、黄羽肉种鸡产蛋期饲喂量

为了防止种母鸡产蛋期采食量过高而长得过肥，进而影响种鸡产蛋率，种母鸡产蛋期需采用限饲饲喂。根据前面建立的种母鸡产蛋期能量需要模型得到的 ME_{ni}（kcal/d）需要量除以饲粮能量浓度，计算得到三类黄羽肉鸡种用母鸡育雏期、育成期、开产前和产蛋期各周龄平均日饲料饲喂量，再计算每周耗料量。表 4－11 至表 4－16 列出了三类黄羽肉种鸡每周耗料量和满足营养需要时达到的相应生产性能的预测数据。

表 4－11　重型种用母鸡育雏期、育成期和开产前满足营养需要量时达到的生产性能

（限饲，以 88%干物质为计算基础）

周龄	体重/g	周耗料量/g	料重比
0	40	/	/
1	110	120	1.71
2	220	205	1.86
3	360	285	2.04
4	510	330	2.20
5	660	345	2.30
6	800	350	2.50
7	900	360	3.60
8	950	360	7.20
9	1 020	365	5.21
10	1 080	385	6.42
11	1 150	405	5.79
12	1 220	425	6.07
13	1 290	445	6.36
14	1 370	470	5.88
15	1 450	490	6.13
16	1 540	515	5.72
17	1 630	540	6.00
18	1 720	565	6.28
19	1 820	590	5.90
20	1 920	620	6.20
21	2 020	635	6.35
22	2 130	690	6.27
23	2 250	750	6.25

注：耗料量数据是在农业行业标准《黄羽肉鸡营养需要量》（NT/T 3645—2020）中重型种用母鸡不同生长、发育阶段饲粮能量水平下计算得到的；如果饲粮能量水平变化，耗料量值随之变化。“/”表示不需要给出数据。

表 4－12　重型种用母鸡产蛋期满足营养需要量时达到的生产性能

（限饲，以 88%干物质为计算基础）

周龄	体重/g	周耗料量/g	周龄	体重/g	周耗料量/g
24	2 430	770	26	2 610	830
25	2 520	780	27	2 680	880

（续）

周龄	体重/g	周耗料量/g	周龄	体重/g	周耗料量/g
28	2 750	920	48	3 130	860
29	2 800	940	49	3 130	855
30	2 850	945	50	3 130	855
31	2 890	945	51	3 130	850
32	2 930	940	52	3 140	845
33	2 960	935	53	3 140	840
34	2 990	930	54	3 140	840
35	3 010	920	55	3 140	835
36	3 030	915	56	3 140	830
37	3 050	910	57	3 140	830
38	3 060	905	58	3 140	825
39	3 070	900	59	3 140	820
40	3 080	895	60	3 140	820
41	3 090	890	61	3 140	815
42	3 100	885	62	3 140	810
43	3 110	880	63	3 140	810
44	3 110	880	64	3 140	805
45	3 120	875	65	3 140	800
46	3 120	870	66	3 140	800
47	3 120	865	/	/	/

注：耗料量数据是在农业行业标准《黄羽肉鸡营养需要量》（NT/T 3645—2020）中重型种用母鸡不同产蛋期饲粮能量水平下计算得到的；如果饲粮能量水平变化，耗料量值随之变化。“/”表示不需要给出数据。

表 4－13　中型种用母鸡育雏期、育成期和开产前满足营养需要量时达到的生产性能

（限饲，以 88％干物质为计算基础）

周龄	体重/g	周耗料量/g	料重比
0	35	/	/
1	90	110	2.00
2	170	180	2.25
3	280	235	2.14
4	390	275	2.50
5	500	290	2.64
6	600	350	3.50
7	770	350	2.06
8	820	350	7.00
9	870	355	7.10
10	917	370	7.87
11	970	385	7.26

（续）

周龄	体重/g	周耗料量/g	料重比
12	1 020	400	8.00
13	1 080	415	6.92
14	1 130	430	8.60
15	1 190	445	7.42
16	1 250	460	7.67
17	1 310	475	7.92
18	1 370	490	8.17
19	1 430	500	8.33
20	1 490	550	9.17
21	1 550	620	10.33

注：耗料量数据是在农业行业标准《黄羽肉鸡营养需要量》（NT/T 3645—2020）中中型种用母鸡不同生长、发育阶段饲粮能量水平下计算得到的；如果饲粮能量水平变化，耗料量值随之变化。“/”表示不需要给出数据。

表 4-14　中型种用母鸡产蛋期满足营养需要量时达到的生产性能

（限饲，以88%干物质为计算基础）

周龄	体重/g	周耗料量/g	周龄	体重/g	周耗料量/g
22	1 720	665	45	2 530	765
23	1 920	700	46	2 530	760
24	2 070	735	47	2 530	755
25	2 190	770	48	2 530	755
26	2 280	805	49	2 530	750
27	2 350	840	50	2 530	745
28	2 400	860	51	2 530	745
29	2 430	855	52	2 530	740
30	2 460	845	53	2 530	735
31	2 480	835	54	2 530	735
32	2 490	825	55	2 530	730
33	2 500	820	56	2 530	730
34	2 510	810	57	2 530	725
35	2 510	805	58	2 530	720
36	2 520	800	59	2 530	720
37	2 520	795	60	2 530	715
38	2 520	790	61	2 530	710
39	2 520	785	62	2 530	710
40	2 520	785	63	2 530	705
41	2 520	780	64	2 530	705
42	2 520	775	65	2 530	700
43	2 530	770	66	2 530	700
44	2 530	770	/	/	/

注：耗料量数据是在农业行业标准《黄羽肉鸡营养需要量》（NT/T 3645—2020）中中型种用母鸡不同产蛋期饲粮能量水平下计算得到的；如果饲粮能量水平变化，耗料量值随之变化。“/”表示不需要给出数据。

表 4-15 轻型种用母鸡育雏期、育成期和开产前满足营养需要量时达到的生产性能

（限饲，以88%干物质为计算基础）

周龄	体重/g	周耗料量/g	饲料转化比
0	30	/	/
1	70	100	2.50
2	130	145	2.42
3	200	185	2.64
4	270	215	3.07
5	350	230	2.88
6	410	245	4.08
7	520	260	2.36
8	570	275	5.50
9	610	285	7.13
10	660	300	6.00
11	700	310	7.75
12	750	320	6.40
13	790	330	8.25
14	830	340	8.50
15	870	350	8.75
16	910	355	8.88
17	950	365	9.13
18	980	365	12.2
19	1 020	370	9.25
20	1 050	430	14.3

注：耗料量数据是在农业行业标准《黄羽肉鸡营养需要量》（NT/T 3645—2020）中轻型种用母鸡不同生长、发育阶段饲粮能量水平下计算得到的；如果饲粮能量水平变化，耗料量值随之变化。“/”表示不需要给出数据。

表 4-16 轻型种用母鸡产蛋期满足营养需要量时达到的生产性能

（限饲，以88%干物质为计算基础）

周龄	体重/g	周耗料量/g	周龄	体重/g	周耗料量/g
21	1 150	510	30	1 550	625
22	1 240	510	31	1 560	630
23	1 310	510	32	1 570	635
24	1 370	520	33	1 580	635
25	1 420	535	34	1 590	630
26	1 460	555	35	1 590	630
27	1 490	570	36	1 600	625
28	1 520	595	37	1 600	625
29	1 540	610	38	1 600	620

（续）

周龄	体重/g	周耗料量/g	周龄	体重/g	周耗料量/g
39	1 610	615	53	1 610	565
40	1 610	610	54	1 610	560
41	1 610	605	55	1 610	560
42	1 610	605	56	1 610	555
43	1 610	600	57	1 610	550
44	1 610	600	58	1 610	550
45	1 610	595	59	1 610	545
46	1 610	590	60	1 610	545
47	1 610	585	61	1 610	540
48	1 610	580	62	1 610	540
49	1 610	580	63	1 610	535
50	1 610	575	64	1 610	530
51	1 610	570	65	1 610	530
52	1 610	570	66	1 610	525

注：耗料量数据是在农业行业标准《黄羽肉鸡营养需要量》（NT/T 3645—2020）中轻型种用母鸡不同产蛋期饲粮能量水平下计算得到的；如果饲粮能量水平变化，耗料量值随之变化。“/”表示不需要给出数据。

参考文献

高亚俐，2010. 回归法和饥饿法测定维持净能及0～3周龄艾维茵肉鸡净能需要量研究［D］. 雅安：四川农业大学.

黄世仪，刘英强，郑诚，1986. 石歧杂和杏花鸡对能量和蛋白质需要的研究［J］. 广东畜牧兽医科技，4：16-18.

蒋守群，丁发源，林映才，等，2002. 饲粮能量水平对0～21日龄黄羽肉鸡生产性能、胴体品质和体组成的影响［J］. 广东饲料（3）：17-19.

蒋守群，丁发源，林映才，等，2003a. 0～21日龄岭南黄雏鸡代谢能需求参数的研究［J］. 华南农业大学学报，24（2）：73-76.

蒋守群，丁发源，林映才，等，2003b. 能量水平对0～21日龄岭南黄肉鸡生产性能、胴体品质和体组成的影响［J］. 中国家禽（S1）：87-90.

蒋守群，王薇薇，阮栋，等，2019. 1～28日龄慢速型黄羽肉公鸡饲粮代谢能需要量研究［J］. 动物营养学报，31（3）：1103-1110.

李龙，2020. 清远麻鸡生长规律与能量需要模型研究［D］. 广州：华南农业大学.

刘松柏，谭会泽，温志芬，等，2021. 稻谷替代玉米在黄羽肉鸡饲料中的应用效果评估［J］. 粮食与饲料工业（2）：32-35.

田亚东，2002. 固始鸡能量和蛋白质营养需要量的研究［D］. 郑州：河南农业大学.

田亚东，2005. 肉鸡能量和氨基酸需要动态模型的建立［D］. 北京：中国农业科学院.

王骁，2009. 回归法测定维持净能及蛋白饲料沉积净能测定中适宜替代比例的研究［D］. 雅安：四川农业大学.

武斌，张芳毓，班志彬，等，2020. 产蛋高峰期吉林芦花鸡与海兰褐鸡饲粮净能效率比较研究［J］. 动物营养学报，32（3）：1172-1177.

于叶娜，2010. 0～3周龄黄羽肉鸡净能需要量及真可消化赖氨酸与净能适宜比值的研究［D］. 雅安：四川农业大学.

张兴，2013. 不同类型饲粮中添加非淀粉多糖酶饲喂黄羽肉鸡的效果研究［D］. 南宁：广西大学.

周桂莲，蒋宗勇，林映才，等，2003. 43～63日龄黄羽肉鸡饲粮代谢能需求参数的研究［J］. 中国家禽（S1）：91-95.

周桂莲，蒋宗勇，林映才，等，2004a. 22～42日龄黄羽肉鸡饲粮代谢能需求参数的研究［J］. 动物营养学报（1）：57-64.

周桂莲，林映才，蒋守群，等，2004b. 饲粮代谢能水平对22～42日龄黄羽肉鸡生长性能、胴体品质以及部分血液生化指标影响的研究［J］. 饲料工业（3）：35-38.

周明，2010. 饲料学［M］. 2版. 合肥：安徽科学技术出版社.

Abouelezz K, Wang Y, WANG W, et al., 2019. Impacts of graded levels of metabolizable energy on growth performance and carcass characteristics of slow-growing yellow-feathered male chickens [J]. Animals, 9: 461-474.

Anderson D, Hill F, Renner R, 1958. Studies of the metabolizable and productive energy of glucose for the growing chick [J]. The Journal of Nutrition, 65: 561-574.

Antoniou T, Marquardt R, 1981. Influence of rye pentosans on the growth of chicks [J]. Poultry Science, 60: 1898-1904.

Baldwin R L, Donovan K C, 1998. Modeling ruminant digestion and metabolism [J]. Advances in Experimental Medicine and Biology, 445: 325-343.

Baldwin R L, Smith N E, 1974. Molecular control of energy metabolism. J. D. SINK. Control of Metabolism [M]. University Park: Pennsylvania State University Press.

Bedford M, Classen H, Campbell G, 1991. The effect of pelleting, salt, and pentosanase on the viscosity of intestinal contents and the performance of broilers fed rye [J]. Poultry Science, 70: 1571-1577.

Birkett S, De Lange K, 2001. A computational framework for a nutrient flow representation of energy utilization by growing monogastric animals [J]. British Journal of Nutrition, 86: 661-674.

Birkett S, Lange K D, 2001. Limitations of conventional models and a conceptual framework for a nutrient flow representation of energy utilization by animals [J]. British Journal of Nutrition, 86: 647-659.

Boekholt H, Van Der Grinten P, Schreurs V, et al., 1994. Effect of dietary energy restriction on retention of protein, fat and energy in broiler chickens [J]. British Poultry Science, 35: 603-614.

Carré B, Lessire M, Juin H, 2013. Prediction of metabolisable energy value of broiler diets and water excretion from dietary chemical analyses [J]. Animal, 7: 1246-1258.

Carré B, Lessire M, Juin H, 2014. Prediction of the net energy value of broiler diets [J]. Animal, 8: 1395-1401.

Classen H, Campbell G, Rossnagel B, et al., 1985. Studies on the use of hulless barley in chick diets: Deleterious effects and methods of alleviation. Canadian Journal of Animal Science, 65: 725-733.

Critser D, Miller P, Lewis A., 1995. The effects of dietary protein concentration on compensatory growth in barrows and gilts [J]. Journal of Animal Science, 73: 3376-3383.

Edney M, Campbell G, Classen H, 1989. The effect of β-glucanase supplementation on nutrient digestibility and growth in broilers given diets containing barley, oat groats or wheat [J]. Animal Feed Science and Technology, 25: 193 - 200.

El - Senousey H A K, Wang W, Wang Y, et al., 2019. Dietary metabolizable energy responses in yellow - feathered broiler chickens from 29 to 56d [J]. The Journal of Applied Poultry Research, 28: 974 - 981.

Friesen O, Guenter W, Marquardt R, et al., 1992. The effect of enzyme supplementation on the apparent metabolizable energy and nutrient digestibilities of wheat, barley, oats, and rye for the young broiler chick [J]. Poultry Science, 71: 1710 - 1721.

Hadinia S H, Carneiro P, Ouellette C A, et al., 2018. Energy partitioning by broiler breeder pullets in skip - a - day and precision feeding systems [J]. Poultry Science, 97: 4279 - 4289.

Kampen M V, 1976. Activity and energy expenditure in laying hens [J]. Journal of Agricultural Science, 87: 85 - 88.

Kielanowski J, 1965. Estimates of the energy cost of protein deposition in growing animals. K. L. BLAXTER. Proceedings of the 3rd Symposium on Energy Metabolism [M]. London, UK: Academic Press.

Klein S, More - Bayona J A, Barreda D R, et al., 2020. Comparison of mathematical and comparative slaughter methodologies for determination of heat production and energy retention in broilers [J]. Poultry Science, 99: 3237 - 3250.

Koong L, Nienaber J, Mersmann H, 1983. Effects of plane of nutrition on organ size and fasting heat production in genetically obese and lean pigs [J]. The Journal of nutrition, 113: 1626 - 1631.

Kromann R P, 1973. Evaluation of Net Energy Systems [J]. Journal of Animalence, 37: 200 - 212.

Leong K C, Jensen L S, Mcginnis J, 1962. Effect of water treatment and enzyme supplementation on the metabolizable energy of barley [J]. Poultry Science, 41: 36 - 39.

Lin C S, Chiang S H, Lu M Y, 2010. Comparison of the energy utilisation of conventional and Taiwanese native male broilers [J]. Animal Feed Science & Technology, 161: 149 - 154.

Liu W, Cai H, Yan H, et al., 2014. Effects of body weight on total heat production and fasting heat production in net energy evaluation of broilers [J]. Chinese Journal of Animal Nutrition, 26: 2118 - 2125.

Liu W, Lin C H, Wu Z K, et al., 2017. Estimation of the net energy requirement for maintenance in broilers [J]. Asian - Australasian journal of animal sciences, 30: 849.

Lopez G, DE Lange K, Leeson S, 2007. Partitioning of retained energy in broilers and birds with intermediate growth rate [J]. Poultry Science, 86: 2162 - 2171.

Lopez G, Leeson S, 2005. Utilization of metabolizable energy by young broilers and birds of intermediate growth rate [J]. Poultry Science, 84: 1069 - 1076.

Lopez G, Leeson S, 2008. Review: Energy partitioning in broiler chickens [J]. Canadian Journal of Animal Science, 88: 205 - 212.

Mashaly M, Heetkamp M, Parmentier H, et al., 2000. Influence of genetic selection for antibody production against sheep blood cells on energy metabolism in laying hens [J]. Poultry Science, 79: 519 - 524.

Moran E T J, 1985. Digestion and absorption of carbohydrates in fowl and events through perinatal development [J]. The Journal of nutrition, 115: 665 - 674.

Niu Z Y, Liu F Z, Yan Q L, et al., 2009. Effects of different levels of vitamin E on growth performance and immune responses of broilers under heat stress [J]. Poultry Science, 88: 2101 - 2107.

Noblet J, Dubois S, Lasnier J, et al., 2015. Fasting heat production and metabolic BW in group - housed broilers [J]. Animal, 9: 1138 - 1144.

NRC, 1994. Nutrient requirements of poultry [M]. Washington DC: The National Academy Press.

NRC, 2012. Nutrient requirements of swine: Eleventh Revised Edition [M]. Washington DC: The National Academies Press.

O'neill S J B, Jackson N, 2009. The heat production of hens and cockerels maintained for an extended period of time at a constant environmental temperature of 23℃ [J]. Journal of Agricultural Science, 82: 549 - 552.

Pirgozliev V, Rose S P, 1999. Net energy systems for poultry feeds: A quantitative review [J]. Worlds Poultry Science Journal, 55 (1): 23 - 36.

Pullar J, Webster A, 1977. The energy cost of fat and protein deposition in the rat [J]. British Journal of Nutrition, 37: 355 - 363.

Romero L, Zuidhof M, Renema R, et al., 2009. Nonlinear mixed models to study metabolizable energy utilization in broiler breeder hens [J]. Poultry Science, 88: 1310 - 1320.

Sakomura N, Rostagno H, 1993. Determinação das equações de predição da exigência nutricional de energia para matrizes pesadase galinhas poedeiras [J]. Revista Brasileira de Zootecnia, 22: 723 - 731.

Sakomura N K, Longo F A, Oviedo - rondon E O, et al., 2005. Modeling energy utilization and growth parameter description for broiler chickens [J]. Poult Sci, 84: 1363 - 1369.

Soleimani A F, Zulkifli i, Omar A R, et al., 2011. Physiological responses of 3 chicken breeds to acute heat stress [J]. Poultry Science, 90: 1435.

Van Der Klis J, Jansman A, 2019. Net energy in poultry: its merits and limits [J]. The Journal of Applied Poultry Research, 28: 499 - 505.

Van Milgen J, Noblet J, Dubois S, 2001. Energetic efficiency of starch, protein and lipid utilization in growing pigs [J]. The Journal of nutrition, 131: 1309 - 1318.

Van Milgen J, Noblet J, Dubois S, et al., 2001. Utilization of metabolizable energy in broiler chickens [J]. Poultry Science, 80 (S1): 170.

Wagner D, Thomas O, 1978. Influence of diets containing rye or pectin on the intestinal flora of chicks [J]. Poultry Science, 57: 971 - 975.

第五章　黄羽肉鸡的蛋白质和氨基酸营养

蛋白质是由氨基酸构成的有机大分子，是构成细胞内原生质的主要成分，是生命的物质基础。它可以修复受损的细胞，调节机体功能，维持机体新陈代谢，更可以为生命活动提供能量，对机体的生长发育和机能的正常运行起到了必不可少的作用。蛋白质和氨基酸在各种营养物质中占有特殊的地位，不论是糖类还是脂肪均不能代替，必须由饲料中供给。日粮中如果缺乏蛋白质和氨基酸，则鸡不能长期维持生命。

第一节　蛋白质概念

蛋白质由氨基酸组成，但饲料中蛋白质的含量值通常是由饲料中含氮物质的含量换算而来的，即蛋白质的含量等于饲料中含氮量乘以 6.25。因此，饲料中的其他非蛋白含氮物质也被包括进蛋白质含量之中，这种方法计算出来的是粗蛋白质含量。其中的系数 6.25 是基于每 100g 蛋白质中平均含有 16g 氮这一假设。但是，事实上每一种蛋白质中的含氮量是不一样的，比如下列饲料原料中每 100g 蛋白质含氮量分别为：玉米 16.1g，小麦 17.2g，大麦 17.2g，黑麦 17.2g，高粱 16.1g，小米 17.2g，大米 16.8g，大豆 17.5g，花生 18.3g，肉 16.0g，鸡蛋 16.0g，牛奶 15.7g。从功能上来说，只有可消化的蛋白质才能提供机体所必需的氨基酸；从数量上来说，蛋白质是鸡饲料中第二昂贵的营养成分，它转化为机体组织前需要经过消化、吸收以及代谢多个反应过程。因此，饲粮是否能够提供适宜数量和比例的氨基酸决定着饲粮蛋白质含量是否充足及其品质（印遇龙等，2012）。

第二节　饲料氨基酸组成及分类

饲料蛋白质由 20 种基本氨基酸组成，这 20 种氨基酸分别为赖氨酸、蛋氨酸、半胱氨酸、苏氨酸、色氨酸、亮氨酸、异亮氨酸、精氨酸、缬氨酸、甘氨酸、丙氨酸、苯丙氨酸、脯氨酸、丝氨酸、酪氨酸、天冬酰胺、谷氨酰胺、天冬氨酸、谷氨酸和组氨酸。这些氨基酸按机体能否合成或合成是否足够，通常被分为必需氨基酸、条件性必需氨基酸和非必需氨基酸三大类。鸡氨基酸的营养学分类见表 5－1。

表 5－1　鸡氨基酸的营养学分类

必需氨基酸	条件性必需氨基酸	非必需氨基酸
蛋氨酸	半胱氨酸	天冬氨酸
赖氨酸	酪氨酸	天冬酰胺

（续）

必需氨基酸	条件性必需氨基酸	非必需氨基酸
苏氨酸	甘氨酸	谷氨酰胺
色氨酸	脯氨酸	丙氨酸
精氨酸		丝氨酸
异亮氨酸		谷氨酸
亮氨酸		
缬氨酸		
组氨酸		
苯丙氨酸		

注：酪氨酸、半胱氨酸、甘氨酸可分别由苯丙氨酸、蛋氨酸和丝氨酸合成。
资料来源于《鸡的营养》，NRC（1994），Wu 等（2014）。

（一）必需氨基酸

必需氨基酸是指鸡在机体细胞内不能利用“通常可获得的”原料合成，或者合成速率不能满足最佳生产性能（包括维持、正常生长和繁殖）所需的一类氨基酸。鸡的必需氨基酸一共有 10 种，在所有必需氨基酸中，赖氨酸和苏氨酸没有中间前体，所以百分之百由日粮提供；亮氨酸、异亮氨酸和缬氨酸在一般代谢中能够由中间产物合成，但是合成量有限，最多仅能满足需要量的 2%～5%；精氨酸和组氨酸在一般代谢中虽可由中间产物合成，同样合成量有限，在特殊条件下也仅能满足机体需要量的 5%～8%。

（二）条件性必需氨基酸

条件性必需氨基酸是指机体虽然能够合成，但通常不能满足正常需要的一类氨基酸。条件性必需氨基酸可通过其他必需氨基酸合成。胱氨酸可由蛋氨酸转化而成；酪氨酸可由苯丙氨酸代谢生成；蛋氨酸可先转化为腺苷甲硫氨酸，后者进一步转化为半胱氨酸，最终生成胱氨酸；酪氨酸可由苯丙氨酸羟基化生成。甘氨酸有时合成不能满足其最大生长需要，需要饲粮提供，也不由丝氨酸合成（NRC，1994）。通常认为脯氨酸为非必需氨基酸，但对雏鸡而言，不能合成足够满足最大生长需要，需要饲粮补充（NRC，1994）。因此，这类氨基酸也被称为条件性必需氨基酸。

（三）非必需氨基酸

非必需氨基酸是指机体能够使用非氨基酸的含氮物质从头合成或由其他氨基酸转化得到的一类氨基酸。动物体组织或饲料中存在的非必需氨基酸主要为甘氨酸、丝氨酸、丙氨酸、谷氨酸、天冬氨酸和天冬酰胺。其中甘氨酸可由胆碱和丝氨酸合成。

第三节　蛋白质和氨基酸来源及消化

一、蛋白质和氨基酸的来源

大部分鸡饲料中的基本成分是谷物，如玉米、小麦、大麦或者高粱，它们通常能够提供 30%～60%的氨基酸需要量。由于谷物类原料通常会非常缺乏某些必需氨基酸，所以需要其他的一些蛋白质原料，如豆粕等添加到饲料配方中以确保充足的、平衡的必需氨基酸供应量，甚至发酵或者化学合成的氨基酸单体也会添加到饲料中以满足氨基酸需要量。

适宜的饲粮必需氨基酸摄入量取决于其氨基酸含量。理想的蛋白质原料所含有的氨基酸组成模式应该接近鸡只需要量。与氨基酸组成模式不合适的原料相比，氨基酸组成模式互补的多个原料的混合能够在降低饲粮总氮含量的情况下，更好地满足动物对必需氨基酸的需要。此外，合成氨基酸在饲料配方中合理使用有助于减少饲料总蛋白的含量，进而减少养鸡生产氮代谢物向环境的排放量。另外，合成氨基酸还可以避免氨基酸不平衡，以及最小化由脱氨基作用和尿酸排泄导致的氨基酸代谢损失。

氨基酸以 D 型或 L 型，或以两种形式的混合物 DL 型存在。氨基酸的异构体是一种镜像关系，其结构比较相似。鸡组织中存在的氨基酸都是 L 型，因为 D 型没有生物学活性。蛋氨酸是一个例外，鸡能利用 D 型、L 型和 DL 型消旋复合体（更为常见）形式的蛋氨酸。其他氨基酸只能以 L 型添加到日粮中。化学合成的氨基酸是 DL 型，生物发酵产生的氨基酸是 L 型。一般认为，D 型蛋氨酸可被利用，但是其生物学效价可能低于 L 型蛋氨酸。

二、蛋白质和氨基酸的消化

鸡饲料中蛋白质和氨基酸消化吸收率的高低对鸡的生长发育及繁殖至关重要。氨基酸的生物利用率很大程度上依赖于蛋白质消化吸收率的优劣。

（一）蛋白质消化

鸡蛋白质的消化起始于腺胃和肌胃，首先盐酸使之变性，三维结构的蛋白质分解成单股，肽键暴露，在胃蛋白酶、十二指肠胰蛋白酶和糜蛋白酶等内切酶的作用下，蛋白质分子降解为氨基酸数量不等的各种多肽。完整肽被小肠细胞吸收后以肽或氨基酸形式释放入血液中。氨基酸的吸收主要在小肠前 2/3，只少量的氨基酸经淋巴转运。吸收入门静脉的氨基酸数量取决于小肠氨基酸的数量及组成比例。

（二）氨基酸消化

大部分游离氨基酸的吸收是主动转运过程，需要消耗能量将氨基酸逆着浓度梯度进行，只有 D-蛋氨酸例外。

氨基酸转运载体是一类介导氨基酸跨膜转运蛋白质的统称，氨基酸转运载体系统依据底物特异性、驱动力和亲和力等进行分类，按照转运氨基酸的性质分为中性、碱性和酸性氨基酸转运载体系统；按转运过程是否依赖 Na^+，可以分为 Na^+ 依赖型和 Na^+ 非依赖型氨基酸转运系统。目前在动物细胞中约有 22 种氨基酸转运载体，如 A、ASC、B^0、N、PROT、asc^+、imino、L^+、y^+、L、$b^{0,+}$、y 等。氨基酸转运载体主要由 8 种溶质载体基因超家族编码，分别是 SLC1、SLC3、SLC6、SLC7、SLC16、SLC36、SLC38 和 SLC43 家族。

氨基酸转运载体在功能上通常表现出较宽的底物特异性，即一个氨基酸转运载体能转运多种氨基酸，但同时也表现出立体专一性，即氨基酸转运载体对 L 型氨基酸的转运能力更强。关于氨基酸转运载体的转运机制，目前主要有两种理论。一种是反向协同作用转运氨基酸，即氨基酸转运载体在转运某种氨基酸进入细胞的同时，按照 1∶1 的比例将细胞内的另一种氨基酸转运至细胞外，实现细胞膜两侧氨基酸的净转运量为零，如 L 型转运系统在协助支链氨基酸或者芳香族氨基酸进入细胞的同时会将细胞内的谷氨酰胺转运到胞外。y+L 型转运系统在转运中性氨基酸进入细胞的过程中也呈现出同样的效果。另一种是通过与 Na^+、K^+、H^+ 和 OH^- 等离子的偶联作用转运氨基酸，即氨基酸转运系统在转运氨基酸进入细胞时需要与 Na^+ 偶联，胞内的 Na^+ 通过钠钾泵转出，从而维持细胞质中低 Na^+ 高 K^+ 的环境。氨基酸转运载体的这两种转运机制并不是独立存在，而是联合存在的。目前关于氨基酸转运载体的转运机制还知之甚少，其在转运氨基酸的过程中可能存在多种其他机制，还需要进一步研究（贺越等，2020）。

三、氨基酸的营养

鸡体内氨基酸有两个来源：其一是饲料蛋白质在消化道被蛋白酶水解后吸收的，称为外源氨基酸；其二是体蛋白质被组织蛋白酶水解产生的和由其他物质合成的，称为内源氨基酸。二者共同参与代谢，共同组成了氨基酸代谢库。氨基酸代谢库通常以游离氨基酸总量计算。由于氨基酸不能自由地通过细胞膜，所以它们在鸡体内的分布也是不均匀的。例如，肌肉中的氨基酸占其总代谢库的 50%以上，肝中的氨基酸约占 10%，肾中的氨基酸占 4%，血浆中的氨基酸占 1%～6%。由于肝、肾的体积比较小，实际上它们所含游离氨基酸的浓度很高，代谢也很旺盛。

（一）氨基酸的营养

1. 蛋氨酸营养 蛋氨酸又称为甲硫氨酸，对于鸡而言是一种非常重要的必需氨基酸。蛋氨酸在动物体内主要参与蛋白质和含硫活性物质的合成以及以 S-腺苷甲硫氨酸为供体的甲基代谢过程，蛋氨酸有提高动物免疫功能、抗氧化能力、繁殖性能和解毒功能等生理功能（刘升军，1999）。在玉米-豆粕型日粮中，蛋氨酸是家禽的第一限制性氨基酸（杨芷，2014）。饲粮中添加蛋氨酸能够提高鸡的生长性能。蛋氨酸可合成半胱氨酸，后者是合成家禽羽毛蛋白重要成分（Vesco et al.，2013）。

2. 赖氨酸营养 赖氨酸是家禽的第二限制性氨基酸，其主要功能是：①促进机体蛋白质的沉积，被称为“生长型氨基酸”；②参与能量代谢；③促进矿物质的吸收和骨骼生长；④增强免疫功能。当家禽体内缺乏赖氨酸时会表现出生长迟缓、粗蛋白代谢加速、氮平衡失调、骨钙化消失以及肉质变差等症状（田颖等，2014）。在满足家禽对蛋氨酸需要量的前提下，赖氨酸将作为第一限制性氨基酸，其他氨基酸必须与之维持一定添加比例，才能保证家禽最佳生长性能。另外，赖氨酸对羽毛颜色和肉质都有一定的影响。赵小玲等（2013）研究报道，高赖氨酸饲粮组（+0.15% Lys）二郎山山地鸡的羽色和体重均显著优于低赖氨酸试验组。Li 等（2013）研究了不同赖氨酸水平对 SD02 鸡和 SD03 鸡（两种具有二郎山鸡血缘的两个品系）肉质和屠宰率的影响，结果显示它们的肉质和屠宰率具有较大差异。

3. 苏氨酸营养 苏氨酸是家禽饲料中继赖氨酸和蛋氨酸之后的第三限制性氨基酸。饲粮中适宜水平的苏氨酸可提高肉鸡血清中胰岛素样生长因子（IGF-1）、生长激素和三碘甲腺原氨酸水平（王红梅，2005），从而在机体生长发育、组织分化及物质代谢中发挥作用。另外，苏氨酸在家禽的肠道被吸收后 30%左右用于肠道黏蛋白的合成（朱芳，

2016)，在脂多糖攻毒后的肉鸡中发现，饲粮中额外补充 3.0g/kg 的苏氨酸能使受损的肠绒毛恢复到正常形态，同时提高了黏蛋白 2（*MUC2*）基因的表达（Chen et al.，2018），因此，苏氨酸还可以可促进肠细胞的增殖及肠黏膜蛋白的合成，有益于改善肠道消化吸收功能，维持黏膜屏障的完整性。

4. 色氨酸营养　色氨酸作为一种功能性的必需氨基酸，具有提高动物生长性能、提高抗氧化功能，以及调节采食量和泌乳功能等生理功能。色氨酸常用于低蛋白饲粮中，从而补充低蛋白饲粮色氨酸不足的问题。色氨酸不仅是合成蛋白质的重要氨基酸，它还是用于合成血管紧张素、5-羟色胺（5-HT）、烟酸、褪黑激素、色胺、辅酶Ⅰ（NAD）和辅酶Ⅱ（NADP）等非常重要的前体物质，其生物活性多样（李华伟等，2016）。补充色氨酸可提高机体氮沉积率和蛋白质沉积量，促进机体脂肪和腹脂沉积，提高了血清游离色氨酸浓度和下丘脑 5-羟色胺浓度，二者间存在一定的正相关关系，饲粮中色氨酸可能通过下丘脑 5-羟色胺的神经递质作用调节黄羽肉鸡的采食量，母鸡对饲粮色氨酸浓度的变化较公鸡敏感（席鹏彬等，2011）。

5. 精氨酸营养　精氨酸是鸡的必需氨基酸，鸡体内不能合成精氨酸，只能由日粮提供。精氨酸作为体内最大的供氮氨基酸参与机体蛋白质合成，同时也是鸡体内肌酸、谷氨酰胺、脯氨酸、多胺等多种活性物质的合成前体，在鸡的营养代谢调控中发挥着重要作用。

6. 支链氨基酸营养　亮氨酸、异亮氨酸和缬氨酸是 α-碳上含有分支脂肪烃链的中性氨基酸，被分类为支链氨基酸，在鸡体内不能合成，属于必需氨基酸，具有氧化供能、促进糖异生、增强蛋白质合成和抑制蛋白质降解、提高机体免疫力等多种重要功能。支链氨基酸还是唯一可在肝外组织代谢的必需氨基酸，参与葡萄糖-丙氨酸循环，代谢生成丙氨酸和酮体，为机体提供大量 ATP 能量，促使蛋白质合成，抑制蛋白质分解。支链氨基酸通过糖与生酮的作用和三羧酸循环相互联系，实现糖、脂肪和蛋白质的相互转化，此外，支链氨基酸对部分合成代谢激素如生长激素和胰岛素的分泌也能进行生理调节。Kop-Bozbay 等（2015）发现，胚胎注射支链氨基酸（亮氨酸、缬氨酸和异亮氨酸）显著影响慢速型肉鸡肌胃重和腿肌脂肪含量，对生长性能、消化道重量与长度，以及心脏、肝重量无显著影响。杨兵等（2011）报道，饲粮中添加缬氨酸和异亮氨酸显著改善小香鸡的免疫与抗氧化功能。

7. 氨基酸缺乏症　日粮中氨基酸含量低于鸡需要量时鸡主要表现为生产性能下降、生长受阻、体重降低等。不同鸡种由于氨基酸缺乏表现出的症状又有差异，但是普遍具有一定的规律。部分氨基酸缺乏症见表 5-2。

表 5-2　部分氨基酸缺乏症

名称	缺乏症
赖氨酸	影响生长，体格消瘦，骨钙化失常，皮下脂肪减少，胴体品质和肉质下降
蛋氨酸	抑制生长，生长和羽毛发育不良，体重降低，肌肉萎缩，影响脂肪沉积，严重时发生啄毛、啄肛
色氨酸	食欲不振生长缓慢，体重降低，影响脂肪沉积

（续）

名称	缺乏症
苏氨酸	体重下降
甘氨酸	鸡麻痹症、羽毛发育不良
异亮氨酸	体重下降，严重时会致死
亮氨酸	影响生长，体重下降
组氨酸	影响生长，发育不良
苯丙氨酸	影响甲状腺和肾上腺功能，体重下降
缬氨酸	影响生长，运动失调

注：参考刘超《可利用氨基酸新技术》(2003)。

（二）氨基酸的生理生化基础

1. 氨基酸的代谢途径 氨基酸随血液运至全身各组织中进行代谢。体内氨基酸的主要去向是合成机体蛋白质和多肽，其次可经特殊途径转变成嘌呤、嘧啶、卟啉、儿茶酚胺类激素等多种含氮生理活性物质。多余的氨基酸通常用于分解供能。不同的氨基酸由于结构的不同有各自的分解方式，但是它们都有α-氨基和α-羧基，因此有共同的代谢途径（或称为一般分解的途径）。在大多数情况下，氨基酸分解首先脱去氨基生成氨和α-酮酸。其中，氨可转变为尿素和尿酸排出体外，而α-酮酸则可以再转变为氨基酸，或彻底分解为二氧化碳和水并释放出能量，或转变为糖和脂肪作为能量储备，这是氨基酸分解的主要途径。还有一种代谢途径是氨基酸先脱去羧基生成二氧化碳和胺，这是氨基酸分解代谢的次要途径。

2. 鸡对氨基酸的代谢和利用 经肠道吸收的氨基酸在体内用于组织蛋白的合成，氨基酸分解提供能量或转化生成糖和脂肪。鸡的线粒体内缺乏甲酰磷酸合成酶，不能获得氨甲酰磷酸与鸟氨酸合成的瓜氨酸，尿素循环不能形成鸡体内氨基酸，最终降解产物是尿酸。尿酸的最后一步代谢途径是由黄嘌呤氧化为尿酸，由黄嘌呤氧化酶催化；肝中黄嘌呤氧化酶受蛋白质水平和氨基酸平衡程度调控。

尿酸从肾小管排泄，从血液中排出尿酸的效率在正常情况下很高，血液中尿酸浓度一般不超过5～10mg/100mL；成年鸡每日可排泄4～5g尿酸。尿酸的及时排泄是很重要的，因为尿酸及其盐很难溶解。血中尿酸水平过高时，尿酸可能沉积在皮下、关节和肾等部位，产生严重的痛风。甘氨酸是尿酸的组成部分，每排出一分子尿酸就损失一分子甘氨酸。因此，鸡对甘氨酸的需要量较高，虽然鸡也能合成甘氨酸，但合成能力不能满足快速生长期氮排出的需要量。因此，在某种意义上，甘氨酸也是必需氨基酸。

在鸡体内，氨基酸合成蛋白质和蛋白质降解生成氨基酸的两个过程是同时进行的。鸡生长发育期体内合成蛋白质的过程占主导地位，成年期两个过程同样重要，在合成机体新组织蛋白的同时，老组织蛋白不断被降解。被更新的组织蛋白降解成氨基酸进入机体代谢库，其中相当一部分氨基酸又可以重新合成蛋白质，只有少部分脱氨基后氧化供能。体内氨基酸代谢库有3个来源：①饲料蛋白质被消化降解生成的氨基酸；②体组织蛋白降解生成氨基酸；③体内合成的非必需氨基酸。

氨基酸库中氨基酸有 3 个代谢途径：①合成体组织；②合成酶、激素或其他重要的含氮化合物；③完成其生物功能或超过需要量部分脱氨降解。在氨基酸的代谢中，主要有转氨基反应、脱氨基反应和脱羧基反应。参与转氨基反应的主要酶有谷氨基转氨酶、α-酮戊二酸转氨酶、谷氨酸草酰乙酸转氨酶等，L-谷氨酸脱氨酶主要是脱氨基反应主要酶，参与脱羧反应的有多种。体内游离氨基酸只占体内总氨基酸的 0.2%～2%，不能反映蛋白质合成前体的储备，当氨基酸库的氨基酸补充突然停止时（如当日粮蛋白水平降低时），游离氨基酸会减少。组织蛋白质新陈代谢过程也被称为蛋白质的周转代谢。蛋白质周转数量很大，可达蛋白质进食量的 5～10 倍，参与蛋白质周转的氨基酸有 80%来源于体组织蛋白的降解，而只有 20%来源于饲料。

合成非必需氨基酸的碳骨架来自糖类代谢中间产物，其所需的氨基依靠转氨作用获得。家禽对非必需氨基酸的需要量占总氨基酸量的 55%左右。

3. 氨基酸之间以及氨基酸与其他营养素的互作

（1）具有相同吸收途径的氨基酸间互作。精氨酸和赖氨酸均属于碱性氨基酸，在肠道中，二者与半胱氨酸具有相同的吸收途径，若日粮赖氨酸含量过高，则妨碍精氨酸和半胱氨酸在肠道的吸收；肾小管可重吸收尿中的氨基酸，赖氨酸和精氨酸的重吸收途径相同，若日粮中赖氨酸含量过高，肾小管尿中赖氨酸含量也会过高，肾小管重吸收精氨酸受阻，尿液中排出的精氨酸量增加。血浆和体液中精氨酸不能积累到赖氨酸的那种程度，原因是赖氨酸的代谢较慢，而精氨酸能很快被降解。因此，精氨酸过量对赖氨酸影响小得多。

（2）代谢过程中氨基酸间的互作。

①肾线粒体中存在降解精氨酸的精氨酸酶，日粮中过量的赖氨酸和精氨酸能导致此酶的活性上升，加快精氨酸的降解，这就是赖氨酸和精氨酸的拮抗。为了避免因赖氨酸含量过高导致的精氨酸降解，进而造成精氨酸缺乏，影响肉鸡的生产性能，要求日粮中赖氨酸的含量与精氨酸的含量比值不超过 1.2。组氨酸、异亮氨酸、酪氨酸和鸟氨酸也与赖氨酸一样影响精氨酸酶活性，只是作用强度小些或所需要的剂量大些。

②α-氨基异丁酸、苏氨酸和甘氨酸的含量高会导致肾精氨酸酶活性降低，因此日粮中这三种氨基酸能减少精氨酸的损失。

③过量的丝氨酸使苏氨酸脱氢酶和苏氨酸醛缩酶活性提高，因此在日粮中苏氨酸含量处于临界水平时，过量的丝氨酸会导致鸡的生长抑制，鸡采食量的下降也有可能是这种典型的氨基酸不平衡的结果。

4. 与代谢产物有关的互作　氨基酸代谢产生一些为动物机体所需的重要化合物，例如蛋氨酸代谢产生半胱氨酸、胱氨酸和甲基化合物（如肌酸、甜菜碱、胆碱和肉毒碱）；半胱氨酸代谢产生谷胱甘肽、牛磺酸、硫酸软骨素和一些黏多糖中的硫酸盐；精氨酸代谢产生鸟氨酸、肌酸和尿素；组氨酸代谢产生组胺；赖氨酸与蛋氨酸代谢产生肉毒碱；苯丙氨酸和酪氨酸代谢产生四碘甲腺原氨酸、肾上腺素、去甲肾上腺素、多巴胺和黑色素。因此，饲喂某种氨基酸代谢产物能节省日粮中此种氨基酸的用量。

（1）当日粮中蛋氨酸处于临界水平时，添加过量的精氨酸能抑制生长，其原因是精氨酸导致肌酸合成加强，因此需要蛋氨酸降解提供更多的甲基。

(2) 硫酸盐硫能节省合成牛磺酸和硫酸黏多糖的半胱氨酸用量，但不能直接将其用于合成半胱氨酸。

5. 结构相似的氨基酸互作 日粮中过量的亮氨酸会严重抑制家禽的采食量和生长，额外添加异亮氨酸和缬氨酸可以缓解；反之，过量的异亮氨酸和缬氨酸的生长抑制作用能通过更多的亮氨酸缓解。其机制是亮氨酸增强了异亮氨酸和缬氨酸的氧化分解代谢过程。

第四节 黄羽肉鸡胴体蛋白质的氨基酸组成

一、黄羽肉鸡胴体氨基酸组成

家禽生长主要表现为体成分绝对量的变化，特别是体蛋白质绝对量和体脂绝对量的增加。体蛋白质绝对量的增加包括胴体蛋白质沉积和羽毛蛋白质沉积两部分。胴体蛋白质中赖氨酸含量高，半胱氨酸含量低。

表 5-3 为部分家禽胴体氨基酸组成。从表中可以看出鸡的胴体氨基酸组成非常相似，通过胴体组成得出的氨基酸需要量与营养研究得到的氨基酸需要量非常接近，这表明胴体分析是估计大多数（如果不是全部的话）限制性氨基酸生长需要的一种可靠方法。如果以占日粮蛋白质百分比表示鸡的生长对必需氨基酸的需要量，它与这些氨基酸占胴体蛋白质的比例非常相似。如果以典型的肉仔鸡和蛋鸡日粮中必需氨基酸组成与体组织中蛋白必需氨基酸组成表示，就会发现饲料蛋白质中最为缺乏的是蛋氨酸。

表 5-3 部分家禽胴体氨基酸组成（占蛋白质的百分比/%）

氨基酸	来航鸡	肉仔鸡	野鸡	鹌鹑	火鸡
赖氨酸	9.4	9.9	10.1	10.0	10.2
蛋氨酸	1.8	1.9	1.8	2.0	1.9
胱氨酸	2.6	2.4	2.8	2.8	2.4
苏氨酸	3.4	3.4	3.4	3.5	3.5
色氨酸	1.2	1.1	0.9	0.9	1.3
异亮氨酸	3.9	3.9	4.0	3.9	4.2
亮氨酸	6.4	6.5	6.3	6.7	6.7
组氨酸	3.9	4.1	4.5	3.9	3.9
酪氨酸	2.9	3.1	3.1	3.0	2.9
苯丙氨酸	3.5	3.6	3.5	3.5	3.6
缬氨酸	4.4	4.4	4.3	4.3	4.3
精氨酸	7.8	6.8	7.8	7.4	7.6

注：表格中的数据引自蔡辉益《鸡的营养》(2007)。

二、氨基酸在鸡肉中呈味特征

氨基酸既是重要的鸡肉的滋味物质，也是鸡肉的香味前体物质。氨基酸可以本身呈味，一般情况下，D型氨基酸多为甜味（动物体内无D型氨基酸），L型氨基酸味感由侧基决定，一般情况下鸡肉游离氨基酸含量高于其被味觉感知的阈值的含量，氨基酸的呈味特性如表5-4所示。其中，天冬氨酸和谷氨酸是鸡汤中主要的呈鲜氨基酸，并且在鸡肉煮制过程，天冬氨酸、谷氨酸、甘氨酸含量持续增加，煮制越久鸡汤越鲜美（成坚等，2005）。甘氨酸、丙氨酸、苏氨酸、丝氨酸、脯氨酸是鸡汤的呈甜氨基酸，甘氨酸和丙氨酸贡献最大。苯丙氨酸、缬氨酸、亮氨酸、异亮氨酸、组氨酸、精氨酸、酪氨酸是鸡汤中的苦味氨基酸，也有研究发现芳香族氨基酸（即苯丙氨酸、酪氨酸）在浓度低于感知阈值时，可以起到提鲜作用（Lioe et al.，2005）。氨基酸在125℃以上时会发生脱羰基、脱羧基作用，形成醛、醇、烃和胺等香味物质，当把胺加热到300～400℃，就会发生脱羧反应，温度越高则产物越复杂。其中含硫氨基酸有蛋氨酸（Met）和半胱氨酸（Cys），它们自身没有呈味性，经过热反应后产生的杂环类物质对肉风味贡献很大，亮氨酸和异亮氨酸热解产生3-甲基-丁醇，缬氨酸产生2-甲基丙烷，这些都是美拉德反应产生的香味物质；热解苯丙氨酸可产生苯、甲苯和二甲苯，加热络氨酸产生苯酚、苯甲酚和2-甲苯酚，精氨酸产生咪唑和各种含氮化合物。

表5-4　氨基酸的呈味特性

氨基酸名称	阈值/(mg/mL)	鲜味	甜味	酸味	苦味
L-赖氨酸盐酸盐	50	+	++		+
L-苏氨酸	260		+++		++
L-色氨酸	90				+++
L-亮氨酸	380				+++
L-异亮氨酸	90				+++
L-组氨酸	20				++
L-缬氨酸	150		+		+++
L-苯丙氨酸	150				+++
L-精氨酸	10				+++
L-脯氨酸	300		+++		+++
L-丝氨酸	150	+	+++		
L-谷氨酸	5	++		+++	
甘氨酸	110		+++		
L-天门冬氨酸	3	+	+++		
L-丙氨酸	60		+++		

注：+、++、+++表示呈味强度。+表示弱，++表示中，+++表示强。

非必需氨基酸甘氨酸、丝氨酸、丙氨酸、谷氨酸、天冬氨酸是重要的呈味物质，也是黄羽肉鸡鲜味和甜味的来源，部分黄羽肉鸡鸡肉氨基酸组成见表5-5。在日常生产饲料中对这几种氨基酸添加并使其保证能达到阈值，能够充分表现出黄羽肉鸡肉质特点。

表 5-5 部分黄羽肉鸡鸡肉氨基酸组成（占蛋白质的百分比/%）

氨基酸	鸡品种		
	白羽肉鸡①	雪山草鸡②	泰和乌骨鸡③
赖氨酸	8.41	9.52	9.73
蛋氨酸	3.92	—	3.58
胱氨酸	—	—	—
苏氨酸	4.80	4.54	5.37
色氨酸	1.13	1.03	1.13
异亮氨酸	5.27	4.39	5.60
亮氨酸	8.55	8.53	7.71
组氨酸	4.89	3.52	5.62
酪氨酸	4.25	3.08	3.32
苯丙氨酸	4.88	3.99	3.70
缬氨酸	4.86	4.82	5.34
精氨酸	6.76	6.16	6.59
天门冬氨酸	8.74	8.85	9.06
丝氨酸	4.24	4.15	4.65
谷氨酸	13.12	16.12	13.78
甘氨酸	4.09	4.15	4.54
丙氨酸	6.27	5.89	6.49

注：①③数据引自纪韦韦等（2012）；②数据引自林树茂等（2003）。

需要明确的是，鸡肉氨基酸组成取决于其遗传背景，原则上饲料不能改变鸡肉氨基酸组成。

第五节 氨基酸需要量的表示方法及氨基酸平衡

一、单位

鸡的氨基酸需要量可以通过以下形式表示：饲粮中氨基酸浓度、每日需要量、单位代谢体重（$BW^{0.75}$）需要量、单位蛋白质沉积需要量、单位日粮能量需要量。当氨基酸的需要量以日粮浓度表示时，它们随饲料能量浓度的提高而增加。因此，相较于标准谷物-豆粕型饲粮，氨基酸需要量（在饲料的百分比含量）可能需要随着饲料能量浓度的变化而上调或下调。这就要求确定氨基酸需要量时，应该考虑饲粮能量浓度和采食量。

二、氨基酸生物学利用率

大部分饲粮蛋白质通常不能被完全消化，因而氨基酸也不能被充分吸收。而且，并不是所有被吸收的氨基酸都能够被代谢利用。因此，设计氨基酸的比例必须考虑饲料氨基酸的生物学利用率。对家禽来说，一种原料蛋白质的质量可以通过评价其蛋白质中氨基酸生物学利用率来评估。使用可利用氨基酸量来表达氨基酸需要量。

传统动物营养学上采用生长法（或生长斜率法）来评定氨基酸在体内的利用情况。生长试验利用不同添加水平的待测饲料原料（或某一晶体氨基酸）配制饲粮，保证动物对某一待测氨基酸梯度摄入量，采用斜率法、标准曲线法、三点法和平行法等统计方法，建立氨基酸摄入量与生长指标间的回归方程，从而测定待测氨基酸的有效性。该法可反映饲粮氨基酸被消化、吸收、整合入体蛋白或机体其他代谢使用情况，被认为是评定氨基酸生物利用的最终标准（Sibbald，1987）。然而，此法设计复杂、设备昂贵、缺乏准确性（标准差>10%），且只能得出 1 种氨基酸的生物学利用率。

目前普遍采用氨基酸消化率来评估氨基酸生物学利用率，不再采用氨基酸生物学利用率的方法。传统上讲测定饲料中营养成分消化率，需要测量待测饲料中营养成分的摄入量及其粪排泄量。全收粪法和指示剂法已被广泛用于测定猪鸡饲料中营养成分的消化率。具体方法可参见第十章第二节。

影响肉鸡饲料氨基酸消化率的因素主要有动物因素、饲粮因素和饲养环境等。鸡种类、性别、日龄或体重以及采食量等均会影响饲料氨基酸消化率测定。不同种类的鸡由于其生活习性和消化生理特点不同，其对同一种饲料的利用情况必然存在较大差异。一般来说，随着日龄或体重增加，鸡的消化生理越成熟，对饲料的消化利用越好，对饲料氨基酸消化率越高。饲料中抗营养因子（如胰蛋白酶抑制因子、单宁酸）、脂肪、纤维和蛋白质含量等会影响鸡肠道对营养物质消化利用和内源性氨基酸损失，进而影响饲料氨基酸消化率。环境温度会影响畜禽采食和饮水量、饲料利用率、生长性能及机体代谢状况等。适宜的温度有利于畜禽正常生产水平的发挥，不同生理阶段的畜禽有相对应的环境温度适中区，环境温度控制在适中区，有利于畜禽对营养物质的消化吸收，适宜动物生长。环境温度过高或过低会造成畜禽热应激或冷应激，都能影响基础代谢，导致营养物质在家禽体内分配和效率的改变，不利于动物的生长。

三、饲粮氨基酸平衡

摄入比例不当的氨基酸会带来很多不利的影响，如氨基酸缺乏、氨基酸中毒、氨基酸拮抗、氨基酸比例失调等。氨基酸缺乏是指饲粮中一种或几种氨基酸的供给量少于满足其他氨基酸或营养物质有效平衡利用的需要量。鸡饲粮中的蛋白质供应会完全缺乏某一种必需氨基酸，但是可能会缺乏其中的一种或几种。饲粮中实际可提供的氨基酸与动物理论需要量比值最低的氨基酸称为第一限制性氨基酸，比值其次低的氨基酸称为第二限制性氨基酸，其他的依此类推。鸡氨基酸缺乏主要表现为采食量减少，以及饲料浪费、生长受阻、羽毛凌乱、啄羽等行为。过量摄入某些特定氨基酸会导致鸡采食量减少、生长障碍、行为异常，甚至死亡。

氨基酸中毒带来很多不利影响（如病理症状）。大量摄入某种单一的氨基酸容易引起氨基酸的中毒。而且这种过量失衡引起的中毒无法通过添加其他一种或一类氨基酸的方式加以预防或控制。研究表明，在所有氨基酸中，含硫氨基酸如蛋氨酸和半胱氨酸的毒性最强。苏氨酸是毒性最低的必需氨基酸。除丝氨酸外，非必需氨基酸的毒性相对较低。氨基酸中毒导致的病理变化可能是由于个别氨基酸的结构和代谢特点造成的。

化学性质或结构上相似的氨基酸在发挥合成蛋白质的功能过程中，可能存在相互竞争和抑制的问题。氨基酸拮抗是发生在结构和化学性质相似的氨基酸之间的一种特殊的互作反应，是指当饲料中的某一种氨基酸远超过需要量时会引起机体对它存在相互拮抗关系的另一种氨基酸需要量的增加。这种情况下，即使在饲粮中添加第一限制性氨基酸也不能消除由此引起的不利影响，从而影响动物的生产性能。支链氨基酸之间的拮抗有可能导致支链氨基酸分解代谢的增加，包括第一限制性支链氨基酸。通常，这种不利影响靠添加化学性质或结构相似的氨基酸来缓解。

氨基酸失衡与氨基酸结构无关，它可能由于过多供应某种或某些非限制性氨基酸所致，这种情况通常会导致采食量的降低。氨基酸的失衡可以通过添加少量或某一些限制性氨基酸来缓解。

第六节　氨基酸需要量的评价方法

氨基酸是构成蛋白质的基本单位，畜禽对蛋白质的需要实际上是对构成蛋白质的多种氨基酸的数量和相互比例的需要。当前，在鸡的饲粮配方中氨基酸指标已逐步取代蛋白质作为饲粮配方的指标，蛋白质只作参考。

一、饲养试验法

饲养试验法是测定氨基酸需要量的一种经典的方法。通过配制基础日粮，除待测氨基酸以外其余的营养水平均满足营养标准需要量，然后添加不同的梯度氨基酸到缺乏待测氨基酸的日粮中，通过饲养试验测定生产性能以及其他衡量指标。该方法实际是根据动物的生产性能和日粮中氨基酸浓度的关系以求得最佳生产性能时氨基酸的需要量。该方法中至少需要设置 5 个以上梯度，并确保足够试验规模和良好试验条件。

二、析因法

析因法把鸡的氨基酸需要量剖分为维持需要量和生产需要量两大部分（产蛋鸡则分为维持、增重和产蛋三部分），以各个部分的特征建立数学模型，即：

（1）未产蛋鸡氨基酸析因法模型。氨基酸需要量＝维持氨基酸需要量＋生产氨基酸需要量。

（2）产蛋鸡氨基酸析因法模型。氨基酸需要量＝维持氨基酸需要量＋增重氨基酸需要量＋产蛋氨基酸需要量。

根据以上模型可以估测鸡氨基酸的总需要量。通过析因法来评价动物的营养需要优点较多，可直观地反映氨基酸的需要量，建立的数学模型具有一定的生物学意义，适用于不同年龄和体重的动物，并可对模型的各个部分进行修正。从理论上讲，析因法在试验中所得结果更接近实际的动物氨基酸需要量。目前在生长肥育猪和母猪氨基酸需要量估测上已经采取析因法（NRC，2012），但是家禽氨基酸需要量还主要是总结饲养试验结果确立的，仍然缺乏析因法估测的相关参数。

第七节　黄羽肉鸡的蛋白质需要量

总结2010—2021年有关黄羽肉鸡饲粮蛋白质营养需要和黄羽肉鸡主要饲料原料的蛋白质营养研究结果发现，有关快速型和慢速型黄羽肉鸡蛋白质需要量研究较多，而中速型黄羽肉鸡的报道较少。

一、快速型黄羽肉鸡蛋白质需要量

多数研究以黄羽肉鸡的生长性能作为饲粮蛋白质需要量的判定指标，少数研究考虑了黄羽肉鸡屠宰性能、血液生化指标和养分沉积率。

表5-6为快速型黄羽肉鸡蛋白质需要研究结果。苟钟勇等（2014）选用1 500只快速型岭南黄鸡，采用2（性别）×5（蛋白质水平）因子试验设计，饲粮蛋白质水平分别为18.0%、19.0%、21.0%、22.5%、24.0%，各组饲粮代谢能浓度均为12.13MJ/kg。结果表明，饲粮蛋白质水平对公、母鸡平均日增重、料重比和蛋白质摄入量影响极显著（$P<0.01$）。根据试验结果，以生长性能、胴体蛋白质沉积率和血清尿酸含量等为综合评价指标，得到1～21日龄快速型岭南黄鸡粗蛋白质需要量为20.94%。林厦菁等（2014）选用1 600只22日龄快速型岭南黄鸡，采用2（性别）×5（蛋白质水平）试验设计，饲粮蛋白质水平分别为16.0%、17.5%、19.0%、20.5%、22.0%，各组饲粮代谢能浓度均为12.55MJ/kg。结果表明，饲粮粗蛋白质水平对母鸡平均日采食量、公鸡平均日增重和料重比均有显著影响（$P<0.05$），对公、母鸡胴体品质（腹脂率、胸肌率、腿肌率）影响显著（$P<0.05$）或极显著（$P<0.01$）；对血液学指标（血清胆固醇、甘油三酯和尿酸含量）及机体粗蛋白质沉积率也有显著影响（$P<0.05$）或极显著影响（$P<0.01$），以生长性能、血液生化、胴体蛋白质沉积率为综合评价指标，得到22～42日龄快速型岭南黄羽肉鸡的粗蛋白质需要量为19.0%。林厦菁等（2014）选用1 600只22日龄快速型岭南黄鸡，进行粗蛋白质水平试验设计，饲粮粗蛋白质水平分别为14.0%、15.5%、17.0%、18.5%，各组饲粮代谢能浓度均为12.97MJ/kg，以生长性能、蛋白质沉积率和胴体品质为评价指标，得到43～63日龄快速型岭南黄鸡的蛋白需要量为15.5%。戴求仲等（2011）综合生产性能，得到1～21日龄和22～42日龄快长型湘黄鸡的蛋白质需要量分别为20%和18%。王薇薇等（2021）在低蛋白质饲粮氨基酸平衡模式下，综合生长性能、胸肌率和氮存留率各项指标，得出适宜氨基酸平衡比例为赖氨酸∶蛋氨酸∶苏氨酸∶色氨酸∶异亮氨酸=100.0∶37.3∶85.3∶22.7∶85.3，相应的粗蛋白质水平可降低至13%。

表5-6　快速型黄羽肉鸡饲粮蛋白质需要研究结果

品种	日龄	性别	判定指标	蛋白质需要量/%	蛋能比/(g/MJ)	文献来源
快速型岭南黄鸡	1～21	公鸡	生长性能和蛋白质沉积率	21	17.31	苟钟勇等，2014
快速型岭南黄鸡	1～21	母鸡	生长性能和蛋白质沉积率	21	17.31	苟钟勇等，2014

（续）

品种	日龄	性别	判定指标	蛋白质需要量/%	蛋能比/(g/MJ)	文献来源
快速型岭南黄鸡	22～42	公鸡	生长性能	19	15.66	林厦菁等，2014
			蛋白质沉积率	17.5	14.43	林厦菁等，2014
			血清尿酸含量	16	13.19	林厦菁等，2014
快速型岭南黄鸡	22～42	母鸡	生长性能	17.5	14.43	林厦菁等，2014
			蛋白质沉积率	19	15.66	林厦菁等，2014
			血清尿酸含量	17.5	14.43	林厦菁等，2014
快速型岭南黄鸡	43～63	公鸡	生长性能	17	13.11	林厦菁等，2014
			胴体品质	18.5	13.11	林厦菁等，2014
			蛋白质沉积率	14	13.11	林厦菁等，2014
			血清尿酸含量	18.5	10.80	林厦菁等，2014
快速型湘黄鸡	1～21	公、母鸡混合	生长性能	20	16.78	戴求仲等，2011
快速型湘黄鸡	22～42	公、母鸡混合	生长性能	18	14.59	蒋桂韬等，2011

综上所述，快速型黄羽肉鸡1～21日龄、22～42日龄和43～63日龄粗蛋白质需要量分别为20%～21%、16%～19%和14%～18.5%，公鸡对蛋白质的日需要量高于母鸡。

二、中速型黄羽肉鸡蛋白质需要量

对中速型黄羽肉鸡而言，相关的研究报道较少，饲粮粗蛋白质适宜水平为17%～21.5%，且随着日龄增长饲粮适宜粗蛋白质水平逐渐降低，公鸡的需要量高于母鸡。

中速型黄羽肉鸡粗蛋白质需要主要以生产性能和养分利用率等为判定指标。表5-7为中速型黄羽肉鸡饲粮蛋白质需要研究结果。沙文峰等（2014）以生长性能为判定指标，1～28日龄如皋黄鸡饲粮粗蛋白质需要量在20%时，其平均体重最大，料重比最低，29～50日龄如皋黄鸡最适蛋白质需要量则为17%。李莉等（2015）研究表明，桂香鸡母鸡随着饲粮粗蛋白质水平提高，粗蛋白质消化率显著增加，粗纤维消化率显著降低，1～28日龄桂香鸡的蛋白质最佳需要量为20.5%；陈希杭等研究得到1～28日龄、28～56日龄和57日龄以上宁海土鸡蛋白质需要量分别为20.03%、18.02%和17.46%，此时日增重、饲料转化率最佳；宋琼莉等（2013）以生产性能为判定指标，研究表明，1～28日龄崇仁麻鸡公鸡和母鸡的适宜蛋白质需要量分别为21.5%和20%，29～56日龄公鸡和母鸡适宜蛋白质需要量分别为18.5%和17%，57～91日龄公鸡和母鸡适宜蛋白质需要量均为17.5%时，具有最大日增重和最低料重比。

对比以上研究结果，为消除不同品种和日龄的差异，同时保证能满足各个阶段不同品种中速型黄羽肉鸡的适宜蛋白质需要量，综合得到1～28日龄、29～56日龄和56日龄以上中速型黄羽肉鸡的适宜蛋白质水平分别为21%、18.5%和17.5%。

表 5-7　中速型黄羽肉鸡饲粮蛋白质需要研究结果

品种	日龄	性别	判定指标	蛋白质需要量/%	蛋能比/(g/MJ)	文献来源
如皋黄鸡	1～28	—	生长性能	20	17.30	沙文峰等，2014
如皋黄鸡	29～50	—	生长性能	17	14.83	沙文峰等，2014
桂香鸡	1～28	母鸡	养分利用率	20.5	16.05	李莉等，2015
宁海土鸡	1～28	公、母鸡混合	生长性能	20.03	16.83	陈希杭等，2010
宁海土鸡	29～56	公、母鸡混合	生长性能	18.02	14.78	陈希杭等，2010
宁海土鸡	≥57	公、母鸡混合	生长性能	17.46	14.2	陈希杭等，2010
崇仁麻鸡	1～28	公鸡	生长性能	21.5	15.93	宋琼莉等，2013
崇仁麻鸡		母鸡	生长性能	20	14.81	宋琼莉等，2013
崇仁麻鸡	29～56	公鸡	生长性能	18.5	14.81	宋琼莉等，2013
崇仁麻鸡	29～56	母鸡	生长性能	17	13.6	宋琼莉等，2013
崇仁麻鸡	57～91	公鸡	生长性能	17.5	14.0	宋琼莉等，2013
崇仁麻鸡	57～91	母鸡	生长性能	17.5	14	宋琼莉等，2013

三、慢速型黄羽肉鸡蛋白质需要量

收集 2010—2020 年慢速型黄羽肉鸡蛋白质营养需要的文献，慢速型黄羽肉鸡蛋白质营养需要的研究主要以生长性能、生理生化指标为判定指标，其需要量主要集中在14%～21%。表 5-8 为慢速型黄羽肉鸡饲粮蛋白质需要的研究结果。胡艳等（2011）以生长性能为判定指标，得到 1～56 日龄慢速型湘黄鸡粗蛋白质需要量为 18%。叶保国等（2012）以日增重、料重比等生长性能为判定指标，得到 30～80 日龄文昌鸡母鸡日粮最佳粗蛋白质需要量为 21%，81～120 日龄文昌鸡母鸡粗蛋白质需要量为 17.05%。吴仙等（2014）研究表明，黔东南小香鸡日粮蛋白质需要量为 16.65%时，日增重最大，料重比和鸡肉脂肪含量最低。张相伦等（2013）以生长性能为指标，通过析因法得到鲁西斗鸡 1～42、43～84、85～126 和 127～168 日龄的粗蛋白质需要量分别为 18.55%、17.39%、16.55%和15.05%。王润莲等（2013）以末重、日增重和耗料增重比等生长性能和养分代谢率为判定指标，得到 1～42 日龄的贵妃鸡的粗蛋白质需要量为 20.5%，以全净膛率、胸肌率等屠宰性能为判定指标，43～91 日龄的贵妃鸡的粗蛋白质需要量为 19%。吕铭翰等（2014）以日增重和料重比等生长性能为判定指标，得到 1～28 日龄和 29～73 日龄的二郎山山地鸡粗蛋白质需要量分别为 22%和 16%。杨霞等（2015）研究以体重、日增重和料重比等生长性能为判定指标，得到 35～70 日龄藏鸡的饲粮最适蛋白质需要量为 21%。杜永才等（2012）通过生长性能、体成分和蛋白质的沉积为判定指标，得到 1～28 日龄淮北麻鸡的粗蛋白质需要量为 16.4%。梁远东等（2011）以日增重和料重比为判定指标，得到 42～56 日龄南丹瑶鸡的粗蛋白质需要量为 18.0%，57～119 日龄南丹瑶鸡的日粮蛋白质适宜水平为 16.0%时，具有最低腹脂率和料重比。陈玉芹等（2013）以全期增重、料重比为衡量指标，得出 1～42 日龄武定鸡的粗蛋白质需要量为 19.86%～19.95%。何翔等

(2011) 以生长性能、免疫器官指数、血液葡萄糖和尿酸为判定指标，得到22～42日龄石岐杂鸡粗蛋白质需要量为18.01%～20.08%。刘少凯等（2014）根据生长性能、屠宰性能和血液指标，认为91～126日龄略阳乌鸡的粗蛋白质需要量为16.60%～18.06%。柳迪等（2018）根据生长性能和血液生化指标得到49～140日龄坝上长尾鸡粗蛋白质需要量为14%～15%。冯焯等（2018）通过生长性能和血液生化指标得到77～119日龄太行鸡蛋白质需要量为14%～15%。朱中胜等（2017）以生长性能为判定指标，得到63～105日龄皖南三黄鸡粗蛋白质需要量为15.4%。官丽辉等（2017）以消化器官、肠道菌群、免疫器官、氧化能力和产蛋性能、屠宰性能、血液生化指标为判定指标，得到40～160日龄塞北乌骨鸡的粗蛋白质需要量为16.5%。张倩云等（2019）通过生长性能、血清生化指标和养分的表观消化率，得到49～84日龄凌云乌鸡的蛋白质需要量为20%。雷秋霞等（2019）研究表明0～42日龄沂蒙鸡的饲粮粗蛋白质需要量为20%，能量水平为12.12MJ/kg，其末重、日增重最大，料重比最低。

对于慢速型黄羽肉鸡而言，比对以上研究结果，为消除不同品种和日龄的差异，若按照4个阶段饲养，小鸡阶段饲粮粗蛋白质需要量为16%～22%，中鸡阶段为17.05%～21%，大鸡阶段为16%～18.06%，肥鸡阶段为14%～17.05%。

表5-8　慢速型黄羽肉鸡饲粮蛋白质需要研究结果

品种	日龄	性别	判定指标	蛋白质需要量/%	蛋能比/(g/MJ)	文献来源
慢长型湘黄鸡	1～56	公、母鸡混合	生长性能	18	15.64	胡艳等，2011
文昌鸡	30～81	母鸡	生长性能	21	17.31	叶保国等，2012
文昌鸡	81～120	母鸡	生长性能	17.05	13.64	叶保国等，2012
黔东南小香鸡	24～29	—	生长性能和鸡肉脂肪含量	16.65	13.19	吴仙等，2014
鲁西斗鸡	1～42	公、母鸡混合	生长性能	18.55	15.0	张相伦等，2013
鲁西斗鸡	43～84	公、母鸡混合	生长性能	17.39	14.35	张相伦等，2013
鲁西斗鸡	85～126	公、母鸡混合	生长性能	16.55	—	张相伦等，2013
鲁西斗鸡	127～168	公、母鸡混合	生长性能	15.05	—	张相伦等，2013
贵妃鸡	1～42	公、母鸡混合	生长性能和养分代谢率	20.5	17.52	王润莲等，2013
贵妃鸡	43～91	公、母鸡混合	屠宰性能	19	15.83	王润莲等，2013
二郎山山地鸡	1～28	—	生长性能	22	16.43	吕铭翰等，2014
二郎山山地鸡	29～73	—	生长性能	16	13.19	吕铭翰等，2014
藏鸡	35～70		生长性能	21	16.32	杨霞等，2015
淮北麻鸡	1～28	公、母鸡混合	生长性能、体成分和蛋白质的沉积	16.4	15.05	杜永才等，2012
南丹瑶鸡	42～56	母鸡	生长性能	18.0	14.99	梁远东等，2011
南丹瑶鸡	57～119	母鸡	生长性能	16.0	13.3	
武定鸡	1～42	—	全期增重	19.95	16.63	陈玉芹等，2013

（续）

品种	日龄	性别	判定指标	蛋白质需要量/%	蛋能比/(g/MJ)	文献来源
武定鸡		—	料重比	19.86	16.55	
石岐杂鸡	22～42	公、母鸡混合	生长性能	18.01	13.76	何翔等，2011
			免疫器官指数	19.93	15.23	
			血液葡萄糖和尿酸	20.08	16.61	
略阳乌鸡	91～126	公鸡/母鸡	生长性能、屠宰性能和血液指标	16.60～18.06	13.45～14.64	刘少凯等（2014）
坝上长尾鸡	49～140	公鸡	生长性能	14～15	12.72～13.04	柳迪等（2018）
太行鸡	77～119	母鸡	生长性能和血液生化指标	14～15	12.17～13.04	冯焯等（2018）
皖南三黄鸡	63～105	母鸡	生长性能	15.4	14.52	朱中胜等（2017）
塞北乌骨鸡	40～160	公鸡	消化器官、肠道菌群、免疫器官、氧化能力、产蛋性能、屠宰性能和血液生化指标	16.5		官丽辉等（2017）
凌云乌鸡	49～84	母鸡	生长性能、血清生化指标和养分的表观消化率	20	15.23	张倩云等（2019）
沂蒙鸡	1～42	公鸡	生产性能	20	16.50	雷秋霞等（2019）

第八节　黄羽肉种鸡蛋白质需要量

对于黄羽肉种鸡蛋白质营养需要的研究较少，一般研究对象依照其体型分为重体型、中体型和轻体型，其蛋白质需要量的获得一般以生产性能、繁殖性能、蛋品质、血液生化指标等为判定依据。黄羽肉种鸡饲粮蛋白质需要量研究结果见表5-9。朱翠等（2012）研究表明，重体型种母鸡产蛋期饲粮粗蛋白质需要量为16.5%，代谢能为11.92MJ/kg，其料蛋比和蛋破损率最低，平均蛋重和雏鸡初重最大。王钱保等（2016）以死淘率和死胎率最低、受精率和孵化率最高为判定标准，S3系肉种鸡的粗蛋白质需要量为16%。朱由彩等（2013）通过试验，得到淮南麻黄鸡的粗蛋白质需要量为16.2%。邢漫萍等（2016）研究表明，文昌鸡种鸡饲粮蛋白质需要量为14.2%时，其产蛋率、平均蛋重和蛋形指数最优，而料蛋比最低。林厦菁等（2021）研究报道，低蛋白质氨基酸平衡饲粮对黄羽肉种鸡的生产性能、蛋品质和孵化性能无负面影响，但能够降低血浆尿素氮、尿酸含量和粪便氮含量。在氨基酸平衡模式下，黄羽肉种鸡产蛋高峰期的饲粮粗蛋白质水平可以降低至13%。

综上所述，重体型肉种鸡产蛋期的蛋白质需要量为16.5%，中体型肉种鸡产蛋期的蛋白质需要量为16%，轻体型肉种鸡产蛋期的蛋白质需要量为14.2%～16.2%。在氨基酸平衡模式下，黄羽肉种鸡产蛋高峰期的饲粮粗蛋白质水平可以降低至13%。

表 5-9　黄羽肉种鸡饲粮蛋白质需要量研究结果

种用母鸡类别	品种	性别	判定指标	蛋白质需要量/%	蛋能比/g/MJ	文献来源
重体型	岭南黄鸡种鸡	母	生产性能、繁殖性能	16.5	14.77	朱翠等，2012
中体型	S3 系肉种鸡	母	生产性能、繁殖性能及蛋品质	16.0	14.46	王钱保等，2016
轻体型	淮南麻黄鸡	母	产蛋性能、繁殖性能	16.2	15.98	朱由彩等，2013
轻体型	文昌鸡种鸡	母	生产性能	14.2	12.35	邢漫萍等，2016

第九节　黄羽肉鸡的氨基酸需要量

本节内容总结了 2000—2020 年有关黄羽肉鸡氨基酸营养需要量的研究报道。快速型黄羽肉鸡氨基酸需要量以广东省农业科学院动物科学研究所研究较为系统，中速型黄羽肉鸡氨基酸研究内容较少，慢速型黄羽肉鸡氨基酸研究较多，评定指标主要是生长性能、胴体品质和体成分沉积，并得出黄羽肉鸡氨基酸营养需要的规律和特点。黄羽肉种鸡氨基酸营养研究较少。

一、快速型黄羽肉鸡氨基酸需要量

广东省农业科学院动物科学研究所较为系统地研究了 0～21 日龄、22～42 日龄、43～63 日龄快速型岭南黄鸡饲粮蛋氨酸、赖氨酸、色氨酸、苏氨酸和异亮氨酸的适宜供给量，取得了重要的研究结果。快速型黄羽肉鸡饲粮氨基酸需要研究结果见表 5-10。

表 5-10　快速型黄羽肉鸡饲粮氨基酸需要研究结果

品种	日龄	氨基酸	性别	判定指标	氨基酸需要量/%	文献来源
快速型岭南黄鸡	1～21	赖氨酸	公鸡/母鸡	生长性能、氮代谢率和血清尿酸含量	1.13	王一冰等，2019
快速型岭南黄鸡	22～42	赖氨酸	公鸡/母鸡	生长性能、氮表观代谢率和血清尿酸含量	1.00	王一冰等，2019
快速型岭南黄鸡	43～63	赖氨酸	公鸡/母鸡	生长性能	0.85	王一冰等，2019
快速型岭南黄鸡	1～21	蛋氨酸	公鸡	生长性能	0.45	席鹏彬等，2010
快速型岭南黄鸡	1～21	蛋氨酸	母鸡	生长性能	0.44	席鹏彬等，2010
快速型岭南黄鸡	22～42	蛋氨酸	公鸡	生长性能	0.38	席鹏彬等，2010
快速型岭南黄鸡	22～42	蛋氨酸	母鸡	生长性能和血清尿酸含量	0.35	席鹏彬等，2010
快速型岭南黄鸡	43～63	蛋氨酸	公鸡/母鸡	生长性能和胸肌品质	0.35	席鹏彬等，2011
快速型岭南黄鸡	1～21	蛋氨酸	公鸡	生长性能	0.52～0.58	Li 等，2020

（续）

品种	日龄	氨基酸	性别	判定指标	氨基酸需要量/%	文献来源
快速型岭南黄鸡	1～21	蛋氨酸	母鸡	生长性能	0.51	Li 等，2020
快速型岭南黄鸡	1～21	苏氨酸	公鸡	生长性能	0.75	席鹏彬等，2008
快速型岭南黄鸡	1～21	苏氨酸	母鸡	生长性能	0.82	席鹏彬等，2008
快速型岭南黄鸡	22～42	苏氨酸	公鸡	生长性能	0.77	席鹏彬等，2008
快速型岭南黄鸡	22～42	苏氨酸	母鸡	生长性能	0.74	席鹏彬等，2008
快速型岭南黄鸡	43～63	苏氨酸	公鸡	生长性能	0.71	席鹏彬等，2008
快速型岭南黄鸡	43～63	苏氨酸	母鸡	生长性能	0.64	席鹏彬等，2008
快速型岭南黄鸡	1～21	色氨酸	公鸡	生长性能	0.21	席鹏彬等，2008
快速型岭南黄鸡	22～42	色氨酸	公鸡	生长性能	0.20	席鹏彬等，2008
快速型岭南黄鸡	43～63	色氨酸	公鸡	生长性能	0.17	席鹏彬等，2008
快速型岭南黄鸡	1～21	异亮氨酸	公鸡	生长性能	0.77	郑春田等，2008
快速型岭南黄鸡	1～21	异亮氨酸	母鸡	生长性能	0.72	郑春田等，2008
快速型岭南黄鸡	22～42	异亮氨酸	公鸡	生长性能	0.70	郑春田等，2008
快速型岭南黄鸡	22～42	异亮氨酸	母鸡	生长性能	0.65	郑春田等，2008
快速型岭南黄鸡	43～63	异亮氨酸	公鸡	生长性能	0.65	郑春田等，2008
快速型岭南黄鸡	43～63	异亮氨酸	母鸡	生长性能	0.60	郑春田等，2008

（一）赖氨酸营养需要

小鸡阶段，王一冰等（2019）选用 740 只 1～21 日龄快速型岭南黄鸡，采用 2（性别）×5（饲粮赖氨酸水平）因子试验设计，饲粮赖氨酸水平分别设置为 0.93%、1.03%、1.13%、1.23%和 1.33%，根据试验结果，以生长性能、氮代谢率和血清尿酸含量为评价指标，得到公、母试鸡饲粮赖氨酸需要量一致，均为 1.13%；22～42 日龄阶段选用 1 780 只 22～42 日龄快速型岭南黄鸡，采用 2（性别）×5（饲粮赖氨酸水平）因子试验设计，饲粮赖氨酸水平分别设置为 0.80%、0.90%、1.00%、1.10%、1.20%，以生长性能、氮表观代谢率和血清尿酸含量为评价指标，得到公、母试鸡饲粮赖氨酸需要量一致，均为 1.00%；43～63 日龄阶段选用 1 760 只 43～63 日龄快速型岭南黄鸡，试验采用 2（性别）×5（饲粮赖氨酸水平）因子试验设计，饲粮赖氨酸水平分别设置为 0.65%、0.75%、0.85%、0.95%、1.05%，试验结果表明，以生长性能为评价指标，确定公、母快速型黄羽肉鸡饲粮赖氨酸需要量一致，均为 0.85%。

（二）蛋氨酸营养需要

席鹏彬等（2010）研究不同水平蛋氨酸（1～21 日龄：0.35%、0.40%、0.45%、0.50%和 0.55%；22～42 日龄：0.30%、0.35%、0.40%、0.45%和 0.50%）对 1～21 日龄和 22～42 日龄岭南黄鸡（公、母鸡各半）的影响，结果表明，随着饲粮蛋氨酸水平的提高，1～21 日龄和 22～42 日龄公、母鸡每日总蛋氨酸摄入量和真可消化蛋氨酸摄入量呈线性或二次曲线升高；1～21 日龄公、母鸡日增重呈二次曲线升高，1～21 日龄和 22～

42 日龄料重比呈二次曲线降低。根据二次回归模型估测黄羽肉鸡获得最佳生产性能的总蛋氨酸和真可消化蛋氨酸需要量，1～21 日龄母鸡分别为 0.43%和 0.40%，公鸡分别为 0.45%和 0.42%，22～42 日龄母鸡分别为 0.46%和 0.44%，公鸡分别为 0.38%和 0.35%。席鹏彬等（2011）研究不同水平蛋氨酸（0.25%、0.30%、0.35%、0.40%和 0.45%）对 43～63 日龄岭南黄鸡（公、母鸡各半）的影响，结果表明，随着饲粮蛋氨酸水平的提高，公、母鸡每日总蛋氨酸和真可消化蛋氨酸摄入量呈线性或二次曲线升高，公鸡料重比呈二次曲线降低，公、母鸡全净膛率呈先升后降二次曲线变化，胸肌率呈二次曲线升高。与 0.25%蛋氨酸水平组相比，0.35%、0.40%和 0.45%蛋氨酸水平组显著提高母鸡羽毛中干物质含量、蛋白质沉积、胴体蛋白质含量和羽毛蛋白质含量。估测 43～63 日龄母鸡获得最大全净膛率和胸肌率 95%处的总蛋氨酸需要量分别为 0.269%和 0.330%，可消化总蛋氨酸需要量分别为 0.246%和 0.307%；公鸡获得最低料重比、最大全净膛率和胸肌率 95%处的总蛋氨酸需要量分别为 0.353%、0.289%和 0.313%，可消化蛋氨酸需要量分别为 0.330%、0.266%和 0.290%。蒋雪樱（2016）研究了不同蛋氨酸水平饲粮（1～21 日龄和 22～42 日龄低、正常、高蛋氨酸水平分别为 0.35%和 0.31%、0.50%和 0.44%、0.65%和 0.57%）对 1～42 日龄青脚麻鸡影响，结果表明，高水平蛋氨酸组 22～42 日龄料重比显著降低；不同水平蛋氨酸对屠宰率、全净膛率和胸肌率均无显著影响；高水平蛋氨酸组胸肌丙二醛（MDA）含量显著降低，GSH－PX 酶活力、T－SOD 酶活力和类胰岛素生长因子 1（IGF－Ⅰ）含量均显著升高；高水平蛋氨酸组胸肌 *IGF－Ⅰ* 和 *TOR* 基因 mRNA 表达量显著升高，肌肉生长抑制素（*MSTN*）基因 mRNA 表达量显著降低。前期和后期分别饲喂 0.50%和 0.57%的蛋氨酸可降低后期料重比，改善胸肌抗氧化性能，调节肌肉发育相关基因表达。

综合以上试验结果，以日增重和料重比为评价指标，得出以下结论：①不同品种和饲养模式，相同生长阶段下青脚麻鸡对蛋氨酸的营养需要量水平高于岭南黄鸡；②相同性别、品种和饲养模式，不同生长阶段蛋氨酸的营养需要量水平结果不尽相同。

（三）苏氨酸营养需要

根据席鹏彬等（2008）的研究结果，以增重、饲料转化率、体蛋白质沉积等指标综合评价，得到快速型岭南黄羽肉鸡 1～21 日龄、22～42 日龄和 43～63 日龄生长阶段公、母鸡苏氨酸需要量分别为 0.75%和 0.82%、0.77%和 0.74%、0.71%和 0.64%。林厦菁等（2021）以生长性能为主要判定指标，确定 1～21 日龄快速型黄羽肉鸡母鸡饲粮苏氨酸最适水平为 0.81%，黄羽肉鸡公鸡饲粮苏氨酸最适水平为 0.79%。

（四）色氨酸营养需要

根据席鹏彬等（2008）的研究结果，以日增重、饲料转化率、体蛋白质和脂肪沉积等指标综合评价，得到快速型岭南黄羽肉鸡 1～21、22～42 和 43～63 日龄生长阶段色氨酸需要量分别为 0.21%、0.20%和 0.17%。

（五）异亮氨酸营养需要

根据蒋守群等（2021）的研究结果，以日增重和料重比为评价指标，得到快速型岭南黄羽肉鸡 1～21 日龄、22～42 日龄和 43～63 日龄生长阶段公、母鸡异亮氨酸需要量分别为 0.77%和 0.72%、0.70%和 0.65%、0.65%和 0.60%。

比对以上研究结果，为消除不同品种和日龄的差异，同时保证能满足各个阶段不同品种快速型黄羽肉鸡的氨基酸水平，根据以上已有研究的推荐水平，快速型黄羽肉鸡三个阶段的赖氨酸、蛋氨酸、苏氨酸、色氨酸和异亮氨酸的需要量如下：小鸡阶段（1～21日龄）分别为1.13%、0.45%～0.58%、0.75%～0.82%、0.21%、0.72%～0.77%；中鸡阶段（22～42日龄）分别为1.00%、0.44%～0.45%、0.74%～0.77%、0.20%、0.65%～0.70%；大鸡阶段（43～63日龄）分别为1.00%、0.35%～0.38%、0.64%～0.71%、0.17%、0.60%～0.65%。

二、中速型黄羽肉鸡氨基酸需要量

中速型黄羽肉鸡氨基酸需要研究也较少，主要以生长性能、胴体性能和生化指标为判定指标。

（一）赖氨酸营养需要

张凯等（2013）研究报道0～28日龄、29～49日龄和50～70日龄饲粮赖氨酸水平分别为1.05%、0.90%和0.75%时，二郎山山地鸡得到最高体重、日增重，最低料重比，最高的胸肌率、腿肌率，最低的公母鸡皮脂厚度。陆丽萍等（2010）研究表明0～35日龄金陵中型三黄鸡母雏的赖氨酸需要量为1.09%。中速型黄羽肉鸡氨基酸需要研究结果见表5-11。

表5-11　中速型黄羽肉鸡氨基酸需要研究结果

品种	日龄	氨基酸	性别	判定指标	氨基酸需要量/%	文献来源
二郎山山地鸡	1～28	赖氨酸	公鸡/母鸡	生长性能和胴体性能	1.05	张凯等，2013
二郎山山地鸡	29～49	赖氨酸	公鸡/母鸡	生长性能和胴体性能	0.90	张凯等，2013
二郎山山地鸡	50～70	赖氨酸	公鸡/母鸡	生长性能和胴体性能	0.75	张凯等，2013
金陵中型三黄鸡	1～35	赖氨酸	母鸡	生长性能	1.09	陆丽萍等，2010
雪峰乌骨鸡	0～28	蛋氨酸	公鸡/母鸡	生长性能和生化指标	0.48	姚元枝等，2004
雪峰乌骨鸡	29～56	蛋氨酸	公鸡/母鸡	生长性能和血清尿酸含量	0.42	姚元枝等，2004
金陵中型三黄鸡	1～21	蛋氨酸	母鸡	生长性能	0.45	姚元枝等，2004
中速江村黄鸡	1～28	苏氨酸	公鸡	生长性能	0.84	姜文联等，2004
中速江村黄鸡	29～56	苏氨酸	母鸡	生长性能	0.76～0.78	姜文联等，2004
中速江村黄鸡	57～84	苏氨酸	公鸡	生长性能	0.71～0.73	姜文联等，2004
金陵中型三黄鸡	1～21	蛋氨酸	母鸡	生长性能	0.45	陆丽萍等，2010

（二）蛋氨酸营养需要

陈菲等（2019）研究不同饲养阶段不同蛋氨酸水平（29～49日龄蛋氨酸水平分别为0.31%、0.39%、0.47%，50～91日龄蛋氨酸水平分别为0.28%、0.35%、0.42%）对29～91日龄杂交鸡（罗斯公鸡和庄河地区本地大骨鸡母鸡杂交）的影响，结果表明，0.31%和0.39%蛋氨酸水平组公、母鸡平均采食量均显著升高，0.28%和0.35%蛋氨酸水平组公、母鸡平均日采食量显著升高；0.39%和0.35%蛋氨酸水平组49日龄和91日龄公鸡腿肌率和胸肌率均显著升高。杨秀娟等（2015）研究不同水平蛋氨酸0.25%、

0.35%、0.45%、0.55%和0.65%对1～42日龄武定鸡（公母各半）的影响，结果表明，不同水平蛋氨酸对42日龄生产性能指标、体成分、食入氮、沉积氮、沉积率和各种氨基酸利用率均无显著影响，而期末体重、料重比与蛋氨酸添加水平存在着显著的二次曲线回归关系，以期末体重和料重比为参考，饲粮蛋氨酸推荐总量为0.53%～0.54%。杨秀娟等（2016）研究不同水平蛋氨酸0.25%、0.35%、0.45%、0.55%和0.65%对43～84日龄武定鸡（公母各半）的影响，结果表明，不同水平蛋氨酸对84日龄末生长性能指标、食入氮有影响；对体成分中水分含量、粗蛋白质含量、氨基酸含量，血液生化指标、氮沉积量和氮沉积率均无显著影响；蛋氨酸水平显著影响蛋氨酸利用率；0.55%水平蛋氨酸显著降低体成分中粗脂肪含量。以全期增重为评价指标，依据二次曲线模型，43～84日龄武定鸡最适蛋氨酸水平为0.44%。

综合以上试验结果，以采食量、日增重和料重比为评价指标，得出以下结论：①相同性别和饲养模式，相同生长阶段下武定鸡对蛋氨酸的营养需要量水平高于罗斯鸡和大骨鸡的杂交后代鸡；②相同性别、品种和饲养模式，不同生长阶段蛋氨酸的营养需要量水平小鸡高于大鸡。

（三）苏氨酸营养需要

姜文联等（2004）选用中速江村黄鸡公鸡，通过增重、饲料转化率、死亡率等得到苏氨酸适宜水平分别为1～28日龄0.84%，29～56日龄0.76%～0.78%，57～84日龄0.71%～0.73%。

（四）色氨酸营养需要

陆丽萍等（2010）研究表明，0～35日龄广西金陵中速型三黄鸡母雏日粮中色氨酸需要量为0.21%。

比对以上研究结果，为消除不同品种和日龄的差异，同时保证能满足各个阶段不同品种中速型黄羽肉鸡的氨基酸水平，综合得到中速型黄羽肉鸡的三个阶段的赖氨酸、蛋氨酸、苏氨酸、色氨酸的需要量：小鸡阶段（1～28日龄）分别为1.05%～1.09%、0.45%～0.48%、0.84%、0.21%，中鸡阶段（29～56日龄）赖氨酸、蛋氨酸、苏氨酸的需要量分别为0.90%、0.42%、0.78%，大鸡阶段（>57日龄）赖氨酸、苏氨酸的需要量分别为0.75%～0.95%、0.71%～0.73%。

三、慢速型黄羽肉鸡氨基酸需要量

慢速型黄羽肉鸡氨基酸营养需要研究报道较多，主要以生产性能、胴体性能、血液生化指标等为衡量指标。慢速型黄羽肉鸡氨基酸需要研究结果见表5-12。

表5-12　慢速型黄羽肉鸡氨基酸需要研究结果

品种	日龄	氨基酸	性别	判定指标	氨基酸需要量/%	文献来源
银香麻鸡	0～35	赖氨酸	公鸡/母鸡	生长性能、血液生化指标、胴体性能	1.04	宁淑芳等，2007
银香麻鸡	36～70	赖氨酸	公鸡/母鸡	生长性能、血液生化指标、胴体性能	0.97	宁淑芳等，2007

（续）

品种	日龄	氨基酸	性别	判定指标	氨基酸需要量/%	文献来源
银香麻鸡	71～112	赖氨酸	公鸡/母鸡	生长性能、血液生化指标、胴体性能	0.86	宁淑芳等，2007
乌骨鸡	0～28	赖氨酸	公鸡/母鸡	生长性能	0.90	张桂芝等，2007
乌骨鸡	29～56	赖氨酸	母鸡	生长性能	0.77	张桂芝等，2007
乌骨鸡	57～84	赖氨酸	公鸡/母鸡	生长性能	0.76	张桂芝等，2007
武定鸡	0～42	赖氨酸	公鸡/母鸡	生长性能含量	1.02～1.03	陈玉芹等，2016
固始鸡	0～28	蛋氨酸	母鸡	生长性能	0.39	李强等，2004
固始鸡	29～56	蛋氨酸	公鸡	生长性能	0.37	李强等，2004
固始鸡	57～84	蛋氨酸	母鸡	生长性能	0.33	李强等，2004
泰和丝毛乌骨鸡	1～28	蛋氨酸		生长性能和血液生化指标	0.44	瞿明仁等，2004
泰和丝毛乌骨鸡	29～56	蛋氨酸		生长性能和血液生化指标	0.35	瞿明仁等，2004
泰和丝毛乌骨鸡	57～84	蛋氨酸		生长性能和血液生化指标	0.26	瞿明仁等，2004
乌骨鸡	1～28	蛋氨酸	公鸡/母鸡	氮存留率	0.44	黄爱民等，2005
乌骨鸡	29～56	蛋氨酸	公鸡	氮存留率	0.35	黄爱民等，2005
乌骨鸡	29～56	蛋氨酸	母鸡	氮存留率	0.31	黄爱民等，2005
乌骨鸡	57～84	蛋氨酸	公鸡	氮存留率	0.26	黄爱民等，2005
乌骨鸡	57～84	蛋氨酸	母鸡	氮存留率	0.24	黄爱民等，2005
丝毛乌骨鸡	1～28	蛋氨酸		生长性能	0.32	张桂芝等，2007
丝毛乌骨鸡	29～56	蛋氨酸		生长性能	0.29	张桂芝等，2007
丝毛乌骨鸡	57～84	蛋氨酸		生长性能	0.28	张桂芝等，2007
略阳乌鸡	49～84	可消化蛋氨酸		生长性能	0.33	张静等，2014
略阳乌鸡	85～126	蛋氨酸		生长性能	0.32～0.42	张静等，2015
银香麻鸡	0～35	蛋氨酸	公鸡/母鸡	最低料重比、最高血清总蛋白浓度	0.44	宁淑芳等，2007
银香麻鸡	36～70	蛋氨酸	公鸡/母鸡	最低料重比、最高血清总蛋白浓度	0.38	宁淑芳等，2007
银香麻鸡	71～112	蛋氨酸	公鸡/母鸡	最低料重比、最高血清总蛋白浓度	0.34	宁淑芳等，2007
泰和乌骨鸡	0～28	苏氨酸	母鸡	生长性能	0.87	刘雪兰等，2002
泰和乌骨鸡	29～56	苏氨酸	母鸡	生长性能	0.78	刘雪兰等，2002
泰和乌骨鸡	57～84	苏氨酸	母鸡	生长性能	0.77	刘雪兰等，2002
丝毛乌骨鸡	0～28	苏氨酸	母鸡	生长性能	0.87	石天虹等，2005
丝毛乌骨鸡	29～56	苏氨酸	母鸡	生长性能	0.78	石天虹等，2005

（续）

品种	日龄	氨基酸	性别	判定指标	氨基酸需要量/%	文献来源
丝毛乌骨鸡	57～84	苏氨酸	母鸡	生长性能	0.77	石天虹等，2005
乌骨鸡	0～28	苏氨酸	公鸡/母鸡	生长性能	0.87	张桂芝等，2007
乌骨鸡	29～56	苏氨酸	母鸡	生长性能	0.78	张桂芝等，2007
乌骨鸡	57～84	苏氨酸	母鸡	生长性能	0.77	张桂芝等，2007
银香麻鸡	0～35	苏氨酸	公鸡/母鸡	生长性能、血液生化指标、胴体性能	0.77	宁淑芳等，2007
银香麻鸡	36～70	苏氨酸	公鸡/母鸡	生长性能、血液生化指标、胴体性能	0.73	宁淑芳等，2007
银香麻鸡	71～112	苏氨酸	公鸡/母鸡	生长性能、血液生化指标、胴体性能	0.67	宁淑芳等，2007
乌骨鸡	57～84	苏氨酸	公鸡/母鸡	生长性能	0.77	张桂芝等，2007
泰和乌骨鸡	0～28	色氨酸	母鸡	生长性能	0.171	张庆生等，2009
泰和乌骨鸡	29～56	色氨酸	母鸡	生长性能	0.165	黎观红等，2008
泰和乌骨鸡	57～84	色氨酸	母鸡	生长性能	0.13	黎观红等，2008

（一）赖氨酸营养需要

宁淑芳等（2007）研究银香麻鸡通过生长性能、血液生化指标、养分表观代谢率以及屠宰性能得到，0～35 日龄、36～70 日龄、71～112 日龄银香麻鸡饲料中最适赖氨酸水平分别为 1.04%、0.97%、0.86%。张桂芝等（2007）研究报道，适宜饲粮赖氨酸水平可提高乌骨鸡生产性能和经济效益，研究认为 0～28 日龄乌骨鸡赖氨酸需要量为 0.90%，29～56 日龄乌骨鸡赖氨酸需要量为 0.77%，57～84 日龄乌骨鸡赖氨酸需要量为 0.76%。陈玉芹等（2016）研究 0～42 日龄武定鸡赖氨酸的需要量报道显示，饲粮赖氨酸水平为 1.03%时试验鸡全期增重效果最好，而饲粮赖氨酸水平为 1.02%时料重比最佳。

（二）蛋氨酸营养需要

张静等（2014）研究不同水平可消化蛋氨酸 0.22%、0.32%、0.42%、0.52%和 0.62%对 36～84 日龄略阳乌鸡（公母各半）的影响，结果表明，不同水平蛋氨酸对平均采食量有极显著的影响；随着蛋氨酸水平的增加，平均日增重呈先升高后降低的二次曲线变化；略阳乌鸡以平均日增重为评价指标，根据二次曲线模型，略阳乌鸡的表观可消化蛋氨酸需要量为 0.326%，真可消化蛋氨酸为 0.336%。张静等（2015）研究不同水平蛋氨酸 0.22%、0.32%、0.42%、0.52%和 0.62%对 85～126 日龄略阳乌鸡（公母各半）的影响，结果表明，不同水平蛋氨酸对母鸡平均采食量和公鸡料重比均有显著影响，且蛋氨酸水平为 0.32%时公鸡料重比最低。曾雨佳等（2020）研究不同水平蛋氨酸 0.25%、

0.34%和0.42%对97～132日龄大骨母鸡的影响，结果表明，0.34%水平蛋氨酸显著升高平均日增重、平均日采食量，适当地提高饲粮蛋氨酸水平有利于改善育成期生长性能。

综合以上试验结果，以日增重和料重比为敏感指标，相同性别、品种和饲养模式，不同生长阶段蛋氨酸的营养需要量水平小鸡高于大鸡。

（三）苏氨酸营养需要

刘雪兰等（2002）选用泰和乌骨鸡母鸡，以最大体重和日增重，得到饲粮苏氨酸适宜水平分别为0～28日龄0.87%、29～56日龄0.78%、57～84日龄0.77%。石天虹等（2005）选用丝毛乌骨鸡，通过生产性能得到各生长阶段苏氨酸适宜水平分别为0～28日龄0.87%、29～56日龄0.78%、57～84日龄0.77%。张桂芝等（2007）研究报道0～28日龄乌骨鸡饲粮中苏氨酸需要量为0.87%，29～56日龄乌骨鸡饲粮中苏氨酸需要量为0.78%，57～84日龄乌骨鸡饲粮中苏氨酸需要量为0.77%。宁淑芳等（2007）研究银香麻鸡以最大日增重和最低料重比、最优的苏氨酸代谢率、最低血清尿素氮的含量和腹脂率为评价指标，得到饲料中最适苏氨酸水平结果，0～35日龄、36～70日龄、71～112日龄银香麻鸡饲料中最适苏氨酸水平分别为0.77%、0.73%、0.67%。

（四）色氨酸营养需要

张庆生（2009）研究表明，以生长性能为评价指标，0～28日龄泰和乌骨鸡饲粮色氨酸添加水平以0.171%为宜。黎观红等（2008）选用泰和乌骨鸡，以日增重、料重比、日采食量为评价指标，得到饲粮色氨酸适宜水平分别为29～56日龄0.165%、57～84日龄0.13%。

比对以上研究结果，为消除不同品种和日龄的差异，同时保证能满足各个阶段不同品种慢速型黄羽肉鸡的氨基酸水平，综合得到慢速型黄羽肉鸡的不同阶段的赖氨酸、蛋氨酸、苏氨酸、色氨酸的需要量：小鸡阶段（1～30日龄）分别为0.90%～1.04%、0.32%～0.48%、0.78%～0.87%、0.171%；中鸡阶段（31～60日龄）赖氨酸、蛋氨酸、苏氨酸和色氨酸的需要量分别为0.77%～0.97%、0.29%～0.38%、0.73%～0.78%、0.165%；大鸡阶段（61～90日龄）赖氨酸、蛋氨酸、苏氨酸和色氨酸的需要量分别为0.76%～0.86%、0.26%～0.35%、0.77%和0.13%；肥鸡阶段（>91日龄）赖氨酸、蛋氨酸、苏氨酸和色氨酸的需要量分别为0.86%、0.32%～0.42%、0.77%、0.13%。

第十节　黄羽肉种鸡氨基酸需要量

关于黄羽肉种鸡氨基酸营养需要的研究较少，主要集中在重体型产蛋期上，主要以产蛋性能、孵化性能为判断指标（表5-13）。阮栋等（2012）根据产蛋性能和孵化性能得到岭南黄鸡种鸡产蛋期的赖氨酸需要量为0.81%；洪平等（2013）以最大产蛋率和日产蛋重为判定指标，通过二次回归模型获得最大产蛋率和日产蛋重，其产蛋期饲粮蛋氨酸需要量为0.38%～0.39%；蒋守群等（2015）以繁殖性能、后代鸡生产性能为判定指标，得到岭南黄鸡种鸡的苏氨酸需要量为0.50%～0.62%；蒋守群等（2017）以生长性能和血清肠黏膜生化指标为判定指标，得到岭南黄鸡种鸡色氨酸需要量为0.20%。苟钟勇等（2017）以繁殖性能为判定指标，得到岭南黄鸡种鸡精氨酸需要量为1.10%。

表 5-13　黄羽肉种鸡饲粮氨基酸需要研究结果

种用母鸡类别	品种	氨基酸	性别	判定指标	氨基酸需要量/%	文献来源
重体型	岭南黄鸡种鸡	蛋氨酸	母	产蛋性能和孵化性能	0.81	阮栋等，2012
重体型	岭南黄鸡种鸡	蛋氨酸	母	生产性能，孵化性能，蛋品质	0.38～0.39	洪平等，2013
重体型	岭南黄鸡种鸡	苏氨酸	母	繁殖性能、后代鸡生产性能	0.50～0.62	蒋守群等，2015
重体型	岭南黄鸡种鸡	色氨酸	母	生产性能和血清肠黏膜生化指标	0.203	蒋守群等，2017
重体型	岭南黄鸡种鸡	精氨酸	母	繁殖性能	1.10	苟钟勇等，2017

综上所述，重体型黄羽肉鸡种鸡的氨基酸需要量为赖氨酸 0.81%、蛋氨酸 0.38%～0.39%，苏氨酸 0.50%～0.62%，色氨酸 0.20%，精氨酸 1.10%。

参 考 文 献

蔡辉益，2007. 鸡的营养［M］. 北京：中国农业科学技术出版社.

陈代文，2011. 动物营养与饲养学［M］. 北京：中国农业出版社.

陈希杭，汪以真，2010. 宁海土鸡适宜日粮能量和粗蛋白质水平的研究［J］. 上海畜牧兽医通讯（4）：2-4.

陈玉芹，赵成法，杨秀娟，等，2016. 日粮赖氨酸水平对 0～6 周龄武定鸡生长性能及血液生化指标的影响［J］. 云南农业大学学 报（自然科学版），31（1）：67-72.

陈玉芹，张曦，赵成法，等，2013. 不同粗蛋白质营养水平日粮对 0～6 周龄武定鸡生长性能的影响［J］饲料工业，34（7）：16-19.

成坚，刘晓艳，2005. 加热过程对鸡肉风味前体物质的影响［J］. 食品与发酵工业，31（1）：146-148.

杜永才，龚月生，徐双贵，等，2012. 0～4 周龄淮北麻鸡能量和蛋白质需要量［J］. 华中农业大学学报，31（5）：617-622.

冯焯，郝艳霜，赵国先，等，2018. 育成期太行鸡日粮代谢能和粗蛋白质适宜水平的研究［J］. 动物营养学报，30（7）：2541-2549.

苟钟勇，蒋守群，蒋宗勇，等，2017. 饲粮精氨酸水平对黄羽肉种鸡产蛋高峰期繁殖性能的影响［J］. 动物营养学报（6）：1904-1912.

苟钟勇，周桂莲，蒋宗勇，等，2014. 1～21 日龄快大型黄羽肉鸡饲粮粗蛋白质需要量［J］. 动物营养学报（9）：2513-2522.

官丽辉，郭颖，刘海斌，等，2017. 日粮不同蛋白水平对塞北乌骨鸡肠道内环境、抗氧化能力和免疫功能的影响［J］. 中国兽医学报（3）：564-570.

呙于明，2016. 家禽营养［M］. 北京：中国农业大学出版社.

何翔，高振华，孔鹏，等，2011. 不同能量和粗蛋白水平日粮对石岐杂鸡生产性能、屠宰性能及养分表观代谢率的影响［J］河南农业科学，40（12）：153-156.

贺越，赵圣国，骆超超，等，2020. 动物氨基酸转运载体的研究进展［J］. 中国畜牧兽医，47（3）：744-753.

洪平，蒋守群，胡友军，等，2013. 46～53 周龄黄羽肉种鸡蛋氨酸需要量研究［J］. 中国畜牧杂志（23）：31-35.

胡艳，王向荣，刘绍伟，等，2011. 1～56 日龄慢长型湘黄肉鸡能量和蛋白质需要量的研究［J］. 湖南畜牧兽医（6）：6－8.
纪韦韦，徐银，洪文龙，2012. 雪山草鸡氨基酸组成与营养价值研究［J］. 安徽农业科学，40（21）：10919－10921.
蒋守群，王一冰，林厦菁，等，2021. 不同饲养阶段快大型黄羽肉鸡异亮氨酸需要量研究［J］. 中国畜牧兽医，48（1）：124－134.
蒋雪樱，2016. 蛋氨酸对青脚麻鸡生长、胸肌发育及肉品质的影响［D］. 南京：南京农业大学.
雷秋霞，龙君江，刘玮，等，2019. 不同能量和蛋白水平对 0～6 周龄沂蒙鸡公鸡生产性能的影响［J］. 中国家禽（12）：26－30.
黎观红，游金明，瞿明仁，等，2008. 日粮色氨酸水平对 5～12 周龄泰和乌骨鸡生产性能的影响［J］. 饲料工业（21）：24－26.
李莉，卜泽明，罗世乾，等，2015. 日粮能量和蛋白水平对桂香雏鸡饲料营养物质表观消化率的影响［J］. 南方农业学报（2）：170－174.
李平，李龙，2018. 生态型肉鸡养殖技术［M］. 北京：中国农业出版社.
李强，2004. 固始鸡氨基酸需要量的研究［D］. 郑州：河南农业大学.
梁远东，刘征，邹丽丽，等，2011. 南丹瑶鸡肉用性能及生长鸡饲粮适宜蛋白水平的研究［J］. 广西畜牧兽医，27（3）：133－135.
林厦菁，范秋丽，苟钟勇，等，2021. 低蛋白质氨基酸平衡饲粮对黄羽肉种鸡产蛋性能、蛋品质、孵化性能和氮排放的影响［J］. 动物营养学报，33（2）：802－810.
林厦菁，席鹏彬，王一冰，等，2021. 饲粮苏氨酸水平对 1～21 日龄黄羽肉鸡生长性能、胴体品质、脂肪代谢和免疫功能的影响［J］. 动物营养学报，33（4）：2013－2023.
林厦菁，周桂莲，蒋守群，等，2014. 22～63 日龄快大型黄羽肉鸡粗蛋白质营养需要量［J］. 动物营养学报，26（6）：1453－1466.
林树茂，李海华，谭杰强，2003. 不同鸡种肌肉氨基酸含量的比较研究［J］. 黑龙江畜牧兽医（上半月）（11）：30－31.
刘少凯，闵育娜，牛竹叶，等，2014. 日粮蛋白水平对 13～18 周龄略阳乌鸡生长性能、屠体性能和血清生化指标的影响［J］. 畜牧与兽医，46（11）：24－28.
刘升军，呙于明，1999. 肉仔鸡蛋氨酸营养的研究与应用进展［J］. 饲料工业（1）：14－16.
刘文斐，刘伟龙，占秀安，等，2013. 不同形式蛋氨酸对肉种鸡生产性能，免疫指标及抗氧化功能的影响［J］. 动物营养学报（9）：2118－2125.
刘雪兰，石天虹，黄保华，等，2002. 乌骨鸡育雏日粮适宜氨基酸水平的研究［J］. 山东家禽（11）：19－20.
柳迪，赵国先，李树鹏，等，2017. 日粮代谢能和粗蛋白质水平对育成期坝上长尾鸡生长性能及血液生化指标的影响［J］. 饲料工业，38（3）：23－27.
陆丽萍，李萍萍，谭本杰，等，2010. 0～5 周龄广西金陵中型三黄鸡母雏日粮中赖氨酸、蛋氨酸及色氨酸适宜需要量的研究［J］. 饲料广角（5）：32－34.
吕铭翰，丁雪梅，白世平，等，2014. 1～28 日龄二郎山山地鸡饲粮适宜的代谢能和粗蛋白质水平［J］. 动物营养学报，26（9）：2530－2541.
宁淑芳，2007. 银香麻鸡赖氨酸、蛋氨酸及苏氨酸适宜需要量的研究［D］. 南宁：广西大学.
沙文锋，朱娟，顾拥建，等，2013. 不同蛋白质能量水平日粮对如皋黄鸡生产性能的影响［J］. 长江大学学报（自科版）农学卷（6）：26－28.
石天虹，黄保华，刘辉，等，2005. 乌骨鸡饲料氨基酸消化率及日粮蛋氨酸、赖氨酸营养需要的研究

[J]. 饲料研究（12）：3－7.
宋琼莉，邹志恒，韦启鹏，等，2013. 崇仁麻鸡肉用品系日粮适宜能量和蛋白质水平的研究 [J]. 江西农业学报（9）：105－107，111.
田颖，时明慧，2014. 赖氨酸生理功能的研究进展 [J]. 美食研究，31（3）：60－64.
王红梅，2005. 0～6 周龄肉仔鸡苏氨酸需要量的研究 [D]. 杨凌：西北农林科技大学.
王钱保，黎寿丰，赵振华，等，2016. 饲粮不同粗蛋白质水平对 S3 系肉种鸡生产性能、繁殖性能及蛋品质的影响 [J]. 动物营养学报（5）：1377－1383.
王润莲，汪忠艳，张锐，等，2013. 0～6 周龄贵妃鸡适宜饲粮能量和蛋白质水平的研究 [J]. 家禽科学（3）：10－14.
王润莲，汪忠艳，张锐，等，2013. 7～13 周龄贵妃鸡适宜饲粮能量和蛋白质水平的研究 [J]. 国外畜牧学：猪与禽（4）：58－60.
王薇薇，蒋守群，林厦菁，等，2021. 22～42 日龄和 43～63 日龄快大型黄羽肉鸡低蛋白质饲粮氨基酸平衡模型研究 [J]. 动物营养学报，33（6）：3198－3209.
王一冰，蒋守群，周桂莲，等，2019. 1～63 日龄黄羽肉鸡饲粮赖氨酸需求量研究 [J]. 动物营养学报（7）：3074－3085.
吴仙，宋巧燕，朱丽莉，等，2014. 黔东南小香鸡肉鸡蛋白质氨基酸模式研究 [J]. 饲料工业，35（10）：39－43.
邢漫萍，杨少雄，林大捷，等，2016. 文昌鸡种鸡粗蛋白质适宜需要量研究 [J]. 中国家禽（8）：36－38.
席鹏彬，林映才，蒋守群，等，2011. 饲粮蛋氨酸水平对 43～63 日龄黄羽肉鸡生长、胴体品质、羽毛蛋白质沉积和肉质的影响 [J]. 动物营养学报，23（02）：210－218.
席鹏彬，林映才，郑春田，等，2010. 0～21 和 22～42 日龄黄羽肉鸡可笑话蛋氨酸需要量的研究 [J]. 动物营养学报，46（23）：31－35.
席鹏彬，林映才，郑春田，等，2011. 饲粮色氨酸水平对 1～21 日龄黄羽肉鸡生长、体成分沉积及下丘脑 5-羟色胺的影响 [J]. 动物营养学报，23（01）：43－52.
杨兵，夏先林，吴文旋，2011. 不同水平的氨基酸对小香鸡免疫性能与抗氧化性能的影响 [J]. 江西农业学报，23（8）：158－160.
杨霞，鲜凌瑾，2015. 平原地区不同蛋白质水平对藏鸡生产性能的影响 [J]. 中国家禽，37（7）：50－52.
杨芷，杨海明，王志跃，等，2014. 蛋氨酸的生理功能及其在家禽生产上的研究与应用 [J]. 中国饲料（12）：21－24.
姚元枝，贺建华，简友全，等，2004. 雪峰乌骨鸡蛋氨酸需要量的研究 [J]. 湖南农业大学学报（自然科学版），30（2）：148－152.
叶保国，刘圈炜，邢漫萍，等，2011. 31～80 日龄文昌鸡日粮蛋白质适宜需要量研究 [J]. 中国饲料（19）：14－16.
叶保国，刘圈炜，邢漫萍，等，2012. 蛋白水平对文昌鸡生长性能及养分的影响 [J]. 饲料研究（1）：1－2，9.
张桂芝，石天虹，黄保华，等，2007. 乌骨鸡日粮蛋氨酸、赖氨酸、苏氨酸需要量的研究 [J]. 山东畜牧兽医，30（3）：1－4.
张静，闵育娜，刘少凯，等，2015. 略阳乌鸡 13～18 周龄蛋氨酸需要量的研究 [J]. 畜牧与兽医，47（1）：9－15.
张静，闵育娜，牛竹叶，等，2014. 略阳乌鸡 7～12 周龄可消化蛋氨酸需要量的研究 [J]. 动物营养学报，26（3）：739－746.
张凯，2013. 二郎山山地鸡饲粮适宜赖氨酸水平的研究 [D]. 成都：四川农业大学.

张倩雲，宋明杰，王鹏飞，等，2019. 凌云乌鸡母鸡 7～12 周龄对代谢能、粗蛋白质和苯丙氨酸＋酪氨酸适宜需要量的研究［J］. 饲料工业（17）.

张庆生，黎观红，2009. 日粮色氨酸水平对 0～4 周龄泰和乌骨鸡生产性能的影响［J］. 江西农业学报（7）：162－165.

张庆生，黎观红，2009. 日粮色氨酸水平对 0～4 周龄泰和乌骨鸡生产性能的影响［J］. 江西农业学报，21（7）：158－161.

张效先，张克英，丁雪梅，等，2010. 52～75 日龄二郎山山地鸡饲粮适宜代谢能和粗蛋白质水平的研究［J］. 动物营养学报，22（5）：1257－1264.

赵小玲，张露，朱庆，等，2013. 群体和饲粮赖氨酸水平对二郎山山地鸡体重和外貌的影响［J］四川农业大学学报，31（4）：433－437.

印遇龙，阳成波，敖志刚，等，2012. 猪营养需要［M］. 科学出版社.

周涛，2016. 热反应鸡汤呈味物质变化研究［D］. 重庆：西南大学.

朱翠，蒋宗勇，蒋守群，等，2012. 日粮代谢能和蛋白质水平对 30～39 周龄岭南黄羽肉种鸡繁殖性能的影响［J］. 中国农业科学（1）：165－175.

朱由彩，李吕木，詹凯，等，2013. 日粮粗蛋白水平对淮南麻黄鸡种鸡产蛋性能的影响［J］. 中国家禽，35（8）：25－29.

朱中胜，孙建武，李吕木，等，2017. 63～105 日龄雌性皖南三黄鸡代谢能和粗蛋白质需要量的研究［J］. 西北农林科技大学学报（自然科学版），45（4）：11－16.

Chen Y，Zhang H，Cheng Y，et al.，2018. Dietary L－threo nine supplementation attenuates lipopolysaccharide in duced inflammatory responses and intestinal barrier dam age of broiler chickens at an early age［J］. British Journal of Nutrition，119（11）：1254－1262.

Del Vesco A P，Gasparino E，Oliveira Neto A R，et al.，2013. Effect of methionine supplementation on mitochondrial genes expression in the breast muscle and liver of broilers［J］. Livestock Science，151（2－3）：284－291.

Jiang S Q，Gou Z Y，Lin X J，et al.，2017. Effects of dietary tryptophan levels on performance and biochemical variables of plasma and intestinal mucosa in yellow－feathered broiler breeders［J］. J Anim Physiol Anim Nutr（Berl），102（1）.

KOP Bozbay C，Ocak N，2015. Growth，digestive tract and muscle weights in slow—growing broiler is not affected by a blend of branched－chain amino acids injected into different sites of egg［J］. Journal of Agriculture and Environmental Sciences，4（1）：261－269.

Li J，Zaho X L，Yuan Y C，et al.，2013. Dietary lysine affects chickens from local Chinese pure lines and their reciprocal crosses［J］. Poultry Science，92（6）：1683－1689.

Li L，Abouelezz K F，Cheng Z，et al.，2020. Modelling methionine requirements of fast and slow growing Chinese yellow－feathered chickens during the starter phase［J］. Animal，10（3）.

National Research Council，1994. Nutrient requirements of poultry［M］. 9th. ed. Washington，DC. Natl. Acad. press.

National Research Council，2012. Nutrient requirments of swine［M］. 11th. ed. Washington，DC. Natl. Acad. press.

Sibbald I R，1976. A bioassay for true metabolizable energy in feeding stuff［J］. Poultry Science，55（1）：303－308.

Sibbald I R，1987. Estimation of bioavailable amino acids in feeding stuffs for poultry and pigs：a review with emphasis on balance experiments［J］. Canadian Journal of Animal Science，67（2）：221－300.

Vesco A P D，Gasparino E，Neto A R O，et al.，2013. Effect of methionine supplementation on mitoehondrial genes expression in the breast muscle and liver of broilers [J]. Livestock Science (151)：284-291.

Watanabe G，Hiroyuki K，Masahiro S，et al.，2015. Regulation of free glutamate content in meat by dietary lysine in broilers [J]. Animal Science Journal (86)：435-442.

Wu G Y，2014. Dietary requirements of synthesizable amino acids by animals：a paradigm shift in protein nutrition [J]. Journal of Animal Science and Biotechnology，5 (1)：34-46.

第六章　黄羽肉鸡的脂肪营养

脂肪是指含有碳、氢和氧的易溶解于有机溶剂（如乙酸、石油、醚、苯、氯仿等）的一类有机化合物，是动物饲料中含能量最高的成分，其干物质能值是等重量糖类或蛋白质的两倍多。脂肪有植物性脂肪和动物性脂肪，其脂肪的脂肪酸组成不同，饱和度也不同，因而对不同品种黄羽肉鸡的饲养效果也不同。通常动物性脂肪的利用率低于植物性脂肪，尤其是在黄羽肉鸡的幼龄阶段。

第一节　脂类概述

油脂或脂类，一般在常温下呈液体的称为油，呈固体的称为脂。脂类包括可皂化脂类（即简单脂和复合脂类）和非皂化脂类（如固醇类、类胡萝卜素和脂溶性维生素类）。简单脂通常是由甘油和三分子脂肪酸组成的三酰甘油酯（甘油三酯），其中甘油的分子比较简单，而脂肪酸的种类和长短却不相同。动物来源油脂如牛油、羊油、猪油等（鱼类油、禽类油例外）是以饱和脂肪酸为主，一般在常温下为固态；植物来源油脂如大豆油、菜籽油、芝麻油、花生油、橄榄油等是以不饱和脂肪酸为主，一般在常温下呈液态（高尚，2011）。复合酯类也称为极性脂，是除了含有脂肪酸残基和醇等疏水基团以外，还含有亲水极性基团脂肪酸的酯化物，包括磷脂、鞘脂、糖脂和脂蛋白。

脂肪酸是脂肪的组成单元，决定了脂肪的性质和特点。肉鸡养殖生产中使用较多的油脂主要有玉米油、大豆油、棕榈油、猪油、牛油和鱼油等。在黄羽肉鸡饲料中添加大豆油、棕榈油、亚麻油和鱼油等不仅可以提高鸡的代谢能、提供必需脂肪酸，还可以改善脂溶性维生素的吸收，提高饲料适口性和能量利用，进而可以有效改善肉鸡的胴体品质、肉品质和风味等。

一、脂类分类

（一）简单脂

根据碳链的长短，脂肪酸可分为短链脂肪酸（碳链长度$<C_8$）、中链脂肪酸（碳链长度 $C_8 \sim C_{12}$）和长链脂肪酸（碳链长度$>C_{12}$）。

根据动物体内是否能够自身合成，脂肪酸可分为必需脂肪酸和非必需脂肪酸。凡是体内不能合成，必须由饲粮供给，或能通过体内特定前体物形成，对机体正常机能和健康具有重要保护作用的脂肪酸称为必需脂肪酸（如亚油酸、亚麻酸和花生四烯酸），反之则称为非必需脂肪酸。

根据脂肪酸链中是否含有双键，可将脂肪酸分为饱和脂肪酸与不饱和脂肪酸。含有一个不饱和键的称为单不饱和脂肪酸，含有两个或两个以上不饱和键的称为多不饱和脂肪酸。常见的饱和脂肪酸：棕榈酸（$C_{16:0}$）、硬脂酸（$C_{18:0}$）等；单不饱和脂肪酸：油酸（$C_{18:1}$）、芥酸（$C_{22:1}$）等。多不饱和脂肪酸（PUFA）根据距离羧基端最远的不饱和双键所在碳原子数的不同，可分为n－3、n－6、n－7、n－9系列或ω－3、ω－6、ω－7、ω－9系列，即距羧基端最远的不饱和键分别位于从距羧基端最远数起的第3、6、7、9位碳原子上。其中有重要生物学意义的是n－3和n－6多不饱和脂肪酸。主要的多不饱和脂肪酸为亚油酸（$C_{18:2n-6}$）、亚麻酸（$C_{18:3n-3}$）、花生四烯酸（$C_{20:4n-6}$）、二十碳五烯酸（$C_{20:5\omega-3}$）和二十二碳六烯酸（$C_{22:6\omega-6}$），主要存在于植物油中。

（二）复合酯类

复合酯类包括：①磷脂，如卵磷脂、脑磷脂、肌醇磷脂、大豆磷脂；②糖脂，如脑苷脂类、神经节苷脂；③脂蛋白，如乳糜微粒、极低密度脂蛋白、低密度脂蛋白、高密度脂蛋白。

常用油脂的脂肪酸组成见表6－1。

由表6－1可知，市场上饲用油脂差异较大。因此，在采购和使用油脂前，必须对油脂的品质进行评估，以确保其饲养效果的稳定性。

在农业行业标准《黄羽肉鸡营养需要量》（NY/T 3645—2020）中明确了常用油脂（共15种）以及不同来源饲料原料的脂肪酸组成，常用不同来源油脂的代谢能值和脂肪酸组成见表6－2，常用饲料原料中脂肪酸组成见表6－3。由表6－2可知，一般植物性油脂和鱼油中不饱和脂肪酸含量较多，尤其是油酸和亚油酸。但某些植物性油脂（如椰子油和棕榈仁油）的饱和脂肪酸含量在40％以上。由表6－3可知，常用饲料原料的不饱和脂肪酸含量均较多，尤其是亚油酸，可见其在黄羽肉鸡养殖中的重要性。此外，该标准还明确了不同生长速度黄羽肉鸡和不同类型黄羽肉鸡种用母鸡亚油酸需要量，详见表6－4和表6－5。在黄羽肉鸡养殖生产中，使用者可以根据实际需要进行科学合理的选择和应用。

二、脂类的营养功能

饲粮添加油脂可有效提高饲粮代谢能值，从而改善动物生产性能。此外，脂类还是家禽体内组织的重要组成成分，与细胞识别和组织免疫等有密切关系。

（一）提供能源

油脂是优质的高能饲料。脂肪在体内分解成二氧化碳和水，并且1g脂肪可产生39J（9.40cal）的能量，约为等同干物质重量蛋白质的1.68倍或糖类的2.54倍。在农业行业标准《黄羽肉鸡营养需要量》（NY/T 3645—2020）中，动物油的代谢能为猪油＞鱼油＞牛油，其代谢能均在32.50MJ/kg（7.77Mcal/kg）以上；植物油代谢能相对较高，均在34.50MJ/kg（8.24Mcal/kg）以上，其中玉米油和向日葵油代谢能可高达40.42MJ/kg（9.66Mcal/kg）。

表 6-1　常用油脂的脂肪酸组成/%

分类	肉豆蔻酸 $C_{14:0}$	棕榈酸 $C_{16:0}$	硬脂酸 $C_{18:0}$	花生酸 $C_{20:0}$	棕榈油酸 $C_{16:1}$	油酸 $C_{18:1}$	亚油酸 $C_{18:2}$	亚麻酸 $C_{18:3}$	二十碳五烯酸 $C_{20:5}$	二十二碳六烯酸 $C_{22:6}$	饱和脂肪酸（SFA）	不饱和脂肪酸（UFA）	不饱和脂肪酸/饱和脂肪酸	参考文献
牛油	3.19	1.85	31.60	0.178	25.00	33.50	2.29	0.12	—	—	—	—	—	王瑞等，2011
	1.79	30.15	18.42	—	1.85	2.03	30.05	5.33	—	—	—	—	—	其木格，2014
	—	23.70	40.90	—	—	16.50	2.48	0.30	—	—	—	—	—	魏永生等，2012
猪油	ND	19.98	12.72	1.79	2.53	39.66	18.20	2.73	ND	ND	34.60	62.97	1.82	安文俊，2010
	1.65	24.20	21.35	0.31	1.74	37.64	9.53	1.78	—	—	—	—	1.06	王远孝等，2009
	1.28	24.50	11.23	0.15	2..20	45.54	12.91	0.55	ND	ND	37.22	62.77	1.68	阮剑均等，2013
	1.25	23.91	12.12	0.21	2.25	38.73	15.04	0.89	—	—	—	—	—	黄立兰，2016
鱼油	—	19.14	4.70	—	5.57	24.68	31.30	7.10	—	—	23.84	68.65	2.88	林媛媛，2003
	8.09	21.35	4.56	1.47	6.89	12.27	4.42	4.18	13.26	19.77	—	—	—	刘卫国，2010
	4.74	16.83	3.54	0.30	4.02	12.26	2.58	1.45	ND	6.51	25.73	74.27	2.89	李娟娟，2008
大豆油	0.61	24.08	2.40	0.21	0.41	25.40	46.14	0.55	ND	ND	27.38	72.61	2.65	阮剑均等，2013
	0.08	10.29	3.98	0.35	0.08	22.04	49.50	6.22	0.01	ND	15.14	84.86	5.60	李娟娟，2008
	ND	10.62	3.3	5.38	1.23	23.25	49.28	5.89	ND	ND	19.30	79.71	4.13	安文俊，2010
	0.50	6.41	4.42	0.38	1.84	32.21	48.85	3.19	—	—	—	—	6.90	王远孝等，2009
棕榈油	ND	39.41	2.45	—	—	38.26	18.42	0.30	ND	ND	—	—	—	夏中生等，2003
	0.86	39.90	3.786	0.30	0.15	42.81	11.63	0.26	ND	ND	45.04	54.95	1.22	阮剑均等，2013
	—	35.53	4.88	0.27	1.72	42.87	13.13	0.44	—	—	—	—	1.40	燕磊等，2019
米糠毛油	—	14.80	1.22	0.50	—	31.50	34.80	1.60	—	—	—	—	3.84	燕磊等，2019
	0.27	18.99	1.377	0.49	0.24	40.08	36.74	1.47	ND	ND	21.11	78.74	3.73	阮剑均等，2013
玉米油	0.07	11.13	3.97	0.34	0.07	22.97	55.14	4.98	0.14	0.01	16.30	83.69	5.13	蒋秀琴等，2010
	—	11.60	1.30	—	—	30.60	55.80	0.7	—	—	12.90	87.10	6.75	巫淼鑫等，2003
葵花籽油	0.05	5.99	3.74	0.25	0.06	27.06	61.20	0.26	0.19	0.01	10.99	88.99	8.09	蒋秀琴等，2010
	0.20	0.169	12.40	—	16.40	65.80	1.07	0.28	—	—	—	—	—	王瑞等，2011

注：表中相对含量为占总脂肪酸的质量分数。—：未统计分析或未检测此指标；ND：No detected，未检测出。

表 6-2 常用不同来源油脂的代谢能值和脂肪酸组成

油脂类型	中国饲料号	代谢能/(MJ/kg)	月桂酸 $C_{12:0}$/%	肉豆蔻酸 $C_{14:0}$/%	棕榈酸 $C_{16:0}$/%	棕榈油酸 $C_{16:1}$/%	硬脂酸 $C_{18:0}$/%	油酸 $C_{18:1}$/%	亚油酸 $C_{18:2}$/%	亚麻酸 $C_{18:3}$/%	花生酸 $C_{20:0}$/%	花生一烯酸 $C_{20:1}$/%	花生二烯酸 $C_{20:4}$/%	芥酸 $C_{22:1}$/%	二十二碳六烯酸 $C_{22:6}$/%
牛油	4-17-0001	32.55	0.10	3.00	24.40	3.80	17.90	41.60	1.10	0.50	0	0	0.20	0	0
猪油	4-17-0003	38.11	0.20	1.30	23.80	2.70	13.50	41.20	10.20	1.00	0.40	0.90	1.70	0	0
鱼油	4-17-0004	35.35	0	0	7.30	0.10	10.60	43.40	35.50	0.80	0	0	0	0	18.70
椰子油	4-17-0006	36.83	46.40	17.70	8.90	0.40	3.00	6.50	1.80	0.10	0.50	0	0	0	0
棕榈油	4-17-0012	35.82	0.30	0.60	43.00	0.20	4.40	37.10	9.90	0.30	0.40	0	0	0	0
棕榈仁油	4-17-0013	35.38	47.20	15.10	9.00	0	3.00	16.10	2.00	0.50	0	0	0	0	0
菜籽油	4-17-0005	38.53	0.10	0.10	4.40	0.30	2.10	57.30	19.00	7.50	0	0	0	0	0
玉米油	4-17-0007	40.42	0	0	11.10	0	1.60	26.90	58.90	1.10	0	0	0	0	0
棉籽油	4-17-0008	37.87	0	0.80	26.00	0.60	3.00	20.20	48.90	0.10	0	0	0	0	0.10
花生油	4-17-0014	39.20	0	0	13.10	0.40	1.90	27.40	54.70	1.50	0	0	0	0	0
芝麻油	4-17-0015	35.48	0	0	8.90	0	0.20	4.80	39.30	41.30	0	0.30	0.20	0	0
大豆油	4-17-0016	35.02	0.10	0.10	10.80	0.10	3.90	22.80	53.70	8.20	0.30	0	0	0.30	0
向日葵油	4-17-0018	40.42	0.20	0.20	7.30	0.10	10.60	43.40	35.50	0.80	0	0	0	0	0
亚麻籽油	4-17-0009	35.53	0	0.10	7.00	0.10	4.00	18.10	16.10	54.40	—	—	—	—	—
橄榄油	4-17-0011	34.84	0	0	12.80	1.40	3.00	62.30	15.30	3.00	—	—	—	—	—

注：表中所有油脂干物质含量99%，粗脂肪含量98%，按总脂肪酸占粗脂肪的88%计，且相对含量为占总脂肪酸的质量分数。—：未统计分析或未检测此指标。

表 6-3 常用饲料原料中脂肪酸组成/%

分类	中国饲料号	中短链脂肪酸 ≤C_{10}	月桂酸 $C_{12:0}$	肉豆蔻酸 $C_{14:0}$	棕榈酸 $C_{16:0}$	棕榈油酸 $C_{16:1}$	硬脂酸 $C_{18:0}$	油酸 $C_{18:1}$	亚油酸 $C_{18:2}$	亚麻酸 $C_{18:3}$	长链脂肪酸≥C_{20}	总脂肪酸/粗脂肪
高赖氨酸玉米	4-07-0288	—	—	0.10	11.10	0.40	1.80	26.90	56.50	1.00	—	—
玉米	4-07-0290	—	0.20	0.20	12.00	0.20	2.00	28.00	55.00	1.0	—	90.00
玉米	4-07-0280	—	—	0.10	11.10	0.40	1.80	26.90	56.50	1.00	—	85.00
玉米	4-07-0279	—	—	0.10	11.10	0.40	1.80	26.90	56.50	1.00	—	85.00
玉米次粉	4-08-0107	—	0.20	0.20	12.00	0.20	2.00	28.00	55.00	1.00	1.00	99.60
玉米胚	4-08-0108	—	—	—	—	—	—	—	—	—	—	80.00
玉米淀粉	4-02-0889	—	—	0.10	11.10	0.40	1.80	26.90	56.50	1.00	—	85.00
玉米酒精糟及可溶物	5-11-0007	—	0.20	0.20	12.00	0.20	2.00	28.00	55.00	1.00	1.00	80.00
低脂型玉米酒精糟及可溶物	5-11-0008	—	—	0.10	11.10	0.40	1.80	26.90	56.50	1.00	—	75.00
玉米蛋白粉	5-11-0002	—	—	—	—	—	—	—	—	—	—	—
玉米蛋白粉	5-11-0001	—	—	0.10	11.10	0.40	1.80	26.90	56.50	1.00	—	80.00
玉米胚芽饼	4-10-0026	—	—	0.10	11.10	0.40	1.80	26.90	56.50	1.00	—	80.00
玉米胚芽粕	4-10-0244	—	—	0.10	11.10	0.40	1.80	26.90	56.50	1.00	—	75.00
裸大麦	4-07-0274	—	—	—	—	—	—	—	—	—	—	—
皮大麦	4-07-0277	—	—	1.20	22.20	—	1.50	12.00	55.40	5.60	—	75.00
软质小麦	4-07-0295	—	—	0.10	17.80	0.40	0.80	15.20	56.40	5.90	1.30	75.00
硬质小麦	4-07-0296	—	—	0.10	15.20	0.50	0.80	12.50	39.00	1.80	—	75.00
次粉	4-08-0105	—	—	0.10	17.80	0.40	0.80	15.20	56.40	5.90	1.30	80.00
次粉	4-08-0104	—	—	0.10	17.80	0.40	0.80	15.20	56.40	5.90	1.30	80.00
小麦麸	4-08-0070	—	—	0.10	17.80	0.40	0.80	15.20	56.40	5.90	1.30	80.00
小麦麸	4-08-0069	—	—	0.10	17.80	0.40	0.80	15.20	56.40	5.90	1.30	80.00
高粱	4-07-0297	—	—	0.20	13.50	3.20	2.30	33.30	33.80	2.60	—	90.00
高粱	4-07-0270	—	—	0.20	13.50	3.20	2.30	33.30	33.80	2.60	—	90.00
高粱	4-07-0271	—	—	0.20	13.50	3.20	2.30	33.30	33.80	2.60	—	90.00
稻谷	4-07-0273	—	—	0.40	17.00	0.40	2.00	40.00	37.00	1.00	2.00	99.80
碎米	4-07-0275	—	0.10	0.70	18.10	0.30	1.90	40.20	35.90	1.50	0.20	90.00
糙米	4-07-0276	—	0.10	0.70	18.10	0.30	1.90	40.20	35.90	1.50	0.20	90.00
米糠	4-08-0041	—	—	0.70	18.10	0.30	1.90	40.20	35.90	1.50	0.20	80.00
米糠饼	4-10-0025	—	—	—	—	—	—	—	—	—	—	—
米糠粕	4-10-0018	—	—	0.40	17.00	0.40	2.00	40.00	37.00	1.00	2.00	65.00
黑麦	4-07-0281	—	—	0.30	16.60	1.70	1.00	18.70	52.30	6.10	—	75.00
燕麦	4-07-0269	—	—	0.30	19.00	0.40	1.00	35.00	39.00	2.00	0.40	97.00
去壳燕麦	4-07-0268	—	—	0.40	19.00	0.40	1.00	35.00	39.00	2.00	0.40	97.00

（续）

分类	中国饲料号	中短链脂肪酸≤C_{10}	月桂酸 $C_{12:0}$	肉豆蔻酸 $C_{14:0}$	棕榈酸 $C_{16:0}$	棕榈油酸 $C_{16:1}$	硬脂酸 $C_{18:0}$	油酸 $C_{18:1}$	亚油酸 $C_{18:2}$	亚麻酸 $C_{18:3}$	长链脂肪酸≥C_{20}	总脂肪酸/粗脂肪
谷子	4-07-0479	—	—	—	12.00	0.40	5.00	18.00	58.00	3.00	1.00	97.40
木薯干	4-04-0067	—	0.60	3.90	1.00	31.90	0.70	2.90	35.20	16.40	7.60	80.00
木薯渣	4-04-0071	—	—	—	—	—	—	—	—	—	—	—
甘薯干	4-04-0068	—	—	—	28.00	—	2.90	5.30	53.60	9.70	—	70.00
全脂大豆（膨化）	5-09-0128	—	—	0.10	10.50	0.20	3.80	21.70	53.10	7.40	—	95.00
高蛋白全脂大豆（膨化）	5-09-0130	—	—	—	—	—	—	—	—	—	—	—
大豆饼	5-10-0241	—	—	0.20	11.00	0.20	4.00	22.00	54.00	8.00	0.40	75.00
大豆粕	5-10-0101	—	—	0.20	11.00	0.20	4.00	22.00	54.00	8.00	0.40	65.00
大豆粕	5-10-0102	—	—	0.10	10.50	0.20	3.80	21.70	53.10	7.40	—	75.00
大豆粕	5-10-0104	—	—	0.10	10.50	0.20	3.80	21.70	53.10	7.40	—	75.00
去皮大豆粕	5-10-0103	—	—	0.10	10.50	0.20	3.80	21.70	53.10	7.40	—	75.00
去皮大豆粕	5-10-0105	—	—	—	—	—	—	—	—	—	—	—
发酵豆粕	5-10-0106	—	—	—	—	—	—	—	—	—	—	—
酵解豆粕	5-10-0107	—	—	—	—	—	—	—	—	—	—	—
大豆浓缩蛋白	5-10-0108	—	0.00	0.22	8.26	0.22	2.83	16.96	38.48	5.22	—	—
花生仁粕	5-10-0115	—	—	—	10.00	1.00	3.00	47.50	30.00	1.00	7.00	65.00
花生仁饼	5-10-0116	—	—	—	10.00	1.00	3.00	47.50	30.00	1.00	7.00	75.00
菜籽饼	5-10-0183	—	0.20	0.20	5.00	0.40	2.00	56.00	22.00	9.00	4.00	75.00
菜籽粕	5-10-0121	—	0.20	0.20	5.00	0.40	2.00	56.00	22.00	9.00	4.00	65.00
双低菜籽粕	5-10-0185	—	—	0.10	4.20	0.40	1.80	58.00	20.50	9.80	—	80.00
棉籽饼	5-10-0118	—	0.40	1.00	24.00	1.00	2.00	19.00	51.00	0.40	1.00	75.00
棉籽粕	5-10-0117	—	0.40	1.00	24.00	1.00	2.00	19.00	51.00	0.40	1.00	65.00
棉籽粕	5-10-0119	—	—	—	—	—	—	—	—	—	—	—
棉籽蛋白	5-10-0220	—	—	—	—	—	—	—	—	—	—	—
向日葵仁饼	5-10-0031	0.10	0.20	0.30	7.00	0.30	4.00	22.00	65.00	0.40	0.30	75.00
向日葵仁粕	5-10-0242	0.10	0.20	0.30	7.00	0.30	4.00	22.00	65.00	0.40	0.30	65.00
向日葵仁粕	5-10-0243	0.10	0.20	0.30	7.00	0.30	4.00	22.00	65.00	0.40	0.30	65.00
芝麻饼	5-10-0246	—	—	—	9.00	0.10	5.00	42.00	43.00	0.10	0.10	75.00
芝麻粕	5-10-0247	—	—	—	9.00	0.10	5.00	42.00	43.00	0.10	0.10	65.00
亚麻仁饼	5-10-0119	—	—	0.10	7.00	0.10	4.00	18.00	16.00	54.00	0.10	75.00
亚麻仁粕	5-10-0120	0.00	0.00	0.10	7.00	0.10	4.00	18.00	16.00	54.00	0.10	65.00
棕榈仁饼	5-10-0130	7.80	46.90	15.70	8.50	—	2.60	14.90	2.20	0.40	—	90.00
椰子饼	5-10-0131	13.10	46.40	17.70	8.90	0.40	3.00	6.50	1.80	0.10	0.50	90.00
豌豆	5-10-0141	—	—	0.30	13.20	3.50	24.90	47.40	10.20	3.30	—	80.00

（续）

分类	中国饲料号	中短链脂肪酸≤C_{10}	月桂酸 $C_{12:0}$	肉豆蔻酸 $C_{14:0}$	棕榈酸 $C_{16:0}$	棕榈油酸 $C_{16:1}$	硬脂酸 $C_{18:0}$	油酸 $C_{18:1}$	亚油酸 $C_{18:2}$	亚麻酸 $C_{18:3}$	长链脂肪酸≥C_{20}	总脂肪酸/粗脂肪
彩色花蚕豆	5-10-0142	—	0.50	0.50	14.00	—	3.00	26.00	50.00	4.00	1.00	75.00
白花蚕豆	5-10-0143	—	0.50	0.50	14.00	—	3.00	26.00	50.00	4.00	1.00	75.00
蚕豆粉浆蛋白粉	5-11-0009	—	—	—	—	—	—	—	—	—	—	—
鱼粉	5-13-0009	—	—	6.90	15.80	6.90	2.00	14.80	1.00	1.00	44.50	79.00
鱼粉	5-13-0008	—	—	5.70	17.00	6.90	3.40	11.70	2.00	1.80	24.70	72.00
鱼粉	5-13-0045	—	—	6.80	15.50	6.80	1.90	14.50	1.00	1.00	—	78.00
鱼粉	5-13-0044	—	—	5.90	17.50	7.10	3.50	12.10	2.10	1.90	25.40	74.00
鱼粉	5-13-0043	—	—	7.10	16.20	7.10	3.50	12.10	2.10	1.90	25.40	74.00
肉粉	5-13-0010	—	—	3.00	26.00	3.00	15.90	35.90	7.00	1.00	—	80.00
肉骨粉	5-13-0011	0.20	2.70	27.50	3.70	19.20	40.70	3.60	0.90	1.50	—	70.00
水解羽毛粉	5-13-0005	—	—	2.20	25.10	2.40	12.70	30.20	11.00	0.80	—	56.00
血粉	5-13-0036	—	—	—	—	—	—	—	—	—	—	—
啤酒酵母	7-15-0001	—	—	0.20	0.30	17.60	16.30	5.10	4.10	1.30	—	—
啤酒糟	5-11-0005	—	—	0.00	1.50	12.00	55.40	5.60	—	45.00	—	—
苜蓿草粉	1-05-0076	—	—	1.0	25.90	1.00	2.90	9.60	23.90	28.70	1.00	48.00
苜蓿草粉	1-05-0075	—	—	1.00	25.80	1.00	2.90	9.60	23.90	28.70	1.00	48.00
苜蓿草粉	1-05-0074	—	—	1.00	27.00	1.00	3.00	10.00	25.00	30.00	—	50.00

注：表中相对含量为占总脂肪酸的质量分数。—：未统计分析或未检测此指标。

表 6-4　不同生长速度黄羽肉鸡亚油酸需要量（自由采食，以 88%干物质为计算基础）

类型	项目	1～21 日龄		22～42 日龄		≥43 日龄	
		公	母	公	母	公	母
快速型黄羽肉鸡	饲粮营养需要量/%	1	1	1	1	1	1
	每日营养需要量/g	0.30	0.28	0.93	0.93	1.33	1.15
类型	项目	1～30 日龄		31～60 日龄		≥61 日龄	
		公	母	公	母	公	母
中速型黄羽肉鸡	饲粮营养需要量/%	1	1	1	1	1	1
	每日营养需要量/g	0.27	0.19	0.80	0.50	0.89	0.69

类型	项目	1～30 日龄		31～60 日龄		61～90 日龄		≥91 日龄	
		公	母	公	母	公	母	公	母
慢速型黄羽肉鸡	饲粮营养需要量/%	1	1	1	1	1	1	1	1
	每日营养需要量/g	0.18	0.15	0.52	0.40	0.77	0.57	0.84	0.61

注：亚油酸需要量包括饲料原料中提供的亚油酸量。

表 6-5 不同类型黄羽肉鸡种用母鸡亚油酸需要量（以 88%干物质为计算基础）

类型	项目	0～6 周龄	7～20 周龄	21 周龄至开产	开产至 40 周龄	41～66 周龄
重体型种用黄羽母鸡	饲粮营养需要量/%	1	1	1	1	1
	每日营养需要量/g	0.39	0.67	0.98	1.28	1.20
类型	项目	0～6 周龄	7～18 周龄	19 周龄至开产	开产至 40 周龄	41～66 周龄
中体型种用黄羽母鸡	饲粮营养需要量/%	1	1	1	1	1
	每日营养需要量/g	0.34	0.59	0.78	1.14	1.06
类型	项目	0～6 周龄	7～17 周龄	18 周龄至开产	开产至 40 周龄	41～66 周龄
轻体型种用黄羽母鸡	饲粮营养需要量/%	1	1	1	1	1
	每日营养需要量/g	0.27	0.45	0.55	0.84	0.81

注：亚油酸需要量包括饲料原料中提供的亚油酸量。0～6 周龄为自由采食，其他阶段为限饲。

（二）改善饲料外观及适口性

油脂的润滑性有利于改善饲料的外观特性，特别是颗粒饲料的表面特性，改善饲料作业机（颗粒机和膨化机）的工作性能。油脂的吸附性可消除静电荷的不利影响，减少饲料加工过程中的粉尘污染。肉鸡饲料加油脂 1.0%～1.5%后，浓缩饲料外观有润感，减少了粉尘。油脂可提高粒状饲料的制粒机生产效率，延长铸模寿命，减少机械磨损。但酸败的油脂会造成机械的腐蚀，过多的脂肪也会降低饲料颗粒成型率和硬度。

饲料中添加油脂可明显改善饲料适口性，提高采食量，延长饲料在消化道中的停留时间，便于营养物质的消化吸收。

（三）作为活性物质的载体

现代后喷涂技术在饲料工业中广泛应用，如一些活性酶制剂、酵母制剂和易在饲料加工过程中破坏损失的微量营养组分等，可混入饲用油中，通过制粒后喷涂的方法，附着在颗粒饲料表面，可免遭制粒高温的破坏，提高其生物有效性。

油脂用作预混合饲料的黏合剂，使添加剂微粒与载体充分结合，提高均匀度，防止分级；油脂还能起到隔离空气的作用，减少饲料中离子间的相互作用，避免相互间发生化学反应，保护饲料中的活泼离子（付石军等，2013）。

（四）提供必需脂肪酸

饲粮中如缺乏必需脂肪酸，幼龄鸡会发生皮肤鳞片化和生长停滞等病症。油脂中的必需脂肪酸和磷脂可提供细胞所需的分子结构，磷脂、糖脂和胆固醇构成细胞膜的类脂层，参与物质运输、内分泌以及胆固醇的代谢等重要生理过程，胆固醇又是合成胆汁酸、维生素和类固醇激素的原料。例如，油脂中的亚油酸是幼龄鸡自身不能合成的必需脂肪酸，是细胞结构和代谢不可缺少的，必须从饲料中摄取（刘太亮等，2011）。

（五）作为脂溶性维生素的溶剂

脂溶性维生素经肠道吸收后在血液中与脂蛋白及某些特殊的结合蛋白特异地结合，然后被运输到各种组织和器官中。维生素 A、维生素 D、维生素 E、维生素 K 和类胡萝卜素等脂溶性维生素必须溶解于油脂中才能被消化吸收。油脂作为脂溶性维生素或色素的载体，可促进脂溶性维生素的吸收率（洪学，2011）。此外，饲粮中添加油脂还可以促进色素的吸收，改善肉鸡皮肤色素的沉积。

第二节　脂类在黄羽肉鸡生产中的应用

由于油脂的热增耗比蛋白质和糖类低，可减少不必要的散热负担，在特殊环境，尤其在高温条件下，饲料中加入适量油脂，可减少动物由于高温出现的热应激而造成采食下降、生长停滞及生长性能受阻等反应。此外，适当添加油脂还可以改善胴体品质和肉品质。但是，油脂过量使用会造成黄羽肉鸡体脂过度沉积，产生较多腹脂，还可能诱发脂肪肝。

一、添加脂类对黄羽肉鸡生产性能的影响

（一）添加不同油脂对黄羽肉鸡生产性能的影响

研究发现，在14日龄黄羽肉鸡的基础日粮中添加花生油（0%、1.0%、1.5%、2.0%和2.5%）后，7周龄时1.5%组体重最大且料重比最低，说明在饲料中添加1.5%花生油有利于改善饲料的适口性，提高鸡后期的饲料转化率和整个试验期的平均采食量，但花生油过多添加会抑制肉鸡生长（叶红等，2011）。在42～63日龄岭南黄羽肉鸡饲粮中分别添加3.0%棕榈油与大豆油后，其饲料转化率显著高于对照组、猪油组以及鱼油组（张中华等，2003）。在研究不同油脂（鱼油、豆油、牛油和米糠油）对不同品种肉鸡（科宝白鸡、岭南黄快大型鸡、岭南黄优质型鸡和胡须鸡）生产性能时发现，添加豆油组不同品种肉鸡的生产性能高于其他油脂添加组，表现为豆油组能获得更好的日增重和饲料转化率，其次为鱼油，鱼油略好于米糠油和牛油（林媛媛，2003；黄爱珍等，2004）。此外，29～66日龄岭南黄羽肉鸡饲粮添加4.0%亚麻油相对于4.0%猪油组可显著改善饲料利用率（Gou et al.，2020）。这说明添加植物油（花生油、豆油、棕榈油和亚麻油）的饲养效果明显优于猪油、牛油等动物油脂。

动植物油脂如按一定比例混合，可发挥脂肪酸互补效应，更有利于肉鸡对脂肪的消化和利用，改善生产性能。研究发现，混合油脂饲粮（大豆油∶猪油∶鱼油∶椰子油＝1.0∶1.0∶0.5∶0.5）相较大豆油饲粮提高了清远麻母鸡的饲料转化率（苟钟勇等，2020；Cui et al.，2020）。三黄鸡饲粮分别添加4.0%和6.0%棕榈油后，在整个试验期间（1～42日龄和22～42日龄），可显著降低平均日采食量和料重比，显著改善饲料利用率（Long et al.，2019）。王远孝等（2009）选用25日龄岭南黄鸡为试验对象，分前期（25～45日龄）和后期（46～65日龄）两个阶段，分别添加3.0%和5.0%的总油脂（猪油和大豆油），各组猪油占总油脂的0%、25%、50%、75%和100%，结果发现前期75%猪油组公鸡日增重显著升高并且料重比显著降低，全期该组生产性能得到显著改善；母鸡前期和后期各组生产性能指标差异不显著，全期50%猪油组料重比最低。

（二）添加不同油脂对黄羽肉鸡胴体品质的影响

随着人类消费水平的不断提高，评价肉鸡特征的主要标准由生长速度和饲料效率转变为胴体组成和肉质，市场需求更多胸肌、腿肌和更少腹脂的胴体。

杨纯芬等（2003）以28日龄的科宝白鸡、岭南黄快大型鸡、岭南黄优质型鸡和胡须鸡（公母各半）为试验对象，分别饲喂添加2.0%鱼油、豆油、牛油和米糠油的饲粮，发现胴体品质不受油脂影响，而主要受品种影响，科宝白鸡的屠宰率、全净膛率和胸肌率都高于其他三品种系，胡须鸡腿肌率较高，岭南黄优质鸡的腹脂率极显著高于其他三组。叶红等（2011）在14日龄黄羽肉仔鸡基础饲粮中添加花生油（1.0%、1.5%、2.0%和2.5%）后，7周龄时虽然各处理组屠宰率、半净膛率、全净膛率及肌间脂肪宽与空白对照组间差异不显著，但2.5%添加组的腹脂和皮下脂肪显著高于其他处理组。但是，Cui等（2019）在1日龄快大型黄羽肉仔鸡日粮中添加紫苏籽油（0.9%）和生姜油（0.1%）63d后，与猪油（1.0%）组相比，腹脂率显著降低。Gou等（2020）在29～66日龄岭南黄羽肉鸡公鸡饲粮中添加4.0%亚麻油后，相对于4.0%猪油组其腹脂率降低。

在实际生产中，也经常将植物性脂肪与动物性脂肪混合使用以提高动物脂肪的利用率。王远孝等（2010）研究发现，在25日龄岭南黄鸡饲粮中猪油占总油脂（猪油和大豆油）添加量的25%、50%、75%和100%，65日龄肉鸡屠体率、半净膛率和全净膛率在各组间均无显著性差异，但50%组胸肌率比75%组高15.1%，50%组腹脂率比100%组低42.4%。进一步研究发现，黄羽肉鸡在25～65日龄内，饲粮混合油脂中猪油与大豆油的适宜添加比例公鸡为3∶1，母鸡为1∶1（王远孝等，2010）。

（三）共轭亚油酸对黄羽肉鸡生长性能、免疫性能和脂肪代谢的影响

在饲粮中添加多不饱和脂肪酸可以影响家禽的生理状态、脂质代谢和免疫机能，进而生产出符合人类健康需求的禽产品。多不饱和脂肪酸对肉鸡的研究集中在共轭亚油酸（亚油酸衍生的共轭双烯酸的多种位置与几何异构体的总称）的作用。研究发现，共轭亚油酸对肉鸡生长性能无显著影响（杨润泉，2015），但具有免疫调节作用（石水云，2006；周杰等，2008），并防止脂肪蓄积进而改善肉品质（马腾壑等，2017）。饲粮中添加共轭亚油酸显著提高黄羽肉鸡49日龄的胸腺和法氏囊指数，表明共轭亚油酸可在一定程度上提高49日龄黄羽肉鸡的免疫机能；但对黄羽肉鸡新城疫抗体的血清效价、脾指数以及21日龄的免疫学指标无显著影响（石水云，2006；周杰等，2008）。研究发现，饲粮中添加共轭亚油酸可显著降低黄羽肉鸡血清甘油三酯和高密度脂蛋白胆固醇含量，可使血清游离脂肪酸含量显著升高（石水云，2006）。Zhang等（2007）和Buccioni等（2009）报道，饲粮添加共轭亚油酸显著降低了北京油鸡和罗斯308肉鸡腹脂沉积和体脂重量。共轭亚油酸对黄羽肉鸡腹脂过氧化物酶体增殖子活化受体（PPARγ）有极显著的抑制作用，但降低腹脂沉积的作用具有性别差异，只有母鸡的腹脂率下降了22.05%（陆春瑞，2007）。在饲粮中添加共轭亚油酸对21日龄和49日龄黄羽肉鸡的生长性能无显著影响，但添加3.0%和1.0%共轭亚油酸分别可使黄羽肉鸡的腹脂率下降28.01%和21.96%，且可降低49日龄时黄羽肉鸡脂肪细胞的直径，影响脂肪细胞的肥大，减少黄羽肉鸡的脂肪沉积（石水云，2006）。并且，饲粮中添加3.0%共轭亚油酸显著提高胸肌和腿肌中的脂肪含量（周杰等，2008）。但是，陆春瑞（2007）研究表明在饲粮中添加共轭亚油酸对母鸡增重有显著抑制作用，即添加的共轭亚油酸试验组0～28日龄和0～49日龄的黄羽肉鸡母鸡的平均日增重分别下降了6.36%和7.02%。进一步研究发现，共轭亚油酸可通过以下方式调节

脂肪代谢：①抑制脂蛋白酯酶和硬脂酰辅酶 A 去饱和酶的活性（Shokryzadan et al.，2015；陆春瑞，2007）；②降低 PPARγ 和脂肪细胞脂蛋白转录表达，进而减小脂肪细胞大小及脂肪组织的脂肪生成率（Ramiah et al.，2014）；③降低瘦素的表达和分泌，增加脂肪细胞中脂肪酸 β 氧化，加速体脂的降解（Park et al.，2007）。

二、脂类的氧化酸败对黄羽肉鸡生产性能的影响

由于油脂的价格高，一些生产者为了节省成本而使用劣质油脂，容易引发多种问题。当饲粮中使用劣质油脂时，适口性会变差，采食量也会明显下降，甚至表现为拒食。同时，可能出现鸡粪变黏症状，继而发生腹泻，严重影响黄羽肉鸡的生产性能。例如，油脂饲料在加工、贮存和运输过程中易发生氧化酸败，酸败的氧化产物如醛、酮、酮酸等会对油脂的风味、色泽以及组织都会产生不良的影响，以至于缩短鸡肉货架期。研究发现，长期饲喂含过氧化油脂的饲粮，会直接导致动物的氧化应激并引起维生素缺乏症，还可能诱发肠炎、脑软化症（尤其是幼雏），并伴有肝、心脏和肾肿大，以及脂肪肝等各种病变（李新伟，2010）。

（一）油脂氧化酸败的原因

影响油脂氧化酸败的因素主要有脂肪酸构成、温度、空气、光照、水分及金属离子等。①不同饱和度的油脂，其抗氧化稳定性不同，由强到弱排序为：棕榈油＞橄榄油＞米糠油，即饱和度越高，氧化稳定性越好（段齐泰，2019）。②油脂的稳定性受温度影响很大，贮藏温度升高 10℃就意味着氧化反应的速度翻一番，所以温度越高，油脂的稳定性越差（穆同娜等，2014）。③任何一种光线（如漫射阳光或人造灯光）存在，都能触发光氧化作用。④水分对油脂水解酸败的影响主要通过影响脂肪水解酶的活性和对霉菌繁殖的作用，且随着水分的增加，霉菌的生长速度迅速增强，能产生更多的脂肪水解酶，从而促进油脂的水解酸败（王继强等，2014）。⑤多数油脂的自动氧化是在金属元素催化下诱发的，特别是 Cu^{2+}、Zn^{2+}、Fe^{2+} 等金属离子较活泼，使用高水平的微量元素容易导致饲料油脂的氧化（王继强等，2014）。

（二）油脂氧化酸败的防控对策

饲料中慎用高度不饱和脂肪酸，例如：鱼油、玉米油的添加量要控制；含不饱和脂肪酸多的饲料（如米糠、鱼粉等饲料）要限制用量，或者脱脂后再用，或者在油脂中添加抗氧化剂。

注意避光，阳光中的紫外线能促进油脂氧化，并加速有害物质的形成。油脂应放在阴凉处保存，盛油的容器要尽量用深颜色的，最好是金属容器。防止高温，当然油脂的贮存温度越低越好。油脂微囊化、粉末化，使得油脂因壁材的包被作用而与空气和水分隔绝，从而防止了油脂的氧化酸败（赵丽娜等，2010）。

在油脂中添加抗氧化剂（天然抗氧化剂和人工合成抗氧化剂），可有效减缓油脂氧化酸败并延长保存期。天然抗氧化剂是一类在生物体内合成的物质，主要有维生素 C、维生素 E、大豆异黄酮、茶多酚和迷迭香提取物等；人工合成抗氧化剂主要有二丁基羟基甲苯（BHT）和叔丁基对苯二酚（TBHQ）（曾英男等，2019）。研究发现，维生素 E 在油脂中的含量达到 0.01%～0.03%时，就能起到良好的抗氧化效果（赵丽娜等，2010）。在花生

油中的抗氧化效果由强到弱排序为：TBHQ>茶多酚>迷迭香提取物>维生素 E，在大豆油中的抗氧化效果由强到弱排序为：TBHQ>迷迭香提取物>茶多酚>维生素 E（邓金良等，2019）。脂溶性茶多酚、脂溶性迷迭香提取物和维生素 E 能有效减缓鱼油的氧化速率，0.04%脂溶性迷迭香提取物的抗氧化性最强，0.06%脂溶性茶多酚次之，0.08%维生素 E 最弱（宋恭帅等，2019）。

天然提取物的抗氧化作用也具有一定的局限性，比如抗氧化性较低，而复合抗氧化剂的抗氧化作用更加优越。李蕊（2014）研究发现，茶多酚添加量越大，油脂的 POV 值变化越缓慢，猪油的茶多酚最佳添加量为 0.03%，且茶多酚与维生素 C 的最佳配比为 3∶5，与维生素 E 的最佳配比为 1∶1，协同抗氧化效果明显好于 BHT、TBHQ；菜籽油、大豆油最佳添加量均为 0.02%，且茶多酚与维生素 C 的最佳配比为1∶2和 2∶3，与维生素 E 的最佳配比为 1∶2 和 2∶5，协同的抗氧化能力都比 BHT、TBHQ 强；在 0%～0.04%添加量范围内，茶多酚添加量越高，油脂货架期越长；茶多酚与维生素 C 和维生素 E 协同作用时油脂的货架期比单独使用茶多酚时长。值得注意的是，在添加抗氧化剂前提下油脂应低温避光保存，25℃条件下贮存不宜超过 40d（阮栋等，2014）。

（三）油脂氧化酸败对黄羽肉鸡生产性能的影响及其防治对策

通常提到的氧化酸败是指油脂中的多不饱和脂肪酸或其他脂类氧化形成各种氧化物，导致油脂酸败，降低鸡肉品质。这个过程具有一定的“传染性”，即一旦部分发生，就会产生持续的连锁反应，导致大量油脂的氧化（岳洪源，2011）。

值得注意的是，氧化油脂及其氧化产物会引起肉鸡发生氧化应激，并对鸡肉的品质产生负面影响，特别是风味、颜色和滴水损失等方面（蒋守群等，2008；蒋守群等，2011）。鱼油中含有丰富的不饱和脂肪酸，非常容易氧化变质。研究发现，与新鲜鱼油组比较，使用氧化鱼油显著增加了 43～63 日龄岭南黄羽肉鸡公鸡胸肌肉色 L^* 值，降低了肉色 b^* 值和 a^* 值；降低了血浆中总抗氧化能力（T-AOC）；显著提高肌酸激酶（CK）活性和屠宰后胸肌中 MDA 含量，并显著降低了胸肌的 T-AOC（蒋守群等，2008）。此外，在饲粮中添加氧化豆油，会导致黄羽肉鸡生产性能下降（Liang et al.，2015），肌肉抗氧化性能降低，肉品质变差（Lu et al.，2014）。与新鲜豆油组相比，氧化豆油组优质黄羽肉鸡肌肉滴水损失和 MDA 含量显著增加；肌肉内还原型谷胱甘肽（GSH）含量、总超氧化物歧化酶（T-SOD）活力和肌肉 T-AOC 显著降低；腿肌肌肉中抗氧化相关基因［γ-谷氨酰半胱氨酸合成酶调节亚单位（γ-GCLm）和 γ-谷氨酰半胱氨酸合成酶催化亚单位（γ-GCLc）］的 mRNA 表达量显著降低（王安谙等，2019）。也有研究发现，与对照组（基础饲粮）相比，油脂氧化组（3.0%氧化豆油）显著提高 21 日龄岭南黄羽肉鸡体重、平均日增重和平均日采食量，但 22～42 日龄肉鸡生长性能并未表现出同样的生长趋势（李颖平等，2018）。这可能与饲粮中添加的玉米油中富含多不饱和脂肪酸有关，因为肉鸡更容易消化利用多不饱和脂肪酸（陈文等，2011）。但是，对照组（基础饲粮）黄羽肉鸡肝超氧化物歧化酶（SOD）基因 mRNA 表达水平显著高于油脂氧化组（3.0%氧化豆油），即油脂氧化后引起肉鸡肝抗氧化能力的下降，这与对照组肉鸡后期生长性能高于油脂氧化组结果一致（李颖平等，2018）。由此可见，氧化豆油能够导致黄羽肉鸡肉品质的降低，造成肌肉氧化损伤，致使抗氧化系统被破坏。进一步研究发现，氧化油脂中含有大量自由基和醛酮类脂质过氧化物，这些有害物质的大量存在会造成细胞膜的氧化损伤，最终导致细胞膜通透性发生变化，胞液外流，滴水损失增加（Hellberg et al.，2010）。此外，禽类肌肉细胞膜含磷脂量较高，极易被氧化，最终导致肉品质下降（Wei et al.，2014）。

关于如何缓解油脂氧化对黄羽肉鸡不利影响也有相关研究报道。蒋守群等（2008）研究发现，在氧化鱼油饲粮中添加大豆异黄酮可以显著提高胸肌肉色红度 a 值和系水力，降低宰后 45min 和 96h 胸肌中乳酸（LD）含量，提高过氧化氢酶（CAT）和谷胱甘肽过氧化物酶（GSH－Px）活性，且使胸肌中 GSH－Px 基因表达量提高 57.06%。王安谙等（2019）研究发现，与对照组相比，饲粮中添加 125mg/kg BHT（2，6－二叔丁基－4－甲基苯酚）能够显著降低肌肉中 MDA 含量、滴水损失及蒸煮损失，提高肌肉 T－SOD 和 CAT 酶活，显著上调了肌肉中 CAT 和（γ－GCLm）的 mRNA 表达。李颖平等（2018）以 1 日龄岭南黄鸡为试验对象，研究发现维生素 E 组和抗氧化剂组胸肌滴水损失显著低于油脂氧化组。

关于 2020 年 9 月山东出现的"肥皂鸭"问题，后来研究发现，饲料原料供货商在饲料企业提供的饼干渣中非法混入肥皂生产的油脂废料，导致鸭肉煮后出现肥皂味，造成巨大损失。由此也提示，在黄羽肉鸡的养殖生产中应严格选用安全优质的油脂原料。

第三节　黄羽肉鸡脂类代谢与沉积特点

黄羽肉鸡的体脂主要分布于腹腔和皮下脂肪组织，主要来源于肝合成的脂肪和由肠道消化吸收的脂肪。脂肪的沉积早期主要表现为脂肪细胞数量的增多，后期主要表现为脂肪细胞体积的增大。王宏等（2000）报道，北京红鸡脂肪细胞体积随周龄增加而持续增大，其中以育成期（10～20 周龄）最为明显，其次为开产至产蛋高峰期（21～26 周龄），脂肪细胞数量基本保持不变，由此认为体脂的沉积主要是由脂肪细胞体积增大所致，脂肪细胞的增殖作用很小。一定比例的肌间脂肪既增加了鸡肉的嫩度，又提高了鸡肉的营养价值；一定含量的皮下脂肪使胴体外观较好，但是过多的腹脂沉积不仅降低了饲料转化效率，还降低了生产者的经济效益。研究发现，腹脂重和腹脂率是衡量胴体肥度的标志，而腹部脂肪含量与其他部位的脂肪含量呈高度的正相关（王安琪等，1999；陈翠莲，2007；郎倩倩等，2020）。因此，深入了解体脂代谢和沉积机理对于降低腹脂、培育低脂黄羽肉鸡品系和改善肉品质具有重要意义。

一、脂肪代谢规律

家禽体内的脂肪代谢主要分为脂肪合成与转运和食物消化与吸收等过程，调控动物体内脂肪的沉积过程中脂肪的合成和分解代谢起着关键作用。

（一）脂肪的消化吸收

在脂肪酶的作用下，饲料中的脂肪在小肠被水解成甘油二酯、甘油一酯和脂肪酸。甘油一酯和脂肪酸与胆汁酸等两性物质形成混合微团再被吸收，甘油二酯在十二指肠中进一步被水解为甘油一酯并被吸收。黄羽肉鸡（凤阳大骨鸡）消化道不同部位内容物脂肪酶活性存在显著差异，其中空肠脂肪酶活性最高（陈会良，2017）。

北京油鸡与AA肉仔鸡相比，两品种肉鸡小肠食糜脂肪酶活性均在21日龄时最高，同时小肠食糜脂肪酶活性与胰腺脂肪酶活性不相关。但是北京油鸡胰腺脂肪酶活性在56日龄前一直处于发育阶段，而AA肉仔鸡在42日龄胰腺脂肪酶活性最高。虽然北京油鸡胰腺中脂肪酶发育稍缓，但从小肠脂肪酶活性和粗脂肪消化率指标来看，北京油鸡小肠内的脂肪酶活性仍高于AA肉鸡，粗脂肪的消化率也均不同程度地高于AA肉鸡，这说明北京油鸡作为一个地方优良品种，在长期进化的过程中获得了较强的脂肪消化能力（于旭华等，2001；颜士禄等，2009）。研究表明，黄羽肉鸡小肠脂肪酶活性高于罗斯308肉鸡（林厦菁等，2017）。由此可推断，相对于白羽肉鸡，黄羽肉鸡对脂肪的消化能力可能更强。

（二）黄羽肉鸡的脂肪合成与转运

大量研究表明，肝是家禽脂肪酸合成的主要器官，其合成量占体内脂肪酸合成总量的90%以上，并且脂肪酸合成的关键酶也主要存在于家禽的肝中。肝脂肪酸（或甘油三酯）有以下四个来源：①储存在外周组织中的脂肪水解产生游离脂肪酸，经血液运送到肝；②肝内脂肪酸从头合成；③饲粮中的脂肪酸有一部分可通过直接进入血浆游离脂肪酸而进入肝；④有一部分的饲粮脂肪酸可进入肠道，形成脉管微粒，进入肝。从动力学观点来看，当肝内脂肪代谢失衡，即脂肪酸的吸收和从头合成的量超过其氧化和重新酯化的量时，多余的脂肪便堆积在肝细胞内，严重时即引发脂肪肝综合征，并可能伴随着全身的代谢紊乱，如胰岛素抵抗等病症。

在肉鸡肝中合成原料乙酰辅酶A（CoA），在乙酰辅酶A羧化酶（ACC）的作用下形成丙二酸单酰辅酶A，再在脂肪酸合酶（FAS）的催化作用下合成棕榈酸，棕榈酸经进一步加工形成脂肪酸，脂肪酸合成后与甘油合成甘油三酯，再与载脂蛋白B（ApoB）结合，经加工形成极低密度脂蛋白（VLDL），经血液循环系统运至以脂肪组织为主的其他组织储存和利用（李云雷，2016）。当机体需要时，脂肪细胞中的脂肪被逐步水解为游离脂肪酸和甘油，释放入血后被其他组织氧化利用。这一过程可通过脂蛋白酯酶、甘油三酯水解酶和激素敏感性脂肪酶（HSL）等脂肪酶和水解酶的调节而实现。

二、体脂沉积变化规律

黄羽肉鸡根据以上市日龄和生长速度相结合的方式可以分为快大型黄羽肉鸡、中速型黄羽肉鸡和慢速型黄羽肉鸡，广大学者对其体脂沉积规律做了大量研究，发现体脂的沉积在品种、品系、性别和组织间等存在着显著差异。

（一）快大型黄羽肉鸡

陈翠莲（2007）选用1日龄快大型岭南黄鸡、杏花鸡和AA肉鸡为试验对象发现：①三个品种鸡体脂肪沉积在70日龄出现转折点，公鸡脂肪沉积能力下降，而母鸡脂肪沉积能力却迅速增强，生长后期母鸡脂肪沉积能力显著高于公鸡；脂肪日沉积量与能量沉积呈正相关；②腹脂、肝粗脂肪、腹脂粗脂肪、空体粗脂肪：杏花鸡和AA肉鸡公鸡70日龄前含量逐渐增大，70日龄后逐渐下降，但岭南黄公鸡70日龄后增长缓慢，三个品种母鸡则一直呈增长趋势；胸肌粗脂肪和腿肌粗脂肪规律则不明显。30～120日龄AA肉鸡脂肪部位沉积顺序为：腹脂＞颈部＞背部＞腿部＞胸部；岭南黄鸡、杏花鸡为：腹脂＞颈部＞腿部＞胸部＞背部，50 日龄后岭南黄鸡的背部脂肪含量也很高，此时部位沉积顺序与 AA 肉鸡相同，而杏花鸡背部脂肪略少；50 日龄的三个品种肉鸡体侧（翅膀以下）也沉积了脂肪，AA 肉鸡与岭南黄鸡翅膀脂肪含量较高（陈翠莲，2007）。由此可以推断，不同部位的脂肪沉积具有时空性，在生长发育早期，黄羽肉鸡腿部、颈部、胸部皮下脂肪组织约在 1 周龄时出现，皮下脂肪比腹脂沉积得早，但腹脂的增长要比皮下脂肪快，且腹脂与皮下脂肪的沉积速度与其含量高低是相对应的。

此外，研究还发现：①各品种鸡肝 MDH 酶活性和腹脂率、肝脂肪的变化规律类似，FAS 酶品种间比较其规律性则不明显，但各品种肉鸡随着日龄增加酶活性都逐渐增强；120 日龄的 FAS 和 MDH mRNA 表现为母鸡高于公鸡的趋势，岭南黄鸡 FAS 和 MDH 的 mRNA 表达量高于杏花鸡和 AA 肉鸡，尤其是母鸡；②血清的甘油三酯和脂肪酸也能反映出体脂沉积规律，120 日龄三品种鸡母鸡的甘油三酯都高于公鸡，岭南黄鸡、杏花鸡公母间差异极显著；而脂肪酸则表现为杏花鸡公鸡显著高于母鸡，说明其动员脂肪能力强，这与其 70～120 日龄脂肪沉积能力显著下降是有显著关系的（陈翠莲，2007）。周中华等（2003）以粤禽快大黄鸡、广西霞烟鸡、胡须鸡和科宝白鸡为试验材料，研究发现，腹脂率以广西霞烟鸡最高；肌肉中脂肪含量排序为：广西霞烟鸡＞胡须鸡＞粤禽快大黄鸡＞科宝白鸡；胡须鸡和广西烟霞鸡肌肉中的亚油酸、亚麻酸、多不饱和脂肪酸含量显著高于科宝白鸡和粤禽快大黄鸡。陈号川（2009）以江村快大鸡、清远麻鸡和三黄鸡这 3 个鸡种为研究对象，发现清远麻鸡、三黄鸡的肌肉中粗蛋白和粗脂肪含量比江村快大鸡高；江村快大鸡的腹脂率高于清远麻鸡和三黄鸡。王珏等（2020）选取新广铁脚麻鸡、新兴矮脚黄鸡、瑶鸡配套系以及 817 肉鸡研究发现，4 种肉鸡腹脂率母鸡高于公鸡，817 肉鸡的腹脂率显著低于其他组肉鸡；3 种黄羽肉鸡的公鸡腹脂率差异不显著，其中新广铁脚麻鸡的母鸡腹脂率显著低于新兴矮脚黄鸡和瑶鸡配套系的母鸡腹脂率；瑶鸡配套系肌内脂肪含量最高，是肌内脂肪含量最低的 817 肉鸡的 2 倍左右，新广铁脚麻鸡和新兴矮脚黄鸡的含量居中，不同品种的母鸡肌内脂肪含量高于公鸡。

（二）中速型黄羽肉鸡

1. 中速型黄羽肉鸡体脂沉积变化规律　李国喜等（2006）测定固始鸡种蛋孵化期间蛋黄中粗脂肪含量时发现，0～6 胚龄粗脂肪含量无明显变化，6 胚龄以后逐渐降低：整个孵化期间蛋黄粗脂肪含量减少了 43.83%，是入孵前含量的 67.74%；其中 12～21 胚龄是蛋黄粗脂肪的主要消耗期，此间蛋黄脂肪转移量达全孵化期的 69.45%，尤其 12～15 胚龄为最高。付守艺（2018）研究表明，固始鸡胸肌肌内脂肪沉积规律与肌纤维直径的生长呈明显的负相关，22 周龄前肌内脂肪含量逐渐降低，22 周龄后肌内脂肪含量急剧增加，这种特征与其生长特性相一致。进一步研究发现，固始鸡发育早期胸肌中较高的脂肪沉积主要来自蛋黄中脂肪的转运，性成熟（22 周龄左右）前胸肌生长速度快，将消耗更多的能量来满足胸肌发育，胸肌脂肪合成速度实际较慢，进而导致肌内脂肪含量逐渐减少；性成熟后，胸肌生长速度变慢，能量消耗相对减少，胸肌脂肪合成速度较快，进而导致肌内脂肪含量迅速增加（付守艺，2018）。由此可知，胸肌肌内脂肪含量的规律性变化与固始鸡自身生理特征相一致。深入研究发现，MicroRNA（miRNA）动态表达特征与肌内脂肪沉积规律相一致，其中 miR－15a 可能是固始鸡重要的脂肪代谢调控因子，对肌内脂肪沉积有重要调控作用：miR－15 在固始鸡腹脂、皮下脂肪、肝、胸肌等与机体脂肪合成、转运和储存相关的组织器中表达，且随肌内脂肪沉积量增加而表达量逐渐提升（付守艺，2018）。靳文姣等（2021）最新研究发现，miR－215－5p 是固始鸡腹部前脂肪细胞增殖和分化的负调控因子，其通过抑制前脂肪细胞的增殖和分化而影响鸡腹部脂肪组织的发育，减少脂肪沉积；采用双荧光素酶报告基因系统，验证了 miR－215－5p 的靶基因是核受体辅激活因子 3（nuclear receptor coactivator 3，NCOA3），进而负调控鸡腹脂形成。

2. 中速型黄羽肉鸡的品种和性别之间体脂沉积的差异 韩海霞等（2021）研究发现，石岐杂鸡公鸡腹脂率和皮脂厚均高于鲁禽 B2 系（琅琊鸡为素材选育）；石岐杂鸡母鸡腹脂率则低于鲁禽 B2 系，49 日龄石岐杂鸡皮脂厚低于鲁禽 B2 系，而 70 日龄和 90 日龄时石岐杂鸡则高于鲁禽 B2 系，但均差异不显著；49 日龄和 70 日龄的公鸡和母鸡肌间脂宽和肌内脂肪含量均是石岐杂鸡低于鲁禽 B2 系，但 90 日龄石岐杂鸡肌内脂肪高于鲁禽 B2 系，且品种间公鸡的肌内脂肪含量差异显著。但是，石岐杂鸡和鲁禽 B2 系腹脂率均是公鸡 70 日龄最高，母鸡 90 日龄最高，且石岐杂鸡公鸡 70 日龄显著高于 90 日龄；肌间脂宽公母鸡 3 个日龄间均差异显著，均为 49 日龄最低，70 日龄最高；皮脂厚随日龄的增加而增大，但差异不显著；石岐杂鸡公鸡 90 日龄肌内脂肪含量显著高于 49 日龄和 70 日龄，两品种母鸡 70 日龄和 90 日龄显著高于 49 日龄（韩海霞等，2021）。

刘纪成等（2020）最新研究发现，150 日龄的固始鸡肉质中的脂肪酸种类优于同日龄的贵妃鸡：固始鸡胸肌中的棕榈油酸、亚油酸和花生四烯酸的含量分别比贵妃鸡胸肌高 37.53%、36.29%和 33.93%；腿肌中二十四烷酸、花生酸和十七烷酸分别是贵妃鸡腿肌的 3.16 倍、1.50 倍和 2.63 倍；贵妃鸡胸肌中棕榈酸、油酸的含量分别比固始鸡胸肌高 17.33%和 24.29%；腿肌中的棕榈油酸和花生四烯酸的含量分别比固始鸡腿肌高 61.57%和 48.26%。固始鸡与白羽肉鸡（艾维茵肉鸡）相比则发现，两品种肉鸡屠体粗脂肪含量随着日龄增加而增加，初出壳时没有显著差异，但是 2 周龄以后，屠体粗脂肪含量极显著高于固始鸡；随日龄增加，似乎固始鸡胸肌脂肪含量增加幅度高于白羽肉鸡，而腿肌脂肪含量白羽肉鸡增加较大（王志祥，2004）。然而，隐性白羽肉鸡的皮下脂肪细胞体积在 6 周龄和 8 周龄时高于中速型黄羽肉鸡（如皋黄鸡），10 周龄和 12 周龄时如皋黄鸡高于隐性白羽肉鸡（龚琳琳，2011）。并且，如皋黄鸡胸肌、腿肌的肌内脂肪含量和腹脂率显著高于安卡红鸡（屠云洁等，2010）；鹿苑鸡胸肌和腿肌的肌内脂肪含量显著高于隐性白羽鸡，而腹脂率则表现为显著低于隐性白羽鸡（屠云洁等，2009）；陈继兰（2002）等报道 70 日龄的中速型黄羽肉鸡和 AA 肉鸡的皮脂厚度、肌间脂肪带宽、肌肉脂肪含量以及腹脂率均无显著差异，但中速型黄羽肉鸡的肌肉脂肪、皮下脂肪和腹脂率分别比 AA 肉鸡高 7.0%、13.0%和 37.0%；母鸡皮下脂肪和腹脂率显著高于公鸡，母鸡肌间和肌肉脂肪也分别高于公鸡 6.0%和 12.0%。李建军（2003）研究发现，90 日龄的石岐杂鸡脂肪和脂肪酸含量显著高于 AA 肉鸡（56 日龄）：石岐杂鸡胸肌和腿肌棕榈油酸、油酸、亚油酸、二十碳三烯酸等含量及总不饱和脂肪酸含量均显著高于 AA 肉鸡，石岐杂鸡胸肌中亚油酸和二十碳三烯酸含量分别为 AA 肉鸡的 1.97 倍和 2.05 倍，腿肌中含量分别为 AA 肉鸡的 1.53 和 1.81 倍。

（三）慢速型黄羽肉鸡

1. 慢速型黄羽肉鸡体脂沉积变化规律　李忠荣等（2010）研究发现，黄羽肉鸡（河田鸡：母鸡1～16周、公鸡1～14周）腹脂率呈波浪变化，1周龄的皮下脂肪显著低于其他周龄，母鸡2～9周龄、公鸡2～8周龄的皮下脂肪和肌间脂肪差异不显著；5～11周龄公母鸡腹脂率差异不大，12周后母鸡腹脂率高于公鸡，5～14周龄母鸡的皮下脂肪厚度、肌间脂肪宽度均略低于公鸡；公母鸡皮下脂肪与腹脂率、肌间脂肪均呈显著相关。杨烨（2005）却认为，与河田鸡（4～16周龄）公鸡相比，母鸡的肌间脂肪、皮下脂肪、腹脂率、胸肌肌内脂肪和腿肌肌内脂肪依次增加了100%、60%、67%、29%和19%；腿肌含量与肌间脂肪、皮下脂肪、腹脂率呈正相关，其中腿肌含量与皮下脂肪、腹脂率呈显著相关。并且，河田鸡肝FAS酶活性、FAS mRNA和ME mRNA与肌肉肌内脂肪含量、肌间脂肪宽、皮下脂肪厚度、腹脂率都呈正相关；FAS酶活性与肌间脂肪、皮下脂肪、腹脂率的相关系数明显高于与肌肉的关系；肝ME酶活性仅仅与肌肉肌内脂肪含量呈显著正相关；FAS mRNA和ME mRNA水平与腿肌肌内脂肪、肌间脂肪的相关系数大于与皮下脂肪、腹脂率的关系（杨烨，2005）。

李龙（2021）通过比较屠宰法发现清远麻鸡母鸡体脂肪和腹脂重各自拐点日龄显著高于公鸡，得到1～30日龄、31～60日龄、61～90日龄、91～120日龄公鸡和母鸡脂肪沉积效率分别为1.09和1.10、0.66和0.76、0.78和0.81、0.94和0.90；30日龄、60日龄、90日龄和120日龄母鸡鸡体组织粗脂肪含量分别为28.78%、34.62%、43.79%和45.64%，其变异系数分别为0.78%、0.88%、0.26%和0.83%；用Gompertz模型求导得到的模型计算发现，日龄对1～120日龄清远麻鸡腹脂率有显著影响，且公鸡和母鸡腹脂率呈线性增加；公鸡和母鸡的体脂肪曲线和腹脂曲线有较大差异，母鸡的体脂肪沉积速度显著高于公鸡，母鸡体脂肪沉积率从50日龄开始大于公鸡，母鸡的腹脂沉积率则一直比公鸡高；70～120日龄母鸡体脂肪含量高于0～50日龄，后期脂肪沉积率显著增加，这表明额外的脂肪沉积可能是为其将来产蛋做储备营养。综上可知，不同性别间优质黄羽肉鸡的母鸡腹脂率明显高于公鸡的腹脂率，表明母鸡的脂肪沉积能力较公鸡强。

研究发现，北京油鸡出雏时皮下有大量可见脂肪，腹部无脂肪，但2周龄后腹部有大量脂肪，随后脂肪在腹部的沉积量相对于肌肉和皮下的沉积量开始增大，说明在出雏时北京油鸡体内脂肪沉积在血液、肌肉和皮下的沉积早于腹部，且脂肪在肌肉、腹部、皮下的沉积量随着饲养时间的延长而极显著增加（付睿琦等，2013）。此外，北京油鸡公鸡除0周龄外，腿肌中肌内脂肪含量是胸肌的4～7倍；4周龄胸肌和腿肌组织中的肌内脂肪含量极显著高于8周龄；8周龄以后，胸肌和腿肌中肌内脂肪和腹脂沉积均显著升高，且8～14周龄胸肌和腿肌组织中肌内脂肪含量均显著高于14～20周龄（付睿琦等，2014）。北京油鸡随着周龄的增加，肌间脂肪、皮下脂肪、腹脂率、胸肌肌内脂肪和腿肌肌内脂肪均会显著增加，其中以腹脂增加最快，16周龄时腹脂比8周龄和12周龄分别增加了5倍和3.2倍；16周龄胸肌和腿肌肌内脂肪含量分别比8周龄高22%和32%，分别比12周龄高21%和26%（杨烨，2005）。就沉积趋势来看，北京油鸡母鸡脂肪沉积呈现出持续的上升趋势，而公鸡脂肪沉积则是先上升而后又出现下降的趋势，这可能与不同性别个体生长速度以及体内激素分泌水平有关（付睿琦等，2014）。值得注意的是，90日龄北京油鸡公鸡的脂肪沉积性状的遗传力评估显示，胸肌肌内脂肪含量、腹脂率和腹脂重遗传力分别为0.10、0.24和0.62；肌内脂肪与体重、腹脂率、尾脂厚和脂带宽呈一定程度的表型正相关（r_P=0.11，0.27，0.17，0.33），与腹脂重呈高度遗传正相关（r_A=0.66）（陈继兰等，2005）。刘国芳（2011）研究发现10～17周龄北京油鸡的胸肌肌内脂肪含量为较低遗传力性状（h^2=0.07），腿肌肌内脂肪含量为中等偏低遗传力（h^2=0.13）；遗传相关方面，料重比与胸肌和腿肌肌内脂肪含量呈较高正相关；残差采食量与胸肌和腿肌肌内脂肪含量均呈较高正相关；腿肌肌内脂肪含量与体重和胸肌重呈较高正相关。

孙世铎等（2003）研究发现，随着日龄的增长，艾维茵肉鸡和黄羽肉鸡的脂肪细胞直径均相应变大，在3、6和9周龄的脂肪组织存在多小室脂细胞，周龄愈小其分布频率越高，16周龄时脂肪组织几乎全部变成单室脂细胞。艾维茵肉鸡脂肪细胞直径从3周龄45.25μm增加到16周龄的60.5μm，黄羽肉鸡由43.30μm增长到74.55μm（孙世铎等，2003）。因此，从脂肪细胞生长发育变化来看，两品种肉鸡脂肪细胞的肥大进程暗示两品种脂肪沉积含量存在显著差异。王红杨（2015）以慢速型北京油鸡和快大型科宝肉鸡为试验素材，结合组织切片油红O染色技术，研究胚胎期至生长早期鸡胸肌肌内脂肪沉积规律时发现，北京油鸡和科宝肉鸡肌内脂肪沉积规律相同（17胚龄至1日龄是肌内脂肪沉积的最主要时期，1～14日龄其沉积量急剧下降，1日龄肌内脂肪沉积量相对最高）；科宝肉鸡在各发育阶段富集的能量代谢通路数目多于北京油鸡。

周小娟等（2010）研究发现1～42日龄北京油鸡胸肌肌内脂肪含量显著高于AA肉鸡，42日龄显著高于21日龄。陈继兰（2005）研究北京油鸡和AA肉鸡肌内脂肪含量遗传规律时发现，在28～90日龄不同品种、性别和部位的肌内脂肪含量随日龄增加逐渐增加；北京油鸡28日龄胸肌肌内脂肪为AA肉鸡的77%，56日龄和90日龄则分别为AA肉鸡的72%和59%；28日龄腿肌肌内脂肪含量则是北京油鸡高于AA肉鸡；各日龄北京油鸡胸肌肌内脂肪仅占腿肌的22%～30%，AA肉鸡胸肌占腿肌的29%～36%。蒋瑞瑞等（2010）研究认为，与AA肉鸡相比，56日龄时北京油鸡的体增长和脂肪沉积速度均远小于同日龄的AA肉鸡，而生长后期（114日龄）北京油鸡脂肪沉积的潜力更大，腹脂率和肌内脂肪含量分别比56日龄的AA肉鸡高66.87%和6.29%。但是，崔焕先（2011）研究发现，1～90日龄，北京油鸡胸肌肌内脂肪含量逐渐升高，并达到最高值，至120日龄略有下降；对于AA肉鸡，从1日龄开始，随着发育变化，21日龄时胸肌肌内脂肪含量达到最高值，随后在42日龄降低，到90日龄又升高；比较两品种同日龄胸肌肌内脂肪含量，在21日龄和90日龄时AA肉鸡却显著高于北京油鸡。当北京油鸡饲养到126日龄，AA鸡饲养到42日龄时，两个品种鸡体重接近时，北京油鸡腹脂率和皮下脂肪厚度显著低于AA肉鸡，肌间脂带宽没有显著差异，但肌内脂肪却显著高于AA肉鸡（李文娟，2008）。

研究不同品种和性别肉鸡肌内脂肪时发现，品种间肌内脂肪差异显著：56日龄时胸肌的肌内脂肪AA肉鸡＜白来航鸡＜北京油鸡＜矮脚鸡，腿肌中肌内脂肪白来航鸡＜AA鸡＜北京油鸡＜矮脚鸡；母鸡的胸肌和腿肌肌内脂肪含量高于公鸡，但胸肌中肌内脂肪含量公母鸡差异不显著，腿肌中肌内脂肪含量母鸡显著高于公鸡（李文娟，2008）。进一步研究发现，北京油鸡血浆脂蛋白酯酶和苹果酸脱氢酶活性高于AA肉鸡，导致其具有较高的血浆甘油三酯和游离脂肪酸浓度，并且 A-FABP 基因是造成两种肉鸡腹脂沉积量差异的关键基因（蒋瑞瑞等，2010）。此外，SNP 所在区域基因功能分析显示，北京油鸡富集到了影响脂类代谢的同源性磷酸酶张力蛋白信号通路及脂类代谢网络，反映了其体脂沉积丰富的特点（Liu et al.，2018）。这也验证了黄羽肉鸡因含地方鸡血统，早熟易肥，极易堆积脂肪，16 周龄时已达到其成熟周龄，而艾维茵肉鸡为引进鸡种，大型晚熟，脂肪沉积相对较晚。

2. 慢速型黄羽肉鸡的品种和性别之间体脂沉积的差异 杨烨（2005）研究认为慢速型黄羽肉鸡的品种对肌间脂肪、皮下脂肪和腹脂率有显著影响，其中北京油鸡＞河田鸡＞乌骨鸡，北京油鸡的肌间脂肪、皮下脂肪和腹脂率分别比乌骨鸡高约 27%、49%、82%；不同品种间腿肌肌内脂肪含量有显著差异，且乌骨鸡＞北京油鸡＞河田鸡。初芹等（2010）对 16 周龄北京油鸡和文昌鸡屠宰性能进行对比研究也显示，文昌鸡脂肪沉积能力高，腹脂率显著高于北京油鸡。张权（2011）比较不同品种间的腹脂率水平也发现：各品种间的腹脂率水平存在显著差异，其中文昌鸡腹脂率高达 4.1%，明显高于清远麻鸡（3.4%），而清远麻鸡的腹脂率也显著高于淮南麻黄鸡（2.6%）。唐辉等（2005）对各上市日龄的文昌鸡、仙居鸡、岭南黄肉鸡、艾维茵肉仔鸡和海兰褐蛋鸡进行屠宰性能测定表明，文昌鸡的皮下脂肪厚、肌间脂肪宽和腹脂率在 5 个鸡种中最高。

广西三黄鸡胸肌和腿肌肌内脂肪含量随日龄增长而增加（王晶，2013）；陈礼良等（2007）对放养条件下三种优质黄鸡 120 日龄的屠宰性能测定表明，三种优质黄鸡腹脂率存在显著差异，广西三黄鸡（6.12%）＞苏北草鸡（4.75%）＞宁海土鸡Ⅰ号（2.63%）；而胸肌中粗脂肪含量则是宁海土鸡Ⅰ号（7.21%）＞苏北草鸡（6.42%）＞广西三黄鸡（5.56%）。吴强（2020）研究 150 日龄的广西四种地方鸡腹脂率时发现，东兰乌鸡和霞烟鸡显著低于其他鸡，即广西三黄鸡＞灵山黑羽土鸡＞灵山麻羽土鸡＞霞烟鸡＞东兰乌鸡。110 日龄的三黄鸡和青脚麻鸡的腹脂率分别比芦花鸡高 1.92%和 2.08%，皮脂厚分别比芦花鸡高 24.3%和 23.1%，但差异均不显著；青脚麻鸡胸肌中粗脂肪含量比三黄鸡高 33.85%，比芦花鸡高 16%（赵衍铜，2013）。此外，在三黄鸡和和田黑鸡心肌、胸肌和腿肌中，都是以心肌中肌内脂肪含量最高，且与胸肌和腿肌中肌内脂肪含量差异均极显著；肌内脂肪在和田黑鸡心肌、胸肌和腿肌中的含量均显著高于三黄鸡（王永，2016）。其他慢速型黄羽肉鸡品种之间体脂沉积的差异见表 6-6。

表 6-6 其他慢速型黄羽肉鸡品种之间体脂沉积的差异

品种	体脂指标	显著性	参考文献
黑羽与白羽沐川乌骨黑鸡（51 周龄）	黑羽腹脂率比白羽高 21.51%	差异不显著	喻世刚等，2017
峨眉黑鸡与青脚麻鸡（36 周龄）	峨眉黑鸡皮脂厚和腹脂重分别比青脚麻鸡低 1.66%和 31.87%	差异不显著	鲜凌瑾等，2017a
黑羽仙居鸡与金陵黑鸡（180 日龄）	黑羽仙居鸡胸肌粗脂肪含量比金陵黑鸡高 16.39%	差异不显著	钱仲仓等，2017

（续）

品种	体脂指标	显著性	参考文献
藏鸡与五黑鸡（1.5～1.8 kg）	藏鸡腹脂重、腹脂率和胸肌肌内脂肪含量比五黑鸡分别低 52.59%、42.19%和 50.38%	腹脂重和腹脂率差异不显著，胸肌肌内脂肪含量差异显著	袁进等，2018
如皋黄鸡与鹿苑鸡	鹿苑鸡的胸肌和腿肌肌内脂肪含量分别比如皋黄鸡高 22.77%和 20.10%（56 日龄），52.39%和 33.59%（120 日龄）；鹿苑鸡的腹脂比如皋黄鸡低 12.45%（56 日龄）和 4.64%（120 日龄）	差异均显著	Tu 等，2010

不同日龄优质肉鸡培育品种（大恒 699 优质肉鸡配套系）的皮脂厚度排序为：150 日龄＞90 日龄＞120 日龄，但腹脂（公鸡和母鸡）和肌内脂肪（母鸡）含量随日龄增加而增加；沐川黑鸡（四川山地乌骨鸡）腹脂却随日龄的增加而减少，肌内脂肪含量从高到低顺序均为：120 日龄＞150 日龄＞90 日龄；90 日龄时大恒 699 母鸡肌内脂肪含量低于公鸡，而沐川黑鸡母鸡肌内脂肪含量 90 日龄高于公鸡、150 日龄低于公鸡，但差异均不显著；公母合并比较，大恒 699 肌内脂肪含量略高于沐川黑鸡（余春林等，2016）。王斌等（2020）以淮南麻黄鸡为研究对象，发现公鸡和母鸡胸肌肌内脂肪含量在 180 日龄显著高于 90 日龄，公鸡腿肌肌内脂肪含量在 180 日龄显著高于 90 日龄和 120 日龄，母鸡腿肌肌内脂肪含量在 150 日龄和 180 日龄显著高于 90 日龄。王秀萍等（2019）研究发现，90 日龄文昌鸡公鸡和母鸡腹脂率分别为 2.5%和 6.6%，差异极显著，表明文昌鸡母鸡具有很强的脂肪沉积能力。吉林黑鸡母鸡腹脂重极显著高于公鸡，腹脂重与半净膛重呈显著正相关，母鸡腹脂重与胸肌重呈显著负相关（金香淑等，2016）；峨眉黑鸡（鲜凌瑾等，2017b）和霞烟鸡（杨秀荣等，2020）母鸡腹脂沉积显著高于公鸡。拜城油鸡和和田黑鸡的母鸡腹脂率均高于公鸡，且拜城油鸡母鸡腹脂率高于和田黑鸡母鸡；拜城油鸡胸肌和腿肌肌内脂肪含量随周龄的增加呈上升趋势，与腹脂率呈正相关性（舒婷，2018）。

三、脂肪肝综合征的病因及其防治

（一）脂肪肝综合征的特点

肉鸡脂肪肝综合征（FLS）或脂肪肝出血性综合征主要是由于肉鸡能量的摄入过量（如摄入高脂肪饲粮或高能低蛋白饲料）、某些微量营养成分的摄入不足或者不均衡而导致的，会产生以肝内脂肪代谢紊乱、脂肪异常积累为主要特征的营养性代谢病（牛自兵等，2017）。谢红艳（2019）报道 FLS 主要特点表现为：①一般多发于肉用仔鸡、饲养时间较长的三黄鸡、肉种鸡和产蛋鸡；②临床多表现为肥胖，腹部大而软绵，喜卧，鸡冠和肉髯增大、冠顶端发绀；③采食量下降，体温升高，抗应激能力减弱，如果鸡群不慎出现炸群，很容易出现物理性的损伤，从而导致肝出血，死淘率显著增加。患有 FLS 肉鸡与正常肉鸡剖检见彩图 6。

组织学检查重度脂肪肝引起病死鸡尸体肥胖，其皮下、腹腔及肠系膜均有大量的脂肪沉积；肝脏大、边缘钝圆呈油灰色，质脆易碎；肝表面有出血点，在肝被膜下或腹腔内往往有大的血凝块，用力切时在刀表面有脂肪滴附着（杨孟鸿，2012）。若剖检发现肉鸡的腹腔及皮下有较多脂肪蓄积，肝呈黄色或淡黄色，但肝小叶失去正常的网状结构；肝边缘钝而易碎，且肝被膜下有血凝块；肝细胞排列紊乱，细胞增大，胞浆内可见丰富的大小不一的脂肪滴，即称为轻度脂肪肝（Zhang et al.，2018）。

饲喂高脂肪饲粮（HFD）的京星黄鸡与饲喂基础饲粮的京星黄鸡肝的典型特征见彩图 7。

（二）脂肪肝综合征的病因及其防治

FLS 主要是长期的脂肪代谢障碍引起的，一旦发生，需要较长时间进行调整和治疗才有效果，因此重在预防。诱发 FLS 的具体病因仍不清楚，但通过调查和研究，认为该病的发生主要与遗传、营养和环境等因素有关。

1. 遗传因素　遗传因素在肉鸡脂肪肝综合征的发生上有重要作用，某些品系的鸡容易发生这种综合征。Liu 等（2016）以 18 周龄的京星黄鸡、北京油鸡和白来航鸡为研究对象发现，京星黄鸡相比北京油鸡和白来航鸡更易形成脂肪肝，且饲喂高脂肪饲粮（HFD）和甲基缺失饲粮（MDD）均能诱导形成脂肪肝。进一步研究发现，HFD 介导的京星黄鸡脂肪肝可经父代遗传给后代，并对后代脂肪代谢产生影响；脂肪酸代谢相关基因、脂代谢相关基因和糖代谢相关基因均可调控 HFD 诱导的脂肪肝表型遗传，其中脂代谢相关基因通过 DNA 甲基化水平的改变调控其表达，进而影响高脂饲粮诱导的京星黄鸡脂肪肝表型遗传（Zhang et al.，2018）。研究发现，患有轻度脂肪肝的矮脚黄公鸡肝重与肝指数均显著增加，腹脂过多沉积，腹脂重、腹脂率极显著增加（谭晓冬等，2019）。由中国农业科学院北京畜牧兽医研究所鸡遗传育种创新团队选育的矮脚京星黄鸡在上市日龄时约有 20％会发生轻度脂肪肝（Zhang et al.，2018）。

2. 营养因素　营养因素是导致发生肉鸡脂肪肝综合征的主要因素，其机理与脂肪代谢密切相关，因而通过营养物质调控脂肪代谢是预防该病的重要途径。

饲料配方不合理，使得某些营养物质的营养浓度过高，尤其能量水平过高会导致过多的能量转化成脂肪沉积下来。各营养物质的比例不适宜，比如饲料中脂肪与蛋白质的比例以及含量对这种综合征的发生有着重要的影响。鸡采食量过大，超过正常的生理生产需求，超出部分也会转化为脂肪在体内沉积，从而使得脂肪在肝细胞内大量沉积（岳淑英，2017）。黄羽肉鸡种母鸡采取定量饲喂（限饲），否则常常会发生这种情况。

研究发现，长期喂过量高脂饲粮或高能低蛋白饲料，高能的糖类易转化为体脂，低蛋白饲粮不能提供足够的蛋白质来合成载脂蛋白运输脂肪到肝外组织，导致肝内脂肪积累（牛自兵等，2017）。吴强等（2008）应用流式细胞技术检测高能低蛋白饲料饲喂 7 周的三黄肉鸡，发现在鸡体内产生大量自由基，损伤肝细胞 DNA，使肝细胞分裂增殖减缓并发生凋亡，同时低蛋白饲粮缺少转运脂质的必要条件，脂肪堆积于肝细胞内，肝细胞的功能受损而发生 FLS。

此外，微量营养物质如维生素 C、维生素 E、B 族维生素、锌、铜、硒、锰、铁缺乏任何一种，均可能导致脂肪肝综合征（杨孟鸿，2012）。

3. 环境因素　值得注意的是，脂肪肝综合征主要发生于高温季节，这是由于脂肪肝综合征与机体内高水平的肝脂肪沉积相关。另外，笼养要比平养的发生率高，这是由于肉鸡缺乏运动，能量需求降低，过剩的能量以脂肪形式沉积于肝所致（岳淑英，2017）。

4. 其他因素 引起脂肪肝综合征的因素还包括应激、饲料有毒物质、疾病等，这些都可能导致该病的发生。

当发生脂肪肝病后，可采用以下方法减缓病情：每吨饲料中添加硫酸铜 63g、胆碱 55g、维生素 B_{12} 3.3mg、维生素 E 5 500IU、DL-蛋氨酸 500g。连续饲喂，然后给每只病鸡氯化胆碱 0.1～0.2g，连用 10d，可起到良好的治疗与控制作用（杨孟鸿，2012）。还可以每千克饲料加入氧化胆碱 1.0g、蛋氨酸 1.2g、维生素 E 20 万 IU、生物素 0.3mg、维生素 B_{12} 0.012mg、肌醇 1.0g、维生素 C 0.1g，连喂 2 周（岳淑英，2017）。

综上所述，可以通过降低饲粮能量水平、提高饲粮蛋能比、补充维生素和微量元素、减少环境应激和加强采食管理等途径，减少肝脂肪合成，促进脂肪转运，减少脂肪堆积，预防和避免脂肪肝的发生。

第四节　黄羽肉鸡脂肪沉积的调控

脂肪组织的沉积与分布受基因与营养因素的调控，其中脂肪细胞的增殖主要受到基因的调控，但营养因素也可影响出生早期动物脂肪细胞的数量。当脂肪细胞开始储存甘油三酯后不能再分化，则脂肪细胞的体积主要受到营养因素的调控。另外，饲养环境和饲养方式等其他因素对黄羽肉鸡脂肪沉积也有一定的影响。

一、脂肪沉积相关性状候选基因

脂肪沉积是脂肪摄取、脂肪酸合成、甘油三酯合成及脂肪分解过程动态平衡的结果。多年研究发现，肉鸡脂肪沉积是通过调控参与脂肪代谢相关基因的表达实现的，这些基因主要包括脂蛋白酯酶（lipoprotein lipase，LPL）、脂肪酸转位酶（fatty acid translocase，FAT/CD36）、脂肪酸结合蛋白（fatty acid-binding proteins，FABPs）、腺苷酸激活蛋白激酶（AMP-activated protein kinase，AMPK）以及过氧化物酶体增殖物激活受体（peroxisome proliferators activated receptors，PPARs）基因等（李文娟，2008）。

（一）脂蛋白酯酶（lipoprotein lipase，LPL）

LPL 是脂酶家族成员之一，包括胰脂酶、肝脂酶和内皮脂肪酶，参与各种脂蛋白代谢调控及脂肪酸的代谢过程，对调控脂肪沉积起着核心作用。血液中载脂蛋白与 LPL 结合后能催化水解甘油三酯，生成小分子质量的脂肪酸和单酰甘油，通过血液循环供给机体各组织储存和利用。因此，LPL 基因的表达量及其活性对于各组织的生长发育及成分体组成非常重要，同时可能介导脂肪沉积的组织间以及性别间的差异。

研究发现，2 周龄兴义矮脚黄鸡腹脂的 LPL 基因的表达水平低于 4 周龄和 8 周龄肉鸡，且母鸡腹脂、皮下脂肪和肌内脂肪的 LPL mRNA 表达量显著高于公鸡，而母鸡皮下脂肪厚度、腹脂率和肌内脂肪含量等指标也都显著高于公鸡（杨恒东等，2009）。公鸡皮下脂肪和肌内组织的 LPL mRNA 表达量显著高于肝脂和腹脂，但皮下脂肪和肌内脂肪间、肝脂和腹脂间差异均不显著；而母鸡的肝脂、腹脂、皮下脂肪、肌肉等组织的 LPL mRNA 表达量都有显著差异，其表达量由少到多顺序为：肝脂＜腹脂＜皮下脂肪＜肌内脂肪（杨恒东等，2009）。张权（2011）研究发现，淮南麻黄鸡不同组织 LPL 相对表达量依次排序为：肝>腿肌>胸肌>腹脂，由此可知，不同组织部位 LPL 相对表达量在不同地方品种鸡以及不同生长阶段存在差异性。

刘蒙等（2009）证实，北京油鸡腹脂率、皮下脂肪重量和皮下脂肪率与其相应部位的 LPL mRNA 表达水平呈显著正相关。张权（2011）研究发现，淮南麻黄鸡胸肌肌内脂肪含量同胸肌 LPL 相对表达量的相关系数为－0.215，而文昌鸡和清远麻鸡胸肌肌内脂肪含量同胸肌 LPL 相对表达量的相关系数分别为 0.085 和 0.135，但均未达到显著水平；清远麻鸡腿肌肌内脂肪含量同腿肌 LPL 相对表达量相关系数为－0.238，文昌鸡和淮南麻黄鸡腿肌肌内脂肪含量同腿肌 LPL 相对表达量相关系数分别为 0.275 和 0.299，但均未达到显著水平。王晶等（2013）以广西三黄鸡为研究对象，发现胸肌和腿肌 LPL 表达量随日龄的增加而上升，与肌内脂肪含量呈显著正相关，且胸肌中的表达水平极显著低于腿肌。王斌等（2020）发现，90、120、150 和 180 日龄淮南麻黄鸡公鸡肝和胸肌 LPL 基因相对表达量在不同日龄间有显著差异，腿肌 LPL 基因相对表达量在不同日龄间无显著差异；母鸡肝 LPL 基因相对表达量在不同日龄间无显著差异，胸肌和腿肌 LPL 基因表达量在不同日龄间有显著差异；公鸡胸肌肌内脂肪含量与肝 LPL 表达量均显著正相关，相关系数为 0.538；母鸡腿肌肌内脂肪含量与腿肌 LPL 表达量显著正相关，相关系数为 0.403。淮南麻黄鸡腹脂 LPL 表达量同血浆甘油三酯含量的相关系数为 0.764，与腹脂率的相关系数为 0.755，呈显著正相关；清远麻鸡腹脂 LPL 表达量同腹脂率相关性最小，相关系数为 0.066；文昌鸡肝 LPL 表达量同血浆甘油三酯的相关系数为 0.687，呈显著正相关；地方品种鸡肝相对表达量同腹脂率呈负相关，相关系数由大到小排序依次为：淮南麻黄鸡>文昌鸡>清远麻鸡（张权，2011）。由此可知，LPL 表达量在组织和品种间存在差异，有关 LPL 调控黄羽肉鸡的分子机制仍有待进一步研究。

（二）脂肪酸转位酶（fatty acid translocase，FAT/CD36）

脂肪酸转位酶（fatty acid translocase，FAT/CD36）是近年来发现参与脂肪酸跨膜转运的重要载体蛋白，鸡 FAT/CD36 主要存在于肌肉和脂肪组织中，尤其是在腹脂组织高丰度表达（束刚等，2009）。研究表明，FAT/CD36 在脂肪酸转运和脂肪代谢过程中具有重要作用（Pohl et al.，2005）。Drover 等（2005）报道，FAT/CD36 能够促进脂肪细胞中甘油三酯的合成和外周乳糜微粒的清除。研究发现，主动免疫 FAT/CD36 能特异性降低黄羽肉鸡公鸡的腹脂沉积水平，但对母鸡无显著影响（束刚等，2009）。冯嘉颖等（2006）对黄羽肉鸡 FAT/CD36 基因克隆及其发育性表达的研究表明，黄羽公鸡皮下脂肪和腹脂的沉积量随日龄的增加逐渐升高，腿肌和腹脂 FAT/CD36 mRNA 的表达水平也逐渐升高，其中腹脂的表达水平在所检测的各组织中最高；母鸡 FAT/CD36 mRNA 的表达水平在生长早期（22 日龄和 29 日龄）较高，但在后期（42 日龄和 56 日龄）反而有下降的趋势。因此，FAT/CD36 对黄羽肉鸡的脂肪沉积调控具有典型的性别特异性和部位差异。

（三）脂肪酸结合蛋白（fatty acid-binding proteins，FABPs）

FABPs 是机体脂肪代谢过程的重要调控因子之一，特别是调节肌内脂肪含量。FABPs 最基本的功能是参与脂肪酸从细胞膜转运到在细胞内被利用的位置。脂肪酸通过各种细胞质膜的转运，一般认为是简单扩散和脂类分离的被动过程，这种转运随之就结合到细胞质 FABPs 上，然后被运输到细胞器中，或者沿着细胞内膜继续移动。FABPs 能够加强脂肪酸的转运扩散，促进细胞膜吸附脂肪酸。FABPs 通过对脂肪酸的摄取、运载、酯化和 β 氧化等环节，调节脂肪酸的氧化供能及磷脂、甘油三酯的代谢。此外，FABPs 通过与脂肪酸结合能使其在细胞质中的水溶性提高，从而调节脂肪代谢。

目前发现的 FABPs 基因有 9 种，但黄羽肉鸡 FABPs 基因的研究主要集中在脂肪细胞型脂肪酸结合蛋白（adipocyte fatty acid - binding protein，A - FABP）基因和心脏型脂肪酸结合蛋白（heart fatty acid - binding protein，H - FABP）基因（Ye et al.，2010）。杨芬霞（2015）在麒麟鸡心肌、肝、胸肌和腿肌中都检测到有 A - FABP 基因表达。A - FABP 基因在黄羽肉鸡脂肪组织中表达水平显著高于其他组织，依次排序为：腹脂＞胸肌＞心脏＞肝（周琼，2010）。周琼（2010）发现，如皋黄鸡 A - FABP 基因在前期 2～4 周龄的表达水平较高，4 周龄以后开始下降，10～12 周龄后的表达水平有所回升。H - FABP 是一种脂溶性蛋白，在心肌、骨骼肌和脂肪组织等组织器官中表达，对脂肪酸在细胞内的转运及甘油三酯的积累和氧化起重要作用，可能是控制腹脂性状的主效基因或者是主效基因连锁，可用于鸡脂肪性状的 DNA 标记辅助选择（Wang et al.，2016；王启贵等，2002）。免疫组化的试验结果显示，H - FABP 在三黄鸡和和田黑鸡的心肌、胸肌和腿肌的细胞浆中均有表达，在三黄鸡心肌和腿肌中的表达量要高于和田黑鸡，但三黄鸡胸肌中的表达量要低于和田黑鸡（王永，2016）。

王启贵等（2002）在 H - FABP 基因的第 2 内含子中找到了两个与鸡腹脂率和腹脂重密切相关的多态位点。此外，王彦等（2007）以广东省农业科学院畜牧研究所提供的 4 个地方优质肉鸡品种（封开杏花鸡、惠阳三黄胡须鸡、清远麻鸡和广西霞烟鸡）、2 个培育品种（岭南黄鸡矮小型麻羽专门化品系和岭南黄鸡 2 号配套系商品代鸡）和 AA 肉鸡为对象对 H - FABP 基因多态性研究也发现，其遗传变异是影响肌内脂肪含量的主要因素之一。多年来对不同品种肉鸡的研究发现，H - FABP 与肌内脂肪含量呈现显著的负相关，但性别间没有显著差异：北京油鸡、白来航鸡和 AA 鸡群体的 H - FABP 基因表达量随日龄的增长而显著降低（李文娟等，2006）；鹿苑鸡与隐性白羽肉鸡 H - FABP 基因在胸肌和腿肌的差异表达量与肌内脂肪含量呈显著负相关（屠云洁等，2009）；生长较慢的如皋黄鸡 H - FABP 基因表达量在心肌、胸肌和腿肌显著低于生长较快的安卡红鸡，且两品种鸡 H - FABP 基因表达量与肌内脂肪呈现显著负相关（屠云洁等，2010）。H - FABP 基因在三种优质肉鸡（芦花鸡、三黄鸡和青脚麻鸡）胸肌中的表达水平也呈现显著的品种差异：青脚麻鸡胸肌中 H - FABP 的 mRNA 水平显著比芦花鸡和三黄鸡低，而芦花鸡与三黄鸡差异不显著；H - FABP 基因的表达量与脂肪含量呈负相关关系（赵衍铜，2013）。三黄鸡组织间 H - FABP 基因表达量差异显著，表现为：心肌＞腿肌＞胸肌，且心肌和胸肌中 H - FABP 基因表达量与肌内脂肪含量呈显著负相关；和田黑鸡心肌、胸肌和腿肌 H - FABP 基因表达量与肌内脂肪含量也呈显著负相关（王永，2016）。余春林等（2016）以大恒 699 优质肉鸡和沐川黑鸡为素材，发现两个品种 H - FABP 基因相对表达量不同日龄间差异不显著，90 日龄和 150 日龄 H - FABP 基因相对表达量与肌内脂肪含量显著或极显著负相关，但 120 日龄 H - FABP 基因相对表达量与肌内脂肪含量不相关。

罗桂芬等（2006）通过研究北京油鸡 A - FABP 基因多态性及其与脂肪性状的相关

性，推测 A-FABP 可能是影响肉鸡脂肪代谢的主效基因或与主效基因相连锁。与此同时，李文娟等（2006）研究发现，FABP 表现出显著的品种效应，性别因素显著影响该基因的表达。和田黑鸡心肌、胸肌和腿肌中 A-FABP 基因 mRNA 表达量均高于三黄鸡，但显著性差异仅在腿肌中表现出来；两品种腿肌中 A-FABP 基因 mRNA 表达量均极显著高于心肌和胸肌；两品种胸肌和腿肌中 A-FABP 基因 mRNA 表达量与肌内脂肪含量呈显著的正相关，三黄鸡胸肌和腿肌的相关系数分别是 0.716 和 0.644，和田黑鸡胸肌和腿肌的相关系数分别是 0.657 和 0.607（王永，2016）。研究发现，北京油鸡、白来航鸡和 AA 鸡 A-FABP 基因 mRNA 随日龄的增长表达量显著升高，且公鸡显著高于母鸡，但与肌内脂肪含量没有显著相关；矮脚鸡 A-FABP 基因 mRNA 表达水平与肌内脂肪含量呈显著负相关（李文娟等，2006）。但是，屠云洁等（2010）以如皋黄鸡和安卡红鸡为研究群体，发现 A-FABP 具有较强的组织特异性，主要在腹脂和肝表达，如皋黄鸡 A-FABP 基因在两组织的表达量分别是安卡红鸡的 15.964 倍和 10.964 倍，且与腹脂率呈显著正相关，但是其表达水平对肌内脂肪影响不显著，而且在母鸡中表达水平显著高于公鸡。

综上可知，FABP 可能是影响肉鸡脂肪代谢的主效基因或与主效基因相连锁，H-FABP 与肌内脂肪含量呈现显著的负相关；A-FABP 与肌内脂肪含量呈现显著的正相关，并表现出显著的品种和性别效应。

（四）腺苷酸激活蛋白激酶（AMP-activated protein kinase，AMPK）

AMPK 对脂肪细胞发育和肌内脂肪的沉积具有重要调控作用。作为体内的能量感受器，激活的 AMPK 通过磷酸化作用抑制脂肪合成关键基因的表达，从而降低肌内脂肪的沉积（Yang et al.，2015）。杨烨（2013）以北京油鸡为研究对象发现，腿肌中 AMPKβ1、AMPKβ2 和 AMPKγ1 基因在 56 日龄表达量高于 1 日龄和 112 日龄的表达量，与腿肌肌内脂肪含量及脂肪代谢基因（PPARα、PPARγ、FAT、FAS、CASR）的变化呈相反趋势。细胞培养研究表明，前体脂肪细胞经过 AMPK 激活剂 AICAR 处理后，细胞脂质蓄积能力和 PPARα、PPARγ 基因表达有所降低，而经过抑制剂 Compound C 处理后，细胞脂质蓄积能力和 PPARα、PPARγ 基因表达会增加（杨烨，2013）。因此，AMPK 基因对北京油鸡肌内脂肪沉积具有一定调控作用，特别是 AMPKβ1、AMPKβ2 和 AMPKγ1 基因具有显著的负调控作用。

（五）过氧化物酶体增殖物激活受体（peroxisome proliferators activated receptors，PPARs）

PPARs 分为三个亚型，即 PPARα、PPARβ、PPARγ。PPARs 三个亚型参与脂肪细胞分化作用的程度有所不同（Kiec-Wilk et al.，2005）。PPARα 主要在肝、心脏、骨骼肌中表达，主要参与脂肪酸的氧化并有抗炎作用；PPARγ 在脂肪细胞分化中起关键的启动作用，主要在脂肪组织中表达，影响脂肪细胞分化和成熟脂肪细胞中脂肪酸的吸收和储存（杨谷良等，2017）。PPARβ 分布广泛，但表达水平较低，能影响肝细胞的分化。通过对转染具有分化成脂肪细胞潜能的多种细胞系进行评估发现，PPARγ 的成脂作用最强，PPARα 的作用较弱，而 PPARβ 几乎无作用（蔡元丽，2009）。

Guo 等（2011）和王丽等（2012）也发现脂肪细胞的大小与 PPARγ 基因的表达水平具有相关性，认为 PPARγ 基因的表达水平与脂肪细胞的大小及脂肪细胞的分化程度呈正相关。王丽等（2012）检测了高脂系肉鸡和低脂系肉鸡脂肪细胞中 PPARγ 的含量，发现高脂系肉鸡脂肪细胞中 PPARγ 基因的表达水平显著高于低脂系，同时，高脂系肉鸡脂肪细胞的体积也要大于低脂系。北京油鸡在各个生长发育时期的腹脂中 PPARγ 表达均极显著高于胸、腿肌组织中的表达，而 PPARα 在腿肌和腹脂中的表达均表现为先下降后升高的趋势，在胸肌（4 周龄和 8 周龄）和腿肌（除 0 周龄外）中的表达显著高于腹脂（付睿琦等，2014）。此外，56 日龄 AA 肉鸡腹脂率高于同日龄的北京油鸡，且前者腹脂 PPARγ 基因表达量低于后者（蒋瑞瑞等，2010）。研究表明，随着 PPARγ 基因表达量的下调，许多与脂肪细胞分化相关基因的表达量（如 FABP 和 LPL 等）表现出不同程度的降低（王丽等，2012）。

由此可见，PPARγ 基因的表达可能与肉鸡腹脂的沉积有一定的关系，该基因可能是调控肉鸡脂肪细胞增殖与分化的关键因子，并且可以调节多种与脂肪代谢相关基因的表达，在肉鸡脂肪沉积调控网络中发挥重要作用。

二、营养素对脂肪沉积的调控

生产中通常通过调整饲粮中能量水平、营养物质（蛋白质和氨基酸水平、维生素及其类似物）和添加饲料添加剂等方式调控肉鸡的脂肪沉积，进而改善其体脂组成和肉质风味。

（一）能量水平

肉鸡的生长发育、肉品质及胴体品质与饲粮能量水平息息相关。糖类，或脂肪，或其他能量物质作为饲粮能量的来源，对黄羽肉鸡体脂沉积的影响尤为重要。

康相涛等（2002）对固始鸡进行研究发现，5～8 周龄时饲喂不同代谢能水平的饲粮后，随着饲粮能量水平的上升，体脂肪相应上升，且母鸡体脂沉积率较公鸡高。陈彩文（2016）对 6～10 周龄麒麟鸡进行研究，当饲粮代谢能保持不变时，粗蛋白质水平的变化对腹脂率影响较小，但是高能组腹脂率显著高于低能组，说明饲粮代谢能水平是影响麒麟鸡腹脂率的决定性因素。吴旭升等（2019）研究发现 8～11 周龄拜城油鸡的基础日粮粗蛋白质含量为 18.0%，代谢能水平为 11.70、12.12 和 12.54MJ/kg 时，腹脂重和腹脂率均表现为 12.12MJ/kg 代谢能组最低。高能量饲粮组清远麻鸡的腹脂率显著高于低能量饲粮组；高能组胸肌肌内脂肪含量在不同品种鸡之间差异显著，表现为淮南麻黄鸡＞清远麻鸡＞文昌鸡（张权，2011）。白洁等（2013a）研究发现，42～90 日龄北京油鸡公鸡饲喂代谢能为 11.76、12.39、13.02 和 13.65MJ/kg 的饲粮后，13.65MJ/kg 代谢能组的腹脂率分别是 11.76、12.39、13.02MJ/kg 代谢能组的 1.65、2.43 和 2.50 倍；12.39MJ/kg 代谢能饲粮组北京油鸡胸肌肌内脂肪含量分别是 11.76、13.02 和 13.65MJ/kg 代谢能饲粮组的 1.35、1.34 和 1.32。此外，白洁等（2013b）研究发现，随饲粮代谢能增加，胸肌和腿肌肌内脂肪含量升高；母鸡胸肌和腿肌肌内脂肪含量及腹脂率均高于公鸡。刘蒙等（2009）以 3～13 周龄北京油鸡公鸡为试验对象，在饲喂 4 个代谢能水平的日粮（12.122、12.540、12.958 和 13.376MJ/kg）后，发现胸肌和腿肌肌内脂肪、皮下脂肪重量和皮下脂肪率随饲粮能量水平提高而升高，在 12.958MJ/kg 组达到峰值，13.376MJ/kg 组下降；腹脂重、腹脂率、皮下脂肪厚度和肌间脂带宽随饲粮能量提高而显著提高，没有拐点。

蒋守群等（2003）以岭南黄雏鸡为研究对象发现，随饲粮代谢能水平提高（11.88、12.19、12.92、13.22 和 13.60MJ/kg），21 日龄公雏腹脂率呈上升趋势，13.60MJ/kg 组腹脂率最高；母雏腹脂率呈先升高后降低趋势，12.92MJ/kg 组最高，11.88MJ/kg 组体脂肪含量最低，而 1～28 日龄慢速型黄羽肉鸡公鸡的饲粮代谢能水平为 12.59MJ/kg 时，胸肌脂肪沉积量最高（蒋守群等，2019）。但是，1～84 日龄中速型岭南黄羽肉鸡母鸡的腹脂率全期标准代谢能水平组显著低于高代谢能水平组，而公鸡腹脂率则不受代谢能水平的影响（林厦菁等，2018）。此外，研究表明在 21 日龄黄羽肉鸡的饲料代谢能由 11.70MJ/kg 提高至 12.54MJ/kg 饲喂 21d，黄羽肉鸡公鸡腿肌肌内脂肪提高 24.28%，但是对黄羽肉鸡母鸡腿肌肌内脂肪没有显著影响（周桂莲等，2004）。由此可知，黄羽肉鸡公鸡在雏鸡阶段其体脂沉积较公鸡更易受饲粮能量水平的影响。周桂莲等（2004）研究 22～42 日龄黄羽肉鸡时发现，随着饲粮代谢能水平的增加，公母鸡腹脂率和腿肌粗脂肪含量不断增加；以肌内脂肪含量为评价指标时，公鸡和母鸡最佳饲粮代谢能水平不同，分别为 12.122MJ/kg 和 12.540MJ/kg。周桂莲等（2003）以 43～63 日龄黄羽肉鸡为研究对象，发现饲粮代谢能水平（11.704、12.122、12.540、12.958、13.376MJ/kg）对公母鸡空体粗脂肪含量影响极显著，随饲粮代谢能水平提高，空体粗脂肪含量有升高趋势；以胸肌和腿肌粗脂肪含量为评价指标时，公鸡和母鸡黄羽肉鸡最佳饲粮代谢能水平不同，分别为 13.376MJ/kg 和 12.958MJ/kg。El - Senousey 等（2019）研究 29～56 日龄的慢速型岭南黄鸡公鸡代谢能水平（2 799、2 897、2 997、3 098、3 198kcal/kg）时发现，不同代谢能水平对其体脂含量没有显著影响；随着饲粮能量水平的提高，腹脂和腿肌肌内脂肪含量显著增加。Abouelezz 等（2019）研究 9～15 周龄的慢速型岭南黄鸡公鸡代谢能水平（2 805、2 897、2 997、3 095、3 236kcal/kg）时发现，不同代谢能水平对其体脂和腹脂含量没有显著差异；随着饲粮能量水平的提高，腿肌脂肪含量呈线性增加，胸肌脂肪含量呈二次响应；与 2 805kcal/kg 组相比，2 997kcal/kg 组显著提高了胸肌和腿肌脂肪含量。但是，欧阳克蕙等（2004）分析饲粮不同代谢能水平对不同阶段崇仁麻鸡生产性能和胴体化学组成的影响时，却发现代谢能水平对后期（61 日龄以上）肉鸡胴体脂肪含量有较大影响，提高代谢能水平可显著降低胴体脂肪含量。由此可见，饲粮能量水平对不同品种的黄羽肉鸡体脂沉积的影响存在很大差异。

（二）营养物质

1. 蛋白质和氨基酸水平　饲粮粗蛋白质水平对肉鸡胴体品质具有重要影响。蒋守群等（2013）以 43～63 日龄岭南黄羽肉鸡为研究对象发现，随饲粮粗蛋白质水平提高，试验鸡血浆 LPL 活性显著降低，且血浆中甘油三酯含量也逐渐降低，腹脂率趋于减少。郭金彪等（2009）也发现随着饲粮蛋白质水平的上升，21～45 日龄岭南黄羽肉鸡屠体脂肪相应下降。苟钟勇等（2014）研究发现，饲粮粗蛋白质水平对 1～21 日龄快大型黄羽肉鸡腹脂率有显著影响，提高饲粮蛋白质水平可显著降低腹脂率。同样，提高饲粮粗蛋白质水平可降低 43 日龄快大型岭南黄羽肉公鸡的腹脂率（苟钟勇等，2013；Gou et al.，2016）。林厦菁等（2014）研究发现，22～42 日龄时随着饲粮粗蛋白质水平升高，公母鸡的腹脂率显著降低；43～63 日龄时随着饲粮粗蛋白质水平升高，公母鸡的腹脂率有降低的趋势。

王剑锋等（2014）报道，给京海黄鸡（42～112 日龄）饲喂蛋白质水平分别为 15%、16%、17%和 18%，相应的代谢能水平分别为 9.95、10.95、12.65 和 13.95MJ/kg，结果发现，随着蛋白质和代谢能水平的提高，肉鸡胸肌中肌内脂肪沉积量呈下降趋势。蒋守群等（2013）研究 43～63 日龄阶段快大型黄羽肉鸡发现，随着蛋白质和能量比值的增加，其腹脂率有不断下降的趋势。因此，适当调整饲粮蛋白质和能量比值（蛋能值）可获得理想的肉鸡体脂沉积。

Xi 等（2007）研究表明，饲喂低蛋白饲粮显著降低黄羽肉鸡胴体品质，其原因可能是饲粮氨基酸不平衡或非必需氨基酸不足造成的。研究表明，与 0.25%蛋氨酸饲粮组相比，0.30%和 0.35%蛋氨酸组降低了 63 日龄岭南黄羽肉鸡的腹脂率和腹脂重（席鹏彬等，2011）。王自蕊等（2012）研究发现饲粮蛋白质水平低于 13.5%时补充蛋氨酸、赖氨酸和苏氨酸，显著降低 9～16 周龄宁都三黄鸡的腹脂率。由此可知，低蛋白饲粮补充适量的蛋氨酸、赖氨酸、苏氨酸和甘氨酸可有效降低黄羽肉鸡的腹脂率。

补充色氨酸可显著改善 1～21 日龄快大型黄羽肉鸡的生产性能，促进机体脂肪和腹脂沉积（席鹏彬等，2011）。席鹏彬等（2009）发现缺乏色氨酸的饲粮黄羽肉鸡腹脂率较高，但是在补充晶体色氨酸后腹脂率降低，其中 0.2%色氨酸添加组的腹脂率降低了 28.9%，且 43～63 日龄黄羽肉鸡公鸡腹脂率对饲粮中色氨酸浓度变化比母鸡更敏感。由此可知，色氨酸对黄羽肉鸡的脂肪沉积受饲养阶段的影响。然而，黄羽肉鸡饲养后期（43～63 日龄）对色氨酸的利用主要用于机体蛋白质的合成与沉积，增加胸肉产量，进而腹脂沉积量降低。

2. 维生素及其类似物 维生素 A、维生素 E 和 B 族维生素如胆碱、叶酸和烟酸等在肉鸡脂肪代谢中发挥重要作用，具有降低家禽肝脂和腹脂的功能。

研究发现，饲粮添加 6 000IU/kg 维生素 A 显著提高了 43～63 日龄黄羽肉鸡胸肌肌内脂肪含量（洪平，2013）。添加不同剂量维生素 E 能显著增加 17 周龄北京油鸡胸肌和腿肌中肌内脂肪的含量，并降低腹脂率，有效抑制肌肉的脂质氧化，增加胸肌中不饱和脂肪酸的比例（李文娟，2008）。随着饲粮中维生素 E 添加量的增加，显著提高了信宜怀乡鸡相对肝重量，并有降低相对腹脂重量的趋势，显著降低肝中总胆固醇，提高了甘油三酯含量（张文红，2013）。饲粮添加维生素 E 显著降低广西三黄鸡腹脂率，以 150mg/kg 添加效果最为显著（刁蓝宇等，2018）。进一步研究发现，饲粮添加 150mg/kg 维生素 E 可调节广西三黄肉鸡肝 LPL 和 FABP 基因表达量，进而影响机体的脂质代谢（刘敏燕等，2018）。王一冰等（2021）在 60～160 日龄清远麻鸡饮水中添加 0.01%的复合维生素（维生素 A：维生素 B_1：维生素 B_2：维生素 B_6：维生素 B_{12}：维生素 D_3：维生素 E：烟酰胺=5：1：2：1：1：1：5：4）后，与对照组相比，其胸肌肌内脂肪含量下降了 26%。此外，添加胆碱能够显著降低腹脂率、血清总胆固醇和甘油三酯含量，其中 1～21 日龄岭南黄羽肉鸡饲粮中活性胆碱水平的最佳需要量为 750mg/kg，22～52 日龄为 500mg/kg（周源等，2011）。中鸡阶段和大鸡阶段的黄羽肉鸡腹脂率和肝中脂肪含量有随氯化胆碱添加量增加而降低的趋势，且建议玉米-豆粕型黄羽肉鸡饲粮可在中鸡阶段添加 50%氯化胆碱 500mg/kg（郭吉余等，2002）。

细胞水平的研究也发现，15mg/L 叶酸可降低鸡原代肝细胞中 FAS 和 ACC 基因表达（刘艳利等，2017）。在分化的鸡脂肪细胞中添加 16mg/L 的叶酸也能显著降低 FAS 和 PPARγ 基因表达（Yu et al.，2014）。进一步研究发现，添加叶酸使得鸡脂肪细胞中脂肪分解代谢加强，脂肪酸氧化供能（Yu et al.，2014）。

相对于 60mg/kg 烟酸组，饲粮添加 120mg/kg 烟酸组能有效降低北京油鸡脂肪（腹脂和皮下脂肪）的沉积（Jiang et al.，2011）。当烟酸添加量为 25～50mg/kg 时，可降低 1～21 日龄黄羽肉鸡血脂水平（阮栋等，2010）。

（三）饲料添加剂

近年来，在黄羽肉鸡脂质调控中的研究多集中于苜蓿黄酮、山楂叶总黄酮、姜黄素、大豆黄酮、茶多酚和桉叶多酚等植物源多酚类化合物。此外，一些植物提取物（壳聚糖、迭迭香提取物、苜蓿皂苷、竹青素、柚皮粉、大蒜粉和绿茶粉等）、中草药和微生态制剂等在调控黄羽肉鸡体脂沉积方面也有很好的效果，常见多酚类化合物对黄羽肉鸡体脂沉积的影响见表 6－7，其他形式的饲料添加剂对黄羽肉鸡体脂沉积的影响见表 6－8。

表 6－7　常见多酚类化合物对黄羽肉鸡体脂沉积的影响

名称	阶段	添加水平	试验天数/d	作用	参考文献
苜蓿黄酮	25 日龄崇仁麻鸡母雏	300mg/kg	28	粗脂肪的利用率下降 3.92％	熊小文等，2012
	30 日龄崇仁麻鸡母雏	0.10％苜蓿黄酮	28	皮下脂肪厚度下降 26.22％，肌间脂肪宽度下降 20.53％	欧阳克蕙等，2013
山楂叶总黄酮	21 日龄雄性黄羽肉鸡	20mg/kg	28	皮下脂肪率提高 30.50％，腹脂率提高 33.74％	李莉等，2009
			42	皮下脂肪率下降 20.10％，腹脂率下降 26.6％	
姜黄素	1 日龄皖江黄公鸡	350mg/kg	42	腹脂率下降 15.27％，肝脂率下降 19.03％，皮下脂肪厚度下降 29.11％	胡忠泽等，2009
大豆黄素	1 日龄岭南黄羽肉鸡公鸡	100mg/kg	63	腹脂率下降 66.20％	程忠刚等，2002
	1 日龄岭南黄羽肉鸡母鸡	100mg/kg	63	腹脂率下降 46.00％	
茶多酚	1 日龄固始鸡	0.05％	42	腹脂率下降 13.66％，肝脂率下降 18.50％	刘卫东等，2010
桉叶多酚	90 日龄胡须鸡	0.90g/kg	40	胸肌肌内脂肪提高 34.50％，腿肌肌内脂肪提高 30.33％	李伟等，2017

表 6-8　其他形式的饲料添加剂对黄羽肉鸡体脂沉积的影响

饲料添加物	肉鸡品种和试验起始日龄	添加水平	试验天数/d	作用效果	参考文献
壳聚糖	1 日龄麒麟鸡母鸡	0.5%分子质量为30～50ku	56	肝脂率下降 14.62%，皮下脂肪厚度下降 41.18%，肌间脂肪宽下降 63.16%	林嘉欣等，2015
		1.5%分子质量为30～50ku	56	粗脂肪的代谢率下降 5.38%	
	49 日龄麒麟鸡母鸡	0.75%分子质量约为 50ku	42	腹脂率下降 26.70%，肝脂率下降 5.76%，肌间脂肪宽下降 36.99%，粗脂肪代谢率下降 8.03%	黎秋平，2015
		0.75%分子质量约为 5ku	42	腹脂率下降 34.76%%，肝脂率下降 8.83%，肌间脂肪宽度下降 28.77%，粗脂肪代谢率下降 5.96%	
		0.75%分子质量约为 2ku	42	腹脂率下降 31.23%，肝脂率下降 12.36%，肌间脂肪宽下降 38.36%，粗脂肪代谢率下降 3.22%	
	1 日龄黄羽肉鸡	1 000mg/kg	21	腹脂率下降 14.57%；肝脂率下降 12.85%	任莉等，2010
			42	腹脂率下降 24.79%；肝脂率下降 9.21%	
	49 日龄黄羽肉鸡母鸡	0.1%	21	腹脂率下降 13.90%，皮下脂肪厚下降 15.91%	黄冠庆等，2007
低聚壳聚糖	42 日龄怀乡鸡	0.8%	42	肝脂率下降 13.38%，腹脂率下降 26.39%	王润莲等，2019
	1 日龄快大型岭南黄鸡公鸡	50mg/kg	63	腹脂率下降 25.68%	范秋丽等，2020a
竹青素（由竹叶、竹茹、竹笋提取物复配而成）	26 日龄石岐胡须鸡	3.0g/kg	49	腹脂率下降 26.27%，肝脂率下降 33.22%	黄骆镰等，2013
大蒜提取物	1 日龄黄羽肉鸡	200mg/kg 大蒜素	42	腹脂率下降 5.36%，皮下脂肪厚度下降 19.2%	任莉等，2009
		1.5%大蒜粉	42	腹脂率下降 2.89%，皮下脂肪厚度下降 17.34%	

（续）

饲料添加物	肉鸡品种和试验起始日龄	添加水平	试验天数/d	作用效果	参考文献
复合型植物提取物	1日龄三黄鸡	0.02%（由蒲公英、青果、败酱、萝摩、葡萄核组成，功能性成分为2.31%黄酮和1.42%总皂苷）	35	腹脂率下降16.67%	赵艳飞，2018
			70	腹脂率下降39.64%	
绿茶粉	1日龄青脚固始鸡	7.0%	42	腹脂率下降14.48%	张广强等，2014
松针粉	1日龄良凤麻鸡	5.0%	60	腹脂率下降60.64%	孙浩然等，2018
中草药添加剂	47日龄三黄鸡	2.0%（大蒜、当归、益母草、山楂等组成）	120	腹脂重提高16.15%	司春灿等，2020
		2.0%（山楂、何首乌、黄芪、板蓝根等组成）	120	腹脂重提高13.95%	
	60日龄灵山麻鸡	10%兑水饲喂（金银花、白头翁、黄连、黄芩、黄柏各占20%）	120	腹脂率提高10.30%	杨楷等，2020
	14日龄三黄鸡	1.0%（茯苓、苍术、麦芽、山楂、决明子、党参、甘草等组成）	21	腹脂率下降30.91%	杜改梅等，2010
蝉花菌丝体（一种中药）	90日龄雁荡麻鸡	2.0%	40	胸肌粗脂肪含量下降18.57%	李冲等，2021
植物小肽	1日龄快大型黄羽肉鸡	0.5%	56	腹脂率下降13.37%，皮下脂肪厚度下降13.82%	黄冠庆等，2009
半胱胺	21日龄黄羽肉鸡母鸡	60mg/kg	42	胸肌肌内脂肪提高14.74%	马现永等，2009
微生态制剂	7日龄苏禽黄鸡	0.05%（BM1259制剂）	42	腹脂率提高30.96%	李秀等，2011
酸化剂	1日龄快大型岭南黄鸡公鸡	2 000mg/kg苯甲酸＋2 000mg/kg柠檬酸	66	腹脂率下降9.59%	范秋丽等，2020b
酸化剂与益生菌混合制剂	84日龄广西三黄鸡	2.00g/kg	34	腹脂率下降24.84%，腿肌肌内脂肪提高11.47%，胸肌肌内脂肪提高19.23%	刁蓝宇等，2020

（续）

饲料添加物	肉鸡品种和试验起始日龄	添加水平	试验天数/d	作用效果	参考文献
凝结芽孢杆菌	1日龄黄羽肉鸡	1.5%	65	胸肌肌内脂肪提高10.36%，腿肌肌内脂肪提高7.71%	孙焕林等，2014
红曲霉菌	1日龄五华三黄鸡	0.5%	120	腹脂率下降34.88%	李姣清等，2017
卵磷脂	56日龄雌性广西三黄鸡	0.1%	42	腹脂率下降47.24%，腿肌肌内脂肪提高24.60%	张兴等，2012
羟化卵磷脂	9周龄三黄鸡	1.0%	56	腹脂重提高151.2%	任晋东等，2019
黑水虻幼虫粉	28日龄铁脚麻肉鸡	5%、10%、15%和20%	83	腹脂重分别提高161.98%、172.56%、89.81%和170.48%	沙茜等，2021
油茶饼多糖	1日龄快大型岭南黄鸡公鸡	800mg/kg	50	腹脂率下降14.16%	Wang等，2020
迷迭香提取物	1日龄京海黄鸡	200mg/kg	70	腹脂率下降34.40%	王奎，2014
苜蓿皂苷	1日龄京海黄鸡	0.09%	112	腹脂率下降34.40%	胡楷崎，2013
苜蓿草粉	43日龄快大型岭南黄鸡公鸡	80g/kg	21	腹脂率增加71.20%	Jiang等2018
柚皮粉	1日龄五华三黄鸡	5.0%	150	腹脂率下降21.05%、肌肉肌内脂肪下降47.00%	李威娜等，2016

三、其他因素对脂肪沉积的影响

（一）饲养方式

饲养方式在一定程度上能够影响黄羽肉鸡体脂沉积。

杨烨（2005）研究发现，与笼养方式相比，散养河田鸡的腹脂率、皮下脂肪、肌间脂肪、胸肌肌内脂肪和腿肌的肌内脂肪分别下降了47%、28%、7%、31%和21%。赵鑫源等（2016）发现，放养组杏花鸡腹脂率显著低于地面平养组；金恒等（2020）研究发现，地面平养的宁都三黄鸡腹脂率比笼养组下降了30.58%。谭东海（2014）研究发现，宁都黄鸡笼养组腹脂率和脂肪带宽度显著高于放养组，同时胸肌肌内脂肪含量从高到低顺序为：笼养组>半舍饲养组>放养组。刘梦杰等（2018）研究不同饲养方式对苏北草鸡胴体品质和肉品质的影响发现，放养鸡的腹脂率和腿肌肌内脂肪含量显著低于网上平养鸡。鲜凌瑾等（2017）研究发现，放养组青脚麻鸡皮下脂肪厚度比笼养组下降了19.51%，胸肌和腿肌肌内脂肪含量分别降低了 56.33%和 47.39%；朱梦婷等（2019）研究发现，笼养皖南三黄鸡的肌肉脂肪含量高于散养组。李文嘉等（2019）以北京油鸡为试验对象，发现2 个饲养阶段（9～14 周龄和 15～20 周龄）放养组腹脂率显著低于集约化笼养组，而且放养组肌肉不饱和脂肪酸和必需脂肪酸含量显著高于笼养组。但也有研究发现，放养组 40 周龄北京油鸡的腹脂重均显著高于笼养组，40 周龄散养组鸡的胸肌肌内脂肪含量低于笼养组（傅德智等，2013）。沙尔山别克·阿不地力大等（2011）以拜城油鸡为研究对象发现，放养组腹脂率显著低于网上饲养组和地面平养组，但放养组鸡胸肌和腿肌肌内脂肪含量均高于地面平养组和网上饲养组。Jiang 等（2011）研究发现 21～63 日龄的慢速型黄羽肉鸡公鸡室外散养鸡的腹脂率比室内散养鸡降低了 17.86%，但对皮下脂肪和胸肌肌内脂肪含量没有显著影响。

总体而言，从腹脂率和皮下脂肪厚度指标来看，放养方式低于笼养和舍饲平养。这可能是由于饲养密度增加，从而显著降低了肉鸡的活动空间，肉鸡的运动量减少导致腹脂沉积增加。

最新研究发现，清远麻鸡公鸡和母鸡脂肪沉积能随着饲喂水平的降低而降低。在饲喂水平为自由采食的 49.5%和 33%时，1～30 日龄清远麻鸡的脂肪沉积能量出现了负沉积；61～90 日龄清远麻鸡公鸡在饲喂水平为 66%、49.5%和 33%时，脂肪沉积能出现了负沉积；母鸡在饲喂水平为 49.5%和 33%时，脂肪沉积能出现了负沉积；91～120 日龄清远麻鸡公鸡在饲喂水平为 66%、49.5%和 33%时，脂肪沉积能出现了负沉积；母鸡在饲喂水平为 49.5%和 33%时，脂肪沉积能出现了负沉积（李龙，2021）。说明限饲可以降低体脂沉积。

（二）饲养环境温度

高温是一种比较严重的紧张性刺激，能够严重影响肉鸡体脂沉积。值得注意的是，高温对黄羽肉鸡体脂沉积的影响也存在品种、性别、组织和环境温度差异。

卢庆萍等（2008）研究发现，5 周龄的北京油鸡比 AA 肉鸡更耐高温，34℃高温引起北京油鸡腹脂率增加，而皮下脂肪和肌间脂肪沉积相对稳定，AA 肉鸡仔鸡肌间脂肪和皮下脂肪的沉积率明显降低。郝婧宇等（2012）研究持续高温［(35±0.37)℃］对不同性别北京油鸡脂肪沉积的影响时发现，对 49 日龄北京油鸡公鸡而言，热暴露 12d 时腹脂、肌间脂肪和皮下脂肪率与适温组［(28±0.38)℃］相比均无显著差异，但热暴露 23d 时各部位脂肪沉积率均显著降低；对母鸡而言，热暴露 12d 时腹脂、肌间脂肪沉积率显著降低，热暴露 23d 时皮下脂肪率显著降低，但热暴露 23d 时腹脂、肌间脂肪沉积率与适温组相比均无显著差异。换而言之，随着热暴露时间的延长，北京油鸡公鸡的脂肪沉积逐渐下降，而母鸡的脂肪沉积下降程度不明显。与适温组［(22±1)℃］相比，高温组［(34±1)℃］腹脂重、右腿皮下脂肪重、右腿肌间脂肪重、腹脂率、右腿皮下脂肪率、右腿肌间脂肪率分别升高 49.42%、1.42%、23.81%、52.54%、2.19%、24.0%，说明在高温环境条件下 35～56 日龄北京油鸡公鸡腹脂、皮下脂肪、肌间脂肪的绝对重和相对重都有增加的趋势，其中主要表现在腹脂，其次是肌间脂肪，皮下脂肪只有轻微的增加（王启军，2006）。

此外，在高温［(33±2)℃］环境下，12 周龄麒麟鸡公鸡的皮下脂肪厚度显著高于母鸡；母鸡的腹脂重、腹脂率和皮下脂肪厚度显著高于公鸡（李乃宾等，2013）。陈洁波等（2013）测定了在温度为（33±1)℃和（27±1)℃饲养12周龄的麒麟鸡公鸡的胴体品质及肉品质特性发现，高温组腹脂重和腹脂率虽然都低于常温组，但差异不显著；但高温组肌间脂肪宽度和皮下脂肪厚度都极显著低于常温组。吴薇薇（2012）在怀乡鸡上的研究发现，夏季高温环境下（34.5℃）在脂肪性状的相关指标上，如腹脂重、腹脂率、皮下脂肪厚度、肌间脂肪宽度，怀乡鸡母鸡显著高于公鸡；但相比适温环境试验，高温环境下母鸡腹脂率高出10%，公鸡则高出47%。

由此可见，高温热应激使得鸡腹脂沉积量明显增加，并且黄羽肉鸡公鸡体脂沉积对温度的变化更为敏感。

（三）去势

去势，是指用外科手术的方法，去除动物生殖系统，目的是消除家畜的性欲和繁殖能力，促使生殖生长转化为营养生长。国内外研究主要集中于公鸡的去势，去势公鸡消除了性欲和繁殖能力，在饲料转化率、屠宰性能、肉品质和血液生化等方面发生一系列特征性变化（Calik et al.，2014；崔小燕等，2016）。

研究发现，去势能提高肉鸡体内的脂肪合成代谢（Symeon et al.，2013；Guo et al.，2015）。近年来，多项研究表明，去势可提高血清甘油三酯和肝脂含量，并提高台湾土鸡TLRI-M13、藏鸡和北京油鸡腹脂沉积（Lin et al.，2003；Shao et al.，2009；崔小燕等，2016；Cui et al.，2018）。Guo等（2015）以28日龄广西黄鸡公鸡为试验对象，发现去势后上调了140日龄肉鸡肝FAS mRNA，增强了肝脂生成；上调了腹脂中LPL和PPARγ mRNA表达水平，增强了脂质沉积和脂肪细胞分化。此外，去势可在一定程度上调节黄羽肉鸡的体脂沉积，进而改善其肉品质。龙见锋等（2015）研究发现，去势文昌鸡公鸡腹脂重、腹脂率极显著高于对照组公鸡，肌间脂肪宽度、皮下脂肪厚度、血清总脂含量和肌内脂肪含量也显著高于对照组。

参考文献

安文俊，2010. 饲粮中添加不同配比油脂对肉鸡生产性能、肉品质及脂肪代谢影响的研究［D］. 南京：南京农业大学.

白洁，陈继兰，李冬立，等，2013a. 饲粮代谢能水平对北京油鸡屠宰性能和肌内脂肪含量的影响［J］. 动物营养学报，25（10）：2266-2276.

白洁，陈继兰，岳文斌，等，2013b. 饲粮代谢能水平对7～13周龄北京油鸡生产性能及肉品质的影响［J］. 中国家禽，35（16）：29-32.

蔡元丽，2009. 应激影响肉仔鸡脂肪沉积的分子生物学机制［D］. 泰安：山东农业大学.

曾英男，顾宇航，刘佳，等，2019. 天然抗氧化剂在油脂中的研究进展［J］. 安徽农学通报，25（2）：21-23.

陈翠莲，2007. 三个品种肉鸡脂肪沉积规律与肉质比较研究［D］. 广州：华南农业大学.

陈号川，2009. 广东优质鸡质量评价研究［D］. 广州：华南理工大学.

陈会良，2017. 凤阳大骨鸡消化道内容物淀粉酶活性的比较研究［J］. 当代畜牧（7）：36-37.

陈继兰，文杰，王述柏，等，2005. 鸡肉肌苷酸和肌内脂肪沉积规律研究［J］. 畜牧兽医学报（8）：

843－845.
陈继兰，赵桂苹，郑麦青，2002. 快速与慢速肉鸡脂肪生长与肌苷酸含量比较［J］. 中国家禽（8）：18－20.
陈洁波，陶林，杜炳旺，等，2013. 不同温度环境下麒麟鸡屠宰性能与肉品质测定［J］. 家禽科学（6）：13－16.
陈礼良，陈希杭，李国强，等，2007. 三种优质黄鸡在放养条件下的屠宰性能和肉质指标测定［J］. 浙江畜牧兽医（5）：3－5.
陈文，呙于明，黄艳群，2011. 玉米油和猪油对肉鸡生产性能、屠宰性能及血清生化指标的影响［J］. 动物营养学报，23（7）：1101－1108.
程忠刚，林映才，余德谦，等，2002. 大豆黄素在岭南黄羽肉鸡中的应用［J］. 中国家禽，24（6）：27.
崔焕先，2011. 肉鸡肌内脂肪形成的分子调控网络及相关基因研究［D］. 北京：中国农业科学院.
崔小燕，王杰，刘杰，等，2016. 去势对北京油鸡鸡冠发育、屠宰性能及脂肪代谢的影响［J］. 畜牧兽医学报，47（7）：1414－1421.
邓金良，刘玉兰，肖天真，等，2019. 不同抗氧化剂对花生油和大豆油氧化稳定性及预测货架期的影响［J］. 中国油脂，44（8）：35－40.
刁蓝宇，刘敏燕，冯栋梁，等，2018. 维生素 E 对广西三黄鸡屠宰性能及肉品质的影响［J］. 饲料工业，39（24）：13－16.
刁蓝宇，刘文涛，冯栋梁，等，2020. 酸化剂与益生菌混合制剂对广西三黄鸡生长性能、屠宰性能及肉品质的影响［J］. 饲料研究，43（3）：35－38.
杜改梅，刘茂军，蒋加进，等，2010. 中草药饲料添加剂对三黄肉鸡生产性能和肉品质的影响［J］. 江苏农业学报（1）：132－135.
段齐泰，2019. BHT 对三种不同饱和度油脂的抗氧化性能的比较研究［J］. 西部皮革，41（2）：43－44，83.
范秋丽，蒋守群，苟钟勇，等，2020a. 枯草芽孢杆菌、低聚壳聚糖和丁酸钠对黄羽肉鸡生长性能、免疫功能和肉品质的影响［J］. 中国畜牧兽医，47（4）：1080－1091.
范秋丽，蒋守群，苟钟勇，等，2020b. 益生菌、低聚壳聚糖、酸化剂及复合酶对 1－66 日龄黄羽肉鸡生长性能、免疫功能、胴体性能和肉品质的影响［J］. 中国畜牧兽医，47（5）：1360－1372.
冯嘉颖，宋予震，束刚，等，2006. 黄羽肉鸡 FAT/CD36 cDNA 的分子克隆及其发育性表达［J］. 中国农业科学，40（10）：2336－2342.
付睿琦，赵桂苹，刘冉冉，等，2013. 北京油鸡体脂分布及沉积规律研究［J］. 动物营养学报，25（7）：1465－1472.
付睿琦，赵桂苹，文杰，2014. 北京油鸡脂代谢关键转录因子的表达模式［J］. 中国家禽，36（8）：1.
付石军，唐世云，郭时金，2013. 饲用油脂的营养价值及其在养殖业中的应用进展［J］. 饲料与畜牧（4）：39－42.
付守艺，2018. 固始鸡胸肌肌内脂肪沉积相关 MiRNA 鉴定及功能研究［D］. 郑州：河南农业大学.
高尚，2011. 饲粮中添加不同油脂及油脂组合对 AA 肉鸡生产性能及骨代谢的影响［D］. 南京：南京农业大学.
龚琳琳，2011. 鸡 ADSL 和 GARS－AIRS－GART 基因遗传变异、表达及其与肌苷酸的相关分析［D］. 扬州：扬州大学.
苟钟勇，崔小燕，范秋丽，等，2020. 混合油脂对清远麻鸡胸肌脂肪酸组成的影响及其代谢组机制研究［J］. 中国畜牧兽医，47（4）：1058－1069.
苟钟勇，周桂莲，蒋宗勇，等，2014. 1～21 日龄快大型黄羽肉鸡饲粮粗蛋白质需要量［J］. 动物营养学报，26（9）：2513－2522.
郭金彪，张辉华，朱锦兰，等，2009. 饲粮能量与蛋白水平对黄羽肉鸡生长性能与胴体品质的影响［J］. 中国家禽，31（20）：47－48.
韩海霞，雷秋霞，李福伟，等，2021. 不同类型优质肉鸡肉用性能和脂肪沉积规律研究［J］. 山东农业科学，53（2）：119－122.
郝婧宇，卢庆萍，张宏福，等，2012. 持续高温对不同性别北京油鸡生长性能、肉质性状及脂肪沉积的影响［J］. 畜牧兽医学报（5）：83－89.
洪平，2013. 饲粮维生素 A 添加水平对 43－63 日龄黄羽肉鸡生长性能和抗氧化指标的影响［J］. 中国畜牧兽医文摘（12）：144.
洪学，2011. 油脂在畜禽饲料中的应用［J］. 江西饲料，000（1）：24－25.
胡楷崎，2013. 苜蓿皂苷对京海黄鸡生长性能、肉品质及胆固醇代谢影响的研究［D］. 扬州：扬州大学.
胡忠泽，胡元庆，王立克，等，2009. 姜黄素对不同品种肉鸡体脂沉积的作用及机理研究［J］. 安徽农学通报，15（15）：198－200.
黄爱珍，舒鼎铭，杨纯芬，等，2004. 不同脂肪来源对不同品种肉鸡生产性能的影响［J］. 广东畜牧兽医科技，29（4）：37－38.
黄冠庆，黄晓亮，王润莲，2007. 壳聚糖对黄羽肉鸡脂肪沉积的影响［J］. 饲料研究（2）：5－7.
黄冠庆，陆奕嫦，林旭斌，等，2009. 饲粮中添加植物小肽对黄羽肉鸡生长、屠宰性能及血清生化指标的影响［J］. 饲料工业，30（12）：1－4.
黄立兰，2016. 不同来源饲用油脂的脂肪酸组成分析［J］. 饲料与畜牧・新饲料，000（8）：43－45.
黄骆镰，龚凌霄，刘聪，等，2013. 饲粮中添加竹青素对肉鸡脂质代谢的影响［J］. 动物营养学报，25（1）：148－155.
蒋瑞瑞，赵桂苹，陈继兰，等，2010. 爱拔益加肉鸡和北京油鸡脂肪代谢及其相关基因表达的比较研究. 动物营养学报，22（5）：1334－1341.
蒋守群，丁发源，林映才，等，2003. 能量水平对 0～21 日龄岭南黄肉鸡生产性能、胴体品质和体组成的影响［J］. 中国家禽，7（1）：83－86.
蒋守群，蒋宗勇，郑春田，等，2013. 饲粮代谢能和粗蛋白水平对黄羽肉鸡生产性能和肉品质的影响［J］. 中国农业科学（24）：5205－5216.
蒋守群，王薇薇，阮栋，等，2019. 1～28 日龄慢速型黄羽肉鸡公鸡饲粮代谢能需要量研究［J］. 动物营养学报，31（3）：1103－1110.
蒋守群，蒋宗勇，2011. 氧化应激对畜禽肉品质的影响研究综述［J］. 广东饲料，20（10）：42－45.
蒋秀琴，刘立成，赵福忠，等，2010. 常见植物油脂肪酸含量的分析［J］. 饲料博览（3）：27－30.
金恒，苏州，张强，孔智伟，等，2020. 饲养方式对宁都三黄鸡生长性能饲养方式对宁都三黄鸡生长性能、屠宰性能及血清生化指标的影响［J］. 中国家禽，42（1）.
金香淑，张芳毓，赵中利，等，2016. 吉林黑鸡的屠宰性能及其相关性分析［J］. 黑龙江畜牧兽医（24）：87－88.
靳文姣，翟彬，苑鹏涛，等，2021. miR－215－5p 通过靶向 NCOA3 基因抑制固始鸡腹部前脂肪细胞的增殖和分化［J］. 畜牧与兽医，53（7）：69－77.
康相涛，田亚东，竹学军，2002. 5～8 周龄固始鸡能量和蛋白质需要量的研究［J］. 中国畜牧杂志，38（5）：3－6.
郎倩倩，张燕，徐振强，等，2020. 黄羽肉鸡体尺性状与腹脂沉积相关性的研究［J］. 中国畜牧杂志，56（3）：43－46.
黎秋平，2015. 不同分子质量壳聚糖对麒麟鸡脂质代谢的影响及其机理研究［D］. 湛江：广东海洋大学.

李冲，方鸣，魏彩霞，等，2021. 蝉花菌丝体和植物提取物对雁荡麻鸡生产性能和肌肉品质的影响 [J]. 中国家禽，43 (2)：50 - 54.

李国喜，康相涛，韩瑞丽，等，2006. 固始鸡孵化期间蛋黄胆固醇、粗脂肪和锌含量分析 [J]. 湖北农业科学 (4)：497 - 499.

李建军 . 2003. 优质肉鸡风味特性研究 [D]. 北京：中国农业科学院 .

李姣清，刘浩通，李威娜，等，2017. 日粮中添加红曲霉对五华三黄鸡生长性能、肠道菌群及屠宰性能的影响 [J]. 嘉应学院学报，35 (11)：58 - 61.

李娟娟，2008. 油脂类型和饲粮能量及其互作对肉仔鸡脂肪代谢的影响 [D]. 北京：中国农业科学院 .

李莉，朱晓彤，束刚，等，2009. 饲粮中添加山楂叶总黄酮对黄羽肉鸡脂肪代谢的影响 [J]. 江西农业大学学报，31 (4)：610 - 615.

李龙，2021. 清远麻鸡生长参数和能量需要模型研究 [D]. 广州：华南农业大学 .

李蕊，2014. 茶多酚与维生素协同作用对食用油脂抗氧化活性的影响 [D]. 杨凌：西北农林科技大学 .

李威娜，翁雪，翁茁先，等，2016. 饲粮中添加柚皮粉对五华三黄鸡生产性能和肉品质的影响 [J]. 河南农业科学，45 (3)：144 - 147.

李伟，陈运娇，谭荣威，等，2017. 桉叶多酚对胡须鸡肌肉抗氧化性能和肉质品质影响的研究 [J]. 现代食品科技 (8)：64 - 71.

李文嘉，孙全友，魏凤仙，等，2019. 饲养方式对北京油鸡生长和屠宰性能、肉品质以及肌肉脂肪酸含量的影响 [J]. 动物营养学报，31 (4)：1585 - 1595.

李文娟，李宏宾，文杰，等，2006. 鸡 H - FABP 和 A - FABP 基因表达与肌内脂肪含量相关研究 [J]. 畜牧兽医学报，37 (5)：417 - 423.

李文娟，2008. 鸡肉品质相关脂肪代谢功能基因的筛选及营养调控研究 [D]. 北京：中国农业科学院 .

李新伟，2010. 肉鸡饲料中添加油脂的副作用与调控 [J]. 养禽与禽病防治 (3)：16 - 17.

李秀，李芹，毕瑜林，等，2011. 饲粮中添加微生态制剂对苏禽黄鸡生长性能和屠宰性能的影响 [J]. 广东饲料，20 (3)：16 - 19.

李颖平，耿丹，杨继生，等，2018. 油脂氧化饲粮添加维生素 E 和抗氧化剂对肉鸡生长性能、肉品质和抗氧化性能的影响 [J]. 中国饲料 (2)：44 - 49.

李云雷，2016. 北京油鸡不同阶段脂肪沉积与繁殖性能的相关性研究 [D]. 北京：中国农业科学院 .

李忠荣，刘景，叶鼎承，等，2010. 河田鸡脂肪沉积规律的研究 [J]. 福建农业学报，25 (2)：135 - 141.

林嘉欣，龙振辉，王润莲，等，2015. 壳聚糖对麒麟鸡屠宰性能、肉品质及养分代谢率的影响 [J]. 家禽科学 (4)：8 - 12.

林厦菁，苟钟勇，李龙，等，2018. 饲粮营养水平对中速型黄羽肉鸡生长性能、胴体品质、肉品质、风味和血浆生化指标的影响 [J]. 动物营养学报，30 (12)：146 - 160.

林厦菁，蒋守群，洪平，等，2017. 黄羽肉鸡与白羽肉鸡胃肠道消化酶活性比较研究 [J]. 中国家禽，39 (13)：26 - 30.

林厦菁，蒋守群，蒋宗勇，等，2017. 罗斯鸡与快大型黄羽肉鸡消化生理比较研究 [J]. 中国家禽，39 (18)：63 - 68.

林厦菁，周桂莲，蒋守群，等，2014. 22～63 日龄快大型黄羽肉鸡粗蛋白质营养需要量 [J]. 动物营养学报，26 (6)：1453 - 1466.

林媛媛，2003. 不同油脂对不同品种肉鸡生产性能及肌肉品质影响的研究 [D]. 南昌：江西农业大学 .

刘国芳，2011. 北京油鸡饲料转化率与脂肪沉积相关性状的遗传关系及相关候选基因的研究 [D]. 中国农业科学院 .

刘纪成，张敏，陈培荣，等，2020. 茶园放养固始鸡与贵妃鸡肌肉氨基酸和脂肪酸含量比较 [J]. 畜牧与兽医，52 (10)：39-44.

刘蒙，宋代军，齐珂珂，等，2009. 饲粮代谢能水平对北京油鸡脂肪沉积和脂蛋白酯酶基因表达的影响 [J]. 中国畜牧兽医 (5)：11-15.

刘梦杰，路海洋，冯汝东，等，2018. 不同饲养方式对草鸡屠宰性能和肉品质的影响 [J]. 畜牧与兽医，50 (8)：21-24.

刘敏燕，卜泽明，刘文涛，等，2018. 维生素 E 对三黄肉鸡免疫功能、组织 α-生育酚沉积及脂蛋白酯酶、脂肪酸结合蛋白基因表达的影响 [J]. 动物营养学报，30 (1)：368-374.

刘宁，2006. 鸡肌内脂肪性状遗传规律及基因效应的研究 [D]. 郑州：河南农业大学.

刘太亮，孟松林，2011. 油脂在肉鸡饲粮中的应用 [J]. 饲料研究 (10)：53-54，63.

刘卫东，宋素芳，程璞，2010. 茶多酚对固始鸡生产性能和脂类代谢的影响 [J]. 河南农业科学，39 (3)：105-107.

刘卫国，2010. 不同油脂组合对鸡肉 n-3 多不饱和脂肪酸富集的影响 [D]. 郑州：河南农业大学.

刘艳利，党燕娜，段玉兰，2017. 鸡原代肝细胞培养及叶酸对脂质代谢相关基因表达的影响 [J]. 中国农业科学 (21)：157-163.

柳明正，徐志强，豆腾飞，等，2019. 12 周龄大围山微型鸡与艾维茵肉鸡肌肉营养成分及 LPL 基因表达差异研究 [J]. 中国家禽，41 (13)：11-14.

龙见锋，吴丽丽，李红松，等，2015. 去势对文昌鸡公鸡生长、屠宰性能和肉品质的影响 [J]. 中国家禽 (14)：28-30.

卢庆萍，文杰，张宏福，2008. 环境高温对两品种肉鸡生长、胴体性状及脂肪沉积的影响 [J]. 畜牧兽医学报，39 (6)：827-831.

陆春瑞，2007. 共轭亚油酸对肉鸡生产性能及腹脂相关基因的影响 [D]. 合肥：安徽农业大学.

罗桂芬，陈继兰，孙世铎，等，2006. 鸡 A-FABP 基因多态性分析及其与脂肪性状的相关研究 [J]. 遗传，28 (1)：39-42.

马腾壑，石玉祥，2017. 共轭亚油酸和叶黄素影响肉鸡生长性能和免疫反应 [J]. 北方牧业 (23)：29.

马现永，林映才，周桂莲，等，2009. 半胱胺添加水平对黄羽肉鸡生长性能、肉质及机体抗氧化能力的影响 [J]. 动物营养学报，21 (6)：916-923.

穆同娜，张惠，景全荣，2004. 油脂的氧化机理及天然抗氧化物的简介 [J]. 食品科学 (z1)：241-244.

牛自兵，吴雪嘉，马洲，等，2017. 鸡脂肪肝综合征营养致病机理分析 [J]. 中国畜禽种业，13 (5)：136.

欧阳克蕙，王文君，林树茂，等，2004. 不同营养水平对崇仁麻鸡不同阶段生产性能和胴体化学组成的影响 [J]. 中国畜牧杂志，40 (3)：27-29.

欧阳克蕙，熊小文，王文君，等，2013. 苜蓿黄酮对崇仁麻鸡生长性能及肌肉化学成分的影响 [J]. 草业学报，22 (4)：340-345.

钱仲仓，杨泉灿，2017. 黑羽仙居鸡与金陵黑鸡屠宰性能及肉品质的比较研究 [J]. 中国家禽，39 (4)：49-51.

任晋东，赵小丽，詹海琴，等，2019. 羟化卵磷脂对三黄鸡生产性能及肉品质的影响 [J]. 中国家禽，41 (1)：70-72.

任莉，欧观华，林新香，等，2010. 壳聚糖对肉仔鸡脂肪沉积的影响 [J]. 广东饲料，19 (10)：15-17.

任莉，孙道河，黄冠庆，2009. 肉鸡饲粮中添加大蒜粉对生产性能和脂肪沉积的影响 [J]. 广东饲料 (10)：22-23.

阮栋，周桂莲，蒋守群，2010. 1～21 日龄黄羽肉鸡烟酸需要量研究 [J]. 中国家禽，32 (14)：15-18.

阮剑均，宦海琳，闫俊书，等，2013. 米糠毛油对肉鸡肌肉品质、脂肪酸组成及抗氧化功能的影响 [J]. 动物营养学报，25（9）：1976－1988.

沙尔山别克·阿不地力大，李海英，努尔江·买地亚尔，等，2011. 不同饲养方式对拜城油鸡生长、屠宰性能及肉品质的影响 [J]. 新疆农业科学，48（11）：2121－2128.

沙茜，胡清泉，缪祥虎，等，2021. 黑水虻幼虫粉饲喂铁脚麻鸡对屠宰性能的影响 [J]. 云南畜牧兽医（1）：10－13.

石水云，2006. 共轭亚油酸对肉鸡生长、胴体品质及免疫的影响 [D]. 南昌：安徽农业大学.

舒婷，2018. 拜城油鸡与和田黑鸡屠宰性能、肉质比较及拜城油鸡肌内脂肪相关基因表达的发育性变化 [D]. 乌鲁木齐：新疆农业大学.

束刚，冯嘉颖，余凯凡，等，2009. FAT/CD36 融合蛋白的表达及其对鸡腹脂沉积的特异性调控 [J]. 中国农业科学，42（2）：650－656.

司春灿，林英，韩文华，李民学，等，2020. 中草药饲料添加剂对三黄鸡体重及屠宰指标的影响 [J]. 江西农业学报，32（7）：117－120.

宋恭帅，张蒙娜，俞喜娜，等，2020. 脂溶性天然抗氧化剂对甲鱼油稳定性的影响 [J]. 食品工业科技，41（10），184－191，202.

孙浩然，姜佳奇，刘建英，等，2018. 松针粉对良凤麻鸡生长性能及胴体品质的影响试验 [J]. 中国兽医杂志，54（5）：47－49.

孙焕林，刘艳丰，王品，等，2014. 凝结芽孢杆菌对黄羽肉鸡生长性能、肠道功能及肉品质的影响 [J]. 石河子大学学报：自然科学版（3）：307－312.

孙世铎，袁志发，宋世德，等，2003. 艾维茵肉鸡和黄羽肉鸡脂肪和肌肉细胞生长发育规律研究 [J]. 畜牧兽医学报，34（4）：331－335.

谭东海，2014. 饲养方式对宁都黄鸡生长、屠宰、肉质性状、小肠形态结构及血液生化指标的影响 [D]. 南昌：江西农业大学.

谭晓冬，刘冉冉，赵桂苹，等，2019. 矮脚黄鸡轻度脂肪肝对其屠宰性能和肉品质的影响 [J]. 中国畜牧兽医，46（6）：1713－1722.

唐辉，李奎，吴素琴，等，2005. 文昌鸡的屠宰性能及性状间的相关性分析 [J]. 中国家禽，（S1）：86－89.

屠云洁，苏一军，王克华，等，2010. 利用实时荧光定量 RT－PCR 检测鸡 A－FABP 和 H－FABP 基因的差异表达 [J]. 中国畜牧杂志（7）：6－9.

屠云洁，王克华，苏一军，等，2009. H－FABP 基因在鹿苑鸡和隐性白羽鸡肉质中的差异表达 [J]. 扬州大学学报（农业与生命科学版）（4）：26－28，32.

王安谙，葛晓可，张婧菲，2019. 饲粮添加 BHT 对饲喂氧化豆油黄羽肉鸡肌肉品质和抗氧化能力的影响 [J]. 食品工业科技，40（6）：114－120，125.

王安琪，魏明奎，朱桂玲，1999. 七彩山鸡腹脂与皮下脂肪、肌脂率、肝脂率的关系 [J]. 信阳农业高等专科学校学报（3）：10－13.

王斌，廖望，何凯琴，等，2020. FASN 和 LPL 基因对淮南麻黄鸡肌内脂肪含量的影响 [J]. 西北农林科技大学学报（自然科学版），48（9）：1－9.

王红杨，2015. 胚胎期至生长早期鸡肌肉发育及肌内脂肪沉积蛋白质组研究 [D]. 北京：中国农业科学院.

王继强，龙强，李爱琴，等，2014. 油脂氧化的因素、危害和预防措施 [J]. 饲料广角（5）：29－31.

王剑锋，李爱华，谢恺舟，等，2014. 不同日粮蛋能水平对京海黄鸡肌肉中肌苷酸和肌内脂肪沉积规律的影响 [J]. 安徽农业科学，42（3）：803－805.

王晶，2013. 广西三黄鸡肉质性状分析及 LPL、H－FABP 基因表达与肌内脂肪含量的相关研究［D］. 南宁：广西大学.

王珏，樊艳凤，唐修君，等，2020. 不同品种肉鸡屠宰性能及肌肉品质的比较分析［J］. 中国家禽，42（7）：13－17.

王奎，2014. 迷迭香对京海黄鸡生长性能、肉品质及抗氧化指标的影响［D］. 扬州：扬州大学.

王丽，那威，王宇祥，等，2012. 鸡 PPARγ 基因的表达特性及其对脂肪细胞增殖分化的影响［J］. 遗传（4）：454－464.

王启贵，李宁，邓学梅，等，2002. 鸡脂肪酸结合蛋白基因的克隆和测序分析［J］. 遗传学报（2）：115－118.

王启军，2006. 高温环境对不同生长阶段北京油鸡脂肪沉积及脂质代谢的影响［D］. 咸阳：西北农林科技大学.

王瑞，刘海学，马俪珍，等，2011. 几种食用油中脂肪酸含量的测定与分析［J］. 食品研究与开发（7）：115－118.

王润莲，梁翠萍，陈静文，等，2019. 添加低分子壳聚糖对怀乡鸡生长、屠宰性能及肉品质的影响［J］. 家禽科学（3）：9－13.

王秀萍，顾丽红，李金明，等，2019. 文昌鸡体尺指标和屠宰性能的相关分析［J］. 安徽农业科学，47（22）：91－93.

王彦，朱庆，舒鼎铭，等，2007. 鸡 H－FABP 基因多态性及其与肌内脂肪含量的相关研究［J］. 中国畜牧杂志，43（11）：1－5.

王一冰，严霞，孙建新，等，2021. 复合维生素对林下养殖模式下清远麻鸡肌肉品质与谷氨酸、肌苷酸及肌内脂肪含量的影响［J］. 饲料工业，42（1）：48－52.

王永，2016. 和田黑鸡和三黄鸡 FABP 基因多态性与 IMF 含量相关性研究［D］. 北京：中国农业大学.

王远孝，张莉莉，王恬，2010. 不同油脂配比对黄羽肉鸡生产性能、屠宰性能和器官指数的影响［J］. 粮食与饲料工业（2）：42－45.

王志祥.2004. 固始鸡与肉鸡、蛋鸡肉质、生长、代谢及相互关系的比较研究［D］. 北京：中国农业大学.

王自蕊，游金明，刘三凤，等，2012. 低蛋白质补充合成氨基酸饲粮对 9～16 周龄宁都三黄鸡生长性能和胴体品质的影响［J］. 中国饲料（4）：20－23.

魏永生，郑敏燕，耿薇，等，2012. 常用动、植物食用油中脂肪酸组成的分析［J］. 食品科学，33（16）：188－193.

巫森鑫，邬国英，韩瑛，等，2003. 6 种食用植物油及其生物柴油中脂肪酸成分的比较研究［J］. 中国油脂（12）：65－67.

吴强，彭西，李英伦，等，2008. 应用流式细胞术检测脂肪肝综合征肉鸡肝细胞生长周期与凋亡［J］. 中国兽医学报，28（8）：978－981.

吴强，2020. 广西四种地方鸡屠体、体尺和蛋品质性状比较研究［D］. 南宁：广西大学.

吴薇薇，2012. 炎热环境下怀乡鸡生长性能、脂肪沉积特性及脂联素受体基因（AdipoRs）表达研究［D］. 湛江：广东海洋大学.

吴旭升，舒婷，努尔地别克・白山巴依，等，2019. 日粮代谢能与蛋白质水平对拜城油鸡生长期生产性能及肉品质的影响［J］. 新疆畜牧业，34（5）：13－21.

席鹏彬，林映才，蒋守群，等，2011. 饲粮蛋氨酸水平对 43～63 日龄黄羽肉鸡生长性能、胴体品质、羽毛蛋白质沉积和肉质的影响［J］. 动物营养学报（2）：210－218.

席鹏彬，林映才，蒋宗勇，等，2009. 饲粮色氨酸对 43～63 日龄黄羽肉鸡生长、胴体品质、体成分沉积及下丘脑 5-羟色胺的影响［J］. 动物营养学报，21（2）：137-145.

席鹏彬，林映才，郑春田，等，2011. 饲粮色氨酸水平对 1～21 日龄黄羽肉鸡生长、体成分沉积及下丘脑 5-羟色胺的影响［J］. 动物营养学报，23（1）：43-52.

夏中生，邹彩霞，卢洁，等，2003. 饲喂不同油脂对黄羽肉鸡肌肉组织中脂肪酸组成的影响［J］. 畜牧与兽医，35（7）：13-16.

鲜凌瑾，陈鲜鑫，2017a. 峨眉黑鸡与青脚麻鸡屠宰性能及肉质性状的比较研究［J］. 黑龙江畜牧兽医（17）：150-152.

鲜凌瑾，陈鲜鑫，2017b. 峨眉黑鸡屠宰性能及肉质性状研究［J］. 畜牧与兽医，49（10）：20-23.

鲜凌瑾，唐勇，2017. 不同饲养方式对青脚麻鸡屠宰性能及肉质性状的影响［J］. 现代畜牧兽医（12）：8-12.

谢红艳，2019. 鸡脂肪肝综合征的危害及防治［J］. 养殖与饲料（9）：11-112.

熊小文，周萍芳，丁君辉，等，2012. 苜蓿草粉和苜蓿黄酮提取物对崇仁麻鸡母雏生长性能和养分利用率的影响［J］. 江西畜牧兽医杂志（3）：30-33.

颜士禄，张铁鹰，刘强，等，2009. 爱拔益加肉鸡和北京油鸡脂肪酶活性及粗脂肪消化率的比较研究［J］. 动物营养学报，21（3）：393-397.

燕磊，安沙，李星晨，等，2019. 不同油脂对肉鸡生长性能、屠宰性能及肉品质的影响［J］. 中国畜牧杂志，55（4）：88-94.

杨芬霞，2015. 麒麟鸡（卷毛鸡）肉用性能及 A-FABP、EX-FABP 基因与肌内脂肪含量关联性分析［D］. 湛江：广东海洋大学.

杨谷良，潘敏雄，向福，等，2017. PPARγ 调控脂肪细胞增殖和分化机理研究进展［J］. 食品科学（3）：272-278.

杨恒东，王梦芝，宋莉，等，2009. 兴义矮脚鸡屠宰性能、肌肉品质及脂蛋白酯酶基因表达的研究［J］. 中国畜牧杂志（13）：17-20.

杨楷，吴强，莫国东，等，2020. 中草药添加剂对林下饲养灵山麻鸡生产性能、屠宰性能和肉品质的影响［J］. 福建农业科技（6）：22-26.

杨孟鸿，2012. 禽脂肪肝综合征的综合防治［J］. 养禽与禽病防治，34（6）：32.

杨润泉，2015. 鸡饲料中共轭亚油酸的生理作用［J］. 湖南饲料（3）：18-21.

杨秀荣，邹乐勤，孙甜甜，等，2020. 霞烟鸡体尺性状与屠宰性状的测定及相关性分析［J］. 黑龙江畜牧兽医（6）：32-36.

杨烨，2013. 北京油鸡 AMPK 基因表达规律及其对肌肉和脂肪细胞内脂肪沉积的影响［J］. 中国畜牧兽医文摘（12）：71.

杨烨，2005. 优质鸡肌内脂肪代谢调控及其与肉质性状关系的研究［D］. 北京：中国农业科学院.

叶红，容庭，2011. 花生油对黄羽肉鸡生长性能及屠宰性能的影响［J］. 广东畜牧兽医科技，36（5）：34-37.

于旭华，汪儆，孙哲，等，2001. 黄羽肉仔鸡脂肪酶的发育规律及小麦 SNSP 对其活性的影响［J］. 动物营养学报，13（3）：60-64.

余春林，杨朝武，熊霞，等，2016. 放养模式下不同鸡种屠宰性能、肉质特性及相关基因表达规律研究［J］. 中国家禽，38（12）：10-15.

喻世刚，廖娟，曾昌巧，等，2017. 黑羽和白羽沐川乌骨黑鸡肤色性状及屠宰性能对比分析［J］. 中国畜牧杂志，53（8）：30-33.

袁进，吴清洪，邱添武，等，2018. 藏鸡与五黑鸡屠宰性能及肉品质指标比较分析［J］. 黑龙江畜牧兽医（19）：85-88.

岳洪源，2011. 饲粮氧化大豆油对蛋鸡脂代谢抗氧化机能影响的研究［D］. 北京：中国农业科学院.
岳淑英，2017. 肉鸡脂肪肝综合征的病因、症状、诊断与防治措施［J］. 现代畜牧科技（2）：108.
张广强，刘锦妮，2014. 饲粮中添加绿茶粉对固始鸡生产性能的影响［J］. 黑龙江畜牧兽医月刊（3）：81－82.
张连江，彭新月，周海盟，等，2019. 雉鸡、吉林本地三黄鸡和肉鸡的肉品质分析研究［J］. 畜牧与饲料科学，40（7）：15－18.
张权，2011. 不同地方品种鸡的育肥性能及 LPL 基因 mRNA 相对表达量的研究［D］. 合肥：安徽农业大学.
张文红，2013. 在饲粮中添加维生素 E 影响信宜怀乡鸡肌肉脂肪酸组成的比较研究［J］. 中国农业信息（21）：142－143.
张兴，王金伟，黄连莹，等，2012. 饲粮中添加卵磷脂对广西三黄鸡血清生化指标和胴体品质的影响［J］. 饲料与畜牧（11）：9－11.
张永宏，2018. 高脂饲粮诱导的鸡脂肪肝表型遗传的分子机制［D］. 北京：中国农业科学院.
张中华，杨琳，蒋宗勇，等，2003. 饲粮添加不同油脂对岭南黄鸡生产性能的影响［J］. 中国饲料（12）：17－18.
赵丽娜，张锡成，孙林鹏，2010. 畜禽饲料生产中油脂酸败防制措施及添加工艺［J］. 现代畜牧科技（7）：64.
赵鑫源，沙尔山别克·阿不地力大，刘红娇，等，2016. 不同饲养方式及不同饲料类型对杏花鸡生产性能与部分肉质指标的影响［J］. 黑龙江畜牧兽医（1）：104－107.
赵衍铜，2013. 芦花鸡等三种优质肉鸡肌肉品质及 H－FABP 基因表达丰度的比较研究［D］. 长春：吉林大学.
赵艳飞，2018. 复合型植物提取物对三黄鸡生产性能、肉品质及抗病力的影响［D］. 长春：吉林农业大学.
周桂莲，蒋宗勇，林映才，等，2003. 43～63 日龄黄羽肉鸡饲粮代谢能需求参数的研究［J］. 中国家禽（S1）：91－95.
周桂莲，林映才，蒋守群，等，2004. 饲粮代谢能水平对 22～42 日龄黄羽肉鸡体成分和能量、粗蛋白质沉积率影响的研究［J］. 中国畜牧杂志，40（3）：13－16.
周杰，石水云，王菊花，等，2008. 共轭亚油酸对黄羽肉鸡脂肪沉积及部分免疫指标的影响［J］. 中国兽医学报，28（4）：425－429.
周琼，2010. 鸡脂肪酸结合蛋白相关候选基因遗传效应及表达规律研究［D］. 扬州：扬州大学.
周小娟，朱年华，张日俊，2010. 品种、日龄及饲养方式对鸡肉肌苷酸和肌内脂肪含量的影响［J］. 动物营养学报，22（5）：1251－1256.
周源，冯国强，李丹丹，等，2011. 黄羽肉鸡对胆碱的需要量研究［J］. 中国家禽（3）：19－22.
朱梦婷，翟曼君，王晓路，等，2019. 散养对皖南三黄鸡生长性能及肉品质的影响［J］. 中国畜牧杂志，55（9）：129－134.
Abouelezz K F M，Wang Y B，Wang W W，et al.，2019. Impacts of graded levels of metabolizable energy on growth performance and carcass characteristics of slow－growing yellow－feathered male chickens［J］. Animals，9（7）461. doi：10.3390/ani9070461.
Buccioni A，Antongiovanni M，Mele M，et al.，2009. Effect of oleic and conjugated linoleic acid in the diet of broiler chickens on the live growth performances，carcass traits and meat fatty acid profile［J］. Italian Journal of Animal Science，8（4）：603－614.
Calik，Jolanta，2014. Capon production－breeding stock，rooster castration and rearing methods，and

meat quality - a review [J]. Annals of Animal Science, 14 (4): 769 - 777.

Cui X Y, Cui H X, Liu L, et al., 2018. Decreased testosterone levels after caponization leads to abdominal fat deposition in chickens [J]. BMC Genomics, 19: 344.

Cui X Y, Gou Z Y, Abouelezz K F M, et al., 2020. Alterations of the fatty acid composition and lipid metabolome of breast muscle in chickens exposed to dietary mixed edible oils [J]. Animal, 14 (6): 1322 - 1332.

Cui X Y, Gou Z Y, Fan Q L, et al., 2019. Effects of dietary perilla seed oil supplementation on lipid metabolism, meat quality, and fatty acid profiles in Yellow - feathered chickens [J]. Poultry Science, 98: 5714 - 5723.

Drover V A, Ajmal M, Nassir F, et al., 2005. CD36 deficiency impairs intestinal lipid secretion and clearance of chylomicrons from the blood [J]. The Journal of Clinical Investigation, 115 (5): 1290 - 1297.

El - Senousey H A K, Wang W W, Wang Y B, et al., 2019. Dietary metabolizable energy responses in yellow - feathered broiler chickens from 29 to 56 d [J]. Journal of Applied Poultry Research, 28 (4): 974 - 981.

Gou Z Y, Cui X Y, Li L, et al., 2020. Effects of dietary incorporation of linseed oil with soybean isoflavone on fatty acid profiles and lipid metabolism - related gene expression in breast muscle of chickens [J]. Animal, doi: 10.1017/S1751731120001020.

Gou Z Y, Jiang S Q, Jiang Z Y, et al., 2016. Effects of high peanut meal with different crude protein level supplemented with amino acids on performance, carcass traits and nitrogen retention of Chinese Yellow broilers [J]. Journal of Animal Physiology & Animal Nutrition, 100 (4): 657 - 664.

Guo L, Sun B, Shang Z, et al., 2011. Comparison of adipose tissue cellularity in chicken lines divergently selected for fatness [J]. Poultry Science, 90 (9): 2024 - 2034.

Guo X, Nan H, Shi D, et al., 2015. Effects of caponization on growth, carcass, and meat characteristics and the mRNA expression of genes related to lipid metabolism in roosters of a Chinese indigenous breed [J]. Czech Journal of Animal Science, 60 (7): 327 - 333.

Hellberg K, Grimsrud P A, Kruse A C, et al., 2010. X - ray crystallographic analysis of adipocyte fatty acid binding protein (aP2) modified with 4 - hydroxy - 2 - nonenal [J]. Protein Science, 19 (8): 1480 - 1489.

Jiang R R, Zhao G P, Chen J L, et al., 2011. Effect of dietary supplemental nicotinic acid on growth performance, carcass characteristics and meat quality in three genotypes of chicken [J]. Journal of Animal Physiology and Animal Nutrition, 95 (2): 137 - 145.

Jiang S Q, Gou Z Y, Li L, et al., 2018. Growth performance, carcass traits and meat quality of yellow - feathered broilers fed graded levels of alfalfa meal with or without wheat [J]. Animal Science Journal, 89: 561 - 569.

Jiang S Q, Jiang Z Y, Lin Y, et al., 2011. Effects of different rearing and feeding methods on meat quality and antioxidative properties in chinese yellow male broilers [J]. British Poultry Science, 52 (3): 352 - 358.

Kiec - Wilk B, Dembinska - Kiec A, Olszanecka A, et al., 2005. The selected pathophysiological aspects of PPARs activation [J]. Journal of physiology and pharmacology, 56 (2): 149 - 162.

Liang F F, Jiang S Q, Mo Y, et al., 2015. Consumption of oxidized soybean oil increased intestinal oxidative stress and affected intestinal immune variables in yellow - feathered broilers [J]. Asian - Australasian Journal of Animal Sciences, 28 (8): 1194.

Lin C Y, Hsu J C, 2003. Influence of caponization on the carcass characteristics in taiwan country chicken cockerels [J]. Asian Australasian Journal of Animal Sciences, 16 (4): 575 - 580.

Liu J, Liu R R, Jie W, et al., 2018. Exploring genomic variants related to residual feed intake in local and commercial chickens by whole genomic resequencing [J]. Genes, 9 (2): 57. doi: 10.3390/genes9020057.

Liu Z, Li Q H, Liu R R, et al., 2016. Expression and methylation of microsomal triglyceride transfer protein and acetyl - CoA carboxylase are associated with fatty liver syndrome in chicken [J]. Poultry Science, 95 (6): 1387 - 1395.

Long G L, Hao W X, Bao L F, et al., 2019. Effects of dietary inclusion levels of palm oil on growth performance, antioxidative status and serum cytokines of broiler chickens [J]. Journal of Animal Physiology & Animal Nutrition, 103: 1116 - 1124.

Lu T, Harper A F, Zhao J, et al., 2014. Effects of a dietary antioxidant blend and vitamin E on growth performance, oxidative status, and meat quality in broiler chickens fed a diet high in oxidants [J]. Poultry Science, 93 (7): 1649 - 1657.

Park Y, Pariza M W, 2007. Mechanisms of body fat modulation by conjugated linoleic acid (CLA) [J]. Food Research International, 40 (3): 311 - 323.

Pohl J, Ring A, Korkmaz U, et al., 2005. FAT/CD36 - mediated long - chain fatty acid uptake in adipocytes requires plasma membrane rafts [J]. Molecular Biology of the Cell, 16 (1): 24 - 31.

Ramiah S K, Meng G Y, Wei T S, et al., 2014. Dietary conjugated linoleic acid supplementation leads to downregulation of ppar transcription in broiler chickens and reduction of adipocyte cellularity [J]. PPAR Research, 2014: 1 - 10.

Shao Y G, Wu C, Li J, et al., 2009. The effects of different caponization age on growth performance and blood parameters in male tibetan chicken [J]. Asian Journal of Animal & Veterinary Advances, 4 (5): 228 - 236.

Shokryzadan P, Rajion M A, Meng G Y, et al., 2015. Conjugated linoleic acid: A potent fatty acid linked to animal and human health [J]. Critical Reviews in Food Technology, 57 (13): 2737 - 2748.

Symeon G K, Charismiadou M, Mantis F, et al., 2013. Effects of caponization on fat metabolism - related biochemical characteristics of broilers [J]. Journal of Animal Physiology & Animal Nutrition, 97 (1): 162 - 169.

Tu Y J, Su Y J, Wang K H, et al., 2010. Gene expression of heart and adipocyte fatty acid - binding protein in chickens by FQ - RT - PCR [J]. Asian Australasian Journal of Animal Sciences, 23 (8): 987 - 992.

Wang Y, Hui X H, Wang H E, et al., 2016. Association of H - FABP gene polymorphisms with intramuscular fat content in Three - yellow chickens and Hetian - black chickens [J]. Journal of Animal Science and Biotechnology, 7 (3): 366 - 373.

Wei X J, Ni Y D, Lu L Z, et al., 2011. The effect of equol injection in ovo on posthatch growth, meat quality and antioxidation in broilers [J]. Animal, 5 (2): 320 - 327.

Yang Y, Song J, Fu R Q, et al., 2015. AMPK subunit expression regulates intramuscular fat content and muscle fiber type in chickens [J]. Agricultural Science & Technology, 16 (5): 1006 - 1010.

Ye M H, Chen J L, Zhao G P, et al., 2010. Associations of A - FABP and H - FABP markers with the content of intramuscular fat in Beijing - You chicken [J]. Animal Biotechnology, 21 (1): 14 - 24.

Yu X, Liu R, Zhao G, et al., 2014. Folate supplementation modifies CCAAT/enhancer - binding protein α methylation to mediate differentiation of preadipocytes in chickens [J]. Poultry Science, 93 (10):

2596 - 2603.

Zhang G M, Wen J, Chen J L, et al., 2007. Effect of conjugated linoleic acid on growth performances, carcase composition, plasma lipoprotein lipase activity and meat traits of chickens [J]. British Poultry Science, 48 (2): 217 - 223.

Zhang Y H, Liu Z, Liu R R, et al., 2018. Alteration of hepatic gene expression along with the inherited phenotype of acquired fatty liver in chicken [J]. Genes, 9 (4): 199.

第七章　黄羽肉鸡的维生素营养

第一节　维生素的定义与分类

一、维生素的定义

维生素一般被认为是具有下列特征的一类有机化合物：①是天然食物成分，但不属于糖类、蛋白质、脂肪和水；②食物中的含量很低；③是生长、维持健康和动物福利所必需的；④饲粮缺乏或吸收利用不足时导致特异性缺乏症或综合征；⑤动物不能合成，必须从饲粮中获得。有些维生素不符合上述定义。例如，通过紫外线照射可以在皮肤表面合成维生素 D，烟酸一定程度上可以由色氨酸合成。但肉鸡消化道较短，合成维生素的量很有限。

二、维生素的分类

维生素分为脂溶性维生素和水溶性维生素两大类。脂溶性维生素包括维生素 A、维生素 D、维生素 E 和维生素 K，水溶性维生素包括维生素 C 和 B 族维生素（硫胺素、核黄素、维生素 B_6、钴胺素、尼克酸、泛酸、生物素、叶酸和胆碱）。在黄羽肉鸡体内，脂溶性维生素与脂肪一起被消化吸收，影响脂肪吸收的因素或条件也影响脂溶性维生素的消化和吸收。脂溶性维生素在体内可存储和积累，因此脂溶性维生素的添加量过多会导致蓄积中毒，除硫胺素以外的其他水溶性维生素并不在体内蓄积，过量的维生素可以通过排泄物从体内排出，因此水溶性维生素中毒的可能性较小。维生素 A、维生素 D_3 和维生素 E 采用以国际单位 IU/kg 表示，但 B 族维生素、维生素 K_3 和维生素 C 以 mg/kg 表示，维生素 B_{12} 和生物素的添加量低，常以 μg/kg 表示。维生素来源、有效成分含量、推荐量和最高添加限量见表 7－1。

表 7－1　各种维生素来源、有效成分含量、推荐量和最高添加限量

维生素	单位	来源	有效成分含量	在配合饲料或全混合饲粮中的推荐量（以维生素计）	最高添加限量（以维生素计）
维生素 A	IU	维生素 A 醋酸酯	粉剂≥50 万 IU/g；油剂≥250 万 IU/g	2 700～8 000IU/kg	≤14 日龄 20 000IU/kg；≥14 日龄 10 000IU/kg
		维生素 A 棕榈酸脂	粉剂≥25 万 IU/g；油剂≥170 万 IU/g		
		β-胡萝卜素	≥96.0%	—	—

（续）

维生素	单位	来源	有效成分含量	在配合饲料或全混合饲粮中的推荐量（以维生素计）	最高添加限量（以维生素计）
维生素 E	IU	天然维生素 E	1. D-α-生育酚：E70 型，总生育酚≥70.0%，其中 D-α-生育酚≥95.0%；E50 型，总生育酚≥50.0%，其中 D-α-生育酚≥95.0% 2. D-α-醋酸生育酚浓缩物：总生育酚≥70.0% 3. D-α-生育酚：E70 型，总生育酚 96.0%～102.0% 4. D-α-琥珀酸生育酚：总生育酚 96.0%～102.0%	10～30IU/kg	—
		DL-α-生育酚	96.0%～102.0%		
		维生素 E 乙酸酯	粉剂≥500IU/g；油剂≥930IU/g		
硫胺素	mg	盐酸硫胺	含盐酸硫胺 98.5%～101.0%，含硫胺素 87.8%～90.0%	1～5mg/kg	—
		硝酸硫胺	含硝酸硫胺 98.0%～101.0%，含硫酸铵 90.1%～92.8%		
核黄素	mg	维生素 B_2	80%或 96%	2～8mg/kg	—
烟酸	mg	烟酸	99.0%～100.5%	肉仔鸡和蛋雏鸡 30～40mg/kg；育成蛋鸡 10～15mg/kg；产蛋鸡 20～30mg/kg	—
		烟酰胺	≥99.0%		
D-泛酸	mg	D-泛酸钙	含 D-泛酸钙 98.0%～101.0%，含 D-泛酸 90.2%～92.9%	肉仔鸡和蛋雏鸡 20～25mg/kg；育成蛋鸡 10～15mg/kg；产蛋鸡 20～25mg/kg	—
		DL-泛酸钙	含 D-泛酸钙 99.0%，约含 D-泛酸 45.5%	肉仔鸡和蛋雏鸡 40～50mg/kg；育成蛋鸡 20～30mg/kg；产蛋鸡 40～50mg/kg	
维生素 B_6	mg	盐酸吡哆醇	含盐酸吡哆醇 98.0%～101.0%，含吡哆醇 80.7%～83.7%	3～5mg/kg	—
D-生物素	μg	生物素	≥97.5%	肉鸡 0.2～0.3mg/kg；蛋鸡 0.15～0.25mg/kg	—

（续）

维生素	单位	来源	有效成分含量	在配合饲料或全混合饲粮中的推荐量（以维生素计）	最高添加限量（以维生素计）
叶酸	mg	叶酸	95.0%～102.0%	肉仔鸡和蛋雏鸡0.6～0.7mg/kg；育成蛋鸡0.3～0.6mg/kg；产蛋鸡0.3～0.6mg/kg	—
维生素 B_{12}	μg	维生素 B_{12}	≥96.0%	3～12μg/kg	—
胆碱	mg	氯化胆碱粉剂	含氯化胆碱≥50.0%或≥60.0%或≥70.0%，约含胆碱≥37.0%或≥44.0%或≥52.0%	450～1 500mg/kg	—
		氯化胆碱水剂	含氯化胆碱≥70.0%或≥75.0%，约含胆碱≥52.0%或≥55.0%		
维生素 D_3	IU	维生素 D_3	油剂≥100万IU/g；粉剂≥50万IU/g	400～2 000IU/kg	5 000IU/g，维生素 D_2 和维生素 D_3 不得同时使用
		维生素 D_2	≥4 000万IU/g	—	
		25-羟基胆钙化醇（25-羟基维生素 D_3）	≥94.0%（以化合物计）	10～50μg/kg	100μg/kg；不得与维生素 D_2 同时使用；可以与维生素 D_3 同时使用，但两者相加总量不能超过
维生素 K_3	mg	亚硫酸氢钠甲萘醌	含甲萘醌不低于50%	0.4～0.6mg/kg	—
		亚硫酸氢烟酰胺甲萘醌	含甲萘醌不低于43.7%		
		二甲嘧啶亚硫酸甲萘醌	含甲萘醌不低于44.0%		5mg/kg（以甲萘醌计）
维生素C	mg	L-抗坏血酸	99.0%～101.0%	50～200mg/kg	—
		L-抗坏血酸钙	≥80.5%		
		L-抗坏血酸钠	≥88.0%		
		L-抗坏血酸-2-磷酸酯	≥35.0%		
		L-抗坏血酸-6-棕榈酸酯	≥40.3%		
		L-肉碱盐酸盐	79.0%～83.8%		

注：推荐量和最高添加限量标准来源于农业农村部公告第2625号《饲料添加剂安全使用规范》。

第二节　黄羽肉鸡维生素的生理功能、需要量、缺乏症及中毒症

一、维生素 A

维生素 A 是一组生物活性物质的总称，包括视黄醇、视黄醛、视黄酸、脱氢视黄醇。

维生素 A 的生理功能如下：①视黄醛对视力发挥主要作用；②利用维生素 A 预防肉鸡的共济失调；③维持正常生长需要；④保持黏膜的完整性；⑤有利于生殖；⑥有利于依赖骨沉积的软骨基质正常生长；⑦有利于维持正常的脑脊液压。

1IU 的维生素 A 相当于 0.30μg 视黄醇，0.344μg 维生素 A 醋酸酯，0.549μg 维生素 A 棕榈酸酯，0.6μg β-胡萝卜素，或者 1mg β-胡萝卜素相当于 1 667IU 维生素 A。

（一）维生素 A 的性质

视黄醇是由带有间隔双键的异戊二烯单位组成的高度不饱和、脂溶性的复合物，β-芷香酮环上为起始双键，在侧链上是共轭的。共轭双键的共振使视黄醇分子呈现黄白色，在紫外灯下呈现绿色荧光。视黄醇从石油醚结晶成黄色棱状晶体或者在甲醇或相似浓度的溶剂中结晶成溶剂化物晶体。视黄醇和视黄醛不溶于水，但溶于乙醇、氯仿、环已胺、醚、石油醚、脂类和油。视黄醇和视黄醛易于氧化，尤其是在湿热并与微量元素或酸败的脂肪和油接触条件下。视黄醇在无光无氧条件下性质稳定。保存在封闭容器中鱼油内的视黄醇也是稳定的，尤其是在适合的抗氧化剂存在的条件下。维生素 A 醋酸盐和棕榈酸盐酯与维生素 A 的乙醇或乙醛形式相比对氧化更稳定。

有些豆类特别是大豆和紫花苜蓿含有一种酯氧化酶，通过与多聚不饱和脂肪酸结合并氧化，易于破坏胡萝卜素、叶黄素，可能也破坏维生素 A。然而，经过适当的热处理可破坏这种酶。

维生素 A 侧链的四个双键是其不稳定的因素。这些双键和 β-芷香酮环上的羟基都易于氧化。羟基能被酯化为乙酸酯、丙酸酯等，增加了稳定性。

（二）维生素 A 的来源

饲料中维生素含量见表 7-2。植物饲料中 β-胡萝卜素是维生素 A 的主要来源。

表 7-2　饲料中维生素含量/(mg/kg)

饲料	β-胡萝卜素	维生素 E	硫胺素	核黄素	烟酸	泛酸	吡哆醇	生物素	叶酸	胆碱
玉米	2	22	3.5	1.1	24	5	10	0.06	0.15	620
玉米蛋白粉	44	25.5	0.3	2.2	55	3	6.9	0.15	0.2	330
皮大麦	4.1	20	4.5	1.8	55	8	4	0.15	9.07	990
小麦	0.1	13	4.6	1.3	51	11.9	3.7	0.11	0.36	1 040
次粉	3	20	16.5	1.8	72	15.6	9	0.33	0.76	1 187
麦麸	1	14	8	4.6	186	31	7	0.36	0.63	980
高粱	0.06	7	3	1.3	41	12.4	5.2	0.26	0.2	668

（续）

饲料	β-胡萝卜素	维生素 E	硫胺素	核黄素	烟酸	泛酸	吡哆醇	生物素	叶酸	胆碱
稻谷		16	3.1	1.2	3.7	34	28	0.08	0.45	900
米糠		35	22.5	2.5	293	23	14	0.42	2.2	1 135
豆粕	0.2	3.1	4.6	3	30.7	16.4	6.1	0.33	0.81	2 858
棉籽粕	0.2	15	7	5.5	40	12	5.1	0.3	2.51	2 933
菜籽粕		14	5.2	3.7	160	9.5	7.2	0.98	0.95	6 700
花生粕		3	5.7	11	173	53	10	0.39	0.39	1 854
苜蓿草粉	94.6	125	3.4	13.6	29	38	6.5	0.3	4.2	1 401
鱼粉		7	0.5	4.9	55	9	4	0.2	0.3	3 056

（数据来源于：国家农业行业标准 NY/T 3645—2020《黄羽肉鸡营养需要》）

（三）维生素 A 的转运和吸收

维生素 A 和胡萝卜素在被肠黏膜吸收之前先分散成微团形式。这些微团是胆汁盐、单酰甘油和长链脂肪酸的混合物，与维生素 D、维生素 E 和维生素 K 结合，有利于维生素 A 和β-胡萝卜素转运到肠上皮细胞。在这里类β-胡萝卜素大部分转化成维生素 A，同时，依据与维生素 A 一起吸收的脂肪酸类型转化成酯类。然而，棕榈酸优先形成酯类。在血浆中维生素 A 能以游离乙醇和酯类形式被运输。这些酯类以乳糜微粒的形式被运到肝，乳糜微粒来自于吸收的脂类。生理上具有活性的维生素 A 从肝以视黄醇形式被动员，视黄醇必须结合特异转运蛋白，被称为视黄醇结合蛋白（RBP）。维生素 A 在组织的分布受控于肝中 RBP 的分泌。RBP 含有一个单肽链，相对分子质量 21 000，与视黄醇形成 1∶1 的复合物。据估计，血浆中 90%的 RBP 与甲状腺素前白蛋白结合。RBP 前白蛋白复合物被运送到靶组织，与细胞表面的受体结合，将视黄醇转运到靶组织中的细胞内。细胞视黄醇结合蛋白已被识别，可能参与视黄醇在细胞内的转移和其生物活性作用。

（四）维生素 A 的生理功能

1. 维生素 A 与繁殖性能 充足的维生素 A 能保证动物生殖性能正常，缺乏维生素 A 会导致动物繁殖机能障碍甚至不育。维生素 A 主要分布于睾丸的三种细胞中，包括滋养（支持）细胞、生殖细胞和睾丸间质细胞，作用于信号通路、滋养细胞新陈代谢、滋养细胞因子分泌等。维生素 A 是精原细胞 A 增殖分化和精子形成所必需的（Matson，2010）。缺乏维生素 A 会导致早期精子发生终止，首先发生在精原细胞的 A 到 A1 转换阶段（未分化到分化的精原细胞），其次是前细线期精母细胞阶段（Hogarth，2010），同时睾酮分泌减少、生殖器官发生萎缩（Livera et al.，2002），种公鸡饲喂缺乏维生素 A 的饲粮，睾丸缩小、精液减少、生精上皮细胞退化（Thampson et al.，1969）。

雌性动物缺乏维生素 A，会出现卵泡闭锁。维生素 A 缺乏会使母鸡产蛋减少（Kucuk et al.，2003），孵化率降低（Bermudez et al.，1993），供给维生素 A 时，这些损伤得以恢复（Steenfeidt et al.，2007），同时有报道饲粮添加 210 000～410 000IU/kg 维生素 A 降低种鸡产蛋性能、蛋重、孵化率（March et al.，1972）。也有报道饲粮中添加维生素 A（0、4 000、12 000 和 24 000IU/kg）饲养蛋鸡 72 周，对产蛋性能没有影响（Coskun et al.，1998）。陈芳等（2015）研究发现，46～54 周龄黄羽肉鸡种鸡饲粮添加 10 800IU/kg 维生素 A 可以获得最佳繁殖性能和雏鸡初生重。维生素 A 影响肉种鸡繁殖性能的可能作用机理是：维生素 A 通过活性代谢产物视黄酸（RA），提高核受体表达，增加生殖激素受体（FSHR、LHR）、生长因子受体（IGF－IR）和生长激素受体（GHR）的表达，降低 c－Fos、caspase3 和 Fas 表达，减少卵泡闭锁，促进卵泡成熟排卵。同时维生素 A 通过核受体（RAR、RXR、PPAR）调节机体脂质氧化代谢过程，并在免疫细胞中增加 IL－2，降低 IL－1β、IFN－γ 和 TNF－α 的表达与分泌。

2. 维生素 A 与胚胎发育 维生素 A 与胚胎的形成发育有着十分密切的关系（Zile，2001）。母体营养可以在蛋形成过程中沉积于蛋黄、蛋清和蛋壳中，并传递到胚胎供种蛋孵化利用（Zhu et al.，2012）。因而，母体营养状况与胚胎的生长发育及雏鸡的质量有重要的内在联系。有报道，维生素 A 缺乏时，鸡胚血管区正常的循环系统发育受阻，脑和脊髓退化，入孵 48～72h 胚胎死亡，导致种蛋孵化率降低（Steenfeidt et al.，2007）。王一冰等（2021）和 Wang 等（2020）研究均发现在黄羽肉鸡种鸡饲粮中添加维生素 A（5 400～21 600IU/kg）可以显著提高其子代鸡平均出壳重，但与添加 5 000IU/kg 与 15 000IU/kg维生素 A 的黄羽肉鸡种鸡相比，添加 135 000IU/kg 维生素 A 显著降低种蛋的受精率与孵化率，提示过高的母源维生素 A 水平对子代鸡的发育具有不利影响。

3. 维生素 A 与生长性能 维生素 A 作为一种必需营养素，在动物生长发育过程中发挥着重要的促进作用。研究表明，饲粮维生素 A 添加水平高于 12 000IU/kg 时，会导致生长性能下降，甚至出现维生素 A 中毒症状（Wolbach et al.，1952；Jenson et al.，1983；王丹莉等，1996；张海琴，2006；冯永淼，2007；夏兆飞等，2005；刘素杰等，2006）。因此，只有适量的维生素 A 能提高动物的生产性能（如提高日增重、采食量、饲料转化率等）。洪平等（2010）研究发现，添加 6 000、6 000、1 500IU/kg 维生素 A 可分别提高小、中、大鸡阶段岭南黄鸡生长性能。

4. 维生素 A 与抗氧化作用 维生素 A 分子中的双烯共轭键是发挥其生物学功能的重要结构，可以淬灭和捕捉单线态氧、羟自由基、脂质过氧化自由基以及其他自由基，从而保护细胞免受氧化损伤。维生素 A 还是非酶系统的抗氧化剂，在细胞膜上抑制多不饱和脂肪酸经酶促或非酶促反应生成脂质过氧化物（Palacios et al.，1996），视黄醇、视黄醛、视黄酯与视黄酸均能在生物体系中抑制脂质过氧化（颜怀城等，2007）。维生素 A 可以通过阻断脂质过氧化反应链以降低脂质过氧化，进而降低热应激导致的膜损伤（Sahin，2002）。维生素 A 的适量补充有助于增强机体抗氧化能力，提高血清 GSH－Px 活性，降低烷化损伤，减少 DNA 氧化损伤，维持 DNA 遗传物质的稳定性（韩磊，2004）。Surai 等（1998）发现种鸡维生素 A 水平可以影响胚胎期和雏鸡抗氧化性能。洪平等（2011）研究发现黄羽肉鸡饲粮添加 3 000IU/kg 维生素 A 显著提高 0～63 日龄黄羽肉鸡血清总抗氧化能力及T－SOD、GSH－Px、CAT 活性，并降低 MDA 含量。

5. 维生素 A 与免疫功能 维生素 A 对免疫系统起着重要的调节作用，参与机体免疫器官的生长发育，维生素 A 缺乏造成免疫器官间质结缔组织增生、角质化，淋巴器官萎缩。维生素 A 调节细胞免疫、体液免疫和非特异性免疫反应，适量的维生素 A 促进免疫，维生素 A 不足或过量均会导致免疫抑制（Davis et al.，1983）。维生素 A 通过活性代谢产物 RA 与核受体（RARs、RXRs 和 PPARs）调节基因的转录和表达，发挥抗感染等一系列免疫效应（Samarut et al.，2012）。维生素 A 充足的仔鸡趋向于 Th2 免疫应答，维生素 A 缺乏的仔鸡趋向于发展 Th1 免疫应答，分泌 INFγ 增多（Lessard et al.，1997），抑制了 Th2 细胞因子所刺激的 B 淋巴细胞分化成熟，使体液免疫受损。体外培养发现 RA 能促进胸腺细胞向 CD4＋胸腺细胞分化，抑制胸腺细胞向 CD8＋胸腺细胞分化，CD4＋/CD8＋比值显著升高（Yagi et al.，1997）。RA 通过活化 p38MAPK 而促进 CpG－DNA 介导的记忆性 B 淋巴细胞活化与增殖，免疫球蛋白合成与分泌增加，增强体液免疫（Geissmann et al.，2003）。张忠远等（2015）研究发现维生素 A 显著提高蛋鸡血清 IgG、IgA 和 IgM 含量，改善蛋鸡免疫功能。陈芳等（2015）研究发现 46～54 周龄黄羽肉鸡种鸡饲粮添加 21 600IU/kg 维生素 A 可以改善后代肉鸡的免疫功能。洪平等（2010）研究发现，维生素 A 添加水平 0～12 000IU/kg 可线性提高岭南黄鸡 0～63 日龄血清 IgG、IgA、IgM 含量，免疫功能显著提高。

6. 维生素 A 与肉品质 目前，维生素 A 对动物肉品质影响的研究尚不多见，维生素 A 主要是通过其抗氧化作用来改善肉的品质，其机理有以下几个方面：①维生素 A 可提高抗氧化酶活力，有效防止肌红蛋白或氧合肌红蛋白氧化成高铁肌红蛋白，加深肉色红度，提高肉色评分；②维生素 A 可抑制脂质过氧化，保护细胞膜结构和功能的完整性(李英哲等，2001)；③维生素 A 可提高肉的系水力，减少肉汁液渗出；④维生素 A 可以通过与维生素 E 的协同作用，促进维生素 E 的吸收，间接增强维生素 E 的抗氧化作用(Sklan et al.，1982)，改善肉品质。洪平等（2010）研究发现，饲粮中添加 1 500～3 000IU/kg维生素 A 可显著改善 63 日龄岭南黄鸡胸肌肉品质。陈芳等（2015）研究发现 46～54 周龄黄羽肉鸡种鸡饲粮添加 21 600IU/kg 维生素 A 可以改善后代肉鸡肉品质。

（五）黄羽肉鸡维生素 A 的需要量

在实际饲粮配制中要获得满足最佳生产性能的维生素 A 推荐水平，研究者和生产者必须考虑多种因素。维生素 A 最低营养需要水平是在理想环境和健康条件下，母鸡或雏鸡获得最佳生产性能所需要的估计量。然而，确定实际需要量时应考虑以下几点：①遗传差异可能影响需要量；②从母鸡转运到雏鸡的差异；③维生素 A 活性的差异；④氧化、饲料加工的热处理、微量元素的催化影响以及多不饱和脂肪的过氧化均可能破坏维生素 A；⑤多种因素可能引起肠道中维生素 A 的损失；⑥体内寄生虫对肠壁的损害或饲粮脂肪水平太低影响脂溶维生素 A 的吸收以及可能影响维生素 A 吸收机制的任何因素导致的维生素 A 吸收上的差异；⑦蛋白质或脂类水平不足影响维生素 A 转运所需的 β-脂蛋白和视黄结合蛋白的形成；⑧疾病和任何应激条件下，维生素 A 的需要量增加。黄羽肉鸡玉米豆粕型常用饲粮中的 β-胡萝卜素含量为 1.2～3.8mg/kg，但经过高温制粒后其含量可能低至 0.5mg/kg。农业部（2017）2625 号公告规定，配合饲料中维生素 A 最高限量 14 日龄以前为 20 000IU/kg，14 日龄以后为 10 000IU/kg。西班牙 FEDNA（2008）推荐肉仔鸡 0～18 日龄、18～35 日龄、35 日龄以上维生素 A 需要量分别为 11 000IU/kg、9 000IU/kg、7 000IU/kg。荷兰 DSM 公司推荐肉仔鸡 1～21 日龄、21 日龄至出栏阶段饲粮维生素 A 添加量分别为 8 000～12 500IU/kg、8 000～12 000IU/kg。广东省农业科学院动物科学研究所黄羽肉鸡营养与饲料研究课题组对黄羽肉鸡维生素 A 营养需要量进行了系统研究。

雏鸡阶段：洪平等（2009）研究发现，1～21 日龄饲粮添加 6 000IU/kg 维生素 A 可显著提高 21 日龄快速型岭南黄鸡生产性能、免疫器官指数、血清新城疫抗体滴定度、血清和肝抗氧化能力等，而血清和肝维生素 A 含量、血清免疫球蛋白 IgA、IgG、IgM 含量及 GSH－Px 活性则随饲粮维生素 A 添加量从 0 升高到 12 000IU/kg 而线性升高。

中鸡阶段：洪平等（2012）研究发现，22～42 日龄饲粮添加 6 000IU/kg 维生素 A 可显著提高 43 日龄快速型岭南黄鸡生产性能、免疫器官指数、血清新城疫抗体滴定度、血清和肝抗氧化能力等，而血清和肝维生素 A 含量、血清免疫球蛋白 IgA、IgG、IgM 含量及 GSH－Px 活性则随饲粮维生素 A 添加量从 0 升高到 12 000IU/kg 而线性升高。

大鸡阶段：洪平等（2013）研究发现，43～63 日龄饲粮添加 1 500IU/kg 维生素 A 可显著提高 63 日龄快速型岭南黄鸡日增重、腿肌率、免疫器官指数，添加 3 000IU/kg 维生素 A 还提高了血清和肝抗氧化能力以及胸肌肉品质。随着添加水平从 0 提高到 12 000IU/kg，血清和肝维生素 A 含量、血清免疫球蛋白 IgA、IgG、IgM 含量及 GSH－Px 活性线性升高。赵芸君等（2005）研究表明，56～90 日龄石岐杂鸡母鸡饲粮添加 5 000～10 000IU/kg 维生素 A 可提高日增重和饲料转化率，并且还提高机体脂质稳定性和血清新城疫抗体效价。

肉种鸡产蛋期：Chen 等（2015）在快大型黄羽肉鸡种鸡母鸡上的研究表明，饲粮中添加 5 400～21 600IU/kg 维生素 A 能够显著提高产蛋率、蛋料比和雏鸡初生重，随着饲粮维生素 A 添加水平的增加，肉种鸡和初生雏鸡肝中视黄酸棕榈脂含量随之提高，肉种鸡肝视黄酸棕榈脂含量分别提高了 43.2%、85.9%、94.1%；雏鸡肝视黄酸棕榈脂含量分别提高了 13.3%、34.4%、29.7%。添加维生素 A 显著提高卵巢基质和黄色卵泡壁中 IGF－IR、白色和黄色卵泡壁的 FSHR 及黄色卵泡壁 LHR 和 GHR mRNA 表达水平。随着饲粮维生素 A 水平的提高，卵巢基质和白色、黄色卵巢壁中 Caspase－3、Fas mRNA 表达水平显著降低。添加 5 400IU/kg 维生素 A 显著上调白色卵泡壁 RDH10 mRNA 表达水平，添加 21 600IU/kg 维生素 A 显著上调卵巢基质和白色卵泡壁 CYP26A1 mRNA 表达水平。添加维生素 A 显著提高卵巢基质 RARα 和黄色卵泡壁 RXRα mRNA 表达水平。Wang 等（2020）对重大型黄羽肉鸡种鸡研究母体维生素 A 和饲粮维生素 A 对后代鸡的影响研究发现，母体维生素 A 的水平和饲粮中维生素 A 的水平对后代鸡的肉品质和免疫功能均有显著影响作用，饲粮维生素 A 水平能够提高后代鸡的生长性能，但母体维生素 A 水平则无此作用，说明饲粮维生素 A 水平比母体维生素 A 水平对黄羽肉鸡来说更加重要。

快速型黄羽肉鸡维生素 A 营养需要量见表 7－3。我国农业行业标准《黄羽肉鸡营养需要量》（NY/T 3645—2020）推荐：1～21、22～42、43 日龄以上维生素 A 需要量分别为 12 000、9 000、6 000IU/kg。

表 7－3　黄羽肉鸡维生素 A 需要量

品种	阶段（日龄）	性别	饲养模式	敏感指标	维生素 A 推荐水平/(IU/kg)	资料来源
岭南黄	1～21	公	地面平养	生长性能、免疫功能、免疫球蛋白含量	12 000	洪平（2009）
岭南黄	22～42	公	地面平养	生长性能、免疫功能、免疫球蛋白含量	9 000	洪平（2012）

（续）

品种	阶段（日龄）	性别	饲养模式	敏感指标	维生素A推荐水平/(IU/kg)	资料来源
岭南黄	43～63	公	地面平养	生长性能、抗氧化能力、肉品质	6 000	洪平（2013）
石岐杂	56～90	母	地面平养	生长性能、新城疫抗体效价	5 000～10 000	赵芸君等（2015）
岭南黄种母鸡	产蛋期	母	笼养	繁殖性能	10 800	Chen 等（2015）

（六）维生素A缺乏症

根据雏鸡来自种母鸡转移的维生素A储存水平，饲喂维生素A缺乏饲粮的雏鸡在一周内表现出缺乏症。当种母鸡向雏鸡转移了较高水平的维生素A时，缺乏症在7周后出现。雏鸡的维生素A缺乏综合征以厌食、生长停滞、嗜睡、虚弱、肢体不协调、消瘦和羽毛凌乱为特征。如果缺乏症很严重，鸡表现共济失调，与维生素E缺乏症相似。还会失去胫骨和喙的黄色素，鸡冠和肉垂颜色苍白，在眼中有乳酪样分泌物。

陈芳等（2015）发现，母鸡饲喂维生素A缺乏饲粮4周出现产蛋率下降，卵巢和输卵管萎缩，肝和血清维生素A水平大幅度下降，后代雏鸡维生素A储备较低。卵巢可能出现闭锁卵泡，其中一些卵泡表现出血症状，眼部出现分泌物。当缺乏继续时，眼部逐渐产生混浊、白色、乳酪状物，影响肉鸡视力。

（七）维生素A缺乏的病理

成年鸡通常维生素A缺乏最初损害的是食管的黏膜腺体。正常腺体上皮被覆层鳞状角质上皮所取代，阻碍黏膜腺体管道，导致其扩张，同时分泌组织坏死。在鼻腔、口腔、咽和食管中发现白色小脓包，可进一步扩展到嗉囊。

由于黏膜的损害，病原微生物可能入侵这些组织，进入机体，因而导致感染，这是维生素A缺乏的第二个症状。青年鸡如果发生慢性维生素A缺乏，其食管的黏膜也可能出现脓包，并向下扩展到呼吸道；肾的颜色苍白，由于尿酸沉积使肾小管扩张，在极端情况下，尿酸盐充满输尿管；血中尿酸水平从正常的5mg/10mL上升到40mg/10mL。维生素A缺乏不影响尿酸代谢，但可能阻碍肾对尿酸的正常排泄。

维生素A缺乏症的组织学表现现象是细胞质萎缩。纤毛柱状上皮纤毛丢失。细胞体不规则，最终气管、支气管的黏膜层和皮下腺转变为复层鳞状、角质化上皮。

（八）维生素A的过多症

视黄醇及其酯类在饲料中的添加量达到1 000 000～1 500 000IU/kg时（已达到最低需要量的150倍）也不会对鸡产生毒性。由于视黄醇在体内容易转化成视黄酸，因此视黄醇有一定毒性，最明显的证据是当视黄醇的添加量为维生素A最低需要量的50～100倍时，视黄酸就会变成具有毒性。

维生素A过多症综合表现如下：①体重下降；②采食量下降；③眼睑变大并呈鳞片状；④鼻、嘴、脚上的皮肤及其相邻皮肤有发炎症状；⑤骨骼长度降低，骨畸形增加；

⑥死亡率增加。当饲粮中维生素 A 添加水平为 1 500 000IU/kg 时，血液中维生素 A 的含量可增加到 1 300IU/100mL，肝中的含量则达到 20 000IU/mg。与视黄醇不同，饲粮中即使有高水平的视黄酸，肝也不会有维生素 A 沉积。脂溶性维生素间的竞争性吸收特别值得注意，当饲粮中的维生素 D、维生素 E、维生素 K 的含量处于临界水平时，增加维生素 A 在产生本身的毒性时，也会引起其他一种或多种脂溶性维生素的缺乏，结果导致生长性能或产蛋量下降。同样，饲粮中过量添加维生素 A 也会引起类胡萝卜素吸收降低，导致鸡蛋或组织中色素沉积降低。

二、维生素 D_3

（一）维生素 D_3 的性质

维生素 D 是促进钙、磷吸收和骨骼矿化的脂溶性维生素。现在已知有多种不同类型的维生素 D，但它们并不都是以天然形式存在，其中两种主要的存在形式是维生素 D_2（麦角钙化醇）和维生素 D_3（胆钙化醇）。维生素 D_1 最初是指有活性的固醇，后来发现该物质不是纯净物，而主要是由麦角钙化醇组成，但这种物质已经被命名为维生素 D_2，因此维生素 D_1 的名称就不存在了。对于黄羽肉鸡来说，维生素 D_2 的作用只有维生素 D_3 的 3%。

（二）维生素 D_3 的化学特性

维生素 D_3 不溶于水，而溶于有机溶剂和油，经丙酮稀释后，晶体呈白色针状微粒，熔点为 84～85℃，可通过分子蒸馏或油皂化后的层析作用从油中分离维生素 D_3。

大量的紫外线照射对维生素 D_3 具有破坏作用，腐败多不饱和脂肪酸对维生素 D_3 具有过氧化作用。夏季由于温度高和储存条件限制，不同程度的脂肪氧化酸败是必然的，维生素 D_3 损失而不足的情况是难免出现的，因此，维生素 D_3 的额外补充是不二的选择。饲料中添加维生素 E 和其他抗氧化剂等可防止维生素 D_3 被破坏。

维生素 D 的活性单位是 IU。一个 IU 等于 0.025μg 维生素 D_3。

（三）维生素 D_3 的吸收和转运

维生素 D_3 的吸收是通过不饱和被动扩散作用而实现的；吸收的效率很低，仅 50%左右。肠道对维生素 D_3 的吸收是通过胆酸依赖性胶粒形成而与脂肪的吸收同时发生。因此，肠腔中存在脂肪酶和胆酸，是维生素 D 被吸收的重要条件（宋国麟，2004）。

维生素 D 被吸收后，进入血液，在 24h 内扩散到全身，在肠壁、肝、肾、脾、胆囊和血清中的含量最高，而肌肉、骨骼和胰中的含量很低，储存的维生素 D 大部分都存在于这些组织中。有研究表明，25-羟基维生素 D_3（25-OH-D_3）或 1,25-二羟基维生素 D_3［1,25-$(OH)_2D_3$］可以从母鸡转移到鸡蛋内，维生素 D 及其代谢产物则主要从粪便中排出。

（四）维生素 D_3 的生理功能

维生素 D 最基本的功能是促进肠道钙和磷的吸收，提高血液钙和磷的水平，促进骨骼矿化。随着研究的不断深入，发现机体大多数组织中存在维生素 D_3 活性代谢物 1,25-$(OH)_2D_3$ 的作用受体维生素 D 受体（Vitamin D receptor，VDR）和 1α-羟化酶，后者可使维生素 D_3 主要循环形式 25-羟基维生素 D_3 转化为 1,25-$(OH)_2D_3$，进而在这些组织中发挥多种生物活性作用，如免疫调节、诱导细胞分化、抑制细胞增殖以及激素分泌的调控作用等。

降钙素和副甲状腺激素（甲状旁腺素）会影响 $1,25-(OH)_2D_3$ 的分泌，从而影响血钙和血磷的水平。降钙素对高血钙具有重要调控作用，它通过抑制肠的吸收、促进骨骼钙化、降低肾对钙的吸收等方式来实现对高血钙的调节。另外，维生素 D_3 通过激活肠、肾、骨骼里的特定泵机制来提高血浆钙和血浆磷的水平，从而维持血钙和血磷的水平。

维生素 D 可以促进钙和磷穿过肠上皮细胞，这个过程不需要副甲状腺激素的直接参与，但需要活性形式维生素 D_3。维生素 D_3 会影响磷的吸收，但是维生素 D 促进钙和磷吸收的机制还不完全清楚，钙和磷酸盐转运系统受到禽类维生素 D_3 状态的影响。当维生素 D_3 存在时，钙依赖性 ATP 酶和碱性磷酸酶活性增加。饲粮中添加维生素 D_3 后正常鸡对磷的吸收率比佝偻病鸡提高了 3～4 倍，对于钙和磷的转运系统以及维生素 D_3 在这个系统中的作用仍需进一步研究。

在幼年骨骼形成时期，矿物质沉积于骨基质中，引起骨骼带的产生，从而使骨骼延伸，当缺乏维生素 D_3 时，骨骼的有机基质不能矿化，幼禽会出现佝偻病，而成年禽类就出现软骨病。$1,25-(OH)_2D_3$ 的作用之一就是促进基质的矿化，维生素 D_3 的另一个作用是参与矿化所需要的胶原的生物合成，其还可以促进肾远曲小管对钙的重吸收，在没有维生素 D_3 和副甲状腺激素时，渗出钙的 99%可以被重吸收，剩下的 1%可在这两种激素作用下吸收。

由于维生素 D_3 对肌肉钙调蛋白和肌肉钙调蛋白磷酸酶有调控作用，故维生素 D_3 在改善鸡肉品质方面也着重要的作用（陈琎等，2008）。马现永等（2009）研究发现，给 43～63 日龄的黄羽肉鸡饲粮中添加维生素 D_3 和钙可以提高肉鸡的生长性能，并且改善 63 日龄黄羽肉鸡的肉品质。

维生素 D_3 还可以调节禽类肠黏膜形态结构。有研究报道，向产蛋种母鸡的基础饲料中添加一定量的维生素 D_3 两周后，孵化出的雏鸡小肠重量减轻、长度变短，绒毛高度和隐窝深度增加（朱钦龙，2000）。

（五）黄羽肉鸡维生素 D_3 的需要量

美国 NRC（1994）推荐肉仔鸡各阶段维生素 D_3 需要量均为 200IU/kg。西班牙 FEDNA（2008）推荐肉仔鸡 0～18 日龄、18～35 日龄、35 日龄至出栏阶段维生素 D_3 需要量分别为 3 500IU/kg、2 800IU/kg、2 000IU/kg。荷兰 DSM 公司推荐肉仔鸡 1～21 日龄维生素 D_3 添加量为 3 000～5 000IU/kg，22 日龄到出栏阶段为 2 000～4 000mg/kg。

美国 NRC（1994）推荐蛋鸡后备期各阶段维生素 D_3 需要量均为 200IU/kg，开产期维生素 D_3 需要量为 300IU/kg。西班牙 FEDNA（2008）推荐种鸡 0～6 周龄、6 周龄至开产期维生素 D_3 需要量分别为 2 600IU/kg、2 200IU/kg。荷兰 DSM 公司推荐种鸡后备期 0～21 日龄、22 日龄以后维生素 D_3 添加量分别为 3 000～5 000IU/kg、1 500～2 500mg/kg。

黄羽肉鸡维生素 D_3 或其代谢物的营养需要量：Jiang 等（2015）在快速型岭南黄羽肉公鸡上的研究表明，1～21 日龄饲粮添加维生素 D_3 600IU/kg 时生长性能最好，500IU/kg 时胫骨强度和密度最好；22～42 日龄饲粮添加维生素 D_3 500IU/kg 时生长性能、胫骨强度和密度最好；43～63 日龄饲粮添加维生素 D_3 100IU/kg 时料重比最好，600IU/kg 时胫骨强度和密度最好，600IU/kg 时滴水损失和剪切力最小。叶慧等（2013）在 42～63 日龄快速型岭南黄肉公鸡上的研究表明，添加 70μg/kg、90μg/kg 25-OH-D_3 或 2.5μg/kg、5μg/kg、10μg/kg 1α-OH-D_3 均可显著提高钙表观吸收率和真吸收率，添加 5μg/kg、10μg/kg 1α-OH-D_3 可显著提高磷表观吸收率和真吸收率；添加 50μg/kg、70μg/kg、90μg/kg 25-OH-D_3 或 10μg/kg 1α-OH-D_3 均可显著提高血清磷含量和显著降低血清钙磷比，添加 90μg/kg 25-OH-D_3 或 10μg/kg 1α-OH-D_3 还可显著降低血清抗酒石酸酸性磷酸酶活性，但各处理血清碱性磷酸酶活性差异不显著；添加 90μg/kg 25-OH-D_3 或 10μg/kg 1α-OH-D_3 可显著提高胫骨粗灰分重、钙磷比、鲜重、脱脂重、脱脂重指数、长度、折断力和骨密度。叶慧等（2013）在 42～63 日龄快速型岭南黄肉公鸡上的研究表明，5.0μg/kg 1α-OH-D_3 显著提高肾指数，10.0μg/kg 1α-OH-D_3 显著提高肝指数。5.0μg/kg 1α-OH-D_3 处理组显著改善腿肌肉色和系水力。雷建平等（2013）在 42～63 日龄快速型岭南黄肉公鸡上的研究表明，25-OH-D_3 可提高内脏器官指数，促进内脏器官发育，对黄羽肉鸡肉色、系水力和嫩度具有一定的改善作用。

快速型黄羽肉鸡维生素 D_3 及其代谢物需要量见表 7-4。我国农业行业标准《黄羽肉鸡营养需要量》（NY/T 3645—2020）推荐：21 日龄前、后维生素 D_3 需要量分别为 600IU/kg、500IU/kg。

表 7-4 快速型黄羽肉鸡维生素 D_3 及其代谢物需要量

品种	添加物质	阶段（日龄）	性别	饲养模式	敏感指标	维生素 D_3 推荐水平	资料来源
岭南黄	维生素 D_3	1～21	公	地面平养	生长性能、胫骨骨密度和灰分含量	600IU/kg	Jiang（2015）
岭南黄	维生素 D_3	22～42	公	地面平养	生长性能、胫骨骨密度和灰分含量	500IU/kg	
岭南黄	维生素 D_3	43～63	公	地面平养	生长性能、胫骨骨密度和灰分含量	500IU/kg	
岭南黄	25-OH-D_3 1α-OH-D_3	43～63	公	地面平养	生长性能、胫骨发育	90μg/kg 25-OH-D_3 和 10μg/kg 1α-OH-D_3	叶慧等（2013）
岭南黄	25-OH-D_3	43～63	公	地面平养	屠宰性能、内脏器官发育、肉品质	70μg/kg	叶慧等（2013）
岭南黄	1α-OH-D_3	43～63	公	地面平养	屠宰性能、内脏器官发育、肉品质	5μg/kg	雷建平等（2013）

（六）维生素 D_3 的缺乏症

维生素 D_3 供给不足会导致肉鸡出现维生素 D 缺乏症，主要会出现以下的反应症状：

（1）生长性能和腿病。首先表现的症状是鸡生长受阻，因为矿物质代谢出现障碍导致长骨受害，影响黄鸡的运动能力，造成严重的腿部软弱，随后喙和爪会变软并易弯曲，鸡行走困难，行走前会蹲在地上（彩图 8、彩图 9），休息时会左右摆动，缺少平衡，不利于其寻觅饲料和饮水。黄羽肉鸡对此最为敏感的阶段是3～4周龄。

(2) 繁殖性能。黄羽肉种鸡在产蛋高峰期之后因机体钙储备短暂耗竭，维生素D_3缺乏之后，会表现产蛋率突然急剧下降。种母鸡缺乏维生素D_3就不能通过蛋黄给予充足的维生素D_3，鸡胚就不能动用蛋壳中钙、磷储备和调节钙化过程，导致雏鸡软喙无法啄壳而出，严重影响孵化率和健雏率。

(3) 羽毛。维生素D缺乏的黄羽肉鸡羽毛会失去光泽，羽毛的边缘有异常的镶边。

(4) 低血钙症。维生素D_3摄入量不足会导致钙三醇合成量下降，血浆钙三醇水平下降会危害鸡体内的钙平衡从而引起低钙血症。在种鸡群中这一病症表现为共济失调和瘫痪。

(七) 维生素D_3过多症

采食过量的维生素D_3会产生骨盐重吸收综合征，造成内脏和软组织中钙的异常沉积。内脏、泌尿管、呼吸道常会发生钙的沉积，高水平胆钙化醇会使肾小管钙化而损害鸡的肾。有研究报道，当胆钙化醇的添加量高于需要量的250倍时对鸡也没有毒性作用，但25-OH-D_3的毒性比胆钙化醇高5～10倍。当饲粮中含有高水平的钙和磷时，维生素D_3和代谢物的毒性作用会加强。

过高剂量的维生素D_3会导致蛋壳上出现疙瘩等异常现象，原因是鸡蛋内过多的钙被运到蛋壳表面，有些疙瘩脱落下来还会导致蛋壳破裂。

维生素D摄入量过多会强烈促进肠道的钙吸收，使过多的钙沉积在心脏、血管、关节、心包及肠壁等部位，导致组织和器官普遍退化和钙化，致使心力衰竭、关节强直或肠道疾患（刘进远等，2000）。

三、维生素E

维生素E是具有D-α-生育酚活性的所有生育酚和生育三烯酚的总称。D-α-生育酚极易氧化，在维生素E的商品生产过程中，常用醋酸将其酯化。产品常包括D型和L型2种化合物，故称为DL-生育酚醋酸酯。

D型α-生育酚有轻微的黏性，为灰黄色油状物，不溶于水，但易溶于油、脂肪及有机溶剂中。它的熔点为2.5～3.5℃，沸点为200～220℃。D-α-生育酚可以通过分析蒸馏来提纯，最大吸收波长为294nm。酯化可以提高D-α-生育酚的稳定性，所以商品用的添加剂一般是D-α-生育酚酯或DL-α-生育酚酯。1IU维生素E相当于1mg DL-生育酚醋酸酯，D型的活性要比DL型活性高36%，生育酚比生育酚醋酸酯的活性高10%。

(一) 维生素E的吸收、转运及储存

维生素E主要在小肠以微粒的形式被吸收，D-α-生育酚和L-α-生育酚的吸收性都很好，胆汁和胰脂肪酶对维生素E吸收至关重要。维生素E的吸收率与其在饲粮中的含量有关。维生素E在饲粮中含量为10IU/mg时，其吸收率可达98%，当维生素E含量分别为100IU/mg、1 000IU/mg时，吸收率分别降至80%、70%。与脂肪一起吸收的生育酚，被转运到肝，通过门静脉进入血液。

维生素E储存在肝及脂肪中，在脂肪组织中的储存量达到体组织总量的90%。维生素E在体内的储存量并不稳定，当禽类采食维生素E不足的饲粮并表现出缺乏症时，其

在体内的储存水平会降低。

（二）维生素 E 的生理功能

维生素 E 的缺乏会影响到机体的很多组织，这表明维生素 E 有很多不同的代谢功能。维生素 E 的主要作用有以下几种：①生物抗氧化剂；②正常修复组织；③参与正常的磷酸化作用；④参与核酸的代谢；⑤参与抗坏血酸的合成；⑥参与辅酶 Q 的合成；⑦参与含硫氨基酸的代谢；⑧保持细胞内低的过氧化物水平；⑨维持机体的免疫力；⑩影响屠体的过氧化反应。维生素最主要的功能是它作为体内天然的抗氧化剂所发挥的作用。

1. 维生素 E 抗氧化作用　维生素 E 作为生物抗氧化剂维护生物膜的完整性。维生素 E 缺乏对生物膜完整性的影响主要在膜的脂肪部分而不在蛋白部分。维生素 E 发挥抗氧化作用与它的酚环上的羟基有关，羟基给自由基提供一个氢，与游离电子发生作用，抑制自由基产生，制止过氧化反应。蒋守群等（2012）研究报道，在黄羽肉鸡饲料中添加维生素 E 能够显著提高肝中 GSH - Px 活性和肌肉中 T - SOD 活性，降低肝中 MDA 的含量，且添加 20mg/kg 效果最好。在黄羽肉种鸡饲料中添加维生素 E 能够提高维生素 E 在种蛋中的沉积水平（林厦菁等，2017）。

2. 维生素 E 对免疫系统的作用　维生素 E 通过刺激血液中嗜中性粒细胞和巨噬细胞中的谷胱甘肽过氧化物酶的活性而提高免疫性能。有研究显示，维生素 E 能刺激 T -淋巴细胞的活性，还有报道说维生素 E 可以提高抑菌作用及增加抗体的产生（Erf，1998）。Colnago 等（1984）建议，在饲粮中适当提高维生素 E 的添加量（100IU/kg），可以提高鸡抗球虫病的免疫力。有研究报道在氧化油脂饲粮中添加维生素 E 能够提高 1～21 日龄黄羽肉鸡的免疫功能、肠道抗氧化水平和吸收能力（范秋丽等，2018）。

3. 维生素 E 对肉品质的作用　屠宰后胴体的肌肉和脂肪会发生过氧化反应。胴体中多不饱和脂肪酸的含量越高，过氧化反应越严重、越快。有研究表明，在黄羽肉鸡饲料中添加维生素 E 能够显著提高宰后胸肌 pH，并降低滴水损失，对肉品质有改善作用，在屠宰前 3～4 周饲喂维生素 E 含量高的饲粮可以提高肉在储存过程中的稳定性（蒋守群等，2012）。

4. 维生素 E 对细胞呼吸的作用　维生素 E 对心脏和骨骼肌的细胞呼吸有独特的重要作用。它在烟酰胺腺嘌呤二核苷酸（NAD）中的细胞色素还原酶及琥珀酸氧化酶系中作为辅助因子发挥作用，生育酚还参与 DNA 的生物合成。

（三）维生素 E 需要量

影响黄羽肉鸡维生素 E 的需要量的因素有多种，如饲粮中硒和维生素 C 的含量，维生素 E 的一些生物功能可部分或全部由其他化学结构并不相关的物质所代替。硒作为谷胱甘肽过氧化物酶的组成物质，在过氧化物对细胞形成危害前将其分解，可以节约维生素 E，维生素 C 的添加也能够节约维生素 E 的添加量。饲粮的类型也对维生素 E 的需要量有影响，饲粮中高水平的多不饱和脂肪酸会提高维生素 E 的需要量。含三价铁的盐加速氧化反应，就会增加饲粮中维生素 E 的需要量。黄羽肉鸡玉米豆粕型常用饲粮维生素 E 含量为 13～18mg/kg，但经过高温制粒后其含量可能低至 2～4mg/kg。

美国 NRC（1994）推荐肉仔鸡各阶段维生素 E 需要量均为 10mg/kg。西班牙 FEDNA（2008）推荐肉仔鸡 0～18 日龄、18～35 日龄、35 日龄至出栏阶段维生素 E 需要量分别为 35mg/kg、26mg/kg、20mg/kg。荷兰 DSM 公司推荐肉仔鸡 1～21 日龄饲粮维生素 E 的添加量为150～240mg/kg，而22日龄至上市饲粮维生素E的添加量为30～50mg/kg。

美国NRC（1994）推荐蛋鸡0～6周龄、6周龄至开产期维生素E需要量分别为10mg/kg、5mg/kg。西班牙FEDNA（2008）推荐种鸡0～6周龄、6周龄以上后备期维生素E需要量分别为20mg/kg、15mg/kg。荷兰DSM公司推荐种鸡后备期0～21日龄、22日龄以后维生素E添加量分别为150～240mg/kg、20～30mg/kg。

雏鸡阶段：蒋守群等（2009）研究发现，1～21日龄快速型岭南黄鸡饲粮（基础饲粮含4.14mg/kg维生素E）添加5～80mg/kg维生素E可显著提高采食量、法氏囊指数，以及血清GSH-Px活性等抗氧化指标、新城疫抗体滴度和淋巴细胞增殖率等免疫指标。其中添加40mg/kg维生素E时，采食量、血清GSH-Px活性、新城疫抗体滴度等指标最高。综合考虑生产性能、抗氧化指标和免疫指标，此阶段饲粮维生素E适宜水平为44.14mg/kg。而肝维生素E含量随添加量增加而线性增加，说明肝具备较强的维生素E储备能力。

中鸡阶段：蒋守群等（2013）研究表明，22～42日龄快速型岭南黄鸡饲粮（基础饲粮含3.59mg/kg维生素E）添加5～80mg/kg维生素E并不影响生产性能、胴体成分、新城疫抗体滴度，但是提高法氏囊指数、血清和肝总超氧化物歧化酶活性、GSH-Px活性，降低血清肿瘤坏死因子-α含量、肝丙二醛含量。综合考虑其抗氧化指标，此阶段维生素E适宜水平为13.59mg/kg。同样，肝维生素E含量随添加量增加而线性增加。

大鸡阶段：蒋守群等（2012）研究表明，43～63日龄快速型岭南黄鸡饲粮（基础饲粮含2.55mg/kg维生素E）添加5～80mg/kg维生素E并不影响生产性能、胴体成分，但是提高血清和肝GSH-Px活性、肝总超氧化物歧化酶活性、宰后胸肌pH，降低血清和肝丙二醛含量、胸肌滴水损失。综合考虑其抗氧化指标和胸肌滴水损失等，此阶段饲粮维生素E适宜水平为22.55mg/kg。李同树等（2003）在42～70日龄鲁西黄羽肉鸡上的研究表明，添加50mg/kg、100mg/kg维生素E可以提高腿肌pH和肉色的稳定性，减少滴水损失，显著提高胸肌中α-生育酚含量。刘敏燕等（2018）在80～115日龄广西黄母鸡上的研究表明，添加50mg/kg维生素E显著提高血清中免疫球蛋白A含量，添加150mg/kg维生素E显著提高血清中免疫球蛋白M含量；添加50mg/kg、100mg/kg及150mg/kg维生素E能显著提高肝α-生育酚含量；添加150mg/kg维生素E显著提高胸肌α-生育酚含量；饲粮添加100mg/kg和150mg/kg维生素E能显著提高肝LPL基因表达量；添加150mg/kg维生素E能显著提高肝心脏型脂肪酸结合蛋白（H-FABP）基因表达量；添加50mg/kg、100mg/kg及150mg/kg维生素E能显著提高肝中脂肪酸结合蛋白（L-FABP）基因表达量。

肉种鸡产蛋期：林厦菁等（2017）在快大型黄羽肉种鸡母鸡上的研究表明，饲粮（基础饲粮含维生素E 3.19mg/kg）中添加20IU/kg、40IU/kg维生素E能够显著降低血浆中MDA含量，饲粮中添加40IU/kg维生素E时，MDA含量最低；随维生素E添加水平升高，种蛋中维生素E含量显著增加。

快速型黄羽肉鸡维生素E需要量研究结果见表7-5。我国农业行业标准《黄羽肉鸡营养需要量》（NY/T 3645—2020）推荐：1～21日龄、22～42日龄、43日龄以上维生素需要量分别为45mg/kg、35mg/kg、25mg/kg。

表 7-5　快速型黄羽肉鸡维生素 E 需要量研究结果

品种	阶段（日龄）	性别	饲养模式	敏感指标	维生素 E 推荐水平/(mg/kg)	资料来源
岭南黄	1～21	公	地面平养	生长性能、免疫功能	44	蒋守群等（2008）
岭南黄	22～42	公	地面平养	生长性能 抗氧化指标	14	蒋守群等（2013）
岭南黄	43～63	公	地面平养	抗氧化能力、肉品质	23	蒋守群等（2012）
鲁西黄	42～70	公、母	地面平养	肉品质	50	李同树等（2003）
广西黄	80～115	母	地面平养	免疫功能	150	刘敏燕等（2018）
岭南黄	产蛋期	母	笼养	繁殖性能	无须添加	
				抗氧化能力	43	林厦菁等（2017）

（四）维生素 E 缺乏症

雏鸡维生素 E 缺乏症（彩图 10）为脑软化症，渗出性素质，肌肉营养障碍，免疫抗病力下降。表现为精神状态较差，腿脚软，不能站立。

成年鸡即使采食低剂量的维生素 E 也不会表现出临床症状，但生长性能可能会有轻微下降，孵化率下降很明显，而且在孵化早期就出现胚胎死亡。成年公鸡连续 6～8 周采食维生素 E 缺乏的饲粮会出现双睾萎缩。

如果雏鸡出现渗出性素质，那么饲粮中维生素 E 和硒都缺乏。雏鸡的渗出性素质和肌肉营养不良可以通过大幅度添加维生素 E 来缓解，但前提是维生素 E 缺乏程度不是很严重。

（五）维生素 E 的毒性

维生素 E 是毒性最低的维生素之一，其中毒症状没有特异性，而且大多与维生素 A 和维生素 D_3 的吸收和利用受阻有关。有报道指出，在维生素 E 达到中毒水平时骨骼钙化出现障碍。在维生素 E 水平为 4 000IU/mg 时，发现鸡的喙、胫骨、脚褪色，在维生素 E 含量达到 8 000IU/mg 时，出现蜡状羽毛。

四、维生素 K

（一）维生素 K 的性质和来源

维生素 K，又称为凝血维生素，其对动物凝血系统的功能是必不可少的。维生素 K 以多种形式存在，来源于植物的维生素 K 为维生素 K_1（叶绿醌），微生物合成的维生素 K_2、人工合成的维生素 K_3 为甲萘醌的衍生物。天然维生素 K 是脂溶性的，并对热稳定，但在强酸、强碱及光照辐射及氧化等环境中易被破坏。维生素 K 的合成产物如甲萘醌的盐类——亚硫酸氢钠甲萘醌和萘氢醌磷酸氢钠等是水溶性的。

（二）维生素 K 的吸收

肠道对叶绿醌、甲萘醌类和甲基萘醌的良好吸收需要饲粮脂肪和胆汁盐的协助。肉鸡饲喂含有胆汁盐螯合剂饲粮后，鸡对维生素 K 的吸收减少。甲基萘醌重亚硫酸盐和磷酸盐是水溶性的，因此低脂肪饲粮可能更有助于其吸收。据报道，叶绿醌在鸡体内可以被完整吸收并储存于肝中，饲喂甲基萘醌后鸡肝中发现甲基萘醌-4（肝中的存在形式），鸡肝中这两种形式的维生素K对于凝血酶原的合成或者是肠道微生物将维生素 K_1 或维生素 K_2 降解成了甲基萘醌而产生的。甲基萘醌-4的形成并不是代谢活动必需的，因为叶绿醌对于维生素K-依赖凝血蛋白的合成具有与甲基萘醌-4同样的生物活性。

机体对维生素K的吸收率取决于其形式。有报道表明，甲基萘醌可以被全部吸收，而叶绿醌只有50%的吸收率。维生素 K_1 主要储存于肝，但是储留时间不太长，维生素 K_3 几乎分布于全身，且很快被排泄。

（三）维生素K的生理功能

维生素K作为谷氨酸羧化酶的辅酶，参与羧基谷氨酸蛋白（BGP）转录后的修饰。BGP是由成骨细胞产生和分泌的一种非胶原蛋白，具有骨代谢调节激素的作用。有报道称，维生素K调节骨骼发育是通过羧化反应完成的。羧化反应使骨骼中的维生素K依赖性蛋白质（主要是骨钙素）活化，将无活性的谷氨酸（Glu）残基转化为有活性的羧基谷氨酸（Gla）。活化后的骨钙素与 Ca^{2+} 等阳离子有很高的亲和力并能和羟基磷灰石结合，促进骨骼矿化，从而改善了骨骼质量。有研究报道，0～3周肉鸡血清骨钙素的羟基磷灰石结合力、骨骼折断力、骨灰分重等随着维生素K水平的添加呈线性增加。骨矿密度和骨矿含量随着维生素K水平的添加呈二次曲线增加（党晓鹏，2015）。

维生素K缺乏会导致凝血时间延长，因为它是合成凝血酶原必需的。凝血酶原可进一步转化为凝血酶，凝血酶可促进血液纤维蛋白原转化为纤维蛋白，纤维蛋白具有凝血作用。其他一些重要的凝血因子的生物合成也依赖于维生素K。这些凝血蛋白在肝中是无活性的，随后在维生素K的作用下转变成了生物活性蛋白。当上述凝血因子含量不足时，服用维生素K后5～7h可恢复至正常水平。

（四）维生素K的需要量

在没有任何应激因子的条件下，禽类饲喂玉米-豆粕饲粮，对维生素K的需要量是0.6mg/kg。但在患球虫病或其他影响因子导致肠道合成能力或吸收能力下降的情况下，对维生素K的需要量增加。目前没有关于黄羽肉鸡维生素K需要量的研究报道，实际生产上饲粮中维生素K添加量为2～4mg/kg。

美国NRC（1994）推荐肉仔鸡维生素K需要量为0.5mg/kg。西班牙FEDNA（2008）推荐肉仔鸡0～18日龄、18～35日龄、35日龄至出栏阶段维生素 K_3 需要量分别为2.5mg/kg、2.2mg/kg、1.7mg/kg。荷兰DSM公司推荐肉仔鸡维生素 K_3 添加量为2～4mg/kg。我国农业行业标准《黄羽肉鸡营养需要量》（NY/T 3645—2020）推荐：快速型黄羽肉鸡1～21日龄、22～42日龄、43～63日龄维生素 K_3 需要量分别为2.5mg/kg、2.2mg/kg、1.7mg/kg。中速型和慢速型黄羽肉鸡维生素 K_3 需要量参照快速型黄羽肉鸡标准。

美国NRC（1994）推荐蛋鸡后备期各阶段维生素 K_3 需要量均为0.5mg/kg。西班牙FEDNA（2008）推荐种鸡0～6周龄、6周龄以上维生素 K_3 需要量分别为2.7mg/kg、2.0mg/kg。荷兰DSM公司推荐种鸡后备期0～21日龄、22日龄以后维生素 K_3 添加量分别为2～4mg/kg、1～3mg/kg。我国农业行业标准《黄羽肉鸡营养需要量》（NY/T 3645—2020）推荐：重型、中型和轻型种用母鸡0～6周龄、6周龄至开产期维生素 K_3 需要量分别为 2.7mg/kg、2.0mg/kg。

（五）维生素 K 缺乏症

多种因素会导致黄羽肉鸡维生素 K 缺乏症的发生，包括低水平维生素 K 饲粮、肠道低合成能力、含硫药物及其饲料添加剂、疾病等。

维生素 K 缺乏的主要临床症状为血液中凝血酶原含量下降，血液凝固机能受破坏。严重缺乏情况下，皮下及体内出血可能引起死亡。新生雏鸡血液中凝血酶原含量仅有成年鸡的 40%左右，因而很容易受维生素 K 缺乏的威胁。黄羽肉鸡在开始采食缺乏维生素 K 的饲粮 2～3 周后常出现维生素 K 缺乏综合征。维生素 K 可以从母体转移到种蛋，供新生雏鸡利用，因此种鸡饲粮应添加足够的维生素 K，种鸡维生素 K 不足，会导致种蛋中的维生素 K 储备不足，胚胎在孵化 18d 至出雏期间因各种不明原因出血而导致死亡。

（六）维生素 K 的毒性

维生素 K 的毒性非常少见，高达 1 000 倍常规饲粮中的水平时才会出现中毒，中毒症状表现为溶血性贫血和肝中毒症状。

五、硫胺素

（一）硫胺素的性质

硫胺素又称为维生素 B_1，纯品形式为硫胺素盐酸盐，为玫瑰花形状的白色单晶体。该盐具有特殊的气味，易溶于水，微溶于乙醇，不溶于醚和氯仿。在普通天气条件下，硫胺素盐酸盐吸收空气中的水分，形成水合物。因此，硫胺素纯品应密封保存，否则会吸水结块。在 120℃水溶液中硫胺素盐酸盐失去活性，当 pH 高于 5.5 时，维生素会被迅速破坏，但不会完全失活。

（二）硫胺素来源

禾谷籽实和苜蓿草粉含硫胺素丰富（表 7－2）。动物性饲料中硫胺素的含量也很丰富，其存在的形式主要是焦磷酸硫胺素。天然饲料中的硫胺素易于消化和释放，在体内也容易吸收和转运至机体的各个细胞，但体内的储存很少，过量的硫胺素会迅速出现在尿液中。

硫胺素对碱特别敏感，当 pH 在 7 以上时，噻唑环在室温下就被打开。亚硫酸离子对硫胺素有较强的破坏性，可以将硫胺素分子裂解为嘧啶和噻唑两部分。硫胺素酶可以破坏硫胺素。某些微生物含有硫胺素酶，它们被分泌到肠道中，粪便中该酶的浓度最高。

羟基硫胺素是硫胺素的拮抗物，当饲粮含有这种化合物时，需要添加大量的硫胺素以防止出现缺乏症。抗球虫药氨丙啉可抑制硫胺素的吸收。

（三）硫胺素的生理功能

硫胺素是酮酸酶促脱羧作用的辅酶。因此，硫胺素的一个主要功能是使丙酮酸氧化脱羧为乙酸，后者再与辅酶 A 结合进入三羧酸循环。

硫胺素具有以下功能：①参与乙酰胆碱的合成，可以传导神经冲动；②参与细胞膜钠离子的被动运输，对神经节细胞膜神经冲动的传递非常重要；③阻止磷酸戊糖途径转酮酶活性降低，进而降低神经系统脂肪酸合成和能量代谢。

1. 硫胺素与辅酶功能　硫胺素在动物体内主要以焦磷酸硫胺素（TPP）的生物活性

形式存在，游离的硫胺素含量很低。转酮醇酶、丙酮酸脱氢酶（PDH）和α-酮戊二酸脱氢酶（KGDH）是以TPP为辅酶的酶，是调节机体糖类、蛋白质和脂质代谢的重要物质。PDH和KGDH是线粒体能量代谢的关键酶，直接参与能量合成、抗氧化应激等过程。硫胺素缺乏会使PDH和KGDH活性下降，导致机体能量代谢和生物合成障碍、产生大量自由基，使机体氧化损伤和胆碱能神经元变性。由于大脑严重依赖线粒体ATP的产生，因此它极易受到硫胺素缺乏的影响。阮栋等（2021）研究报道饲粮添加硫胺素对1～63日龄黄羽肉鸡大脑PDH和KGDH活性无显著影响，说明不同酶对硫胺素缺乏敏感性不一致，其中转酮醇酶相对于PDH和KGDH对硫胺素缺乏更敏感。

2. 硫胺素与抗氧化功能 硫胺素在调节能量代谢，特别是在协调线粒体和胞质生化过程中发挥重要作用。线粒体是产生ATP的主要细胞器。线粒体生物合成和功能受损会导致氧化应激。硫胺素作为线粒体营养素，是调节线粒体呼吸链复合酶的重要辅助因子，可保护线粒体免于氧化应激。硫胺素可以清除自由基，并抑制活性氧过度产生，增强线粒体功能，对机体抗氧化功能有提高作用（Gangolf，2010）。硫胺素缺乏可引起氧化应激并导致蛋白质糖基化及DNA链断裂升高，诱导内质网应激、自噬及凋亡（Liu，2017）。阮栋等（2021）研究报道，黄羽肉鸡饲料中添加硫胺素能够降低血浆中MDA的含量，提高血浆中GSH/GSSG值，说明硫胺素对黄羽肉鸡的抗氧化能力有提高作用。

3. 硫胺素与肉品质 硫胺素由嘧啶环和噻唑环构成，是一种重要的水溶性风味前体物质，可以改善鸡肉风味。阮栋等（2021）研究发现，饲料中添加3.0mg/kg和4.2mg/kg硫胺素能够有效改善黄羽肉鸡胸肌嫩度和口感风味。一些研究发现，不同品种黄羽肉鸡（如文昌鸡、沪宁鸡和京海黄鸡等）组织中硫胺素含量存在差异，均随周龄增加而下降，腿肌硫胺素含量明显高于胸肌，说明黄羽肉鸡的肉质风味与品种、日龄及饲料中硫胺素水平相关（王克华等，2009；聂晓庆等，2015）。

（四）硫胺素的需要量

美国NRC（1994）推荐肉仔鸡各阶段维生素B_1需要量均为1.8mg/kg，低于玉米-豆粕型常用饲粮维生素B_1含量。西班牙FEDNA（2008）肉仔鸡1～18日龄、18～35日龄、35日龄以上各阶段维生素B_1需要量分别为1.8mg/kg、1.3mg/kg、0.3mg/kg。荷兰DSM公司推荐肉仔鸡维生素B_1添加量均为2～3mg/kg。

美国NRC（1994）推荐蛋鸡0～6周龄、6周龄至开产期维生素B_1需要量分别为1.0mg/kg、0.8mg/kg。西班牙FEDNA（2008）推荐种鸡0～6周龄、6周龄至开产期维生素B_1需要量分别为1.5mg/kg、1.1mg/kg。荷兰DSM公司推荐种鸡后备期0～21日龄、22日龄以后维生素B_1添加量分别为2.0～3.0mg/kg、1.0～2.5mg/kg。

黄羽肉鸡各阶段维生素B_1需要量：阮栋等（2021）研究发现，1～21日龄饲粮（基础饲粮含维生素B_1 1.21mg/kg）中添加2.4mg/kg维生素B_1可提高快速型岭南黄鸡生产性能，3.6mg/kg维生素B_1可提高血清还原性谷胱甘肽GSH含量和总抗氧化能力；22～63日龄饲粮（22～42日龄基础饲粮含维生素B_1 1.13mg/kg，43～63日龄含1.04mg/kg）添加0.6～4.2mg/kg维生素B_1不影响生产性能；依据日增重确定饲粮维生素B_1最佳水平分别为3.2mg/kg（1～21日龄）、2.4mg/kg（22～42日龄）、1.8mg/kg（43～63日龄）。

快速型黄羽肉鸡饲粮硫胺素需要量研究结果见表7-6。我国农业行业标准《黄羽肉鸡营养需要量》（NY/T 3645—2020）推荐：1～21 日龄维生素 B_1 需要量为 2.4mg/kg，22～42 日龄为 2.3mg/kg，43 日龄以上为 1mg/kg。

表 7-6　快速型黄羽肉鸡饲粮硫胺素需要量研究结果

品种	阶段（日龄）	性别	饲养模式	敏感指标	硫胺素需要量推荐水平/(mg/kg)	资料来源
岭南黄	1～21	公	地面平养	生长性能、抗氧化力	3.2	阮栋（2021）
岭南黄	22～42	公	地面平养	生长性能、抗氧化力	2.4	阮栋（2021）
岭南黄	43～63	公	地面平养	生长性能、抗氧化力、胴体品质	1.8	阮栋（2021）

（五）硫胺素缺乏症

肉鸡缺乏硫胺素的临床症状是患鸡精神沉郁，羽毛松乱、无光泽，消瘦、体重减轻，食欲减退，后期废食，腿软弱无力，步态不稳，足趾苍白，呈贫血状，趾向内卷曲，初期行走以飞节着地，两翅展开以维持平衡（彩图 11），特征为外周神经麻痹或多发性神经炎。在病程中，开始趾的屈肌发生麻痹，后蔓延到腿、翅颈的伸肌，严重时坐地、不能行走，头向后仰，呈典型的望月状，有的下痢，体温基本正常。成年肉鸡饲喂约 3 周硫胺素缺乏饲粮即可出现缺乏症。

（六）硫胺素的毒性

肉鸡很少出现硫胺素中毒症状。据报道，在鸡的试验中为诱导中毒症需要高于正常水平的 700 倍，中毒症状表现是神经传导阻塞、呼吸困难以及呼吸系统衰竭而死亡。

六、核黄素

（一）核黄素的特性

核黄素又称为维生素 B_2，核黄素存在的形式有 3 种，即游离核黄素、黄素单核苷酸（FMN）和黄素腺嘌呤二核苷酸（FAD）。核黄素微溶于水，易溶于稀酸和强碱，不溶于乙醚、氯仿和丙酮等有机溶剂，对热稳定，遇光易分解。核黄素为橙黄色晶体，有 3 种类型的结晶形式（取决于不同溶剂和结晶方法）。核黄素在蓝色光或紫外光照射下会产生强的绿色荧光，当 pH 为 6 或 7 时荧光达到最高峰。

（二）核黄素的来源

绿色植物、酵母、真菌和自养细菌可合成核黄素，动物不能合成核黄素，但栖居于胃肠道的共生生物是供给动物体内核黄素的一个重要来源。工业发酵生产的核黄素是通过梭状芽孢杆菌在乳清、糖或者其他发酵底物发酵而成。

由于核黄素对细胞的呼吸作用是必需的，虽然少有食物含有大量核黄素，但它很可能存在于所有的植物和动物细胞中。植物叶子中含有高浓度的核黄素，酵母是核黄素的天然来源。

（三）核黄素的生理功能

19 世纪早期，人们发现核黄素是促生长因子。不考虑硫胺素时，核黄素是其余维生素中限制生长的第一因素。动物缺乏核黄素时普遍表现为生长性能和饲料转化效率降低。核黄素还具有维护黏膜和皮肤完整性的功能，同时核黄素衍生物可在毒素、药物、致癌物质以及类固醇类激素的代谢和排出过程中发挥重要作用。

1. 核黄素与生长性能 核黄素能促进蛋白质在体内的沉积，提高饲料利用率，促进家禽正常发育。研究报道，饲粮中添加核黄素可以提高 1～56 日龄新扬州仔鸡生长性能。阮栋（2012）研究表明，添加适量核黄素能促进动物生长，但不同品种间及不同生长环境下对核黄素需要量不同。

2. 核黄素与免疫功能 核黄素间接参与免疫细胞增殖、分化和 DNA、RNA 及抗体的合成。研究报道，核黄素能够提高黄羽肉鸡免疫器官指数，并能够缓解热应激造成的免疫器官受损；核黄素还能够提高肉仔鸡新城疫抗体滴度，阮栋（2012）研究认为在 1～42 日龄黄羽肉鸡饲粮中添加核黄素能够促进免疫器官的发育。

3. 核黄素抗氧化能力 核黄素辅基异咯嗪的 1 位和 5 位 N 原子上具有两个活泼的双键，因此核黄素有可逆的氧化还原特性。但与其他已知的抗氧化剂（如维生素 E、叔丁基羟基茴香醚等）相比，核黄素的抗氧化能力非常低，而且抗氧化模式可能与其他抗氧化剂不同。Manthey（2006）研究表明，核黄素缺乏可引起氧化应激，导致蛋白质羰基化及 DNA 链断裂增高，与产生细胞应激及凋亡的基因表达升高相关联。阮栋（2012）研究报道，黄羽肉鸡饲粮添加适量核黄素能提高黄羽肉鸡机体抗氧化能力。黄羽肉鸡玉米-豆粕型常用饲粮核黄素含量为 1.3～1.9mg/kg，但经过高温制粒后其含量可能低至 0.8～0.9mg/kg。

（四）核黄素的需要量

在实际饲粮配制中，要获得满足最佳生产性能的核黄素推荐水平，研究者和生产者必须考虑多种因素，例如鸡的日龄、品种和性别。

美国 NRC（1994）推荐肉仔鸡 0～3 周龄、3～6 周龄、6～8 周龄核黄素需要量分别为 3.6mg/kg、3.6mg/kg、3.0mg/kg。西班牙 FEDNA（2008）推荐肉仔鸡 0～18 日龄、18～35 日龄、35 日龄至出栏阶段核黄素需要量分别为 6.0mg/kg、5.5mg/kg、3.0mg/kg。荷兰 DSM 公司推荐肉仔鸡 1～21 日龄、21 日龄至出栏阶段维生素 B_2 添加量分别为 7～9mg/kg、5～8mg/kg。

美国 NRC（1994）推荐蛋鸡 0～6 周龄、6～18 周龄、18 周龄至开产期核黄素需要量分别为 1.0mg/kg、1.0mg/kg、0.8mg/kg。西班牙 FEDNA（2008）推荐种鸡 0～6 周龄、6 周龄以上核黄素需要量分别为 5mg/kg、4.2mg/kg。荷兰 DSM 公司推荐种鸡后备期 0～21 日龄、22 日龄以后核黄素添加量分别为 7～9mg/kg、4～7mg/kg。

雏鸡阶段：蒋守群（2009）在 1～21 日龄岭南黄肉公鸡（基础饲粮核黄素含量 0.92mg/kg）的研究表明，添加 2～16mg/kg 核黄素能够显著提高生长性能，降低死亡率。添加 2～16mg/kg 核黄素显著提高黄羽肉公鸡免疫器官指数和机体抗氧化水平。王志跃（2005）研究表明，添加 7.2～14.4mg/kg 核黄素能显著提高 1～28 日龄扬州鸡胸腺、法氏囊和脾指数。

中鸡阶段：阮栋（2010）在 22～42 日龄快速型岭南黄肉公鸡上的研究表明，添加核黄素 2～8mg/kg 能够显著提高日增重，降低料重比；添加核黄素 4mg/kg 显著提高胸腺指数和 T 淋巴细胞增殖率。

大鸡阶段：阮栋（2012）在 43～63 日龄快速型岭南黄肉公鸡（基础饲粮核黄素含量 0.98mg/kg）上的研究表明，添加 3.0mg/kg 核黄素显著提高平均日增重；添加核黄素能够提高机体的抗氧化水平。饲粮添加核黄素对黄羽肉鸡的肉色有影响作用。汪张贵（2004）在新扬州雏鸡的上的研究表明，饲粮添加 3.6mg/kg、7.2mg/kg、14.4mg/kg 核黄素能够刺激胸腺、法氏囊和脾的发育。

肉种鸡产蛋期：刘伯等（2005）在花尾榛鸡产蛋期上的研究表明，添加 6.8mg/kg、13.6mg/kg 核黄素能够提高种蛋合格率、孵化率和健雏率。

综合以上研究结果，日增重采食量免疫功能指数、抗氧化能力为黄羽肉鸡或肉种鸡核黄素营养水平的敏感反应指标。我国农业行业标准《黄羽肉鸡营养需要量》（NY/T 3645—2020）推荐：42 日龄以前核黄素需要量 5mg/kg，42 日龄之后为 4mg/kg。

黄羽肉鸡饲粮核黄素需要量研究结果见表 7 - 7。

表 7 - 7　黄羽肉鸡饲粮核黄素需要量研究结果

品种	阶段（日龄）	性别	饲养模式	敏感指标	核黄素推荐水平/（mg/kg）	资料来源
岭南黄	1～21	公	地面平养	生长性能、免疫器官指数	5	蒋守群（2009）
新扬州黄鸡	1～28	不详	地面平养	免疫器官指数	7.2～14.4	王志跃（2005）
岭南黄	22～42	公	地面平养	生长性能、免疫器官指数	5	阮栋（2010）
岭南黄	43～63	公	地面平养	日增重、抗氧化性能	4	阮栋（2012）
新扬州黄鸡	35～56	不详	地面平养	免疫器官指数	3.6	汪张贵（2004）
				血清生化指标	14.4	
花尾榛鸡	产蛋期	母	笼养	繁殖性能	13.6	刘伯等（2005）

（五）核黄素缺乏症

核黄素缺乏对黄羽肉鸡的影响是多方面的，主要表现如下：①在外观行为水平上，观察到严重的腿部麻痹（单腿或双腿无法行走和移动）；刚出壳的雏鸡因种母鸡核黄素缺乏而出现趾内曲、部分鸡只颈部羽毛粘连；健康的雏鸡在采食缺乏核黄素的饲粮 8～10d 后表现出生长缓慢、腹泻、食欲降低、消瘦，羽毛生长似乎不受影响，但主翼羽比例不协调。核黄素缺乏的雏鸡不爱动，部分鸡因不能运动摄取食物而饥饿至死。在翅膀的协助下靠跗关节运动，当移动和跗关节休息时，曲趾向内，腿肌萎缩、无力。缺乏症进一步发展则病鸡腿伸展平卧，有时两腿向相反方向伸展（彩图 12）。3 周后，部分鸡只又开始自动恢复，可能是后期对核黄素的需求量减少，也可能是自身合成的核黄素补偿需求量。②在组织水平上，许多组织受到影响，主要是上皮和一些主要神经的髓鞘。显著标志是坐骨神经肿大，臂神经亦随之肿大，可达正常鸡的 4～6 倍，产生曲趾麻痹。曲趾麻痹是目前公认的雏鸡核黄素缺乏时的典型症状。此症状是由于髓鞘出现退化性变化，髓鞘产生对神经的挤压作用，形成永久的刺激所致。外周神经脱髓鞘是鸡核黄素缺乏的重要变化，坐骨神经干的不同分支脱髓鞘程度不同，可能与病鸡是否表现曲趾麻痹密切相关。③在细胞基因水平上，核黄素缺乏导致常染色体的隐性紊乱-肾核黄素化。肝细胞线粒体肿胀、嵴间腔扩张；核膜结构不清，核质向核周移行；肝糖原明显减少。

（六）核黄素的毒性

鸡很少出现核黄素中毒症状。过量摄入核黄素可以通过尿排泄流失，若采食超过需要量约200倍，才可能出现代谢问题。

七、烟酸

（一）烟酸的性质与来源

烟酸，又称为尼克酸、维生素PP，是具有生物活性的全部吡啶-3-羧酸及其衍生物的总称，其理化性质稳定，不易被酸、碱、热、光、金属离子及氧化剂破坏。

烟酸为白色、无嗅的固体结晶，溶于水和乙醇，烟酰胺是家禽饲粮最常用的合成烟酸形式。β-甲基吡啶通过氨化反应，形成的β-氰基-吡啶氢化产生烟酰胺。烟酸和烟酰胺具有相同的维生素活性，而烟酰胺是动物体内的活性形式。

烟酸广泛存在于谷物及其副产品和蛋白质饲料中，家禽心脏、肝、肾和胸肌中的含量高，血液中的浓度变化大。谷物及其副产品尼克酸大部分是以结合状态存在，实际上不能直接被动物利用，适宜的碱处理和热加工都可以使结合烟酸变为游离烟酸。

（二）烟酸的生理功能

烟酸在机体内主要以辅酶Ⅰ和辅酶Ⅱ的形式参与机体的氧化还原反应，肉毒碱的生物合成也需要烟酸，因此烟酸在能量利用及脂肪、糖类和蛋白质代谢方面都有重要作用。组织中的NAD或NADP的含量是评价机体烟酸营养状况的较好指标。

1. 烟酸对生长发育的影响 黄羽肉鸡烟酸严重缺乏时，会导致骨骼畸形，胫骨短粗等问题。阮栋等（2009）研究发现，饲粮烟酸缺乏试验组的黄羽肉鸡出现精神状态较差、羽毛光泽度差等现象。添加烟酸后，黄羽肉鸡精神状态明显好转，羽毛光泽度逐渐变亮，并能够提高平均日增重，降低料重比，与其他研究者结果基本一致（Waldroup，1985；葛文霞，2006）。

2. 烟酸对机体脂肪代谢的作用 烟酸可以通过抑制血浆雌二醇及肝苹果酸脱氢酶等脂肪合成相关激素和酶水平，来抑制肝脂肪合成作用。研究报道，烟酸对黄羽肉鸡脂肪代谢有显著影响，烟酸添加量为25～50mg/kg时，可降低血脂水平，但添加烟酸125mg/kg时又能提高血脂水平（阮栋，2009）。

（三）烟酸需要量

有两种情况会导致烟酸需要量发生变化：①动物体内色氨酸可以合成烟酸，因此烟酸的需要量与饲粮色氨酸含量有关；②饲料中烟酸大部分以结合形式存在，不能被动物利用。用碱溶液处理饲料可以使结合型烟酸释放出来，但黄羽肉鸡饲粮很少采用这种方式，胃肠道微生物也可以合成部分烟酸。

美国NRC（1994）推荐肉仔鸡0～3周龄、3～6周龄、6～8周龄烟酸需要量分别为35mg/kg、30mg/kg、25mg/kg。西班牙FEDNA（2008）推荐肉仔鸡0～18日龄、18～35日龄、35日龄至出栏烟酸需要量分别为46mg/kg、35mg/kg、20mg/kg。荷兰DSM公司推荐肉鸡0～21日龄、21日龄至出栏烟酸添加量分别为50～80mg/kg、40～80mg/kg。

美国NRC（1994）推荐蛋鸡0～6周龄、6周龄以上烟酸需要量分别为27mg/kg、

11mg/kg。西班牙 FEDNA（2008）推荐种鸡 0～6 周龄、6 周龄以上烟酸需要量分别为 30mg/kg、22mg/kg。荷兰 DSM 公司推荐种鸡后备期 0～21 日龄、22 日龄以后烟酸添加量分别为 50～80mg/kg、25～40mg/kg。

雏鸡阶段：阮栋（2010）在 1～21 日龄岭南黄肉公鸡的研究表明，添加 25～125mg/kg 烟酸（基础饲粮烟酸含量 4.1mg/kg）可以显著提高日增重，降低料重比。添加 25mg/kg 烟酸显著降低血浆中的低密度脂蛋白胆固醇，添加 50mg/kg 烟酸显著降低游离脂肪酸含量。

中鸡阶段：阮栋（2009）在 22～42 日龄快速型岭南黄肉公鸡上的研究表明，添加 20～100mg/kg 烟酸并不影响生产性能和器官发育。添加烟酸 60mg/kg、80mg/kg 能够显著提高血浆中总胆固醇和甘油三酯的含量，并降低血浆 NEFA 含量。

大鸡阶段：阮栋（2009）在 43～63 日龄快速型岭南黄肉公鸡上的研究表明，添加 15～75mg/kg 烟酸对黄羽肉鸡生长性能、肉品质脂肪代谢相关的血液生化指标均无显著影响。

快速型黄羽肉鸡饲粮烟酸需要量研究结果见表 7-8。我国农业行业标准《黄羽肉鸡营养需要标准量》（NY/T 3645—2020）推荐：1～21 日龄烟酸需要量为 42mg/kg，22～42 日龄为 35mg/kg，42 日龄以上为 20mg/kg。

表 7-8　快速型黄羽肉鸡饲粮烟酸需要量研究结果

品种	阶段（日龄）	性别	饲养模式	敏感指标	烟酸推荐水平/(mg/kg)	资料来源
岭南黄	1～21	公	地面平养	日增重	29	阮栋（2010）
岭南黄	22～42	公	地面平养	日增重、血液生化指标	无须添加	阮栋（2009）
岭南黄	43～63	公	地面平养	日增重、血液生化指标、肉品质	无须添加	阮栋（2009）

（四）烟酸缺乏症

雏鸡甚至鸡胚胎具有合成烟酸的能力，但合成的速度太慢，不能满足最佳生长的需要。一般情况下，多数家禽饲粮都含有足量的烟酸，但仍然会因为吸收不足而发生缺乏症（彩图 13），比如寄生虫病、消化道疾病或饲料霉菌毒素等，都会导致烟酸吸收不良。无论何种应激都会增加烟酸的需要量。烟酸缺乏症通常表现为以下 5 种情况：①皮肤病变；②消化道（口、舌、胃、肠）黏膜等病变；③神经元的病变；④肝病变；⑤腿病变。

（五）烟酸的毒性

烟酸摄入量过多（每千克活体重超过 18g）会产生一系列不良反应，如心率增加、因呼吸加快而导致呼吸麻痹、出现脂肪肝、生长抑制，严重时可导致死亡。Baker 等（1976）发现，饲粮烟酰胺水平高于 5 000mg/kg 时抑制雏鸡的生长。

八、泛酸

（一）泛酸的性质

泛酸是泛解酸和β-丙氨酸组成的一种酰胺类似物，是一种淡黄色的油状物，吸湿性很强，易被酸、碱和热破坏。泛酸是一种旋光活性物质，只有 D-泛酸才有维生素功效，而 L-泛酸则无，消旋形式 DL-泛酸的活性只有 D-泛酸的一半。泛酸钙是其商品形式，1g 泛酸钙的活性相当于 0.92g 泛酸的活性。

饲料中的泛酸更多是与辅酶 A 结合的，游离形式的泛酸也存在。在消化吸收过程中，泛酸需要从结合形式游离出来，才能被吸收。泛酸可能是通过消化道扩散被机体所吸收。家禽体内几乎不贮存泛酸，仅仅在血红细胞作为辅酶 A 形式存在。

（二）泛酸的来源

泛酸广泛存在于动植物饲料中，酵母、米糠和麦麸是泛酸的良好来源，米糠和麦麸的泛酸含量比相应谷物的泛酸含量高 2～3 倍。玉米-豆粕型饲粮容易缺乏泛酸。饲料中的泛酸有游离态和结合态 2 种，只有游离态的泛酸能被动物吸收，被吸收的泛酸主要从尿中排出。

在长期贮存期间，饲料中的泛酸是相当稳定的，在加工热处理尤其是持续高温（100～150℃）情况下会有一些泛酸损失，但是通常的颗粒加工过程仅有微量的泛酸损失。

（三）泛酸的生理功能

泛酸通过辅酶 A 参与糖类、脂肪和氨基酸代谢的很多可逆乙酰化反应。一种特异的蛋白与辅酶结合组成完整的酶系。辅酶 A 作为乙酰受体，再将乙酰基转移到其他受体，辅酶 A 加速缩合反应。辅酶 A 也是脂肪酸 β 氧化形成的乙酰残基的受体。

辅酶 A 参与类固醇生物合成中的乙酰胆碱、乙酰氨基葡萄糖的合成。丙酰辅酶 A 对脂肪酸的合成产生重要作用，脂肪酸的辅酶 A 衍生物参与甘油三脂和磷脂的合成。泛酸盐对脂肪酸的合成和代谢密切相关。乙酰辅酶 A 转化为丙酰辅酶 A，丙酰辅酶 A 与其他活化脂肪酸反应，生成以双碳链连接的产物。结果含有大量碳原子的脂肪酸对于重新合成脂肪起重要作用。因此，泛酸通过辅酶 A 对于所有细胞代谢产生重要影响。

（四）泛酸的需要量

泛酸盐和维生素 B_{12} 的代谢存在一定的互作关系。饲喂无维生素 B_{12} 的饲粮母鸡后代的雏鸡泛酸盐需要量高于正常母鸡孵化的后代的需要量。当饲粮中泛酸水平提高时，采食无维生素 B_{12} 饲粮鸡的肝维生素 B_{12} 浓度下降。但是，若鸡饲粮中含有适量水平维生素 B_{12}，那么饲粮中的泛酸盐含量对肝维生素 B_{12} 水平没有影响。

美国 NRC（1994）推荐肉仔鸡 0～3 周龄、3～6 周龄、6～8 周龄泛酸需要量均为 10mg/kg。西班牙 FEDNA（2008）推荐肉仔鸡 0～18 日龄、18～35 日龄、35 日龄至出栏泛酸需要量分别为 12mg/kg、10mg/kg、8mg/kg。荷兰 DSM 公司推荐肉鸡 0～21 日龄、21 日龄至出栏泛酸添加量分别为 10～18mg/kg、10～15mg/kg。黄羽肉鸡常用饲粮泛酸含量为 6～10mg/kg，但经过高温制粒后其含量可能会减低。我国农业行业标准《黄羽肉鸡营养需要量》（NY/T 3645—2020）推荐：快大型黄羽肉鸡 1～21 日龄泛酸需要量为 12.0mg/kg；22～42 日龄泛酸需要量为 10.0mg/kg；≥43 日龄泛酸需要量为 8.0mg/kg。中速型黄羽肉鸡 1～30 日龄泛酸需要量为 12.0mg/kg；31～60 日龄泛酸需要量为 10.0mg/kg；≥61 日龄泛酸需要量为 8.0mg/kg。慢速型黄羽肉鸡 1～30 日龄泛酸需要量为 12.0mg/kg；31～60 日龄泛酸需要量为 10.0mg/kg；61～90 日龄和≥91 日龄泛酸需要量均为 8.0mg/kg。

美国 NRC（1994）推荐蛋鸡后备期各阶段泛酸需要量均为 10mg/kg。西班牙 FED-

NA（2008）推荐种鸡 0～6 周龄、6 周龄以上泛酸需要量分别为 9mg/kg、7mg/kg。荷兰 DSM 公司推荐种鸡后备期 0～21 日龄、22 日龄以后泛酸添加量分别为 10～18mg/kg、9～11mg/kg。我国农业行业标准《黄羽肉鸡营养需要量》（NY/T 3645—2020）推荐：重型、中型和轻型种用母鸡 0～6 周龄泛酸需要量均为 9mg/kg，6 周龄以上泛酸需要量均为 7mg/kg。

（五）泛酸的缺乏和毒性

黄羽肉鸡泛酸缺乏症主要是生长速度下降，饲料利用率降低，肝肿大，脊髓的神经纤维表现为髓质退化，法氏囊和胸腺淋巴细胞坏死，脾淋巴细胞减少。羽毛粗糙卷曲，喙、眼及肛门边、爪间及爪底的皮肤裂口发炎，眼睑出现颗粒状的细小结痂；胫骨短粗。泛酸缺乏对产蛋无明显影响，但种蛋孵化率下降，在孵化第 14 天出现死亡。

当泛酸达到 2 000mg/kg 左右时，具有毒性，鸡生长率下降，并伴随着肝损害。

九、维生素 B_6

维生素 B_6 包括 3 种化合物：吡哆醇、吡哆醛和吡哆胺，其生物活性相同，为糖类、脂肪特别是蛋白质代谢中多种关键酶的组分。吡哆醇是这种维生素的醇形式，吡哆醛是这种维生素的醛形式，吡哆胺是 4 -氨甲基维生素 B_6。

（一）维生素 B_6 性质和生理功能

维生素 B_6 是易溶于水和醇的无色晶体，对热、酸、碱稳定，对光敏感而易被破坏，不溶于脂类和脂肪溶剂，最大吸收波长为 291nm，熔点 160℃，205～212℃分解升华。抗维生素 B_6 因子可以竞争性地与脱辅基酶蛋白反应位点作用，也可以与吡哆醛磷酸形成无活性化合物。亚麻籽中存在抗维生素 B_6 因子。

在消化吸收过程中，维生素 B_6 首先与结合蛋白分离。维生素 B_6 在小肠的每一段都能被吸收，嗉囊和盲肠的吸收量最小，所以维生素 B_6 化合物的吸收都以去磷酸形式进行，它们被迅速运送到肝并转化成活性最高的磷酸吡哆醛。维生素 B_6 的磷酸化需要核黄素和烟酸参与。吡哆醛和吡哆醛磷酸主要与血浆白蛋白和红细胞血红蛋白结合在一起。机体维生素 B_6 的贮存量很少，因此需要从饲粮中持续供给。

维生素 B_6 主要以磷酸吡哆醛的形式参与体内蛋白质、脂肪和糖类的多种代谢反应，维生素 B_6 是 100 多种酶的辅酶。肌肉组织是动物机体内维生素 B_6 的主要储存库。维生素 B_6 的排泄途径是尿液。

维生素 B_6 是多种氨基酸转氨酶的辅酶。血清谷氨酸-草酰乙酸转氨酶是机体含量最多的一种转氨酶，是衡量维生素 B_6 营养状况的较好指标。维生素 B_6 还是一些脱羧酶（鸟氨酸脱羧酶、催化谷氨酸与 γ -氨基丁酸之间转移的谷氨酸脱羧酶）等的辅酶。肉毒碱为脂肪代谢所必需，参与脂肪酸的转运。肉毒碱的合成需要维生素 B_6，牛磺酸合成过程中的脱羧反应需要维生素 B_6，多巴胺、5 -羟色胺、组胺和神经鞘脂的生物合成都需要依赖维生素 B_6 的酶类催化。

吡哆醇酶类还参与其他一些反应，包括：①胺类的氧化；②肌肉的磷酸酶活性；③氨基酸转运。

（二）维生素 B_6 的来源

动植物饲料中含有较丰富的维生素 B_6，植物性饲料中的维生素 B_6 主要是磷酸吡哆醇和磷酸吡哆胺，动物性饲料中的维生素 B_6 主要是磷酸吡哆醛。热加工或者储存时间太长会导致维生素 B_6 形成复合物，从而失活。

（三）维生素 B_6 需要量

对于肉鸡维生素 B_6 的需要量研究报道较少，实际饲粮中通常含有较高水平的维生素 B_6。随着鸡蛋中沉积维生素的减少和产蛋率的提高，须在种鸡饲粮配制中考虑添加维生素 B_6。

美国 NRC（1994）推荐肉仔鸡 0～3 周龄、3～6 周龄、6～8 周龄维生素 B_6 需要量均为 3.5mg/kg。西班牙 FEDNA（2008）推荐肉仔鸡 0～18 日龄、18～35 日龄、35 日龄以上维生素 B_6 需要量分别为 2.8mg/kg、2.4mg/kg、0.6mg/kg。荷兰 DSM 公司推荐肉鸡 0～21 日龄、21 日龄至出栏维生素 B_6 添加量分别为 3～6mg/kg、4～6mg/kg。黄羽肉鸡常用饲粮维生素 B_6 含量为 7～9mg/kg。试验证明，在含有矿物质的预混料中，维生素 B_6 的活性损失很大（Verbeeck，1975），制粒和膨化也会造成维生素 B_6 的损失（Gadient，1986）。我国农业行业标准《黄羽肉鸡营养需要量》（NY/T 3645—2020）推荐：快大型黄羽肉鸡 1～21 日龄维生素 B_6 需要量为 2.8mg/kg；22～42 日龄维生素 B_6 需要量为 2.4mg/kg；≥43 日龄维生素 B_6 需要量为 0.6mg/kg。中速型黄羽肉鸡 1～30 日龄维生素 B_6 需要量为 2.8mg/kg；31～60 日龄维生素 B_6 需要量为 2.4mg/kg；≥61 日龄维生素 B_6 需要量为 0.6mg/kg。慢速型黄羽肉鸡 1～30 日龄维生素 B_6 需要量为 2.8mg/kg；31～60 日龄维生素 B_6 需要量为 2.4mg/kg；61～90 日龄和≥91 日龄维生素 B_6 需要量均为 0.6mg/kg。

美国 NRC（1994）推荐蛋鸡后备期各阶段维生素 B_6 需要量均为 3mg/kg。西班牙 FEDNA（2008）推荐种鸡 0～6 周龄、6 周龄以上维生素 B_6 需要量分别为 2.3mg/kg、1.8mg/kg，低于 NRC（1994）推荐量。荷兰 DSM 公司推荐种鸡后备期 0～21 日龄、22 日龄以后维生素 B_6 添加量分别为 3～6mg/kg、2.5～5mg/kg。我国农业行业标准《黄羽肉鸡营养需要量》（NY/T 3645—2020）推荐重型、中型和轻型种用母鸡 0～6 周龄维生素 B_6 需要量均为 2.3mg/kg，6 周龄以上维生素 B_6 需要量为 1.8mg/kg。

（四）维生素 B_6 的缺乏和中毒

Blalock 等（1984）报道当饲粮维生素 B_6 含量低于 1.0mg/kg 时，雏鸡血液中的血红细胞数明显增多，但每个红细胞的血红蛋白含量却明显降低，表现为红细胞低血色素贫血症。成年鸡维生素 B_6 缺乏症表现为：食欲减退，体重、产蛋率下降。严重缺乏时引起卵巢、输卵管、鸡冠以及睾丸的萎缩。种蛋在孵化过程中出现胚胎早期死亡，孵化率下降。产蛋母鸡，代谢活动的降低会导致产蛋率降低；对于种鸡则会造成胚胎在孵化第二周死亡从而降低种蛋的孵化率。维生素 B_6 临界缺乏时常见骨生长缺陷以及由此导致的胫骨粗短病；长时间维生素 B_6 缺乏会导致神经系统受损，从而引起震颤和共济失调或僵直步态、异常兴奋，后期会产生强烈惊厥（冯静芳，2001）。

维生素 B_6 中毒会引起共济失调，肌肉无力，当达到需要量 1 000 倍时，鸡无法保持平衡。

十、生物素

（一）生物素的性质

生物素的结构包括含有硫原子的环，环中有一横向的连接键。生物素含有 3 个不对称碳原子的特异性结构，因此产生了 8 种异构体。但仅 D-生物素具有维生素功能。游离生物素可从水中结晶，形状为白色长针状晶体。熔点为 233℃，溶于碱稀释液和热水，几乎完全不溶于脂肪和有机溶剂。尽管生物素性质很稳定，但在通常贮存条件下，生物素也会逐渐被紫外光破坏。

许多饲料原料中都含有生物素，其含量因饲料种类、收获季节、加工方法、保存条件不同有很大差别，即使同一种饲料，其不同样本的生物素含量及生物学效价也有很大差异，不同饲料中生物素的利用率不同，常见饲料原料的生物素含量及其生物学效价见表 7－9（李美君等，2010）。

表 7－9　常用饲料原料的生物素含量及其生物学效价

原料	生物素含量（μg/kg）	平均生物素含量（μg/kg）	生物素可利用率（%）	平均可利用生物素量（μg/kg）
玉米	56～115	79	100	79
玉米蛋白粉	148～249	191	100	191
小麦	70～276	101	0	0
小麦麸	209～509	360	20	72
小麦次粉	190～434	332	5	17
小麦胚芽	244～303	273	55	150
高粱	173～429	288	20	74
大麦	8～246	140	10	14
豆粕	200～387	270	100	270
菜籽粕	648～1 180	984	70	689
葵花籽粕	447～1 352	989	35	346
鱼粉	11～421	135	100	135
肉粉	17～322	88	100	88
肉骨粉	7～364	86	100	86
脱脂奶粉	158～430	254	65	165
乳清粉	192～393	275	115	316
苜蓿粉	196～780	543	75	407
啤酒酵母	165～1 070	634	100	634

（二）生物素的吸收和代谢

生物素有结合态和游离态两种形式。结合态的生物素不能被动物直接利用，必须经过肠道微生物降解酶分解释放出游离生物素才能被动物利用。生物素在小肠可较好地被吸收，在小肠上 1/3～1/2 段以完整分子形式被吸收。鸡对生物素的吸收部位主要在小肠。

肝和肾中生物素含量较多，几乎所有的细胞均有生物素，其含量与细胞的生化作用有关。同位素标记表明，肾的近端上皮细胞、肝细胞、小肠绒毛上皮细胞、脂肪细胞中的生物素含量较高，而一些快速增生细胞，如肾皮质细胞、骨髓细胞及淋巴细胞含量较低。

（三）生物素的生理功能

生物素是动物生长所必需的一种水溶性含硫维生素。生物素依赖性羧化酶催化葡萄糖、氨基酸和脂肪酸代谢等关键反应，参与营养物质代谢与调控（张旭辉等，2010）。

1. 生物素对免疫机能的作用 于会民等（2005）研究发现，生物素缺乏会抑制免疫器官发育，降低免疫器官指数；当正常或超量添加生物素时，可促进免疫器官发育，提高其免疫器官指数，且生物素对免疫器官的影响主要发生在7～35日龄，在该时间段外，外源添加生物素对免疫器官发育影响很小。生物素缺乏时，将抑制体液免疫反应，正常添加生物素可促进抗体的产生，进一步提高生物素添加水平，则能提高血清抗体水平。淋巴细胞体外培养表明，当生物素缺乏时，有丝分裂原诱导的T淋巴细胞和B淋巴细胞的增殖反应被抑制，当添加正常水平的生物素时，则显著促进了有丝分裂原诱导的T淋巴细胞和B淋巴细胞的增殖反应；在正常生物素水平上进一步提高添加水平，能进一步提高有丝分裂原诱导的T淋巴细胞和B淋巴细胞的转化率。研究表明：添加生物素提高了血清新城疫抗体滴度和IgG水平（于会民等，2005）。

2. 生物素对脂肪代谢的作用 在机体脂肪代谢过程中，生物素通过增加乙酰辅酶A羧化酶的活性来促进脂肪酸的合成。有研究表明，在肉鸡后期饲粮中添加生物素能显著降低腹脂沉积（周林等，2000）。郭小权等（2012）研究中发现生物素对长期饲喂高能低蛋白饲料导致肝细胞脂肪变性的蛋鸡具有一定的预防作用，生物素添加使得肝细胞内脂滴明显变小。

3. 生物素对皮肤和毛发生长的作用 生物素可直接调控毛囊细胞的代谢，也可通过影响采食量或代谢间接影响毛囊发育。有研究发现，生物素缺乏时有明显的毛囊根内鞘坏死，直接影响毛囊功能而抑制毛发生长，导致毛发受损（Tahmasbi，2007）。间接影响的作用机理是生物素在毛囊糖类的代谢过程中，以辅酶的形式使丙酰辅酶A转变为甲基丙二酰辅酶A，从而使丙酸盐进入三羧酸循环，通过促进磷酸化在产能过程中发挥重要作用。另外，生物素通过参与核酸代谢在毛囊合成中起重要作用，在丝氨酸、组氨酸等氨基酸、嘌呤和嘧啶转化为单个碳片段中至关重要，影响细胞分裂和蛋白质合成（刘培剑，2016）。生物素在角蛋白合成和表皮细胞增殖的基因表达过程中也起着重要作用，可以促进角蛋白生成，影响表皮细胞的扩散和分化，并有效地减少蛋鸡的出血、皮炎、脱毛等疾病发生（王红梅等，2010）。

4. 生物素对繁殖性能的作用 生物素在蛋白质合成、氨基酸脱氨基、嘌呤合成和核酸代谢起关键作用，对于种蛋最佳孵化率也有很重要的作用，因而是胚胎发育必需的营养素。雏鸡生物素状况很大程度上受母体营养状况的影响。在任何饲粮状况下，蛋白的生物素水平都是蛋黄的一半。蛋白中含有功能强大的结合蛋白、抗生物素蛋白，所以发育的胚胎几乎不可能利用蛋白中的生物素。杨晓建（1994）报道，在种母鸡饲粮中添加100～200μg/kg的生物素，对提高产蛋率、种蛋受精率和孵化率等有比较明显的影响，其中以150μg/kg的经济效益最好；Brgden（1987）在种鸡饲粮中添加生物素，明显改善种蛋孵化率，使初生雏的成活率提高；Brvskov（1988）将D-生物素添加到饲粮中，鸡成活率、体增重、饲料转化率均提高。据刘学剑（1999）报道，种鸡饲粮中含生物素 0.10～0.20mg/kg，可维持种蛋正常的孵化率，而要使雏鸡有较高的成活率则饲粮中需 0.20～0.25mg/kg 生物素。添加 0.10mg/kg 和 0.15mg/kg 生物素水平均能提高产蛋率和饲料报酬率，同时也有减少破蛋率的作用。

（四）生物素需要量

黄羽肉鸡常用饲粮生物素含量为 0.10～0.18mg/kg，但经过高温制粒后其含量可能降低。美国 NRC（1994）推荐肉仔鸡 0～3 周龄、3～6 周龄、6～8 周龄生物素需要量分别为 0.15mg/kg、0.15mg/kg、0.12mg/kg。西班牙 FEDNA（2008）推荐肉仔鸡 0～18 日龄、18～35 日龄、35 日龄至出栏生物素需要量分别为 0.12mg/kg、0.095mg/kg、0.02mg/kg。荷兰 DSM 公司推荐肉鸡 0～21 日龄、21 日龄至出栏生物素添加量均为 0.15～0.30mg/kg。目前，我国还未有黄羽肉鸡生物素需要量的研究报道，我国农业行业标准《黄羽肉鸡营养需要量》（NY/T 3645—2020）推荐：快大型黄羽肉鸡 1～21 日龄生物素需要量为 0.12mg/kg；22～42 日龄生物素需要量为 0.10mg/kg；≥43 日龄生物素需要量为 0.02mg/kg。中速型黄羽肉鸡 1～30 日龄生物素需要量为 0.12mg/kg；31～60 日龄生物素需要量为 0.10mg/kg；≥61 日龄生物素需要量为 0.02mg/kg。慢速型黄羽肉鸡 1～30 日龄生物素需要量为 0.12mg/kg；31～60 日龄生物素需要量为 0.10mg/kg；61～90 日龄和≥91 日龄生物素需要量为 0.02mg/kg。

美国 NRC（1994）推荐蛋鸡后备期 0～6 周龄、6 周龄以上生物素需要量分别为 0.15mg/kg、0.10mg/kg。西班牙 FEDNA（2008）推荐种鸡 0～6 周龄、6 周龄以上生物素需要量分别为 0.075mg/kg、0.04mg/kg。荷兰 DSM 公司推荐种鸡后备期 0～21 日龄、22 日龄以后生物素添加量分别为 0.15～0.30mg/kg、0.1～0.15mg/kg。我国农业行业标准《黄羽肉鸡营养需要量》（NY/T 3645—2020）推荐重型、中型和轻型种用母鸡 0～6 周龄生物素需要量均为 0.08mg/kg，6 周龄以上生物素需要量均为 0.04mg/kg。

（五）生物素缺乏和毒性

饲粮中缺乏生物素，雏鸡表现为皮炎、滑腱症、骨粗短、发育不良；黄羽肉鸡可能出现脂肪肝，严重缺乏的病例可在 2 周龄以内发生脂肪肝并伴发脂肪肾。黄羽肉鸡生物素缺乏症历时数周，则可见到足底粗糙和胼胝，并有很深的裂沟，会迅速被感染。在有些情况下，足趾会坏死脱落，腿部皮肤呈鳞片状并且非常干燥。在严重时，还常见口腔和眼睑病变。种鸡缺乏生物素时，孵出的雏鸡表现骨畸形，肌肉不协调、滑腱症以及软骨发育异常，在长骨尤为严重，胚胎发育迟滞，表现为胚胎很小。

有研究报道饲粮中添加生物素有助于小鸡阶段提高增重率和饲料报酬率，添加 0.15～0.2mg/kg 生物素效果较好；给种鸡添加 0.1～0.15mg/kg 生物素可提高受精率、孵化率和健雏率（封伟贤，1995）。

黄羽肉鸡能耐受高水平的生物素，原因是生物素能够完全排出体外，几乎没有毒性。

十一、叶酸

（一）叶酸的性质

叶酸的化学结构具有三个独特的部分，分别为蝶啶核心部分、氨基苯甲酸、谷氨酸。

叶酸的化学名称为蝶酰谷氨酸。天然饲料中多数叶酸与谷氨酸分子会有不同数量的结合。鸡胰腺、肝和肾含有能从这种结合中释放出游离叶酸的酶。这种结合的活性受胱氨酸、抗坏血酸和其他因素的影响。

叶酸是橙黄色结晶粉末，无味，溶于水、稀酸和稀碱，不溶于有机溶剂，能被酸、碱和氧化还原剂破坏，遇热、光和辐射分解。多聚谷氨酸形式的叶酸在被转运通过消化壁之前被降解为蝶酰谷氨酸盐。

叶酸及其盐主要在十二指肠和空肠被吸收，进入机体内的多谷氨酸形式的叶酸必须降解为游离叶酸，方可被机体吸收。对多谷氨酸叶酸起水解作用的是小肠黏膜上皮中的γ-L-谷氨酰羧肽酶。叶酸结合蛋白对叶酸的吸收、分布和贮存起关键作用。已发现的叶酸结合蛋白有三类：高亲和力叶酸结合蛋白、与膜有关的结合蛋白和细胞质结合蛋白。高亲和力叶酸结合蛋白保护了叶酸在血液中的稳定存在，还可能控制了血浆中叶酸盐分布的专一性。

（二）叶酸的来源

叶酸广泛分布于绿叶植物（如菠菜、甜菜、硬花甘蓝等绿叶蔬菜）中，在动物性食品（肝、肾、蛋黄等）、水果（柑橘、猕猴桃等）和酵母中也广泛存在，但在根茎类蔬菜、玉米、大米、猪肉中含量较少。血细胞和肝中的叶酸水平是肉鸡机体叶酸营养状况良好的评价指标。

（三）叶酸的生理功能

1. 参与遗传物质和蛋白质的代谢 叶酸作为鸡体内合成嘌呤、嘧啶的必需物质和有效甲基载体可促进机体的生长发育。葛文霞（2006）在饲粮中分别添加 0mg/kg、0.75mg/kg、1.5mg/kg、3.0mg/kg 的叶酸，发现叶酸的添加可以不同程度地提高雏鸡对饲料养分的表观利用率，当叶酸水平为 1.5mg/kg 时，可显著提高日增重；当叶酸水平为 1.5～3.0mg/kg 时，可显著提高血清中蛋白含量和血糖含量，降低血脂。支丽慧（2013）研究表明，在 11 日胚龄时，给种蛋注射 45μg/kg 的叶酸能够改善雏鸡的生产性能。

2. 提高免疫力 叶酸是血细胞 DNA 的合成原料，缺乏后会造成造血系统的功能障碍，表现为红细胞体积增大、粒细胞过度分叶、巨型杆状核增多、巨核细胞过多分叶、血小板生成障碍，同时还可以累积至淋巴系统，导致淋巴细胞减少，并引起 T 细胞减少。已有研究报道，给肉鸡注射 45μg/kg 叶酸可以显著增加血浆球蛋白含量（Munyaka，2012）。葛文霞（2006）在肉鸡饲粮中分别添加 0mg/kg、0.75mg/kg、1.5mg/kg、3.0mg/kg 的叶酸，发现当叶酸水平为 1.5～3.0mg/kg，可显著提高 21 日龄和 42 日龄肉鸡的胸腺、脾和法氏囊指数。

3. 提高抗氧化能力 叶酸自身具有抗氧化作用，其通过降低血浆同型半胱氨酸水平，在降低氧化应激、改善内皮功能和防止细胞凋亡方面具有重要作用。Joshi 等（2001）通过体外试验研究证明叶酸可清除体内自由基。李锐瑞等（2021）研究报道在京红 1 号蛋鸡的饲粮中添加 3.78～6.40mg/kg 叶酸可以提高蛋鸡的抗氧化性能。

4. 改善肉品质 叶酸参与肌酸和肌醇的合成（Remtie，1994），葛文霞等（2006）研究报道，雏鸡饲粮中添加叶酸可以显著提高胸肌率，并且降低腹脂率，对肉品质有改善的作用。

（四）叶酸的需要量

消化道菌群的叶酸合成可能有助于满足大多数动物的叶酸需求，黄羽肉鸡则情况不同。由于消化道短小，其合成后很难达到真正意义的吸收。当饲粮蛋白质水平增加时叶酸需要量也增加。

目前还没有黄羽肉鸡叶酸需要量的研究报道，大部分黄羽肉鸡饲粮中添加叶酸量为0.5～1.1mg/kg。黄羽肉鸡常用饲粮叶酸含量为0.32～0.44mg/kg，但经过高温制粒后其含量可能降低。美国NRC（1994）推荐肉仔鸡0～3周龄、3～6周龄、6～8周龄叶酸需要量分别为0.55mg/kg、0.55mg/kg、0.50mg/kg。西班牙FEDNA（2008）推荐肉仔鸡0～18日龄、18～35日龄、35日龄至出栏叶酸需要量分别为1.0mg/kg、0.7mg/kg、0.3mg/kg。荷兰DSM公司推荐肉鸡0～21日龄、21日龄至出栏叶酸添加量均为1～2mg/kg。我国农业行业标准《黄羽肉鸡营养需要量》（NY/T 3645—2020）推荐：快速型黄羽肉鸡1～21日龄叶酸需要量为1.0mg/kg，22～42日龄为0.7mg/kg，43～63日龄为0.3mg/kg。没有中速型和慢速型黄羽肉鸡研究报告，参照快速型黄羽肉鸡叶酸需要量数据，即1～30日龄、31～60日龄、61～90日龄叶酸需要量分别为1.0mg/kg、0.7mg/kg、0.3mg/kg，而慢速型黄羽肉鸡91日龄以上为0.3mg/kg。

种用母鸡玉米豆粕型常用饲粮叶酸含量为0.30～0.36mg/kg。美国NRC（1994）推荐蛋鸡和种鸡产蛋期叶酸需要量分别为0.25mg/kg、0.35mg/kg。西班牙FEDNA（2008）推荐蛋鸡和种鸡产蛋期叶酸需要量分别为0.4mg/kg、1.1mg/kg。荷兰DSM公司推荐蛋鸡和种鸡产期叶酸添加量分别为0.5～1.0mg/kg、1.5～2.5mg/kg。我国农业行业标准《黄羽肉鸡营养需要量》（NY/T 3645—2020）推荐：重型、中型和轻型种用母鸡产蛋期叶酸需要量均为1.1mg/kg。

（五）叶酸缺乏症和毒性

黄鸡叶酸缺乏症表现为生长受阻，羽被不良，溜腱症，巨红细胞性贫血与白细胞减少；种鸡产蛋率和孵化率降低，胚胎在孵化20d左右发生死亡，死胎表现似乎正常，但胫骨弯曲，并趾及下颚骨异常。

黄鸡对高水平的叶酸有很好的耐受性，直到5 000倍正常采食水平才产生毒性，表现为肾肥大。

十二、维生素 B_{12}

维生素 B_{12} 在1948年被发现，是最后一个被鉴定的维生素。维生素 B_{12} 是唯一以钴为组成成分的营养素。

（一）维生素 B_{12} 的性质

维生素 B_{12} 是含有钴的类咕啉化合物。腺苷钴胺和甲基钴胺是天然形式，而氰钴胺是合成产物。但是，由于氰钴胺的较高利用率和稳定性，因而它是在临床和商业上最常用的产品。维生素 B_{12} 是红色结晶，易潮，易溶于水和乙醇，但不溶于丙酮、氯仿和乙醚。在强酸、强碱、氧化还原剂存在的环境中不稳定，易被破坏。氰钴胺是合成维生素 B_{12} 的常见形式。

（二）维生素 B_{12} 的来源

维生素 B_{12} 是在自然界唯一能由微生物合成的维生素。维生素 B_{12} 由多数细菌、放射菌合成，而不是由酵母和绝大多数真菌合成的。动物组织含有的维生素 B_{12} 是通过消化动物食品中的维生素 B_{12} 或者是由消化道和复胃合成而获得的。

（三）维生素 B_{12} 的生理功能

维生素 B_{12} 主要储存在肝、肾、心、脾，大脑也有一定的含量。大量的维生素 B_{12} 通过胆汁排泄，至少 65%～70%的维生素 B_{12} 与糖蛋白分离后在回肠被吸收。

维生素 B_{12} 是主要参与一碳单位的转移和合成的几种酶的重要组成部分，维生素 B_{12} 和蛋氨酸、胆碱及叶酸在代谢机能方面存在密切关系。维生素 B_{12} 最重要的功能是参与核酸和蛋白质代谢。维生素 B_{12} 的生理功能归纳如下：①嘌呤、嘧啶的合成；②甲基转移；③蛋白质合成；④糖类的脂肪代谢。

维生素 B_{12} 在促进红细胞合成、维护神经系统方面也有作用。维生素 B_{12} 缺乏将导致叶酸不足，原因是阻碍了叶酸衍生物的利用。含有维生素 B_{12} 的酶能够转移甲基叶酸的甲基，这是胸苷酸合成所必需的四氢叶酸再生的一个步骤。维生素 B_{12} 对于蛋白质合成非常重要，缺乏维生素 B_{12} 所出现的生长下降，其原因应该是削弱了蛋白质的合成。

（四）维生素 B_{12} 的需要量

鸡维生素 B_{12} 的需要量取决于饲粮中其他养分的水平。饲粮中过量的蛋白质导致维生素 B_{12} 需要量增加。维生素 B_{12} 需要量还取决于饲粮中胆碱、蛋氨酸和叶酸水平，并与体内维生素 C 代谢存在相互联系。

维生素 B_{12} 缺乏将导致雏鸡生长发育抑制和造血机能障碍，0～21 日龄雏鸡维持正常造血机能的维生素 B_{12} 需要量为 0.02～0.03mg/kg（侯水生等，2004）。Squires 等（1992）建议为了使蛋黄中维生素 B_{12} 浓度达到最佳水平，即大约为 2μg/100g 蛋黄，饲粮维生素 B_{12} 需要量为 8μg/kg。

美国 NRC（1994）推荐肉仔鸡 0～3 周龄、3～6 周龄、6～8 周龄维生素 B_{12} 需要量分别为 0.01mg/kg、0.01mg/kg、0.07mg/kg。西班牙 FEDNA（2008）推荐肉仔鸡 0～18 日龄、18～35 日龄、35 日龄以上维生素 B_{12} 需要量分别为 0.016mg/kg、0.015mg/kg、0.008mg/kg。荷兰 DSM 公司推荐肉鸡 0～21 日龄、21 日龄至出栏维生素 B_{12} 添加量均为 0.015～0.040mg/kg。目前我国还未有黄羽肉鸡维生素 B_{12} 需要量的研究报道，一般黄羽肉鸡饲粮中维生素 B_{12} 添加量为 5～10μg/kg。农业行业标准《黄羽肉鸡营养需要量》（NY/T 3645—2020）推荐：快速型黄羽肉鸡 1～21 日龄维生素 B_{12} 需要量为 0.016mg/kg，22～42 日龄为 0.015mg/kg，43～63 日龄为 0.008mg/kg。中速型和慢速型黄羽肉鸡 1～30 日龄、31～60 日龄、61～90 日龄维生素 B_{12} 需要量分别为 0.016mg/kg、0.015mg/kg、0.008mg/kg，而慢速型黄羽肉鸡 91～120 日龄需要量为 0.08mg/kg。

NRC（1994）推荐蛋鸡后备期 0～6 周龄、6 周龄以上维生素 B_{12} 需要量分别为 0.009mg/kg、0.003mg/kg。西班牙 FEDNA（2008）推荐种鸡 0～6 周龄、6 周龄以上维生素 B_{12} 需要量分别为 0.015mg/kg、0.010mg/kg。DSM 推荐种鸡后备期 0～21 日龄、22 日龄以后维生素 B_{12} 添加量分别为 0.015～0.040mg/kg、0.015～0.025mg/kg。我国农业行业标准《黄羽肉鸡营养需要量》（NY/T 3645—2020）推荐：重型、中型和轻型种用母鸡 0～6 周龄维生素 B_{12} 需要量均为 0.015mg/kg，6 周龄以上维生素 B_{12} 需要量均为 0.010mg/kg。

（五）维生素 B_{12} 的缺乏和毒性

生长鸡维生素 B_{12} 缺乏时，增重和采食下降，生长停滞，羽毛生长迟缓和神经障碍，还会出现滑腱症，肝、肾脂肪化，死亡率提高。

母鸡饲粮中缺乏维生素 B_{12} 时，不但产蛋量减少，严重时所产的蛋完全失去孵化力；轻者孵化率降低，孵出的雏鸡生命力弱，发育差，成活率极低。雏鸡饲料按 10μg/kg 添加维生素 B_{12} 即可满足其生长发育的需要。鱼粉、血粉、骨粉、花生饼中均含有较多的维生素 B_{12}，在平时只要注意供给，即可防止种母鸡维生素 B_{12} 缺乏。

据报道，每千克饲粮含有大约 5mg 维生素 B_{12} 对鸡即产生毒性，但毒性的症状描述并不清晰。

十三、胆碱

一般认为胆碱是必需的营养素，若饲粮缺乏时会产生典型的缺乏症。胆碱被分类为 B 族维生素之一，但并没有一个完整的维生素定义。与其他所有的 B 族维生素不同，胆碱能够在肝中合成，不是作为辅酶，而是作为结构组分，其需要量相当高。在大多数其他维生素被发现以前很长时间，胆碱就被认为是必需营养素。

（一）胆碱的性质

胆碱是无色、黏稠、碱性、吸湿液体。溶于水、甲醛、乙醇，没有一定的熔点和沸点。氯化胆碱是饲料工业化学合成生产中的一种易潮解的白色晶体。

饲料中的胆碱主要是以卵磷脂的形式存在，占总胆碱含量的 90％以上，游离胆碱和神经鞘磷脂的含量占总胆碱含量的比例≤10％。胆碱通过消化酶从卵磷脂和鞘磷脂中释放出来，在空肠和回肠经钠泵的作用被吸收，但只有 1/3 的胆碱以完整的形式被吸收，约 2/3 的胆碱以三甲基胺的形式被吸收。常用饲料中胆碱比较丰富，但不同的饲料间也有很大差异，各类饲料由于品种和处理工艺的差异，胆碱含量变异较大，从而也影响到黄羽肉鸡胆碱的需要量。因此，在研究胆碱需要量或者生物学效价时，应考虑到饲料中胆碱的含量。

（二）胆碱的来源

胆碱广泛存在于各种食物中，其含量最丰富的动物来源是肉类、蛋黄和大脑，而谷物的胚、豆科植物和油菜籽粉是胆碱最好的植物来源。由于甜菜碱能够节省胆碱用量，小麦和其副产品中甜菜碱的成分含量相当高，因而能够部分满足家禽的胆碱需要。

饲料工业上胆碱的添加形式是氯化胆碱，这些产品具有很高的腐蚀性，需要进行特殊的处理，并用特殊的容器贮存。由于商业上要求大量添加氯化胆碱产品，并且产品易吸潮，因此不适宜与其他维生素添加剂配成混合物，在黄羽肉鸡禽饲料中须直接单独添加胆碱。

（三）胆碱的生理功能

胆碱对黄羽肉鸡主要有以下四种功能：

（1）胆碱是构建和维持细胞结构所必需的。胆碱被转化为磷酸化胆碱和胞苷二磷酸化胆碱后与磷脂酸反应成为卵磷脂。

（2）胆碱在肝脂肪代谢中起重要作用，通过增强肝脂肪酸分解代谢以防止脂肪的异常沉积，并促进其以卵磷脂形式从肝转移。胆碱也可称为抗脂肪肝因子。

（3）胆碱是合成乙酰胆碱所必需的，神经冲动的传导需要乙酰胆碱。副交感神经末梢释放乙酰胆碱，其功能是传导神经冲动从交感神经与副交感神经系统的前突触到后突触。

（4）胆碱是可利用的甲基来源，甲基在高胱氨酸形成蛋氨酸和胍乙酸形成肌酸过程中起作用。胆碱必须转化为甜菜碱才能成为甲基来源。

（四）胆碱需要量

由于黄羽肉鸡都能自身合成胆碱以满足需要，从严格意义上说，胆碱不是维生素，但胆碱确实对雏鸡发挥着维生素的作用。若饲粮不添加胆碱，雏鸡则不能表现最佳生产性能，出现胫骨短粗症。大量研究表明，8 周龄后的鸡很难发生胆碱缺乏症（Ringrose，1946；Tsiagbe，1982）。美国 NRC（1994）推荐肉仔鸡 0～3 周龄、3～6 周龄、6～8 周龄胆碱需要量分别为 1 300mg/kg、1 000mg/kg、750mg/kg。西班牙 FEDNA（2008）推荐肉仔鸡 0～18 日龄、18～35 日龄、35 日龄以上胆碱需要量分别为 320mg/kg、250mg/kg、175mg/kg。荷兰 DSM 公司推荐肉鸡 0～21 日龄、21 日龄至出栏胆碱添加量分别为 300～600mg/kg、300～500mg/kg。我国黄羽肉鸡常用饲粮本底胆碱含量为 850～1 500mg/kg，但是不知道其生物学效价如何。美国 NRC（1994）推荐蛋鸡后备期 0～6 周龄、6～12 周龄、12 周龄以上胆碱需要量分别为 1 300mg/kg、900mg/kg、500mg/kg。西班牙 FEDNA（2008）推荐种鸡 0～6 周龄、6 周龄以上胆碱需要量分别为 250mg/kg、100mg/kg。荷兰 DSM 公司推荐种鸡后备期 0～21 日龄、22 日龄以后胆碱添加量分别为 300～600mg/kg、200～400mg/kg。

黄羽肉鸡胆碱的营养需要量：周源等（2011）在 0～52 日龄岭南黄羽肉鸡上的研究表明，饲粮添加 750mg/kg 的胆碱可以显著改善 1～21 日龄黄羽肉鸡日增重和料重比，添加 500mg/kg 的胆碱显著提高 22～52 日龄黄羽肉鸡日增重；添加 750mg/kg 和 1 000mg/kg 的胆碱能显著降低 0～21 日龄黄羽肉鸡腹脂率和肝脂肪含量，提高肝蛋白含量，添加 750mg/kg 胆碱可以显著降低 0～21 日龄黄羽肉鸡腿肌脂肪含量。添加 500～1 000mg/kg 胆碱可以显著降低 22～52 日龄黄羽肉鸡腹脂率、肝及腿肌脂肪、血清中游离脂肪酸和甘油三酯含量，提高肝蛋白含量。高立云等（2000）在 43～50 周龄北京红鸡上的研究表明，饲料添加 600mg/kg 和 1 200mg/kg 胆碱可以显著降低肝细胞索横径宽度，显著减少肝细胞内脂滴数量。

黄羽肉鸡饲粮胆碱需要量研究结果见表 7－10。我国农业行业标准《黄羽肉鸡营养需要量》（NY/T 3645—2020）推荐：1～21、22～42、43 日龄以上胆碱需要量分别为 1 300、1 000、750mg/kg。

表 7－10　黄羽肉鸡饲粮胆碱需要量研究结果

品种	阶段（日龄）	性别	饲养模式	敏感指标	胆碱推荐水平/(mg/kg)	资料来源
岭南黄	0～21	不详	地面平养	日增重、血液和肝生化指标	750	周源（2011）
岭南黄	22～52	不详	地面平养	日增重、血液和肝生化指标	500	周源（2011）
北京红鸡	43～50	母	笼养	肝脂肪含量	600	高立云等（2000）

（五）胆碱的缺乏和毒性

黄羽肉鸡缺乏胆碱除了影响生长，最明显的特征是出现胫骨短粗症。胫骨短粗症首先是出血和跗关节轻微肿胀，随后由于趾骨的扭转胫跗骨结合部变直，趾骨继续扭转变成弯曲或弓形，与胫骨不在直线上。黄羽肉鸡缺乏胆碱还会出现肾损害，肾出现瘀斑、肿胀，正常大小的肾出血面积更大，还会出现脂肪代谢障碍，发生脂肪肝（孙开冬等，2016）。

禽类能够耐受高水平的胆碱，当胆碱添加量高于 1 050mg/kg 后，对蛋种鸡的肝、肾功能有一定不利影响（翟钦辉等，2012；严华祥等，2014）。

十四、维生素 C

（一）维生素 C 的性质

维生素 C 又称为抗坏血酸，是一种水溶性维生素，它是一种白色或微黄粉状结晶，微溶于丙酮和乙醇。在酸性条件下较稳定，在碱性环境和遇金属离子时易被破坏。自然界中维生素 C 主要以氧化型和还原型两种形式存在，畜禽体内维生素 C 大部分以还原形式存在，维生素 C 非常易于氧化，因此可以作为一种代谢抗氧化剂。

（二）维生素 C 的来源和吸收

大多数动物都可以自身合成维生素 C，黄羽肉鸡体内的维生素 C 主要在肾中合成。维生素 C 在肠道的吸收是一个依赖钠离子的主动运输过程。在代谢过程中，维生素 C 经酶促反应，首先被转化成脱氢维生素 C，然后在细胞中还原，还原型维生素 C 和氧化型维生素 C 的可逆氧化还原反应是其重要的化学特性，也是维生素 C 已知的生物学活性及稳定性的基础。被吸收的维生素 C 广泛分布于全身组织，含量最高的器官是垂体和肾上腺，肝、肾、脾、胰腺中的含量也很高，脂肪中含量最低。被吸收的维生素 C 易与体内的维生素 C 保持平衡。绝大多数维生素 C 在体内被代谢为二氧化碳和草酸，剩余的维生素 C 通过尿、汗、粪便排出体外。

（三）维生素 C 的生理功能

维生素 C 具有抗感染和抗自由基的作用，通过减少组织中氧自由基含量来保护生物膜免遭过氧化物的损伤。维生素 C 可以缓解线粒体损伤而引起的能量代谢障碍，增强机体的抗氧化能力。维生素 C 又是细胞外液中最重要的抗氧化物质，能有效抵抗各种超氧化物、氢氧基、过氧化基和单态氧，保护免疫细胞免遭氧化，参与某些氨基酸的氧化代谢过程。

维生素 C 具有还原性，因此在金属离子的代谢过程中起重要作用。维生素 C 通过还原和释放与血浆蛋白紧密结合的三价铁离子，形成铁蛋白，减轻铁在体内的代谢负担。因此饲喂高剂量的维生素 C 可缓解或解除重金属离子（铜、钒、硒、镉、钴、铅、砷等）、霉菌毒素、苯和盐的毒性作用。维生素 C 能促进叶酸变为四氢叶酸而参与核酸合成。另外，维生素 C 还可减轻维生素 B_1、维生素 B_2、生物素等不足引起的缺乏症，促进白细胞吞噬作用及网状内皮系统和抗体形成，维生素 C 能够提高对各种应激现象的适应性和机体免疫力。

维生素 C 能增加毛细血管的致密性，刺激造血机能。当机体维生素 C 不足时，毛细血管容易破裂，血液流到邻近组织，这种情况在皮肤表面发生，则产生淤血、紫癍，在体内则引起疼痛和关节胀痛，严重情况在胃、肠道、鼻、肾及骨膜下面均有出血现象，甚至死亡。胶原蛋白的合成需要维生素 C 参加。维生素 C 缺乏，胶原蛋白不能正常合成，从而造成某些组织的损伤，不利于骨的形成。

(四) 维生素 C 的需要量

在应激的情况下，肉鸡所需的维生素 C 为平时的 20～40 倍，而且所有的药物都会破坏体内的维生素 C。因此，在高温、生理紧张、运输等应激时，应及时补充维生素 C。

目前，对于黄羽肉鸡对维生素 C 需要量的研究很少，臧莹安等（2007）在 1～14 日龄患有肺高压综合征的黄羽肉鸡上的研究发现，添加维生素 C 可以缓解线粒体损伤，增强机体抗氧化能力，推荐维生素 C 水平为 500mg/kg。其他鸡品种研究报道，在夏季饲粮中添加 200mg/kg 的维生素 C 能够显著提高肉鸡日增重，降低料重比，显著提高 21 日龄和 42 日龄的胸腺指数和法氏囊指数（吴凡等，2005）。李彦等（2009）研究表明 1～49 日龄的肉鸡饲喂添加维生素 C 的饲粮可以提高肉鸡抗氧化能力和改善生产水平，适宜添加水平为 100～200mg/kg。Norziha 等（1995）研究发现，在 35℃的高温下添加 400mg/kg 和 600mg/kg 的维生素 C，可以显著改善肉鸡生产性能，对于维持体温恒定和减少呼吸频率也有良好效果。刘国晓等（1999）研究添加剂量分别为 200mg/kg、250mg/kg 和 300mg/kg 维生素 C 对肉种公鸡繁殖力的影响，发现维生素 C 对鸡的排精量、精子密度、精子数、种蛋受精率、孵化率及健雏率均有显著的改善作用，推荐剂量为 250mg/kg，炎夏时应增至 300mg/kg。有试验证明，在饲粮中添加维生素 C 可以提高种蛋的质量和蛋壳的强度，并认为 0.02%～0.03%添加量较为适宜。李世召等（2013）研究发现，种蛋中注射 3mg 维生素 C 可提高孵化率、肉鸡初生重和平均日采食量，但影响了料重比，注射 15mg 维生素 C 能在一定程度上提高肉鸡的抗氧化性能。

(五) 维生素 C 的缺乏和毒性

鸡维生素 C 缺乏表现为食欲减退，精神不振，生产性能下降；关节肿胀、疼痛、活动困难；机体抵抗力低下，产蛋量少，蛋壳变薄。

鸡维生素 C 中毒发生在摄入正常量的 20～30 倍，此时会对肝中混合功能氧化酶系统产生干扰。鸡维生素 C 中毒的一种症状是肝中铁的过量积累。

参 考 文 献

曹林，2016. 维生素 C 缓解肉鸡腹水综合征的机理研究 [D]. 雅安：四川农业大学.

常广全，1992. 饲料中添加生物素对肉鸡猝死综合征的影响 [J]. 饲料博览，6：11-12.

陈琎，周安国，王之盛，2008. 维生素 D_3 对家畜肉质的影响. 中国畜牧杂志，44 (19)：63-66.

丑武江，郭雄全，葛文霞，2009. 叶酸对肉仔鸡蛋白质和生产性能影响的研 [J]. 新疆农业科学，46 (5)：1140-1143.

戴剑，薛松，宋金明，等，1997. 维生素 C 的功能（续）[J]. 中国饲料 (12)：23-25.

党晓鹏，2015. 畜禽维生素 K 的非凝血功能 [J]. 江西饲料 (3)：6-8.

翟钦辉，董晓芳，佟建明，等，2012. 胆碱生物利用率的评价及其在蛋鸡养殖中的应用 [J]. 动物营养学报，24 (9)：1615-1621.

刁海涛，郑秀娟，周飞，等，2015. 应激对肉鸡盲肠菌群的影响及维生素 C 的缓解作用 [J]. 赤峰学院学报：自然科学版，000（15）：34-36.
范秋丽，蒋守群，林厦菁，等，2018. 维生素 E 和不同来源硒对 1～21 日龄黄羽肉鸡生长性能和肠道功能的影响［J］. 饲料研究（5）：39-44.
封伟贤，王振全，岨新跃，1995. 生物素缺乏及肉鸡和种鸡中添加生物素效果的研究［J］. 广西农业大学学报，14（2）：157-164.
封伟贤，1993. 生物素对鸡、猪的营养作用及其用量［J］. 中国饲料，3：14-16.
高立云，王宏，杨佐居，等，2000. 日粮胆碱水平对北京红鸡肝脏组织形态学影响的观察［J］. 饲料与畜牧（6）：17-18.
葛文霞，张文举，向春和，等，2006. 不同水平叶酸对肉仔鸡生产性能和胴体品质的影响［J］. 上海畜牧兽医通讯（2）：43-44.
葛文霞，2006. 烟酸和不同水平叶酸对肉仔鸡生产性能和血清理化指标影响的研究［D］. 石河子：石河子大学.
郭小权，曹华斌，胡国良，等，2012. 高能量低蛋白质饲粮中添加生物素对蛋鸡脂类代谢的影响［J］. 中国兽医学报，32（5）：754-758.
韩进诚，瞿红侠，姚军虎，等，2011. 1α-羟基维生素 D_3 和植酸酶对 22～42 日龄肉鸡生长性能、胫骨发育和肉品质的影响［J］. 动物营养学报，23（1）：102-111.
韩磊，马爱国，张燕，2004. 维生素 A 干预对大鼠抗氧化能力及细胞膜流动性影响的研究［J］. 卫生研究，33（4）：450-452.
洪平，2010. 黄羽肉鸡维生素 A 需要量的研究［D］. 广州：华南农业大学.
洪平，蒋宗勇，蒋守群，等，2012. 维生素 A 添加水平对 22～42 日龄黄羽肉鸡生长性能、血清和肝脏维生素 A 含量及抗氧化能力的影响［J］. 动物营养学报，24（11）：2110-2117.
洪平，蒋宗勇，蒋守群，等，2013. 饲粮维生素 A 添加水平对 43～63 日龄黄羽肉鸡生长性能和抗氧化指标的影响［J］. 动物营养学报，25（2）：415-426.
侯水生，黄苇，赵玲，等，2004. 维生素 B_{12} 对肉鸡增重和造血机能的影响［J］. 营养学报，26（1）：23-26.
黄苇，侯水生，赵玲，等，2003. 肉用仔鸡硫胺素需要量研究［J］. 动物营养学报，15（2）：45-48.
蒋守群，周桂莲，蒋宗勇，等，2012. 饲粮维生素 E 水平对 43～63 日龄黄羽肉鸡肉品质和抗氧化功能的影响［J］. 动物营养学报，24（4）：646-653.
蒋守群，周桂莲，林映才，等，2013. 饲粮维生素 E 水平对 22～42 日龄黄羽肉鸡生长性能、免疫功能和抗氧化能力的影响［J］. 动物营养学报，25（2）：289-298.
赖文清，2002. 维生素 A 对鸡的作用及缺乏症的诊治［J］. 国外畜牧学．猪与禽（4）：9-12.
雷建平，郑玲玲，叶慧，等，2013. 1α-OH-D_3 替代维生素 D_3 对 42～63 日龄黄羽肉鸡屠宰性能、器官指数和肉品质的影响［J］. 饲料工业，34（22）：24-28.
李锐瑞，武笑天，白彦，等，2021. 叶酸对蛋鸡生产性能、血液指标和抗氧化酶活性的影响［J］. 山西农业科学，49（5）：662-667.
李世召，支丽慧，杨小军，等，2013. 孵化期注射维生素 C 对肉鸡生产性能、免疫和抗氧化性能的影响［J］. 动物营养学报，25（12）：2998-3005.
李同树，韩瑞丽，邢永国，等，2003. 日粮维生素 E 水平对鲁西黄鸡产肉性能与肉质的影响［J］. 动物营养学报，15（4）：44-48，64.
李彦，杨在宾，杨维仁，等，2009. 日粮中添加不同水平维生素 C 对肉鸡生产性能和血清存留水平影响的研究［J］. 山东农业大学学报：自然科学版，40（3）：360-364.
林济华，文杰，1993. 日粮烟酸水平对肉仔鸡生长及组织烟酰胺，辅酶 I 含量的影响［J］. 中国畜牧杂志，29（3）：2－5.

林厦菁，蒋守群，李龙，等，2017. 饲粮添加维生素 E 和酵母硒对黄羽肉种鸡产蛋性能、孵化性能及蛋中维生素 E 和硒沉积量的影响［J］. 动物营养学报（5）：68－79.

刘伯，乔海云，马辉，2005. 花尾榛鸡日粮中添加核黄素的研究［J］. 饲料工业（19）：56－59.

刘国晓，1997. 高温季节维生素 C 对蛋鸡的影响［J］. 广东畜牧兽医科技（3）：16－17.

刘进远，刘伟信，2000. 家禽维生素 D 营养研究进展［J］. 四川畜牧兽医，27（113）：88－89.

刘靖，2000. 肉仔鸡硫胺素缺乏症的诊断与防治［J］. 当代畜牧（1）：15.

刘敏燕，卜泽明，刘文涛，等，2018. 维生素 E 对三黄肉鸡免疫功能、组织 α-生育酚沉积及脂蛋白酯酶［J］. 动物营养学报，30（1）：368－374.

刘学剑，2000. 生物素的生理功能及其应用进展［J］. 饲料博览（7）：34－35.

罗祎，郝常明，2002. 维生素 B_{12} 的研究及其进展［J］. 中国食品添加剂（3）：15－18.

马现永，蒋宗勇，林映才，等，2009. 钙和维生素 D_3 对黄羽肉鸡肌肉嫩度的影响及机理［J］. 动物营养学报（3）：100－106.

聂晓庆，徐亚欢，欧明华，等，2015. 沪宁鸡肌肉硫胺素沉积规律研究［J］. 中国家禽，37（5）：4.

祁凤华，陈瑶，徐春生，2009. 泛酸对肉仔鸡营养物质代谢率影响的研究［J］. 黑龙江畜牧兽医（8）：36－37.

阮栋，蒋守群，周桂莲，等，2012. 43～63 日龄黄羽肉鸡核黄素需要量研究［J］. 动物营养学报，24（4）：638－645.

阮栋，周桂莲，陈芳，等，2021. 1～63 日龄快速型黄羽肉鸡硫胺素需要量研究［J］. 动物营养学报，33（12）：6757－6770.

阮栋，周桂莲，蒋守群，2010. 1～21 日龄黄羽肉鸡烟酸需要量研究［J］. 中国家禽，32（14）：15－18.

石天虹，桂芝，黄保华，等，2001. 饲粮维生素 A 水平对蛋种鸡性能影响的研究［J］. 山东家禽，6：3－5.

宋国麟，施倩文，2004. 维生素 D_3 的吸收［J］. 国外畜牧学：猪与禽，24（3）：27－31.

孙开冬，李洪杰，2016. 氯化胆碱在蛋鸡生产中的应用［J］. 北方牧业（14）：28.

唐登华，殷裕斌，郭良辉，2001. 肉仔鸡日粮中氯化胆碱添加量的研究［J］. 湖北农学院学报（4）：36－38.

唐淑珍，2007. 高温季节核黄素对肉仔鸡生产性能、脂肪代谢及免疫功能的影响［D］. 石河子：石河子大学.

唐晓伟，宋曙辉，2000. 蔬菜中的叶酸含量［J］. 安徽农业科学，28（1）：96－98.

汪张贵，闫利萍，赵秀花，等，2009. 日粮添加核黄素对 28 日龄新扬州雏鸡铁吸收和储存能力的影响［J］. 中国饲料（16）：17－18.

王和民、齐广海，1993. 维生素营养研究［M］. 北京：中国科学技术出版社.

王红梅，吴沪生，2010. 生物素缺乏症 18 例临床研究［J］. 中国实用儿科杂志，25（11）：874－876，879.

王吉峰，霍启光，王宏，等，2001. 玉米、豆粕中胆碱生物学效价的研究［J］. 动物营养学报，13（2）：58－64.

王克华，窦套存，曲亮，等，2009. 硫胺素在鸡肌肉中的沉积规律研究［J］. 中国畜牧兽医，36（11）：3.

王雯慧，高齐瑜，1999. 雏鸡核黄素缺乏症的病理学研究［J］. 畜牧兽医学报（5）：468－473.

王志跃，汪张贵，龚道清，等，2005. 核黄素对家禽免疫器官发育的影响［J］. 中国畜牧杂志（10）：31－33.

文凤云，戴攀峰，董淑丽，等，2004. 不同水平生物素对鸡生产性能的影响［J］. 黑龙江畜牧兽医月刊（11）：33－34.

文杰，林济华，高宇清，2000. 维生素 C 对热应激状态下肉仔鸡生产性能及维生素 C 合成能力的影响［J］. 畜牧兽医学报（6）：18－23.

文杰，王和民，1995. 日粮烟酸水平对肉仔鸡生长及脂肪代谢的影响［J］. 中国农业科学（3）：67－72.

文杰，王和民，1993. 肉用种母鸡的烟酸需要量［J］. 畜牧兽医学报（5）：23－28.

谢红兵，常新耀，王永强，等，2011. 维生素 C、E 及其交互作用对肉仔鸡生长性能及鸡肉品质的影响［J］. 中国饲料（1）：13－17.

薛桂云，2008. 维生素 C 的生物学功能及在畜禽生产中的应用［J］. 现代农业（1）：87－88.

严华祥，徐志刚，袁超，等，2014. 氯化胆碱对白来航蛋种鸡产蛋高峰后期生产性能和血清生化指标影响［J］. 动物营养学报，26（8）：2342－2348.

颜怀城，刘同华，2007. A 族维生素的抗氧化和促氧化作用［J］. 中国药业，15（20）：3－5.

杨立志，赵燕飞，2013. 不同水平维生素 E、维生素 C 对肉仔鸡生产性能和肉质的影响［J］. 黑龙江畜牧兽医（13）：65－67.

叶慧，雷建平，郑玲玲，等，2013. 25－OH－D_3 对 42～63 日龄黄羽肉鸡屠宰性能、肉品质和维生素 D 代谢产物的影响［J］. 广东农业科学（10）：115－118.

叶慧，郑玲玲，雷建平，等，2013. 25－羟基维生素 D_3 和 1α 羟基维生素 D_3 代替维生素 D_3 对 42～63 日龄黄羽肉鸡生长性能、血清生化指标和胫骨发育的影响［J］. 动物营养学报，25（8）：1752－1761.

衣鹏，刘占利，邓福滨，等，2000. 种鸡缺乏泛酸对孵化成绩的影响［J］. 黑龙江动物繁殖，8（3）：27－29.

于会民，蔡辉益，常文环，等，2005. 生物素对肉仔鸡免疫器官的发育、机体免疫功能和神经内分泌激素的影响［J］. 畜牧兽医学报，36（10）：1006－1013.

臧莹安，丁发源，王小龙，等，2007. 维生素 C 对 PHS 快大型黄羽肉鸡主要组织细胞线粒体 Na^+－K^+－ATP 酶活力的影响［J］. 中国兽医杂志（12）：57－58.

张彩云，2003. 维生素 K 影响肉仔鸡骨骼质量变化机理的研究［D］. 北京：中国农业大学.

张晋辉，1998. 不同生物素水平对肉鸡生长性能和腿病发生率的影响［J］. 饲料研究，12：1－3.

张文华，2008. 鸡的烟酸营养研究进展［J］. 当代畜禽养殖业，000（10）：5－7.

张忠远，吴国玲，王磊，等，2015. 共轭亚油酸和维生素 A 对产蛋鸡免疫机能影响［J］. 东北农业大学学报，2：34－46.

赵芸君，文杰，陈继兰，等，2005. 黄羽肉鸡育肥期维生素 A、E 适宜添加量研究［J］. 畜牧兽医学报，36（7）：654－660.

赵卓，2014. 畜禽维生素 C 缺乏症的病因、症状与诊治［J］. 现代畜牧科技（6）：175.

支丽慧，李世召，杨小军，等，2013. 孵化期注射叶酸对肉仔鸡生产性能及免疫功能的影响［J］. 动物营养学报，25（11）：2567－2575.

周源，冯国强，李丹丹，等，2011. 黄羽肉鸡对胆碱的需要量研究［J］. 中国家禽（3）：19－22.

朱钦龙，2000. D_3 能提高鸡消化道内植酸酶的活性［J］. 畜牧兽医科技信息（9）：17.

Aburto A，Edwards H，Britton W，1998. The influence of vitamin A on the utilization and amelioration of toxicity of cholecalciferol，25－hydroxycholecalciferol，and 1，25 dihydroxycholecalciferol in young broiler chickens［J］. Poultry Science，77（4）：585－593.

Ali M T，Howlider M A R，Azad A K，et al.，2010. Vitamin C and electrolyte supplementation to support growth and meat yield of broilers in a hot humid environment［J］. Journal of the Bangladesh Agricultural University，8（8）：57－60.

Babu S, Sc M, B M, et al., 1976. Availability of folate from some foods [J]. Am J Clin Nutr, 29: 376-379.

Baker D H, Biehl R R, Emmert J L, 1998. Vitamin D_3 requirement of young chicks receiving diets varying in calcium and available phosphorus [J]. British Poultry Science, 39 (3): 413-417.

Balnave D, 1971. The influence of biotin upon the utilization of acetate and palmitate by chick liver in vitro [J]. Int J Biochem, 2 (7): 99-110.

Bannister D W, Evans A J, Whitehead C C, 1975. Evidence for a lesion in carbohydrate metabolism in fatty liver and kidney syndrome in chicks [J]. Res Vet Sci, 18 (2): 149-156.

Bartov I, Sklan D, Friedman A, 1997. Effect of vitamin A on the oxidative stability of broiler meat during storage: Lack of interactions with vitamin E [J]. British Poultry Science, 38 (3): 255-257.

Bearse G E, McClary C F, Saxena H C, 1960. Blood spot incidence in chicken eggs and vitamin A level of the diet [J]. Poultry Science, 39 (4): 860-865.

Bermudz A J, Swayne D E, Squires M W et al., 1993. Effects of Vitamin A deficiency on the reprodutive system of mature white leghorn hens [J]. Avian Dis. 37: 274-283.

Blalock Teresa L, Thaxton J, Paul, et al., 1984. Humoral immunity in chicks experiencing marginal vitamin B-6 deficiency [J]. The Journal of Nutrition (2): 2.

Brattstrm L E, Israelsson B, Jeppsson J O, et al., 1988. Folic acid—an innocuous means to reduce plasma homocysteine [J]. Scandinavian Journal of Clinical & Laboratory Investigation, 48 (3): 215-221.

Buchman A L, 2009. The addition of choline to parenteral nutrition [J]. Gastroenterology, 137 (Suppl. 5): S119-S128.

Chen F, Jiang Z, Jiang S, et al., 2016. Dietary vitamin A supplementation improved reproductive performance by regulating ovarian expression of hormone receptors, caspase-3 and Fas in broiler breeders [J]. Poultry Science, 95 (1): 30-40.

Chou S H, Chung T K, Yu B, 2009. Effects of supplemental 25-hydroxycholecalciferol on growth performance, small intestinalmorphology, and immune response of broiler chickens [J]. Poultry Science, 88: 2333-2341.

Coşkun B, Inal F, Celik I, et al., 1998. Effects of dietary levels of vitamin A on the egg yield and immune responses of laying hens [J]. Poultry Science, 77 (4): 542-546.

Davis C, Sell J, 1983. Effect of all-trans retinol and retinoic acid nutriture on the immune system of chicks [J]. Journal of Nutrition, 113 (10): 1914.

Gabarrou J F, Salichon M R, Guy G, et al., 1996. Hybrid ducks overfed with boiled corn develop an acute hepatic steatosis with decreased choline and polyunsaturated fatty acid level in phospholipids [J]. Reproduction Nutrition Development, 36 (5): 473-484.

Glenville J, Strugnell S A, Deluca H F, 1998. Current understanding of the molecular actions of vitamin D [J]. Physiological Reviews, 78 (4): 1193-1231.

Gouda A, Amer S A, Gabr S, et al., 2020. Effect of dietary supplemental ascorbic acid and folic acid on the growth performance, redox status, and immune status of broiler chickens under heat stress [J]. Tropical Animal Health and Production, 52: 2987-2996.

Hollenbeck C B, 2010. The importance of being choline [J]. Journal of the American Dietetic Association, 110 (8): 1162-1165.

Jiang S, Jiang Z, Yang K, et al., 2015. Dietary vitamin D_3 requirement of Chinese yellow-feathered broilers [J]. Poultry Science, 94 (9) 94: 2210-2220.

Karoline C, Manthey, Rocio Rodriguez - Melendez, et al., 2006. Riboflavin deficiency causes protein and DNA damage in HepG2 cells, triggering arrest in G1 phase of the cell cycle [J]. Journal of Nutritional Biochemistry, 17 (4): 250 - 256.

Kucuk O, Sahin N, Sanin K, 2003. Supplemental zinc and vitamin A can alleviate negative effects of heat stress in broiler chickens [J]. Biological Trace Element Research, 94 (3): 225 - 235.

Leclerco I A, Farrell G C, Field J, et al., 2000. CYP2E1 and CYP4A as microsomal catalysts of lipid peroxides in murine nonalcoholic steatohepatitis [J]. Journal of Clinical Investigation, 105 (8): 1067 - 1075.

Lee G S, Yan J S, Ng R K, et al., 2007. Polyunsaturated fat in the methionine - choline - deficient diet influences hepatic inflammation but not hepatocellular injury [J]. Journal of Lipid Research, 48 (8): 1885 - 1896.

Lessard M, Hutchings D, Cave N A., 1997. Cell - mediated and humoral immune responses in broiler chickens maintained on diets containing different levels of vitamin A [J]. Poultry Science, 76 (10): 1368 - 1378.

Lessard M, Hutchings D, Cave N A, 1997. Cell - mediated and humoral immune responses in broiler chickens maintained on diets containing different levels of vitamin A [J]. Poultry Science, 76 (10): 1368 - 1378.

Li Z Y, Vance D E, 2008. Thematic review series: glycerolipids. Phosphatidyl choline and choline homeostasis [J]. Journal of Lipid Research, 49 (6): 1187 - 1194.

Livera G, Rouiller - Fabre V, Pairault C, et al., 2002. Regulation and perturbation of testicular functions by vitamin A [J]. Reproduction, 124 (2): 173 - 180.

March B E, Coates V, Goudie C, 1972. Delayed hatching time of chicks from dams fed excess vitamin A and from eggs injected with vitamin A [J]. Poultry Science, 51 (3): 891 - 896.

Matson C K, Murphy M W, Griswold M D, et al., 2010. The mammalian doublesex homolog DMRT1 is a transcriptional gatekeeper that controls the mitosis versus meiosis decision in male germ cells [J]. Developmental cell, 19 (4): 612 - 624.

Mccorkle F, Taylor R, Stinson R, et al., 1980. The effects of a megalevel of vitamin C on the immune response of the chicken [J]. Poultry Science, 59 (6): 1324 - 1327.

Mendonça C X, Almeida C R M, Mori A V, et al., 2002. Effect of dietary vitamin A on egg yolk retinol and tocopherol levels [J]. The Journal of Applied Poultry Research, 2002, 11 (4): 373 - 378.

Nasr J, Yaghobfar A, EbrahimNezhad Y, et al., 2011. Effects of diets formulation based on digestible amino acids and true metabolism energy on egg characteristics and reproductive performance of broiler breeder [J]. International Conference on Asia Agriculture and Animal, 13: 101 - 105.

Nockels C F, 1979. Protective effects of supplemental vitamin E against infection [J]. Federation Proceedings, 38 (7): 2134 - 2138.

Olcese O, Couch J R, 1950. Effect of injecting vitamin B_{12} into eggs from hens fed a diet low in vitamin B_{12} [J]. Poultry Science, 29 (4): 612 - 614.

Olkowski, Classen, 1999. The effects of maternal thiamine nutrition on thiamine status of the offspring in broiler chickens [J]. International Journal for Vitamin & Nutrition Research, 69 (1): 32 - 40.

Ppaellic, Colucciaa, Grattagliano I, et al., 2010. Dietary choline deprivation impairs rat brain mitochondrial function and behavioral phenotype [J]. The Journal of Nutrition, 140 (6): 1072 - 1079.

Palacios A, Piergiacomi V A, Catala A, 1996. Vitamin A supplementation inhibits chemiluminescence and lipid peroxidation in isolated rat liver microsomes and mitochondria [J]. Molecular and Cellular Biochemistry，154（1）：77－82.

Pardue S L，Thaxton J P，Brake J，1984. Plasma ascorbic acid concentration following ascorbic acid loading in chicks [J]. Poultry Science，63（12）：2492－2496.

Patel M B，Mcginnis J，1980. The effect of vitamin B_{12} on the tolerance of chicks for high levels of dietary fat and carbohydrate [J]. Poultry Science，59（10）：2279－2286.

Payne C G，Gilchrist P，Pearson J A，et al.，1974. Involvement of biotin in the fatty liver and kidney syndrome of broilers [J]. Brit Poultry Sci，15（5）：489－498.

Raux E，Schubert H L，Warren M J，2000. Biosynthesis of cobalamin（vitamin B_{12}）：a bacterial conundrum [J]. Cellular and Molecular Life Sciences，57：1880－1893.

Reinhardt T A，Hustmyer F G，1987. Role of vitamin D in the immune system [J]. Journal of Dairy Science，70（5）：952－962.

Reza A M K，Bakhshalinejad R，Shafiee M，2016. Effect of dietary zinc and α－tocopheryl acetate on broiler performance，immune responses，antioxidant enzyme activities，minerals and vitamin concentration in blood and tissues of broilers [J]. Animal Feed Science & Technology，221：12－26.

Richards M P，1997. Trace mineral metabolism in the avian embryo [J]. Poultry Science，76：152－164.

Ringrose R C，1946. Davis H A. Choline in the nutrition of laying hens [J]. Poultry Science，25（6）：646－647.

Robel E J，1991. The value of supplemental biotin for increasing hatchability of turkey eggs [J]. Poult Sci，70（8）：1716－1722.

Robert C B，Edward J L，Gary M S，et al.，1999. The role of folate transport and metabolism in neural tube defect risk [J]. Molecular Genetics and Metabolism，66：1－9.

Ruiz N，Harms R H，1988. Riboflavin requirement of broiler chicks fed a corn－soybean diet [J]. Poultry Science，67（5）：794.

Ryu K S，Roberson K D，Pesti G M，et al.，1995. The folic acid requirements of starting broiler chicks fed diets based on practical ingredients. 1. Interrelationships with dietary choline. [J]. Poultry Science，74（9）：1447－1455.

Sahin K，Sahin N，Sari M，et al.，2002. Effects of vitamins E and A supplementation on lipid peroxidation and concentration of some mineral in broilers reared under heat stress（32 C）[J]. Nutrition Research，22（6）：723－731.

Samarut E，Rochette－Egly C，2012. Nuclear retinoic acid receptors：conductors of the retinoic acid symphony during development [J]. Molecular and Cellular Endocrinology，348（2）：348－360.

Sheard N F，Krasin B，1994. Restricting food intake does not exacerbate the effects of a choline－deficient diet on tissue carnitine concentrations in rats [J]. The Journal of Nutrition，124（5）：738－743.

Siegel B V，Morton J I，1977. Vitamin C and the immune response [J]. Experientia，33（3）：393－395.

Sklan D，Melamed D，Friedman A，1994. The effect of varying levels of dietary vitamin A on immune response in the chick [J]. Poultry Science，73（6）：843－847.

Skrivan M，Marounek M，Michaela Englmaierová，et al.，2012. Influence of dietary vitamin C and selenium，alone and in combination，on the composition and oxidative stability of meat of broilers [J]. Food Chemistry，130（3）：660－664.

Steenfeidt S，Kjaer J B，Engberg R M，2007. Effect of feeding silages or carrots as supplements to laying hens on production performance，nutrient digestibility gut structure，gut microflora and feather pecking behaviour [J]. British Poultry Science，48（1）：454－468.

Surai P F, Ionov I A, Kuklenko T V, et al., 1998. Effect of supplementing the hen's diet with vitamin A on the accumulation of vitamins A and E, ascorbic acid and carotenoids in the egg yolk and in the embryonic liver [J]. British Poultry Science, 39 (2): 257 - 263.

Tahmasbi A M, Galbraith H, Scaife J R, 2007. Investigation of the role of biotin in the regulation of wool growth in sheep hair follicles cultured in vitro [J]. Research Journal of Animal Sciences (1): 9 - 19.

Thampson J N, Howell J, Pitt G A J, et al., 1969. The biological activity of retinoic acid in the domestic fowl and the effects of vitamin A deficiency on the chick embryo [J]. British Journal of Nutrition, 23 (3): 471 - 490.

Veltmann J R, Jensen L S, Rowland G N, 1986. Excess dietary vitamin A in the growing chick: effect of fat source and vitamin D [J]. Poultry Science, 65 (1): 153 - 163.

Waldroup P W, Hellwig H M, Spencer G K, et al., 1985. The effects of increased levels of niacin supplementation on growth rate and carcass composition of broiler chickens [J]. Poultry Science, 64 (9): 1777 - 1784.

Wang W J, Wang S P, Gong Y S, et al., 2007. Effects of vitamin A supplementation on growth performance, carcass characteristics and meat quality in Limosin x Luxi crossbreed steers fed a wheat straw - based diet [J]. Meat Ence, 77 (4): 450 - 458.

Wang Y, Li L, Gou Z, et al., 2020. Effects of maternal and dietary vitamin A on growth performance, meat quality, antioxidant status, and immune function of offspring broilers [J]. Poultry Science, 99 (8): 3930 - 3940.

Watkins B A, Kratzer F H. 1987a. Dietary biotin effects on polyunsaturated fatty acids in chick tissue lipids and prostaglandin E2 levels in freeze - clamped hearts [J]. Poult Sci, 66: 1818 - 1828.

Watkins B A, Kratzer F H, 1987b. Tissue lipid fatty acid composition of biotin adequate and biotin - deficient chicks [J]. Poult Sci, 66 (2): 306 - 313.

Watkins B A, Kratzer F H, 1987c. Effects of dietary biotin and linoleate on polyunsaturated fatty acids in tissue phospholipids [J]. Poult Sci, 66 (12): 2024 - 2031.

Whitehead C C, 1977. The use of biotin in poultry science [J]. World Poultry Sci J, 33: 140 - 154.

Wilson H R, Manley J G, Harms R H, et al., 1978. The response of bobwhite quail chicks to dietary ammonium and an antibiotic - vitamin supplement when fed B1 aflatoxin [J]. Poultry Science, 57 (2): 403 - 407.

Woollam D H M, Millen J W, 1955. Effect of vitamin A deficiency on the cerebro - spinal fluid pressure of the chick [J]. Nature, 175 (4444): 41 - 42.

Yagi J, Uchida T, Kuroda K, et al., 1997. Influence of retinoic acid on the differentiation pathway of T cells in the thymus [J]. Cellular Immunology, 181 (2): 153 - 162.

Yarger J G, Quarles C L, Hollis B W, et al., 1995. Safety of 25 - hydroxycholecalciferol as a source of cholecalciferol in poultryrations [J]. Poultry Science, 74: 1437 - 1446.

Yuan J, Roshdy A R, Guo Y, et al., 2014. Effect of dietary vitamin A on reproductive performance and immune response of broiler breeders [J]. PLoS One, 9 (8): e105677.

Zeisel S H, Blusztajn J K, 1994. Choline and human nutrition [J]. Annual Review of Nutrition, 14 (1): 269 - 296.

Zhu C, Jiang Z Y, Jiang S Q, et al., 2012. Maternal energy and protein affect subsequent growth performance, carcass yield, and meat color in Chinese yellow broilers [J]. Poultry Science, 91 (8): 1869 - 1878.

Zile M H, 2011. Function of vitamin A in vertebrate embryonic development [J]. The Journal of Nutrition, 131 (3): 705 - 708.

第八章　黄羽肉鸡的矿物元素营养

矿物元素是黄羽肉鸡生长所需的营养素之一，可分为常量元素（钙、磷、钠、氯、钾、镁、硫等）和微量元素（铁、铜、锰、锌、硒、碘等），分布于机体内的各个部位，不仅直接参与机体器官的组成，还以离子等形式在体内发挥重要的生理功能和代谢作用。

第一节　钙、磷

一、钙、磷的生理功能及缺乏症

（一）钙、磷的生理功能

黄羽肉鸡体内钙、磷含量及分布受日龄、体重和生理状况等多种因素的影响。但钙、磷作为体内重要的必需矿物元素，一般情况下在组织和器官中的含量是相对恒定的。

钙是构成黄羽肉鸡骨骼的重要组成成分，可促进骨骼钙化并维持其硬度。此外，钙还可维持神经肌肉（骨骼肌、心肌、平滑肌的收缩）的正常兴奋（张兴林，2012；付强，2006），激活多种酶如琥珀酰脱氢酶、ATP 酶以及某些蛋白水解酶活性；钙离子可增加毛细血管的致密度，降低其通透性，通过减少渗出而减轻炎症；血钙浓度增加可减轻镁离子对中枢神经的抑制作用，使兴奋与抑制达到平衡；钙作为重要的凝血因子参与正常的血液凝固（乔桂兰，2006）。

磷也是构成黄羽肉鸡骨骼的重要组成成分。此外，磷还是磷脂的组成成分，参与维持细胞膜的正常结构和功能；参与有机化合物如糖、脂肪、蛋白质的合成和降解代谢；以高能磷酸化合物 ATP 和 ADP 的形式参与能量的储存、释放和利用；参与体液中磷酸盐缓冲体系的组成，调节酸碱平衡（董美英，2005）。

（二）钙、磷缺乏症

常用饲料中通常缺乏钙，虽然总磷含量相对较高，但其中大部分以植酸盐形式存在，很难被吸收利用。饲粮中钙、磷缺乏可引起机体血钙浓度降低，凝血不良，血管通透性增加，易发生皮肤黏膜等处出血症，血钙浓度降低还可导致肌肉的兴奋性升高，引发肌肉强直性痉挛，严重时可导致瘫痪；骨骼中钙、磷缺乏可引起鸡佝偻病、啄肛、啄羽，后期可出现骨软化症，严重时可导致瘫痪（邵玉新，2019；金明姬，2007）。

黄羽肉鸡钙、磷缺乏症见彩图 14。

二、钙、磷的吸收代谢及其影响因素

（一）钙的吸收

钙以其离子形式于小肠部位被吸收，从小肠黏膜侧进入后再由浆膜侧方向排出。Wasserman 等（1992）、Bronner（1992）、Fullmer（1992）和 Karbach（1992）的研究表明，钙的吸收途径有 3 种：①主动穿越细胞的途径，包括钙离子通过绒毛膜扩散进入细

胞，在包浆内运动，以及从细胞内排向细胞外的 3 个环节；②钙离子细胞间（旁）转移途径，此途径只有在小肠内钙离子浓度足够高时才可实现；③胞饮、胞吐形式的钙离子转运途径，钙离子进入小肠上皮细胞时，依靠电化学梯度而不需要能量。细胞内的钙以钙结合蛋白、游离钙离子和钙离子小泡囊 3 种形式转移。钙离子从细胞内向细胞外渗出时，与蛋白结合的钙通过钙泵排出；游离钙以钠-钾（Na - K）泵实现钙离子交换；以胞饮方式进入细胞的钙泡囊会以胞吐的方式释放钙。

（二）钙的代谢

钙主要通过粪、尿排出，换羽毛和排汗等生理过程也可以排出部分钙。钙的体内代谢平衡受诸多因素影响，如饲粮钙水平、磷水平、维生素 D_3、甲状旁腺素（PTH）、降钙素（CT）以及其他因子。摄入低钙饲粮导致钙吸收增强，原因是采食低钙饲粮后动物血钙降低，因而增加 PTH 的释放。PTH 促进肾 25 -羟钙化醇向 1,25 -二羟钙化醇转化，结果导致钙吸收增加。PTH 和 CT 两种激素控制骨骼钙的沉积和重吸收，而且其分泌调控着血液中钙的循环水平（李成，2011）。而摄入高钙饲粮抑制骨钙的流动，因此骨骼中钙、磷处于动态平衡，表现为骨骼钙、磷的沉积和重吸收。局部因子在调节钙代谢的过程中也发挥着重要的作用，如胰岛素样生长因子（IGF - 1 和 IGF - 2）、转化生长因子（TGF - β）、成纤维生长因子（FGF）和血小板源生长因子（PDGF）（汤凌燕，2009）。此外，白介素、肿瘤坏死因子（TNF）和克隆刺激因子（CSFs）等免疫和造血系统的细胞因子以及前列腺素（PG）等对钙的代谢有重要的调节作用，它们不仅作用于骨组织，也作用于非骨组织。

（三）影响钙吸收的因素

影响钙吸收的因素有很多，主要有以下 3 种：①饲粮中钙含量。钙含量越多，吸收得越多，但吸收率下降。②饲粮中钙、磷比例。饲粮中过多钙会降低磷的吸收，过多磷则降低钙的吸收（范秋丽，2018；文娟，2010）。③维生素 D_3 的含量。活性维生素 D_3 参与小肠黏膜细胞中钙结合蛋白的合成，从而影响钙的吸收，同时维生素 D_3 也能促进细胞间钙离子的流动，充足的维生素 D_3 可减轻由于钙、磷比例不当引起的危害，这种保护功能主要是通过维持钙、磷的稳态和调节对钙、磷的吸收而实现（张兴林，2012）。除此之外，由于溶解状态的钙易于被吸收，不溶解的钙不易被吸收，因此任何影响钙溶解度的因素都影响钙的吸收（刘成理，1999），例如草酸、植酸和脂肪酸可与钙形成不溶性钙盐，降低钙的吸收。蛋白质水解产物氨基酸可与钙形成可溶性钙盐，增加钙的吸收，因此饲粮中充足的蛋白质有利于钙的吸收（石矿，1998）。

（四）磷的吸收

食糜中的磷以磷酸根离子的形式可以在小肠各段被吸收，吸收方式有主动运输和易化扩散 2 种，且消化道上皮细胞对磷的吸收必须依靠 Na^+-依赖磷酸盐转运载体和依靠 Na^+-不依赖磷酸盐转运载体，在上皮细胞刷状层和基底层进行交换作用（王小兵，2014）。无机磷溶解后直接被利用，吸收率高，而以有机化合物形式存在的磷（植酸磷）不易被利用，需要经植酸酶分解释放出无机磷后才可被吸收利用。但是动物本身不能分泌植酸酶，所以很难水解和吸收植酸磷。反刍动物可借助于瘤胃微生物水解植酸磷，可以利用植酸磷，所以反刍动物总磷需要量比黄羽肉鸡低得多。磷还可作为磷脂的组成成分被机体吸收。磷进入胃肠道内容物的同时，消化道壁中的血管也摄取其中的磷进入血液，两个过程哪种占优势要根据消化道的不同部位而定（陈雅湘，2019）。

（五）磷的代谢

进入血液的磷用于组织合成和骨骼矿化，部分磷由于代谢从肾和消化道损失。血液与骨骼中磷的沉积与释放以及肾、肠道中磷的吸收与排泄过程处于动态平衡（陈清华，2005）。不被吸收的磷主要有以下 3 种排出途径：①粪中不可消化磷排出；②内源粪磷损失；③代谢尿磷损失。

（六）影响磷吸收的因素

影响磷吸收的因素有很多，主要有以下 4 种：①饲粮钙、磷比例。小肠中钙、磷转运系统直接受饲粮钙磷比例的调控，随着钙、磷比例的升高，黄羽肉鸡对磷的吸收率降低；低钙或者低磷饲粮均能增加十二指肠和回肠磷的吸收率，这可能是因为 $1,25-(OH)_2D_3$ 生成量补偿性增加提高了机体对磷的吸收。②饲粮中磷含量。饲粮中磷是钠依赖式磷吸收的主要调节因子，当饲粮中磷处于低含量或者缺乏状态时，小肠对磷的吸收率增加；当满足了磷需要量或者过量添加时，小肠对磷的吸收率降低。③磷的形态，磷可以以一价磷酸根（$H_2PO_4^-$）或二价磷酸根（HPO_4^{2-}）2 种形式被吸收，磷酸盐在碱性和中性溶液中溶解度很低，难以被吸收，而在酸性溶液中溶解度大大增加，易于被吸收。因此，肠道 pH 降低可提高机体对磷的吸收率。④维生素 D_3 含量。缺磷饲粮在维生素 D_3 缺乏的情况下可提高空肠对磷的吸收率。此外，有拮抗作用的其他矿物元素（如铜、铁、锌、锰、硒）等也会影响磷的吸收率（陈雅湘，2019；李建慧，2013；曹满湖，2010）。

三、钙、磷需要量、来源及其生物学利用率

（一）钙、磷需要量

黄羽肉鸡常用饲粮（没有添加矿物饲料钙、磷）钙含量 0.07%～0.25%，总磷含量 0.31%～0.46%，其中植酸磷含量 0.23%～0.29%，占总磷含量的 50%～80%。美国 NRC（1994）推荐肉仔鸡 1～21 日龄、22～42 日龄和 43～56 日龄各阶段钙需要量分别为 1.00%、0.90%和 0.80%，非植酸磷需要量分别为 0.45%、0.35%和 0.30%。西班牙 FEDNA（2008）推荐快速型肉鸡 0～15 日龄、16～37 日龄和 38～44 日龄钙需要量分别为 0.95%～1.05%、0.90%～1.00%、0.86%～1.00%，有效磷需要量分别为 0.43%、0.39%、0.38%，可消化磷需要量分别为 0.39%、0.37%、0.33%；中速型肉鸡 0～18 日龄、18～33 日龄、33～46 日龄和 46 以上日龄钙需要量分别为 1.00%～1.20%、0.95%～1.10%、0.90%～1.05%、0.85%～1.00%，有效磷需要量分别为 0.45%、0.43%、0.41%、0.39%，可消化磷需要量分别为 0.38%、0.36%、0.34%；而乡村慢速型肉鸡 0～28 日龄、29～52 日龄、53～76 日龄和 77 以上日龄钙需要量分别为 1.00%～1.2%、0.82%～1.05%、0.65%～0.85%、0.62%～0.83%，有效磷需要量分别为 0.42%、0.37%、0.35%、0.32%，可消化磷需要量分别为 0.36%、0.31%、0.29%、0.27%。磷需要量表达方式分为总磷、有效磷、非植酸磷、可消化磷等。美国 NRC（2012）等最新的猪营养标准采用了全消化道标准可消化磷（STTD P）、全消化道表观可消化磷（ATTD P）指标，代替了有效磷的指标，但法国 INRA、荷兰 CVB、西班牙 FEDNA 肉鸡标准中依然采用有效磷指标。美国 NRC（1994）

家禽营养需要标准仍采用非植酸磷指标，至今尚未更新。

快速型黄羽肉鸡钙需要量：蒋守群等（2010）研究添加钙 0.15%～0.75%水平（基础饲粮钙 0.50%、有效磷为 0.45%）对 1～21 日龄快速型岭南黄鸡公鸡的影响，结果表明，提高钙水平可显著提高鸡的体重、平均日增重、平均日采食量、屠宰率、胫骨折断力、胫骨干重、胫骨灰分重和钙磷含量。洪平等（2012）研究表明，饲粮添加钙 0.15%～0.75%（基础饲粮钙 0.45%、有效磷 0.40%）可显著提高 22～42 日龄快速型岭南黄羽肉公鸡体重和平均日增重、降低料重比，饲粮钙水平达到 0.90%和 1.05%显著提高胫骨折断力、胫骨干重、胫骨灰分和钙、磷含量。洪平等（2013）研究添加钙 0.15%～0.75%（基础饲粮钙 0.40%、有效磷 0.35%）对 43～63 日龄快速型岭南黄鸡公鸡生产性能和胫骨指标的影响，结果表明，提高钙水平可显著增加平均日增重和平均日采食量，钙水平达到 0.85%显著升高胫骨折断力和胫骨灰分含量、降低胸肌剪切力。刘松柏等（2018）对矮脚黄肉鸡的研究表明，饲粮钙水平 0.8%～0.9%对鸡的体重、平均日增重、平均日采食量、料重比和胫骨灰分含量均无显著影响，钙水平分别为 0.90%、0.85%和 0.80%相应的有效磷为 0.40%、0.36%和 0.33%可满足 0～30、31～60、61～90 日龄黄羽肉鸡生长和骨骼发育需要。一般认为，满足最佳生长性能所需要的钙水平低于满足最大胫骨灰分含量所需要的钙水平。NRC（2012）在生长肥育猪营养需要中设定最佳生长性能需要的钙、磷为最佳钙、磷沉积需要钙、磷的 85%，钙需要量：STTD 磷需要量比例保持为 2.15：1。对于商品肉鸡而言，确定需要量主要考虑生长性能指标，而种用后备鸡则主要考虑骨骼发育，换言之种用后备鸡钙磷需要量高于商品鸡。

快速型黄羽肉鸡磷需要量：Jiang 等（2011）研究表明，提高饲粮非植酸磷水平（0.11%～0.51%）（基础饲粮钙 1.00%，非植酸磷 0.11%）显著提高 1～21 日龄快速型岭南黄肉鸡平均日增重、胫骨干重和磷含量，而过高磷水平（0.59%）对日增重有负面影响。蒋宗勇等（2009）在 22～42 日龄快速型岭南黄肉鸡上的研究表明，提高饲粮非植酸磷水平（0.32%～0.56%）（基础饲粮钙 0.9%，非植酸磷 0.08%）显著提高鸡的平均日增重，而非植酸磷水平 0.40%时料重比最低；肉鸡胫骨脱脂干重和灰分中磷含量均随饲粮非植酸磷水平的升高而升高，且 0.48%时胫骨指标最高。蒋宗勇等（2010）在 43～63 日龄快速型岭南黄肉鸡上的研究表明，随着饲粮非植酸磷水平升高（0.08～0.36%）（基础饲粮钙 0.80%，非植酸磷 0.08%）黄羽肉鸡日增重显著增加，且 0.36%时日增重达最大、采食量最高、胫骨脱脂干重最高，0.29%、0.36%和 0.43%磷水平下干骨中灰分含量显著升高；满足最佳生长和骨骼发育的非植酸磷水平分别为 0.34%和 0.37%，非植酸磷水平超过 0.43%时对生长有负面影响。刘松柏等（2018）在 1～63 日龄矮脚黄肉公鸡上的研究表明，0.28%～0.41%水平的饲粮非植酸磷对肉鸡体重、平均日增重、平均日采食量、料重比和胫骨灰分含量无显著影响；饲粮非植酸磷水平分别为 0.40%、0.36%和 0.33%可满足 0～21 日龄、22～42 日龄、43～63 日龄生长及骨骼发育需要。成廷水等（2008）在 16～50 日龄石岐黄肉鸡上的研究表明，35 日龄时，0.42%和 0.39%饲粮有效磷水平组肉鸡骨骼灰分含量显著高于 0.36%和 0.33%磷水平组，0.36%～0.45%饲粮磷水平组肉鸡骨骼磷含量显著高于 0.30%组；50 日龄时，0.31%、0.34%和 0.40%饲粮磷水平组肉鸡骨骼灰分含量显著高于 0.25%组，且 0.40%和 0.37%组骨骼钙含量显著高于

0.25%组。潘文（2016）在1～21日龄麒麟鸡（公母各半）上的研究表明，0.13%～0.63%饲粮非植酸磷显著影响肉鸡平均日增重、平均日采食量、料重比、死亡率、屠宰率、全净膛率、体尺性状各项指标和胫骨发育表观参数指标，且平均日增重、平均日采食量、料重比和全净膛率随非植酸磷水平的上升呈显著的线性和二次曲线变化；随着饲粮非植酸磷水平的提高，体斜长、龙骨长、盆骨宽、胸宽、胸深、跖长、股骨抗压强度、股骨鲜重、股骨长度和股骨宽度均呈显著的线性和二次断线变化；随着饲粮非植酸磷水平的提高，胫骨抗压强度、胫骨脱脂干重、胫骨灰分含量、胫骨灰分磷含量、趾骨脱脂干重、趾骨灰分含量和趾骨灰分磷含量均呈显著的线性和二次曲线变化；建议最适需要量为0.39%。综上所述，快速型黄羽肉鸡满足最佳生长性能所需的磷水平比满足最佳胫骨性能指标所需的磷水平低；随着日龄增加，磷需要量逐步降低。

中速型黄羽肉鸡钙、磷需要量：刘松柏等（2019）在1～90日龄中速型黄羽肉鸡上研究表明，以满足日增重、料重比和胫骨灰分含量需要计，肉鸡1～30日龄、31～60日龄、61～90日龄钙需要量分别为0.90%、0.75%和0.70%，而非植酸磷需要量分别为0.40%、0.31%和0.28%；如高于此钙磷水平，肉鸡料重比呈上升趋势，日增重呈下降趋势，胫骨灰分含量基本维持不变。

慢速型黄羽肉鸡钙、磷需要量：Wang等（2021）在1～28日龄慢速型岭南黄母鸡上的研究表明，综合生产性能、胫骨折断力、胫骨密度和胫骨灰分含量等指标，钙、非植酸磷需要量分别为0.90%、0.40%。王一冰等（2020）在29～56日龄慢速型岭南黄母鸡上的研究表明，0.75%～0.95%的饲粮钙水平显著影响胫骨长度，0.35%～0.45%的饲粮非植酸磷水平显著影响胫骨直径、折断力和密度，且饲粮钙、非植酸磷水平对胫骨直径、折断力和密度有着显著的交互作用。Wang等（2021）在57～84日龄慢速型岭南黄母鸡上的研究表明，饲粮钙对黄羽肉鸡生长性能、胫骨性状和肉品质的影响较大，饲粮非植酸磷对生长性能、胫骨性状和胴体品质影响较大，且钙、非植酸磷互作显著影响肉品质和胴体品质。刘松柏等（2018）在1～105日龄天露黄肉母鸡上的研究表明，满足1～30日龄、31～60日龄、61～88日龄和87～105日龄黄鸡日增重、料重比和胫骨灰分含量所需要的饲粮钙水平为0.75%、0.65%、0.55%和0.45%，磷水平为0.33%、0.26%、0.23%和0.18%，如高于此钙、磷水平对肉鸡骨骼发育无显著改善，但对生长性能有一定的负面影响。黄羽肉鸡饲粮钙、磷需要量研究结果见表8-1。

表8-1　黄羽肉鸡饲粮钙、磷需要量研究结果

项目	阶段/日龄	性别	品种	饲养模式	敏感指标	钙推荐水平/%	磷推荐水平/%
快速型黄羽肉鸡							
蒋守群等(2010)；洪平等(2012；2013)	1～21	公	岭南黄	地面平养	日增重、采食量	0.65	0.45
					胫骨折断力、干重、灰分、钙、磷含量	0.95	
	22～42				日增重、料重比	0.6	0.4
					胫骨折断力、干重、灰分、钙、磷含量	0.9	
	43～63				日增重	0.77	0.35
					胫骨折断力	0.85	

（续）

项目	阶段/日龄	性别	品种	饲养模式	敏感指标	钙推荐水平/%	磷推荐水平/%
Jiang 等（2011）；蒋宗勇等（2009；2010）	1～21	公	岭南黄	地面平养	日增重	1.00	0.46
					胫骨灰分含量		0.51
	22～42				日增重、胫骨灰分含量	0.9	0.4
	43～63				日增重	0.4	0.34
					胫骨灰分含量		0.37
刘松柏（2018）	1～21	公	矮脚黄	笼养	日增重、胫骨灰分含量	0.9	
	22～42					0.85	
	43～63					0.8	
成廷水等（2008）	16～35	/	石岐黄	网上平养	日增重	1.00	0.3
					胫骨灰分含量		0.36
	36～50				日增重	0.9	0.25
					胫骨灰分含量		0.25
潘文（2016）	1～21	公母各半	麒麟	笼养	日增重、料重比、胫骨灰分含量	0.13	0.39
中速型黄羽肉鸡							
刘松柏等（2019）	1～30	/	不明	网上平养	日增重、料重比、胫骨灰分含量	0.9	0.4
	31～60					0.75	0.31
	61～90					0.7	0.28
慢速型黄羽肉鸡							
Wang 等（2021a；2021b）；王一冰等（2020）	1～28	母	岭南黄	地面平养	采食量、料重比、胫骨折断力、胫骨密度、胫骨灰分、胫骨长度	0.9	0.4
	29～56					0.75	0.35
	57～84					0.8	0.35
刘松柏等（2018）	1～30	母	天露黄	笼养	日增重、料重比	0.75	0.33
	31～60					0.65	0.26
	61～85					0.55	0.23
	86～105					0.45	0.18

农业行业标准《黄羽肉鸡营养需要量》（NY/T 3645—2020）中，快速型黄羽肉鸡钙、磷需要量依据快速型黄羽肉鸡（岭南黄鸡）钙需要量研究报告（蒋守群，2010；洪平，2012；洪平，2013）、快速型黄羽肉鸡非植酸磷需要量研究报告（蒋宗勇，2010；Jiang，2011），以及温氏集团快速型黄羽肉鸡钙、磷需要量研究报告（谭会泽，2010），重新计算钙、总磷、非植酸磷需要量及其相互比例，得到 1～21 日龄、22～42 日龄和 43～63 日龄快速型黄羽肉鸡钙需要量分别为 1.00%、0.92%、0.84%，非植酸磷需要量分别为 0.47%、0.41%、0.36%，钙与非植酸磷比分别为 2.18、2.28、2.32，相应的总

磷需要量分别为0.74%、0.67%、0.62%。中速型黄羽肉鸡钙、磷需要量依据温氏中速型黄羽肉鸡钙、磷需要量研究报告（刘松柏，2019），重新计算配方和钙需要量，得到1～30日龄、31～60日龄和61～90日龄阶段钙需要量分别为0.92%、0.76%、0.70%，非植酸磷需要量分别为0.41%、0.29%、0.26%，钙与非植酸磷比分别为2.24、2.62、2.80，相应总磷分别为0.67%、0.55%、0.49%。慢速型黄羽肉鸡钙、磷需要量依据慢速型黄羽肉鸡（广西黄鸡）钙、磷比例研究报告（陈芳，2010，未发表），重新计算钙、磷需要量，得到1～30日龄、31～60日龄、61～90日龄和91～120日龄各阶段的钙需要量分别为0.85%、0.72%、0.69%、0.64%，非植酸磷需要量分别为0.40%、0.26%、0.22%、0.175%，钙与非植酸磷比分别为2.13、2.77、3.14、3.76，相应总磷分别为0.65%、0.50%、0.46%、0.41%。《饲料添加剂安全使用规范》(2017)规定，肉禽饲料中钙的推荐添加量为0.60%～1.00%（轻质碳酸钙、氯化钙、乳酸钙），磷的推荐添加量为0.00%～0.45%（磷酸氢钙、磷酸二氢钙、磷酸三钙），没有最高限量值，但提示：摄取过多钙会导致钙、磷比例失调，并阻碍其他微量元素的吸收。

（二）黄羽肉鸡种用母鸡钙、磷需要量

种用母鸡饲粮钙、磷需要量计算依据见表8-2。

表8-2　种用母鸡饲粮钙、磷需要量计算依据

项目	种母鸡类型	周龄	MEn/(kcal/kg)	饲料量/(g/d)	钙/%	非植酸磷/%	总磷/%	钙、非植酸磷比例
洪平等（2013）	重型	49～56	2 663	125	3.0	0.45	0.74	6.67∶1
蒋守群（2015）	重型	39～46	2 663	122	3.3	0.45	0.74	7.30∶1
农业行业标准（NY/T 3645—2020）	重型	开产～40	2 650	128	3.33	0.45	0.74	7.33∶1
		40～66	2 650	120	3.33	0.45	0.74	7.33∶1
顾云飞（2010）	中型	27～32	2 616	100	3.4	0.41	0.65	8.29∶1
农业行业标准（NY/T 3645—2020）	中、轻型	开产～40		114	2.93	0.35	0.59	8.29∶1
		40～66		106	2.93	0.35	0.59	8.29∶1

重型种用母鸡产蛋期钙、磷需要量：洪平等（2013）在49～56周龄重型种用母鸡试验中发现，饲粮钙水平（基础饲粮非植酸磷0.45%，总磷0.69%，饲喂量125g/d）从2.75%提高到3.0%可提高产蛋率和每日产蛋重，料蛋比降低，不影响种蛋蛋壳质量和孵化率、出雏率；进一步提高钙水平反而降低产蛋率和每日产蛋重，尽管不影响种蛋质量和孵化率，但会降低血清钙、磷水平。蒋守群等（2015）在39～46周龄重型种用母鸡试验表明，饲粮非植酸磷水平（饲粮钙水平3.30%）从0.30%（总磷0.59%）提高到0.40%～0.45%（总磷0.63%～0.69%）可提高产蛋率、蛋壳质量，但不影响种蛋孵化率和出雏率等，当达到0.50%时反而会降低产蛋率。李龙等（2016）研究了不同钙、磷比例对40～50周龄重型种用母鸡生产性能的影响，结果表明钙、非植酸磷比例为8.25∶1可获得种鸡最佳产蛋性能和蛋壳质量。依据《黄羽肉鸡营养需要量》(NY/T 3645—2020)重型种用母鸡产蛋期钙磷需要量，重新计算试验得到的重型种用母鸡每日钙、非植酸磷和总

磷需要量，结果得到 39～56 周龄重型种用母鸡每日钙需要量 4g/d，非植酸磷 0.547g/d。而该标准计算开产到 40 周龄重型种用母鸡每日饲料饲喂量为 128g/d，而 40～66 周龄每日饲料饲喂量为 120g/d，于是计算得到重型种用母鸡产蛋期饲粮钙需要量为 3.33%，非植酸磷 0.45%，相应的总磷 0.74%，钙、非植酸磷比例为 7.3∶1。NRC（1994）推荐蛋鸡和种鸡产蛋期钙需要量均 3.25%，非植酸磷需要量均为 0.25%。FEDNA（2008）推荐蛋鸡产蛋高峰期、产蛋期后期钙需要量分别为 3.5%～3.8%，3.7%～4.1%，而有效磷需要量则分别为 0.36%～0.39%和 0.33%～0.36%。种鸡产蛋饲粮本底（没有额外添加钙磷）钙、总磷、非植酸磷分别为 0.08%～0.19%、0.31%～0.39%、0.08%～0.19%，植酸磷占总磷的 50%～75%。如饲粮中添加 80mg/kg 植酸酶（5 000U/g）可减少约 50%无机磷。

中型种用母鸡产蛋期钙、磷需要量：顾云飞等（2010）在中型种用母鸡钙、磷需要量试验发现，京海黄鸡产蛋期饲粮钙水平 3.38%，有效磷 0.43%（饲料饲喂量 100g/d）可获得最佳生产性能和蛋品质。《黄羽肉鸡营养需要量》（NY/T 3645—2020）中型种用母鸡产蛋期钙磷需要量依据顾云飞等（2010）中型种用母鸡钙磷需要量试验报告，重新计算每日钙、非植酸磷和总磷需要量分别为 3.40%、0.41%和 0.65%（表 8-2）。而该标准计算开产到 40 周龄、40～66 周龄中型种用母鸡每日饲料饲喂量分别为 114g/d 和 106g/d，于是计算得到中型种用母鸡产蛋期饲粮钙需要量 2.93%，非植酸磷 0.35%，相应的总磷 0.59%，钙、非植酸磷比例为 8.29∶1。

轻型种用母鸡钙、磷需要量的研究材料缺乏，《黄羽肉鸡营养需要量》（NY/T 3645—2020）轻型种用母鸡产蛋期钙磷需要量参考中型种用母鸡钙磷需要量，即轻型种用母鸡产蛋期饲粮钙需要量为 2.93%，非植酸磷 0.35%，相应的总磷 0.59%，钙、非植酸磷比例为 8.29∶1。

后备期种用母鸡钙、磷需要量缺乏试验报告。NRC（1994）推荐莱航型蛋鸡 0～6 周龄、6～12 周龄、12～18 周龄和 18 周龄到开产期钙需要量分别为 0.90%、0.80%、0.80%和 2.00%，而非植酸磷需要量分别为 0.40%、0.35%、0.30%和 0.32%。FEDNA（2008）推荐种鸡 0～6 周龄、7～16 周龄、17 周龄到开产期钙需要量分别为 0.95%～1.00%、0.90%～1.05%、2.15%～2.70%，而有效磷需要量分别为 0.45%、0.38%、0.38%。为此，我国《黄羽肉鸡营养需要量》（NY/T 3645—2020）中重型种用母鸡 0～6 周龄钙、总磷、非植酸磷需要量采用快速型黄羽肉鸡 1～21 日龄需要量，分别为 1.00%、0.74%、0.47%；7～20 周龄则直接采用快速型黄羽肉鸡 22～42 日龄需要量，分别为 0.92%、0.67%、0.41%；21 周龄到开产，钙需要量参考 FEDNA（2008）推荐的种鸡 18 周龄到开产阶段钙需要量 2.15%，而总磷、非植酸磷需要量仍然采用前阶段的需要量 0.67%，0.41%。中型种用母鸡 0～6 周龄钙、总磷、非植酸磷需要量采用中速型黄羽肉鸡 1～30 日龄需要量，分别为 0.92%、0.67%、0.41%；7～18 周龄则直接采用中速型黄羽肉鸡 31～60 日龄钙、总磷、非植酸磷需要量的平均值，分别为 0.76%、0.55%、0.29%；19 周龄到开产，钙需要量参考 FEDNA（2008）推荐的种鸡 18 周龄到开产阶段钙需要量 2.15%，而总磷和非植酸磷需要量仍然采用前阶段的需要量 0.55%和 0.29%。同样，轻型种用母鸡 0～6 周龄钙、总磷、非植酸磷需要量采用中速型黄羽肉鸡

1～30 日龄需要量，分别为 0.85%、0.65%、0.40%；7～18 周龄则直接采用中速型黄羽肉鸡 31～60 日龄钙、总磷、非植酸磷需要量的平均值，分别为 0.72%、0.50%、0.26%；19 周龄到开产，钙需要量参考 FEDNA（2008）推荐种鸡 18 周龄到开产阶段钙需要量 2.15%，而总磷和非植酸磷需要量仍然采用前阶段的需要量 0.50%和 0.26%。

《饲料添加剂安全使用规范》（2017）规定，蛋禽饲料中钙推荐添加量为 0.80%～4.00%，磷推荐添加量为 0%～0.40%，没有最高限量值，但提示：摄取过多钙会导致钙磷比例失调，并阻碍其他微量元素的吸收。

（三）钙、磷来源及生物学利用率

钙、磷来源种类较多。植物饲料钙含量很低，动物来源饲料钙含量较高，尤其鱼粉、肉骨粉含量很高。植物饲料中的磷主要存在于籽实中，以较难消化的植酸磷形式存在，而鱼粉、肉骨粉磷含量较高。《饲料添加剂安全使用规范》（2017）规定，在饲料中添加的钙磷来源包括轻质碳酸钙（钙 39.2%）、氯化钙（钙 33.5%）、乳酸钙（钙 17.7%）、磷酸氢钙（钙 20%、磷 16.5%）、磷酸二氢钙（钙 13%、磷 22%）、磷酸三钙（钙 30%、磷 18%）等矿物质饲料。不同来源和形式的磷其生物学利用率不同。常用饲料磷的生物学利用率见表 8－3。

表 8－3　常用饲料磷的生物学利用率

饲料	磷相对生物学利用率/%
玉米	20.00
玉米蛋白粉	36.36
皮大麦	30.30
小麦	50.00
次粉	44.44
麦麸	20.20
高粱	25.00
稻谷	41.67
米糠	13.99
豆粕	25.81
棉籽粕	25.00
菜籽粕	25.44
花生粕	30.36
苜蓿草粉	100.00
鱼粉	100.00
脱脂骨粉	85.04
磷酸氢钙（2 水）	97.50
磷酸氢钙（无水）	97.50
磷酸二氢钙	100.00
磷酸氢二钠	100.00
磷酸二氢钠	100.00

数据来源：《黄羽肉鸡营养需要》（NY/T 3645—2020）

目前动物对磷源的吸收利用率，矿物磷源＞动物磷源＞植物磷源，但随着矿物磷源的不断细化发展，现阶段矿物磷源从单一的磷酸氢钙扩展到磷酸二氢钙、磷酸三钙等，其中磷酸一二钙为磷酸二氢钙和磷酸氢钙的共晶结合体，相较传统的磷酸氢钙有更高的水溶磷占比和更低的 pH。已有研究表明动物对不同矿物磷源利用率有差异（敖翔，2018）。何姝颖等（2018）以体增重为指标，研究得出磷酸氢钙（DCP）与磷酸三钙（TCP）相对磷酸一二钙（MDCP）的生物学利用率分别为 78%和 85%。万敏艳等（2018）综合考虑体增重、胫骨指标和血清生化指标，研究得出 MDCP 相对于 DCP 的生物学利用率为 112.50%。伍爱民等（2010）以体重和体增重为评价指标，得出 MDCP 相对 DCP 的生物学利用率分别为 113.20%和 113.80%；以胫骨强度、胫骨灰分、胫骨钙磷含量为评价指标，MDCP 相对 DCP 的生物学利用率分别为 108.50%、108.90%、110.40% 和 109.70%；以血清磷和碱性磷酸酶为评价指标，MDCP 相对 DCP 的生物学利用率分别为 126.20%和 108.90%，综合各指标得出 MDCP 相对于 DCP 的平均生物学利用率为 111.50%。屠焰等（2000）研究得出，磷酸二氢钙、骨粉和脱氟磷酸钙相对磷酸氢钙的生物学利用率分别为 101.90～139%、75.70～106.70%和 69.90～89.10%。

钙源饲料（如石粉）颗粒大小影响蛋壳质量。有研究发现，饲料中石粉颗粒 6～8 目（2.5～3.2mm）占 75%，10～12 目（1.7～2.0mm）占 12.5%，50 目（0.3mm）占 12.5%可获得蛋鸡最佳生产性能和蛋壳质量（王晓霞，1999）。

（四）植酸磷的利用

植酸磷是一个含有 6 个磷酸基团的环状化合物，在大多数油料籽实和豆科植物中占干物质的 1%～5%，不仅与植物中 40%～70%的多数磷结合，还可与其他二价和三价金属元素如钙、镁、锌、铁等螯合，形成难溶的化合物，影响矿物元素的有效性；植酸磷还可与粗蛋白质和氨基酸结合，在肠道难于被吸收，影响营养物质的利用率。因此，通常将其列为抗营养因子（贺建华，2005）。由于饲料成分、维生素 D 水平、鸡品种、日龄差异以及磷利用率和消化率的评估标准不同，黄羽肉鸡对植酸磷利用率的报道结果也不一致（丁保安，1999）。

植酸酶即肌醇六磷酸水解酶，属于正磷酸单酯磷酸水解酶，是催化植酸及其盐类水解成为肌醇和磷酸（盐）的一类酶的总称。植酸酶来源广泛，普遍存在于植物、真菌、酵母和细菌中，目前主要是采用微生物法生产微生物植酸酶。植酸酶的主要作用是降解植酸，解除植酸的抗营养作用，释放有机磷，增加动物体对植物饲料中磷的吸收利用率，从而减少无机磷的添加，节约磷资源（李江长，2013）。反刍动物瘤胃微生物可分泌植酸酶，降解植酸。在黄羽肉鸡饲粮中添加植酸酶，以提高饲料中植酸磷消化吸收，减少了无机磷的添加及其对环境的磷排放。黄羽肉鸡体内植酸磷和植酸盐的水解主要发生在前胃（嗉囊、腺胃、肌胃），其 pH 有益于植酸酶活性的发挥，底物植酸盐更易溶于水（杨敏，2018）。范秋丽等（2019a、2019b、2019c）在岭南黄鸡上的研究表明，当饲粮非植酸磷水平降低 1/3 和 2/3，同时分别添加 2 000FTU/kg 和 4 000FTU/kg 耐热植酸酶时，1～21 日龄肉鸡日增重、日采食量、胫骨折断力、胫骨脱水脱脂重、胫骨灰分和磷含量均显著升高；1～42 日龄肉鸡日增重、日采食量、胫骨密度、胫骨脱水脱脂重和钙代谢率均显著升高，同时，排泄物中钙、磷含量均显著降低；1～63 日龄肉鸡日增重和胫骨磷含量均显著升高，以上试验结果表明，4 000FTU/kg 植酸酶组效果均优于 2 000FTU/kg 植酸酶组，因此，推荐 1～63 日龄快速型岭南黄鸡各生长阶段基础饲粮中可添加 4 000FTU/kg 耐热植酸酶分别代替 0.30、0.26 和 0.20 个百分点的有效磷获得最佳生长性能和胫骨发育。Jiang 等(2011) 在 1～21 日龄岭南黄鸡上的研究表明，饲粮添加 250U/kg、500U/kg、750U/kg 基因工程酵母菌植酸酶和 500U/kg 巴斯夫植酸酶均可提高肉鸡日增重、胫骨脱脂干重、胫骨干骨中钙、磷含量和胫骨灰分含量，降低料重比，基因工程酵母菌植酸酶的磷当量为 874U/kg，可释放 0.10%植酸磷，推荐此生长阶段肉鸡基础饲粮中分别添加 3 059U/kg 和 3 496U/kg 基因工程酵母菌植酸酶替代 0.32%有效磷获得最大日增重和最佳胫骨发育指标。同时，蒋宗勇等（2009、2010）在 22～42 日龄和 43～63 日龄岭南黄鸡上的研究表明，饲粮添加 200U/kg、400U/kg、600U/kg 基因工程酵母菌植酸酶和 400U/kg 巴斯夫植酸酶可提高日增重、日采食量、胫骨脱脂干重、胫骨干骨中钙、磷和灰分含量以及灰分中磷含量，基因工程酵母菌植酸酶的磷当量分别为 685U/kg 和 309U/kg。推荐 22～42 日龄和 43～63 日龄肉鸡基础饲粮中分别添加 2 192U/kg 和 803.4～896.1U/kg 基因工程酵母菌植酸酶替代 0.32%和 0.26～0.29%有效磷获得最佳生长性能和骨骼发育。

第二节　钠、氯、钾及电解质平衡

一、钠、氯、钾的生理功能及缺乏症

（一）钠、氯、钾的生理功能

Na^+、Cl^-、K^+ 在黄羽肉鸡体内主要分布于细胞内液、细胞外液和骨组织中，其浓度受内分泌的严格控制，几乎不在体内沉积。细胞内液和细胞外液在离子组成上有很大的区别，细胞外液中约 90%以上的阳离子为 Na^+，75%的阴离子为 Cl^-；细胞内液中的阳离子主要是 K^+，约占 75%，而 Na^+ 仅占 5%，磷酸盐是主要的阴离子，Cl^- 少部分可存在于红细胞、肾小管细胞、胃肠黏膜细胞、性腺和皮肤等细胞内液中（黄春红，2006；于炎湖，2004）。钠、氯、钾在黄羽肉鸡体内主要的生理功能是参与调节渗透压平衡和酸碱平衡，维持膜电位稳定。

（二）钠、氯、钾缺乏症

饲粮中适量的氯化钠可提高适口性，但当钠或者氯缺乏时，饲料利用率降低，导致生长缓慢、骨松软，易诱发胫骨软骨病、角膜角质化以及肾上腺肥大。相反，钠或者氯过量时则导致鸡中毒，丧失站立能力，口渴，头颈弯曲，挣扎，解剖可见腹水、皮下水肿、胸腔积水以及心室肥大（姜金庆，2006）。钾缺乏时黄羽肉鸡双腿无力，消化道、心脏、肺等活力减弱，严重时抽搐、衰竭以及抗应激能力减弱。钾过剩时钠大量排出（屈国杰，2014）。不同钠、氯水平组垫料对比见彩图 15，由图可知，钠、氯缺乏组垫料相对较干，说明鸡饮水减少。

二、钠、氯、钾吸收代谢及电解质平衡

（一）机体对电解质平衡的调节

细胞内液、外液和骨组织 3 个部位的维持与合并，是维持机体电解质平衡以及物质转

运的重要因素。在半渗透膜内，不考虑所带电荷，细胞内渗透压仅仅为分子浓度，分子通过半渗透细胞膜的简单扩散，维持着细胞内液和外液的离子平衡；通过存在于细胞膜上的主动运输维持浓度梯度以及不同部位的离子分布。此外，机体还可通过内分泌系统如抗利尿激素系统、血管紧张素系统和醛固酮系统等调节电解质平衡（杨亮，2008）。

正常情况下，钠主要通过主动转运在小肠被吸收，氯主要通过跨细胞途径和旁细胞途径被小肠前段吸收，两者的吸收紧密相关。中性 NaCl 的吸收是钠离子、氯离子吸收的最重要途径，其主要机制为钠离子和氯离子以 1∶1 的比例从肠道转运到组织液或血液中，包括 Na^+-H^- 交换和 $Cl^--HCO_3^-$ 交换。钠、氯经肾小球过滤后，再经远曲小管时大部分被重吸收，两者重吸收紧密相伴。但在肾髓袢升支粗段，钠、氯、钾则以 1∶2∶1 的比例协同转运，且钠离子、氯离子进入细胞后的去向不同，钠被管周膜上的钠泵驱入组织间隙，氯则顺着浓度差相继扩散进组织间隙，多余部分则由肾排出体外，从肾排出的钠和氯大部分以氯化钠形式存在（于欢，2016）。当钠不足时，尿中排出的氯化钠会相应减少，相反，当体内钠升高时，肾排出的氯化钠会随之增多。

热应激情况下，肾碳酸盐重吸收使得尿酸产物减少，导致血液中 Na^+、Cl^- 和 K^+ 水平受到影响：慢性应激时，由于 K^+ 的排出使得血钾水平下降，急性应激时，细胞内 K^+ 增加，血钾随之升高，导致代谢性酸中毒。环境变热的同时，K^+ 的排泄也受到激素类（醛固酮、抗利尿激素和去氧皮质酮）、酸碱平衡和阳离子平衡等因素的影响。此外，尿中 K^+ 的排出速率和血液中 Na^+ 浓度以及钠的水合状态相关，由于渗透压梯度允许水携带 K^+ 从细胞内转移到尿中，因而在热应激情况下增加饮水量也可能导致 K^+ 的损失（Borges，2011）。

（二）电解质平衡对黄羽肉鸡的影响

通过阴阳离子和导电的化合物可推算出黄羽肉鸡体内的电解质平衡值（DEB 值）。从理论上讲，电解质平衡时，阳离子的 $\sum {}_{m}E_{q}$ ＝阴离子的 $\sum {}_{m}E_{q}$，将此公式简化为DEB＝$(Na^+ + K^+ - Cl^-)_{m}E_{q}$。在实际情况下，一般不考虑 Ca^{2+}、Mg^{2+}、S^{2-}、和 P^{5+} 等离子，并以${}_{m}E_{q}$/kg 表示其饲粮电解质平衡值。这几种元素在既不缺乏也不过量的情况下，评估电解质平衡的作用是非常有用的（高广建，2007）。在黄羽肉鸡营养需要标准（NY/T 3645—2020）附表中，列出每种饲料原料电解质平衡值。Na^+ 和 K^+ 在电解质平衡中起着主导作用，在细胞膜上 Na－K－三磷酸腺苷酶（Na－K－ATP）是主要的主动运输复合物之一，能将 Na^+ 从细胞内转运至细胞外，以交换 K^+，所耗能量占基础代谢总能量的 30％～40％（唐湘方，2004）。

黄钦华（2004）在 11～98 日龄银香麻鸡、姜金庆（2006）在 11～79 日龄三黄肉鸡以及陈国焰（2000）在 14～42 日龄黄羽肉鸡上的研究均表明，当电解质平衡值过低（50mmol/kg）时，或者电解质平衡值过高（400mmol/kg）时，不仅对日增重、血清总蛋白和尿酸浓度、血浆中蛋氨酸、赖氨酸、精氨酸以及各种游离氨基酸含量造成负面影响，还可诱发代谢性相关疾病如胫骨软骨发育不良症（TD）。因此，适宜的饲粮电解质平衡值不仅有利于维持体液渗透压，调节酸碱平衡，控制水的代谢，确保营养素的代谢环境，还可促进肉鸡的生长。对于日增重而言，11～98 日龄银香麻鸡适宜的饲粮 DEB 值为 200mmol/kg。11～49 日龄和 50～79 日龄三黄肉鸡最佳日增重时 DEB 值分别为

200mmol/kg 和 250mmol/kg，此时赖氨酸和精氨酸的平衡程度最佳，血清总蛋白浓度升高，尿酸含量降低。14～42 日龄黄羽肉鸡饲粮的 DEB 值为 250mmol/kg 时增重最快。

（三）电解质平衡对机体酸碱平衡的影响

黄羽肉鸡的代谢活动必须在适宜酸碱度的体液内环境中进行。体液酸碱度的相对稳定是维持内环境稳定的重要因素之一，在正常情况下，尽管机体经常摄取一些酸性或碱性食物，在代谢过程中不断生成酸性或碱性物质，但体液的酸碱度依靠体内缓冲体系（电解质）和调节功能维持稳定。当钠、氯浓度发生改变时，细胞内液、外液的渗透压也要随之发生改变，同时机体内水分的分布改变，从而导致酸碱平衡失调。酸碱平衡影响代谢的正常运行，进而影响到正常生理机能和生产性能。当进入血液的酸或碱过多，超过机体的调节能力时，就会发生酸中毒或碱中毒，同时，骨骼的钙化也受体液酸碱平衡的影响，维持血液 pH 稳定的过程称为“酸碱平衡”（于欢，2016）。

pH 的相对稳定是靠体内各种缓冲系统，主要为碳酸-碳酸盐缓冲体系和非碳酸盐缓冲体系（包括血浆蛋白缓冲对、磷酸盐缓冲对、氧合血红蛋白缓冲对和血红蛋白缓冲对以及肺和肾的调节实现的）（郑世峰，2004）。机体呼吸系统和肾对维持长期 H^+ 浓度稳定起到重要作用。机体代谢过程中产酸最多的酸性物质是碳酸，其主要为糖、脂肪和蛋白质在分解代谢中氧化的最终产物 CO_2 与水结合生成。碳酸分解并释放 H^+，可通过肺排出 CO_2 以调节酸产量。而蛋白质分解代谢产生的硫酸、磷酸和尿酸，糖酵解生成的甘油酸、丙酮酸、乳酸、β-羟丁酸和乙酰乙酸等均不能变成气体由肺呼出，而只能通过肾由尿排出。体内代谢过程中也可产生碱性物质，如氨基酸脱氨基所产生的氨等，但机体碱生成量与酸相比则少得多。此外，机体大量组织细胞内液也是酸碱平衡的缓冲池。

以上各调节因素共同作用以维持体内酸碱平衡，但是在作用时间上和作用强度上是有差别的。血液缓冲系统反应迅速，但缓冲作用不能持久；肺的调节效能最大，缓冲作用于 30min 时达到最高峰；细胞的缓冲能力虽较强，但 3～4h 后才发挥作用；肾的调节作用更慢，常在数小时后起作用，3～5h 才达到高峰，对排出非挥发酸及保留碳酸氢钠有重要作用（鲍庆晗，2007）。

三、钠、氯、钾需要量及其来源

（一）钠、氯、钾需要量

黄羽肉鸡常用玉米-豆粕型饲粮钠、氯、钾含量分别为 0.01%～0.04%、0.04%～0.06%、0.50%～0.90%，钠、氯需要额外添加，钾无须额外添加。美国 NRC（1994）推荐肉仔鸡 1～21 日龄、22～42 日龄和 43～56 日龄各阶段钠、氯需要量分别为 0.20%、0.15%和 0.12%，钾均为 0.30%。西班牙 FEDNA（2008）推荐快速型肉仔鸡 0～15 日龄、16～37 日龄和 38～44 日龄钠需要量分别为 0.17%～0.20%、0.16%～0.18%和 0.14%～0.16%，氯需要量分别为 0.17%～0.27%、0.17%～0.28%、0.15%～0.30%，钾需要量分别为 0.50%～1.10%、0.46%～1.05%、0.40%～1.00%，氯化钠最低用量为 0.30%、0.25%和 0.23%；中速型肉仔鸡 0～18 日龄、19～33 日龄、33～46 日龄和 46 以上日龄钠需要量分别为 0.17%～0.19%、0.16%～0.19%、0.15%～0.18%和 0.14%～0.17%，氯需要量分别为 0.16%～0.22%、0.15%～0.24%、0.15%～0.26%

和 0.14%～0.28%，钾需要量分别为 0.65%～1.10%、0.63%～1.10%、0.62%～1.05%和 0.60%～1.05%，氯化钠最低用量分别为 0.35%、0.28%、0.24%和 0.21%；乡村慢速型肉仔鸡 0～28 日龄、29～52 日龄、53～76 日龄和 77 以上日龄钠需要量分别为 0.17%～0.19%、0.16%～0.19%、0.15%～0.18%和 0.14%～0.17%，氯需要量分别为 0.16%～0.22%、0.15%～0.25%、0.15%～0.26%和 0.14%～0.28%，钾需要量分别为 0.65%～1.15%、0.63%～1.15%、0.62%～1.10%和 0.60%～1.00%，氯化钠最低用量为 0.35%、0.30%、0.26%和 0.22%。

黄羽肉鸡钠、氯需要量：徐希兰（2019）在 1～21 日龄黄羽肉公鸡上的研究表明，当饲粮钠元素水平达到 0.48%时，易引起黄羽肉鸡死亡；当饲粮钠、氯水平处于 0.30%左右，黄鸡的排泄物以及排泄物中水分含量均处于最大状态；当钠、氯水平控制在 0.20%时，可全面改善平均日增重和日采食量等生长性能指标。于欢等（2017）在 1～21 日龄快速型岭南黄肉公鸡上的研究表明，饲粮 0.10%～0.40%的钠、氯可显著提高肉鸡平均日增重、平均日采食量、平均日饮水量、排泄物含水率和血清渗透压，显著降低料重比、死亡率，以及血清尿酸、葡萄糖、总胆固醇、甘油三酯含量；0.20%和 0.40%水平可降低十二指肠钠/氢交换载体 2（*NHE*2）mRNA 表达量和 Na^{+}-K^{+}-ATP 酶活性，0.20%水平可升高回肠钠-葡萄糖共转运载体 1（*SGLT*1）mRNA 表达量，且平均日增重随饲粮钠、氯水平的提高呈二次折线升高，排泄物含水率随饲粮钠、氯水平的提高呈先升高后降低的二次曲线变化。Jiang 等（2019）在 22～42 日龄快速型岭南黄肉公鸡上的研究表明，饲粮 0.10%～0.40%的钠、氯可显著提高肉鸡平均日增重、血清钠、氯含量和渗透压，减少血清钾、葡萄糖、甘油三酯含量和十二指肠 *NHE*2 mRNA 表达量，且平均日增重随饲粮钠、氯水平的提高呈二次折线关系。于欢等（2016）在 43～63 日龄快速型岭南黄肉公鸡上的研究表明，饲粮 0.10%～0.40%的钠、氯可显著提高平均日增重和平均日饮水量，且平均日增重随钠、氯水平的提高呈二次折线升高，血清渗透压和钠、氯含量随饲粮钠、氯水平的升高而升高，但钾的含量则呈相反趋势，0.10%钠、氯水平显著升高腿肌率和宰后 72h 胸肌 pH。

快速型黄羽肉鸡饲粮钠、氯需要量研究结果见表 8-4。

表 8-4　快速型黄羽肉鸡饲粮钠、氯需要量研究结果

项目	阶段/日龄	性别	品种	饲养模式	敏感指标	钠、氯需要量推荐水平/%
徐希兰（2019）	1～21	公	/	地面平养	日增重、死亡率、日均饮水量	0.20
于欢等（2017）	1～21	公	岭南黄	地面平养	日增重	0.14
Jiang 等（2019）	22～42	公	岭南黄	地面平养	日增重	0.10
于欢等（2016）	43～63	公	岭南黄	地面平养	日增重	0.09

《黄羽肉鸡营养需要量》（NY/T 3645—2020）中，黄羽肉鸡钠、氯需要量参考于欢等（2017）快速型黄羽肉鸡钠和氯需要量研究报告，重新计算其试验结果，推荐 1～21 日龄、22～42 日龄、43～63 日龄各阶段钠需要量分别为 0.22%、0.12%、0.13%，氯需要

量分别为0.22%、0.11%、0.11%，相应的钾水平分别为0.86%、0.79%、0.54%。考虑到饲粮钠、氯水平除了影响生产性能外，低盐易引起鸡相互啄毛，而高盐引起鸡舍垫料太湿，推荐快速型黄羽肉鸡1～22日龄、22～42日龄、43～63日龄三个阶段钠、氯需要量分别为0.22%、0.16%、0.14%，钾需要量分别为0.50%、0.46%、0.40%。关于中速型和慢速型黄羽肉鸡钠、氯、钾需要量未见研究报告，参考上述快速型黄羽肉鸡钠、氯、钾含量数据，推荐中速型和慢速型黄羽肉鸡1～30日龄、31～60日龄和61～90日龄钠、氯需要量分别为0.22%、0.16%和0.14%，钾需要量分别为0.50%、0.46%和0.40%，而慢速型黄羽肉鸡91～120日龄钠、氯需要量为0.14%，钾需要量为0.40%。关于黄羽肉鸡种母鸡的钠、氯、钾需要量研究未见报告。美国NRC（1994）推荐蛋鸡后备期0～6周龄、6～12周龄、12～18周龄、18周龄到开产期、产蛋期氯需要量分别为0.15%、0.12%、0.12%、0.15%、0.13%，钾需要量分别为0.25%、0.25%、0.25%、0.25%、0.15%，钠需要量均为0.15%。西班牙FEDNA（2008）建议种母鸡0～5周龄、5～10周龄、10～17周龄、开产期、产蛋期钠需要量分别为0.17%、0.15%、0.15%、0.16%、0.16%，氯需要量分别为0.15%～0.26%、0.15%～0.28%、0.15%～0.29%、0.15%～0.27%、0.15%～0.26%，钾需要量分别为0.50%～1.10%、0.50%～1.10%、0.48%～1.10%、0.50%～1.10%、0.50%～1.00%。参考上述标准及黄羽肉鸡商品代钠、氯、钾需要量研究结果，《黄羽肉鸡营养需要》（NY/T 3645—2020）推荐，种用母鸡后备期0～6周龄、7～20周龄、20周龄到开产期、产蛋期钾需要量分别为0.48%、0.45%、0.45%、0.50%，各阶段钠、氯需要量均为0.15%。

《饲料添加剂安全使用规范》（2017）规定，家禽配合饲料中钠最高限量为1.00%（氯化钠）或0.50%（硫酸钠），推荐肉鸡钠添加量为0.25%～0.40%（氯化钠）、0.10%～0.30%（硫酸钠）、0.00%～1.50%（磷酸二氢钠）、0.60%～1.50%（磷酸氢二钠）。

（二）钠、氯、钾来源

《饲料添加剂安全使用规范》（2017）规定，目前在饲料中添加的钠主要来源为氯化钠（钠35.7%、氯55.2%）、硫酸钠（钠32%、硫22.3%）、磷酸二氢钠（钠18.7%、磷25.3%）和磷酸氢二钠（钠31.7%、磷21.3%）等。没有发现不同来源的元素吸收利用率有差异。常用饲粮中一般不必添加钾。

第三节　镁

一、镁的生理功能及缺乏症

（一）镁的生理功能

正常黄羽肉鸡体内镁的总含量为28～40mg/kg，其中60%～70%的镁存在于骨骼中（2/3在骨骼中结合成矿物质网格，1/3存在于骨液中为“镁池”，是维持正常血镁浓度的仓库），其余则分布在肝、骨骼肌以及心肌等组织中（陈佳，2009）。镁在黄羽肉鸡体内主要以Mg^{2+}形式存在，不仅是酶的辅助因子，还可参与调节渗透压平衡、酸碱平衡和维持膜电位稳定（姜海龙，2015）。Mg^{2+}主要与磷酸根（PO_4^{3-}）和碳酸根（CO_3^{2-}）等阴离子形成相对稳定的复合物，有助于生物磷酸化反应。镁的生理功能主要有以下5种：①参与细胞新陈代谢过程中众多酶系的活化。镁可以与 ATP 等形成复合物而激活包括细胞膜 Na^{+}-K^{+}-ATP 在内约 350 种酶，此外，Mg^{2+} 又是以磷酸硫胺作为辅助因子的酶所必需的离子。②参与能量代谢。镁与 ATP 在线粒体内形成复合物，参与正常的线粒体收缩以及电子传递系统，促进能量代谢的氧化磷酸化过程。③参与蛋白质合成。当细胞内 Mg^{2+} 浓度达到一定阈值时，细胞内的核糖体才能形成具有活性的多聚体结构，此时，核糖体内才可发生蛋白质的合成。④促进骨骼生长。镁可促进骨细胞的黏附和增殖，在细胞分化和血管组织钙化过程中发挥着重要的作用。⑤镁能抑制神经-肌肉接头处的兴奋传递，所以具有维持心肌、神经、肌肉正常功能的特殊作用。

（二）镁缺乏症

镁缺乏时黄羽肉鸡生长缓慢并昏迷，发生痉挛、惊厥、气喘，最后死亡，此现象随着钙含量的增加而加重，导致骨质疏松。相反，镁过剩则会导致生长受阻、腹泻，一般情况下黄羽肉鸡饲粮中镁不缺乏，但应注意勿使钙、镁比例失调。

二、镁的吸收、代谢及其影响因素

（一）镁的吸收

镁的吸收主要在回肠，结肠和胃亦可吸收镁。镁的吸收主要通过肠上皮细胞被动扩散、迟缓溶解和主动转运。肠内镁转运的主要调节因子目前尚不清楚，但研究发现，甲状旁腺激素（PTH）、维生素 D 及其代谢产物 25-(OH)-D_3 可促进镁的吸收。

（二）镁的代谢

镁的排泄主要通过肠道和肾，60%～70%的镁从粪便排出，而血浆中的镁可扩散透过肾小球滤出，大部分可被肾小管重吸收，只有 2%～10%的镁随尿排出。

（三）影响镁吸收的因素

由于钙、镁的化学结构相似，在一定范围内，肠道对镁的吸收和代谢随维生素 D 含量的增加而增加。然而，目前还没有可信服的数据表明当钙、镁吸收存在互作时，肠道更适于在高水平还是低水平吸收镁。此外，饲料中过多的磷酸、草酸和游离脂肪酸均可与镁结合形成不溶性的复合物从而降低镁的吸收。

三、镁需要量、来源及其生物学利用率

（一）镁需要量

黄羽肉鸡常用饲粮镁含量为 0.12%～0.18%。美国 NRC（1994）推荐肉仔鸡 1～21 日龄、22～42 日龄和 43～56 日龄各阶段镁需要量均为 0.06%。蛋鸡后备期 0～6 周龄、7～12 周龄、13～18 周龄、19 周龄到开产期、产蛋期镁需要量分别为 0.05%、0.04%、0.04%、0.04%、0.05%。西班牙 FEDNA（2008）没有推荐肉仔鸡、蛋鸡各阶段镁需要量。我国《黄羽肉鸡营养需要量》（NY/T 3645—2020）推荐不同品种和不同生长阶段黄羽肉鸡镁需要量均推荐为 0.06%；种母鸡后备期 0～6 周龄、7～20 周龄、21 周龄到开产期、产蛋期镁需要量分别为 0.06%、0.04%、0.04%、0.05%。《饲料添加剂安全使用规范》（2017）规定，家禽配合料或全混合日粮中镁最高限量为 0.30%（氯化镁、硫酸镁），推荐添加量为 0%～0.06%（氯化镁、硫酸镁）。

（二）镁来源及生物学利用率

《饲料添加剂安全使用规范》（2017）规定，饲料中添加的镁来源主要为氯化镁（镁 11.6％、氯 34.3％）、一水硫酸镁（镁 16.5％）、七水硫酸镁（镁 9.7％），大量使用会致泻。不同镁源在黄羽肉鸡上的应用效果亦有不同：李亮等（2005）研究表明，0.05％～0.20％的乙酸镁（含量不明）可提高黄羽肉鸡热应激状态下肌肉的抗氧化功能和肉品质，且随着镁添加剂量的增加效果更好。崔新枝等（2009）研究表明，相同剂量下（2 000mg/kg），相比氯化镁和硫酸镁，天门冬氨酸镁（含镁 12％）可显著提高黄鸡血清中 T－SOD、GSH－Px 酶活性和 T－AOC 值以及 IgA、IgG、IgM 含量，提高脾指数。张罕星等（2008）研究表明，黄羽肉鸡宰前（50～63 日龄）分别饲喂 1％和 2％的天冬氨酸镁（含镁 10％）对平均日增重和料重比无显著影响，2％的天冬氨酸镁显著降低采食量；1％和 2％的天冬氨酸镁显著提高了运输应激条件下肌肉 45min pH。

研究不同镁源生物学利用率，揭示有机镁相对于无机镁的组织代谢机理具有重要的意义。氧化镁是最常用的无机镁源，具有成本低、镁元素含量高等优点，但其溶解性差、利用率低，因此人们将目光转移至有机镁。近年来，对不同镁源在抗应激、改善肉品质、增强机体抗氧化能力等方面的研究结果不一致。刘永祥等（2008）以血清镁含量、肝 CAT 酶活性和 MDA 含量为衡量指标，研究得出天门冬氨酸镁相对氧化镁的生物学利用率分别为 155％、283％和 150％，天门冬氨酸螯合镁相对氧化镁的生物学利用率分别为 203％、242％和 133％。

第四节　硫

一、硫的生理功能及缺乏症

（一）硫的生理功能

硫是黄羽肉鸡生长所必需的常量元素之一，是体内多种物质的构成成分。硫元素在黄羽肉鸡体内含量约为 0.15％，大部分以硫酸盐或硫酸脂的形式存在于羽毛、骨骼、肌肉和皮肤中，其中包括软骨素、牛磺胆酸、肝素和硫酸盐，硫在体内各组织和器官中的浓度排列顺序如下：羽毛＞软骨＞肝＞骨＞肌肉＞皮肤＞肺＞脑＞血液（张桂国，2003）。硫的生理功能主要是通过体内含硫有机物来实现，如含硫氨基酸合成体蛋白、爪、软骨、羽毛、激素、酶、抗体等，其生理功能主要有以下 5 种：①硫在蛋白质结构和酶活性中心起着重要的作用，硫以巯基形式存在于半胱氨酸中，以二巯基形式存在于胱氨酸中，起着脱氧、氢转运作用和某些酶（脱氢酶和脂化酶）的激活作用。②硫作为黏多糖等的组成成分，参与结缔组织基质的构成；作为硫胺素的成分，参与糖类的代谢；作为辅酶 A 的成分，参与体内蛋白质、脂肪、能量的代谢；作为生物素的成分，参与脂类代谢；作为牛磺酸的成分，参与机体心血管功能等。硫几乎参与所有机体代谢过程。③硫是血液抗凝所必需的肝素的必要组成成分，肝的生理解毒功能也需要硫的参与。④以硫酸根（SO_4^{2-}）形式存在的硫离子在许多代谢产物从尿液中排出前的脱毒功能中有着重要的作用。⑤硫可改善饲料中氮及其他物质的吸收利用，促进黄羽肉鸡肝内蛋白质和核糖核酸的合成与氧化还原过程，使组织器官中的巯基和谷胱甘肽含量增加，刺激体内代谢过程，提高生产性能（冯轩彪，2009）。

（二）硫缺乏症

黄羽肉鸡体内硫缺乏时，主要表现为脱毛，鸡群处于惊恐状态，多寻找安静处躲藏，部分鸡啄食其他鸡的羽毛，被啄鸡的背部、尾尖或翅膀两侧的皮肤被扯破而出血，或者从颈部开始脱毛，头部、翅尖有极少羽毛，严重时啄癖进一步发展为啄肛、啄趾等（孙雪清，2009）。在密度较大的笼养或者平养生产中，鸡常常因其饲粮中缺乏含硫的蛋氨酸而出现啄羽和啄肛等现象。

二、硫的吸收、代谢

（一）硫的吸收

黄羽肉鸡对含硫物质的吸收主要在空肠和回肠完成，游离氨基酸、硫化物、硫胺素、吡哆醇和生物素不分解就能被吸收，而蛋白质中的含硫氨基酸要分解后才能被吸收。无机硫酸盐主要在回肠以易化扩散的方式被吸收。氨基酸硫的吸收和同化是由动物饲料中蛋白质和能量水平决定的，并且在主动转运机制的帮助下完成。由饲料摄入的硫酸盐和亚硫酸盐的硫通过简单扩散被吸收（张桂国，2003）。

（二）硫的代谢

硫代谢的主要产物（包括游离的活脂化硫酸盐、牛磺酸、硫代硫酸盐等）主要随尿排出（张桂国，2003）。

三、硫需要量及其来源

（一）硫需要量

黄羽肉鸡常用饲粮本底中硫含量为0.04％～0.35％，蛋氨酸中硫含量为21.50％，半胱氨酸中硫含量为26.40％，植物性饲料含硫氨基酸和无机硫化合物远远不能满足鸡的机体需要，需要额外添加含硫氨基酸以满足生长需要。目前，黄羽肉鸡对硫需要量主要体现在对含硫氨基酸蛋氨酸以及蛋氨酸加半胱氨酸的需要量方面。美国 NRC（1994）和西班牙 FEDNA（2008）没有推荐肉仔鸡各阶段硫营养需要量。我国《饲料添加剂安全使用规范》（2017）规定，鸡配合料或全混合日粮中硫最高限量为0.50％（硫酸钠），推荐添加量为0.10％～0.30％（硫酸钠）；鸡配合料或全混合日粮中 *DL*-蛋氨酸的最高限量为0.90％，推荐添加量为0～0.20％。

（二）硫来源

硫需要量主要是通过含硫氨基酸需要量体现。饲料蛋白质中存在含硫氨基酸，但往往不能满足黄羽肉鸡需要，一般需要额外添加蛋氨酸。饲料不单独添加无机硫，因为无机硫几乎不被动物所利用。

第五节　铁

一、铁的生理功能及缺乏症

（一）铁的生理功能

铁是黄羽肉鸡体内所必需的微量元素，成年鸡阶段鲜样组织中平均含铁50～60mg/kg，占其灰分总量的0.14%～0.17%。铁在黄羽肉鸡体内主要以化合物状态的血红蛋白铁和非血红蛋白铁存在，血红蛋白铁占70%～75%，由卟啉环和二价铁构成，每100g血液中铁含量高达40mg以上，组成机体血红蛋白、肌红蛋白、过氧化氢酶和细胞色素类氧化酶；非血红蛋白铁占20%～25%，主要以铁蛋白、血铁黄素（或称血铁黄蛋白）和转运形式的转铁蛋白形态存在于各种组织中。铁在黄羽肉鸡内脏中的含量由多到少排序依次为肝、脾、肺和心脏（朱媛媛，2010；田云奎，2004；赵文鹏，2019；张兆琴，2004）。铁在黄羽肉鸡代谢过程中起着极其重要的作用。铁的生理功能主要有以下5种：

1. 载体和酶的组成成分 铁直接参与细胞色素氧化酶、过氧化物酶及其辅酶的合成，二价或三价铁离子是激活乙酰辅酶A、琥珀酸脱氢酶、黄嘌呤氧化酶、细胞色素还原酶等糖类代谢酶不可或缺的活化因子。

2. 氧气运输和储存 铁通过血红蛋白参与机体内氧气和二氧化碳运输，并通过肌红蛋白起固定和储存氧的作用。

3. DNA合成及蛋白质代谢 缺铁时肝细胞中DNA的合成会因缺磷而受到抑制，肝细胞和其他组织细胞中的线粒体和微粒体异常，细胞色素c含量下降，从而影响蛋白质的合成（罗小军，2006；李清晓，2004）。

4. 调节免疫功能 缺铁后与杀菌有关的含铁酶、依赖酶以及胸腺、脾的腺苷胱氨酶活性明显降低，导致淋巴细胞的DNA合成和细胞数量受到抑制，体内抗体的产生以及白细胞杀菌功能减退，致使机体易受感染和免疫器官萎缩。

5. 维持自由基平衡 CAT是一种重要的含铁氧化还原酶，铁是其活性中心，含有4个蛋白质亚基，每一个亚基中含有一个血红蛋白，在体内主要清除需氧代谢过程中产生的过氧化物，从而起到抗氧化作用。此外，Fe-SOD、转铁蛋白和乳铁蛋白可结合生理水平的铁，达到制止或减缓体内铁催化自由基的生成、避免或减轻机体各脏器及组织细胞受损的目的（曹华斌，2006）。

（二）铁缺乏症

铁缺乏会导致黄羽肉鸡缺铁性贫血、抵抗力降低、生长缓慢，甚至死亡，具体表现为精神萎靡，呼吸加快，皮肤发皱、苍白，羽毛糙乱无光。黄羽肉鸡铁缺乏症见彩图16。与对照组相比，缺铁导致鸡冠发白，皮肤发白发皱。

二、铁的吸收、代谢及其影响因素

（一）铁的吸收

一般认为，在胃酸和胃蛋白酶的作用下，饲料中的铁被释放出来并被还原成二价铁，在近端小肠（十二指肠和空肠）被吸收，而血红蛋白化合物中的铁则不需要从结合物中释放出来，以卟啉铁的形式直接被肠细胞吸收，血红蛋白铁的吸收率比非血红蛋白铁高2～3倍。黄羽肉鸡消化道的其他部位如胃、回肠、盲肠也能吸收少量的铁（马新燕，2012；吴凡，2012）。李晓菲（2016）采用体内原位结扎灌注肠法和自然饲喂法，研究得到黄羽肉鸡吸收铁的能力由强到弱排序为：十二指肠＞空肠＞回肠，由此可见，整个小肠都可以吸收铁，但主要吸收部位在十二指肠。虽然整个消化道都可以吸收铁，但动物采食的铁仅有5%～30%被吸收，在缺铁的情况下可提高到40%～60%（石文艳，2005）。黄羽肉鸡吸收的铁通常为二价铁离子，但对其消化道中铁的吸收作用并不完全取决于铁的化合价数，某些三价铁离子的吸收反而较某些低价铁化合物多。

铁的吸收不是简单的金属离子被动转运，而是利用配位体转运系统进行主动吸收，尤其是研究小肽的吸收机制后，人们把更多的目光投向蛋白质螯合物，通过氨基酸和肽的转运系统，螯合物完整地透过肠黏膜层进入血液，大大地提高了铁元素的利用率（卓钊，2017）。铁进入黏膜细胞以前，必须和肝上的脱铁蛋白进行结合，而甘氨酸才是同其结合的唯一氨基酸，同时，有机铁受到配位体的保护，不易受到胃肠道内不利于金属吸收的物理、化学因素的影响。胃肠道 pH 对金属复合物的稳定性和溶解性影响较大，氨基酸或肽的螯合物稳定常数适中，既有利于与金属元素结合成螯合物被运输，需要时又能有效地从螯合物（载体）中释放出来。有机铁分子内电荷趋于中性，在体内 pH 环境下溶解度好，吸收率高，易于被小肠黏膜吸收进入血液，供给周身细胞需要。氨基酸螯合物被动物摄入后，可直接通过肠道被吸收。

（二）铁的代谢

吸收进入体内的铁大部分在骨髓中合成血红蛋白，肌红蛋白在肌肉中合成，红细胞寿命短，铁代谢速度较快。铁周转代谢大部分是内源铁的反复循环代谢，进入体内的铁一般反复参与合成与分解循环 9～10 次才随粪便排出体外（贾淑庚，2015）。

（三）影响铁吸收的因素

总结影响铁吸收的因素主要有以下 3 个方面（周桂莲，2001；邢立东，2014）：

1. 动物自身方面

（1）不同种类的动物对铁的吸收有很大差别，而同种动物不同品种间、同品种不同性别间对铁的吸收利用无明显差别。

（2）机体内铁的储存。幼禽体内铁储存相对较低，易患缺铁症，也正因此，幼鸡对铁的吸收利用高于成年鸡。随着日龄的增加，铁在黄羽肉鸡组织器官中的沉积量也逐渐降低。

（3）胃肠道 pH。一定 pH 范围内（pH2.0～8.0），降低 pH 更有利于铁的吸收。

2. 饲料方面

（1）饲料中的抗营养因子如纤维素、磷酸盐、单宁以及棉酚等易与亚铁结合，降低铁的吸收。此外，饲料中各微量元素间存在着拮抗作用，如铜对铁的吸收利用起抑制作用。周桂莲等（2003）研究表明，高铜饲粮可显著降低脾、肝和股骨组织中铁的含量。

（2）饲料中的有些成分如抗坏血酸（维生素 C）、蛋白质及其降解产物、氨基酸、维生素 A、某些有机酸和糖类对铁的吸收利用起促进作用，这些物质促进铁吸收的机制主要有调节肠道 pH、与铁形成螯合物、增加铁的溶解度、调节肠道转运系统。李淑荣等（2016）研究表明，抗性淀粉（RS_3）可增加铁的表观吸收率，提高铁在肝中的沉积，增加回肠和盲肠中铁的溶解度，提高铁的吸收。

铁的化学形式，尽管 Fe^{2+} 和 Fe^{3+} 两种价态的铁源都是可溶的，但 Fe^{2+} 的吸收率远大于 Fe^{3+}，因为在小肠内的 pH 环境里，只有 Fe^{2+} 是可溶的，所以处于小肠刷状缘表面的铁，想要通过小肠黏膜进入血液，必须首先还原为 Fe^{2+}。

三、铁需要量、来源及其生物学利用率

（一）铁需要量

黄羽肉鸡常用玉米-豆粕型饲粮本底（无矿物饲料铁添加）铁含量为60～95mg/kg。美国NRC（1994）推荐肉仔鸡1～21日龄、22～42日龄和43～56日龄各阶段铁需要量均为80mg/kg。西班牙FEDNA（2008）推荐肉仔鸡0～18日龄、18～35日龄和35日龄以上铁需要量均为20～32mg/kg。

快速型黄羽肉鸡铁需要量：Lin等（2020）分别在1～21日龄，22～42日龄和43～63日龄快速型岭南黄羽肉母鸡上的研究表明，饲粮中铁水平为50mg/kg、70mg/kg、90mg/kg、110mg/kg和130mg/kg时铁对三个生长阶段平均日增重、平均日采食量、料重比、胸腺、脾和法氏囊等免疫器官指数以及红细胞积压、肝和肾铁含量均无显著影响；150mg/kg铁水平显著增加屠宰后24h胸肌红度a^*值；90mg/kg铁显著增加屠宰后45min胸肌pH，同时降低屠宰后24h胸肌滴水损失。由此可知，小鸡和中鸡阶段基础饲粮铁含量50mg/kg可满足生长需要；大鸡阶段饲粮铁含量90mg/kg可提高肉品质。刘松柏等（2019）在1～63日龄矮脚黄肉鸡上的研究表明，饲粮40mg/kg和60mg/kg铁水平可降低1～21日龄肉鸡料重比和平均日采食量；40mg/kg铁可降低22～42日龄肉鸡料重比；40～102mg/kg铁水平可满足43～63日龄肉鸡生长需要，且40mg/kg铁能满足不同阶段胫骨和肝对铁元素的需要。

慢速型黄羽肉鸡铁需要量：刘松柏等（2016）在1～105日龄天露黄肉母鸡上的研究表明，不同生长阶段高剂量铁添加组120mg/kg、102mg/kg与低剂量铁添加组60mg/kg对肉鸡日增重、平均日采食量、料重比无显著影响，但在61～85日龄和86～105日龄2个阶段，低剂量铁添加组的日增重和料重比更优越。综合以上试验结果，以日增重和料重比为敏感指标：慢速型黄羽肉鸡不同生长阶段铁需要量均为60mg/kg。黄羽肉鸡饲粮铁需要量研究结果见表8-5。

表8-5　黄羽肉鸡饲粮铁需要量研究结果

项目	阶段/日龄	性别	品种	饲养模式	敏感指标	铁推荐水平/(mg/kg)
快速型黄羽肉鸡						
Lin等（2020）	1～21 22～42 43～63	母	岭南黄	地面平养	日增重、采食量、料重比	50
刘松柏等（2019）	1～21 22～42 43～63	不明	矮脚黄	笼养	采食量、料重比、胫骨灰分中铁含量	40
慢速型黄羽肉鸡						
刘松柏等（2016）	1～30 31～60 61～85 86～105	母	天露黄	放养	日增重、料重比	60

《黄羽肉鸡营养需要量》(NY/T 3645—2020)参考美国 NRC(1994)的数据，推荐快速型、中速型和慢速型黄羽肉鸡各阶段铁需要量均为 80mg/kg；重型种用母鸡后备期 0～6 周龄、7 周龄到产蛋期铁需要量分别为 80mg/kg、60mg/kg；中型和轻型种用母鸡铁需要量参照重型种用母鸡。

《饲料添加剂安全使用规范》(2017)规定，家禽配合饲料中铁的最高限量为 750mg/kg，鸡的推荐添加量为 35～120mg/kg。

(二) 铁来源及生物学利用率

《饲料添加剂安全使用规范》(2017)规定，在饲料中添加的铁主要来源于一水硫酸亚铁(铁 30%)、七水硫酸亚铁(铁 19.7%)、乳酸亚铁(铁 18.9%)、柠檬酸亚铁(铁 16.5%)、富马酸亚铁(铁 29.3%)等。苟钟勇等(2013)在 1～42 日龄快大型岭南黄羽肉公鸡上的研究表明，1 600mg/kg 的葡萄糖酸亚铁可显著升高试鸡血浆中诱导型一氧化氮合成酶(iNOS)和肌酸激酶(CK)的活性，升高空肠黏膜中丙二醛(MDA)含量，降低空肠组织 Toll 样受体蛋白 4(*TLR4*)和肿瘤坏死因子 α(*TNF* - α)mRNA 表达量；800mg/kg 和 1 600mg/kg 的葡萄糖酸亚铁可显著降低空肠组织中的红细胞衍生核因子 2 样蛋白 2(*Nrf2*)、尾侧型同源转录因子 2(*CDX2*)和紧密连接蛋白(*ZO* - 1)mRNA 表达量。陆娟娟等(2011)和李玉艳(2008)等在广西快大型黄羽肉公鸡(1～63 日龄)上的研究表明，用 12.5%的蛋氨酸螯合铁(含铁量 10%)代替饲粮 25%的硫酸亚铁(含铁量 30%)可提高生产性能，改善饲料养分利用率，降低粪中微量元素排泄。郭荣富等(2004)在 8～21 日龄狄高肉公鸡上的研究表明，饲粮中添加硫酸亚铁和蛋氨酸铁对试鸡体重和采食量无显著影响，但显著提高肝铁含量。可见，有机铁的效果优于无机铁。

不同来源的铁因矿物元素含量不同，相对生物利用率也有所不同。马新燕(2012)根据血红蛋白浓度与饲粮铁摄入量分析值之间拟合的多元线性回归斜率计算中等络合强度蛋白铁相对于 $FeSO_4 \cdot 7H_2O$(100%)的生物学利用率约为 117%。张伶燕(2016)以肝琥珀酸脱氢酶(SDH)mRNA 水平为评价指标时，研究得出蛋氨酸铁、蛋白铁和复合氨基酸铁相对于无机硫酸亚铁的生物学利用率分别为 129%、164%和 174%；以肾 SDH mRNA 水平为评价指标时，以上三种有机铁源相对于硫酸亚铁的生物学利用率分别为 102%、143%和 174%。郭荣富等(2004)以对数转换后的肝铁含量为因变量，铁添加水平或饲粮铁摄入量为自变量建立多元线性回归模型，以硫酸亚铁为参比基数，采用斜率法综合得出铁源生物学利用率为：硫酸亚铁 100%，蛋氨酸铁 95%。

第六节 铜

一、铜的生理功能及缺乏症

(一) 铜的生理功能

铜是黄羽肉鸡生长所必需的微量元素之一，在机体造血、新陈代谢、生长繁殖、免疫和抗氧化方面有不可替代的作用(任素兰，2013；李龙，2014)。鸡体平均含铜 2～3mg/kg，刚出壳的雏鸡铜含量为 60～80μg，其中约一半贮存于肌肉组织中，其次为骨骼，体组织铜主要分布在肝。黄羽肉鸡组织铜含量随日龄、性别及饲粮含铜水平不同而不同（宋明明，2014）。铜的生理功能主要有以下 5 个方面：

1. 参与酶的组成 铜作为多种酶如细胞色素氧化酶、尿酸氧化酶、氨基酸氧化酶、酪氨酸酶、铜蓝蛋白酶、铜锌超氧化物歧化酶、亚铁氧化酶和多巴胺-β-羟化酶等的组成成分，可直接参与氧化磷酸化、自由基解毒、黑色素合成、儿茶酚胺代谢、结缔组织交联、铁和胺类氧化、尿酸代谢等体内代谢。

2. 维持铁的正常代谢 铜有利于血红蛋白的合成和红细胞的成熟，是铜蓝蛋白的辅基，血浆中铜蓝蛋白又与组织中的转化铁蛋白相关，缺铜增强红细胞的脆性，从而使存活时间变短而造成贫血，铜还是凝血因子和金属硫蛋白的组成成分。

3. 调控黑色素，维持羽毛的正常色泽和性状 黑色素是决定羽毛颜色深浅的最重要物质，广泛分布于动物的皮肤、黏膜、视网膜、软脑膜及胆囊与卵巢等处。铜离子是酪氨酸酶的辅酶成分，而酪氨酸又可在酪氨酸酶的作用下逐渐形成黑色素。铜是酪氨酸酶的辅基，缺铜会使酪氨酸酶活力降低，造成皮肤和毛色减退，羽毛品质下降。

4. 维持正常的血管弹性和骨骼强度 铜是参与纤维化的赖氨酰氧化酶、单氨氧化酶的辅助因素，而这些酶又是参与结缔组织弹性蛋白和胶原纤维交联的关键酶，缺铜导致此酶活性降低，骨胶原溶解度增加，肽链间的交叉连接受损，骨胶原稳定性被破坏，骨骼强度降低（袁施彬，2004）。

5. 参与氧化反应和能量代谢，维持正常的神经元或细胞膜电位 铜是细胞色素氧化酶的辅基，缺铜导致此酶活性降低，ATP 生成减少，影响磷脂和髓磷脂的合成，造成神经系统脱髓鞘、脑细胞代谢障碍（侯庆永，2014；武书庚，1999）。此外，铜还可调节葡萄糖代谢、胆固醇代谢、白细胞生成和心脏功能等机体代谢、激素分泌（吴建设，1999）。

（二）铜缺乏症

一般情况下，常见饲粮不会缺乏铜，但在土壤缺铜的地区，生长的植物中也缺铜，则引起机体铜的摄入量不足，且饲料中的硫、锌、镉、硼、锰、银和抗坏血酸均为铜的拮抗因子，会影响铜的吸收，导致铜缺乏（侯庆永，2014）。铜缺乏造成黄羽肉鸡皮肤和毛色减退，神经系统脱髓鞘、贫血、血管弹性和骨骼强度降低，具体表现为运动神经失调（郭剑英，2014）。铜摄入过量则可诱发腹泻和心肝功能异常等中毒性疾病（苏荣胜，2009；马飞洋，2019）。

二、铜的吸收、代谢及其影响因素

（一）铜的吸收

铜进入消化道后，在胃部就开始被吸收，但主要的吸收部位在十二指肠和空肠前端，部分吸收也可发生在空肠远端，一些经过胆汁排出的铜，可经肝肠循环再回收利用（钱剑，2003）。植物性饲料中的铜主要以稳定的可溶性复合物如氨基酸形式的复合物被吸收，而不是以离子形式被吸收，硫化铜与卟啉铜化合物中的铜不能有效地被动物利用（侯江永，2010）。铜离子的吸收过程分两步：通过胃壁和小肠刷状缘表面被吸收入肠黏膜，与肠道细胞膜上的糜蛋白酶样蛋白（Ctrl 蛋白）结合，进入细胞。细胞对铜的摄取主要是通过铜转运蛋白和金属硫蛋白来实现，此过程中金属反应转录子也是不可或缺的因素

(Zhou，2003)，然后通过肠上皮细胞转运至门静脉，进入血液。进入血液后一部分铜可迅速进入血液循环，并且能很快在肝沉积，另有一部分铜则与金属硫蛋白结合，在肠黏膜上皮细胞内存储。吸收入血的铜主要与血浆铜蓝蛋白结合，结合牢固，少量与白蛋白和氨基酸结合，结合较松散。

（二）铜的代谢

成年鸡对铜的表观吸收率很低，饲料中80%～90%的铜随胆汁进入消化道，与氨基酸结合后经粪便排出体外（徐晨晨，2013）。正常胆汁排泄铜的机制仍然不十分清楚，铜由体内转运至胆道可能通过以下途径：通过存在于肝细胞膜小管区的ATP依赖的铜转运系统；通过包括溶酶体在内的囊泡转运，铜和溶酶体酶一起释放入胆道中；谷胱甘肽-铜通过小管特异性有机阴离子转运体转运，其中第一条通路最为重要。少量经肾肠壁排出，排出量约占5%和10%。粪和尿内的铜均是以氨基酸、多肽、烟酸及其他小分子化合物的形式排出。组织中的铜由铜蓝蛋白介导转运回肝代谢或从胆道排出，有极小部分的铜是由汗腺排出。

（三）影响铜吸收的因素

通常，黄羽肉鸡对铜的吸收利用变化差异很大，常规饲料中铜的利用变异范围为1%～15%，许多有机物质如矿物质蛋白盐能提高铜的利用率（武书庚，1999）。有机铜与无机铜在细胞中的透过率及细胞本身对铜的吸收率也存在区别。利用细胞制成铜的吸收模型，分别对硫酸铜、赖氨酸螯合铜、谷氨酸螯合铜等不同形态铜进行细胞透过试验，发现螯合铜的细胞透过率远高于硫酸铜（鲁陈，2019）。

三、铜需要量、来源及其生物学利用率

（一）铜需要量

黄羽肉鸡常用饲粮本底（无矿物饲料铜添加）铜含量为6～11mg/kg。美国NRC（1994）推荐肉仔鸡1～21日龄、22～42日龄和43～56日龄各阶段铜需要量均为8mg/kg。蛋鸡后备期0～6周龄、6～18周龄、开产期、产蛋期铜需要量分别为5mg/kg、4mg/kg、4mg/kg、5mg/kg。西班牙FEDNA（2008）推荐肉仔鸡0～18日龄、18～35日龄和35日龄以上铜需要量分别为7mg/kg、6mg/kg和4mg/kg。蛋鸡后备期0～6周龄、6～17周龄、开产期、产蛋期铜需要量分别为8mg/kg、7mg/kg、7mg/kg、7mg/kg。

快速型黄羽肉鸡铜需要量：李龙等（2014，2015）研究快速型黄羽肉鸡铜的需要量。在1～21日龄、22～42日龄、43～63日龄饲粮中添加不同剂量（4～64mg/kg）的铜（硫酸铜）并不影响黄羽肉鸡生长性能，其饲粮本底铜含量分别为2.8mg/kg、2.75mg/kg、2.4mg/kg；添加8～64mg/kg铜可提高1～21日龄、22～42日龄、43～63日龄黄羽肉鸡血清和肝金属硫蛋白、铜锌超氧化物歧化酶活性，提高机体抗氧化能力。刘松柏等（2019）在1～63日龄矮脚黄肉鸡上的研究表明，饲粮10mg/kg和15mg/kg的铜水平可降低1～21日龄肉鸡料重比和平均日采食量；饲粮8mg/kg铜可降低22～42日龄肉鸡料重比；饲粮8～15mg/kg铜可满足43～63日龄肉鸡生长需要，且饲粮8mg/kg铜能满足不同阶段肉鸡胫骨和肝对铜元素的需要。

慢速型黄羽肉鸡铜的营养需要量：刘松柏等（2016）在1～105日龄天露黄肉母鸡

上的研究表明，不同生长阶段高剂量铜添加组 25mg/kg、12mg/kg 与低剂量铜添加组 10mg/kg 对肉鸡日增重、平均日采食量、料重比无显著差异，但在 61～85 日龄和86～105 日龄 2 个阶段，低剂量添加组的日增重和料重比更优。综合以上试验结果，以日增重和料重比为敏感指标，确定慢速型黄羽肉鸡不同生长阶段铜需要量均为 10mg/kg。黄羽肉鸡饲粮铜需要量研究结果见表 8-6。

表 8-6　黄羽肉鸡饲粮铜需要量研究结果

项目	阶段/日龄	性别	品种	饲养模式	敏感指标	铜推荐水平/(mg/kg)
快速型黄羽肉鸡						
李龙等（2015；2014）	1～21	公	岭南黄	地面平养	采食量、法氏囊指数	10.8
	22～42				采食量	6.85
	43～63				体重、日增重、采食量	18.74
中速型黄羽肉鸡						
刘松柏等（2019）	1～21	/	矮脚黄	笼养	采食量、料重比	10
	22～42					8
	43～63					
慢速型黄羽肉鸡						
刘松柏等（2016）	1～30	母	天露黄	放养	日增重、料重比	10
	31～60					
	61～85					
	86～105					

《黄羽肉鸡营养需要量》(NY/T 3645—2020)，参考李龙等（2014，2015）和刘松柏等（2019）快速型黄羽肉鸡及刘松柏等（2016）慢速型黄羽肉鸡铜需要量的研究报告，结合美国 NRC（1994）和西班牙 FEDNA（2008）推荐的肉仔鸡铜需要量以及黄羽肉鸡常用饲粮铜含量，推荐快速型、中速型和慢速型黄羽肉鸡各阶段铜需要量均为 7mg/kg。目前缺乏种用母鸡铜需要量研究文献，参考黄羽肉鸡商品代铜需要量，推荐重型种用母鸡后备期 0～6 周龄、7～20 周龄、开产期、产蛋期铜需要量分别为 8mg/kg、7mg/kg、7mg/kg、8mg/kg。中型和轻型种用母鸡铜需要量参照重型种用母鸡的推荐量。

《饲料添加剂安全使用规范》(2017) 规定，家禽配合料或全混合日粮中铜的最高限量为 25mg/kg，推荐添加量为 0.4～10mg/kg（硫酸铜）和 0.3～8mg/kg（碱式氯化铜）。

（二）铜来源及生物学利用率

《饲料添加剂安全使用规范》(2017) 规定，肉鸡饲料中添加的铜主要来源于一水硫酸铜（铜 35.7%）、五水硫酸铜（铜 25.1%）和碱式硫酸铜（铜 58.1%）。孔凡科等（2020）研究表明，硫酸铜和碱式氯化铜可破坏饲料中的维生素 A 和维生素 C 含量。王希笛等（2016）研究了硫酸铜和蛋氨酸铜对鸡小肠上皮细胞铜转运的影响，结果表明，2 种铜源均可不同程度地促进鸡小肠上皮细胞的增殖，影响鸡小肠上皮下包成熟分化的程度，增大了鸡小肠上皮细胞膜的通透性。郑学斌（2003）应用硫酸铜和蛋白螯合铜在1～42日龄皖南三黄肉鸡上的研究表明，与无任何铜源的对照组相比，硫酸铜和蛋白螯合铜复合添加可显著提高日增重，降低料重比，提高肝和脾铜含量。

在生产实践中硫酸铜的应用最为广泛，但硫酸铜存在易吸潮结块、储存不便等缺点，且可催化饲粮中不饱和脂肪酸氧化。碱式氯化铜在促进生长方面比硫酸铜更有效，且对维生素的不良氧化作用比硫酸铜更低；蛋氨酸铜的生物学利用率比硫酸铜高（Lu，2010）。不同铜水平时黄羽肉鸡对铜的吸收利用差异很大。吴学壮等（2019）应用斜率比法表明，以血浆铜蓝蛋白活性为评价指标，碱式氯化铜和蛋氨酸铜相对于硫酸铜的生物学利用率分别为141.05%和142.07%；以肝铜含量为评价指标，碱式氯化铜和蛋氨酸铜相对于硫酸铜的生物学利用率分别为127.61%和137.64%。郭荣富等（2001）采用玉米-豆粕型饲粮研究三碱基氯化铜、铜氨基酸螯合物、铜蛋白盐或硫酸铜的生物学利用率，结果表明，以硫酸铜为参比标准，三碱基氯化铜、铜氨基酸螯合物和铜蛋白盐的生物学利用率分别为112.4%、127.7%、99.3%。

第七节　锰

一、锰的生理功能及缺乏症

（一）锰的生理功能

锰是黄羽肉鸡体内必不可少的微量元素之一，虽然在鸡体内含量较少，仅为2～3mg/kg，但广泛分布于肝、胰、脾、肾、性腺、骨骼、肌肉、羽毛和血液等组织和体液中（李勇超，2009），其中骨骼、肝、肾、胰腺中的含量较高，为1～3mg/kg，肌肉中的含量较低，为0.1～0.2mg/kg。骨中的锰主要沉积在骨的无机物中，有机质中锰含量较少（贾淑庚，2014；张丽娜，2007；张金环，2005）。锰在黄羽肉鸡生长、繁殖和疾病防控等方面发挥着重要的作用，主要生理功能有以下6种：①酶的组成成分和激活因子。例如锰是精氨酸激酶、脯氨酸肽酶、丙酮酸羧化酶、RNA多聚酶、Mn－SOD超氧化物歧化酶等的组成成分；锰还是多种酶如精氨酸酶、脱氧核糖核苷酸酶、肽酶、半乳糖转移酶、水解酶、脱羧酶等10余种酶的激活因子或辅助因子。②参与骨骼发育。骨有机质的主要成分是黏多糖，而硫酸软骨素又是生成黏多糖的组成成分，锰则是合成硫酸软骨素所必需的两种重要酶（多糖聚合酶和半乳糖转移酶）的激活剂（王照军，2012）。③维持正常生殖和造血功能。缺锰时雄性动物睾丸的曲精细管发生退行性变化，睾丸萎缩、精液质量不良或数量减少、性欲减退或失去配种能力。锰通过改善机体对铜的利用，调节对铁的吸收利用以及红细胞的成熟与释放。在胚胎发育早期，若给贫血动物补充小剂量的锰或锰与蛋白质的复合物，就可以使血红蛋白、中幼红细胞、成熟红细胞以及循环血量增多。④改善肉品质。通过调节脂代谢、蛋白质代谢和糖类代谢来实现。锰还可参与胆碱的合成，而胆碱又与脂代谢密切相关。⑤参与免疫调节。无论锰缺乏还是过量都会抑制抗体的生成，锰盐抑制趋化因子，影响嗜中性白细胞对氨基酸的吸收，锰还与钙在淋巴细胞激活作用上有互作作用。⑥抗氧化功能。存在于线粒体内膜基质中的Mn－SOD的主要功能是将细胞代谢产生的O^{2-}歧化成H_2O_2，H_2O_2由GSH－Px酶移除，从而维持线粒体等亚细胞器膜的完整性和正常功能。

（二）锰缺乏症

锰缺乏主要表现有以下 4 种：①饲料利用率降低，采食量下降，生长缓慢。②骨骼发育异常。如滑腱症（胫骨变短、胫骨直径相对于体重变粗、生长板变薄以及胫骨近端的关节肿大）。骨骺端组织学观察：骨小梁变细、断裂，小梁间排列疏松、紊乱。成骨细胞超微结构观察：细胞核膜、线粒体膜、线粒体及高尔基体都有不同程度损坏。王建（2012）研究表明，锰缺乏引起的软骨细胞凋亡可能依赖于线粒体途径，缺锰引起生长板发育障碍的信号通路可能为甲状旁腺激素相关肽（Thh/PTHrP）途径。③鸡体出现啄癖，产生与维生素 B_1 缺乏时相同的观星状症状。④核酸代谢紊乱，蛋白质合成受阻，肌肉发育出现障碍，表现为肌纤维直径变小。

锰过多会降低铁的吸收，降低纤维素的消化，导致生长缓慢、贫血以及胃肠道损害，有时出现神经症状（陈永云，2003）。黄羽肉鸡锰缺乏症见彩图 17。

二、锰的吸收、代谢及其影响因素

（一）锰的吸收

锰可以在胃和小肠中被吸收，其中以十二指肠吸收能力最强，但吸收率很低，只有 1%～5%（刘雨田，2000）。由于胃液中锰的溶解度很低，所以吸收极微。整个小肠对锰能进行较好的吸收，其吸收过程通过两个步骤来完成：首先锰从肠腔通过肠腔表皮细胞摄入，然后通过黏膜细胞转入体内。食入的锰在消化道内被溶解或分解，锰离子以游离形式与蛋白质结合成复合物转运到肝，而化学态锰与转铁蛋白结合进入循环，由肝外细胞摄取。锰离子经肠壁和胆囊排入肠内，排入肠内的一部分锰离子被重新吸收，再进入体内锰循环，锰离子在体内循环几次后被排出体外（李勇超，2009）。在锰的吸收过程中，它与铁和钴竞争共同的结合点，这三种元素在吸收过程中有相互抑制的作用。相反，当大量摄入锰时，会降低铁吸收，锰和铁在吸收机制方面表现出许多类似性，但在排泄过程中，则无此共性（李耀华，2011；陈永云，2003）。

（二）锰的代谢

在一般情况下，锰主要经胆汁排出。当黄羽肉鸡摄入大量锰时，胆汁内的锰浓度可增加 10 倍或更多，肝（胆）排泄的途径被阻塞或锰的负荷过度时，锰也可经胰液排出；锰还可通过十二指肠和空肠排出，在回肠末端则较少，由尿中排出的锰数量很少，无机锰一般不能从肾排出，但当给以螯合剂时，可使尿中的锰明显升高。

（三）影响锰吸收的因素

影响锰吸收的因素很多，主要有以下 5 种：

（1）锰的形式和来源。羟基蛋氨酸螯合锰代替无机锰可促进吸收，从而更显著提高生长速度和饲料转化率。

（2）饲粮中的锰水平、饲粮类型、粗蛋白质水平与来源，以及粗纤维、植酸、单宁的含量。植酸可与锰结合形成难溶单盐或螯合物，使可溶性的锰减少，使鸡对锰的吸收降低。粗纤维与锰的利用率呈明显的负相关，其原因可能是粗纤维加快了微生物活动，使含锰的胆盐复合物迅速降解，锰最终随胆汁排出体外，而不能被机体有效吸收利用。

(3) 饲粮中的其他微量元素。铁、钴、钙、磷等都对锰代谢有一定的影响。摄取过量的钙、磷可抑制锰的利用。黄羽肉鸡食用高磷酸钙的日粮，会加重锰的缺乏，这是由于锰被矿物质吸附，从而使可溶性锰减少。钙不仅可影响锰的吸收，而且会影响所吸收锰的存留，进而影响锰的代谢。

(4) 黄羽肉鸡品种、日龄和生理状态不同，锰的吸收利用率也存在差别。

(5) 胆碱、有机配体、抗生素和疾病等，都可能影响锰的吸收。

三、锰需要量、来源及其生物学利用率

(一) 锰需要量

黄羽肉鸡常用饲粮本底（无矿物饲料锰添加）锰含量为 10～25mg/kg，无法满足正常生长需要，应额外补充锰以达到正常生长的营养需要量。美国 NRC（1994）推荐肉仔鸡 1～21 日龄、22～42 日龄和 43～56 日龄各阶段锰需要量均为 60mg/kg。蛋鸡后备期 0～6 周龄、6～18 周龄、开产期、产蛋期锰需要量分别为 60mg/kg、30mg/kg、30mg/kg、20mg/kg。西班牙 FEDNA（2008）推荐肉仔鸡 1～18 日龄、18～35 日龄以及 35 日龄以上锰需要量分别为 85mg/kg、70mg/kg 和 60mg/kg。蛋鸡后备期 0～6 周龄、6～18 周龄、开产期、产蛋期锰需要量分别为 78mg/kg、65mg/kg、65mg/kg、90mg/kg。

快速型黄羽肉鸡锰需要量：王薇薇等（2010）在 1～63 日龄快速型岭南黄肉公鸡上的研究表明，玉米-豆粕型饲粮添加 30～150mg/kg 并不影响 1～21 日龄黄羽肉鸡生产性能，但添加 60mg/kg 及以上却降低 22～42 日龄黄羽肉鸡生长性能，添加 60mg/kg 改善 42～63 日龄黄羽肉鸡生长性能，而添加 90mg/kg 及以上反而降低生长性能。三阶段基础饲粮锰含量分别为 53mg/kg、36mg/kg、30mg/kg。陈芳等（2012）在 1～63 日龄岭南黄肉公鸡上的研究表明，依据生长性能判断，1～21 日龄、22～42 日龄、43～63 日龄分别添加 20mg/kg、20mg/kg、0mg/kg 可获得最佳生产性能，其基础饲粮锰含量分别为 17.61mg/kg、17.9mg/kg、14.4mg/kg，换言之，需要量分别为 38mg/kg、38mg/kg、14mg/kg；而考虑胫骨发育和抗氧化能力的需要，需要分别添加 60mg/kg、40mg/kg、40～80mg/kg。推荐快速型黄羽肉鸡锰需要量分别为 100mg/kg、80mg/kg、80mg/kg。

慢速型黄羽肉鸡锰需要量：刘松柏等（2016）在 1～105 日龄天露黄肉母鸡上的研究表明，以日增重和料重比为敏感指标，慢速型黄羽肉鸡不同生长阶段锰需要量均为 80mg/kg。黄羽肉鸡饲粮锰需要量研究结果见表 8-7。

表 8-7 黄羽肉鸡饲粮锰需要量研究结果

项目	阶段/日龄	性别	品种	饲养模式	敏感指标	锰推荐水平/(mg/kg)
快速型黄羽肉鸡						
王薇薇等（2010）	1～21	公	岭南黄	地面平养	日增重、采食量	30
	22～42				日增重、采食量	30
	43～63				日增重、采食量	60

（续）

项目	阶段/日龄	性别	品种	饲养模式	敏感指标	锰推荐水平/(mg/kg)
陈芳等（2012）	1～21	公	岭南黄	地面平养	日增重、料重比、胫骨折断力	84.5
	22～42				胫骨折断力、骨密度	40
	43～63				胫骨重、胫围、胫骨折断力	80
刘松柏等（2019）	1～21	/	矮脚黄	笼养	采食量、料重比	80
	22～42					80
	43～63					
慢速型黄羽肉鸡						
刘松柏等（2016）	1～30	母	天露黄	放养	日增重、料重比	80
	31～60					
	61～85					
	86～105					

《黄羽肉鸡营养需要量》（NY/T 3645—2020）依据陈芳等（2012）快速型黄羽肉鸡锰需要量研究报告，重新计算得到快速型黄羽肉鸡1～22日龄、22～42日龄和43～63日龄锰需要量分别为78mg/kg、58mg/kg和54mg/kg，取整为80mg/kg、60mg/kg、55mg/kg。没有中速型和慢速型黄羽肉鸡锰需要量研究报告，参考FEDNA（2008）和NRC（1994）推荐的肉仔鸡各阶段锰需要量和快速型黄羽肉鸡锰需要量的数据，确定中速型和慢速型黄羽肉鸡1～30日龄、31～60日龄、61～90日龄锰需要量分别为80mg/kg、60mg/kg、55mg/kg，而慢速型黄羽肉鸡90日龄以上的锰需要量为55mg/kg。目前缺乏种用母鸡锰需要量研究文献参考，参考黄羽肉鸡商品锰需要量和上述营养标准，推荐重型种用母鸡后备期0～6周龄、7～20周龄、开产期、产蛋期锰需要量分别为78mg/kg、65mg/kg、65mg/kg、90mg/kg。中型和轻型种用母鸡锰需要量参照重型种用母鸡的推荐量。

《饲料添加剂安全使用规范》(2010) 规定，家禽配合料或全混合日粮中锰的最高限量为150mg/kg，推荐肉鸡饲料锰添加量为72～110mg/kg（硫酸锰）、86～132mg/kg（氧化锰）、74～113mg/kg（氯化锰）。

（二）锰来源及生物学利用率

《饲料添加剂安全使用规范》（2017）规定，饲料添加的锰来源主要有硫酸锰（锰31.8%）、氧化锰（锰76.6%）、氯化锰（锰27.2%）等。不同来源锰在黄羽肉鸡上的应用效果也有所不同。郝守峰等（2010）在1～21日龄黄羽肉鸡上的研究表明，100mg/kg和200mg/kg的硫酸锰可显著提高肉鸡心肌锰含量和Mn-SOD mRNA表达量，且这些指标随饲粮锰添加水平的升高显著升高。王薇薇等（2010）在1～63日龄快大型黄羽肉鸡饲粮中分别添加硫酸锰和蛋氨酸锰，以生长性能、骨代谢相关激素以及胫骨质量为指标，结果显示：添加蛋氨酸锰的效果均不如添加同等量的硫酸锰的饲粮饲养效果好，但添加蛋氨酸锰可有效改善肌肉品质。邓灶福（2005）等在1～56日龄长沙黄鸡上的研究表明：羟基蛋氨酸螯合锰替代无机锰可显著提高肉鸡生长速度和饲料转化率，改善肉鸡健康状况，提高养殖经济效益。

郭蕊（2019）采用原子分光光度法测定肝、肾以及左侧胫骨锰浓度，并将各组织锰含量与饲粮锰进食量进行多元线性回归方程拟合，采用斜率比法计算复合氨基酸锰相对于硫酸锰的生物学利用率，结果表明，当以胫骨、肝和肾锰含量为评价指标时，复合氨基酸锰相对于硫酸锰的生物学利用率在小鸡阶段分别为103%、109%和124%，在中鸡阶段分别为118%、82.5%和107%。杨斌等（2014）采用斜率比法估测得到氨基酸螯合锰A（含锰15%）和氨基酸螯合锰B（含锰8%）相对于硫酸锰的生物学利用率分别为136%和143%（以胫骨无脂干重锰含量为评价指标）或114%和144%（以胫骨灰分锰含量为评价指标）。汤莉（2004）分别以肝、心肌、肾和胫骨锰含量为判断指标，研究得出酵母硒锰和乙酸锰相对于硫酸锰的生物学利用率分别为109.22%、102.13%；105.41%、92.57%；91.74%、106.88%；112.21%、107.51%。

第八节　锌

一、锌的生理功能及缺乏症

（一）锌的生理功能

锌是黄羽肉鸡生命活动所必需的微量元素，与机体发育、骨骼生长、免疫机能、抗氧化功能、蛋白质和核酸代谢、酶的活性以及多种疾病密切相关（邢广林，2005）。锌分布于黄羽肉鸡体内的所有组织器官中，不同品种、性别肉鸡体内锌的含量差异不大。正常黄羽肉鸡体内锌平均含量为30mg/kg左右，大致分布为：骨骼28%，肝和皮肤8%，血液2%～3%，其他器官1.6%～1.8%。血浆中的锌30%～40%参与酶活性和功能，60%～70%与白蛋白松散结合的锌是体内锌的主要存在形式（王余丁，2002）。锌的生理功能主要有以下6种：

1. 激素和酶的组成成分　锌参与DNA聚合酶、RNA聚合酶、胸腺嘧啶核苷酸酶等动物体内重要酶的组成。在缺锌的条件下，核糖核酸酶的活性明显下降，RNA水平降低，可见锌对遗传信息的传递和蛋白质的生物合成具有间接的影响。锌还与胰岛素、前列腺素、促肾上腺素、生长激素等有关，例如锌可以保护胰岛素不被胰岛素酶破坏而延长其作用时间。

2. 与维生素的相互作用　锌参与肝和视网膜内维生素A还原酶的组成和功能的发挥。锌与维生素C也有协同作用，并对动物骨骼正常形成有重要的作用。

3. 维持生物膜的结构和功能　锌与磷脂及膜蛋白巯基相互作用来稳定生物膜，还作为抗氧化剂保护膜上的巯基。

4. 调节脑功能和正常活动行为　锌对脑中的功能性蛋白有积极的调节作用，对脑中神经递质的含量及其与受体的结合有影响。同时，锌也是一些与神经传递有关的氨基酸类神经递质及其受体的调节物质，如脑中金属硫蛋白浓度明显受脑中锌含量的影响。

5. 参与调节免疫　淋巴细胞尤其是T淋巴细胞对缺锌特别敏感，缺锌会使免疫器官萎缩，淋巴细胞数明显减少。

6. 影响味觉食欲 锌通过唾液内唾液蛋白——味觉素作介质影响味觉及食欲。味觉素对口腔黏膜上皮细胞的结构、功能及代谢也是一个重要的影响因素。

此外，缺锌后，核酸及蛋白合成、消化代谢需要的各种含锌酶的活性降低，对味蕾的结构及功能也会带来种种不利影响。

（二）锌缺乏症

黄羽肉鸡常用饲粮中锌的利用率较低（王学英，2014）。在有植酸盐和纤维素存在的情况下，过量的钙还会降低锌的利用率，而过量的锌会加重铜和铁的缺乏症。高锌或低锌导致小肠黏膜损伤，表现为黏膜厚度和绒毛高度降低，肠黏膜上皮细胞萎缩（王子旭，2003）。高锌使鸡生长发育受阻，皮肤粗糙，被毛生长受阻，创伤愈合缓慢，双腿无力，跛行或呈犬坐姿势，严重时，趾壳脱落并裂开，出现深的裂口，尸体剖检见胸腺充血和水肿，腔上囊体积变小，脾、心脏和肝见坏死灶，肌胃角质层溃疡，病理组织学观察可见免疫器官的淋巴细胞减少，淋巴滤泡形成较少（李聚才，2007；赵翠燕，2009；赵翠燕，2007）。缺锌导致肌胃角质层溃疡见彩图 18。

二、锌的吸收、代谢及其影响因素

（一）锌的吸收

整个消化道都可以吸收锌，主要吸收部位为十二指肠（董晓慧，2001）。锌的吸收又可分为无机锌吸收和有机锌吸收。

无机锌的锌离子通过跨细胞途径被机体吸收，从肠道进入血液的过程需穿过两层细胞膜，因此，锌在小肠内的跨细胞吸收可分为以下 3 步：①肠腔中的锌穿过小肠黏膜细胞顶膜（刷状缘）进入细胞的吸收过程，此过程受 2 种转运蛋白的调控，一种为调控蛋白 ZIP 家族转运蛋白，另一种为调控蛋白 CDF 家族转运蛋白。②锌从小肠黏膜细胞顶膜到基膜的细胞内转运过程。锌经顶膜吸收后有 2 个去处：转运至基膜入血或者进入细胞器进行代谢和储存，通过哪条途径则由机体对锌的需求决定。目前被认为参与锌细胞内转运的载体有 ZnT2、ZnT7、MT 和 CRIP 4 种蛋白。③锌穿过小肠黏膜细胞基底膜进入血液的转运过程。当机体需要吸收锌时，锌被小肠黏膜细胞中的转运蛋白转运至基底膜结合处，然后与白蛋白结合，此时动脉中的血清蛋白与基底膜相互作用，将锌从膜结合位点移走进入门静脉血液，然后循环到达各组织发挥其生理作用。

有机锌的吸收主要是指氨基酸螯合锌的吸收，其吸收机理有以下两种假说：一种假说认为，适宜络合强度的有机微量元素螯合物进入消化道后，由于有机微量元素受到配位体的保护，可以避免胃肠道内不利于金属吸收的物理化学因素影响，直接到达小肠刷状缘，并在吸收位点处发生水解，其中的金属微量元素以离子形式进入肠上皮细胞，并被吸收入血，因此进入体内的微量元素量增多。另一种假说则认为，氨基酸螯合物以类似于二肽的形式完整地被吸收进入血浆。

（二）锌的代谢

锌参与各种代谢主要通过以下 2 种形式：一是锌是构成许多酶的组成成分，并作为某些酶的激活性而发挥其生理功能；二是锌与一些非酶配合基形成复合物，起定位、黏合等生物学功能。代谢后的锌主要经胆汁、胰液以及其他消化液从粪便中排出，粪便中的锌大部分来自饲粮中未被吸收的锌，小部分为由消化道分泌的内源锌。此外，汗液和脱落的羽毛也是锌排泄的途径。

（三）影响锌吸收的因素

饲粮中锌的供给状况及不同矿物元素之间存在的协同和拮抗作用都能影响机体内锌的吸收。锌的吸收率随着日粮中锌浓度的增高而降低，这一机制可保持动物体内矿物质元素的平衡。

饲粮中影响锌吸收的因素主要有以下 3 种：①锌水平和添加形式。②矿物元素钙、磷与锌的吸收之间存在严重的拮抗作用；铜、铁与锌能在肠黏膜上相互竞争性吸收，产生拮抗作用，然而铜、铁与锌在鸡上的拮抗作用是单向的，给鸡饲喂过量的铜和铁并不能影响鸡体内对锌的吸收，但给鸡饲喂过量的锌能强烈抑制鸡体内对铜和铁的吸收。③植酸有很强的螯合能力，可以和锌形成稳定且溶解度很低的络合物，降低锌的吸收。此外，消化道环境（如胃、胰腺、胆汁及 pH）、饲粮中螯合剂的种类和数量及其他饲粮成分的影响、鸡体自身的生理阶段对锌的吸收利用也有重要的影响。

三、锌需要量、来源及其生物学利用率

（一）锌需要量

黄羽肉鸡常用饲粮本底（无矿物饲料锌添加）锌含量为 20～35mg/kg。美国 NRC（1994）推荐肉仔鸡 1～21 日龄、22～42 日龄和 43～56 日龄各阶段锌需要量均为 40mg/kg。蛋鸡后备期 0 周龄到开产期、产蛋期锌需要量分别为 35mg/kg、45mg/kg。西班牙 FEDNA（2008）推荐肉仔鸡 1～18 日龄、18～35 日龄和 35 日龄以上锌需要量分别为 72mg/kg、62mg/kg 和 52mg/kg。蛋鸡后备期 0～6 周龄、6 周龄到开产期、产蛋期锌需要量分别为 62mg/kg、55mg/kg、80mg/kg。

快速型黄羽肉鸡锌需要量：蒋宗勇等（2010）在 1～21 日龄快速型岭南黄肉公鸡上的研究表明，添加 60mg/kg 锌可获得最佳生长性能，饲粮含量本底为 25mg/kg；添加 20～120mg/kg 锌显著提高胫骨中锌含量、肝中金属硫蛋白 MT 含量，以及血清中 GSH、Zn、MT 含量和 GSH－Px 酶、CuZn－SOD 酶、AKP 酶活性，改善机体抗氧化能力。刘小雁等（2011）在 22～42 日龄快速型岭南黄肉公鸡上的研究表明，添加 20～120mg/kg 锌（饲粮本底锌含量为 20mg/kg）对肉鸡生长性能、免疫器官指数、肝 CuZn－SOD 酶活性和胫骨灰分含量无显著影响，但显著提高血清 GSH－Px、CuZn－SOD、AKP 酶活性，GSH、Zn、MT 含量，以及胫骨 Zn 和肝 MT 含量，改善了抗氧化能力。蒋宗勇等（2010）在 43～63 日龄快速型岭南黄肉公鸡上的研究表明，添加 18～120mg/kg 锌（饲粮本底 18mg/kg）对肉鸡生长性能、脾指数、肝 CuZn－SOD 活性和胫骨灰分含量无显著影响，但显著提高血清 GSH－Px、CuZn－SOD、AKP 酶活性，GSH、Zn、MT 含量，以及胫骨 Zn 和肝 MT 含量。王明发（2011）在 1～42 日龄固始肉公鸡上研究表明，相比 30mg/kg 和 120mg/kg 锌，60mg/kg 的锌可满足最佳生长需要。刘松柏等（2019）在 1～63 日龄矮脚黄肉鸡上研究表明，以日增重、料重比、血清 AKP 酶活性和胫锌含量为敏感指标，快速型黄羽肉鸡 1～21 日龄锌需要量为 60mg/kg，22～42 日龄和 43～63 日龄锌需要量均为 40mg/kg。

慢速型黄羽肉鸡锌需要量：刘松柏等（2016）在 1～105 日龄天露黄肉母鸡上的研究

表明，以日增重和料重比为敏感指标，慢速型黄羽肉鸡不同生长阶段锌需要量均为80mg/kg。黄羽肉鸡饲粮锌需要量研究结果见表8-8。

《黄羽肉鸡营养需要量》（NY/T 3645—2020）依据刘小雁等（2011）和蒋宗勇等（2010a，2010b）快速型黄羽肉鸡锌需要量研究报告，参考西班牙FEDNA（2008）和美国NRC（1994）推荐肉仔鸡各阶段锌需要量，推荐快速型黄羽肉鸡1～21日龄、22～42日龄和43～63日龄锌需要量分别为85mg/kg、80mg/kg、75mg/kg。中速型和慢速型黄羽肉鸡锌需要量参照快速型黄羽肉鸡。目前，缺乏种用母鸡锌需要量研究文献参考，参考上述营养标准及黄羽肉鸡锌需要量标准，推荐种用母鸡后备期0～6周龄、7周龄到开产期、产蛋期锌需要量分别为62mg/kg、55mg/kg、80mg/kg。

表8-8　黄羽肉鸡饲粮锌需要量研究结果

项目	阶段/日龄	性别	品种	饲养模式	敏感指标	锌推荐水平/(mg/kg)
快速型黄羽肉鸡						
蒋宗勇等（2010a）； 刘小雁等（2011）； 蒋宗勇等（2010b）	1～21	公	岭南黄	地面平养	日增重 血清AKP酶活性 胫骨锌含量	85
	22～42				血清AKP酶活性 胫骨锌含量	80
	43～63				血清AKP酶活性 胫骨锌含量	78
王明发（2011）	1～42	公	固始	地面平养	日增重、采食量、料重比	60
刘松柏等（2019）	1～21	/	矮脚黄	笼养	采食量、料重比	60
	22～42					40
	43～63					
慢速型黄羽肉鸡						
刘松柏等（2016）	1～30	母	天露黄	放养	日增重、料重比	80
	31～60					
	61～85					
	86～105					

《饲料添加剂安全使用规范》（2017）规定，肉鸡饲料中锌推荐添加量为55～120mg/kg（硫酸锌）、80～120mg/kg（氧化锌）、54～120mg/kg［蛋氨酸锌络（螯）合物］；蛋鸡饲料中锌推荐量为40～80mg/kg（硫酸锌），家禽饲料中锌的最高限量值为120mg/kg。

（二）锌来源及生物学利用率

《饲料添加剂安全使用规范》（2017）规定，饲料中添加的锌来源主要有一水硫酸锌（锌34.5%）、七水硫酸锌（锌22%）、氧化锌（锌76.3%）、氨基酸锌络合物（锌17.2%）。不同来源无机锌、有机锌、蛋白源或氨基酸螯合锌在黄鸡上的应用效果如下：曾峰（2009）研究用蛋氨酸锌（锌含量6.73%）代替基础饲粮中50%的硫酸锌对1～62

日龄良凤花麻羽肉母鸡的影响，结果表明，蛋氨酸锌替代硫酸锌可起到改善鸡的生长性能、提高胴体重量、改善损伤后羽毛恢复生长的作用。左建军等（2009）以1～31日龄快大型岭南黄羽肉鸡（公母各半）为对象，研究硫酸锌（锌含量22.8%）和蛋氨酸螯合锌（锌含量10%）对黄羽肉鸡的影响，结果表明：硫酸锌和蛋氨酸螯合锌的添加对平均日增重、平均日采食量、血清AKP酶活性、血清葡萄糖、总蛋白浓度以及胫骨锌和铁含量无显著影响，但在相同添加水平（40mg/kg）时，蛋氨酸螯合锌处理组料重比显著低于硫酸锌组。金美林等（2017）以40～87日龄青脚麻鸡为对象，研究硫酸锌（纯度大于99.5%的一水硫酸锌）对黄羽肉鸡的影响，结果表明：基础饲粮中添加30mg/kg锌可促进肠道中乳酸杆菌的增殖，抑制大肠杆菌的增殖。王明发（2011）以1～42日龄固始公鸡为对象，研究基础饲粮中添加硫酸锌、氧化锌和氨基酸螯合锌对黄鸡的影响，结果表明：综合生长性能、胫骨锌浓度、肝锌浓度、MT浓度以及MTmRNA表达量，蛋氨酸锌和硫酸锌的相对生物学利用率和表观沉积率没有显著差异，但都显著高于氧化锌。周桂莲等（2004）以1～63日龄岭南黄羽肉鸡（公母混合）为对象，研究硫酸锌和蛋氨酸螯合锌对生长性能、免疫器官发育和血液生化指标的影响，结果表明：相比硫酸锌，蛋氨酸螯合锌可提高三个阶段日增重，降低料重比；蛋氨酸螯合锌可显著提高63日龄胸腺指数，血清尿酸含量显著低于同等添加量情况下的硫酸锌组。综合上述研究结果，推荐黄羽肉鸡饲粮添加蛋氨酸锌用以提高生长性能、组织中锌含量和免疫功能，改善羽毛品质。

不同来源锌生物学利用率也有所不同。黄艳玲等（2008）研究表明，血清中锌、碱性磷酸酶和软骨组织中锌的存留量等指标不适用于成为评价鸡锌生物学利用率指标，增重和骨骼中锌的沉积可能是评价锌生物学利用率的最佳指标。但也有研究表明，血清锌可作为评价鸡锌生物学利用率的最佳指标（崔恒敏2004）。索海青（2015）根据胰MTmRNA表达水平、胰锌含量与饲粮中锌添加水平之间拟合的多元线性回归斜率计算，得出蛋氨酸螯合锌相对于硫酸锌的生物学利用率分别为120%和115%。肖俊武（2012）研究表明，以肝锌、胰锌、血清锌含量以及血清5′-核苷酸酶（5′-NT）活性和肝Cu-Zn SOD酶活性为评价指标，碱式硫酸锌相对于硫酸锌的生物学利用率分别为100.36%、132.01%、101.30%、122.41%和92.46%，综合生物学利用率为109.71%；碱式氯化锌的生物学利用率分别为93.69%、73.77%、126.41%、118.82%和86.08%，综合生物学利用率为99.75%。黄艳玲等（2008）以胰MTmRNA水平为评价指标，研究三种不同络合强度有机锌源（弱络合强度，锌含量11.93%；中等络合强度，锌含量13.27%；强络合强度，锌含量18.61%）相对于硫酸锌的生物学利用率，结果表明，三种锌源的生物学利用率分别为90.8%、110.9%和68.5%。曹家银等（2003）以骨骼锌含量为指标，计算出锌蛋白盐相对于硫酸锌的相对生物学利用率为124%。

第九节　硒

一、硒的生理功能及缺乏症

（一）硒的生理功能

硒在早前被认为是一种毒性极强的元素。随着研究的深入，人们发现硒可以预防鸡的渗出性素质病，首次证明硒对禽类具有营养作用。黄羽肉鸡硒含量一般为0.02～0.05mg/kg，几乎所有细胞和组织中都含有硒，其含量视组织和饲粮硒水平而异。一般来说，肝、肾、胰腺、垂体以及毛发中硒含量较高，肌肉、骨骼和血液中相对较低。不同组织中，硒在细胞内的分布也有所不同，对肝而言，硒较均匀地分布在细胞的颗粒和可溶性部分中，而在肾皮质中，近75%的硒集中在细胞核部分，且随饲粮中硒水平变化而变化（马玉龙，1999）。硒具有多种生物学功能，主要有以下六个方面：①抗氧化功能。硒是谷胱甘肽过氧化物酶（GSH－Px）的重要成分，GSH－Px能催化还原型谷胱甘肽转变为氧化型谷胱甘肽的反应，使机体内有毒性的过氧化物还原为醇和水，对细胞膜有显著的保护作用，完整的细胞也阻止了肌浆液流出，减少滴水损失，提高肉品质，且动物摄入硒含量与谷胱甘肽过氧化物酶的活性呈高度正相关（韩占成，2009；吕宗友，2011）。同时，硒与维生素E具有协同抗氧化作用（范秋丽，2018）。②参与免疫调节。硒能使血液中免疫球蛋白水平升高或维持正常，同时可增强细胞免疫功能，对吞噬细胞的趋化、吞噬和杀灭三大过程均有不同程度的影响。硒还可显著提高鸡体新城疫抗体（HI）浓度，增强外周血T淋巴细胞对植物血凝素（PHA）的应答能力和自然杀伤细胞的活力，加速免疫功能的健全。③参与三羧酸循环和呼吸链电子传递。硒参与辅酶A和辅酶Q的合成，促进丙酮酸脱羧，加强α-酮戊二酸氧化酶系统的活性，在三羧酸循环和呼吸链的电子传递过程中起着重要作用。此外，硒还含于甲酸脱氢酶、甘氨酸还原酶以及叶酸氧化酶中，直接或者间接地影响着机体的代谢过程（陈敏，2005）。④维持胰腺健康。硒对鸡的生长和维持胰腺外分泌机能具有专一的特殊作用，胰腺是最先受缺硒影响的靶器官，主要归因于胰腺对硒的聚集能力（李浩，2010）。⑤拮抗金属毒性。硒可通过增强GSH－Px的活性与含量，降低重金属诱发的脂质过氧化物含量来实现对汞、镉、砷、铅等重金属的毒性的拮抗作用。⑥促生长作用。硒作为5′-脱碘酶的组成成分，能使甲状腺激素由低生物活性的T_4（四碘甲腺原氨酸）转化为高生物活性的T_3（三碘甲腺原氨酸），促进GH（生长激素）的合成与分泌，从而加快机体生长和蛋白质的合成（路燕，2012）。

（二）硒缺乏症

缺硒使机体精神萎靡，食欲下降，呈现持续性消瘦。剖检可见胸腹部皮下有蓝绿色体液积聚，皮下脂肪变黄，心包积水，这是由于缺硒使GSH－Px酶活性降低、ROS蓄积、脂类氧化使毛细血管结构异常血液成分渗出所致（张海棠，1999）。硒缺乏还会导致各种疾病产生，主要表现为骨骼肌变性或坏死、肝坏死及心肌纤维变性等症状（阎永梅，2007）。缺硒还可诱发渗出性素质病和胰腺坏死、肌肉营养性萎缩等症状，硒摄入过多则会造成硒中毒，主要表现为鸡脱毛（吴信，2017）。胰腺纤维变性坏死主要发生在1周龄小鸡上，病初表现为腺泡细胞空泡化和玻璃小体形成，随后腺泡间纤维细胞增多，胰腺发生纤维化，最终导致胰腺合成酶、胰蛋白酶等的合成能力下降，消化功能减退，出现营养性消瘦。

二、硒的吸收、代谢及其影响因素

（一）硒的吸收

硒主要在十二指肠被吸收，无机硒由肠道被动吸收，被还原为硒化物；有机硒的主要形式为硒蛋氨酸，以氨基酸吸收机制的方式被吸收。被吸收的硒主要与血液中的α球蛋白、β球蛋白结合，经血浆运载进入各组织，在肝与硒蛋白结合或直接与组织中的蛋白质结合，最终以硒蛋白的形式分布于不同组织细胞中，其中肝、肾含量最高，肌肉、骨骼和血液含量较低。大部分硒被白蛋白运载转入红细胞后保存在细胞内，并长期存在（张兆琴，2007）。研究表明，与有机硒相比，无机硒的吸收效果较差，可能是因为无机硒以被动扩散的方式吸收，有机硒则以主动转运机制方式通过肠道进入体内（刘西萍，2013）。

（二）硒的代谢

无论以何种形式补硒，最终产物是二价硒和三价硒离子，前者有很强的挥发性，由肺排出体外，后者则随粪尿排出。研究表明，无机硒和有机硒可能存在不同的代谢途径。无机硒一经吸收便在还原态辅酶Ⅱ、辅酶A、腺苷-5′-三磷酸盐和镁的作用下生成硒化物，运输到肝，成为硒库中的一部分供硒蛋白的合成，或者生成甲基化代谢产物而排出体外。有机硒如硒代蛋氨酸被吸收后，没有立即参与新陈代谢，而是结合在体组织如骨骼肌、红血球、胰腺、肝、肾、胃黏膜等参与蛋白质合成（骆利欢，2008；王燕，2009）。

三、硒需要量、来源及其生物学利用率

（一）硒需要量

黄羽肉鸡常用饲粮本底硒含量为0.05～0.13mg/kg，而来源于缺硒地区饲料配制的饲粮硒含量可能低得多，需要额外补充硒以达到正常生长的营养需要量。美国NRC（1994）推荐肉仔鸡1～21日龄、22～42日龄和43～56日龄各阶段硒需要量均为0.15mg/kg。蛋鸡后备期0～6周龄、6周龄到开产期、产蛋期硒需要量分别为0.15mg/kg、0.10mg/kg、0.06mg/kg。西班牙FEDNA（2008）推荐肉仔鸡1～18日龄、18～35日龄和35日龄以上硒需要量均为0.30mg/kg。蛋鸡后备期和产蛋期硒需要量均为0.3mg/kg。

快速型黄羽肉鸡硒需要量：李龙等（2017a，2017b）在快速型岭南黄肉公鸡上的研究表明，饲粮0.11～0.34mg/kg硒水平对1～21日龄肉鸡平均日采食量无显著影响，但显著降低体重和平均日增重、升高料重比，且显著升高血清和肝GSH-Px活力、降低血清MDA含量；0.112～0.337mg/kg硒对22～42日龄肉鸡生长性能、血浆和肝MDA含量无显著影响，但可显著提高血浆、肝和红细胞中GSH-Px活力；0.186～0.336mg/kg硒显著升高43～63日龄肉鸡血浆、红细胞和肝GSH-Px活力、降低血浆MDA含量。刘松柏等（2019）推荐1～63日龄矮脚黄鸡各阶段硒需要量为0.3mg/kg。尹兆正等（2005）在1～56日龄肉鸡上的研究表明，0.1～0.25mg/kg硒显著提高体重、饲料转化率和硒存留率，但对胴体性状无影响。骆利欢等（2010）在43～63日龄快速型岭南黄肉公鸡上的研究表明，0.08～0.225mg/kg硒对平均日采食量、饲料转化率、胴体性状和胸肌pH无显著影响，但降低宰后45min胸肌滴水损失和宰后45min至96h胸肌中MDA含量；0.225mg/kg硒显著提高日增重和宰后45min至96h胸肌T-AOC活性、降低宰后45min至96h胸肌肉色L^*值；0.15mg/kg和0.225mg/kg硒显著提高宰后45min至96h胸肌GSH-Px、CAT、T-SOD活性和GSH、MT含量。以上结果显示，0.225mg/kg硒改善黄羽肉鸡肉品质效果最为明显。综合以上试验结果，以体重、日增重和料重比为敏感指标，快速型黄羽肉鸡1～21日龄饲粮硒需要量为0.114mg/kg，22～42日龄硒需要量为0.1mg/kg，43～63日龄硒需要量为0.186mg/kg。

慢速型黄羽肉鸡硒需要量研究报道较少，仅见刘松柏等（2016）在1～105日龄天露黄肉母鸡上的研究，结果表明，以日增重和料重比为敏感指标，不同生长阶段饲粮硒需要量均为0.2mg/kg。黄羽肉鸡饲粮硒需要量研究结果见表8-9。

表8-9　黄羽肉鸡饲粮硒需要量研究结果

项目	阶段/日龄	性别	品种	饲养模式	敏感指标	硒推荐水平/(mg/kg)
快速型黄羽肉鸡						
李龙等（2017）	1～21	公	快大黄	地面平养	日增重	0.114
	22～42				日增重、料重比	0.337
	43～63				GSH-Px活力	0.186
刘松柏等（2019）	1～21 22～42 43～63	/	矮脚黄	笼养	采食量、料重比	0.2
尹兆正等（2005）	1～56	公母各半	岭南黄	地面平养	体重、料重比	0.1
骆利欢等（2010）	43～63	公	岭南黄	地面平养	肉品质	0.225
慢速型黄羽肉鸡						
刘松柏等（2016）	1～30 31～60 61～85 86～105	母	天露黄	放养	日增重、料重比	0.2

《黄羽肉鸡营养需要量》（NY/T 3645—2020）快速型黄羽肉鸡各阶段硒需要量依据李龙等（2017a，2017b）研究结果，并参考美国NRC（1994）和西班牙FEDNA（2008）推荐的肉仔鸡各阶段硒需要量，最终推荐快速型黄羽肉鸡1～21日龄、22～42日龄和43～63日龄各阶段硒需要量均为0.15mg/kg。中速型和慢速型黄羽肉鸡各阶段硒需要量仍为0.15mg/kg。缺乏种用母鸡硒需要量研究文献，参考上述营养标准和黄羽肉鸡硒需要量，推荐种用母鸡后备期和产蛋期硒需要量分别为0.15mg/kg和0.12mg/kg。

《饲料添加剂安全使用规范》（2017）规定，畜禽配合饲料或全混合日粮中硒的最高限量为0.5mg/kg，推荐添加量为0.1～0.3mg/kg（亚硒酸钠或酵母硒）。

（二）硒来源及生物学利用率

《饲料添加剂安全使用规范》（2017）规定，饲料中添加的硒主要来源为亚硒酸钠（硒44.7%）、酵母硒等。Jiang等（2009）在43～63日龄岭南黄鸡肉公鸡上的研究表明，相比亚硒酸钠，硒代蛋氨酸可显著提高鸡生长性能、肉品质和抗氧化能力。宋清华等（2009）在1～56日龄公母混合的良凤花鸡上的研究表明，不同硒源的添加对日增重、饲料转化率和屠体特性均无显著影响。许飞利等（2007）在7～70日龄黄羽肉鸡上的研究表明，等量的硒代蛋氨酸（硒含量0.52%）比亚硒酸钠（硒含量45.5%）更有利于提高肉品质，但2种硒源的添加对肌纤维直径无显著影响。夏枚生等（2005）在1～56日龄快大型公母各半的岭南黄羽肉鸡上的研究表明，纳米硒组（粒径 30～70nm）生长性能、GSH－Px 和 T－AOC 活性、全血硒含量显著优于亚硒酸钠组（硒含量 1%），MDA 和活性氧含量显著低于亚硒酸钠组。张习文等（2010）在 39 周龄岭南黄鸡肉用种母鸡上的研究表明，硒代蛋氨酸（纯度 99.5%）显著提高了出生肉鸡肝、肾、肌肉、胸腺以及血清中硒含量，提高了出生肉鸡肌肉 GSH－Px、T－SOD 和肾 T－SOD 活力，提高出生肉鸡肌肉、肝 T-AOC 活性以及肾 GSH 含量，降低肌肉和胰腺中 MDA 含量。肖雪等（2016）在 48 周龄岭南黄鸡父母代肉用种母鸡上的研究表明，酵母硒和硒代蛋氨酸（纯度 99%）显著提高了 1 日龄后代鸡肝、肾和肌肉中的硒含量以及肾中 CAT 酶活性，显著降低了肝 MDA 含量；硒代蛋氨酸显著降低了 1～21 日龄后代鸡料重比；硒代蛋氨酸显著提高了后代肉鸡胸肌 16h pH、肉色 a^* 值和 24h、48h 胸肌滴水损失，显著提高 1 日龄后代肉鸡肝 GSH－Px、T－SOD 和 T－AOC 活力以及肾 T－SOD、CAT 和 T－SOD 活力，显著降低肾 MDA 含量。随佳佳等（2014）研究表明，等量亚硒酸钠（纯度 99%）和硒代蛋氨酸（纯度 99%）的添加可降低岭南黄父母代肉用种母鸡后代鸡胚死亡率，提高抗氧化水平，且母源硒代蛋氨酸的作用效果优于亚硒酸钠。综合上述研究结果，推荐黄羽肉鸡饲粮添加硒代蛋氨酸以提高生长性能、免疫功能、抗氧化能力和肉品质，降低死亡率。

不同来源的硒因矿物元素含量不同，相对生物利用率也有所不同。刘国庆（2021）以红细胞、肝、胰腺、胸肌硒含量以及肾、胰腺 GSH－Px 活性作为评价指标，研究得出酵母硒、硒代蛋氨酸、硒代蛋氨酸羟基类似物和纳米硒相对亚硒酸钠的生物学利用率分别为 259%、249%、229% 和 48.4%。总体上看，各硒源生物学利用率排序为：硒代蛋氨酸>酵母硒>硒代蛋氨酸羟基类似物>亚硒酸钠>纳米硒。

第十节　碘

一、碘的生理功能及缺乏症

（一）碘的生理功能

碘是黄羽肉鸡必需的微量元素之一，碘在黄羽肉鸡体内平均含量为 0.05～0.2mg/kg，但这一数值变化范围很大，主要取决于饲粮中碘的含量。正常饲养条件下，碘在黄鸡体内分布为：甲状腺 70%～80%，肌肉 3%～4%，骨骼 3%，其他器官组织 5%～10%（杨建成，2001）。血液中的碘主要与血浆蛋白结合，少量游离存在于血浆中。其主要作用是参与机体甲状腺素的合成，从而间接影响动物机体的生理功能（杨国忠，2007）。碘的生理功能主要有以下两个方面：

（1）参与合成甲状腺素。甲状腺素对机体的作用主要有两个方面：一方面，甲状腺素能促进三羧酸循环和氧化磷酸化过程，适当剂量的甲状腺素可促进糖和脂肪的生物氧化，使氧化和磷酸化两者相互协调，并释放能量，一部分储存于三磷酸腺苷，其余的以热能形式维持体温或释放到体外。此外，甲状腺素对蛋白质、RNA、DNA 的合成都有促进作用，适量的甲状腺素可提高细胞核 RNA 聚合酶的活性，使整个 RNA 的合成量增加，从而间接促进蛋白质的合成，一些参与物质代谢酶的活性也可以得到提高（李西峰，1995）。

另一方面，甲状腺素对中枢神经系统、骨骼系统、心血管系统和消化系统的发育具有调控作用，从而促进幼龄鸡的生长发育，增加基础代谢率和耗氧量（高立海，2003）。

（2）影响羽毛和皮肤的发育。碘可通过影响血管的发育从而影响羽毛的发育。缺碘导致动物被毛干燥、污秽、生长缓慢、掉毛甚至全身脱毛，皮肤增厚，周身被毛纤维化。

（二）碘缺乏症

肉鸡碘缺乏有两种情况，一种情况是原发性缺碘，主要是因为饲料中碘不足，这种缺乏情况一般具有地方性，如本地土壤、饮水中碘缺乏，可导致当地肉鸡碘的缺乏。另一种情况是继发性碘缺乏，主要是因为饲料中含有拮抗碘吸收和利用的物质（如硫氰酸盐、糖苷花生四烯苷及含氰糖苷等）以及甲状腺肿原性物质（如甲巯咪唑和甲硫尿等）（高立海，2003）。碘缺乏可使甲状腺细胞代偿性增生而表现肥大，即低碘甲状腺肿大，使生长受阻和繁殖力下降，脑细胞数量、DNA 合成以及蛋白质与 DNA 的比值均减少。碘用量过大也可导致高碘甲状腺肿大，引起肉鸡中毒。剖检可见肺水肿、淤血、十二指肠出血、肝肾肿大充血，盲回肠积液、脑轻度水肿（杨建成，2001）。黄羽肉鸡碘缺乏症见彩图 19。

二、碘的吸收、代谢及其影响因素

（一）碘的吸收

饲料中碘大多为无机碘化合物，在消化道各部位均可直接被吸收，且消化吸收率特别高。有机形式的碘吸收率也特别高，但其吸收速率较无机碘慢，肉鸡吸收有机碘的主要部位在小肠，其次是胃。经消化道吸收的碘，进入血液后以 I^- 形式存在，有 60%～70%被甲状腺所摄取。在甲状腺内先氧化成 I_2，再与甲状腺球蛋白中的酪氨酸残基结合形成碘化甲状腺球蛋白，储存于甲状腺中，可在溶酶体内蛋白水解酶的作用下水解释放出具有激素活性的三碘甲腺原氨酸（T_3）和甲状腺素（T_4），通过血液循环进入全身其他组织器官中起作用（张喜春，2002）。进入组织器官中的甲状腺素 80%被脱碘酶分解，释放出的碘再次循环到甲状腺被重新利用，肉鸡体内无机碘周转代谢较快，有机碘周转代谢较慢。

（二）碘的代谢

碘主要通过肾随尿排出，少部分通过胃肠道随唾液、胃液、胆汁和粪排出。肉鸡体内的内源粪碘主要随胆汁排出，另外碘也可通过肺和皮肤排出，生产动物也可经动物产品排出（孙庆德，2005）。

三、碘需要量、来源及其生物学利用率

（一）碘需要量

黄羽肉鸡常用饲粮碘含量为 0.09～0.20mg/kg。美国 NRC（1994）推荐肉仔鸡 1～21 日龄、22～42 日龄和 43～56 日龄各阶段碘的需要量均为 0.35mg/kg。蛋鸡后备期和产蛋期碘需要量均为 0.35mg/kg。西班牙 FEDNA（2008）推荐肉仔鸡 1～18 日龄、18～35 日龄和 35 日龄以上碘需要量分别为 1.0mg/kg、0.8mg/kg 和 0.5mg/kg。蛋鸡后备期 0～6 周龄、6 周龄到开产期、产蛋期碘需要量分别为 0.6mg/kg、0.4mg/kg、1mg/kg。

快速型黄羽肉鸡碘需要量：李龙等（2014）在 1～63 日龄快速型岭南黄肉公鸡上研究表明，饲粮 0.2～1.0mg/kg 水平碘对 1～21 日龄生长性能、免疫器官重量、血清 T_3 和 T_4 含

量均无显著影响，0.2mg/kg 碘提高血清 T_3/T_4 比值。0.2～1.0mg/kg 水平碘对 22～42 日龄生长性能无显著影响，0.6mg/kg 和 0.8mg/kg 碘显著提高甲状腺重量，0.8mg/kg 水平碘提高血清 T_4 含量和 T_3/T_4 比值。0.2～1.0mg/kg 碘对 43～63 日龄日增重、料重比、血清 T_3 含量和 T_3/T_4 比值无显著影响，但 1.0mg/kg 碘显著升高日采食量，0.4mg/kg 和 0.6mg/kg 碘显著提高甲状腺重量，0.4mg/kg、0.6mg/kg 和 1.0mg/kg 碘显著升高胸肌率，0.4mg/kg 碘显著提高腿肌率，0.4mg/kg 和 1.0mg/kg 碘显著提高血清 T_4 含量。刘松柏等（2019）在 1～63 日龄矮脚黄肉鸡上的研究表明，以采食量、料重比、甲状腺重量或屠宰性能为敏感指标，快速型黄羽肉鸡各阶段碘需要量为 0.7mg/kg。

慢速型黄羽肉鸡碘的营养需要量：刘松柏等（2016）在 1～105 日龄天露黄肉母鸡上的研究表明，1.0mg/kg 碘对不同生长阶段日增重、平均日采食量、料重比均无显著影响。黄羽肉鸡饲粮碘需要量研究结果见表 8－10。

表 8－10　黄羽肉鸡饲粮碘需要量研究结果

项目	阶段/日龄	性别	品种	饲养模式	敏感指标	碘推荐水平/(mg/kg)
快速型黄羽肉鸡						
李龙等（2014）	1～21	公	快大黄	地面平养	甲状腺重量、屠宰性能、血清中 T_3、T_4 含量	0.2
	22～42					0.8
	43～63					0.4
刘松柏等（2019）	1～21 22～42 43～63	/	矮脚黄	笼养	采食量、料重比	0.7
慢速型黄羽肉鸡						
刘松柏等（2016）	1～30 31～60 61～85 86～105	母	天露黄	放养	日增重、料重比	1.0

《黄羽肉鸡营养需要量》（NY/T 3645—2020），参考美国 NRC（1994）推荐的肉仔鸡各阶段碘需要量、西班牙 FEDNA（2008）和呙于明等（1998）推荐的肉仔鸡各阶段碘需要量数据，最终推荐快速型黄羽肉鸡 1～21 日龄、22～42 日龄、43～63 日龄碘需要量分别为 0.70mg/kg、0.70mg/kg、0.50mg/kg。中速型和慢速型黄羽肉鸡 1～30 日龄、31～60 日龄、61～90 日龄碘需要量分别为 0.70mg/kg、0.70mg/kg、0.50mg/kg，慢速型黄羽肉鸡 91～120 日龄碘需要量仍为 0.50mg/kg。目前缺乏种用母鸡碘需要量研究文献参考。参考上述标准和黄羽肉鸡碘需要量，推荐种用母鸡后备期 0～6 周龄、7 周龄到开产期、产蛋期碘需要量分别为 0.6mg/kg、0.4mg/kg、1mg/kg。

《饲料添加剂安全使用规范》（2017）规定，家禽配合料或全混合日粮中碘的最高限量为 10mg/kg，推荐添加量为 0.1～1.0mg/kg。

（二）碘来源及生物学利用率

《饲料添加剂安全使用规范》（2017）规定，饲料中添加的碘主要来源于碘酸钙（碘61.8%）、碘酸钾（碘58.7%）、碘化钾（74.9%）等。

碘酸钙作为一种安全性高的补碘剂，被广泛应用于饲料中，但碘酸钙具有较强氧化性，可与饲料中还原性物质如维生素反应，生成 I_2 或者 I^-，使碘酸钙中碘元素在饲料生产、贮藏、运输等过程中严重流失，难以控制其用量及其摄入量。同时，碘酸钙与还原性物质反应会对饲料品质和营养物质的吸收效率等产生潜在的不良影响。目前，研究者对提高碘盐的稳定性尝试了碘化聚合物、物理吸附和碘盐微胶囊化等不同方法（杨安源，2019），但目前暂无不同来源碘的生物学利用率具体数据报道。

参考文献

敖翔，何健，2018. 磷在肉仔鸡上的营养作用及其生物学利用率的研究进展［J］. 饲料与畜牧（5）：59-64.

鲍庆晗，王安，王洋，2007. 氯的研究进展及其在家禽营养中的作用［J］. 饲料工业，28（20）：58-61.

卜友泉，罗绪刚，李英文，等，2002. 动物锰营养中含锰超氧化物歧化酶研究进展［J］. 动物营养学报，14（1）：1-7.

曹华斌，郭剑英，唐兆新，2006. 微量元素铁对动物免疫功能的研究进展［J］. 江西饲料（4）：1-4.

曾锋，2009. 不同锌源对麻羽肉鸡生长性能及羽毛生长影响［D］. 广州：华南农业大学.

常慧云，侯顺利，1994. 镁的生理生化功能及其在生物医学中的应用［J］. 畜牧与兽医，26（4）：181-182.

陈国焰，2000. 日粮电解质平衡对鸡生长和血液酸碱度的影响［D］. 广州：华南农业大学.

陈佳，程曙光，2009. 镁对畜禽肉品质影响的研究进展［J］. 饲料博览（5）：32-34.

陈丽，韩太真，2003. 镁的生理调节［J］. 国外医学：医学地理分册，24（3）：110-112.

陈敏，2005. 微量元素硒的存在形式及其生物学功能［J］. 中国畜牧杂志（6）：63-66.

陈清华，2005. 动物磷的代谢与内源磷的研究［J］. 饲料工业，26（24）：40-43.

陈雅湘，方热军，2019. 磷的吸收代谢及影响因素研究进展［J］. 湖南饲料，169（2）：33-35，51.

陈永云，2003. 锰在畜禽营养与代谢中的作用［J］. 福建畜牧兽医，25（3）：36-37.

成廷水，李俊波，吕武兴，等，2008. 黄羽肉鸡有效磷需要量的研究［J］. 饲料工业，29（21）：26-28.

崔恒敏，赵翠燕，黎德兵，等，2004. 高锌对肉鸡血液生化指标的影响［J］. 中国兽医学报，24（5）：504-507.

崔新枝，王安，李彦猛，等，2009. 不同镁源对肉仔鸡机体抗氧化和免疫机能的影响［J］. 饲料工业，30（15）：17-19.

淡秀荣，刘翠艳，左龙，2014. 铁在畜禽生产中的应用［J］. 畜牧兽医杂志，33（6）：51-52.

邓灶福，尹伟，郑高贵，2005. 肉鸡日粮中添加蛋氨酸螯合锰、锌的效果对比试验［J］. 湖南畜牧兽医（6）：25-26.

丁保安，1999. 鸡对植酸磷的利用［J］. 国外畜牧科技（6）：10.

董美英，2005. 鸡的钙营养代谢［J］. 江西畜牧兽医杂志（3）：5-6.

董晓慧，韩友文，2001. 锌吸收、代谢研究进展［J］. 中国饲料，1（1）：23-26.

范秋丽，蒋守群，苟钟勇，等，2019. 低钙、磷水平饲粮添加高剂量植酸酶对 1～42 日龄黄羽肉鸡生长性能，胫骨指标和钙磷代谢的影响［J］. 动物营养学报，31（4）：280－290.

范秋丽，蒋守群，苟钟勇，等，2018. 饲粮钙磷比及添加植酸酶对 43～63 日龄黄羽肉鸡生长性能和血清生化指标的影响［J］. 饲料工业，39（21）：33－38.

范秋丽，蒋守群，苟钟勇，等，2019. 低钙磷饲粮添加高剂量植酸酶对 1～21 日龄黄羽肉鸡生长性能，胫骨性能，血清生化指标的影响［J］. 动物营养学报，31（1）：304－313.

范秋丽，蒋守群，苟钟勇，等，2019. 低钙磷饲粮添加高剂量植酸酶对 1～63 日龄黄羽肉鸡生长性能及胫骨性能的影响［J］. 饲料工业，40（3）：36－40.

范秋丽，蒋守群，林厦菁，等，2018. 维生素 E 和不同来源硒对 1～21 日龄黄羽肉鸡生长性能和肠道功能的影响［J］. 饲料研究（5）：39－44.

冯秉福，赵新全，曹俊虎，2008. 微量元素锌在动物生产中的作用［J］. 中国畜牧兽医，35（6）：26－29.

冯江，王勇，冯杰，等，2008. 不同锌源吸收机制研究进展［J］. 饲料研究（9）：38－40.

冯轩彪，2009. 鸡硫缺乏症及其防治试验［J］. 南昌高专学报，24（4）：161－162.

付强，刘源，2006. 钙、磷与维生素 D 对动物骨代谢的影响研究进展［J］. 中国比较医学杂志，16（8）：58－61.

付云超，李善文，薛琳琳，等，2007. 微量元素对奶牛繁殖性能的影响［J］. 河南畜牧兽医，28（4）：13－14.

高广建，2007. 饲粮电解质平衡对家禽营养与家禽生产的影响［J］. 山东畜牧兽医，30（3）：16－17.

高建伟，王林枫，杨改青，等，2010. 锌的消化吸收机制研究进展［J］. 安徽农业科学（1）：43－44，77.

高立海，梁海平，2003. 动物必需的微量元素：碘［J］. 湖南饲料（5）：18－20.

高延玲，康相涛，王广聚，2003. 鸡对微量元素锰的营养需要研究进展［J］. 饲料工业（12）：34－36.

郭剑英，刘好朋，胡京京，等，2014. 高铜对肉鸡红细胞渗透脆性和溶血度的影响［J］. 黑龙江畜牧兽医（7）：3－6.

郭荣富，陈克嶙，张曦，等，2004. 肉鸡蛋氨酸铁生物利用率试验研究［J］. 中国家禽，8（1）：93－95.

郭荣富，陈克嶙，张曦，2001. 肉鸡对三碱基氯化铜、铜氨基酸螯合物、铜蛋白盐生物利用率研究［J］. 动物营养学报，13（1）：54－58.

郭蕊，2019. 肉仔鸡日粮中不同形态锰源的相对生物学利用率评定［J］. 畜牧与饲料科学，40（2）：16－19，28.

郭颖媛，车向荣，裴华，2007. 微量元素锌在畜牧生产中的研究［J］. 饲料研究（3）：39－42.

韩占成，冯秉福，2009. 微量元素硒在动物生产中的应用研究［J］. 中国畜牧兽医文摘（2）：75－76.

郝守峰，2009. 不同形态和水平锰调节肉鸡心肌细胞 MnSOD 基因表达机制的研究［D］. 北京：中国农业科学院.

何姝颖，曾皑，桥元康司，2018. 不同种类矿物磷源在肉鸡相对生物学利用率和骨骼发育上的应用研究［J］. 饲料研究，486（5）：19－22.

贺建华，2005. 植酸磷和植酸酶研究进展［J］. 动物营养学报，17（1）：1－6.

贺英，牛一兵，吕林，等，2011. 鸡铜需要量的影响因素［J］. 中国家禽（4）：59－60.

洪平，蒋守群，周桂莲，等，2013. 43～63 日龄黄羽肉鸡钙需要量研究［J］. 动物营养学报，25（2）：299－309.

洪平，蒋守群，周桂莲，等，2012. 22～42 日龄黄羽肉鸡钙需要量研究［J］. 动物营养学报，24（1）：62－68.

侯江泳，胡向东，2010. 微量元素铜在动物机体中的作用研究进展 [J]. 饲料研究 (1)：39-40.

侯庆永，2014. 铜的生理功能及其对仔猪健康的影响 [J]. 现代农业科技 (8)：252-253.

黄春红，李淑红，2006. 食盐在畜禽日粮中的应用与添加 [J]. 湖南饲料 (1)：27-29.

黄钦华，2004. 饲粮中不同电解质平衡值对银香麻鸡生产性能及血液理化指标的影响 [D]. 南宁：广西大学.

黄琴，梁惠，杜风沛，2005. 镁的生理与临床应用 [J]. 微量元素与健康研究，22 (2)：61-63.

黄艳玲，吕林，罗绪刚，等，2008. 饲粮锌对肉鸡生长性能、组织含锌酶活性以及金属硫蛋白含量的影响 [J]. 中国畜牧杂志 (13)：27-29.

贾淑庚，檀晓萌，郝二英，2015. 微量元素铁在家禽生产中的应用研究 [J]. 饲料广角 (10)：52-55.

姜海龙，谷琳琳，王鹏，等，2015. 镁的生物学功能及其对肉品质影响的研究进展 [J]. 中国畜牧兽医，42 (2)：395-400.

姜金庆，2006. 日粮中不同电解质平衡值对肉鸡生产性能和血液生化指标的影响 [D]. 杨凌：西北农林科技大学.

蒋宗勇，林映才，周桂莲，等，2009. 日粮非植酸磷和基因工程酵母菌植酸酶水平对 22～42 日龄黄羽肉鸡生长和胫骨发育的影响 [J]. 中国农业科学，42 (12)：4349-4357.

蒋宗勇，刘小雁，蒋守群，等，2010a. 1～21 日龄黄羽肉鸡锌需要量的研究 [J]. 动物营养学报，22 (2)：301-309.

蒋宗勇，刘小雁，蒋守群，等，2010b. 43～63 日龄黄羽肉鸡锌需要量的研究 [J]. 中国农业科学，43 (20)：301-309.

金美林，岳小婧，莫才红，等，2017. 日粮添加黄芪和锌对肉鸡生产性能、肠道微生物及抗氧化能力的影响 [J]. 中兽医医药杂志，36 (4)：55-58.

金明姬，胡静洁，周明军，等，2007. 钙磷硒元素与畜禽疾病的关系 [J]. 吉林畜牧兽医 (6)：63-64.

井明艳，孙建义，2003. 锰缺乏对动物的影响及有机态锰的应用研究 [J]. 黑龙江畜牧兽医 (9)：65-68.

孔凡科，郭吉原，杨青，等，2020. 储存时间，铜源及其添加水平对脂溶性维生素稳定性的影响 [J]. 中国畜牧杂志，56 (12)：134-137.

李成，2011. 依普拉芬及 1,25-二羟维生素 D_3 对鸡胚胫骨成骨细胞增殖及钙通道 TRPV6 表达的影响 [D]. 南京：南京农业大学.

李浩，2010. 有机硒的营养生理作用及在家禽营养中的研究进展 [J]. 畜禽业 (4)：10-11.

李建慧，2013. 动物肠道磷吸收的影响因素 [J]. 中国饲料 (6)：26-28，31.

李江长，贺建华，2013. 植酸磷与植酸酶及其在畜禽和鱼类中的应用 [J]. 饲料博览 (8)：23-27.

李聚才，张春珍，庞琪艳，等，2007. 动物微量元素锌营养研究进展 [J]. 宁夏农林科技 (6)：30-32.

李亮，何永涛，丛玉艳，2005. 有机镁对肉仔鸡机体组织抗氧化机能及肉品质的影响 [J]. 上海畜牧兽医通讯 (3)：26-27.

李龙，蒋守群，蒋宗勇，等，2017. 43～63 日龄黄羽肉鸡硒需要量的研究 [J]. 中国家禽，39 (24)：23-27.

李龙，蒋守群，郑春田，等，2014. 43～63 日龄黄羽肉公鸡铜需要量 [J]. 动物营养学报，26 (11)：3266-3275.

李龙，蒋守群，郑春田，等，2015. 1～21 日龄黄羽肉鸡饲粮铜营养需要量的研究 [J]. 动物营养学报，27 (2)：578-587.

李龙，蒋守群，郑春田，等，2017a. 1～21 日龄岭南黄羽肉仔鸡饲粮硒适宜供给量的研究 [J]. 动物营养学报，29 (4)：1141-1147.

李龙，蒋守群，郑春田，等，2017b. 饲粮不同硒水平对 22～42 日龄黄羽肉鸡生长性能、抗氧化指标的影响［J］．中国家禽，39（10）：23．
李美琳，2014．鸡矿物质、维生素缺乏与过剩的临床表现及防治［J］．现代畜牧科技（9）：166．
李清晓，李忠平，2004．铁元素的营养作用及在动物生产上的应用［J］．饲料博览（4）：4－6．
李淑荣，张丽萍，安建钢，等，2016．RS_3 对大鼠微量元素铁、锰吸收的影响［J］．现代食品科技（12）：61－64．
李西峰，1995．必需微量元素碘［J］．中国饲料（20）：31．
李晓菲，2016．不同形态铁在肉仔鸡小肠中的吸收特点及其机制研究［D］．北京：中国农业科学院．
李晓颖，王静，谷巍，2012．微量元素锌在动物体内的吸收代谢及其影响因素［J］．饲料与畜牧（1）：53－55．
李耀华，单安山，高鹏飞，2011．锰在肉鸡生产中的应用研究［J］．饲料研究（2）：51－53．
李义海，1990．硫元素对畜禽的营养作用［J］．饲料与畜牧：新饲料（6）：22－24．
李勇超，高凤仙，李伟，等，2009．微量元素锰在动物营养中的应用研究［J］．广东畜牧兽医科技（1）：8－10．
李玉艳，2008．氨基酸微量元素螯合物对肉鸡生长性能、饲粮养分代谢率以及血液生化指标的影响［D］．南宁：广西大学．
刘成理，刘晓辉，1999．植酸酶与畜禽钙磷代谢的关系［J］．中国饲料（19）：14－15．
刘国庆，2021．肉仔鸡实用饲粮中硒适宜水平、生物学利用率及其在小肠中的吸收规律研究［D］．北京：中国农业科学院．
刘然，2012．锰缺乏对肉仔鸡胫骨形态学及 OPG/RANKL 信号传导通路的影响［D］．泰安：山东农业大学．
刘松柏，谭会泽，彭运智，等，2018．饲粮钙磷水平对矮脚黄肉鸡生长性能及胫骨灰分含量的影响［J］．饲料工业，39（20）：54－59．
刘松柏，谭会泽，彭运智，等，2018．饲粮钙磷水平对优质黄羽肉鸡生长性能及胫骨灰分含量的影响［J］．粮食与饲料工业，376（8）：32－36．
刘松柏，谭会泽，温志芬，等，2019．饲粮不同微量元素添加量对于黄羽肉鸡生长性能及组织微量元素沉积的影响［J］．畜牧与兽医，51（5）：24－28．
刘松柏，谭会泽，温志芬，等，2019．饲粮钙磷水平对中速型黄羽肉鸡生长性能及胫骨灰分含量的影响［J］．畜牧与兽医，51（1）：17－22．
刘松柏，谭会泽，温志芬，等，2016．饲料中不同微量元素含量对长天龄土鸡生长性能的影响［J］．饲料研究（10）：21－23．
刘西萍，隋美霞，徐中相，等，2014．微量元素锌及不同锌源在畜禽营养上的研究进展［J］．中国畜牧兽医，41（6）：94－98．
刘西萍，王宗伟，2013．硒在家禽营养中的研究进展［J］．饲料博览（3）：46－48．
刘小雁，蒋宗勇，蒋守群，等，2011．22～42 日龄黄羽肉鸡日粮锌营养需要量的研究［J］．中国粮油学报，26（6）：66－72．
刘欣，李奎，周斌，2011．铁的生理学特性及吸收机制［J］．饲料研究（6）：38－39．
刘永祥，呙于明，刘太宇，等，2008．肉仔鸡对不同镁源相对生物学利用率的评价［J］．西北农林科技大学学报（自然科学版），36（8）：7－12．
刘雨田，郭小权，2000．微量元素锰的营养学研究进展［J］．兽药与饲料添加剂，5（1）：27－29．
鲁陈，胡贺，杜方超，等，2019．有机铜在动物生产中的研究进展［J］．饲料博览（5）：41－45．
陆娟娟，崔政安，夏中生，等，2011．氨基酸微量元素螯合物替代无机微量元素饲喂黄羽肉鸡的研究［J］．饲料与畜牧（11）：43－46．

路燕，黄文峰，杨惠超，2012. 微量元素硒的生物学作用［J］. 湖北畜牧兽医（1）：8－10.
罗小军，雷登武，刘锋，等，2006. 微量元素铁在动物生产上的应用［J］. 广东饲料，15（2）：25－27.
吕林，计成，罗绪刚，等，2007. 不同锰源对肉鸡胴体性能和肌肉品质的影响［J］. 中国农业科学，40（7）：1504－1514.
吕宗友，李军，金晓君，等，2011. 硒在养鸡生产中的研究进展［J］. 中国饲料（1）：18－21.
马飞洋，杨帆，唐兆新，等，2019. 高铜对肉鸡心肌细胞线粒体自噬的影响［J］. 中国兽医科学，49（5）：659－664.
马新燕，吕林，解竞静，等，2012. 肉鸡铁营养需要量的研究进展［J］. 动物营养学报，24（7）：1193－1200.
马新燕，2012. 肉仔鸡对有机蛋白铁相对生物学利用率及其饲粮铁适宜水平的研究［D］. 北京：中国农业科学院.
马玉龙，马成礼，1999. 微量元素硒的研究进展［J］. 饲料博览（11）：12－13.
潘文，2016. 1～21 日龄麒麟鸡非植酸磷需要量及其植酸酶利用研究［D］. 湛江：广东海洋大学.
钱剑，王哲，刘国文，2003. 铜在动物体内代谢的研究进展［J］. 动物医学进展，24（2）：55－57.
乔桂兰，杨继生，2006. 钙、磷的生理功能和缺乏症［J］. 山西农业（13）：33－34.
屈国杰，2014. 饲料添加剂氯化钠［J］. 饲料广角（15）：31－32.
任素兰，2013. 微量元素铜的营养生理作用［J］. 现代农业（1）：15－16.
邵玉新，邢冠中，张丽阳，等，2019. 饲粮钙、磷缺乏对 1～21 日龄肉仔鸡生长性能、佝偻病发病特征及胫骨组织结构的影响［J］. 动物营养学报，31（5）：154－165.
石矿，1998. 鸡的钙营养［J］. 山东家禽（3）：33－36.
石文艳，潘晓亮，万鹏程，2005. 铁元素的生理功能及其研究进展［J］. 畜牧兽医科 技信息（3）：15－18.
宋明明，黄凯，朱连勤，2014. 铜吸收与代谢的研究进展［J］. 饲料博览（9）：14－17.
宋清华，田科雄，2009. 不同硒源与硒水平对肉鸡生长性能、胴体特性的影响［J］. 饲料工业，30（24）：14－16.
孙庆德，李梅，2005. 高碘对动物的影响［J］. 广东饲料（5）：38－39.
孙雪清，2009. 鸡硫缺乏症的防治［J］. 医学动物防制，25（5）：400.
索海青，2015. 肉仔鸡对蛋氨酸锌相对生物学利用率及其小肠磷吸收调控的研究［D］. 北京：中国农业科学院.
汤莉，2004. 不同形态锰源和铁源对肉仔鸡相对生物学利用率的研究［D］. 武汉：华中农业大学.
汤凌燕，2009. 胰岛素样生长因子-1 对下丘脑神经元钙信号的调节及机制［D］. 武汉：华中科技大学.
唐湘方，夏中生，2004. 家禽饲粮电解质平衡的研究与应用［J］. 粮食与饲料工业（7）：41－43.
屠焰，范先国，2000. 不同含磷矿物质饲料中磷相对生物学利用率的研究［J］. 动物营养学报，12（1）：32－37.
万敏艳，张保海，王宏博，等，2018. 磷酸一二钙对肉仔鸡相对生物学利用率的研究［J］. 动物营养学报，30（9）：3353－3363.
王健，2012. 锰缺乏对肉仔鸡胫骨生长板软骨细胞发育相关因子的影响［D］. 泰安：山东农业大学.
王明发，2011. 日粮中添加锌制剂对固始鸡和 AA 肉鸡锌生物学利用率影响的研究［D］. 南京：南京农业大学.
王伟，韩博，史言，等，1998. 微量元素铜代谢研究进展［J］. 黑龙江畜牧兽医（9）：33－36.
王小兵，2014. 磷在家禽体内的分布、吸收、代谢与作用［J］. 养殖技术顾问（2）：62.
王学英，马景欣，2014. 动物锌缺乏症和锌中毒的病因与防治［J］. 养殖技术顾问（11）：145.
王一冰，王薇薇，张盛，等，2020. 饲粮钙，非植酸磷水平对 29～56 日龄慢速黄羽肉鸡生长性能和胫骨性状的影响［J］. 动物营养学报，32（12）：5659－5666.

王余丁，赵国先，卢艳敏，等，2002. 微量元素锌与畜禽营养研究进展［J］. 河北农业大学学报，25（1）：110－114.

王照军，2012. 锰缺乏对肉仔鸡骨骼发育相关血清指标的影响［D］. 泰安：山东农业大学.

王子旭，佘锐萍，陈越，等，2003. 日粮锌硒水平对肉鸡小肠黏膜结构的影响［J］. 中国兽医科技，33（7）：1－6.

文娟，2010. 不同钙磷比例的日粮中添加植酸酶对肉鸡养分利用的影响［J］. 饲料广角（20）：31－33.

吴凡，2012. 微量元素铁在动物生产上的应用［J］. 江西饲料（4）：13－15.

吴建设，呙于明，杨汉春，等，1999. 微量元素铜的营养与免疫研究进展［J］. 国外畜牧科技（1）：5－9.

吴信，孟田田，万丹，等，2017. 硒在畜禽养殖中的应用研究进展［J］. 生物技术进展，7（5）：428－432.

吴学壮，蔡治华，闻治国，等，2019. 斜率比法评定肉仔鸡对铜源的相对生物学利用率［J］. 动物营养学报，31（4）：1596－1603.

武书庚，齐广海，1999. 微量元素铜的研究综述［J］. 饲料工业，20（12）：5－7.

夏枚生，张红梅，胡彩虹，等，2005. 纳米硒对肉鸡生长和抗氧化的影响［J］. 营养学报，27（4）：307－310.

肖俊武，2012. 不同锌源对肉仔鸡生产性能及生物学利用率的研究［D］. 南昌：江西农业大学.

肖雪，李凯旋，袁栋，等，2016. 种母鸡饲粮不同硒源及添加水平对后代肉鸡生长性能、肉品质、硒沉积和抗氧化功能的影响［J］. 动物营养学报，28（12）：3792－3802.

邢广林，李同树，李自发，等，2005. 锌及锌源在肉鸡应用的研究进展［J］. 中国饲料添加剂（6）：10－14.

邢立东，周明，2014. 微量元素铁的研究进展［J］. 饲料与畜牧（6）：57－63.

熊平文，钟为治，李肖梁，等，2014. 硫酸钠作为饲料添加剂在畜禽生产中的作用机理及应用效果［J］. 浙江畜牧兽医，39（5）：70－71.

徐晨晨，王珂，2013. 微量元素铜在畜禽营养中的研究进展［J］. 畜牧与饲料科学（10）：21－24.

徐希兰，2019. 黄羽肉鸡饲养中 1～21 日龄鸡对氯和纳的需求量分析［J］. 乡村科技（7）：99－100.

许飞利，潘晓亮，马庆林，等，2007. 不同硒源对黄羽肉鸡肉品质的影响［J］. 饲料研究（5）：8－9.

阎永梅，2007. 畜禽微量元素硒缺乏症的诊断与防治［J］. 山西农业：畜牧兽医（2）：28－29.

晏家友，2011. 有机锰在畜禽生产中的应用［J］. 中国饲料（5）：31－32.

杨安源，周红军，周新华，等，2019. 饲用碘酸钙/海藻酸钠微胶囊的制备及其稳定性［J］. 精细化工，36（1）：124－128.

杨斌，蔡辉益，刘国华，等，2014. 斜率比法评定肉仔鸡对氨基酸螯合锰的相对生物学利用率［J］. 动物营养学报，26（8）：2110－2117.

杨国忠，王净，孙泰然，等，2007. 微量元素碘对动物的营养作用［J］. 今日畜牧兽医（1）：52－53.

杨建成，陈静，王鹏，2001. 动物必需微量元素：碘［J］. 四川畜牧兽医，28（10）：42.

杨亮，石科，刘太宇，2008. 动物日粮阴阳离子的研究进展与应用［J］. 河南畜牧兽医：综合版，29（4）：9－11.

杨敏，叶青华，米勇，等，2018. 植酸酶在肉鸡饲粮中的应用研究进展［J］. 中国家禽，40（10）：46－49.

杨永生，方热军，何激进，2007. 微量元素锌的营养生理作用及其在畜牧生产中的应用［J］. 饲料博览（技术版）（7）：52－54.

佚名，2003. 以组织锌、金属硫蛋白及其基因表达指标评价肉仔鸡对锌源的相对生物学利用率［J］. 畜牧兽医学报，34（3）：227－231.

尹兆正，钱利纯，李肖梁，2005. 蛋氨酸硒对岭南黄肉鸡生长性能、胴体特性和硒存留率的影响［J］. 浙江大学学报：农业与生命科学版，31（4）：499－502.

于欢，高春国，简运华，等，2016. 家禽钠、氯营养研究进展 [J]. 中国家禽，38 (14)：41-46.

于欢，蒋守群，刘梅，等，2017. 1～21 日龄黄羽肉鸡钠、氯的需要量 [J]. 动物营养学报，29 (3)：786-797.

于炎湖，2004. 畜禽饲粮中应用食盐的技术问题 [J]. 中国饲料 (16)：3-5.

于昱，吕林，张亿一，等，2007. 影响动物肠道锌吸收因素的研究进展 [J]. 动物营养学报，19 (1)：459-464.

俞路，王雅倩，章世元，2007. 动物钙营养代谢的基因调控探讨 [J]. 国外畜牧学猪与禽，27 (4)：62-64.

虞泽鹏，1999. 微量元素锰与肉仔鸡生产 [J]. 饲料博览，11 (4)：12-13.

袁施彬，何平，陈代文，2004. 微量元素铜的营养生理功能和促生长机制 [J]. 饲料工业，25 (7)：23-26.

张桂国，杨在宾，2003. 硫的营养研究进展及其在生产中的应用 [J]. 山东畜牧兽医 (3)：43-45.

张海棠，王自良，赵坤，1999. 硒的营养机理及其在肉用畜禽生产中的应用 [J]. 粮食与饲料工业 (10)：34-36.

张金环，甄二英，张艳铭，等，2005. 锰的营养学研究进展 [J]. 饲料博览 (2)：8-11.

张丽娜，陈一资，2007. 锰对家禽生理机能的影响 [J]. 饲料博览 (技术版) (5)：52-54.

张伶燕，2016. 有机铁源的化学特性，对肉仔鸡的相对生物学利用率及其小肠铁吸收研究 [D]. 北京：中国农业科学院.

张露露，王东升，2017. 镁在家禽中的营养作用及研究进展 [J]. 饲料与畜牧：新饲料 (15)：33-40.

张习文，占秀安，武如娟，等，2010. 母种鸡补充不同硒源对后代肉鸡硒沉积、抗氧化指标及生长性能的影响 [J]. 浙江大学学报 (农业与生命科学版)，36 (5)：554-560.

张喜春，王鹏，2002. 动物必需微量元素：碘 [J]. 动物科学与动物医学，19 (4)：37-38.

张兴林，2012. 动物体内钙、磷和维生素 D 的生理功能 [J]. 中国畜牧兽医文摘，28 (3)：190.

张雪君，2013. 锰在家禽营养中的研究进展 [J]. 中国饲料 (1)：27-30，42.

张兆琴，任文陟，张嘉保，等，2004. 动物必需微量元素：铁 [J]. 河北畜牧兽医，20 (4)：16-17.

张兆琴，吴占福，吴淑琴，等，2006. 必需微量元素铁的研究综述 [J]. 河北北方学院学报 (自然科学版)，22 (3)：43-46，50.

张兆琴，吴占福，吴淑琴，等，2007. 必需微量元素硒的研究进展 [J]. 畜牧兽医杂志，26 (1)：44-46.

赵翠燕，崔恒敏，黎德兵，等，2009. 艾维茵肉鸡锌中毒的动态病理学研究 [J]. 江苏农业科学 (3)：260-264.

赵翠燕，许钦坤，2007. 动物锌中毒研究进展 [J]. 安徽农业科学 (4)：108-109.

赵文鹏，黄国欣，2019. 铁在养鸡生产中的研究进展 [J]. 饲料博览，321 (1)：22-26.

郑世峰，王安，单安山，等，2004. 家禽日粮电解质平衡研究进展 [J]. 饲料工业，25 (3)：17-19.

郑学斌，2003. 不同铜源与水平对肉鸡生长性能及相关性状的影响研究 [D]. 长沙：湖南农业大学.

周桂莲，韩友文，滕冰，等，2003. 大鼠高剂量铜对不同铁源吸收的影响 [J]. 动物营养学报，15 (1)：15-20.

周桂莲，韩友文，2001. 影响铁吸收利用因素研究进展 [J]. 动物营养学报，13 (1)：6-13.

朱媛媛，庄红，张婷，等，2010. 血红素铁研究进展 [J]. 肉类研究 (5)：24-29.

卓钊，2017. 不同铁源对机体铁代谢的影响及其在肠道中的吸收机制研究 [D]. 杭州：浙江大学.

左建军，代发文，冯定远，等，2009. 日粮蛋氨酸螯合锌和硫酸锌水平对肉仔鸡生产性能的影响 [J]. 中国家禽，31 (3)：14-17.

Brooner F，1992. Current concepts of calcium absorption：An overview [J]. Journal of Nutrition，122 (3)：641-643.

Fullmer C S, 1992. Intestinal calcium absorption: Calcium entry [J]. Journal of Nutrition, 122 (Suppl): 644 - 645.

Jiang S Q, Azzam M M, Yu H, et al., 2019. Sodium and chloride requirements of yellow - feathered chickens between 22 and 42 days of age [J]. Animal, 13 (10): 2183 - 2189.

Jiang S Q, Jiang Z Y, Gou Z Y, et al., 2011. Nonphytate phosphorus requirements and efficacy of a genetically engineered yeast phytase in male lingnan yellow broilers from 1 to 21 days of age [J]. Journal of Animal Physiology and Animal Nutrition, 95 (1): 47 - 55.

Jiang Z Y, Lin Y C, Zhou G L, et al., 2009. Effects of dietary selenomethionine supplementation on growth performance, meat quality and antioxidant property in yellow broilers [J]. Journal of Agricultural & Food Chemistry, 57 (20): 9769 - 9772.

Karbach U, 1992. Paracellular calcium transport across the small intestine [J]. Journal of Nutrition, 122 (Suppl. 3): 672 - 677.

Lu L, Wang R L, Zhang Z J, et al., 2010. Effect of dietary supplementation with copper sulfate or tribasic copper chloride on the growth performance, liver copper concentrations of broilers fed in floor pens, and stabilities of vitamin E and phytase in feeds [J]. Biological Trace Element Research, 138 (1 - 3): 181 - 189.

Wang Y B, Wang W W, Fan Q L, et al., 2021. Effects and interaction of dietary calcium and non - phytate phosphorus for slow - growing yellow - feathered broilers during the starter phase [J]. Animal, 15 (2021): 100201.

Wang Y B, Wang W W, Li L, et al., 2021. Effects and interaction of dietary calcium and non - phytate phosphorus for slow - growing yellow - feathered broilers between 56 and 84 days of age [J]. Poultry Science, 15 (7): 101024.

Wasserman R H, Chandler J S, Meyer S A, et al., 1992. Intestinal calcium transport and calcium extrusion processes at the basolateral membrane [J]. Journal of Nutrition, 122 (Suppl. 3): 662 - 671.

Yoshizawa S, Brown A, Barchowsky A, et al., 2014. Magnesium ion stimulation of bone marrow stromal cells enhances osteogenic activity, simulating the effect of magnesium alloy degradation [J]. Acta Biomaterialia, 10 (6): 2834 - 2842.

Zhou H, Cadlgan K M, Thiele D J, 2003. A copper - regulated transporter required for copper acquisition, pigmentation, and specific stages of development in drosophila melanogaster [J]. Biochemical Journal, 278 (48): 48210 - 48218.

第九章　黄羽肉鸡肉品质评定与营养调控

黄羽肉鸡是我国科学家在充分、合理、有效利用地方鸡种资源经过长期的选育、培育得到的肉鸡品种，其保持了地方品种肉味鲜美、品质优良的独特优势。一般来讲，地方鸡种肌肉肌苷酸含量和肌内脂肪含量显著高于外来种白羽肉鸡，这是黄羽肉鸡品质和风味较好的重要原因，也是我国黄羽肉鸡的主要优势之一。肉品质的优劣是评判黄羽肉鸡品种优劣的重要衡量标准。因此，建立一套系统完善的黄羽肉鸡肉质评定体系，提出相应的技术操作规程，可为我国黄羽肉鸡新品种培育和产品分级销售提供统一评判标准，也为开展黄羽肉鸡肉质遗传改良和营养调控研究提供科学依据，对满足黄羽肉鸡产业发展需求和消费方式的转变需求具有重要意义，同时对黄羽肉鸡生产企业和消费者都具有良好的规范和导向作用，将有利于形成优质优价的市场规律。

第一节　黄羽肉鸡肉品质的评价指标与方法

目前，我国已颁布的涉及鸡肉质量方面的标准主要有《鲜（冻）禽肉卫生标准》（GB 2710—1996）、《鲜、冻禽产品》（GB 16869—2005）、《鸡肉质量分级》（NY/T 631—2002）和《黄羽肉鸡产品质量分级》（GB/T 19676—2005）。前两个标准主要规定了一般鸡肉应具有的感官性状、理化指标、微生物指标和抗生素残留限量等。《黄羽肉鸡产品质量分级》（GB/T 19676—2005）给出了黄羽肉鸡系水力、嫩度、肌纤维直径、肌苷酸含量、肌内脂肪含量以及生、熟肉的感官评定方法和分级标准，其中推荐的有关黄羽肉鸡肉质和风味测定方法基本参照猪肉质量评定标准制定，在实际使用过程中仍需要改进和完善。

经对大量文献资料总结可知，黄羽肉鸡肉品质评定主要包括以下五个方面：①物理特征，包括肉色、pH、系水力和嫩度（剪切力值）等；②化学组成特点，它不仅决定肉品的营养价值，也影响肉的风味和其他肉质特性，其中较为重要的有水分、蛋白质、脂肪、肌苷酸、氨基酸和脂肪酸；③组织学和组织化学特点，包括肌纤维直径和密度，红、白肌纤维比例和直径等，这也是用于评定肉品嫩度的重要指标；④感官特征，该特征决定消费者对肉品的接受程度，主要是通过感官了解生肉肉色、外观、弹性、气味等，通过品尝鸡肉（肉汤）评价熟肉各种滋味、香气、质地等；⑤肉品质指标综合评价模型，主要通过对肉品质、风味的多项指标进行主成分分析和聚类分析，最后建立综合评价模型。

一、肉质物理特征指标

（一）肌肉肉色评定

肉色是肌肉生物化学、生理学和微生物学发生变化的外在表现，能使消费者很直观地鉴别肉质优劣（席鹏彬等，2011）。肉色影响因素主要与肌肉中的肌红蛋白含量有关，肌红蛋白本身为紫红色，与氧结合形成氧合肌红蛋白，呈现鲜红色，刚刚宰杀的鸡肉肌红蛋白含量较高，会偏鲜红色，富有光泽，随着时间的延长，肌红蛋白和氧合肌红蛋白会被氧化形成褐色的高铁肌红蛋白，鸡肉的颜色会逐渐暗淡，因此人们通过肉色就可直观判断鸡肉的存放时间（王永辉等，2006）。

目前，鸡肉肉色的评定方法主要分为两类：主观评定和客观测定。Sandusky 等（1998）分别采用描述分析法和顺序排列法测定鸡胸肉色。前者是将专家目测与仪器测定相结合来评定肉的亮暗度、色调、色彩浓度，后者是由专家根据肉色评分等级来目测肉的亮度、红度和黄度，对比标准比色板给其分级，并进行描述分析。虽然感官评定是一种简单、经济的评定方法，但其结果受主观影响较大，且需针对不同品种鸡肉，制定不同的标准比色板。Sandusky 等使用双束扫描分光仪测定肉色，结果显示，仪器测定值与感官评分在绝对值上存在一定差异，但感官评分的亮度和红度与仪器测定亮度 L^* 值和红度 a^* 值呈高度相关，黄度与 b^* 值呈中度相关，且两种评定方法测得结果的变化趋势相同，说明此法可代替肉色的感官评定。目前评定鸡肉肉色多采用色度计来测定 L^* 值、a^* 值和 b^* 值（Liu et al.，2004），此法可对肉色进行定量测定，与主观评定相比更客观、准确和灵敏，但测定结果也受多种因素影响。国内研究者也有采用分光光度计直接测定肌肉中色素的浓度来评定肉色等级（吴信生等，1998）。

采用色差计测定鸡肉肉色，其结果受测定或取样部位、肉样厚度和背景颜色等多种因素影响。此外，鸡宰后肉样的贮藏时间或烹煮处理也影响测定结果。因此，在测定肉色时，建议在同一个胸肌片不同厚度部位（从头到尾）重复测定几个值，然后计算平均值作为胸肌肉色测定值。最好测定胸肌中间层或靠近骨侧肌肉的肉色，以避免因烫毛引起胸肌表面变色而影响测定结果。

胸肌肉色 L^* 值、a^* 值和 b^* 值测定见彩图 20。

（二）肌肉 pH 测定

肌肉 pH 直接影响鲜肉的保藏能力和烹煮损失，是辨别肉质优劣的重要指标之一。动物宰后肌肉缺乏氧气，肌肉内肌糖原通过糖酵解途径转变为乳酸积累在肌肉中，最终导致肉类的 pH 下降。肌肉的酸味与 pH 密切相关，同时 pH 的下降将影响肌肉肉色以及系水力。研究发现，肌肉 pH 下降会促使肌肉脂肪和蛋白质氧化程度加剧，导致肌肉蛋白质溶解度和系水力降低（李龙等，2015）。大量研究表明，宰后 45min 是区分肉质是否正常的时间标志，而肉鸡屠宰后理化性质的变化主要发生在 24h 内，可以将宰后 24h 的 pH 作为最终肉色和系水力的评价指标。宰后 24h pH 在 5.8～6.6 范围内越高，肉品的系水力越高，因为肌球蛋白的贮水能力较高。因此在肉品质评价中通常测定宰后 45min 以及 24h 肌肉的 pH 来评价肉品质（李龙等，2015；席鹏彬等，2006）。

目前，常采用的禽肉 pH 测定方法有三种：①采用便携式 pH 计插入胸肌测定 pH（Qiao et al.，2002）；②取新鲜胸肌样，立即与碘醋酸盐缓冲液或去离子水一起匀浆，然后用 pH 计测定混合液的 pH（Liu et al.，2004；Cavitt et al.，2005）；③通过测定肌肉中糖原含量、乳酸盐含量或 R 值（是指 ATP 降解产物肌苷与 ATP 腺苷间的比例，可作为间接反映 ATP 损耗的指标）间接估测肌肉 pH 的变化（Rammouz et al.，2004）。前两种方法是最常采用的方法，操作简便快速，但结果受各种因素影响较大，最后一种方法可较准确地评定糖原酵解速率，但测定过程较复杂。

便携式 pH 计测定胸肌肉的 pH 见彩图 21。

Cavitt 等（2005）研究表明，肉鸡宰后测定时间由 0.25h 延长到 24h，肌肉 pH 显著降低，说明肉鸡死后测定时间影响肌肉 pH 测定结果。此外，在测定过程中，室内温度和湿度、pH 计的探头清洁度、测量速度和标准频率等都会影响肌肉 pH 的测定效率和准确性。

（三）肌肉系水力测定

肌肉系水力可以用来评定肌肉持水性能，它代表了肌肉保持原有水分的能力，同时也反映出肌肉组织中游离水的含量，直接影响到肌肉嫩度、多汁性、色泽及营养成分的流失等。它对加工肉的产量、结构和色泽影响也较大，因此直接决定肉品加工者的经济效益。在贮存过程中，系水力高的肉产品表面干爽，加工成熟后鲜嫩多汁，口感较好；而系水力低的肉表面会有明显水渗出，在加工成熟后肉质干硬（Liu et al.，2004）。

目前国内外多采用以下三项指标评定肌肉系水力：失水率、滴水损失、烹煮损失（或熟肉率）。通过测定失水率、滴水损失和烹煮损失可对肌肉的系水特性进行综合评定，且三者间存在相关性，其中肉样滴水损失和烹煮损失越低，系水力越高（Allen et al.，1998）。肌肉失水率与其系水力呈线性负相关（Qiao et al.，2001）。目前常采用重量加压法测定失水率。也有研究者采用低温高速离心法测定失水率（Allen et al.，1998）。滴水损失是评定系水力的另一项指标。目前滴水损失的测定方法和条件尚不规范，国内外研究者所采用的测定条件（如取样方式、肉样形状、贮藏温度、时间和容器等）差别较大。鲜肉滴水损失的测定结果受肌肉修剪的完整程度、肉样大小、支撑方法、宰后时间、包装和堆积方式、贮藏温度等多种因素影响（Offer，1998）。烹煮损失是肌肉受热之后，其组成成分发生一系列理化变化而产生的重量损失。目前烹煮损失的测定方法和条件也不规范，研究者所采用的烹煮方式、加热温度、冷却时间等各不相同，有的采用蒸汽加热，有的采用水浴加热（Fletcher et al.，2000；Rammouz et al.，2004）。以上三项指标中失水率和滴水损失用于评定生鸡肉，可作为快速、简单和便宜的方法对屠宰场样品做出比较评定；烹煮损失可反映肌肉贮藏过程中的重量损失，但测定过程耗时较多，用于评定熟鸡肉具有实际经济意义。

胸肌滴水损失率测定见彩图 22。

上述评定肌肉系水力的三项指标与其他肉质指标密切相关。其中肌肉滴水损失和烹煮损失与 L^* 值呈显著正相关，而与 pH 呈负相关（Allen et al.，1998；Barbut et al.，1993）；蒸煮损失与剪切值呈显著正相关（Allen et al.，1998）。此外，Rathgeber 等（1999）认为糖酵解加快和胴体温度降低缓慢都会引起肌肉系水力降低。Immonen 等（2000）报道，残留糖原含量与系水力呈正相关，糖原分子可结合相当于其自身重量 3～4 倍的水分，因此糖原含量对肉的系水力有潜在贡献。

Van Laack 等（2000）发现，鸡 PSE 肉［即肉色灰色（pale）、肉质松软（soft）、有渗出物（exudative）的肉］与猪和火鸡 PSE 肉不同，蛋白质降解不是引起鸡 PSE 肉系水力降低的主要原因，pH 对系水力的影响是一种电荷效应，当 pH 降低并达到肌纤维蛋白等电点时，肌纤维间排斥力降低，导致水分在细胞中可利用空间减少，最终降低了肌肉系水力（Judge et al.，1989）。

（四）肌肉嫩度测定

嫩度由肌肉结缔组织、肌纤维、肌浆等蛋白质结构特性决定。嫩度用剪切力表示，剪切力值越小，肉越嫩，口感越好（Chen et al.，2007）。影响嫩度的因素有很多，例如肉的嫩度与肌内脂肪含量密切相关。舒婷（2018）等研究发现，腿肌和胸肌肌内脂肪含量与嫩度呈极显著正相关，说明肌内脂肪含量对肌肉的嫩度有显著影响。

目前嫩度评定方法分为两类：感官评定和客观测定。感官评定由专业人员根据牙齿插入肉条内的难易程度、将肉条咀嚼成碎片的难易程度、咀嚼后所剩残留物的多少来对肉的嫩度进行评分（Lyon et al.，1998）。感官评定是接近正常食用条件下的综合评定，是目前最常采用的评定方法。随着嫩度研究的不断深入，许多研究者在感官评定基础上，借助机械仪器从物理、生化和组织结构三个方面探索评定嫩度的客观方法，其中包括物理法、生化法（测定肌肉胶原蛋白含量）和肌肉组织学法，物理法又包括剪切力法、针刺法、破碎法和匀浆过滤法。在嫩度的客观评定方法中，剪切力法和肌肉组织学法被广泛使用。李同树等（2004）比较研究剪切力法、胶原蛋白法和肌纤维结构法三种方法评定肌肉嫩度的效果，结果表明，三种方法中以剪切力法分辨率最高，与胶原蛋白和肌纤维结构两项指标相关性较高，按测定原理，剪切力法能综合肌纤维结构和各种胶原蛋白含量对嫩度的作用，虽然与感官评定效果存在一定差异，但仍可作为嫩度评定的有效方法之一；与剪切力法相比，胶原蛋白法和肌纤维结构法的专一性较强，二者相比，肌纤维结构法分辨率较高，与感官评定接近，且与剪切力值、胶原蛋白两项指标相关性较高，而胶原蛋白法分辨率低，与感官评定差异较大，测定难度大，因此可认为，剪切法和肌纤维结构法评定鸡肉嫩度的效果最好，且以剪切值、热残留胶原蛋白、肌纤维直径三项指标测定结果重复性和可靠性较好，它们均可作为嫩度评定指标。

肉品科学家曾对多种肌肉嫩度仪进行研究。目前国际上普遍采用 INSTRON 嫩度仪、AK 剪切仪（Allo - Kramer shear）、TA - XTPlus 质构仪（物性测定仪，英国 Stable Micro Systems 公司研制）测定鸡肉嫩度，其中 TA - XTPLus 质构仪能对样品的物理性质（包括弹性和硬度）做出客观、准确、统一的描述，以量化的指标来客观、快速、全面地评价肌肉质地特性，在一定程度上避免了人为因素对肌肉品质评价结果的影响。在国内，C - LM 机械式肌肉嫩度计（1987 年东北农业大学研制）使用也较普遍。也有研究者试图采用其他类型仪器及方法来测定禽肉质地或嫩度，如针刺法（Davis et al.，2000），但这些方法均未在肉品科学和家禽肉质研究上推广应用。

据 Lyon 等（2004）报道，剪切力测定结果受剪切仪的刀刃宽度、刀口位置、剪切速度、肉样形状和重量、测定前肌肉组织烹调方法等多种因素影响。目前采用剪切力法测定肉嫩度的过程和条件尚未统一，在胴体或肌肉的熟化时间、肉样烹调方法、加热温度和时间、肉样形状和大小等方面均存在较大差别。例如，有的研究者采用水浴法（Lyon et al.，1998；李同树等，2004），有的采用蒸汽法（Allen et al.，1998），少数采用烘烤法（Cavitt et al.，2005）。因此，采用嫩度仪或剪切仪测定鸡肉嫩度前，应先对烹调方法规范化，以保证测定值能真实反映鸡肉的质地差异，而不因烹调方法不同引起差异。为确保测定结果的一致性和可重复性，肉样采样部位、处理温度和时间等测定条件应尽可能保持一致。

二、肌肉化学组成测定

（一）肌内脂肪

肌肉中脂肪通常分为肌间脂肪和肌内脂肪，前者主要成分为甘油三酯，其含量与肌肉多汁性等有关，当肌束和肌纤维间沉积一定脂肪时，不仅肉质鲜嫩，且柔软多汁；后者主要成分为磷脂，富含多不饱和脂肪酸（4 个以上不饱和键），极易被氧化，其产物直接影响鸡肉挥发性风味成分的组成。此外，磷脂也可通过与美拉德反应产物相互作用，改变其挥发性产物的组成，从而影响鸡肉风味。肌内脂肪含量不仅影响鸡肉的嫩度、多汁性和风味，也显著影响鸡肉的食用口感。当肌内脂肪含量达到 3％以上时，肌肉鲜滑且肥而不腻、食用口感较好；低于 2.5％时，肌肉干枯质硬、口感较差；然而达到 3％以上肌内脂肪的鸡肉产品并不多。林媛媛（2003）研究表明，鸡肉中脂肪含量与肌肉剪切力值呈负相关（R^2＝0.81），说明肌内脂肪含量越高，肌肉剪切力值越小，肉的嫩度越高。

肌内脂肪含量测定一般采用脂肪检测仪。Soxtec Avanti 2055 脂肪检测仪是基于索氏浸提原理设计的，但比传统的索氏浸提法更容易，其试剂使用范围更广泛，更加快捷、安全，也更加经济可靠。该项技术比索氏浸提法浸提速度提高 5 倍，溶剂回收率高达60％～70％。试验测定的样品要先放在纸套筒中称重，然后将其插入浸提装置中，浸提装置中的溶剂浸提是分两步来进行的。首先将样品浸泡在沸腾的溶剂中将可溶性物质充分溶解，接下来样品就会被自动提升至溶剂液面以上，被从冷却器中流出来的溶剂充分洗涤。之后随着样品位置的上抬，冷却器的阀门会关闭。数分钟后大部分溶剂会通过冷却器回收到溶剂回收桶中，随着气泵的启动，残余下来的溶剂也会蒸发，最后样品在浸提杯中进行烘干并称重。结果计算公式：脂肪含量＝$(W_f-W_c)/W_d\times100\%$。式中，W_c 为空杯重；W_d 为干样重；W_f 为浸提杯＋脂肪重。

（二）鸡肉风味物质及其评定

肌肉中风味前体物分析法通过测定肌肉中与风味相关的化学成分含量对鸡肉风味进行定量评价。目前已发现 250 种与禽肉风味有关的前体物。Mottram 等（1998）将肉类风味前体物分为水溶性和脂溶性两类，前者包括游离糖、磷酸糖、核糖、核苷和硫胺等含氮化合物，且认为肉的风味形成主要是由加热过程中肌肉内的游离氨基酸与还原糖发生美拉德反应和斯托克反应，多肽、游离氨基酸、糖类和硫胺素的降解，脂质氧化，以及产物间相互作用所产生的挥发性香味物质引起的。

与肉质相关的化合物中，对鲜味贡献最大的两类化合物是鲜味氨基酸和肌苷酸（IMP），其中肌苷酸是构成肌肉鲜味和香味的主要成分之一，通常被认为是赋予肉风味的主要核苷酸（Judge et al.，1989）。一般而言，鸡肉中肌苷酸含量为 75～122mg/100g（Lyon et al.，1998），但不同品种之间存在一些差异（李同树等，2004）。IMP 在水中或脂肪中加热能产生明显的肉香味。动物屠宰后在酶的作用下 ATP 分解为 ADP、AMP，最后产生肌苷酸，肌苷酸生成后在酶的作用下继续分解生成肌苷（Ⅰ）和次黄嘌呤（Hx）。有研究提出，鸡肉风味评定指标 K 值＝$(C_I+C_{HX})/(C_{ATP}+C_{ADP}+C_{AMP}+C_{IMP}+C_I+C_{HX})$（$C$ 表示含量，单位为 mg/100g）可作为鸡肉鲜度指标，K 值越大，表明分解产物越多，已进入分解阶段，鲜度下降；K 值越小，表明分解量越小，鲜度良好（蒋国文等，1994）。陈继兰等（2004）研究表明，鸡胸肉中 IMP 的生成速率很快，不受温度和贮藏时间影响，但肌苷酸的降解显著受贮藏温度和时间影响，贮藏温度越高、时间越长，肌苷酸降解速率越快，肌苷酸含量越低。

肌苷酸的测定方法较多。紫外分光光度法仅可用于粗略定量；毛细管电泳法的分离度偏低，导致肌苷和腺苷单磷酸等相似物质引起干扰；薄层层析法的操作步骤复杂，整个过程耗时多且回收率低。高效液相色谱法是一种高效、快速、高选择性、高灵敏度的新型分离分析技术，样品分析程序简单快速，测定结果精确（王欢欢等，2014）。路宏朝等（2014）采用高效液相法检测略阳乌鸡肌肉中肌苷酸含量时发现，样品的色谱峰保留时间大多为 0.75～0.77min，与标准品出峰时间基本一致，同时样品中其他组分的色谱峰之间也达到了较好的分离效果。试验采用甲酸铵为流动相，将其作为水溶性弱酸盐，有利于延长色谱柱的使用寿命，从而可用于大量样品的测定。

除了肌苷酸外，肌肉组织中的蛋白质含有大量氨基酸，它不仅决定着鸡肉的营养价值，而且是产生肉香味的主要因素，风味化学认为氨基酸都有呈味性，谷氨酸、天门冬氨酸、苏氨酸、丝氨酸、脯氨羧、甘氨酸、丙氨酸被认为是鲜味氨基酸。辅宏璞等（2009）也报道，鲜味氨基酸包括谷氨酸、天冬氨酸、甘氨酸、精氨酸以及丙氨酸，它们的含量会直接影响食物的鲜美程度。分析肌肉氨基酸的组成发现，谷氨酸占氨基酸总量的比例最高，其钠盐谷氨酸钠俗称“味精”，是肉类的鲜味物质，并有缓冲中和咸、酸、苦味的作用，使食品更具有自然风味。研究报道，鸡肉中谷氨酸含量与鸡肉鲜味密切相关。肌肉中谷氨酸含量提高对改善肉品风味具有重要作用（陈春梅，2006；姜琳琳，2006；马现永等，2011）。

Aliani 等（2005）研究鸡肉潜在的风味前体（硫胺素、肌苷 5 -磷酸、核糖、核糖-5 -磷酸、葡萄糖和葡萄糖- 6 -磷酸），通过气相色谱法气味评估和气相色谱-质谱法对挥发性气味化合物的评价，发现核糖对鸡肉香味的形成最为重要，也是鸡肉风味形成的限制前体，添加核糖引起的气味变化很可能是由于 2 -呋喃甲硫醇、2 -甲基- 3 -呋喃硫醇和 3 -甲硫代丙醛等化合物浓度升高所致。Meinert 等（2009）的报道中也指出，核糖被认为是鸡肉中最重要的风味前体。肌苷酸或核糖与含硫氨基酸（半胱氨酸或胱氨酸）在烹饪过程中发生反应，形成 2 -甲基- 3 -呋喃硫醇及其二硫醚（Jayasena et al.，2013；Melton et al.，1999）。研究进一步证明了由美拉德反应和脂质氧化生成的 2 -甲基- 3 -呋喃硫醇是最重要的风味化合物，能产生鸡汤肉香味（Aliani et al.，2005））。此外，由上述两种反应产生的其他挥发性化合物还包括 2 -糠硫醇、甲硫基丙醇、2,4,5 -三甲基噻唑、壬醇、2 -反壬烯醛、2 -甲酰基- 5 -甲基噻吩、对甲酚、2 -反- 4 -反壬二烯醛、2 -反- 4 -反-癸二烯醛、2 -十一烯醛、β -紫罗酮、γ -癸内酯、γ -十二内酯。这些化合物是鸡肉风味的主要来源（Shi et al.，1994；Varavinit et al.，2000）。Duan 等（2015）报道，德州扒鸡的主要气味成分为羰基化合物（33.04%），2 -烯醛和 2,4 -二烯醛被认为是鸡肉中最重要的气味物质的活性成分。徐晓兰（2011）研究表明醛类以及含氮化合物、含硫化合物、杂环化合物在北京酱鸡特征香气的形成中起重要作用。李建军等（2003）利用微捕集法对烘烤鸡肉挥发性风味物捕集，测出了包括烃、醇、醛、酮、酯及呋喃、噻吩、噻唑、吡啶、吡咯、吡嗪、含硫直链化合物、腈在内的46种化合物，其中醛、杂环化合物和含硫直链化合物为鸡肉主要香味呈味物。Jin等（2021）利用气相色谱-质谱技术，研究发现脂质代谢产物己醛和1-辛烯-3醇是鸡肉风味的主要贡献物质。

综上可知，鸡肉的风味物质及其前体众多，如何进行客观评价已受到研究者广泛关注。目前鸡肉风味检测方法主要有感官鉴定法和化学检测法（王俊等，2004），感官鉴定法存在主观性，化学检测法操作烦琐、耗时、昂贵。相较而言，电子鼻和电子舌是快捷、客观的风味评价手段。电子鼻是对气味整体特征有用信息的评价，检测样品气味即检测挥发性风味物质。电子舌是对味道整体特征有用信息的评价，检测样品滋味，即检测半挥发性和不挥发性风味物质（Yang et al.，2015；王俊等，2004）。电子鼻和电子舌可用于快速检测鸡肉肉质和风味。但单一使用电子鼻或电子舌检测汤汁，不能代表其整体风味，需要将两者联合使用。李双艳等（2017）用偏最小二乘法（PLS）对电子鼻和电子舌响应信号和感官评分进行拟合，建立的PLS模型可以准确预测小香鸡肉的风味变化。

三、肌纤维组成与结构的评定

肌肉组织学法主要是通过测定肌纤维直径和密度，肌肉内肌纤维、脂肪组织或结缔组织比例等来评定肉的嫩度。有研究表明，地方鸡的胸腿肌肌纤维直径与嫩度呈负相关，肌纤维密度与嫩度呈正相关，且肌纤维直径与密度呈负相关，因此可认为肌纤维越细、密度越大，肉质越鲜嫩（Chen et al.，2007）。

126日龄胡须鸡胸肌肌纤维组织切片（×400倍）见彩图23。

肌肉胶原蛋白主要存在于结缔组织内，是肌肉基质蛋白和细胞间质的主要成分，其纤维韧性强、抗拉力大，是大部分不溶性纤维的成分。研究表明，肌肉胶原蛋白含量与鸡肉嫩度呈显著负相关（李同树等，2004）。

肉基质是风味物质形成的唯一基础，肌纤维又是肌肉的基本组成物质。肌纤维包括红肌纤维、白肌纤维和中间型纤维三种。肉的风味与各种纤维的比例、直径、长短以及肌纤维的超微结构等密切相关，因此通过肌肉组织学特点对肉的风味进行评价也是一种可靠的方法。研究表明，鸡胸肌肉中红肌纤维含量最高（约占50%），其次是白肌纤维（约占40%），最低是中间型纤维（约占10%），白肌纤维直径大于红肌纤维直径和中间型纤维直径，白肌纤维比例越高，肉的风味越差；红肌纤维含量越高，肉色越好，肉的风味越好（陈宽维等，2002）。

四、肌肉感官品尝评分

感官评价指标通常是指通过人的视觉、嗅觉、味觉、触觉等，对肉的品质特性进行评价。对于新鲜肉的评价指标主要包括肉色、弹性、气味以及色泽。新鲜优质的肉通常情况下呈鲜红色，随着品质的下降肉色会变得暗淡。富有弹性是指用手指按压鸡肉，肉恢复原状的能力。通常情况下，优质鸡肉在按压后会立刻恢复原状，而劣质的鸡肉在按压后很难恢复原状。新鲜鸡肉闻起来有一股腥味，而品质不好或者坏掉的鸡肉会产生各种难闻的气味。对于熟肉品质，评定指标主要指肉的滋味、嫩度、多汁性以及香味等（Cui et al.，2019）。熟肉品质评定的通用方法是品尝试验，通常是直接将肉置于锡纸密封的小碗中蒸熟，不加任何调料与水，保证肉的原汁原味，然后选择从事相关行业的经过培训的专业人士对熟肉进行品尝，并就肉的外形、色泽、风味、嫩度、鲜味、多汁性及总体可接受性等进行评分（席鹏彬等，2011）。鸡肉感官评定评分表格见表 9－1。

表 9－1　鸡肉感官评定评分表格

姓名：__________　样品编号：__________　日期：__________

颜色与外形	气味（芳香）	风味（味道，用舌头来感觉）	肉的嫩度（通过牙齿咀嚼来感觉）	多汁性
1 极差	1 极弱	1 极弱	1 极难	1 极干燥
2 很差	2 很弱	2 很弱	2 很难	2 很干燥
3 差	3 弱	3 弱	3 难	3 干燥
4 较差	4 较弱	4 较弱	4 较难	4 较干燥
5 较好	5 适中	5 适中	5 较易	5 较多汁
6 好	6 强	6 强	6 容易	6 多汁
7 很好	7 很强	7 很强	7 很易	7 很多汁
8 极好	8 极强	8 极强	8 极易	8 极多汁
整体感觉				

注：1、2、3、4、5、6、7、8 表示各指标的评分，请在您认为适宜的评分栏后打“√”。

五、肉品质指标综合评价模型

肉品质是一个复杂的综合性状，影响因素多种多样，对这类多样品多指标的品质性状评价，目前越来越广泛地应用主成分分析法和聚类分析法。主成分分析法是采用少量综合指标来代替多个指标大部分信息的一种降维分析方法，该法剔除不重要的信息，保留重要信息（Desdouits et al.，2015），而聚类分析法是将研究对象关系更接近的信息合并为一类，着重区分类别内和类别间元素组成，明确分类界限，但不会对信息进行删减、不会区分元素重要性，类别间重要性是等同的。针对优质鸡品种（系）间的肉质性状理化指标进行主成分分析和聚类分析，赵振华等（2016）以 9 个原始指标依据主成分解释总变量和碎石图提取了 4 个主成分，反映原变量 89.82%的信息。第一主成分主要综合了失水率、肌纤维面积、肌纤维密度和 pH 信息，命名为质构因子；第二主成分主要综合了维生素 B_1、肌纤维密度、肌纤维面积和肌内脂肪（IMF）的信息，命名为肉质因子；第三主成分综合了嫩度、肉色和肌内脂肪的信息，即感官因子；第四主成分综合了肌苷酸、肌内脂肪含量和肉色的信息，即风味因子。聚类分析将 9 个肉质指标分为 3 类，聚类结果与主成分分析基本一致，综合利用主成分分析和聚类分析结果建立优质鸡的肉质评价模型如下：

$$Y=-0.3804X_1+0.1058X_2+0.3546X_3+0.1093X_4-0.1192X_5+0.3419X_6-0.2695X_7-0.4323X_8+0.4280X_9$$

式中，X_1、X_2、X_3、X_4、X_5、X_6、X_7、X_8、X_9 分别为失水力、嫩度、pH、肉色、

肌内脂肪含量、维生素 B_1 含量、肌苷酸含量、胸肌肌纤维平均面积和肌纤维密度。

用此数学模型可以对不同品种（配套系）和不同环境条件、饲粮处理的优质肉鸡肉品质进行科学、精准的对比评价。

程天德等（2019）采用主成分分析法对清远麻鸡的肉品质 10 项性状进行了综合评价并确定了权重系数，建立了清远麻鸡肉质的综合评价模型：

$$F = 1.1387 \times (0.4468\ F_1 + 0.2415\ F_2 + 0.1699\ F_3)$$

其中，$F_1 = 0.168\ X_1 - 0.206\ X_2 + 0.578\ X_3 - 0.187\ X_4 - 0.389\ X_5 + 0.586\ X_6 + 0.518\ X_7 + 0.357\ X_8 + 0.223\ X_9 + 0.306\ X_{10}$；

$F_2 = 0.623\ X_1 + 0.154\ X_2 + 0.465\ X_3 - 0.216\ X_4 - 0.108\ X_5 + 0.332\ X_6 + 0.376\ X_7 + 0.673\ X_8 + 0.758\ X_9 + 0.105\ X_{10}$；

$F_3 = 0.112\ X_1 - 0.265\ X_2 + 0.277\ X_3 + 0.156\ X_4 + 0.375\ X_5 + 0.468\ X_6 - 0.082\ X_7 + 0.374\ X_8 + 0.382\ X_9 + 0.608\ X_{10}$。

式中，X_1、X_2、X_3、X_4、X_5、X_6、X_7、X_8、X_9、X_{10} 分别代表鸡肉弹性、肉色值、嫩度值、持水性、水分含量、蛋白质含量、脂肪含量、胶原含量、肌纤维密度和谷氨酸含量。

按此模型计算清远麻鸡肉品质的综合得分，得分越高的肉质越好。

第二节　黄羽肉鸡肉品质的影响因素及烹调

一、肉品质的影响因素

鸡肉品质受品种、日龄、性别、饲养管理、环境、饲养模式、养殖方式、屠宰加工、贮藏保鲜等多种因素影响。

（一）品种、日龄、性别

黄羽肉鸡的品种、日龄和性别等均不同程度地影响肉品质。有关不同品种间肉品风味差异的研究主要集中在快速生长肉仔鸡与慢速生长地方鸡种之间，且研究认为各地本土鸡的肉质和适口性优于肉仔鸡。Jayasena 等（2014）报道认为，100 日龄出栏的韩国地方品种鸡肉中的肌苷酸、还原糖、谷氨酸、亚油酸、二十碳四烯酸（ARA）和 DHA 含量显著高于 32 日龄出栏的科宝肉鸡。Jung 等（2011）也报道了韩国本土鸡在感官分析中的风味得分显著高于商品肉鸡。Kiyohara 等（2011）进行的感官评价发现，日本本土鸡比商品肉鸡更易被人们接受。经分析发现，韩国本土鸡和日本内地鸡肉中的肌苷酸含量显著高于商品肉鸡。中国生长缓慢的地方品种鸡（文昌鸡和仙居鸡）肉中的肌苷酸含量也显著高于科宝肉鸡（杨烨等，2006）。Tang 等（2009）研究认为，不同品种鸡肉中肌苷酸含量的差异可能是由于基因型、日龄及其相互作用所致。Lee 等（2012）评估了商品肉鸡和韩国本土鸡肉中与风味和口感相关的成分，结果显示，与商品肉鸡相比，韩国本土鸡腿肌中的 ARA 和 DHA 含量较高。由于不同品种或品系鸡肉中含有不同风味前体物质，其所产生的挥发性化合物的类型和浓度也不同。

国内关于不同地方品种（系）肉鸡肉品质特点和差异的研究报道较多。陈洁波等（2013）报道，120 日龄贵妃鸡、怀乡鸡和北京油鸡的肌纤维特性和肉品质存在显著差异，

北京油鸡肉色亮度 L^* 值最大，其次是贵妃鸡，最小是怀乡鸡；贵妃鸡和怀乡鸡肌肉滴水损失大于北京油鸡，北京油鸡肌纤维密度最大，直径最小，其次是贵妃鸡，而怀乡鸡肌纤维直径最大，密度最小。整体表现，北京油鸡肉品质优于贵妃鸡，而贵妃鸡肉品质优于怀乡鸡。李龙等（2015）对比了白羽 AA 鸡、湛江阉黄鸡、清远麻鸡、杏花鸡、胡须鸡、广西黄鸡和文昌鸡共 7 个品种鸡的肉品质特点，总体上看，与白羽 AA 鸡相比，黄羽肉鸡胸肌肉普遍具有低亮度、高红度的外观特点，具有高肌苷酸含量、低肌内脂肪含量的风味特点。不同地方品种间，湛江阉黄鸡、清远麻鸡、杏花鸡、胡须鸡和文昌鸡肌肉具有低亮度、高红度的特点，湛江阉黄鸡、杏花鸡和文昌鸡具有低黄度的特点；湛江阉黄鸡、清远麻鸡、杏花鸡、广西黄鸡和文昌鸡肌肉具有较高的肌苷酸含量；湛江阉黄鸡、清远麻鸡、杏花鸡、胡须鸡和广西黄鸡肌肉肌内脂肪含量较低；杏花鸡、广西黄鸡、文昌鸡具有较浓郁的香味，优于其他黄羽肉鸡；清远麻鸡肌肉系水力较差，具有较短货架期，文昌鸡可能具有较长货架期，并且肉丰富多汁；清远麻鸡和胡须鸡肉质嫩度较低，杏花鸡和文昌鸡嫩度较高，数据分析结果见表 9－2。李威娜等（2017）研究了 210 日龄五华三黄鸡、江西三黄鸡、广西三黄鸡、惠阳胡须鸡 4 种母鸡的胸肌肌纤维特性与肉品质，肌纤维直径方面，五华三黄鸡＜广西三黄鸡＜江西三黄鸡＜惠阳胡须鸡；肌纤维密度方面，惠阳胡须鸡＞五华三黄鸡＞广西三黄鸡＞江西三黄鸡。4 种鸡的肉色值差异极显著，五华三黄鸡的肉色值最小，为 0.28，江西三黄鸡最大，为 0.58；五华三黄鸡的失水率最小，为 11.43%，广西三黄鸡最大，为 15.68%，差异极显著；五华三黄鸡的熟肉率最大，为 60.06%，广西三黄鸡最小，为 35.21%，差异极显著；4 种优质鸡胸肌 pH 差异不显著，范围为 5.0～6.0。综合对比各项指标得到，肉品质由好到差的顺序为五华三黄鸡＞江西三黄鸡＞惠阳胡须鸡＞广西三黄鸡。路宏朝等（2016）报道，略阳乌鸡腿肌和胸肌的肌苷酸含量在 180 日龄时均明显高于黄羽肉鸡。王春青等（2014）对 8 个品种鸡（清远鸡、北京油鸡、柴母鸡、乌鸡、贵妃鸡、三黄鸡、矮脚鸡和童子鸡）胸肉品质指标分析表明，不同品种鸡胸肉的色泽、pH、嫩度、持水能力及质构特性存在显著差异，其中矮脚鸡亮度值和红度值显著高于其他几个品种；乌鸡鸡胸肉 pH 最高；贵妃鸡、清远鸡、乌鸡及童子鸡胸肉的剪切力较其他几个品种鸡小；乌鸡鸡胸肉蒸煮损失率最低。对 8 个品种鸡胸肉的微观结构和超微结构观察结果显示，不同品种鸡胸肉的肌纤维直径、密度、肌节长度及肌纤维小片化指数之间也存在显著差异，其中贵妃鸡、清远鸡、乌鸡及童子鸡的肌纤维直径较细，密度较大；清远鸡的肌节长度最长；三黄鸡和贵妃鸡的肌纤维小片化指数 MFI 值较其他品种的大，分别为 138.67 和 134.67。广东省农业科学院动物科学研究所黄羽肉鸡营养与饲料研究团队经汇总分析大量相关研究报道得到黄羽肉鸡的肉品质指标范围与特点（表 9－3）。

表 9－2　不同品种黄羽肉鸡肉品质与白羽 AA 鸡的对比

品种	白羽 AA 鸡	清远麻鸡	杏花鸡	胡须鸡	广西黄鸡	文昌鸡	湛江阉黄鸡
剪切力值（kg f*）	2.85±0.45	3.37±0.31	2.98±0.28	3.35±0.41	3.01±0.48	3.37±0.46	3.52±0.34

* kg f 为非法定计量单位，1kg f≈9.8N。

（续）

品种	白羽AA鸡	清远麻鸡	杏花鸡	胡须鸡	广西黄鸡	文昌鸡	湛江阉黄鸡
滴水损失率/%	2.50±0.18[a]	4.39±0.44[b]	2.45±0.15[a]	2.85±0.33[a]	2.45±0.12[a]	3.15±0.41[a]	2.53±0.12[a]
pH							
pH_{45min}	6.21±0.06[ab]	5.84±0.09[c]	6.34±0.07[a]	6.11±0.14[abc]	6.14±0.09[ab]	6.28±0.10[ab]	5.98±0.09[bc]
pH_{24h}	5.90±0.07[a]	5.81±0.03[a]	5.89±0.05[a]	5.82±0.01[a]	5.62±0.01[b]	5.82±0.05[a]	5.85±0.04[a]
肉色评分							
亮度值（L^*_{45min}）	53.24±0.85[a]	48.04±0.61[b]	47.20±0.71[b]	48.94±1.07[b]	53.47±0.46[a]	48.31±1.07[b]	46.28±1.07[b]
红度值（a^*_{45min}）	10.68±0.53[b]	12.88±0.46[a]	13.64±0.28[a]	12.69±0.50[a]	5.86±0.45[c]	13.02±0.49[a]	12.91±0.59[a]
黄度值（b^*_{45min}）	11.41±1.07[a]	11.1±0.71[ab]	8.58±0.69[bcd]	9.49±1.01[abc]	10.66±0.96[abc]	6.71±0.67[d]	8.15±0.82[cd]
亮度值（L^*_{24h}）	57.39±0.99[a]	51.95±0.57[b]	51.18±0.84[b]	53.10±1.00[b]	60.18±0.52[a]	52.78±1.68[b]	50.65±0.96[b]
红度值（a^*_{24h}）	11.68±0.44	11.35±0.39	12.96±0.32	11.21±0.44	11.44±0.21	11.79±0.85	11.48±0.57
黄度值（b^*_{24h}）	14.39±1.75[ab]	12.41±0.77[abc]	9.90±0.72[bc]	10.41±0.83[bc]	15.78±1.06[a]	8.27±0.50[c]	12.95±0.31[abc]
肌内脂肪含量/%	2.32±0.41[a]	1.22±0.12[b]	1.04±0.08[b]	1.06±0.13[b]	1.21±0.16[b]	1.88±0.15[a]	1.19±0.08[b]
肌苷酸含量/(g/kg)	2.86±0.20[c]	3.92±0.11[ab]	3.76±0.17[ab]	3.74±0.08[ab]	3.28±0.20[bc]	3.83±0.17[a]	3.53±0.17[ab]
感官品尝评分							
外观与颜色	5.17±0.11	4.92±0.31	5.45±0.21	5.25±0.25	5.44±0.18	5.50±0.26	5.00±0.17
气味	4.25±0.37[c]	4.58±0.34[bc]	5.45±0.21[ab]	5.00±0.33[abc]	5.78±0.22[a]	5.41±0.26[ab]	5.00±0.17[abc]
风味	5.17±0.29[ab]	4.67±0.30[b]	5.55±0.31[a]	5.00±0.28[ab]	5.67±0.24[a]	5.67±0.21[a]	5.25±0.22[ab]
嫩度	5.83±0.34[a]	4.50±0.33[b]	5.82±0.32[a]	4.42±0.34[b]	5.11±0.35[ab]	5.83±0.17[a]	5.25±0.22[ab]
多汁性	4.50±0.39[b]	4.41±0.31[b]	4.90±0.28[ab]	4.41±0.29[b]	5.00±0.29[ab]	5.42±0.23[a]	4.42±0.22[b]

表 9-3　黄羽肉鸡的肉品质指标范围与特点

项目	最大值	最小值	平均值	标准误差	变异系数/%
肉质性状指标					
pH_{45min}	6.34	5.84	6.12	0.19	3.16
亮度值（L^*）	53.47	46.28	48.71	2.73	5.60
红度值（a^*）	13.50	15.86	12.69	1.28	9.50
黄度值（b^*）	11.10	6.71	9.12	1.70	18.67
剪切力/(kgf)	3.52	2.98	3.26	0.22	6.76
失水率/%	38.7	27.13	34.09	3.6	10.55
蒸煮损失/%	12.9	7.43	9.77	2.03	20.75
滴水损失/%	4.39	2.45	2.97	0.79	26.60
胸肌脂肪含量/%	3.28	2.07	2.73	0.37	13.56
腿肌脂肪含量/%	7.97	6.61	7.21	0.45	6.22
肌苷酸含量/(mg/g)	3.61	2.60	3.04	0.31	10.26
感官品尝评分					
外观与颜色	5.50	4.92	5.26	0.25	4.66
气味	5.78	4.58	5.20	0.45	8.67
风味	5.67	4.67	5.30	0.41	7.76
嫩度（肉的易嚼度）	5.83	4.42	5.16	0.60	11.63
多汁性	5.42	4.41	4.76	0.42	8.85

陈国宏等（1998）研究发现，随着周龄增大，鸡的肌纤维密度逐渐降低。与 20 周龄比较，55 周龄固始鸡胸肌肌内脂肪含量、油酸含量显著提高，胸肌亮氨酸含量显著降低，其他氨基酸、脂肪酸组成在两个周龄间无差异；固始鸡母鸡腿肌肌纤维直径显著增加，肌纤维密度降低。相对于 20 周龄固始母鸡，55 周龄固始母鸡脂肪沉积增加（蒋可人等，2017）。

日龄对鸡肉风味的影响可能与风味物质（如氨基酸、蛋白质、肌苷酸、核苷酸、脂肪酸等）合成、沉积、代谢有关。研究表明，随着日龄增加，影响鸡肉风味和品质的前体物含量会发生变化（陈旭东等，2008）。吴科榜等（2009）比较不同日龄的文昌鸡肉品质发现，日龄对鸡肉 pH、滴水损失、水分含量和肌间脂肪含量等指标具有显著影响。研究发现，28～90 日龄，肉鸡肌肉中肌苷酸含量逐步提高（陈继兰等，2005；Chang et al.，2010），之后可能会进一步增加（90～140 日龄）（李菁菁等，2017），鸡肉的风味也随之增强。研究表明，肉鸡胸肌和腿肌中肌苷酸含量随日龄的增加呈增长趋势，说明 IMP 沉积是一个长期积累的过程（李菁菁等，2017；李慧芳等，2004）。孙月娇（2014）报道认为，随着北京油鸡日龄的增加（63、77 和 91 日龄），肉鸡胸肌中挥发性风味物质的种类呈逐渐增加的趋势，其中，酮类化合物、酯类化合物和杂环类化合物种类显著增加。

性别对河田鸡肌肉中游离氨基酸（除天冬氨酸、苏氨酸、丝氨酸、脯氨酸、胱氨酸外）、肌内脂肪以及饱和脂肪酸、单不饱和脂肪酸、多不饱和脂肪酸含量均有显著影响，其中公鸡的总氨基酸、肌苷酸、肌内脂肪中的饱和脂肪酸、单不饱和脂肪酸略高于母鸡，而母鸡的肌内脂肪和多不饱和脂肪酸含量显著高于公鸡。风味品尝结果显示，公鸡肌肉香味、鲜味评分显著高于母鸡，而嫩度低于母鸡（杨烨等，2006）。姜慧绘等（2017）报道，110 日龄清远麻鸡公鸡的鲜味氨基酸和肌苷酸含量均略高于母鸡。陈继兰等研究表明，90 周龄北京油鸡母鸡肌苷酸含量有高于公鸡的趋势。另外，性别对风味的影响还与日龄有关，14 周龄以前，公鸡与母鸡风味并无显著差异，但 14 周龄以后，公鸡风味更浓，更容易被消费者接受。

（二）饲养管理和环境

饲养管理对改善鸡肉品质也是至关重要的，可通过科学调控环境温度、湿度、通风、饲养密度及饲养方式来有效改善鸡肉品质。

科学的饲养管理不仅可以提高肉鸡成活率，还可使肉质优质安全。Touraille 等（1985）研究表明，标准饲养条件下，慢速型鸡种，低脂肪、高禾谷日粮，低饲养密度，饲养时间至少 81d，严格加工和质量控制环境下生产的鸡肉有更好的品质，更易被消费者接受。另有报道表明，降低饲养密度有利于提高鸡肉香味（Farmer et al.，1997）。

在众多环境因素中，温度对鸡肉品质的影响最大。当温度降低到 7℃或升高到 35℃时，产肉量和脂肪沉积降低（徐日峰等，2013）。另有报道，昼夜温度在 21～30℃循环变化下饲养的肉鸡的鸡胸肉品质比持续在 21℃条件下饲养的更好。高湿度环境不利于机体体温调节，而低湿度会引起鸡群烦躁不安，从而对鸡肉品质产生不利影响。

光照可以促进鸡性成熟，尤其是在自然光照条件下，紫外光可以促进维生素 D 的合成，促进骨骼代谢，有助于提升胴体品质（徐日峰等，2013）。黎志强等（2019）对比了红光组（660nm）、绿光组（540nm）、蓝光组（480nm）和白光组 4 种单色光对大恒肉鸡肉品质的影响发现，红光组的脂肪和肌苷酸含量均要显著高于其他组，说明单色红光有助于改善鸡肉肉质的口感和风味。唐诗（2013）报道，变程光照（先减后增）比较 16h 光照、间歇光照和 23h 光照能提高肉色红度 a^* 值，有助于维持肉色鲜红，提高肉品质。

（三）饲养方式和养殖模式

目前，黄羽肉鸡的饲养方式主要包括舍内地面平养、网上平养、笼养、林下养殖等多种方式（彩图 24）。舍外放养可以根据鸡自身生理需求去自由摄取环境中的青草、虫子、谷物等，同时放养鸡可以享受到阳光，体质健壮，抗病力强，用药少。因此，放养鸡肉质鲜嫩，在市场上受到消费者的青睐。Jiang 等（2011）研究报道，与舍内平养方式相比，舍外放养降低了胸肌剪切力值、滴水损失率和肉色黄度值、肌纤维直径，提高了宰后肌肉 pH 和肌纤维密度。陈宏生等（2008）研究了网养、平养与放养对淮扬麻鸡肉品质的影响，结果表明：3 种饲养方式对母鸡胸肌水分、粗蛋白、脂肪含量无显著影响，但放养组胸肌中肌苷酸和硫胺素含量显著提高，胸肌、腿肌肌纤维密度均显著降低，腿肌肌纤维直径显著高于网养组和平养组，公鸡的肉色表现为放养组显著深于网养组和平养组。程天德等（2019）通过对清远麻鸡（180 日龄）肌肉红度值、嫩度、持水性和胶原含量等肉品质指标分析发现，散养模式下肉品质明显优于笼养模式。

此外，有研究表明，经常摄取杂草及昆虫可以改善鸡肉的风味。放养模式可显著提高鸡肉中肌苷酸含量，有利于鸡肉中挥发性风味物质的形成。李文嘉等（2019）报道，与笼养相比，林下放养显著影响北京油鸡肌肉组成成分和肉色等，改善了肌肉品质，提高了肌肉肌苷酸、不饱和脂肪酸和必需脂肪酸含量，对肉质风味也有改善作用。陈杰等（2015）也报道，养殖模式对贵妃鸡的肌肉质量和口感影响很大，三种养殖模式中，林下草地散养的贵妃鸡肉品质最好，户外放养鸡次之，笼养鸡最差。

因此，采用合理的放养方式，配合精准科学的日粮营养供给，减少有害添加剂及药物的使用，是提高肉品质的有效途径。传统的放养模式结合先进的管理技术，进行无抗养殖和自由放养，也将是今后黄羽肉鸡产业的发展方向。

（四）屠宰加工与贮藏保鲜

屠宰加工阶段包括以肉鸡出栏为起点的一系列相互关联的阶段，最终肉质与宰前阶段管理、应激因素、应激程度、宰杀因素、宰后熟化以及加工条件紧密相关。Liu 等（2012）研究认为，宰后熟化是决定肉质的一个重要因素，因为在此过程中产生了许多化学风味化合物，包括糖、有机酸、肽、游离氨基酸和腺嘌呤核苷酸代谢产物。氨基酸和肽含量在肉鸡死后发生变化，在肉品熟化过程中其含量会增加（Spanier et al.，2004）。由于游离氨基酸含量与鸡肉的鲜味有关，加工熟化会增加鲜味。

提高肉鸡产品的质量，需要对各个加工环节进行监督控制，保证种鸡、苗鸡、饲料、毛鸡及鸡肉产品符合质量安全标准，规范饲养鸡产品加工过程，并进行标准化控制，才能生产出符合消费者需要的鸡肉产品。

1. 宰前应激 屠宰前许多因素，如抓鸡、装卸、运输距离及天气等，都能引起鸡的应激。Terasaki 等（1965）认为，痛苦挣扎后死亡的鸡，乳酸含量及 pH 变化更快，会影响磷酸肌酸酶、ATP 酶等相关代谢酶活性，进而影响肉品质。另有报道指出，亚硝酸盐处理可减少鸡肉羰基化合物的形成，从而提高肉品质（Ramarathnam et al.，1993）。

2. 屠宰过程及宰后处理　屠宰放血是否完全是影响肉品质的因素之一。放血不完全会影响肉品色泽与系水力，并加速肉中微生物的繁殖，导致肉品质下降（徐日峰等，2013）。屠宰要有良好的加工设备、严格的管理制度，同时还要采取适当的措施减少胴体表面的污染。

宰后很多因素也影响肉质，例如保留内脏的鸡肉肉质更容易变差，屠宰时环境温度过高会加速胴体完成僵硬、解僵的成熟过程，导致白肌肉的发生；热烫会破坏肌纤维，使鸡肉嫩度降低，同时含水量和乳化作用也显著减少（徐日峰等，2013）。

比较分析冷冻、冰鲜和冷鲜 3 种冷藏方式对小香鸡风味的影响发现，在不同冷藏方式下，随着贮藏时间的延长，小香鸡汤汁的感官评分逐渐下降，其中冷鲜组汤汁感官评分值的下降速率明显比冷冻和冰鲜组的快，冰鲜组汤汁感官值在贮藏 10d 以内高于冷冻组，10d 以后低于冷冻组，这可能因为冷藏温度越低，微生物生长受抑制程度越高，小香鸡品质下降速率越慢。因此，冰鲜贮藏小香鸡风味明显优于冷冻贮藏，而贮藏期明显短于冷冻贮藏。相比冷鲜贮藏，冰鲜贮藏能有效延长鸡肉货架期（李双艳等，2017）。

王春青等（2014）测定 10 个不同品种鸡（清远鸡、北京油鸡、柴鸡母鸡、乌鸡、贵妃鸡、三黄鸡、矮脚鸡、童子鸡、青海麻鸡和白羽肉鸡）原料肉的 16 项品质指标以及经过蒸煮加工后肉样的 9 项品质指标，建立原料肉品质与蒸煮肉样品质的相关性，运用回归分析，进行综合评价模型验证，通过相关分析和因子分析确定了蒸煮加工适宜性评价指标，分别为脂肪含量、剪切力、硬度、咀嚼性、肌节长度、体积收缩率和肌节收缩率；将 10 个品种肉鸡分为三大类，清远鸡、白羽肉鸡和童子鸡最适宜蒸煮，柴鸡母鸡不适宜蒸煮，其他品种为较适宜。

二、烹调

广东、广西等南方各地对鸡肉的烹调独具特色，风味和口感独特，白切鸡、盐焗鸡、水蒸鸡、手撕鸡和豉油鸡等在全国都享有盛名。

（一）白切鸡

白切鸡是我国南方地区的一道特色冷盘菜，其制作工艺相对简单，在制作过程中基本不使用调味品，白煮而成。因此，白切鸡最大限度地保留了鸡的原汁原味。另外，白切鸡肉熟而不烂，处于“过一分则老，欠一分则生”的状态，因此，它鲜嫩无比，被誉为“鸡中第一鲜”。

彩图 25 为家常白切鸡（原材料为清远麻鸡，体重 2kg 左右）。

白切鸡制作的精髓在于让它经历“冰火两重天”洗礼。当热水中的白切鸡经历了凉水的急剧冷却之后，鸡皮中的油脂会形成凝结，其中的胶原蛋白也会变性收缩从而使成品白切鸡的外形丰满雅观，鸡皮光亮爽口，鸡肉鲜香细嫩，肥而不腻。虽然白切鸡的制作工艺相对简单，但是其制作方法却千差万别。陈文波等（2014）介绍了以下 4 种不同的白切鸡制作工艺：①在汤锅内加入足够淹没鸡的清水，加入葱段、姜片，大火烧开。将洗净的三黄鸡放入，再次烧开后撇去浮沫，转小火，盖上锅盖焖 15min 后关火并迅速捞起鸡浸入冷开水（水在0～4℃放置过夜）中，让鸡在冷开水中冷却30min。②将洗净的鸡放入事先烧开的热水中焯3次，然后迅速用冷开水将其冷却。再将鸡放入锅中热水里，并加入姜片、葱段。待锅中热水彻底沸腾之后，关火，让鸡在热水中静置30min。③汤锅内加入葱段、姜片和足量淹没鸡的清水，大火烧开。关火后将鸡放入其中烫5min，然后捞出，放入冷开水中冷却10min。如此反复进行5次。最后，再置于热水中焖10min。④在汤锅中加入葱段、姜片、洗净的鸡及足量淹没鸡的清水，打开火将水加热到85℃左右，捞出鸡放入冷开水中冷却10min，然后再将鸡放入热水中加热5min，捞出，放入冷开水中冷却10min，再将鸡捞出，放入热水中，盖上锅盖，小火加热至鸡熟而不烂（以用筷子插入鸡腿间无血水溢出为准）。经对比总结提出，制作工艺中包含的冷热交替处理可以提高成品白切鸡的色泽，降低水分含量。另外，处理过程中白切鸡在高温（100℃）环境中的保留时间也会影响到成品白切鸡香气成分的形成。因此，白切鸡的制作过程中要控制好高温熟制、凉水冷却的时间和交替次数，才能制作出色香味俱佳的白切鸡。

周翠英等（2012）介绍了一种白切鸡的简单制作方法，采用此种方法制作好的鸡肉刚熟不烂，而且不加配料，保持原汁原味。其关键步骤如下：

1. 选健康鸡 选羽毛有光泽，眼炯炯有神，冠红润，脚小，腿短，胸骨硬中带软，屁股丰满、干净、没有残液的健康鸡。广东人传统上比较喜欢挑选“二黄头”，也就是初产蛋的鸡，这样的鸡体形较为丰满，肉质纤维紧密，有鸡味，口感好。

2. 宰鸡与烫水 宰鸡一定要用刀口细小的刀，放血要净。烫鸡的水温要根据季节的不同进行相应调整。水温过高，鸡油便会溢出，从而影响鸡的皮色与光亮。水温过低，又会导致出现“鸡皮疙瘩”。因此，热天一般掌握水温在60～65℃，冷天以68～70℃为宜。煺鸡毛要从鸡头一直向鸡尾煺，不然会破坏其皮质。

3. 煮鸡火候的掌握 煮鸡火候把握好，是白切鸡口感好的关键。广东人吃鸡，一般以刚熟为最好，这样的鸡肉质比较嫩滑，而且鸡肉含汁。掌握火候的经验是：煮白切鸡的水温最好应控制在93～95℃，让它保持“虾眼水”（冒出来的水泡像虾眼那么大）的状态，以连贯的动作，将鸡在水中一沉一提总共6次，每次间隔1min左右，以保证鸡的内外温度一致。当鸡腿发胀，呈现薄膜的光泽时，就表明有九成熟了，此时再煮30s，然后捞出控水并迅速放入冷开水中2～3min，捞起并沥干水分，此时，在白切鸡表面用生油涂抹一遍，能改善其外观色泽亮度。

（二）盐焗鸡

盐焗鸡的制作由来已久，全国闻名，制法历久不衰，它既追求外观澄黄油亮，又讲究皮脆肉实、鸡香味浓郁。相对于其他粤式鸡肉制品，如白切鸡、豉油鸡等，客家盐焗鸡的肉质较结实、纤维性较强，食用时的弹性、硬度及咀嚼性相对稍强。对于现做现吃的盐焗鸡肉熟制品，原料鸡为鸡龄1年左右的母鸡最佳。但是，如果要加工成为具有一定耐贮性的软包装产品，10～12个月龄的鸡肌肉组织水分含量较高，非还原性胶原蛋白较少，肌肉纤维剪切力较小，这些特性会影响鸡肉加热后的质构特性，使得在高强度加热后产品易软烂、口感差。目前，市场上能常温放置、口感较好的盐焗鸡分割软包装制品多是采用1～1.5年龄鸡肉为原料的，否则产品的品质和口感较差。也有生产企业尝试用生长期较短、产量较大的肉鸡替代，但由于肉鸡鸡肉非还原性胶原蛋白含量低，加热煮制易软烂，纤维感差，不适合当前盐焗鸡肉制品的生产工艺（朱南新，2012）。因此，原料的来源及性质对盐焗鸡肉品质至关重要。

盐焗鸡的做法：首先将三黄鸡洗净，去内脏，斩去头、脖子和脚，用厨房纸吸干水分。然后用米酒和砂姜末涂抹鸡身，腌制 5min，将剩下的米酒倒入鸡腹中，再用专用盐焗纸（也可用厨房纸代替）将鸡包严实。准备一个洁净瓦煲，并在底部撒入 1.5 袋粗海盐，放入包好的鸡，再倒入 1.5 袋粗海盐盖住鸡身。盖上瓦煲的盖子，铺上一块湿方巾，开小火煮 60min 左右。至湿方巾变干，说明鸡已熟，揭盖，舀出鸡身上的粗海盐。取出鸡，撕去包纸，将鸡置入碟中，放上香菜做点缀，即可食用。

（三）水蒸鸡

水蒸鸡（彩图 26）是茂名、湛江和海南的一道名菜。水蒸鸡的做法：一般选用 1kg 左右的放养三黄鸡，将鸡清洗干净，并将鸡脚按压进鸡腔内，把鸡放在一个小盆中，在鸡身上均匀地撒上 1/2 小匙细食盐，并涂抹均匀。锅内放水，架上蒸架，将装有鸡的盘子放进蒸锅内，用大火烧开水后转中火蒸 30min 左右即可。不同地区水蒸鸡的做法不太一样，不同的烹饪师做法也不一致，但基本的步骤都是先将鸡清洗干净，然后用食盐腌制 20～30min，最后放蒸锅隔水蒸熟即可食用。

（四）手撕鸡

手撕鸡（彩图 27）是一道中国的地方传统名菜。外皮金黄是手撕鸡的卖点之一，金黄的鸡皮晶莹油亮并散发甘香，肉质细腻，油脂适中，鲜美含汁，嚼之既不油腻也不柴硬，并带有浓郁的鲜香味。较之于一般的鸡肉美食，手撕鸡较为干爽，性质比较温和，适宜不同人群食用。具体制作方法可参考以下步骤：首先将半只三黄鸡处理干净，用料理杯把姜、蒜磨碎后放入碗中。在姜蒜末碗中加入生抽、料酒、孜然粉、食盐，搅匀。把鸡放入保鲜袋，倒入调味汁。把袋口扎紧，360°转动，让调味汁均匀地裹在鸡上，放冰箱腌制 4h 左右。腌好后的鸡放入电压力锅，袋子里的汁一同倒入，煮 10min。之后翻面再煮 5min。煮好后取出，待温热时戴上手套把肉撕下来，最后将锅中的余汁倒在肉上，撒上熟芝麻即可。

（五）豉油鸡

豉油鸡（彩图 28）也是比较出名的广东家常菜，其用料、做法简单，做出来的鸡肉却特别嫩滑可口，味道特别好，因而备受人们的喜爱。

一般选用三黄鸡不要太大，1.6kg 左右最好，不要超过 1.75kg，鸡太小了没肉，太大了肉粗不进味。首先把鲜鸡洗干净，在锅里下 1 汤匙油，爆香姜片和葱段，加入豉油鸡汁和清水煮开，把整鸡放进锅里，加盖，用慢火煮开，每隔几分钟就把鸡翻转一次，让鸡身各个部位都着色入味，煮 20min 左右，鸡身全部变成深咖啡色时加 1 茶匙芝麻油，加盖再煮 5min，离火再焖 5min。取出鸡，斩块，淋一些酱汁或调味汁即可。

第三节 黄羽肉鸡肉品质的营养调控

饲粮营养是影响鸡肉品质的重要因素，对饲粮进行科学合理的设计，能够改善肉品质和风味。

一、饲粮营养水平的调控作用

（一）饲粮能量、粗蛋白质水平的营养调控

适宜的饲粮能量和粗蛋白质水平能改善黄羽肉鸡肉品质。43～63 日龄阶段提高饲粮代谢能水平，能显著提高快速型岭南黄鸡公鸡宰后胸肌 pH、肉色 a^* 值，降低肉色 b^* 值；提高蛋白水平能显著提高胸肌肉色 b^* 值。饲粮粗蛋白水平影响腿肌肌纤维直径，粗蛋白和代谢能水平对腿肌肌纤维直径和密度也有显著的互作效应，饲粮代谢能 11.93MJ/kg、粗蛋白水平为 15.8%时腿肌肌纤维直径小，且密度大，同时粗蛋白水平显著影响胸肌中鲜味成分谷氨酸的含量（蒋守群等，2013）。程贵兰等（2014）研究表明，随着饲粮蛋白水平的提高，麒麟鸡 84 日龄肌肉粗蛋白和粗脂肪含量逐渐提高；胸肌与腿肌的滴水损失显著降低；19%饲粮蛋白水平组可降低胸肌、腿肌纤维直径。蒋守群等（2014）研究表明，饲粮蛋能比显著影响快速型黄羽肉鸡 63 日龄胸肌色泽与风味评分，13.77g/MJ 蛋能比组颜色、外形和风味评分显著高于 12.50g/MJ 组。雷秋霞等（2008）报道，饲粮代谢能和粗蛋白水平显著影响 13 周龄鲁禽 3 号麻鸡胸肌的肉色和失水率，代谢能水平显著影响肌纤维直径和密度，高能量水平下的肌纤维直径较大，但蛋白质水平对肌纤维直径和密度均无显著影响。Abouelezz 等（2018）提出饲粮适宜代谢能水平可改善慢速型岭南黄鸡 105 日龄肌内脂肪含量和肌肉嫩度。林厦菁等（2018）研究表明，提高饲粮整体营养水平可显著提高中速型岭南黄鸡公鸡 84 日龄宰后 45min 肉色黄度 b^* 值。

饲粮能量和蛋白质水平对黄羽肉鸡肌内脂肪（IMF）和肌苷酸（IMP）沉积的调控作用一直是研究者关注的热点。伍剑等（2011）报道，饲粮能量水平升高显著提高了 70 日龄二郎山山地鸡胸肌脂肪含量。刘蒙等（2009）研究发现，提高饲粮代谢能水平可显著提高北京油鸡胸肌和腿肌中肌苷酸含量。北京油鸡 42～90 日龄阶段，随饲粮代谢能水平增加，胸肌肌内脂肪含量升高，腿肌肉色亮度值和黄度值增加，红度值降低（白洁等，2013）。杨烨等（2006）采用 3×3（能量×蛋白质）试验设计，饲喂河田鸡，结果发现采食高能日粮的鸡胸肌中肌内脂肪和肌苷酸含量显著降低，采食高蛋白日粮胸肌中肌内脂肪含量显著降低，随能量和蛋白水平提高，鸡肉鲜味和嫩度均显著下降。王剑锋等（2014）报道，给京海黄鸡（42～112 日龄）饲喂蛋白质水平分别为 15%、16%、17%和 18%，代谢能水平分别为 9.95MJ/kg、10.95MJ/kg、12.65MJ/kg 和 13.95MJ/kg 的饲粮，结果发现，随着蛋白质和代谢能水平的提高，肉鸡胸肌中肌苷酸沉积量呈上升趋势，而脂肪沉积量呈下降趋势。因此，适当降低饲粮营养水平可能更有利于鸡肉中脂肪的沉积，提高肌肉风味。

（二）氨基酸对鸡肉品质的调控研究

关于氨基酸对鸡肉品质的营养调控研究报道主要集中在蛋氨酸、精氨酸、色氨酸、丙氨酸、组氨酸和 L-茶氨酸。蒋雪樱（2018）研究表明，饲喂低蛋氨酸饲粮显著降低 42 日龄青脚麻鸡宰后胸肌的 pH，这可能是由于蛋氨酸缺乏激活丙酮酸激酶活性，促进糖酵解反应增加机体乳酸堆积，从而使 pH 降低。随着饲粮精氨酸水平提高，肉鸡腿肌、胸肌硬度、弹性均呈现先降低后升高的二次曲线变化。饲粮中精氨酸添加量在 0.3%时，腿肌、胸肌的硬度和弹性可降至最低；精氨酸水平对肉鸡腿肌中 $C_{16:0}$、$C_{16:1}$、$C_{18:1}$、$C_{18:0}$脂肪

酸含量呈先降低后升高的二次曲线变化，精氨酸添加量为 0.6%时最低（贺永惠等，2016）。范秋丽等（2021）报道，添加 0.24%精氨酸提高了 120 日龄清远麻鸡宰后胸肌肉色红度值，降低了滴水损失率。乌骨鸡体内的黑色素是由酪氨酸在酪氨酸酶的催化作用下经过一系列的生物化学反应形成的。赵艳平等（2010）研究表明，日粮酪氨酸水平可显著影响 9～12 周龄泰和乌骨鸡组织中黑色素的合成和生产性能，以玉米杂粕（含麦麸、花生仁饼、菜粕）型日粮中 1.05%（添加水平为 0.6%）的酪氨酸为适宜水平，泰和乌骨鸡肝、肌肉、皮肤中黑色素的合成量最大。曹艳芳等（2020）的研究表明，日粮中添加 0.8%酪氨酸能够显著加深 20 周龄淅川乌骨鸡背肤和胸肌乌度，且对肌肉剪切力和 pH 也有显著影响。黎观红等（2008）试验结果表明，通过调节饲粮酪氨酸、苯丙氨酸和色氨酸供给水平和比例可改善 4 周龄泰和乌骨鸡生产性能以及体内黑色素的沉积，当饲粮氨基酸含量分别为酪氨酸 0.81%、苯丙氨酸 1.14%和色氨酸 0.13%时，胸肌黑色素含量可取得最大值 3.73%，三者最佳比例模式为酪氨酸：苯丙氨酸：色氨酸＝87：121：14。

（三）维生素对鸡肉品质的调控研究

1. 维生素 E　国内外研究者对维生素 E 提高鸡肉抗氧性能方面进行了较深入的研究。近年有关维生素 E 对鸡肉脂质氧化产物硫代巴比妥酸反应物（TBARS）影响的研究结果显示，饲粮中添加 100～200mg/kg α-生育酚可显著降低贮藏过程中鸡肉的 TBARS 值，证实了饲粮添加维生素 E 可改善贮藏过程中鸡肉的氧化稳定性，但其改善鸡肉氧化稳定性的作用效果受饲粮中 α-生育酚添加水平、使用时间、肌肉部位等因素的影响。

鸡肉的滴水损失与其细胞膜结构的完整性有关，细胞膜含有大量不饱和脂肪酸和磷脂，极易受到体内自由基的攻击而诱发脂质过氧化，从而造成细胞膜结构的破坏，增加鸡肉水分的渗出。肌肉中高浓度的维生素 E 可有效保护肌膜免受自由基的损伤，维持细胞膜完整性，减少肌浆成分从肌细胞流出，从而提高肉品的保水性能，延长表层肌纤维内的氧合肌红蛋白被氧化为高铁肌红蛋白的时间（文杰，1998）。饲粮中添加高水平维生素 E 显著增加 17 周龄北京油鸡胸肌 IMF 含量（李文娟等，2008）。随着饲粮中维生素 E 添加量的增加，63 日龄岭南黄鸡宰后胸肌 pH 显著提高，滴水损失显著降低（蒋守群等，2012）。李同树等（2003）报道，鲁西黄鸡 6～10 周龄饲粮中添加 50mg/kg、100mg/kg α-生育酚对稳定腿肌 pH_{48} 和肉色具有良好效果。可见，饲粮补充维生素 E 会对鸡肉系水力、pH、肉色和感官品质等产生有益影响。DSM 公司推荐，肉鸡上市前三周饲粮可补充 150mg/kg 维生素 E，以获得最佳肉质。

2. 其他维生素　目前，有关其他维生素对鸡肉品质的调控研究报道较少。王述柏等（2004）报道，随着饲粮中硫胺素添加量的增加，北京油鸡肉鸡 91 日龄胸肌中肌苷酸含量呈升高趋势，9mg/kg 和 18mg/kg 添加组可显著提高胸肌中肌苷酸含量，说明硫胺素可改善鸡肉风味和品质。添加 3.0～4.2mg/kg 硫胺素降低了快速型岭南黄羽肉鸡宰后胸肌剪切力值和滴水损失率，增加了鸡肉感官风味评分（阮栋等，2021）。添加核黄素降低了快速型岭南黄鸡 63 日龄胸肌 L^* 值，提高了胸肌 a^* 值，而且添加 6mg/kg 核黄素有提高鸡肉嫩度和肌内脂肪的趋势（阮栋等，2012）。饲粮补充多种维生素（维生素 A、维生素 D、维生素 E、维生素 B_1、维生素 B_2 和维生素 C 等），提高了 70 日龄二郎山山地鸡胸肌肌糖原含量，改善了机体抗氧化功能和肉品质（伍剑等，2011）。110～140日龄文昌鸡饲粮中添加80mg/kg维生素E和200mg/kg维生素C，降低了血浆MDA含量，提高了宰后胸肌pH，降低了胸肌剪切力，减少了屠宰后肌肉MDA与挥发性盐基氮（TVBN）含量（顾丽红等，2021）。

（四）矿物质对鸡肉品质的调控研究

矿物质营养也与鸡肉品质密切相关，国内外有关硒改善鸡肉品质的文献报道较多，而关于其他矿物质，例如钙、镁、硒、锰、铜、铁等对鸡肉品质的调控研究报道甚少。

1. 钙和镁 钙是动物体内钙蛋白酶的激活剂，能激活肌肉蛋白系统中的肌纤维降解酶，加速肌肉的降解和熟化，改善肉品质。马现永等（2009）研究表明，黄羽肉鸡上市前2周（49～63日龄）于钙含量为0.8%的基础饲粮中补充0.4%的钙提高了胸肌嫩度值。洪平等（2013）报道，饲粮钙水平显著影响快大型岭南黄鸡胸肉剪切力值和滴水损失率，其中0.85%水平组剪切力值最低，饲粮不同钙水平（0.4%～1.15%）对宰后胸肌pH及肉色a^*值、b^*值、L^*值均无显著影响。

镁不仅参与体内所有的能量代谢，催化或激活300多种酶，而且在维持体内蛋白和脂肪代谢中起着重要作用。张罕星等（2010）发现，宰前短期添加天冬氨酸镁可提高肌肉pH，降低滴水损失率，缓解运输应激对黄羽肉鸡肉品质的不利影响。

2. 硒 硒是体内磷脂、谷胱甘肽过氧化酶等的重要组成部分，能清除细胞内已形成的过氧化物，保护细胞膜结构的完整和功能正常，因此硒有可能通过此功能影响鸡肉品质。Jiang等（2009）研究表明，饲粮中添加0.225mg/kg硒代蛋氨酸可提高快速型岭南黄鸡63日龄胸肌中谷胱甘肽过氧化物酶（GSH-Px）、过氧化氢酶（CAT）的活性，并提高总抗氧化能力（T-AOC）、谷胱甘肽（GSH）含量，降低MDA含量，其提高肌肉组织抗氧化能力的效果优于亚硒酸钠。许飞利等（2007）也表明，随饲粮中硒代蛋氨酸、亚硒酸钠添加水平升高（0.15～0.6mg/kg），黄羽肉鸡肌肉pH逐渐升高，肌肉中MDA含量逐渐降低，且硒代蛋氨酸降低肌肉脂质氧化效果优于亚硒酸钠。目前的研究已证实，无论是无机硒还是有机硒均可提高鸡肉氧化稳定性。有关硒对鸡肉品质的影响研究结果总体上表现为：饲粮中添加硒可降低鸡肉的贮藏损失，改善肉色，且有机硒的效果优于无机硒。

3. 锰 锰是含锰超氧化物歧化酶（MnSOD）的组成成分，可参与机体的抗氧化作用，这可能是其影响鸡肉品质的主要原因。Lu等（2006）研究表明，饲粮中添加100～500mg/kg锰提高了腿肌细胞线粒体中MnSOD活性，降低了腿肌中MDA含量，随饲粮中锰添加水平提高，MnSOD活性和MDA含量分别以二次曲线的方式升高和降低，说明锰有利于改善鸡肉氧化稳定性。此外，随饲粮锰添加水平提高，胸肌pH呈线性降低，而胸肌、腿肌的肉色、剪切力、系水力等不受影响。Wang等（2021）报道，饲粮锰添加显著影响快速型岭南黄鸡胸肌肉色亮度L^*值和黄度b^*值，其锰适宜添加水平为86mg/kg。

4. 铜和铁 铜和铁是机体SOD的重要组成部分，可减少自由基对肉品质损害，也是肌肉中脂质氧化的催化剂，可加速脂质氧化速度，所以铜和铁具有双重作用。饲粮添加32、64mg/kg铜显著降低了快速型岭南黄鸡胸肌中MDA含量（李龙等，2014）。Lin等

(2020) 研究发现，快速型岭南黄鸡 43～63 日龄阶段饲粮补充铁 90mg/kg 能改善肉品质，提高肌肉红度和 pH，降低滴水损失率。

二、饲料原料的影响

（一）油脂的调控作用

目前，有关脂肪对鸡肉品质的调控研究报道较多。肌肉中脂肪酸组成显著影响肉品质，如肌肉中沉积过多的长链 ω-3 脂肪酸等多不饱和脂肪酸会对鸡肉感官品质产生不良影响。而肌肉脂肪酸组成取决于饲粮中脂肪酸的组成、含量以及饲喂时间，因此饲粮中脂肪来源、氧化程度、添加水平和添加时间都可能影响鸡肉品质。

Cui 等 (2019) 发现，在快速型岭南黄鸡日粮中添加紫苏籽油 (1.0%) 以及紫苏籽油和生姜油 (0.9%和 0.1%) 63d 后，胸肌剪切力显著低于猪油 (1.0%) 组；与猪油 (1.0%) 组相比，紫苏籽油和茴香油 (0.9%和 0.1%) 组以及紫苏籽油和生姜油 (0.9%和 0.1%) 组的肌内脂肪有增加的趋势，肉质脂质过氧化较低，且风味品尝评分显著增加。Qi 等 (2010) 在北京油鸡母鸡饲粮中添加含 0%、0.12%、0.42%、1.00%和 1.97%的亚麻籽油 [含 49.94%的 α-亚麻酸和 13.83%的亚油酸，等量替代饲粮中玉米油，使饲粮亚油酸 (n-6) 与亚麻酸 (n-3) 比例为 30∶1、20∶1、10∶1、5∶1 和 2.5∶1] 92d 后发现，随着比值的下降，胸肌中 n-3 脂肪酸显著增加；二者比值为 10∶1 时可显著增加皮下脂肪厚度和肌内脂肪的含量，且此组胸肌肉色的红度值最大。由此可以推断，n-6 与 n-3 系列脂肪酸在体内代谢上可能存在一定的竞争关系，只有在数量及比例合适时，才能很好地发挥作用。

饲粮油脂的脂肪酸组成可以影响家禽产品中脂肪酸的沉积，使鸡肉中富集对人体有益的功能性脂肪酸，如二十碳五烯酸 (EPA) 和二十二碳六烯酸 (DHA)。夏中生等 (2003) 选用 83 日龄雌性广西黄羽肉鸡在基础饲粮中添加 3.0%富含饱和脂肪酸的棕榈油、5.0%富含 α-亚麻酸的亚麻油、5.0%富含长链 n-3 脂肪酸的鱼油、5.0%富含亚油酸和 α-亚麻酸的火麻仁油发现，肌肉组织脂肪酸组成充分反映了饲粮油脂的脂肪酸组成。徐明生等 (2006) 研究发现，饲粮添加 4%豆油、棕榈油和鱼油均提高了泰和乌鸡肌肉中 $C_{14:0}$和 $C_{16:0}$含量，对比豆油、棕榈油，添加鱼油降低了 n-6 PUFA 含量。进一步研究发现，在 29～66 日龄的黄羽肉公鸡饲粮中添加 4.0%亚麻油相对于 4.0%猪油组可有效提高胸肌中 α-亚麻酸、二十碳五烯酸、多不饱和脂肪酸、n-3PUFA 含量，同时显著降低饱和脂肪酸、单不饱和脂肪酸含量 (Gou 等，2020)。林媛媛 (2003) 以 28 日龄科宝白鸡、岭南黄快大型鸡、岭南黄优质型鸡和胡须鸡为研究对象也发现，饲粮中添加植物油 (豆油或米糠油) 使肉鸡肌肉亚油酸和亚麻酸含量增多，鱼油组和米糠油组的饱和脂肪酸含量较高，各组鸡体内各脂肪酸相对含量与添加油脂的脂肪酸组成含量呈极显著正相关。代谢通路富集分析也表明，饲粮油脂干预后清远麻鸡胸肌磷脂代谢物、氧化稳定性代谢物和脂类代谢途径 (α-亚麻酸代谢、花生四烯酸代谢、亚油酸代谢和甘油磷酸代谢等) 发生显著变化 (苟钟勇等，2020)。Cui 等 (2020) 在清远麻鸡饲粮中添加混合油脂 (大豆油∶猪油∶鱼油∶椰子油＝1∶1∶0.5∶0.5) 120d 后发现，对比大豆油组，混合油脂组胸肌中月桂酸、肉豆蔻酸、棕榈油酸、油酸、二十碳五烯酸 (EPA) 和二十二碳六烯酸

(DHA) 比例较高，而亚油酸的含量较低。在快大型黄羽肉鸡基础饲粮中添加猪油（1.0%）、紫苏籽油（1.0%）、紫苏籽油和茴香油（0.9%和 0.1%）、紫苏籽油和生姜油（0.9%和 0.1%）63d 后发现，紫苏籽油显著增加了胸肌中总多不饱和脂肪酸、总 n－3 脂肪酸、α－亚麻酸和二十二碳六烯酸含量，显著降低了总饱和脂肪酸、肉豆蔻酸、棕榈酸、硬脂酸含量（Cui et al.，2019）。由此可知，紫苏油具有改善肉鸡胸肌脂肪酸组成的作用，且当紫苏籽油与茴香油或生姜油混合使用时，效果更佳。

以上研究表明，在饲粮中添加不同脂肪酸组成的油脂可生产富含特定多不饱和脂肪酸的鸡肉。换而言之，鸡肌肉中脂肪酸组成取决于饲粮脂肪酸组成，脂肪酸组成在一定程度上决定了肉的风味。

（二）谷实类饲料

不同谷实类饲料来源显著影响鸡肉肉色、剪切力和感官评分。Smith 等（2002）和 Lyon 等（2004）研究表明，与小麦饲粮比较，饲喂玉米饲粮使肉色更黄，这可能是因为小麦中缺乏玉米中含有的色素（叶黄素），而黄玉米中含有高粱和小麦缺乏的色素。Lyon 等（2004）还发现，饲喂玉米饲粮鸡胸肉的剪切力低于饲喂小麦或高粱饲粮鸡胸肉，肉汤评分高于饲喂小麦或高粱饲粮组，饲喂小麦饲粮鸡胸肉较硬、难咀嚼、咀嚼后剩余残渣较多。整体来看，不同谷实类饲料会显著影响鸡肉嫩度、风味和质地，且以饲喂玉米饲粮时鸡肉品质最好。而 Jiang 等（2018）在岭南黄鸡上的研究表明，应用小麦部分代替玉米可提高胸肌肉色红度 α^* 值，并显著降低滴水损失率。不同谷实类饲料原料对肉色的影响表现明显的差异，这可能与其色素含量不同有关。

（三）蛋白质饲料

饲粮中应用高水平双低菜粕代替豆粕导致岭南黄鸡胸肌亮度 L^* 值显著降低、红度 a^* 值显著提高，但对宰后胸肌 pH、嫩度、滴水损失率和感官品尝评分均无显著性影响（阮栋等，2016）。饲粮中添加玉米 DDGS 显著降低了岭南黄鸡胸肌系水力和亮度 L^* 值，显著增加红度 a^* 值（Ruan et al.，2017）。饲粮中添加嗜酸乳杆菌发酵棉籽粕提高了 21～64 日龄三黄鸡胸肌中风味氨基酸和肌苷酸含量，以 6%或 9%添加水平效果较好（王永强等，2017）。赵丹阳（2020）研究表明，加入亚麻籽显著提高了北京油鸡肉中 n－3PUFA 沉积量，并建议用含 9%亚麻籽的饲料饲喂 10 周，此时鸡肉中长链 n－3PUFA 沉积量最高，胸肌和腿肌中分别可达到 0.48g/kg 和 0.62g/kg，即健康成人每天吃 0.52kg 鸡胸肉或 0.40kg 鸡腿肉，即可满足欧盟食品安全局和世界粮食及农业组织推荐的健康成人 250mg/d 的 EPA＋DHA 摄入量。饲粮中膨化亚麻籽的量添加至 15%对北京油鸡的生长性能无显著影响，胸肌中长链 n－3PUFA 沉积量最高（0.40g/kg），是基础日粮组的 2.22 倍，是 9%亚麻籽组的 1.25 倍。

（四）青绿饲料

适量补饲青绿饲料能改善鸡肉品质和风味。Jiang 等（2018）报道，饲粮中加入 4%～8%苜蓿草粉显著降低了岭南黄鸡胸肌滴水损失率，提高了感官品尝评分。桑叶粉可在鸡生长后期日粮中添加至 10%，发酵桑叶粉可添加至 20%，提高了胡须鸡肉品质（邝哲师等，2016）。加入 9%～12%桑叶干粉能改善彭县黄鸡肉色，降低肌肉滴水损失及粗脂肪和不饱和脂肪酸含量（邱时秀等，2019）。69～112 日龄阶段随桑叶粉添加量提高，仙居鸡胸肌中 IMP 含量显著增加（张雷等，2015）。宋琼莉等（2018）也报道，在饲粮中加入 0.5%～0.8%桑叶粉能改善矮脚黄鸡肉色，显著提高宰后 24h 肌肉 pH，改善肌肉品质，且随饲粮桑叶粉加入水平增加，肌肉中饱和脂肪酸（SFA）、单不饱和脂肪酸（MUFA）含量呈逐渐上升趋势，不饱和脂肪酸（UFA）、PUFA、必需脂肪酸（EFA）、ω-6 和 ω-3 含量以及 UFA/SFA 呈逐渐下降趋势。张海文等（2017）报道，加入适宜比例（1.5%）黄秋葵粉可有效改善儋州鸡的肉品质（主要体现在滴水损失、嫩度和 pH）。

（五）菌渣及发酵饲料

2%金针菇菌渣等量替代玉米和豆粕能提高黄羽肉鸡肌肉中必需氨基酸和风味氨基酸含量（闫昭明等，2018）。添加冬虫夏草菌丝体发酵液喷干粉能增加青海海东鸡肌肉中蛋白质、风味氨基酸、人体必需氨基酸、脂肪酸含量，降低鸡肉中胆固醇含量，有效改善肉品质（王玉华等，2019）。应用益生菌发酵饲料可改善雪峰乌骨鸡、纳雍土鸡的肉品质（陈婷等，2019；孙波等，2021）。

因此，在黄羽肉鸡饲粮配方中可以因地制宜选用一些特色饲料原料来调控肌肉的品质和口感风味。

三、饲料添加剂对肉品质的调控作用

研究表明，一些生物活性饲料添加剂可以调控鸡肉品质，近年来已成为提高肌肉品质、风味的研究热点之一。相关添加剂产品如植物多酚类物质、益生菌、茶多酚、糖萜素、酵母细胞成分、甜菜碱、L-肉碱、肌肽、肌酸和丙酮酸等在改善肉品质及其贮藏稳定性方面均有明显效果。

（一）植物多酚

异黄酮类化合物属于多酚类化合物，它的母体为 3-苯基苯吡喃酮，包括大豆黄酮等 12 种化合物。Jiang 等（2007，2014）在岭南黄鸡上的研究表明，饲粮中添加大豆异黄酮可提高胸肌红度 a^* 值、系水力和 pH，降低肉色亮度 L^* 值。此外，在饲粮中添加 10～20mg/kg 大豆异黄酮可防止冷鲜鸡肉贮藏过程中发生氧化反应，延缓宰后肌肉 pH 迅速下降，提高肉的贮藏稳定性，防止劣质肉的产生。Jiang 等（2007）还发现，饲粮中补充 20mg/kg 大豆异黄酮有效缓解了氧化油脂对鸡肉品质的不利影响，提高了肉色红度 a^* 值和系水力，改善了肉的抗氧化能力。林厦菁等（2018）也报道，饲粮中添加大豆异黄酮（小鸡阶段 25mg/kg、中鸡阶段 20mg/kg、大鸡阶段 15mg/kg）提高了文昌鸡抗氧化能力和宰后胸肌熟肉率。王一冰等（2021）在 91～115 日龄清远麻鸡上的研究发现，饲粮中添加大豆异黄酮预混剂可提高抗氧化能力，改善肉品质，并显著提高肌肉中风味物质（肌苷酸和谷氨酸）含量。Jiang 等（2007）在体外细胞培养试验中发现，添加大豆异黄酮可促进骨骼肌卫星细胞在氧化环境中的增殖，提高细胞培养上清液中 T-SOD、GSH-Px、CAT 活性、T-AOC 水平，表明大豆异黄酮提高了骨骼肌卫星细胞的抗氧化能力。李莉等（2006）研究表明，在饲粮中添加 5～20mg/kg 山楂叶黄酮改善了黄羽肉鸡的胸肌、腿肌肉色，降低了胸肌滴水损失，且以 20mg/kg 效果最佳。

吴姝等（2018）研究发现，饲粮中添加 500mg/kg 和 1 000mg/kg 植物多酚［单多酚（黄酮类）和复合多酚（原花青素类）］均能增强机体抗氧化性能，改善黄羽肉鸡肉品质。

李伟等（2017）报道，90～130 日龄阶段胡须鸡饲粮中添加桉叶多酚 0.6%，改善了肌肉肉色，提高了肌肉中肌内脂肪含量，提高了油酸、亚麻酸相对含量，降低了饱和脂肪酸含量，改善肌肉脂肪酸组成。曹蓉等（2019）在新广 K99 黄羽肉公鸡上的研究表明，厚朴总酚（其中和厚朴酚与厚朴酚含量分别为 55%和 45%）可显著提高黄羽肉鸡血清 CAT 和 SOD 活性，降低肝 MDA 含量，提高胸肌 pH，降低胸肌失水率和滴水损失，提高胸肌和腿肌肉色红度 a^* 值，说明厚朴总酚对黄羽肉鸡抗氧化功能和肉品质改善具有促进作用，且以 150mg/kg 的添加水平为最佳。

（二）益生菌与益生元

熊莹（2017）报道，单独添加 0.1%复合益生菌可改善南丹瑶鸡腿肌系水率；单独添加 0.5mL/L 碱性负离子液，鸡肉系水力、肉色最佳。复合益生菌和碱性负离子液复合使用，以 0.1%复合益生菌+0.5mL/L 碱性负离子液组肉质风味最佳，0.2%复合益生菌+0.25mL/L 碱性负离子液组显著改善了腿肌肉色；0.1%复合益生菌+0.33mL/L 碱性负离子液显著提高了肌肉中风味氨基酸苯丙氨酸、赖氨酸、谷氨酸、酪氨酸含量；0.2%复合益生菌+0.25mL/L 碱性负离子液提高了肌肉中甜味氨基酸（如丝氨酸）的含量。Wang 等（2018）发现，葡萄糖氧化酶及其与解淀粉芽孢杆菌 SC06 联合使用显著降低了黄羽肉鸡的剪切力和滴水损失率。范秋丽等（2020）研究表明，复合益生菌（枯草芽孢杆菌+乳酸杆菌和酵母菌）、低聚壳聚糖添加组与抗生素组相比降低了肉鸡肉色黄度 b^* 值。杜炳旺等（2009）发现，90～146 日龄贵妃鸡饲粮中添加 0.15%壳聚糖显著改善了肌肉纤维物理和组织学特性，降低了剪切力和滴水损失，并提高了肌苷酸含量。Wang 等（2020）报道，饲粮中添加油茶多糖对快大型黄羽肉鸡黄度值和蒸煮损失具有显著影响。

另外，也有报道关于原儿茶酸、核苷酸、谷氨酸钠、一水肌酸、迷迭香精油、中草药等多种添加剂对黄羽肉鸡肉品质的调控作用。改善黄羽肉鸡肉品质的营养调控措施见表 9-4。

表 9-4　改善黄羽肉鸡肉品质的营养调控措施

饲料添加剂及剂量	黄羽肉鸡品种	日龄	调控效果	参考文献
原儿茶酸 300mg/kg	岭南黄鸡	1～52	提高了宰后胸肌红度值，降低了黄度和剪切力值	Wang 等（2019）
一水肌酸 0.12%	黔东南小香鸡	150～164	缓解运输应激，在一定程度上抑制了运输应激引起的肌肉糖酵解进程，改善肉品质	张柏林等（2021）
外源 IMP（0.05%、0.10%、0.20%、0.30%）	三黄鸡	1～52	随着饲粮中 IMP 添加量的增加，肉鸡胸、腿肌中 IMP 和游离氨基酸含量呈指数、线性升高，以 0.20%和 0.30% IMP 添加量效果最佳	Yan 等（2018）；闫俊书等（2016）
谷氨酸钠 540mg/kg	岭南黄鸡	43～63	提高了肌肉鲜味、多汁性及风味氨基酸含量	马现永等（2011）
苜蓿皂苷 0.06%	京海黄鸡	1～112	降低了失水率和剪切力值，改善了肉色	刘大林等（2013）

（续）

饲料添加剂及剂量	黄羽肉鸡品种	日龄	调控效果	参考文献
迷迭香精油 150mg/kg	京海黄鸡	1～70	显著降低了胸肌失水率、剪切力和腿肌肉色	刘大林等（2014）
枸杞 2%	黄羽肉鸡	1～103	提高了宰后 24h 鸡肉 pH 和嫩度，提高了肌肉中天门冬氨酸、谷氨酸、丝氨酸、精氨酸、丙氨酸、苯丙氨酸、肉豆蔻油酸、棕榈酸、棕榈油酸、油酸、亚油酸含量	王启菊等（2017）
中草药 0.5%	文昌鸡	1～135	提高了胸肌中花生四烯酸、多不饱和脂肪酸对饱和脂肪酸的比例，提高了游离脂肪酸、肌苷酸的比例	Chen 等（2016）
黄芪、神曲、鸡矢藤等中草药	矮脚三黄鸡	40～120	提高了熟肉率和肌苷酸含量	谢燕妮等（2012）
0.1%肉鸡体重的复方中草药汤剂（生地、熟地、玄参、淫羊藿、黄芪、板蓝根、大蒜、生姜、马齿苋、苍术、苦参、山楂、麦芽）	五华三黄母鸡	1～120	提高了部分氨基酸和总氨基酸的水平，改善了脂肪酸含量和组成，提高了肌肉风味	翁茁先等（2019）
枸杞渣和甘草混合添加剂 4%	良凤花黄羽肉鸡	1～56	改善了鸡肉肉色、系水力和嫩度	李松桥等（2020）
蝉花菌丝体或植物提取物	雁荡麻鸡	90～130	肌肉电导率降低，提高了总氨基酸含量和风味氨基酸含量，改善了鸡肉品质	李冲等（2021）

综上所述，黄羽肉鸡肉品质是一个包括肉色、系水力、pH、嫩度和风味等的综合指标体系。影响肉品质的因素很多，目前对黄羽肉鸡肉品质的研究相对于其他肉类仍比较滞后，黄羽肉鸡肉的风味前体物质、特征性风味化合物及其产生的机理还有待进一步研究和确定。近年来，饲粮营养对黄羽肉鸡肉品质的调控作用越来越受到研究者的关注，通过营养调控途径可有效改善肉品质，有望生产出肉质鲜美、风味独特的鸡肉产品。

第四节　黄羽肉鸡胴体品质评定与营养调控

胴体品质指标是考核肉鸡生长情况和经济价值的重要指标之一。《鸡肉质量分级》（NY/T 631—2002）根据鸡胴体完整程度、肤色、胸部形态、皮下脂肪分布状态、羽毛残留状态以及分割肉形态、肉色、脂肪沉积程度等要求对鸡胴体和分割肉进行评定分级。《黄羽肉鸡产品质量分级》（GB/T 19676—2005）根据体型外貌、胴体性状、肌肉品质和感官评定四类指标将黄羽肉鸡产品分为三级，其中胴体性状指标包括全净膛率、胸肌率和腿肌率。

屠宰率和全净膛率是衡量鸡产肉性能的主要指标。肉鸡屠宰率在80%以上，全净膛率在60%以上，被认为是产肉性能良好的标志。腹脂率也是影响肉鸡胴体品质的重要因素，胴体腹部脂肪的过量积蓄会造成生产者、消费者及加工者的额外损失，但黄羽肉鸡不同于白羽肉鸡，无论是从口感还是肉品质上均要求有一定的脂肪沉积，一般腹脂率以1.5%～3.0%为宜。由于性激素分泌的差别，母鸡脂肪沉积能力显著高于公鸡（陈继兰等，2002）。

随着全国范围逐步取消活禽交易，屠宰上市将成为黄羽肉鸡产业发展的主流方向。黄羽肉鸡的屠宰性能、胴体外观等将成为影响消费者购买黄羽肉鸡的重要因素。

一、胴体品质评定指标与方法

（一）胴体品质指标评定

目前黄羽肉鸡上用于评定胴体品质的指标主要有屠宰率、半净膛率、全净膛率、胸肌率、腿肌率和腹脂率。具体评定方法、操作步骤及计算公式均可参考《家禽生产性能名词术语和度量统计方法》（NY/T 823—2020）。

屠体重：鸡只放血，去羽毛、脚角质层、趾壳和喙壳后的重量。

半净膛重：屠体去除气管、食管、嗉囊、肠、脾、胰、胆、生殖器官、胃内容物和角质膜后的重量。

全净膛重：半净膛重减去肌胃、腺胃、心、肝、肺和腹脂的重量（带头脚）。

胸肌重：将整块的胸肌剥去皮肤和皮下脂肪，称量两侧胸肌肉的重量。

腿肌重：将鸡只两侧腿部的腿骨、皮肤和皮下脂肪去掉，称量全部腿部肌肉的重量。

腹脂重：腹部脂肪和肌胃周围的脂肪重。

屠宰率＝屠体重/宰前体重×100%

全净膛率＝全净膛重/宰前体重×100%

半净膛率＝半净膛重/宰前体重×100%

腹脂率＝腹脂重/全净膛重×100%

胸肌率＝两侧胸肌重/全净膛重×100%

腿肌率＝两侧腿肌重/全净膛重×100%

（二）胴体外观指标评定

1. 黄羽肉鸡背部及腿部毛孔密度 在肉鸡的背部和腿部各选取一个2cm×2cm的正方形，保证每只鸡选取部位相同，记录毛孔数量并计算毛孔密度。

2. 黄羽肉鸡鸡冠发育程度 用手术刀将肉鸡鸡冠取下，称重，用游标卡尺量取其厚度、长度、高度，鸡冠厚度取3个测试点求平均值，冠基前后两端的距离作为鸡冠长度，最高冠尖到冠基的垂直距离作为鸡冠高度。

3. 黄羽肉鸡皮肤着色程度 可采用比色板和色差仪进行测定。

二、胴体品质的营养调控

（一）饲粮能量、蛋白质水平的影响

杨耐德等（2010）发现，提高能量水平可以提高石岐杂鸡的胴体品质。周桂莲等（2004）研究认为，一定范围内，腹脂率随饲粮代谢能水平增加呈线性增加，过高能量水

平饲粮易导致过多脂肪沉积。刘凯等（2012）试验表明，高温环境下 28～56 日龄阶段饲粮代谢能水平提高 5%～10%显著提高了麻鸡腹脂率。蔺淑琴等（2008）提出，整体营养水平提高能改善甘肃黄鸡胴体品质指标。杨志成等（2015）也表明，高营养水平显著提高了吉林黑鸡 16 周龄半净膛率和腹脂率。林厦菁等（2018）试验发现，相较低营养和标准营养水平组，高营养水平组显著增加中速型岭南黄羽肉鸡母鸡 84 日龄腹脂率，但对公鸡无显著影响。

梁远东等（2011）研究发现，饲粮不同粗蛋白质水平显著影响南丹瑶鸡母鸡胸肌率、腿肌率，且均以高粗蛋白水平饲粮组最高。林厦菁等（2014）也报道，粗蛋白质水平对 22～63 日龄岭南黄羽肉鸡公、母鸡腹脂率、胸肌率、腿肌率有显著或极显著影响。Gou 等（2016）报道，随饲粮粗蛋白质水平降低，岭南黄公鸡 22～42 日龄阶段屠宰率线性提高，腿肌率降低，腹脂率呈二次曲线降低。饲粮粗蛋白质水平显著影响 43～63 日龄岭南黄羽肉鸡半净膛率，粗蛋白质水平 17.0%组半净膛率显著高于 14.6%组，但代谢能水平（12.98MJ/kg 与 11.93MJ/kg）未影响胴体品质（蒋守群等，2013）。

（二）饲粮氨基酸水平和氨基酸平衡比例的影响

肉鸡的胴体组成、蛋白质和脂肪沉积、胸肌发育等受饲粮必需氨基酸水平的影响，合适的必需氨基酸添加量可使肉鸡获得良好的生长性能，增加蛋白质沉积，改善肉品质。

合适的饲粮赖氨酸水平能显著改善肉鸡胴体品质。王一冰等（2019）报道，22～42 日龄阶段岭南黄公鸡饲粮赖氨酸水平显著影响半净膛率和全净膛率，0.9%赖氨酸水平组半净膛率和全净膛率最高，1.0%赖氨酸水平组胸肌率最高；母鸡 1.0%赖氨酸水平组胸肌率和腿肌率最高。43～63 日龄，0.85%赖氨酸水平组公鸡半净膛率最高。研究发现，提高饲粮赖氨酸水平提高了生长末期（50～70 日龄）二郎山山地鸡胸肌率（Yuan et al.，2015）。施寿荣等（2021）报道，赖氨酸水平显著影响 1～18 日龄中速型黄羽肉公鸡腹脂重，1.05%赖氨酸水平组腹脂重显著低于 0.89%和 1.20%赖氨酸组。其他必需氨基酸对腹脂重也具有显著影响，中、高其他必需氨基酸水平组的腹脂重显著低于其他必需氨基酸水平组。赖氨酸和其他必需氨基酸的交互作用显著影响胸大肌重、鸡翅重以及胸大肌比重，赖氨酸水平为 1.05%，蛋氨酸水平为 0.78%，苏氨酸水平为 0.68%，色氨酸水平为 0.19%时，胸大肌比重最大。赖氨酸水平还对鸡冠长度和重量具有显著影响，1.05%赖氨酸水平组的鸡冠长度和重量显著高于 0.89%赖氨酸水平组。

饲粮蛋氨酸水平显著影响黄羽肉鸡胴体品质。席鹏彬等（2011）试验发现，与基础饲粮（0.25%蛋氨酸水平）相比，0.30%和 0.35%蛋氨酸水平提高了岭南黄羽肉鸡的胸肌率，但继续提高至 0.45%则降低了全净膛率和胸肌率。此外，添加蛋氨酸降低了公鸡腹脂率和腹脂重，表明适量添加蛋氨酸可提高胸肉产量，抑制腹脂沉积，从而改善黄羽鸡胴体品质。

在岭南黄鸡 43～63 日龄阶段基础饲粮（苏氨酸水平 0.55%）中添加 0.07%、0.14%、0.21%苏氨酸提高了公鸡全净膛率和半净膛率，0.14%和 0.21%苏氨酸添加组母鸡半净膛率和胸肌率显著提高（席鹏彬等，2008）。

席鹏彬等（2008）报道，饲料色氨酸水平显著影响岭南黄公鸡胸肌率和腹脂率，其中基础饲粮中（色氨酸水平 0.11%）添加 0.09%和 0.12%色氨酸组公鸡胸肌率显著提高，添加 0.09%色氨酸组公鸡腹脂率显著降低，公鸡的屠宰率、全净膛率、腿肌率以及母鸡的胴体品质各项指标不受饲粮色氨酸水平影响。

王自蕊等（2012）在饲粮蛋能比保持一定的情况下，探讨低蛋白饲粮补充前 3 种限制性氨基酸对 9～16 周龄宁都三黄鸡生长性能和胴体品质的影响发现，蛋白质水平降低 3 个百分点，全净膛率显著升高，但对屠宰率、半净膛率、胸肌率及腿肌率影响不显著；蛋白质水平降低 2 个百分点及以上，同时补充蛋氨酸、赖氨酸和苏氨酸，宁都三黄鸡的腹脂率显著降低。王薇薇等（2021）报道，饲粮氨基酸平衡模型显著影响 63 日龄岭南黄羽肉鸡胴体品质，低蛋白饲粮（CP 15.5%）补充蛋氨酸组胸肌率提高，显著高于补充苏氨酸和异亮氨酸组。

由上可总结出，饲喂氨基酸缺乏的基础饲粮，黄羽肉鸡胴体品质变差，体成分沉积减少，在基础饲粮中补充合成氨基酸可显著提高胸肉产量，减少腹脂沉积，提高体蛋白质沉积。为获得好的胴体品质，黄羽肉鸡饲粮配制必须提供充足的氨基酸营养，同时要考虑氨基酸的平衡比例。

（三）饲料原料和添加剂的调控作用

周杰等（2008）试验发现，饲粮中添加 1%亚油酸（CLA）和 3%CLA 分别使黄羽肉鸡腹脂率降低 21.96%和 28.04%，添加 3%CLA 在减少腹脂沉积的同时显著增加腿肌和胸肌中脂肪含量。袁雅婷等（2016）研究了高粱型饲粮中添加乳化剂和脂肪酶对黄羽肉公鸡屠宰性能和胴体品质的影响。结果表明：乳化剂组、脂肪酶组和联用组同对照组相比，半净膛率分别提高了 3.19%、6.81%和 6.40%；脂肪酶组、联用组全净膛率分别比对照组显著提高了 7.44%、7.36%；乳化剂组和联用组腿肌率显著降低；添加乳化剂和脂肪酶或者联用对胸肌率、腹脂率、屠宰率没有显著性影响。综上，高粱型饲粮中使用乳化剂和脂肪酶能显著改善黄羽肉鸡胴体品质。

李同树等（2003）报道，鲁西黄鸡 6～10 周龄饲粮中添加维生素 E 有降低腹脂和提高胴体品质的效果。夏伦志等（2010）的研究表明，100～155 日龄阶段饲粮添加茶粉与甲壳素混合物降低了宣城黄鸡肝重与腹脂沉积，降低了腹脂率。吕武兴等（2005）的研究表明，1～10 周龄三黄鸡日粮中添加 2 000～2 500mg/kg 杜仲提取物，能明显提高胸肌率，改善胴体品质。张梅芳等（2007）也报道，添加杜仲叶粉提高了三黄鸡胸肌率，改善了胴体品质。另有报道，添加黄芪等中草药添加剂、茶多酚等能改善三黄鸡胴体品质（谢燕妮等，2012；徐晓娟等，2011）。

三、胴体皮肤着色的调控

目前，大量消费者将皮肤和肉的色泽作为黄羽肉鸡鸡肉产品能否被接受的重要指标之一，胴体外观颜色也是区别于白羽肉鸡的重要标志。黄羽肉鸡的三黄特征是由类胡萝卜素在皮肤、脂肪等不同组织中沉积而达到的，肉鸡自身不能合成起主要着色作用的类胡萝卜素，因此，必须来源于饲料。实际生产中，通常会在饲料中添加天然叶黄素来提高肉鸡皮肤、脚胫、喙等部位的色泽。叶黄素类属于类胡萝卜素，广泛存在于植物中，现已知化学结构的有 270 种，包含黄体素、玉米黄质、橘黄素、斑蝥黄质、虾青素、辣椒红素、隐黄素等。目前，《饲料添加剂安全使用规范》（2017）允许在家禽饲料中使用的着色剂包括β-胡萝卜素、辣椒红、天然叶黄素（源自万寿菊）、β-阿朴-8′-胡萝卜素醛、β，β-阿朴-8′-胡萝卜素酸乙酯、β，β-胡萝卜素-4，4-二酮酸（斑蝥黄）等，其批准使用最高限量除β-胡萝卜素没有最高限量外，均为80mg/kg，同时使用时合计用量也不得超过80mg/kg。

冯娟等（2005）发现，添加外源性叶黄素提高了良凤花鸡胴体皮肤与腹脂黄度 b^* 值。李广超等（2012）研究也表明，饲粮添加叶黄素对快大型黄羽肉鸡小鸡阶段具有较好着色效果。郭俊杰等（2021）发现饲粮添加叶黄素可显著提高黄羽肉鸡跗跖与喙的黄度 b^* 值，添加常规和高玉米黄质叶黄素对高温条件下黄羽肉鸡着色效果有促进作用，其中高玉米黄质叶黄素效果更佳。王一冰等（2021）研究了饲粮中添加天然叶黄素对黄羽肉鸡皮肤、脚胫颜色与色素相关基因表达的影响，发现相较于单独添加斑蝥黄质，饲粮中添加阿朴酯或天然叶黄素与斑蝥黄复配，均可上调叶黄素沉积效应基因 *BCO* 的相对表达量，提高皮肤红度 a^* 值与黄度 b^* 值，促进着色，且二者作用效果相近，并推荐200mg/kg叶黄素可以替代阿朴酯用于皮肤着色。

饲用色素对黄羽肉鸡的着色效果受到多种因素的影响。研究表明，肉鸡皮肤着色由遗传基因控制，肉鸡喙、皮肤、脚胫和羽毛颜色分别由不同基因位点控制，因此，不同品种、品系肉鸡遗传基础决定了其对叶黄素吸收利用及色素沉积关键基因表达的差异。饲粮提供适宜含量与品质的油脂、脂溶性维生素A、维生素E和抗氧化剂、乳化剂有利于提高肉鸡着色度。饲粮中霉菌毒素污染和高钙水平对着色具有负面影响。此外，肉鸡皮肤着色还受到环境因素如光照、温度和湿度的影响，高温高湿和光照不良等饲养环境不利于肉鸡色素沉积（陶正国，2009）。

参考文献

白洁，陈继兰，李冬立，等，2013. 饲粮代谢能水平对北京油鸡屠宰性能和肌内脂肪含量的影响［J］. 动物营养学报，25（10）：2266-2276.

白洁，陈继兰，岳文斌，等，2013. 饲粮代谢水平对7-13周龄北京油鸡生产性能和肉品质的影响［J］. 中国家禽，35（16）：29-32.

曹蓉，侯德兴，宋泽和，等，2019. 厚朴总酚对黄羽肉鸡生长性能、肉品质和抗氧化功能的影响［J］. 动物营养学报，31（12）：5696-5706.

曹艳芳，张晨曦，陶艺庆，等，2020. 不同水平酪氨酸对淅川乌骨鸡组织乌度及屠宰性状的影响［J］. 中国畜牧杂志，56（12）：109-113.

陈国宏，吴信生，1998. 肖山鸡、白耳鸡肌肉生长发育规律研究［J］. 江苏农学院学报，19（4）：63-66.

陈宏生，王克华，窦套存，等，2008. 饲养方式对淮扬麻鸡父系肌肉品质影响研究［J］. 中国家禽，30（19）：21-24.

陈继兰，2004. 鸡肉肌苷酸和肌内脂肪含量遗传规律及相关候选基因的研究［D］. 北京：中国农业大学.

陈继兰，文杰，李建军，2004. 不同贮藏条件下鸡肉肌苷酸生成与降解规律的研究［J］. 畜牧兽医学报，35（3）：276-279.

陈继兰，文杰，王述柏，等，2005. 鸡肉肌苷酸和肌内脂肪沉积规律研究［J］. 畜牧兽医学报，36（8）：843－845.

陈继兰，赵桂苹，郑麦青，2002. 快速与慢速肉鸡脂肪生长与肌苷酸含量比较［J］. 中国家禽，24（8）：16－18.

陈杰，赵鸿杰，玄祖迎，等，2015. 不同养殖模式对贵妃鸡肌纤维特性和肉品质的影响［J］. 中国家禽，37（18）：28－31.

陈洁波，陶林，吴薇薇，等，2013. 贵妃鸡、怀乡鸡和北京油鸡肌纤维特性与肉品质相关性分析［J］. 中国畜牧兽医，40（11）：160－163.

陈宽维，李慧芳，张学余，2002. 肉鸡肌纤维与肉质关系研究［J］. 中国畜牧杂志，38（6）：6－7.

陈婷，廉俊红，吴佳韩，等，2019. 复合益生菌发酵饲料对雪峰乌骨鸡日粮表观消化率及肉品质的影响［J］. 中国畜牧兽医，46（10）：2964－2972.

陈文波，郭昕，徐芬，等，2014. 不同制作工艺对白切鸡食用与卫生品质的影响［J］. 肉类研究，28（5）：16－19.

程贵兰，梁诲弈，Aguzey Harry Awudza，等，2019. 饲粮的不同蛋白质水平对 12 周龄麒麟鸡肌肉品质和肌肉营养成分的影响［J］. 饲料工业，40（13）：29－33.

程天德，郭汉城，钟南，2019. 粤北山区不同养殖模式下麻鸡肉质的理化评价标准研究：以清远麻鸡为例［J］. 安徽农业科学，47（17）：194－197.

程天德，连晓蔚，梁延省，等，2019. 清远麻鸡肉质综合评价方法研究［J］. 现代农业科技（15）：212－213，216.

崔小燕，苟钟勇，蒋守群，等，2019. 鸡肉风味的形成机制与调控研究进展［J］. 动物营养学报，31（2）：500－508.

杜炳旺，王润莲，常斌，等，2009. 壳聚糖对贵妃鸡肉品质的影响［J］. 动物营养学报，21（1）：113－117.

范秋丽，蒋守群，苟钟勇，等，2020. 益生菌、低聚壳聚糖、酸化剂及复合酶对 1～66 日龄黄羽肉鸡生长性能、免疫功能、胴体性能和肉品质的影响［J］. 中国畜牧兽医，47（5）：1360－1372.

范秋丽，叶金玲，林楚晓，等，2021. 饲粮精氨酸水平对 91～120 日龄清远麻鸡生长性能、抗氧化能力、免疫功能和肉品质的影响［J］. 动物营养学报，33（7）：3821－3832.

冯娟，梁远东，梁亮，等，2005. 日粮中添加叶黄素对良凤花鸡皮肤及脂肪着色的效果［J］. 广西畜牧兽医，21（3）：99－101.

辅宏璞，蒋小松，徐亚欧，等，2009. 不同品系优质鸡胸肌肌苷酸和鲜味氨基酸含量的比较［J］. 四川畜牧兽医，36（5）：31－33.

苟钟勇，崔小燕，范秋丽，等，2020. 混合油脂对清远麻鸡胸肌脂肪酸组成的影响及其代谢组机制研究［J］. 中国畜牧兽医，47（4）：1058－1069.

顾丽红，王一冰，惠春晖，等，2021. 复合维生素对文昌鸡肉品质及抗氧化能力的影响［J］. 饲料研究（16）：30－33.

郭俊杰，季绍东，邹世杰，等，2021. 不同类型叶黄素对高温条件下黄羽肉鸡生长性能及着色效果的影响［J］. 中国畜牧杂志，57（3）：151－155.

贺永惠，王清华，苗志国，等，2016. 饲粮精氨酸水平对肉鸡肉品质的影响［J］. 动物营养学报，28（1）：64－70.

洪平，蒋守群，周桂莲，等，2013. 43～63 日龄黄羽肉鸡钙需要量研究［J］. 动物营养学报，25（2）：299－309.

姜慧绘，李华，张正芬，等，2017. 天农麻鸡肉质的评价［J］. 中国畜牧杂志，53（12）：37－40，52.

姜琳琳，2006. 不同品种鸡的肌肉化学成分及其与风味关系的比较研究［D］. 武汉：华中农业大学.

蒋国文，1994. 鸡肉的鲜度与 K 值（上）［J］. 国外畜牧科技，21（3）：31－32.

蒋可人，张蒙，李东华，等，2017. 不同周龄固始鸡肉质特性比较分析［J］. 中国家禽，39（1）：15－19.

蒋守群，蒋宗勇，郑春田，等，2013. 饲粮代谢能和粗蛋白水平对黄羽肉鸡生产性能和肉品质的影响［J］. 中国农业科学，46（24）：5205－5216.

蒋守群，蒋宗勇，郑春田，等，2014. 不同饲粮蛋能比对清远麻鸡和快大型岭南黄鸡生产性能和肉品质的影响［J］. 中国家禽，36（增刊）：82－94.

蒋守群，周桂莲，蒋宗勇，等，2012. 饲粮维生素 E 水平对 43～63 日龄黄羽肉鸡肉品质和抗氧化功能的影响［J］. 动物营养学报，24（4）：646－653.

蒋雪樱，2016. 蛋氨酸对青脚麻鸡生长、胸肌发育及肉品质的影响［D］. 南京：南京农业大学.

邝哲师，黄静，廖森泰，等，2016. 桑叶粉和发酵桑叶粉对胡须鸡屠宰性能、肉品质及盲肠菌群的影响［J］. 中国畜牧兽医，43（8）：1989－1997.

雷秋霞，曹顶国，韩海霞，等，2008. 不同营养水平对鲁禽 3 号麻鸡配套系肌肉品质的影响［J］. 山东农业科学（1）：100－103.

黎观红，黄小红，赵艳平，等，2008. 日粮酪氨酸、苯丙氨酸、色氨酸水平和比例对泰和乌骨鸡生产性能及组织黑色素含量的影响［J］. 动物营养学报，20（6）：636－644.

黎志强，胡陈明，杨朝武，等，2019. 单色光对大恒肉鸡屠宰性能、肉质性能及肌肉中氨基酸含量的影响［J］. 四川农业大学学报，37（1）：98－102，142.

李冲，方鸣，魏彩霞，等，2021. 蝉花菌丝体和植物提取物对雁荡麻鸡生产性能和肌肉品质的影响［J］. 中国家禽，43（2）：50－54.

李广超，王林果，2012. 两种天然色素在鸡脚胫的沉积规律研究［J］. 畜禽业（12）：20－21.

李慧芳，陈宽维，2004. 不同鸡种肌肉肌苷酸和脂肪酸含量的比较［J］. 扬州大学学报（农业与生命科学版），25（3）：9－11.

李建军，文杰，陈继兰，2003. 烘烤鸡肉挥发性风味物的微捕集和 GC－MS 分析［J］. 分析测试学报，22（2）：58－61.

李菁菁，邓中勇，杨朝武，等，2017. 旧院黑鸡屠宰性能及肉品质测定［J］. 四川农业大学学报，35（2）：256－259.

李龙，蒋守群，郑春田，等，2014. 43～63 日龄黄羽肉公鸡铜需要量［J］. 动物营养学报，26（11）：3266－3275.

李龙，蒋守群，郑春田，等，2015. 不同品种黄羽肉鸡肉品质比较研究［J］. 中国家禽，37（21）：6－11.

李双艳，邓力，汪孝，等，2017. 基于电子鼻、电子舌比较分析冷藏方式对小香鸡风味的影响［J］. 肉类研究，31（4）：50－54.

李松桥，李瑞，黄丽琴，等，2020. 枸杞渣和甘草混合添加剂对黄羽肉鸡生产性能和肉品质的影响［J］. 中国畜牧兽医，47（8）：2395－2403.

李同树，刘风民，尹逊河，2004. 鸡肉嫩度评定方法及其指标间的相关分析［J］. 畜牧兽医学报，35（2）：171－177.

李威娜，黄勋和，陈洁波，等，2017. 五华三黄鸡及不同品种鸡肌纤维特性与肉品质的相关性［J］. 江苏农业科学，45（2）：157－160.

李伟，陈运娇，谭荣威，等，2017. 桉叶多酚对胡须鸡肌肉抗氧化性能和肉质品质影响的研究［J］. 现代食品科技，33（8）：58－65.

李文嘉，孙全友，魏凤仙，等，2019. 饲养方式对北京油鸡生长和屠宰性能、肉品质以及肌肉脂肪酸含量的影响［J］. 动物营养学报，31（4）：1585－1595.

李文娟，2008. 鸡肉品质相关脂肪代谢功能基因的筛选及营养调控研究［D］. 北京：中国农业科学院.

梁远东，刘征，邹丽丽，等，2011. 南丹瑶鸡肉用性能及生长鸡饲粮适宜蛋白水平的研究［J］. 广西畜牧兽医，27（3）：133－135.

林厦菁，苟钟勇，李龙，等，2018. 饲粮营养水平对中速型黄羽肉鸡生长性能、胴体品质、肉品质、风味和血浆生化指标的影响［J］. 动物营养学报，30（12）：4907－4921.

林厦菁，蒋守群，林哲敏，等，2018. 大豆异黄酮和抗生素对文昌鸡生长性能、肉品质和血浆抗氧化指标的影响［J］. 华南农业大学学报，39（1）：1－6.

林厦菁，周桂莲，蒋守群，等，2014. 22～63 日龄快大型黄羽肉鸡粗蛋白质营养需要量［J］. 动物营养学报，26（6）：1453－1466.

林媛媛，2003. 不同油脂对不同品种肉鸡生产性能及肌肉品质影响的研究［D］. 南昌：江西农业大学.

蔺淑琴，李金录，史兆国，等，2008. 日粮不同营养水平对黄羽肉鸡屠宰性能及肉品质的影响［J］. 中国畜牧兽医，35（8）：9－13.

刘大林，胡楷崎，曹喜春，等，2013. 苜蓿皂苷对京海黄鸡生长性能和肉品质的影响［J］. 中国畜牧杂志，49（21）：53－57.

刘大林，王奎，杨俊俏，等，2014. 迷迭香精油对京海黄鸡生长性能、肉品质及抗氧化指标影响的研究［J］. 中国畜牧杂志，50（11）：65－68.

刘凯，张晶，丁雪梅，等，2012. 高温条件下不同能量水平对麻鸡生产性能和胴体品质的影响［J］. 黑龙江畜牧兽医（3）：65－67.

刘蒙，文杰，宋代军，等，2009. 日粮能量水平与肌内脂肪遗传选择对北京油鸡生产性能的互作影响［J］. 安徽农业大学学报，36（3）：456－460.

路宏朝，张涛，王令，2016. 不同日龄略阳乌鸡肌肉中肌苷酸含量的变化规律［J］. 江苏农业科学，44（12）：277－280.

吕武兴，贺建华，王建辉，等，2005. 杜仲提取物对三黄鸡生产性能和胴体品质的影响［J］. 湖南农业大学学报（自然科学版），31（6）：640－643.

马现永，蒋宗勇，林映才，等，2009. 钙和维生素 D_3 对黄羽肉鸡嫩度的影响及机理［J］. 动物营养学报，21（3）：356－362.

马现永，周桂莲，林映才，等，2011. 饲粮中添加谷氨酸钠对黄羽肉鸡生长性能及肉品风味的影响［J］. 动物营养学报，23（3）：410－416.

邱时秀，陈亚迎，李娟，等，2019. 饲粮中添加桑叶干粉对彭县黄鸡肉质的影响［J］. 中国饲料（15）：102－106.

阮栋，蒋守群，周桂莲，等，2012. 43～63 日龄快长型黄羽肉鸡核黄素需要量研究［J］. 动物营养学报，24（4）：638－645.

施寿荣，梁明振，刘勇强，等，2021. 赖氨酸和其他必需氨基酸对 1～18 日龄中速型黄羽肉鸡屠宰性能、肉品质和屠体外观的影响［J］. 动物营养学报，33（3）：1372－1385.

舒婷，沙尔山别克·阿不地力大，姜维，等，2018. 拜城油鸡肌内脂肪沉积规律及其与肉品质的关联性分析［J］. 中国家禽，40（6）：11－15.

孙波，黄燕，罗艳，等，2021. 复合益生菌发酵饲料对纳雍土鸡生长性能、屠宰性能和肉品质的影响［J］. 中国饲料（2）：37－40.

孙月娇，2014. 不同饲养方式对肉鸡肌肉品质和挥发性风味物质形成的影响［D］. 北京：中国农业科学院.

孙月娇，田河山，赵桂苹，等，2014. 不同饲养方式对北京油鸡肌肉风味物质的影响［J］. 中国畜牧兽医，41（9）：89-94.

唐诗，2013. 不同光照节律和营养水平对黄羽肉鸡生长性能、性征发育和福利的影响［D］. 北京：中国农业科学院.

陶正国，2009. 饲用色素的生产与应用技术［M］. 北京：中国农业科学技术出版社.

王春青，李侠，张春晖，等，2014. 肌原纤维特性与鸡肉原料肉品质的关系［J］. 中国农业科学，47（10）：2003-2012.

王春青，李侠，张春晖，等，2015. 不同品种鸡蒸煮加工适宜性评价技术研究［J］. 中国农业科学，48（15）：3090-3100.

王欢欢，张乐，李庆海，等，2014. 高效液相色谱法同时测定乌骨鸡肌肉中的黑色素与肌苷酸［J］. 中国家禽，36（21）：12-16.

王剑锋，李爱华，谢恺舟，等，2014. 不同日粮蛋能水平对京海黄鸡肌肉中肌苷酸和肌内脂肪沉积规律的影响［J］. 安徽农业科学（3）：803-805.

王俊，胡桂仙，于勇，等，2004. 电子鼻与电子舌在食品检测中的应用研究进展［J］. 农业工程学报，20（2）：292-295.

王启菊，晁生玉，李桂香，等，2017. 枸杞对黄羽肉鸡生产性能和肉品质的影响［J］. 中国家禽，39（22）：28-33.

王述柏，2004. 鸡肉肌苷酸沉积规律及营养调控研究［D］. 北京：中国农业科学院.

王薇薇，蒋守群，林厦菁，等，2021. 22～42 日龄和 43～63 日龄快大型黄羽肉鸡低蛋白质饲粮氨基酸平衡模型研究［J］. 动物营养学报，33（6）：3198-3209.

王亚丽，李秋庭，吴建文，等，2013. 水蒸鸡的杀菌工艺［J］. 农产品加工（6）：24-29.

王一冰，蒋守群，周桂莲，等，2019. 1～63 日龄黄羽肉鸡饲粮赖氨酸需求量研究［J］. 动物营养学报，31（7）：3074-3085.

王一冰，邝智祥，张盛，等，2021. 3 种添加剂对 91～115 日龄清远麻鸡生长性能、抗氧化性能和肉品质的影响［J］. 中国畜牧兽医，48（8）：2787-2796.

王一冰，张盛，李辉，等，2021. 天然叶黄素替代阿朴酯对黄羽肉鸡不同部位皮肤着色的影响［J］. 动物营养学报，33（8）：4405-4414.

王永辉，马俪珍，2006. 肌肉颜色变化的机理及其控制方法初探［J］. 肉类工业（4）：18-21.

王永强，张晓羊，刘建成，等，2017. 嗜酸乳杆菌发酵棉籽粕对黄羽肉鸡肌肉营养成分和风味特性的影响［J］. 动物营养学报，29（12）：4419-4432.

王玉华，陈存霞，杨成香，2019. 冬虫夏草菌丝体发酵营养液对鸡肉品质的影响［J］. 饲料博览（8）：31-33，37.

王自蕊，游金明，刘三凤，等，2012. 低蛋白质补充合成氨基酸日粮对 9～16 周龄宁都三黄鸡生长性能和胴体品质的影响［J］. 中国饲料（4）：20-23.

文杰，1998. 维生素 E 与肉品质量（上）（下）［J］. 国外畜牧科技，25（5）：41-43.

翁茁先，黎佳炫，李威娜，等，2019. 饲用复方中草药汤剂提升五华三黄鸡肉品质［J］. 嘉应学院学报（3）：54-60.

吴科榜，李笑春，陈婷，2009. 不同日龄地方品种文昌鸡肉质性状的研究［J］. 黑龙江畜牧科技，6（62-63）.

吴姝，蒋步云，宋泽和，等，2018. 植物多酚对黄羽肉鸡抗氧化性能、肠道形态及肉品质的影响［J］. 动物营养学报，30（12）：5118-5126.

吴信生，陈国宏，陈宽维，1998. 中国部分地方鸡种肌肉组织学特点及其肉品质的比较研究［J］. 江苏农学院学报，19 (4)：52 - 58.

伍剑，张克英，丁雪梅，等，2011. 饲粮能量水平和维生素预混料对二郎山山地鸡生产性能和肉品质的影响 [J]. 中国畜牧杂志，47 (19)：48 - 52，73.

席鹏彬，蒋守群，蒋宗勇，等，2011. 黄羽肉鸡肉质评定技术操作规程的建立 [J]. 中国畜牧杂志，47 (1)：77 - 81.

席鹏彬，蒋宗勇，林映才，等，2006. 鸡肉肉质评定方法研究进展 [J]. 动物营养学报，(s1)：347 - 352.

席鹏彬，林映才，蒋守群，等，2011. 饲粮蛋氨酸水平对 43～63 日龄黄羽肉鸡生长性能、胴体品质、羽毛蛋白质沉积和肉质的影响 [J]. 动物营养学报，23 (2)：210 - 218.

夏伦志，吴东，陈丽园，等，2010. 营养调控对宣城黄鸡胴体品质及肉质的影响 [J]. 家畜生态学报，31 (2)：41 - 47.

谢燕妮，周贞兵，梁珠民，等，2012. 黄芪等中草药添加剂对矮脚三黄鸡的生长性能、胴体品质及肉品质的影响 [J]. 广东农业科学 (24)：129 - 131.

熊莹，2017. 复合益生菌、碱性负离子液对南丹瑶鸡生长和肉质的影响研究 [D]. 南宁：广西大学.

徐明生，欧阳克蕙，上官新晨，等，2006. 油脂对泰和乌鸡生产性能和肌肉脂肪酸组成的影响 [J]. 福建农林大学学报，35 (1)：67 - 72.

徐日峰，张煜，胡建民，等，2013. 影响鸡肉品质因素的研究进展 [J]. 江苏农业科学，41 (2)：183 - 189.

徐晓娟，蔡海莹，张磊，等，2011. 日粮中添加茶多酚对青脚麻鸡生长性能、胴体品质和血脂的影响 [J]. 中国饲料 (10)：30 - 40.

徐晓兰，陈海涛，綦艳梅，等，2011. SDE - GC - MS 分析胡同坊北京酱鸡的挥发性风味成分 [J]. 食品科学，32 (22)：237 - 242.

许飞利，潘晓亮，马庆林，2007. 不同硒源对黄羽肉鸡肉品质的影响 [J]. 饲料广角，5：25 - 26.

闫俊书，宦海琳，周维仁，等，2016. 外源肌苷酸对肉鸡生长性能、肉品质及血清生化指标的影响 [J]. 动物营养学报 (1)：125 - 134.

闫俊书，张惠，周维仁，等，2011. 放牧对不同性别雪山草鸡肌肉营养品质及肌苷酸含量的影响 [J]. 江苏农业学报，27 (4)：802 - 806.

闫昭明，马杰，段金良，等，2018. 饲粮中添加金针菇菌渣对黄羽肉鸡生长性能、肉品质及肌肉营养成分的影响 [J]. 动物营养学报，30 (5)：1958 - 1964.

杨朝武，2009. 优质鸡肉质评价及配套系选择方案研究 [D]. 成都：四川农业大学.

杨烨，冯玉兰，李忠荣，等，2006. 性别和营养水平对福建河田鸡风味前体物质含量的影响 [J]. 畜牧兽医学报，37 (3)：242 - 249.

杨志成，2015. 日粮营养水平对吉林黑鸡生长发育和胴体品质的影响 [D]. 长春：吉林农业大学.

张柏林，刘宁，李家惠，等，2021. 饲粮添加一水肌酸对宰前运输应激黔东南小香鸡血液指标、肉品质及肌肉糖酵解的影响 [J]. 动物营养学报，33 (7)：3768 - 3777.

张广民，文杰，陈继兰，等，2006. 共轭亚油酸对北京油鸡肉品质及血清 leptin 和脂蛋白脂酶的影响 [J]. 中国饲料 (15)：17 - 20.

张海文，管庆丰，吴科榜，等，2017. 添加黄秋葵对儋州鸡生长性能、屠宰性能、肉品质及消化酶活性的影响 [J]. 中国畜牧兽医，44 (2)：425 - 431.

张雷，范京辉，张伟武，等，2015. 仙居鸡日粮中添加桑叶粉对生产性能及鸡肉品质的影响研究 [J]. 浙江畜牧兽医 (1)：6 - 8.

张梅芳，2007. 杜仲叶粉对三黄鸡生产性能和胴体品质的影响 [J]. 中国家禽，29 (11)：37 - 38.

赵丹阳，2020. 亚麻籽对北京油鸡生长性能、肉品质和 n－3PUFA 沉积规律的影响研究［D］. 北京：中国农业科学院 .

赵艳平，黎观红，瞿明仁，等，2010. 日粮酪氨酸水平对 9～12 周龄泰和乌骨鸡生产性能及组织黑色素含量的影响［J］. 饲料工业，31（3）：26－29.

赵振华，黎寿丰，黄华云，等，2016. 基于主成分和聚类分析的优质鸡肉质评价模型的建立［J］. 中国兽医学报，36（11）：1969－1973，1979.

周翠英，张洪路，2012. 四种南方特色鸡产品加工方法［J］. 科学种养（7）：55－56.

周杰，石水云，王菊花，等，2008. 共轭亚油酸对黄羽肉鸡脂肪沉积及部分免疫指标的影响［J］. 中国兽医学报，28（4）：425－429.

朱南新，2012. 盐焗鸡肉质改善方法研究［D］. 广州：华南理工大学 .

祝国强，林冬梅，候风琴，2006. 饲料中添加维生素 E 和姜黄素对肉鸡生产性能和肉品质的影响［J］. 黑龙江畜牧兽医，11：69－71.

Aliani M，Farmer L J，2005. Precursors of chicken flavour II：Identification of key flavour precursors using sensory methods［J］. J. Agric. Food Chem，53：6455－6462.

Allen C D，Fletcher D L，Northcutt J K，et al.，1998. The relationship of broiler breast color to meat quality and shelf－life［J］. Poultry Science，77：361－366.

Barbut S，1993. Color measurements for evaluating the pale soft exudative（PSE）occurrence in turkey meat［J］. Food Research International，26：39－43.

Cavitt L C，Meullenet J F，Gandhapuneni R K，et al.，2005. Rigor development and meat quality of large and small broilers and the use of Allo－Kramer Shear，Needle Puncture，and Razor Blade Shear to measure texture［J］. Poultry Science，84：113－118.

Chang G B，Lei L L，Zhang X Y，et al.，2010. Development rule of intramuscular fat content in chicken［J］. Journal of Animal & Veterinary Advances，9（2）：297－298.

Chen K L，Chen T T，Lin K J，et al.，2007. The effects of caponization age on muscle characteristics in male chicken［J］. Asian－Australasian Journal of Animal Sciences，20（11）：1684－1688.

Chen X Q，Zhang W，Shi D Y，et al.，2016. A randomized and controlled experimental study of the effects of chinese herbal medicine on in－life clinical pathology parameters and fatty acid，free amino acid and inosine content in wenchang chicken meat［J］. American Journal of Traditional Chinese Veterinary Medicine，11（2）：17－26.

Cui X，Gou Z，Abouelezz K，et al.，2020. Alterations of the fatty acid composition and lipid metabolome of breast muscle in chickens exposed to dietary mixed edible oils［J］. Animal，1－11.

Cui X，Gou Z，Fan Q，et al.，2019. Effects of dietary perilla seed oil supplementation on lipid metabolism，meat quality，and fatty acid profiles in Yellow－feathered chickens［J］. Poultry Science，98（11）：5714－5723.

Desdouits N，Nilges M，Blondel A，2015. Principal component analysis reveals correlation of cavities evolution and functional motions in proteins［J］. J. Mol. Graph Model，55：13－24.

Duan Y，Zheng F，Chen H et al.，2015. Analysis of volatiles in Dezhou Braised Chicken by comprehensive two－dimensional gas chromatography/high resolution－time of flight mass spectrometry［J］. LWT－Food Science and Technology，60（2）：1235－1242.

Fletcher D L，Qiao M，Smith D P，2000. The relationship of raw broiler breast meat and pH to cooked meat color and pH［J］. Poultry Science，79：784－788.

Immonen K，Ruusunen M，Puolanne E，2000. Some effects of residual glycogen concentration on the physical and sensory quality of normal pH beef [J]. Meat Science, 55: 33-38.

Jayasena D D, Kim S H, Lee H J, et al., 2014. Comparison of the amounts of taste-related compounds in raw and cooked meats from broilers and Korean native chickens [J]. Poultry Science, 93 (12): 3163-3170.

Jayasena D D, Ahn D U, Nam K C, et al., 2013. Flavour chemistry of chicken meat: A review. Asian-australas [J]. J. Anim. Sci., 26: 732-742.

Jiang S, Gou Z, Li L, et al., 2018. Growth performance, carcass traits and meat quality of yellow-feathered broilers fed graded levels of alfalfa meal with or without wheat [J]. Animal Science Journal, 89 (3): 561-569.

Jiang S Q, Jiang Z Y, Lin Y C, et al., 2007. Effects of soy isoflavone on performance, meat quality and antioxidative property of male broilers fed oxidized fish oil [J]. Asian-Australasian Journal of Animal Sciences, 20 (8): 1252-1257.

Jiang S Q, Jiang Z Y, Lin Y C, et al., 2011. Effects of different rearing and feeding methods on meat quality and antioxidative properties in Chinese Yellow male broilers [J]. British Poultry Science, 52 (3): 352-358.

Jiang S Q, Jiang Z Y, Wu T X, et al., 2007. Protective effects of a synthetic soybean isoflavone against oxidative damage in chick skeletal muscle cells [J]. Food Chemistry, 105: 1086-1090.

Jiang S Q, Jiang Z Y, Zhou G L, et al., 2014. Effects of dietary isoflavone supplementation on meat quality and oxidative stability during storage in Lingnan yellow broilers [J]. Journal of Integrative Agriculture, 13 (2): 387-393.

Jiang Z Y, Jiang S Q, Lin Y C, et al., 2007. Effects of soybean isoflavone on growth performance, meat quality, and antioxidation in male broilers [J]. Poultry Science, 86 (7): 1356-1362.

Jiang Z Y, Lin Y C, Zhou G L, et al., 2009. Effects of dietary selenomethionine supplementation on growth performance, meat quality and antioxidant property in yellow broilers [J]. Journal of Agricultural & Food Chemistry, 57 (20): 9769-9772.

Jin Y, Cui H, Yuan X, et al., 2021. Identification of the main aroma compounds in Chinese local chicken high-quality meat [J]. Food Chemistry, 359: 129930.

Jung Y K, Jeon H J, Jung S, et al., 2011. Comparison of quality traits of thigh meat from Korean native chickens and broilers [J]. Korean Journal for Food Science of Animal Resources, 31 (5): 684-692.

Kapper C, Walukonis C J, Scheffler T L, et al., 2014. Moisture absorption early postmortem predicts ultimate drip loss in fresh pork [J]. Meat Science, 96 (2pt. A): 971-976.

Kiyohara R, Yamaguchi S, Rikimaru K, et al., 2011. Supplemental arachidonic acid-enriched oil improves the taste of thigh meat of Hinai-jidori chickens [J]. Poultry Science, 90 (8): 1817-1822.

Lee K H, Kim H J, Lee H J, et al., 2012. A Study on components related to flavor and taste in commercial broiler and korean native chicken meat [J]. Korean Journal of Food Preservation, 19 (3): 385-392.

Liu D X, Jayasena D D, Jung Y, et al., 2012. Differential proteome analysis of breast and thigh muscles between korean native chickens and commercial broilers [J]. Asian-Australasian Journal of Animal Sciences, 25 (6): 895-902.

Liu Y, Lyon B G, Windham W R, et al., 2004. Prediction of physical, color, and sensory characteristics of broiler breasts by visible/near infrared reflectance spectroscopy [J]. Poultry Science, 83: 1467-1474.

Lu L, Jia C, Luo X G, et al., 2006. The effect of supplemental manganese in broiler diets on abdominal fat deposition and meat quality [J]. Anim Feed Sci Tech., 129: 49-59.

Lyon B G, Lyon C E, 1998. Assessment of three devices used in shear tests of cooked breast meat [J]. Poultry Science, 77: 1585 - 1590.

Lyon B G, Smith D P, Lyon C E, et al., 2004. Effects of diet and feed withdrawal on the sensory descriptive and instrumental profiles of broiler breast fillets [J]. Poultry Science, 83 (2): 275 - 281.

Meinert L, Schaäfer A, Bjergegaard C, et al., 2009. Comparison of glucose, glucose 6 - phosphate, ribose, and mannose as flavour precursors in pork; the effect of monosaccharide addition on flavour generation [J]. Meat Science, 81: 419 - 425.

Mottram D S, 1998. Flavous formation in meat and meat products: a review [J]. Food Chemsitry, 1998, 62 (4): 415 - 424.

Nissen P M, Young J F, 2006. Creatine monohydrate and glucose supplementation to slow - and fast - growing chickens changes the postmortem ph in pectoralis major [J]. Poult. Sci., 85: 1038 - 1044.

Okeudo N, Jmoss B W, 2005. Interrelationships amongst carcass and meat quality characteristics of sheep [J]. Meat Science, 69 (1): 1 - 8.

Qiao M, Fletcher D L, Northcutt J K, et al., 2002. The relationship between raw broiler breast meat color and composition [J]. Poultry Science, 81: 422 - 427.

Ramarathnam N, Rubin L J, Diosady L L, 1993. Studies on meat flavor. 4. Fractionation, characterization, and quantitation of volatiles from uncured and cured beef and chicken [J]. Journal of agricultural and food chemistry, 41 (6): 939 - 945.

Rammouz R E, Babile R, Fernandez X, 2004. Effect of ultimate pH on the physicochemical and biochemical characteristics of turkey breast muscle showing normal rate of postmortem pH fall [J]. Poultry Science, 83: 1750 - 1757.

Richards M P, Poch S M, Coon C N, et al., 2003. Feed restriction significantly alters lipogenic gene expression in broiler breeder chickens [J]. The Journal of Nutrition, 133 (3): 707 - 715.

Ruan D, Jiang S Q, Hu Y J, et al., 2017. Effects of corn distillers dried grains with solubles on performance, oxidative status, intestinal immunity and meat quality of Chinese Yellow broilers [J]. Journal of Animal Physiology and Animal Nutrition, 101 (6): 1185 - 1193.

Sandusky C L, Heath J L, 1998. Sensory and instrument - measured ground chicken meat color [J]. Poultry Science, 77: 481 - 486.

Singh R, Chatli M K, Biswas A K, et al., 2014. Quality of ω - 3 fatty acid enriched low - fat chicken meat patties incorporated with selected levels of linseed flour/oil and canola flour/oil [J]. Journal of Food Science & Technology, 51 (2): 353 - 358.

Smith D P, Lyon C E, Lyon B G, 2002. The effect of age, dietary carbohydrate source, and feed withdrawal on broiler breast fillet color [J]. Poult. Sci., 81: 1584 - 1588.

Spanier A M, Flores M, Toldrá f, et al., 2004. Meat flavor: contribution of proteins and peptides to the flavor of beef [J]. Advances in Experimental Medicine & Biology, 542: 33.

Tang H, Gong Y Z, Wu C X, et al., 2009. Variation of meat quality traits among five genotypes of chicken [J]. Poultry Science, 88 (10): 2212 - 2218.

Terasaki M, Kajikawa M, Fujita E, et al., 1965. Studies on the flavor of meats [J]. Agricultural and Biological Chemistry, 29 (3): 208 - 215.

Van Laack R L J M, Liu C H, Smith M O, et al., 2000. Characteristics of pale, soft, exudative broiler breast meat [J]. Poultry Science, 79: 1057 - 1061.

Varavinit S, Shobsngob S, Bhidyachakorawat M, et al., 2000. Production of meat - like flavour [J].

Science Asia. 26：219－224.

Wang Y，Wang B，et al.，2019. Protocatechuic acid improved growth performance，meat quality，and intestinal health of Chinese yellow－feathered broilers [J]. Poultry science，98 (8)：3138－3149.

Yan J，Liu P，Xu L，et al.，2018. Effects of exogenous inosine monophosphate on growth performance，flavor compounds，enzyme activity，and gene expression of muscle tissues in chicken [J]. Poultry Science，97 (4)：1229－1237.

Yang W，Yu J，Pei F，et al.，2016. Effect of hot air drying on volatile compounds of flammulinavelutipes detected by HS－SPME－GCMS and electronic nose [J]. Food Chemistry，196 (1)：860－866.

Yuan Y C，Zhao X L，Zhu Q L，et al.，2015. Effects of dietary lysine levels on carcass performance and biochemical characteristics of Chinese local broilers [J]. Italian Journal of Animal Science，14 (3)：3840.

Young J F，Karlsson A H，Henckel P，2004. Water－holding capacity in chicken breast muscle is enhanced by pyruvate and reduced by creatine supplements [J]. Poultry Science，83：400－405.

第十章　黄羽肉鸡的饲料营养价值评定

饲料占动物生产成本的60%～80%。准确知道饲料营养成分及营养价值，对于精准配制黄羽肉鸡饲粮，提高其生产水平和效率至关重要。而饲料原料的变异和有效成分含量影响饲料配方的准确性。以玉米有效能值动态估测方程建立为例，每批次、每个地区、每个干燥方式、每个品种的玉米对靶动物的有效能值都会不同，建立玉米、豆粕等原料对鸡有效能值的动态预测回归方程，测定一到两个常规养分，即时在饲料厂估测出贴近实际的有效能值，用于当日饲粮配制生产，才能真正做到精准配制，提高饲料资源利用率，减少饲料的浪费，降低养殖成本，提高养殖效益。

第一节　饲料的能量营养价值评定

一、饲料原料代谢能值（ME）的评定方法

代谢能值最初通过测定饲料的总能与排泄物总能的差值计算得到。关于饲料原料代谢能值体内测定技术方法研究一直受到国内外学者关注，焦点集中在待测饲料原料怎样包含在测试饲粮中以致获得代谢能值。整个研发历程总结如下：①直接饲喂待测原料（即直接饲喂法）（Fraps et al.，1940；Sibbald，1976）；②待测原料替代基础饲粮中已知代谢能值的原料配制成试验料，基础饲粮和试验饲粮同时测定代谢能值（即标准原料替代法）（Hill et al.，1958）；③待测原料与一种或更多已知代谢能值的原料配制成试验料，不需设置基础饲粮组（即标准原料附加法）（Carpenter et al.，1956；Choct et al.；1999）；④待测原料与基础饲粮混合配制成试验饲粮，基础饲粮和试验饲粮的代谢能值同时测定（即基础替代法）（Sibbald et al.，1960；Farrell，1978）；⑤多种待测原料以各种独立水平配制成多种试验饲粮（即多元线性回归法）（Noblet et al.，1993）。

根据鸡饲喂和排泄物收集方法，代谢能可以用不同的生物学方法测定。已有文献报道的方法有以下几种：①随意采食被较早期的研究者应用（Carpenter et al.，1956），Hill等（1958）对此进一步标准化，并被不同研究者用于不同饲养阶段（1～7d）；②管饲法（又称为强饲法），用强饲器将饲料一次直接饲喂至家禽的嗉囊中（Sibbald，1960）；③快速饲喂法，通过训练家禽在短时间（1h）内迅速摄入饲料至最大量（Farrell，1978）；④控制饲喂法，允许鸡在试验期间采食一定比例的饲料（Fraps et al.，1940）。

（一）表观代谢能（AME）和氮校正代谢能（MEn）的测定方法步骤

1. 全收粪法

（1）强饲-全收粪法。采用此法测定鸡饲料的表观代谢能和氨基酸利用率时，大多以健康的成年公鸡为试验动物，通过强饲一定量的试验饲粮，以塑料瓶或集粪盘收粪获得排泄物。研究表明，强饲法存在以下不足之处：采用强饲法，对鸡应激较大；此法不适合测定雏鸡的代谢能值和氨基酸利用率；饲料的强饲量较低，不能代表鸡在正常情况下的采食

量。鉴于强饲法的局限性，在成年黄羽肉公鸡正常生长条件下进行代谢试验，可参考《鸡饲料表观代谢能技术规程》(GB/T 26437—2010)。

①试验鸡。选取健康、生长发育良好的商品代公鸡作为试验鸡，根据体重一致原则随机分组，每组 4 个重复，每重复 4 只鸡，单笼饲养。

②强饲器和收粪瓶（彩图 29）。强饲器漏斗口直径 10cm，漏斗高度 5cm，强饲管长度 35cm，管口直径 0.8cm。收粪瓶（带瓶盖）高 9cm，瓶盖外径 4cm，镂空内径 2.5cm。收粪瓶瓶盖中间镂空，边缘钻孔并缝合在肛门，然后与瓶体拧合连接用于收集鸡排泄物。

③试验饲料及排泄物收集方法。试验前 15 天试验公鸡均用外科手术在肛门处缝合带洞塑料瓶盖（供收集排泄物用），并饲喂全价配合饲料，自由采食与饮水。试验开始时洗净饲料槽中饲料，禁食（正常供水）48h 后用强饲器强饲被测饲粮，强饲饲料量为 50g/只(GB/T 26437—2010)；每日喂 2～3 次水，晚上停水。

鸡用消化代谢笼见彩图 30，瓶盖缝肛收粪瓶与强饲器见彩图 31。

试验开始收集排泄物时，将集粪瓶旋到盖上，排泄物落到瓶中，每隔 3h 收集一次，共收集 48h 排泄物，倒入事先准备好的铝盒中（铝盒先洗净、烘干、称重），加入 10%盐酸，组内每 4 只鸡粪样充分混合作为一个重复，收集完毕后立即置 65℃鼓风干燥箱内烘干至恒重，置室内回潮 24h（注意操作过程中不要损失排泄物），准确称重，记录。再粉碎过筛制成风干样，用自封口袋密封保存，供分析用。试验鸡第一次测定到下一次测定有 7d 的过渡期，其间饲喂全价配合饲料。每期可测定 4 种原料，剩余一组设置一个内源组，内源组采用平行对照，除不强饲外其他操作均相同。

④测定指标及计算方法。

A. 测定指标。

饲料原料指标测定：测定饲料原料干物质含量、总能（G_f）。

排泄物指标：测定各组鸡排泄物总烘干排量（E）、烘干排泄物能值（G_e）和总氮含量。

B. 计算。

$$\mathrm{AME}=\frac{I\times G_f-E\times G_e}{I}$$

$$\mathrm{TME}=\mathrm{AME}+\text{内源组排泄物总能}$$

式中，AME 为表观代谢能；I 为采食量；TME 为真代谢能。

(2) 自由采食-全收粪法。此法是通过在鸡笼下用集粪盘或铺垫塑料布来收集排泄物，适合于单只或几只鸡为一组的试验。收集时间应保证及时，一天中可收集多次，并且要将排泄物中的饲料、羽毛和皮屑仔细拣出避免污染排泄物。该方法尽管存在忽视肠道末端微生物对氨基酸利用率等缺点，但因其对动物应激较小、饲养方式最接近生产条件、易于操作等优势，成为评定鸡代谢能和营养物质利用率的重要方法之一。其缺点是工作量较大、测定速度较慢、成本高。另外，试验鸡采食时会使饲料有溅撒损失，或黏附在集粪盘或塑料布上，而且部分排泄物也会黏附在集粪盘或塑料布上不能全部收集，因此较难准确测定能量摄入量和排泄量。如果将饲料制粒，虽然既方便计量采食量，又方便拣出撒落在集粪盘中的饲料，但由于试验所需饲粮量较小，很难实现制粒，故试验多采用粉料。动物营养学家们对收粪方法的改进做了很多尝试。Sibbald 等（1986）试图通过将一种集粪袋粘在鸡泄殖腔上来解决污染问题，但此法收集的排泄物量较集粪盘少，因为集粪袋易脱落，且集粪袋内长时间高温使排泄物分解。20 世纪 80 年代，东北农业大学韩友文、吴成坤教授提出缝塑料瓶的方法来收集鸡排泄物。此后，Revington 等（1991）发表了类似的方法，给鸡泄殖腔外缝瓶塑料盖，拧上塑料瓶即可收集排泄物，效果很好，可有效避免在收粪过程中饲料、羽毛、皮屑等掉入粪中对试验结果造成影响，但对试鸡有一定应激。Adeola 等（1997）研究测定鸭代谢能时的收粪方法，将塑料瓶换成塑料袋，操作简便，收粪效果较好，且在缝瓶盖前对鸭泄殖腔周围进行局部麻醉，降低了应激。而考虑到鸡具有啄食特性，且泄殖腔周围部分太小，塑料袋收样较难实现，故仍建议在试鸡泄殖腔缝瓶盖，用塑料瓶来收集排泄物。

具体试验设计与方法步骤如下：

①试验设计与处理。

A. 试验动物与分组。采用 1 日龄快大型黄羽肉鸡公雏 100 只，在常规饲养管理条件下饲养至 27 日龄，随机挑选健康雏鸡 80 只，剪去试鸡肛门周围的羽毛，在肛门外围缝合直径 4cm 的塑料瓶盖（中间挖圆孔），用碘酒消毒缝合部位。80 只全部缝合完毕后，挑选体重相近的 72 只，每种原料评价分为 3 个处理（基础日粮，替代 20%，替代 30%），每个处理 6 个重复，每个重复 4 只鸡，用代谢笼饲养。其余鸡只同样在代谢笼内饲养，作为备用鸡。

B. 试验日粮。试验饲粮配制前首先取原料（玉米、豆粕、鱼粉、棉粕、菜粕、玉米 DDGS、玉米蛋白粉）样本送检，测定其常规营养成分含量（注意：每种原料包括主要产区的主要品种若干）。其中，玉米样本采集参照《玉米》（GB 1353），选取杂质少于 1%、不完善粒总量少于 5%、容重在 660g/L 以上、色泽和气味正常的玉米籽粒作为试验样品。豆粕样本参照《饲料用大豆粕》（GB/T 19541）采集。鱼粉样本参照《鱼粉》（GB/T 19164）采集。玉米蛋白粉样本参照《饲料用玉米蛋白粉》（NY/T 685）采集。

对于玉米，采用直接法配制试验饲粮；对于其他饲料，用改良的套算法进行，每个饲料两个替代水平（20%和 30%），采用联立方程的方式，计算出各自的代谢能值。原料代谢能测定基础饲粮配方见表 10－1，原料代谢能测定基础日粮营养水平见表 10－2。

表 10－1 原料代谢能测定基础饲粮配方

项目	配比/%
玉米	63.22
大豆粕	30.32
豆油	2.66
石粉	1.20
磷酸氢钙	1.20
食盐	0.30
维生素微量元素预混料	1.00
DL-蛋氨酸（99%）	0.10
合计	100

表 10-2　原料代谢能测定基础日粮营养水平

项目	数值
代谢能/(MJ/kg)	12.54
粗蛋白/%	19.00
钙/%	0.90
总磷/%	0.63
非植酸磷/%	0.40
Lys/%	0.96
Met/%	0.39
Met+Cys/%	0.72

②试验样品的采集和处理。饲料样品的采集：利用采样器按采样规则采集样品，四分法取样，粉碎，过 40 目筛子，装进密封袋于−4℃冰箱保存。

上笼适应 5d 后，开始试验。试验分为预试期 3d 和正试期 4d。32～34 日龄为预试期，饲喂试验饲粮。35～38 日龄为正试期，正试期间以重复为单位，精确记录每天采食量，同时每天及时准确收集集粪瓶内的全部排泄物，并将排泄物刮入培养皿中，按每 100g 鲜粪加 10%的盐酸溶液 10mL 以固定挥发氮，4℃保存，或直接置入 65～70℃的烘箱中烘至发脆，取出，在空气中回潮 24h 后称重，然后研磨或粉碎并过 40 目筛，装袋，于−20℃冰箱保存，供分析备用。

③测定指标。

A. 原料常规成分测定。色泽、气味鉴定按 GB/T 5492 执行；并对饲料原料外观（色泽、形状等）记录、拍照。测定内容：干物质（DM）、粗蛋白（CP）、粗脂肪（EE）、粗纤维（CF）、无氮浸出物（NFE）、中性洗涤纤维（NDF）、酸性洗涤纤维（ADF）、粗灰分含量。容重的测定参照 GB 1353，并测定原料总能。玉米需另外测定淀粉和直链淀粉含量；淀粉（STC）的测定参照 GB/T 5009，直链淀粉的测定采用比色法或近红外光谱法。豆粕需另外测定氢氧化钾蛋白质溶解度，测定方法参照《饲料用大豆粕》（GB/T 19541）。棉粕需另外测定棉酚含量，测定方法参照 GB 13086。

B. 代谢能测定指标。测定试验饲粮及试鸡排泄物样品的吸附水、总能值和含氮量。

④计算公式。

$$\mathrm{AME}=\frac{G\times X-C\times Y}{X}$$

式中，AME 为表观代谢能（MJ/kg）；G 为饲粮总能含量（J/g）；X 为采食量（g）；C 为烘干后排泄物能量含量（J/g）；Y 为烘干后排泄物重量（g）。

$$\mathrm{AME_n}=\mathrm{AME}-R\times 34.92$$

式中，$\mathrm{AME_n}$ 为氮校正表观代谢能（MJ/kg）；R 为试验鸡每摄入 1kg 饲料每日沉积的氮量（g）；34.92 为每克尿氮的产热量（KJ/g）；

$$D=\frac{A-B}{F}\times 100\%+B$$

式中，D 为被测饲料原料的代谢能（MJ/kg）；A 为替代后混合饲粮的代谢能（MJ/kg）；B 为基础饲粮的代谢能（MJ/kg）；F 为被测饲料原料占混合饲粮的比例（%）。

Loeffler 等（2013）采用切除盲肠精准饲喂成年公鸡法和全收粪指示剂雏鸡法比较测定了 5 种豆粕的表观氮校正代谢能（AME_n）和真氮校正代谢能（TME_n）差异，发现两种方法得到的代谢能值差异显著，变化从 272kcal/kg 到 1 214kcal/kg，两者无相关性，但 AME_n 与原料中胰蛋白酶抑制因子水平相关。试验用雏鸡对饲料原料中胰蛋白酶抑制因子水平敏感，而成年公鸡不敏感（仅摄入 35g 单一原料）。比较这两种方法，全收粪指示剂雏鸡法鸡能自由采食，代表了鸡的正常生理状态。切除盲肠精准饲喂成年鸡法优点在于能定量饲料摄入量和排泄物量，但是采用了强饲技术，给鸡造成不正常的生理状态，因此，这一技术可能不是恰当的方法。

2. 指示剂法　指示剂法在试验鸡的饲粮中定量添加一种不能从外界的环境（水、空气、土壤）中摄入的，对动物无毒的惰性物质。指示剂理论上通过消化道不发生消化吸收和增减变化，并且均匀移行、分布，可以完全随粪便中排出，从而可以通过饲料或粪中养分含量与指示剂的浓度变化计算出营养成分的消化率。指示剂法最早由 Wiepf（1874）提出，以二氧化硅为内源指示剂，后来 Ebin（1918）提出以三氧化二铬为外源指示剂，通过饲料与粪便指示剂比例的变化来推算养分的消化率。

指示剂法可减少收集所有排泄物的麻烦，大大降低工作量。通过比较全收粪法和指示剂法测定鸡饲料的 ME 值，指示剂法具有较好的准确性和可靠性。该法工作量小，在鸡饲料 AME 的评定中被越来越多地使用。常用的指示剂分为外源指示剂和内源指示剂。Cr_2O_3、TiO_2 是最常用的外源指示剂，添加量一般为 0.3%～0.5%，酸不溶灰分是常用的内源指示剂。指示剂法虽然具有简便、省力等优势，但存在分布不均匀、回收率难以达到 100%、重复性差等缺陷，增加了试验误差，影响代谢能测定的准确性。因此，指示剂的选择对代谢能值的测定影响很大。

为了达到一定的可靠程度，要求指示剂的回收率在 85%以上才是有效的。添加外源指示剂的饲料一定要混合均匀，添加内源指示剂的饲料要求原料杂质含量低。粪样在采集与制备时，应注意采集未受其他物质污染的粪便，一般每天采集 3 次，采集的总量一般不应少于总排粪量的 35%，烘干混匀制成待测定养分含量和指示剂含量。在应用指示剂的基础上，专家还提出了回肠末端指示剂法，可避免体外收集排泄物时羽毛、饲料和皮屑等对排泄物的污染。鸡在摄食测定饲料一定时间后，将其屠宰，收集回肠末端食糜，通过饲粮和食糜中指示剂的含量来计算待测饲料的代谢能值。

（二）代谢能测定过程中预饲时间和收粪时间

Sibbald（1979）研究了几种饲料原料进入消化道内的排空速度，发现玉米、小麦、燕麦和大麦这四种原料以及玉米-豆粕型饲粮通过鸡消化道的排空时间为 24h；肉骨粉的排空时间为 30h；苜蓿草粉和鱼粉的排空时间大于 24h。陈朝江（2005）对鸡、鸭、鹅的消化生理进行了比较研究，认为鸡的消化道内食糜排空时间为 48h，且 48h 内消化道的食糜残留量是持续减少的过程。樊红平等（2007）采用海兰褐佳蛋公鸡为研究对象，将鸡的排空期定为 32h。各研究者研究结果有所不同，可能是因为研究的试鸡品种和日龄不同，以及饲喂饲料量和方式不同引起，但都表明鸡消化道食糜的排空都能在 48h 内完成。因此，将预饲期确定为2d以上即可基本避免试验鸡肠道内原有饲料食糜对试验料的影响。Avila等（2006）确定了在测定19～23日龄肉公鸡代谢能时，实行全收粪的适宜收粪时间。结果表明，采用全收粪法测定肉鸡饲料代谢能时，收粪期定为4d最为适宜。

二、饲料原料净能值（NE）的评定方法

目前，鸡饲料原料有效能值的评定通常采用代谢能（ME）体系，但代谢能体系忽略了鸡饲料和消化产生的热增耗，且高估了蛋白质和纤维类原料的能量利用率，低估了脂肪和淀粉含量较高类原料的能量利用率。与代谢能体系相比，净能（NE）体系考虑了不同营养物质消化代谢利用的差异，能够最接近真实地反映动物维持和生产的能量需要量（Noblet et al.，2010；吕知谦等，2017）。近年来，净能研究在猪营养领域报道较多，但对鸡净能的研究较少，鸡饲料原料的净能值数据匮乏，而净能体系建立和完善需要大量原始数据的积累。

净能可根据其定义用代谢能减去饲料被动物采食后产生热增耗后的差值表示，其中热增耗需要用专门的测热装置测定，通过测定动物采食前后的产热量来计算。动物采食前的产热量称为绝食产热量，采食后的产热量称为总产热量。目前肉鸡热增耗的测定方法主要包括直接测热法、呼吸测热法和比较屠宰法。直接测热法是通过利用测热装置直接测定动物扩散至周围环境中的热量。测热装置对试验条件要求比较严格，而且结构复杂，操作烦琐，在肉鸡研究中很少采用此方法来测定产热量。

随着低蛋白质饲粮技术普及，家禽净能体系建立重要性日渐增加（Noblet et al.，2022）。相比反刍动物和猪，家禽比较屠宰法可操作性和成本较低，是研究净能体系的重要方法，可以跟呼吸测热法横向比对。目前比较屠宰法和呼吸测热法都是研究家禽净能体系的重要方法（Kong et al.，2014）。

（一）比较屠宰试验结合回归法和替代法

此方法根据能量剖分原理，NE值为维持净能（NE_m）与沉积净能（NE_p）之和。

NE_m 测定采用比较屠宰法结合回归法，饲喂基础饲粮，可以设100%自由采食组、82.5%自由采食组、65%自由采食组、47.5%自由采食组和30%自由采食组。

NE_p 测定采用比较屠宰法结合替代法，用玉米、麦麸、米糠分别替代基础饲粮，替代比例分别为30%、20%、20%；用豆粕、菜粕、棉粕分别替代基础饲粮20%、15%、15%。试验鸡选用健康的黄羽肉公鸡，试验开始前屠宰10只作为对照，其余均饲喂7d后屠宰。

NE_m 测定：试验开始时颈椎错位致死10只试鸡作为对照，在试验的第1～7天，采用全收粪法搜集7d的排泄物，试验期结束后试鸡全部屠宰。去消化道内容物后获得空体，空体迅速冷冻，保存于－20℃冰箱，随后将空体剁细后高速捣碎，冷冻干燥，在天平室充分回潮称重制成风干样品，粉碎过40目筛，采用氧弹式热量计（Parr 1281，美国）测能量。并测定饲料、排泄物、不同饲喂水平组和起始10只鸡体的干物质、能量及粗蛋白质含量，计算不同采食水平的食入代谢能（MEI）、产热（HP），再根据公式 $HP=a\times e^{bMEI}$ 计算出 a、b 值，其中 a 值即为 NE_m。

NE_p 测定：试验期结束后，按 NE_m 测定中的方法屠宰、保存，测定空体干物质、能

量和粗蛋白质，根据试验初和试验末鸡体能量之差计算 NE_p。

根据 NE_m+NE_p 计算得到饲料的 NE 值。

$$待测饲料原料的净能值\ NE=\frac{替代后饲粮总\ NE-基础饲粮总\ NE\times(1-替代比例)}{替代比例}$$

（二）呼吸测热法

此方法测定净能需采用开放式呼吸测热装置（禽用 6 室并联开放回流式呼吸测热装置见彩图 32），饲粮按照黄羽肉鸡营养需要量标准设计基础饲粮，待测饲料原料根据类型按照一定比例替代基础饲粮配制试验组饲粮。

1. 试验操作步骤　将试验鸡分别放入呼吸测热装置的代谢室内 9d：适应 3d，呼吸测热 3d（试验鸡初重和末重的平均值作为体重数据使用），绝食测热 3d（试验鸡初重和末重的平均值作为绝食体重），试验进程如表 10-3。

表 10-3　试验进程

项目	测定时间		
	预试期	呼吸测热	绝食测热
时间	3d 以上	3d	3d
被试饲料组	喂生长鸡饲料，最后一周饲喂供试饲料	饲喂供试饲料，自由采食、饮水粪尿排泄物收集	自由饮水

2. 呼吸测热装置的数据采集　开放回流式呼吸测热装置由吉林省农业科学院杨嘉实和杨华明研制，主要由气体分析仪、数据采集控制仪、代谢室、气路系统、漩涡风机以及冷冻机组等配套设备组成。气体分析仪集成氧气、二氧化碳传感器以及气路转换器和配套元器件。测定氧气浓度传感器为氧化锆传感器（Model 65-4-20，Advanced Micro Instruments 公司，美国）。测定二氧化碳浓度传感器为红外线传感器（AGM 10，Sensors Europe GmbH 公司，德国）。代谢室框架由方钢和白钢板制造，四周用透明玻璃封闭，体积为 $0.43m^3$，代谢室内设有自动饮水装置，粪、尿收集装置以及气体循环、制冷、加热、除湿等设备。工作状态下，数据采集控制仪按照试验流程驱动气体分析仪传感器采集气路，依次对户外空气和代谢室按先后顺序循环采集，自动切换，循环切换时间可自行设定。数据采集控制仪实时显示试验数据和设备运行状态；远程控制软件自动计算家禽耗氧量、二氧化碳产生量、呼吸商（RQ），记录代谢室内外的温度和湿度数据，并显示在电脑数据采集控制界面上。

3. 排泄物收集和制备　呼吸测热试验中，每天定时（09：00—10：00）添加饲粮，收集撒料，采用全收粪法，以重复为单位收集呼吸测热 3d 的排泄物，将排泄物收集在已做好标记、洁净并恒重的带盖铝盒中。在所收集的排泄物中，加上适量的 10%盐酸（10mL/100g 鲜样）以防止氨、氮逸失。然后经 65℃烘箱烘干，置室温下回潮 24h，称重记录，作为每个重复组鸡的平均风干排泄物总量［g/(只・3d)］。将风干排泄物粉碎过 40 目筛，每个重复将所有鸡的风干物质混合均匀、装瓶、封存并立即取样，在 100～105℃测定其中水分含量，以计算干物质含量，用以计算每个重复组鸡的平均全干排泄物［g/(只・3d)］。若不能同步进行测定，于测定之前须再次测定样品干物质含量，以便准确计算排泄物总能。

4. 试验观测指标和样品指标的测定 呼吸测热过程中肉鸡采食量（kg）、呼吸测热过程中收集的排泄物经固氮、干燥后的重量（kg）、呼吸测热过程中的氧气 O_2 消耗量（L）、CO_2 排放量（L）（呼吸测热仪每隔 3min 会自动记录 O_2 消耗量和 CO_2 排放量，由此累计得到呼吸测热 3d 的总量），以及绝食产热过程中氧气 O_2 消耗量（L）、CO_2 排放量（L）。

基础组和试验组饲粮与排泄物样品在烘干箱内 105℃烘干制样后，测定干物质和总能含量，根据试验鸡采食量和排泄物总量计算得到基础组和试验组饲粮总能（MJ/kg）、排泄物总能（MJ/kg）。

5. 饲料原料净能值的计算

$$\text{总产热（HP）或绝食产热（FHP）（kJ）}=16.1753\times V_{O_2}+5.0208\times V_{CO_2}$$

$$\text{呼吸商（RQ）}=\frac{V_{CO_2}}{V_{O_2}}$$

$$\text{表观代谢能（AME，MJ/kg）}=\frac{\text{食入总能}-\text{排泄总能}}{\text{采食量}}$$

$$\text{代谢能摄入量（MEI，kJ）}=\text{表观代谢能}\times\text{采食量}$$

$$\text{沉积能（RE，kJ）}=\text{表观代谢能}-\text{总产热}$$

$$\text{饲粮净能（MJ/kg）}=\frac{\text{沉积能}+\text{绝食产热}}{\text{采食量}}$$

$$\begin{array}{c}\text{待测饲料原料样品}\\\text{表观代谢能（MJ/kg）}\end{array}=\begin{array}{c}\text{基础饲粮}\\\text{表观代谢能}\end{array}-\frac{\text{基础饲粮表观代谢能}-\text{试验饲粮表观代谢能}}{\text{替代比例}}$$

$$\text{待测饲料原料样品净能（MJ/kg）}=\text{基础饲粮净能}-\frac{\text{基础饲粮净能}-\text{试验饲粮净能}}{\text{替代比例}}$$

三、饲料原料有效能值研究进展

（一）黄羽肉鸡饲料原料代谢能值研究进展

较早期的研究报道多采用强饲法。蒋守群等（2002）选用体重为（2.81±0.05）kg 的成年商品代岭南黄公鸡，采用强饲法测定了玉米、豆粕、鱼粉、玉米蛋白粉、棉粕、菜粕、羽毛粉、次粉和麦麸的表观代谢能值，测定结果与中国饲料营养价值表比较，玉米的代谢能值与其相接近，羽毛粉和次粉代谢能值偏低，玉米蛋白粉、豆粕、鱼粉、棉粕、菜粕和麦麸的测定结果明显偏高。赵佳等（2016）选用 30 周龄青脚麻肉公鸡对来自黑龙江、山东、河北、吉林和四川等地的 30 个玉米样品进行了代谢能值评定，试验采用排空强饲法按体重 2%强饲待测饲料，结果得到，以干物质为基础，30 种玉米的表观代谢能（AME）为 11.73～16.22MJ/kg，氮校正表观代谢能（AME_n）为 11.79～16.25MJ/kg，真代谢能（TME）为 13.33～17.73MJ/kg，氮校正真代谢能（TME_n）13.40～17.75MJ/kg，不同来源玉米代谢能值存在显著差异，且均高于中国饲料营养价值表中玉米的代谢能（AME）值。张婵娟等（2018）在 18 周龄大恒肉公鸡上采用真代谢能（TME）法进行适宜强饲评定 12 个不同来源豆粕的能量营养价值，研究发现：12 个豆粕表观代谢能、氮校正表观代谢能、真代谢能、氮校正真代谢能平均值分别为（12.52±0.34）MJ/kg、（12.93±0.32）MJ/kg、（12.80±0.34）MJ/kg、（12.34±0.32）MJ/kg，不同来源差异显著。夏伦志等（2013）采用强饲法研究发现，小麦 DDGS 在淮南麻黄公鸡上的 AME 和 TME 分别为 9.09MJ/kg、9.24MJ/kg，AME_n 和 TMEn 分别为 9.13MJ/kg、9.28MJ/kg。

套算法的应用也较多。石诗影等（2017）在中速型黄鸡上评定了不同产地玉米的养分利用率得到，9 个产地玉米 AME 范围为 12.67～13.84MJ/kg，平均值为 13.50MJ/kg，变异系数 RSD 为 2.62%。按 AME 由高到低排序：肥城＞乌克兰＞枣庄＞洛阳＞东北＞阜阳＞沈丘＞偃师＞湖北。胡贵丽等（2017）在 56 日龄黄羽肉鸡上通过套算法测定了美国高粱、湖南高粱和内蒙古高粱的 AME 分别为 13.39MJ/kg、12.97MJ/kg 和 15.02MJ/kg，并发现不同来源高粱 AME、EE 和 CF 表观消化率差异显著。范梅华等（2019）采用套算法＋全收粪法测定发现 9 种不同产地的 DDGS 在 25 日龄黄羽肉鸡上的表观代谢能（AME）范围在 9.25～14.27MJ/kg，RSD 为 11.14%。黄香等（2018）在广西本地鸡品种霞烟公鸡［日龄为（128±6.4）d］上，采用全收粪法结合套算法得到，玉米、豆粕、麦麸、米糠、菜粕的代谢能值分别为（14.57±0.24）MJ/kg、（11.24±0.40）MJ/kg、（8.97±0.73）MJ/kg、（5.14±0.30）MJ/kg、（10.14±0.43）MJ/kg。除麦麸代谢能值组内变异系数较大外，其余饲料的代谢能值重复性均较好。张赛等（2021）用全收粪法结合套算法测得豆粕、棉粕和菜粕饲喂 80 日龄清远麻鸡的干物质基础表观代谢能值分别为（12.09±0.51）MJ/kg、（8.76±0.32）MJ/kg、（8.08±0.35）MJ/kg。用相同方法，测得玉米、小麦、大麦、小麦麸和米糠饲喂 90 日龄清远麻鸡的干物质基础表观代谢能分别为（15.43±0.89）MJ/kg、（14.88±0.68）MJ/kg、（14.65±0.29）MJ/kg、（7.85±0.68）MJ/kg、（13.27±0.59）MJ/kg。

经全收粪法、指示剂法、回肠末端食糜法和强饲法 4 种方法检测饲料代谢能之间的差异比较，研究者提出，其他 3 种方法具有高度相关性，而强饲法与其他 3 种方法没有相关性，并认为指示剂法更适合作为测定肉鸡有效能值的方法（周克等，2015）。邓雪娟等（2009）认为，试验鸡在自由采食，无缝肛应激条件下，更接近正常生长条件饲养，从而能更准确地测定出饲料代谢能。指示剂法比强饲法检测所得代谢能值更接近实际生产，更准确。林厦菁等（2017）报道，在 35 日龄快大型黄羽肉鸡上采用指示剂法测定玉米淀粉、大麦、鱼粉和花生粕的总能消化率、表观代谢能（AME）和氮校正表观代谢能（AME_n）。结果表明：黄羽肉鸡玉米淀粉、大麦、鱼粉和花生粕的总能消化率分别为 68.77%、65.67%、89.57%、75.85%，AME 分别为 8.82MJ/kg、9.45MJ/kg、13.27MJ/kg、11.22MJ/kg，AME_n 分别为 8.71MJ/kg、9.34MJ/kg、13.00MJ/kg、10.99MJ/kg。试验中玉米淀粉 AME 与中国鸡饲养标准（2004）、日本鸡用饲料养分标准数据（2001）和法国 INRA 饲料成分表相比明显偏低；大麦 AME 与中国鸡饲养标准（2004）、美国 NRC（1994）、日本和法国 INRA 饲料成分表相比偏低；而试验中鱼粉 AME 值与法国和日本饲料成分表相比偏高，与中国鸡饲养标准（2004）的 AME 较接近，与蒋守群（2002）测定结果相比明显偏低；花生粕 AME 与中国鸡饲养标准（2004）饲料成分表相接近，略高于美国 NRC（2012）和法国 INRA 饲料成分表。整体试验结果表明，试鸡采用自由采食，无缝肛收粪，使其接近正常生长条件下的采食状态，使用指示剂法测定黄羽肉鸡的饲料原料 AME 可行。

目前，评价饲料原料代谢能值较少用真代谢能（TME），比较常见的是表观代谢能

表 10-4　黄羽肉鸡饲料代谢能测定值［以干物质计/（MJ/kg）］

项目		饲料原料														试验方法	鸡品种
		玉米	玉米淀粉	小麦	大麦	次粉	麦麸	米糠	豆粕	棉粕	菜粕	玉米蛋白粉	花生粕	鱼粉	羽毛粉		
张赛等（未发表）	AME	15.43±0.89		14.88±0.68	14.65±0.29		7.85±0.68	13.27±0.59								全收粪法结合套算法	90 日龄清远麻鸡
	AMEn	15.26±0.60		14.68±0.60	14.23±0.37		7.34±0.73	12.82±0.37									
张赛等（2021）	AME								12.09±0.51	8.76±0.32	8.08±0.35					全收粪法结合套算法	80 日龄清远麻鸡
	AMEn								10.90±0.39	7.57±0.57	6.88±0.62						
黄香等（2018）	AME	14.57±0.24					8.97±0.73	5.14±0.30	11.24±0.40		10.14±0.43					自由采食塑料盆全收粪法结合套算法	128 日龄霞烟公鸡
林厦菁等（2017）	AME		8.82		9.45								11.22	13.27		自由采食全收粪+TiO_2 指示剂（0.4%）套算法	35 日龄岭南黄鸡
	MEn		8.71		9.34								10.99	13.00			
马尹鹏（2016）	AME			12.28（10.03～13.16）												自由采食全收粪法结合套算法	35～40 日龄黄羽肉鸡
	AME				11.71（11.61～11.76）												

（续）

项目		饲料原料														试验方法	鸡品种
		玉米	玉米淀粉	小麦	大麦	次粉	麦麸	米糠	豆粕	棉粕	菜粕	玉米蛋白粉	花生粕	鱼粉	羽毛粉		
赵佳等（2016）	AME	11.73～16.22														强饲集粪瓶全收粪法	30周龄青脚麻鸡公鸡
	AME_n	11.79～16.25															
	TME	13.33～17.73															
	TME_n	13.40～17.75															
	AME_n			12.95													
	AME			12.64												指示剂 TiO_2 法（0.4%）	
	AME_n			12.01													
蒋守群等（2002）	AME	14.76±0.67				10.49±0.59	10.07±0.71		12.04±0.29	11.20±0.71	9.24±0.63	18.85±0.33		16.01±0.46	10.20±0.84	强饲集粪瓶全收粪法	成年岭南黄公鸡
	ME_n	13.75±0.67				10.49±0.59	10.07±0.71		12.04±0.29	11.20±0.71	9.20±0.63	18.85±0.33		15.97±0.46	10.20±0.84		
江庆娣（1998）	AME	15.23					10.67		12.07					15.56			石岐杂公鸡
黄世仪等（1993）	AME	16.33				11.84	10.88		10.33	9.45	9.04			13.18			石岐杂公鸡

(AME) 和氮校正代谢能 (AME_n),但全世界不同国家鸡饲养标准并未统一。国内外肉鸡饲养标准中,中国饲料成分及营养价值表第 30 版 (2019)、《鸡饲养标准》(NY/T 33—2004)、美国 Feedstuff (2016) 和荷兰瓦赫林根大学 CVB (2016) 4 个数据库为鸡代谢能值;法国 INRA (2005)、德国 EVONIK (2015)、美国 NRC (1994) 数据为氮校正代谢能值。《黄羽肉鸡营养需要》(2020) 参考国内外数据库和我国黄羽肉鸡研究相关文献,包含代谢能和氮校正代谢能。在营养标准制定中对代谢能统一具有必要性。

黄羽肉鸡饲料代谢能测定值见表 10-4。

(二) 黄羽肉鸡饲料原料净能值研究进展

桓宗锦 (2009) 通过比较屠宰法测定玉米、豆粕在黄羽肉鸡的维持净能和沉积净能,并以化学成分与表观代谢能建立玉米、豆粕 NE 预测模型得出,玉米干物质基础的 NE 值为 9.93MJ/kg,豆粕干物质基础的 NE 值为 4.82MJ/kg;玉米和豆粕的 NE/ME 比值分别为 67%和 49%;玉米的 AME 和 NE 的相关性最大 ($R^2=0.983$,$RSD=0.018\,3$),可视为最佳的单一预测因子,而最佳的纤维预测因子是 ADF ($R^2=0.946$,$RSD=0.024\,6$);豆粕的 ADF 和 NE 的相关性最大 ($R^2=0.971$,$RSD=0.011\,8$),可视为最佳的单一预测因子。张琼莲 (2011) 通过比较屠宰试验结合回归法和替代法,测定了 1~21 日龄黄羽肉公鸡玉米、豆粕、菜粕、棉粕、麦麸、米糠的净能值,NE 值占 AME 的比例变化较大,最小为 59.15%,最高为 70.85%,平均值为 66.24±5.66%。王跷等 (2010) 通过比较屠宰试验结合套算法,测定黄羽肉鸡公雏豆粕的净能值为 6.25MJ/kg,并提出用 20%的豆粕替代基础饲粮测定的净能值最准确。法国农业科学研究院 (INRA) 的科学家 Carré 等 (2014) 在对肉公鸡研究的基础上,通过建立饲料原料 NE (比较屠宰法) 与 AME_n (全收粪法)、饲料原料营养成分组成之间的回归方程模型,预测得到 21~35 日龄肉鸡不同饲料原料的 NE 值,五种饲料原料 NE 与 AME_n 的比值变化不大 (0.780±0.018)。

我国黄羽肉鸡饲料来源复杂,非常规饲料使用较多,为了更加准确地估测黄羽肉鸡有效能需要量,农业行业标准《黄羽肉鸡营养需要量》(NY/T 3645—2020) 采用了法国 INRA 的肉鸡净能体系 (Carre 等 2014),补充了净能需要量,参考 Carre 等 (2014) 研究结果,建立 MEn 和 NE 的回归方程,通过回归方程系数可计算得到饲料原料的 NE 值。

表 10-5 列出了不同饲料原料的净能测定值,由于净能数据量有限,综合了部分白羽肉鸡数据。

表 10-5　不同饲料原料的净能测定值

饲料原料	肉鸡品种	阶段/日龄	试验方法	AME/(MJ/kg)	AME_n/(MJ/kg)	NE/(MJ/kg)	NE/AME	NE/AME_n	资料来源
玉米	肉仔鸡	21~35	回归方程模型估测		12.74	10.16		79.7	Carré (2014)
玉米 (吉粳 511)	ROSS 308	25~28	间接测热结合替代法	13.79		10.77	78.10		班志彬等 (2019)
玉米 (吉农 823)	ROSS 308	25~28	间接测热结合替代法	13.64		10.57	77.49		班志彬等 (2019)

（续）

饲料原料	肉鸡品种	阶段/日龄	试验方法	AME/（MJ/kg）	AME_n/（MJ/kg）	NE/（MJ/kg）	NE/AME	NE/AME_n	资料来源
玉米	黄羽肉公鸡	1～21	比较屠宰试验结合回归法和替代法	16.30±0.53		11.49±0.30	70.5		张琼莲（2011）
玉米			比较屠宰法			9.93	67		桓宗锦（2009）
小麦	肉仔鸡	21～35	回归方程模型估测		11.73	9.28		79.1	Carré（2014）
麦麸	黄羽肉公鸡	1～21	比较屠宰试验结合回归法和替代法	7.34±0.79		5.20±0.37	70.85		张琼莲（2011）
米糠	黄羽肉公鸡	1～21	比较屠宰试验结合回归法和替代法	13.62±0.41		9.86±0.65	72.4		张琼莲（2011）
豆粕	肉仔鸡	21～35	回归方程模型估测		9.27	7.04		76.0	Carré（2014）
豆粕	黄羽肉公鸡	1～21	比较屠宰试验结合回归法和替代法	12.76±0.51		7.62±0.09	61.53		张琼莲（2011）
豆粕	黄羽肉公雏鸡		比较屠宰试验结合套算法			6.25			王跷等（2010）
豆粕			比较屠宰法			4.82	49		桓宗锦（2009）
菜粕	肉仔鸡	21～35	回归方程模型估测		7.70	5.86		76.1	Carré（2014）
菜粕	黄羽肉公鸡	1～21	比较屠宰试验结合回归法和替代法	8.29±0.08		4.90±0.88	59.15		张琼莲（2011）
菜粕	艾维茵肉鸡	1～21	析因法			4.72～7.22			李再山等（2011）
棉粕	黄羽肉公鸡	1～21	比较屠宰试验结合回归法和替代法	8.27±0.50		5.22±0.89	63.02		张琼莲（2011）
棉粕	艾维茵肉鸡	1～21	析因法			4.73～7.08			李再山等（2011）
玉米 DDGS（中粮）	ROSS 308	25～28	间接测热结合替代法	10.37		6.43	62.03		班志彬等（2019）
玉米 DDGS（吉燃）	ROSS 308	25～28	间接测热结合替代法	10.74		6.57	61.57		班志彬等（2019）
苜蓿粉	肉仔鸡	21～35	回归方程模型估测		6.12	4.83		79.0	Carré（2014）

第二节 饲料氨基酸消化率评定

一、饲料氨基酸消化率评定方法

鸡饲料蛋白质营养价值的评定经历了粗蛋白质（CP）、可消化蛋白质（DCP）、总氨基酸（TAA）和可消化氨基酸（DAA）的发展阶段。饲料原料中可消化氨基酸的精准评定，为更准确地设计饲粮配方提供了参考数据，但由于氨基酸消化率评定技术的复杂性和方法的不统一，导致饲料可消化氨基酸含量的测定值差异较大。另外，随着低蛋白质饲粮技术普及，家禽氨基酸利用率也需要重新评估。

（一）氨基酸消化率测定方法的确定

目前，大部分已公布的可用的鸡饲料可消化氨基酸数值都是以排泄物分析为基础的，虽然不能将粪尿分离，但尿中的氨基酸含量极少，常常被忽略。Stein 等（2005）研究发现，在评价饲粮中蛋白质和氨基酸消化率时，标准氨基酸消化率要比表观氨基酸消化率更为准确。无氮饲粮法是目前估测内源氨基酸基础损失量最常用的方法。其基本原理是正常生理状态下的动物采食 3～7d 无氮饲粮后，消化道中的氮及氨基酸全部来源于内源。该法简单易行，成本也较低。Adedokun 等（2007a）用无氮饲粮法比较了 Ross 肉鸡和 Nicholas 火鸡的内源回肠氨基酸流量，试验表明，家禽的内源回肠氨基酸流量随试禽品种和日龄的不同而有所差别。Adedokun 等（2007b）用无氮饲粮法和酶解酪蛋白法测定 5 日龄和 21 日龄肉鸡和火鸡对肉粉、肉骨粉的标准回肠氨基酸消化率做了比较，研究表明，用酶解酪蛋白法测得 5 日龄试禽肉骨粉的标准回肠氨基酸消化率较高；而 21 日龄时，无氮饲粮法和酶解酪蛋白法测得的标准回肠氨基酸没有显著不同。Adedokun 等（2008）用无氮饲粮法和酶解酪蛋白法测定了 5 日龄和 21 日龄肉鸡对五种原料（玉米、豆粕、菜粕、浅色玉米 DDGS 和深色玉米 DDGS）的标准回肠氨基酸消化率，研究表明，用无氮饲粮法测得的玉米标准回肠消化率较高，而对其他 4 种原料来讲，两种方法测得的结果无显著不同。邓雪娟等（2009）用无氮饲粮法测定了 35 日龄爱拔益加商品代肉仔鸡的内源氨基酸基础损失量，结果表明，内源蛋白质的氨基酸组成中谷氨酸含量最高，天冬氨酸次之，组氨酸最低。

（二）饲料原料氨基酸真消化率（TD）的测定

1. “TME”真代谢能法-肛门全收粪并用内源氮校正法 该法是 1976 年 Sibbald 提出的一种快速测定真代谢能的方法，即饥饿-强饲-收粪法，后来被用于测定饲料的氨基酸消化率，其主要操作程序为：选用成年公鸡单笼饲养，试验前饥饿一定时间（通常 24～48h），然后强饲适量（30～70g）待测饲料，收粪 32～48h，最后将收集的粪样冻干，粉碎过筛，测其氨基酸含量。根据食入饲料氨基酸和排出氨基酸量的差额计算氨基酸消化率，氨基酸真消化率用内源氨基酸排泄量校正。1989 年上述方法经 Rhone－Poulenc 动物营养研究所改进，被称之为“TME”改进法，又称罗纳普朗克法。现在的“TME”法分常规法和改进法，两者的区别在于：前者以绝食法（饥饿法）收集内源性氨基酸排泄量，后者代之以强饲 50g 无氮饲粮（玉米淀粉加葡萄糖）法测得内源氨基酸排泄量；被测饲料的给饲方法不同，前者强饲单一待测饲料，后者除强饲被测饲料外，还配以适量蔗糖或葡萄糖、矿物质、维生素等。

"TME"法的优点是用少量的成年公鸡短时间内就能测定大量饲料原料的氨基酸消化率，是公认的鸡饲料氨基酸利用率的快速测定方法，而且测得的消化率数值在一定程度上反映了饲料的蛋白质品质。不足之处如下：①粪、尿无法分开，测定的结果是代谢率而非消化率。一些研究者认为，肾的排泄可忽略不计，但情况并非总是如此，受到高温破坏的蛋白质，如加热过熟的豆粕蛋白质及氨基酸可以作为代谢物从尿中排出；②忽视了后段肠道微生物消化、利用并合成微生物蛋白的作用，进而影响到粪中氨基酸的比例和浓度；③强饲的饲料全部由被测饲料组成，这可能对消化过程产生影响，消化酶的分泌和其他相关的生理过程可能由于强饲而发生变化，而切除盲肠也会使试验鸡产生异常的生理状态；④用成年公鸡测得的数据应用到母鸡、肉鸡等的饲料配制上会存在一定误差。

中国农业大学呙于明团队发表的文章（雷廷等，2013）和广东省农业科学院动物科学研究所团队发表的文章（王薇薇等，2010）中报道的方法均为肛门全收粪法，并用无氮饲粮进行内源氮损失校正。雷廷等（2013）的方法具体为不去盲肠、回肠末端收食糜、二氧化钛指示剂法，王薇薇等（2010）的方法切去了盲肠，两者收粪方法完全一致。具体试验设计与方法参考如下：

（1）试验动物。选用 70 日龄健康、生长发育良好、体重一致的慢速型黄羽肉鸡母鸡 176 只，试验鸡 1～60 日龄饲喂生产饲粮，71 日龄改用试验饲粮至试验结束。在正式试验开始前 1 周清理鸡肛门周围的羽毛，在肛门上缝合直径为 4cm 的带洞塑料瓶盖。

（2）试验饲粮与分组。176 只鸡，随机分成 11 个组，每组 4 个重复，每个重复 4 只鸡分成两个代谢笼饲养，每个代谢笼饲养 2 只。第 1 组饲喂无氮饲粮，用于测定内源氨基酸排泄量；第 2～11 组分别饲喂 10 个玉米样品配成的饲粮，用于测定玉米的氨基酸消化率。用一定量的玉米淀粉和矿物质维生素添加剂配制成无氮饲粮，无氮饲粮和玉米配成的饲粮组成（风干基础）见表 10－6。在 81 日龄，肉鸡先饥饿 48h，以排空消化道，在禁食期间给每只鸡供给葡萄糖 30g；之后饲喂待测饲粮（包括无氮饲粮）。

表 10－6　无氮饲粮和玉米配成的饲粮组成（风干基础）

项目	无氮饲粮/%	玉米/%
玉米		97.42
玉米淀粉	45.3	
葡萄糖	45	
纤维素	4	
大豆油	2.93	
石粉	1.15	1.23
磷酸氢钙	0.96	0.76
食盐	0.17	0.10
氯化胆碱（50%）	0.10	0.15
碳酸氢钠	0.15	0.15

（续）

项目	无氮饲粮/%	玉米/%
维生素预混料①	0.03	0.03
微量元素预混料②	0.20	0.20
抗氧化剂	0.01	0.01
合计	100	100

注：①预混料为每千克饲粮提供：维生素 A 1 500IU、维生素 D_3 200IU、维生素 E 10IU、维生素 K 0.5mg、硫胺素 2.1mg、核黄素 3mg、烟酸 15mg、泛酸 10mg、吡哆醇 3.5mg、生物素 0.15mg、叶酸 0.5mg、维生素 B_{12} 10μg、胆碱 750mg。

②预混料为每千克饲粮提供：铁 80mg、铜 7mg、锰 60mg、锌 40mg、碘 0.35mg、硒 0.15mg。

（3）试验过程。试验分为预试期、正试期（泄殖腔全收粪法）两个阶段进行，试验进程见表 10-7。

表 10-7 试验进程

项目	测定时间	
	预试期	泄殖腔粪尿收集
时间	3d 以上	禁食 48h，自由采食、自由饮水 3d
被试饲料组	饲喂试验饲料	泄殖腔收集粪尿

（4）饲养管理。试验鸡前期地面平养，试验鸡每重复饲养于一栏，自由采食和饮水。其他按照常规饲养操作规程和免疫程序进行饲养和免疫。试验过程中每天测定试验鸡舍当天最高、最低舍温，在每天的 6：00、14：00、22：00 测定鸡舍的温度和相对湿度，3 次测定的平均数作为当天鸡舍的平均温度和平均相对湿度。试验期采用代谢笼笼养，适应后供试验用，不同处理和重复的试验鸡按照随机均匀分布原则固定笼位，并记录在案。试验期鸡舍温度：15～27℃，环境湿度 40%～60%，光照强度 10～20lx，自然光照或人工光照，光照时间 16h/d。鸡自由饮水，严禁采食沙石。

（5）排泄物收集和处理。用集粪瓶收集 48h 的粪尿排泄物。每重复 4 只鸡的排泄物混合收集，并按每 100g 鲜粪加 10%的盐酸溶液 10mL 以固定挥发性氮，收集完毕后在 65℃烘箱内烘干，回潮 24h 至恒重，记录为一个重复组的风干排泄物重，置于－20℃冰箱保存。

（6）指标测定。

①无氮饲粮组：测定收集的粪尿经固氮、干燥后的重量（g）、粪尿中氨基酸含量（%）。

②玉米组：测定代谢试验过程中肉鸡采食量（g）、收集的粪尿经固氮、干燥后的重量（g）、饲料中氨基酸含量（%）、粪尿中氨基酸含量（%）。

（7）数据计算。

食入氨基酸总量（g）＝饲料中氨基酸含量（%）×采食量（g）

排泄物中氨基酸总量（g）＝排泄物经固氮、干燥后氨基酸含量（％）×排泄物经固氮、干燥后的重量（g）

无氮饲粮组排泄物中氨基酸总量（内源氨基酸，g）＝无氮饲粮组排泄物经固氮、干燥后氨基酸含量（％）×无氮饲粮组排泄物经固氮、干燥后的重量（g）

$$\text{氨基酸表观消化率（\%）}=\frac{\text{食入氨基酸总量（g）}-\text{排泄物中氨基酸总量（g）}}{\text{食入氨基酸总量（g）}}\times 100\%$$

$$\text{氨基酸真消化率 TD（\%）}=\frac{\text{食入氨基酸总量（g）}-\text{排泄物氨基酸总量（g）}+\text{无氮饲粮组排泄物氨基酸质量（内源氨基酸，g）}}{\text{食入氨基酸总量（g）}}\times 100\%$$

2. 切除盲肠法　20 世纪 80 年代至今，围绕鸡饲料氨基酸消化率测定方法问题一直存在着争论，在众多测定方法中，改进的 Sibbald 真代谢能法为学者们所接受（Sibbald，1979；Henry et al.，1985）。但是，此方法未考虑盲肠微生物对饲料氨基酸消化率的影响（Johnson，1992）。有关猪方面的研究表明：猪大肠微生物具有分解、利用食糜和消化道内源氨基酸的能力，并且在大肠里消失的氨基酸中仅有少部分必需氨基酸用于猪体内的合成代谢（Just et al.，1985；Mough，1985）。可见，不考虑大肠微生物的作用，用粪分析法测定饲料氨基酸消化率显然欠妥当。鸡盲肠是微生物活动的主要部位，对不同饲料、不同氨基酸的消化率影响程度不同。侯水生等（1995）发现，在豆饼和玉米蛋白粉中，除玉米蛋白粉的赖氨酸和精氨酸外，其余各种氨基酸及氨基酸总和的消化率去盲肠鸡和未去盲肠鸡间无显著差异。在鱼粉中，未去盲肠鸡的氨基酸消化率显著高于去盲肠鸡，氨基酸总和的消化率前者比后者高 4.40％，表明盲肠及其微生物显著影响鱼粉的氨基酸消化率。

切除盲肠法需对试验鸡进行盲肠切除术，其操作可参考马利青（1997）和孙家发（1993）的报道。具体步骤如下：

手术前应对试验鸡禁食 24h。仰卧绑定，在腹部龙骨至泄殖腔偏左处拔毛 4cm×4cm，消毒，盖上洞巾。做长约 3cm 的皮肤切口，钝性分离皮下脂肪层和腹肌，切开腹膜，显露出肌胃和十二指肠。在十二指肠下方用食指和中指将两条盲肠牵引出腹腔，分离盲肠和回肠。分离时尽量避开肠系膜上的血管（如切断血管应及时止血和结扎）。挤净盲肠颈部中的肠内容物，在盲肠颈部离回盲口约 2cm 处用非创伤止血钳夹住盲肠，并在 1.5cm 处做一荷包缝合，沿止血钳剪断盲肠，用镊子把切口送回荷包缝合扣内，拉紧后进行结扎。用同样方法切除另一盲肠。将暴露在外面的肠管用温生理盐水清洗后送回腹腔。肠管复原后进行腹膜连续缝合，缝后洒布抗菌剂，再对肌肉层进行连续缝合，最后结节缝合皮肤。术部涂擦碘酒。术后加强饲养管理，注射青霉素 50 万 IU/d，链霉素 40 万 IU/d，分 2 次注射，共注 5d。同时饮喂 ORS 液（氯化钠 3.5g、碳酸氢钠 2.5g、氯化钾 1.5g、葡萄糖 20g、水 1 000mL）和多维葡萄糖。

选用日龄和体重相似的健康成年公鸡，进行盲肠切除手术后恢复两个月，然后按照 Sibbald（1986）推荐的方法进行代谢试验。试鸡单笼饲养，饥饿 48h（其间以饮水方式补充 50g 葡萄糖），然后强饲 50g 待测饲粮（基础饲粮）或无氮饲粮，用集粪瓶收集 48h 排泄物，每 5 只鸡的排泄物混合做一重复，排泄物经 70℃烘干后，粉碎过筛，供测定氨基酸含量。

每期试验间隔2周，使鸡恢复，其中11d自由采食公鸡料，3d为预饲料，自由采食供试饲料，共进行4次测定（一次为无氮饲粮，另三次为三阶段的基础饲粮）。基础饲粮的氨基酸消化率计算公式如下：

$$\text{氨基酸表观消化率（\%）}=\frac{\text{食入氨基酸总量（g）}-\text{排泄物中氨基酸总量（g）}}{\text{食入氨基酸总量（g）}}\times 100\%$$

$$\text{氨基酸真消化率 TD（\%）}=\frac{\text{食入氨基酸总量（g）}-\text{排泄物氨基酸总量（g）}+\text{无氮饲粮组排泄物氨基酸量（内源氨基酸，g）}}{\text{食入氨基酸总量（g）}}\times 100\%$$

3. 回肠末端法 表观回肠氨基酸消化率（AID）、标准回肠氨基酸消化率（SID）、真回肠氨基酸消化率（TID）是对饲料原料氨基酸效价评定的重要指标。目前对鸡饲料氨基酸消化率进行评定使用最广泛的是SID。相比AID，SID对饲料氨基酸的内源基础损失进行校正，能够避免饲粮氨基酸、蛋白质含量对氨基酸消化率的影响（Lemme，2004）。与SID相比，TID的测定需要饥饿处理，并进行强饲，会对试验鸡的生理状态产生影响，一般只用于成年鸡。对饲料生物学效价评定在其快速生长的阶段进行，使用SID无疑更加合适。

大肠内寄生着大量的微生物群，它们发酵未消化的饲料蛋白质、简单含氮物，并合成自身的菌体细胞，所以粪中含有大量菌体蛋白，其含量随饲料的成分不同而变化很大，尤其是饲料中不易消化而易发酵的糖类含量高时。此外，部分饲料氮以简单的含氮化合物形式进入小肠，并出现在大肠中。这就表明由饲料及粪分析得出的蛋白质和氨基酸的消化率与动物真正吸收的值差距较大。因此，测定回肠末端氨基酸消化率能真实地反映动物实际吸收的情况。此法的优点：作为去盲肠成年公鸡测定法的一种替代方法，回肠末端法克服了盲肠微生物、尿源性氨基酸的影响，被测饲粮任凭试验鸡自由采食，避免了对鸡只造成的生理应激，适用于各年龄段的鸡，因而比较贴近生产实际。不足之处是鸡死亡后肠黏膜的脱落对所测结果影响较大，且比较费时耗资。

回肠末端法是从回肠末端收集食糜样品测定饲料氨基酸利用率的一种生物学方法。Payne等（1986）首先提出，分析回肠内容物可能是一种比粪法更可靠的估计蛋白质和氨基酸消化率的方法。Kadim等（1997，2002）研究了蛋白质饲料原料回肠末端食糜收集时间及采样点对肉仔鸡回肠末端氮消化率的影响。Ravindran等（1999）研究指出，小麦、玉米、高粱、豆粕、菜籽粕、向日葵粕、棉籽粕、鱼粉、血粉、羽毛粉的平均回肠表观氨基酸消化率分别是81%、82%、79%、85%、77%、86%、73%、81%、84%和60%，平均粪表观氨基酸消化率分别是68%、81%、74%、84%、76%、83%、71%、82%、83%和76%。研究结果表明，回肠法和粪法测得的氨基酸消化率存在差异，证实了鸡后肠微生物干扰氨基酸的代谢，回肠末端法比粪法更能准确测定氨基酸利用率。Kadim等（2002）比较研究了5周龄肉鸡对高粱、小麦、豆粕、肉骨粉、鱼粉、血粉6种原料的回肠和粪表观、真氨基酸消化率。结果表明，回肠和粪表观、真氨基酸消化率在不同原料之间存在差异。Ravindran等（2005）用6周龄肉公鸡测定了22种饲料原料表观回肠氨基酸消化率。用回肠末端法测定的营养指标消化率数值比排泄物收集法更准确，用回肠末端法测定氨基酸消化率，避免了大肠微生物对小肠分泌的内源性蛋白质、氨基酸和未消化的外源蛋白质的降解，并且不受尿中氨基酸和排泄氮的影响。具体试验设计与方法步骤可参考如下：

（1）试验动物。选用采食正常、无怪癖、健康、体重一致的35日龄黄羽肉鸡，单笼饲养，每个重复组间体重差异不超过100g。

（2）试验饲粮与分组。每种待测原料可设计为3个处理组，第1组饲喂基础饲粮；第2组饲喂混合饲粮（根据类型按照一定比例替代基础饲粮配制成试验组饲粮）；第3组饲喂无氮饲粮，各组饲粮均须制粒后饲喂。指示剂采用二氧化钛（分析纯，规格500g/瓶，含量为99%），添加量为0.50%。无氮饲粮配方见表10-8，其中的维生素与微量元素预混料见表10-9。

表10-8　无氮饲粮配方

项目	含量/%
玉米淀粉	82.62
蔗糖	10
大豆油	2
石粉	1.8
磷酸氢钙	1.68
食盐	0.40
TiO_2	0.50
维生素与微量元素预混料	1.00
总计	100

表10-9　维生素与微量元素预混料

原料组成	含量/(g/t)
多维	300
小苏打	1 500
南都禽矿	1 200
氯化胆碱	1 200
球必杀	500
抗氧化剂	150
防霉剂	1 400
沸石粉	3 675
总计	10 000

（3）试验过程。试验分为预试期、正试期（回肠食糜收集）两个阶段进行，试验进程见表10-10。

表 10-10 试验进程

项目	测定时间	
	预试期	回肠食糜收集
时间	3d 以上	第 4 天（禁食 3h，自由采食 1h，禁食 3h 后屠宰）
被试饲料组	饲喂试验饲料	取回肠段食糜

（4）饲养管理。试验期采用笼养，在带集粪盘的代谢笼内个体饲养，适应后供试验用，不同处理和重复的试验鸡按照随机均匀分布原则固定笼位，并记录在案。试验期鸡舍温度 15～27℃，环境湿度 40%～60%，光照强度 10～20lx，自然光照或人工光照，光照时间 16h/d。自由饮水。

（5）排泄物收集和处理。回肠食糜收集：试验第 4 天断料，于早晨 8 点肉鸡先饥饿 3h，再于早上 11 点自由采食 1h，即 12 点断料，再过 3h，即下午 3 点开始杀鸡取回肠食糜。分别将每组试鸡采用二氧化碳或乙醚窒息，立即开膛剖腹，取出回肠，分离后半段回肠食糜（从距离回盲瓣 2cm 处向前取至小肠卵黄囊息室的残存处）用 50mL 的一次性注射器吸取少量蒸馏水，捏紧注射器与回肠端口，将这部分肠段食糜冲洗到铝盒中，每个重复内的所有肉鸡的食糜合成一个样品。样品放于－80℃冰箱中快速冷冻，再冻干回潮至恒重，然后用小型粉碎机粉碎食糜，不能用粉碎机粉碎的食糜用研钵进一步研碎，细度标准为能过 60 目的筛子。对于一些用研钵仍然不能研碎的食糜颗粒或碎片也应均匀混合到样品中，样品保存在 4℃冰箱中待测回肠末端氨基酸消化率。

（6）指标的测定。测定风干饲料样本分析干物质、氨基酸含量。测定冻干回肠食糜样品中的氨基酸和二氧化钛含量（原子吸收法）。

（7）氨基酸消化率计算。

①氨基酸表观回肠氨基酸消化率。

$$\text{饲粮表观回肠氨基酸消化率 AID}=\left(1-\frac{AA_i \times TDC_d}{AA_d \times TDC_i}\right)\times 100\%$$

式中，AID 为表观回肠氨基酸消化率；AA_i 为回肠食糜样品氨基酸浓度；TDC_i 为回肠食糜样品二氧化钛浓度；AA_d 为饲粮样品氨基酸浓度；TDC_d 为饲粮样品二氧化钛浓度。

$$\text{待测原料表观回肠氨基酸消化率 } D_{AA}=D_b+\frac{D_d-D_b}{P_a}$$

其中
$$P_a=\frac{c_1 f}{c_1 f+c_0(1-f)}$$

式中，D_b 为基础饲粮氨基酸消化率；D_d 为混合饲粮氨基酸消化率；P_a 为试验原料某氨基酸含量占混合饲粮某氨基酸总含量比例，f 为混合饲粮中掺入被测饲料质量百分比；c_0 为基础饲粮中某氨基酸含量；c_1 为试验原料中某氨基酸含量。

②真回肠氨基酸消化率。真回肠氨基酸消化率（true ileal digestibility，TID）反映从消化道近端到回肠末端消失的饲粮氨基酸部分。这种情况下，只有未消化的饲粮氨基酸和

摄入的氨基酸有关。当 AID 的回肠氨基酸流量减去总回肠内源氨基酸损失时，TID 的计算方式和 AID 的相同。计算公式如下：

$$\text{TID}（\%）=\frac{\text{氨基酸摄入量}-(\text{回肠氨基酸流量}-\text{总回肠内源氨基酸损失})}{\text{氨基酸摄入量}}\times 100\%$$

如果 AID 已经计算出来，按照如下公式更容易估测 TID：

$$\text{TID}（\%）=\text{AID}+\frac{\text{总回肠内源氨基酸损失}}{\text{氨基酸摄入量}}\times 100\%$$

以往 TID 指 real ileal digestibility。然而，为了在不同营养成分和物种之间保持一致，多采用 true ileal digestibility，true ileal digestibility 比 real ileal digestibility 的应用更广泛。

③标准回肠氨基酸消化率。用计算 TID 的方法，从回肠氨基酸流量中减去内源氨基酸基础损失，就可以计算出标准回肠氨基酸消化率（standardized ileal digestibility，SID）。计算公式如下：

$$\text{SID}（\%）=\frac{\text{氨基酸摄入量}-(\text{回肠氨基酸流量}-\text{内源氨基酸基础损失})}{\text{氨基酸摄入量}}\times 100\%$$

如果 AID 已经计算出来，SID 可用下面的公式计算：

$$\text{SID}（\%）=\text{AID}+\frac{\text{内源氨基酸基础损失}}{\text{氨基酸摄入量}}\times 100\%$$

SID 值反映了 TID 值和饲料原料对内源氨基酸特殊损失的影响。TID 值减小或内源氨基酸特殊损失增大都可能引起 SID 值变小。

在饲料配方中，不用 AID 而用 SID 时，氨基酸需要量计算公式如下：

SID 氨基酸需要量（g/kg）=AID 氨基酸需要量（g/kg）+内源氨基酸基础损失（g/kg）

SID 氨基酸需要量、AID 氨基酸需要量分别代表在 SID 和 AID 基础的氨基酸需要量（g/kg 饲粮），内源氨基酸基础损失以 g/kg 饲粮表示（以饲粮干物质为基础）。

研究一致认为，尽管成年鸡法（即盲肠切除法）在评定饲料原料上更有优势，标准回肠氨基酸消化率法是估测氨基酸消化率较恰当的方法（Garcia 等，2007）。目前较少使用盲肠切除法，直接屠宰测定回肠末端消化率较常见。无氮日粮由于存在适口性差等潜在问题，可通过强饲法或间接回归法测定回肠氨基酸内源损失（Kong et al.，2014）。Loeffler 等（2013）提出在选择一个恰当的方法时，研究者必须考虑方法的实践性、原料的常规评定和不同年龄肉鸡的饲料摄入量，选用一个适用于生长鸡的生物学评定方法是十分必要的。

二、黄羽肉鸡饲料原料的氨基酸消化率研究进展

王薇薇等（2010）选用成年黄羽肉公鸡（体重 1.5kg 以上），进行盲肠切除术，采用强饲法，肛门缝瓶收集排泄物，并用无氮饲粮法收集内源氨基酸排泄进行校正，测定了 9 种饲料原料（玉米粉、豆粕、进口鱼粉、玉米蛋白粉、棉粕、菜粕、次粉、小麦麸、血球粉）氨基酸的真消化率分别为 80.11%～100%、79.20%～96.18%、59.10%～89.99%、69.00%～93.63%、88.11%～94.93%、88.47%～100.00%、69.01%～88.87%、80.75%～95.54%和 88.04%～100.00%。各种饲料原料的氨基酸表观消化率与真消化率

之间偏差较大，差异大小受内源氨基酸排泄量的影响，黄羽肉鸡饲料原料氨基酸表观消化率见表 10－11，真消化率见表 10－12。张婵娟等（2018）也采用盲肠切除＋强饲法评定了 18 周龄大恒肉鸡对 12 个不同来源豆粕的氨基酸营养价值，研究发现：12 个豆粕氨基酸真利用率平均值为 78.16%～94.38%，不同来源差异显著。夏伦志等（2013）采用强饲法＋套算法研究发现小麦 DDGS 在淮南麻黄鸡上的氨基酸代谢率平均值为 69.76%，几种主要氨基酸真代谢率平均值略低于玉米 DDGS 的数值。范梅华等（2019）采用套算法和全收粪法测定了黄羽肉鸡对 9 种不同产地 DDGS 的氨基酸代谢率，发现其中 6 种氨基酸（Thr、Cys、Ile、Leu、Phe 和 His）代谢率变异较大。

表 10－11　黄羽肉鸡饲料原料氨基酸表观消化率（%）

氨基酸	玉米	麦麸	豆粕	菜粕	棉粕	血球粉	次粉	鱼粉	玉米蛋白粉
天冬氨酸	56.10	80.66	65.69	69.19	77.15	82.58	76.46	73.34	88.43
谷氨酸	85.42	84.89	68.38	88.94	84.60	92.77	84.29	84.21	86.73
丝氨酸	76.65	76.83	67.16	79.54	78.61	88.91	72.49	73.04	87.32
组氨酸	81.23	88.02	76.85	85.14	86.95	89.41	79.17	79.28	90.32
甘氨酸	50.21	61.17	48.44	67.18	76.61	88.60	68.91	64.63	80.03
苏氨酸	70.43	81.56	66.04	62.76	79.14	80.74	64.64	80.71	75.91
丙氨酸	91.63	90.90	71.47	64.65	81.20	89.06	65.91	89.32	92.59
精氨酸	82.20	75.34	86.01	83.30	84.79	84.08	82.02	76.31	82.81
酪氨酸	70.64	81.33	56.54	69.22	83.22	87.37	76.20	77.99	88.00
缬氨酸	67.43	73.69	71.86	71.83	79.21	83.93	65.80	70.61	89.25
蛋氨酸	76.35	83.52	72.89	76.49	86.90	94.00	79.01	88.03	78.89
异亮氨酸	55.60	82.66	72.35	82.30	83.94	92.60	73.68	80.52	83.82
苯丙氨酸	76.74	80.71	70.77	66.06	83.67	87.96	73.19	72.58	73.77
亮氨酸	87.76	81.40	76.77	79.55	86.47	94.97	71.61	81.46	93.67
赖氨酸	80.67	80.59	68.25	67.76	87.12	59.83	60.03	73.22	89.07
色氨酸	76.14	80.33	68.19	87.35	89.22	91.65	80.27	79.91	91.99

表 10－12　黄羽肉鸡饲料原料氨基酸真消化率（%）

氨基酸	玉米	麦麸	豆粕	菜粕	棉粕	血球粉	次粉	鱼粉	玉米蛋白粉
天冬氨酸	84.84	76.72	88.24	83.16	85.12	96.41	82.79	88.11	99.32
谷氨酸	96.94	81.70	91.09	90.08	88.87	95.40	93.63	93.09	98.09
丝氨酸	100	82.33	90.17	86.38	83.25	98.32	91.75	94.50	100
组氨酸	96	83.18	95.35	89	84.75	92.76	90.46	92.16	96.97
甘氨酸	80.11	59.10	79.20	80.75	77.25	88.04	75.46	89.25	97.29
苏氨酸	89	85.42	87	88.55	81	92.47	69	94.93	99.08
丙氨酸	99.42	83.71	96.18	95.22	78.86	99.46	78.07	92.92	97.70

（续）

氨基酸	玉米	麦麸	豆粕	菜粕	棉粕	血球粉	次粉	鱼粉	玉米蛋白粉
精氨酸	96.35	89.99	86.49	86.59	85.92	94.13	89.96	94.22	98.48
酪氨酸	95.78	78.21	93.42	90.82	85.72	99.43	80.86	93	96.48
缬氨酸	91.07	82.00	86.36	81.53	76.71	95.75	82.74	90.65	94.68
蛋氨酸	91.39	80.80	91.87	95.54	85.02	91.42	82.05	90.96	97.86
异亮氨酸	92.22	78.86	90	85	79.32	88.07	90.79	92.55	99.33
苯丙氨酸	98.15	81.72	90.95	84.66	88	90.01	75.48	91.26	97.20
亮氨酸	98.39	86.46	89.50	89.41	78.84	96.95	87.22	94.64	98.70
赖氨酸	85	75.41	88.21	81.81	69.01	94.08	78.90	92.54	88.47
色氨酸	85	80.88	84	83.58	84	100	93.48	93.55	96.91

关于氨基酸可利用率数据，中国饲料成分及营养价值表第27版（2016）、法国INRA（2005）和荷兰CVB（2016）均采用氨基酸真可利用率（TA），仅中国饲料成分及营养价值表第30版（2019）和德国EVONIK（2016）为氨基酸标准回肠消化率（SID），且两个数据库同种原料的氨基酸SID几乎完全一致。农业行业标准《黄羽肉鸡营养需要量》（NY/T 3645—2020）的饲料原料成分及营养价值表列出了饲料原料氨基酸真可利用率和标准回肠消化率两套数据，主要来源于上述氨基酸消化率数据。

谢秀珍等（2017）选用35日龄AA肉仔鸡、快大型岭南黄鸡和广西黄鸡，采用TiO_2作外源指示剂进行回肠食糜收集研究比较了白羽肉鸡和黄羽肉鸡对豆粕中14种氨基酸表观回肠消化率（AID）的异同，发现岭南黄鸡和AA鸡对豆粕的表观回肠氨基酸消化率无差异，广西黄鸡对豆粕的苏氨酸、亮氨酸、甘氨酸和谷氨酸的表观回肠消化率显著高于AA鸡和岭南黄鸡；广西黄鸡对豆粕的赖氨酸表观回肠消化率显著高于AA鸡，对豆粕丙氨酸表观回肠消化率显著低于AA鸡和岭南黄鸡。总体上，慢速型黄羽肉鸡和AA肉鸡在豆粕表观回肠消化率上有差异，而与快速型黄羽肉鸡在豆粕的表观回肠消化率上差异不明显（表10-13）。

表10-13　白羽肉鸡与快速、慢速型黄羽肉鸡对豆粕的表观回肠氨基酸消化率比较

氨基酸	AA鸡	岭南黄鸡	广西黄鸡	P值
蛋氨酸	95.33±1.86	92.11±2.11	103.46±8.77	0.422 9
半胱氨酸	95.33±4.78	93.34±19.13	101.95±5.64	0.376 7
赖氨酸	83.83±4.16[b]	93.07±2.65[ab]	98.24±4.17[a]	0.046 3
苏氨酸	92.99±3.88[b]	94.48±1.84[b]	107.27±5.87[a]	0.051 9
精氨酸	91.91±1.91	97.28±1.22	93.33±4.25	0.316 7
异亮氨酸	91.93±3.62	95.99±1.46	95.11±6.91	0.769 7
亮氨酸	93.38±3.89[b]	94.23±1.35[b]	106.25±3.49[a]	0.033 5

（续）

氨基酸	AA鸡	岭南黄鸡	广西黄鸡	P值
缬氨酸	90.52±4.03	95.53±1.57	88.80±6.26	0.5032
组氨酸	101.67±2.97	95.04±2.39	97.18±11.53	0.7952
苯丙氨酸	91.96±3.25	95.65±0.97	96.76±10.36	0.8546
甘氨酸	91.92±4.06[b]	94.40±1.58[b]	109.5±5.26[a]	0.0133
丝氨酸	93.74±2.12	94.21±1.20	95.95±11.39	0.9704
脯氨酸	98.49±3.15	100.35±0.87	94.25±5.47	0.4717
丙氨酸	92.38±4.51[a]	94.47±1.76[a]	61.88±1.34[b]	0.0086
天冬氨酸	89.91±1.78	94.76±0.94	93.36±7.21	0.7219
谷氨酸	96.04±2.14[b]	96.26±0.74[b]	107.10±3.83[a]	0.0118

注：同行数字肩字母相同表示差异不显著（$P>0.05$），不相同则表示差异显著（$P<0.05$）。

第三节 饲料营养物质消化率的间接评估

长期以来研究者一直用动物试验法来评定饲料营养价值，动物试验法虽能相对准确地评估饲料营养价值，但存在周期较长、受影响因素多和消耗过大等缺点。随着动物消化生理研究的日渐深入，研究人员致力于寻求一种能替代动物试验法的体外方法来快速评定饲料营养价值，如仿生消化技术和NIRS技术。当前，NIRS已广泛应用于豆粕、玉米和DDGS等饲料原料的营养成分快速分析及其营养价值评定，并得到了行业内人员的认可。有效结合仿生消化技术和NIRS技术，对饲料原料的营养价值进行快速、精确评价，对于提高生产效率、合理配制黄羽肉鸡饲粮配方具有重要意义。

一、仿生消化法

仿生消化法又称为体外消化率测定法、离体消化法，是利用仿生消化系统对饲料中的营养物质消化率进行生物学效价评价的方法，而仿生消化系统是依据仿生学的基本原理通过模拟动物消化功能建立的体外消化系统。动物营养学国家重点实验室赵峰团队在张子仪院士的指导下，近年来在饲料营养价值评定方面开展了大量的研究，基于前人工作基础，成功研发出一套具有自主知识产权用来模拟畜、禽饲料养分消化的单胃动物仿生消化系统，并用该系统对试验结果的重演性、可加性、准确性和影响因素进行了系统研究（赵峰等，2014，2015；陈亮，2013）。赵峰等（2014）报道，采用仿生消化法检测鸡饲料中干物质消化率（DMD）和酶水解物能值（EHGE），可得到满意的精度。随后，该团队又采用此法证明玉米、大豆粕、棉籽粕、小麦麸的DMD和EHGE具有可加性，进一步验证采用仿生消化方法模拟单胃动物消化系统的可行性（赵峰等，2015）。随着研究的深入，研究者对仿生法与动物试验法在精度、灵敏度、可行性等方面进行了对比性研究。陈亮（2013）研究了仿生消化法评定饲粮及饲料原料中能量和粗蛋白消化率的可行性，并与动物试验法的测定值进行相关性分析，仿生消化法测定的能量和粗蛋白消化率的变异系数（0.25%～0.84%）低于动物试验法（1.00%～3.25%）。鉴于此，依据模拟单胃动物消化生理的仿生消化法对畜禽饲料营养物质的生物学效价评定有望成为快速、准确、标准化方法。

任立芹（2012）采用仿生法评定黄羽肉鸡16个常用饲料仿生消化能（SDGE），并与排空强饲法测得的TME比较。结果表明，在排空强饲法评定饲料代谢能时，玉米淀粉可作为蛋白饲料原料代谢能测定中的基础饲粮，且玉米淀粉的适宜强饲量为25g。16个饲料原料的仿生法SDGE与排空强饲法TME的简单相关系数为0.98，二者的绝对差值基本控制在1.0MJ/kg以内，估计偏差在10%以内。仿生法SDGE值的变异系数为0.2%～1.2%，排空强饲法TME值的变异系数为0.9%～5.76%，表明仿生法的测定精度相对较高。采用仿生法评定黄羽肉鸡16个常用饲料仿生可消化氨基酸（SDAA），并与代谢试验真可消化氨基酸测值（TDAA）比较。结果表明，代谢试验法评定饲料TDAA时，禁食组、25g无氮饲粮组和40g无氮饲粮处理组间内源氨基酸排泄量存在显著差异，且3个处理组中内源氨基酸损失的组间和组内变异系数均较大。仿生法测得的16个饲料原料氨基酸消化率与代谢试验法测得的氨基酸消化率绝对差值绝大多数在10%以内，但含硫氨基酸差值较大。12号、13号和16号蛋白含量较高的饲料原料仿生氨基酸消化率远低于代谢试验测定值，水解参数需进一步核实。16个常用饲料原料17种氨基酸可消化含量仿生法SDAA值与代谢试验法TDAA值的相关系数为0.930～0.996，均呈极显著相关关系。试验还分别对仿生法和代谢试验法评定饲料代谢能和可消化氨基酸的可加性进行检验。结果表明，仿生法评定4个饲粮SDGE的实测值与计算值的百分比为100.3%～100.6%，代谢试验法饲粮TME的实测值与计算值的百分比为99.4%～101.1%，两种方法评定饲料代谢能都具有良好的可加性，但仿生法SDGE的精确度高于强饲排空法TME值。仿生法评定4个饲粮SDAA的实测值与计算值的百分比为76.1%～118.3%，代谢试验法饲粮TDAA的实测值与计算值的百分比为69.7%～121.9%，仿生法评定饲料可消化氨基酸可加性优于代谢试验法。王美琴（2013）报道，仿生消化法能够准确评定海兰褐公鸡饲粮氨基酸消化率值，而且该方法与排空强饲法相比，仿生消化法的灵敏度高于排空强饲法，且变异更小。

二、模拟模型法

利用饲料原料的化学成分预测其在肉鸡上的表观代谢能和可消化氨基酸含量，现阶段已成为国际关注的热点，特别是在数学模型预测代谢能和可消化氨基酸含量方面取得了部分进展。

（一）饲料原料代谢能值的回归模型法预测

在生产实际中很少对饲料代谢能进行实测，使用时多是采用文献中的数据。由于饲料的产地和品种不同，其营养成分变异较大，机械搬用文献中的代谢能值易造成与实际含量的误差。饲料代谢能值和其他营养素的摄入紧密相关，所以必须供给适宜的能量，以确保肉鸡最佳生产性能。回归法是通过饲料中化学成分间接估测代谢能的方法，符合动物营养学原理，其优点是省时省力，而且结果比较准确，可减少试验动物数量，降低成本，缩短周期，有利于生产者、饲料配方人员对肉鸡饲料配方、饲料质量控制进行快速决策。饲料生产单位、养鸡生产者和饲料检测部门均可以随时掌握饲料代谢能含量，饲料产品质量可随时检测，对饲料工业和畜牧业的发展具有重要的现实意义。

Pesti等（1986）报道了估测家禽副产物氮校正真代谢能值（TME_n）的回归方程。

Gous 等（1982）发现高粱中真代谢能（TME）与单宁含量呈高度负相关。Dozier Ⅲ等（2011）在 ROSS 肉仔鸡上进行能量平衡试验发现甲醇、脂肪酸和甘油含量影响粗甘油 AME_n 值，并通过逐步回归法得到粗甘油的 AME_n 估测公式，提出来源于豆油的样品平均 AME_n 值 3 579kcal/kg，占总能的比例为 98.44%，而肉仔鸡对脂肪酸含量高的粗甘油样品利用率较低。田河山等（1995）提出建立最优回归方程，此方法的要求为：第一，为预测饲料代谢能的精确性，方程应包含尽可能多的变量（化学成分），尤其是那些对代谢能值有影响的变量，如玉米等能量饲料方程中的淀粉和脂肪，饼粕类蛋白质饲料中的粗蛋白质。方程中包含的自变量越多，回归平方和越大，剩余平方和就越小，剩余方差（相应的剩余标准差 RSD）就越小。第二，为了简便，回归方程又要包含尽可能少的变量，因为方程变量多意味着必须测定多种化学成分，而且建立回归方程也复杂。另外，假如回归方程包含对代谢能值根本不起作用或作用很小的变量（化学成分），RSD 反而会增加，影响方程公式的稳定性。因此，最优回归方程就是包含所有对代谢能影响显著的变量（化学成分）而避免不显著的变量（化学成分）的回归方程，一般使用的是逐步回归方法。采用此方法建立了以玉米、豆饼粕、棉籽饼粕、菜籽饼粕、鱼粉和肉鸡配合饲料的代谢能值与化学成分的回归方程，其 RSD 均较低，玉米和豆饼粕公式检验结果表明，实测值和估算值的相差范围均在生物学法测定偏差范围内。各种定标饲料、检测的饲料和回归法估算与强饲法（用去盲肠公鸡）测定值的相关关系极显著。Rochell 等（2011）利用营养成分分析预测氮校正表观代谢能评价玉米加工副产物对肉雏鸡能量价值，对磨粉厂生产的 15 种不同玉米加工副产物的表观代谢能预测结果证实可利用营养成分预测玉米加工副产物对肉鸡的表观代谢能。

杜宝华（2018）对 6 种小麦饲粮进行试验，采用全收粪法进行逐步回归分析发现 14 日龄，粗蛋白（CP）、灰分（Ash）是氮校正表观代谢能（AME_n）最佳预测方程的主效因子；28 日龄时小麦容重为主效因子，由此分别得到了肉鸡不同饲养阶段的最优回归模型，并进行试验验证，发现 AME_n 实测值和使用预测模型估测值的偏差率均在 1%以下。Cerrate 等（2019）在 1～21 日龄肉仔鸡上的研究得到，饲料 ME_n/总能的值平均为 72.5%，并与粗蛋白（CP）、脂肪（EE）和中性洗涤纤维（NDF）相关。ME 可以通过化学组成特性进行精确估测，而最好的估测方程由可消化养分获得，可消化糖类、脂肪的能量效率比分别为 68%和 86%，可消化蛋白质的能量效率比为 76%（NE/ME_n）和 59%（NE/ME）。根据最低 RSD 和最好养分含量估测能值方法得到可消化养分 ME 能值为 41kcal/kg。由此可见，回归法预测能值考虑了饲料养分特性和可消化性，可能这一方法精确性更高。

肉鸡饲料代谢能值的预测公式见表 10 - 14。

（二）饲料原料净能值的回归模型法预测

邹轶（2019）提出饲料原料净能值可以通过标准化的动物试验建立准确的净能相关的回归方程进行预测。国内外关于净能预测方程主要是通过设计代谢能、饲料的化学成分和配方结构差异较大的饲粮配方，通过测定其净能值，再同代谢能和饲料的化学成分进行相关性分析，并逐步拟合得出。根据肉鸡代谢能及饲料的化学成分，选择合适的模型预测净能值，给净能体系在肉鸡生产中的应用提供了可能性。肉鸡处于不同的生长阶段（小鸡阶段、生长阶段和育肥阶段等）、不同的饲养模式（平养、网养和笼养等）和不同饲养环境（环控鸡舍和非环控鸡舍等），对饲料能量的利用效率有极大的影响，所以在选择预测模型

表 10-14　肉鸡饲料代谢能值的预测公式

预测方程式	参考文献
小麦（黄羽肉鸡）$AME=0.17\times EAA^{0.98}$ $AME=-36.38+11.15\times \log(EAA)$ $AME=2.11\times GE-21.94$ $AME=-37.34+4.05\times GE-21.94-0.06\times GE^2$ $AME=0.17\times TAAA^{0.98}$ $AME=-47.75+13.64\times \log(TAAA)$	马尹鹏 (2016)
小麦（AA 肉鸡）11～13 日龄，$AME_n=6.423+0.427\times CP-0.863\times ASH$ 23～27 日龄，$AME_n=5.376+0.01\times$容重	杜宝华 (2018)
向日葵仁粕 AME（MJ/kg）$=10.27-0.206\times CF$（%）	叶继丹等 (1991)
玉米（1）$AME=13.15+1.14\times EE-1.13\times CF$ （2）$AME=17.60-1.03\times CF$ （3）$AME=22.93+0.25\times STC$ （4）$AME=17.48-0.22\times NDF$ 豆饼（粕）（1）$AME=3.80+0.14\times CP+0.32\times EE$ （2）$AME=10.56+0.29\times EE$ 棉籽饼（粕）$AME=2.95+0.13\times CP+0.24\times EE$ 菜籽饼（粕）$AME=5.44+0.07\times CP+0.11\times EE$ 鱼粉 $AME=15.21+0.16\times EE-0.18\times ASH$	田河山等 (1995)
粗甘油 AME_n（kcal/kg）$=1\,605-19.13\times$甲醇（%）$+39.06\times$脂肪酸（%）$+23.47\times$甘油（%）	Dozier Ⅲ等 (2011)
ME_n（Mcal/kg）$=2\,658+44.2\times EE$（%）$+6.3\times NDF$（%）$+27.4\times ASH$（%） ME_n（Mcal/kg）$=0.919\times GE$（Mcal/kg）$+20.0\times CP$（%）$-20.4\times NDF$（%） ME_n（Mcal/kg）$=844+30.9\times dCP$（%）$+85.0\times dEE$（%）$+32.6\times dCHO$（%） ME_n（Mcal/kg）$=45.9\times dCP$（%）$+94.3\times dEE$（%）$+44.4\times dCHO$（%） ME（Mcal/kg）$=844+44\times dCP$（%）$+85.0\times dEE$（%）$+32.6\times dCHO$（%） ME（Mcal/kg）$=59.1\times dCP$（%）$+94.3\times dEE$（%）$+44.4\times dCHO$（%）	Cerrate 等 (2019)
酸化大豆皂料 $AME_n=7\,153\times FI-451.9$ 甘油 $AME_n=3\,916\times FI-68.2$ 卵磷脂 $AME_n=7\,051\times FI-448.3$	Borsatti 等 (2018)

注：1. GE，总能；AME，表观代谢能；EE，粗脂肪；STC，淀粉；CP，粗蛋白质；CF，粗纤维；NDF，中性洗涤纤维；ASH，粗灰分；dCP，可消化粗蛋白质；dCHO，可消化糖类；FI，采食量；EAA，必需氨基酸；TAAA，总氨基酸利用率。

2. $AME_n=AME-R\times 34.92$；R：试验鸡每摄入 1kg 饲料每日沉积的氮量。

时应注意选择与目的动物和试验环境相类似的预测方程。而从统计学角度来说，选择剩余标准差（RSD）小的和相关系数（R^2）大的预测模型更有效。国内学者多趋向于研究饲粮原料净能值与其化学成分的相关性，建立饲粮原料的净能估测模型。国外学者在家禽净能估测模型方面的研究多采用不同营养成分组成的饲粮，研究其净能值和氮校正表观代谢能与饲粮化学组成之间的相关性。但从目前已有的净能预测方程来看，AME 越准确，净能预测方程的准确性和实用性越高。Cerrate 等（2019）研究提出，饲粮净能值可以通过饲粮代谢能和营养成分或者可消化营养成分组合来估测。表 10－15 为近年来发表的肉鸡饲料净能值的典型预测公式。

表 10－15 肉鸡饲料净能值的典型预测公式

方程式	参考文献
NE (MJ/kg)＝AME_n(0.60×CP)＋(0.90×EE)＋(0.75×NFE)/(CP＋EE＋NFE)	Groote (1974)
NE (MJ/kg)＝AME_n(0.60×17.8CP)＋(0.90×39.8EE)＋ (0.75×17.7NFE)/(17.8CP＋39.8EE＋17.7NFE)	Picard 等 (2002)
玉米 (1) NE (MJ/kg)＝(－767－327×CF－1 279×NDF＋925×AME)/239 (2) NE (MJ/kg)＝(2 847－2 162×NDF－8 650×ADF＋2 063.1×EE)/239 豆粕 (1) NE (MJ/kg)＝(640－792×NDF－915×ADF＋399×ST＋286×AME)/239 (2) NE (MJ/kg)＝(1 202－1 539×ADF＋559×ST＋1701×EE)/239	桓宗锦 (2009)
棉籽粕 (1) NE＝10.071－17.914ADF (2) NE＝12.485－13.178ADF－26.618CF (3) NE＝12.543－7.32ADF－40.626CF＋20.171EE (4) NE＝－0.411＋0.652AME (5) NE＝2.506＋0.475AME－5.137ADF (6) NE＝3.70＋0.451 AME－18.653CF＋14.193EE 菜籽粕 (1) NE＝10.197－19.608ADF (2) NE＝9.776－18.032ADF＋2.578EE (3) NE＝10.835－16.392ADF－2.872CP＋0.657EE (4) NE＝－0.577＋0.667AME (5) NE＝－0.499＋0.658AME＋0.434EE (6) NE＝0.072＋0.622AME－1.023ADF＋0.519EE	李再山等 (2011)
豆粕 NE (MJ/kg)＝(0.650×AME－10.191×ADF－0.376)/239	张正帆等 (2011)
玉米 NE (MJ/kg)＝0.797×AME_n 小麦 NE (MJ/kg)＝0.791×AME_n 其他谷物类、苜蓿草粉和啤酒糟 NE (MJ/kg)＝0.164×0.76×CP＋0.31×0.862×EE %＋0.162×0.797×ST (%)＋0.079×0.633×SUG (%) 植物蛋白类原料 (粗蛋白质含量＞20%) NE (MJ/kg)＝0.76×AME_n 植物蛋白类原料 (粗蛋白质含量≤20%) NE (MJ/kg)＝0.79×AME_n 动物性蛋白原料和啤酒酵母 (高蛋白质原料) NE (MJ/kg)＝0.76×AME_n 油脂 NE (MJ/kg)＝0.862×AME_n	Carré 等 (2014)
NE (MJ/kg)＝0.781×AME－0.028×CP＋0.029×EE	Wu 等 (2018)
NE (Mcal/kg)＝0.43×ME (Mcal/kg)＋9.5×CP (%)＋28.2×EE (%)＋ 14.1×ST (%)－6.0×NDF (%) NE (Mcal/kg)＝34.9×dCP (%)＋81.4×dEE (%)＋30×dCHO (%) NE (Mcal/kg)＝－335＋0.806×MEn＋2.34×CP (%) NE (Mcal/kg)＝－156＋0.744×ME－2.91×CP (%)	Cerrate 等 (2019)

注：1. NE，净能；AME，表观代谢能；AME_n，氮校正表观代谢能；EE，粗脂肪；NFE，无氮浸出物；ST，淀粉；dCP，可消化的粗蛋白；CF，粗纤维；ADF，酸性洗涤纤维；NDF，中性洗涤纤维；SUG，总糖；dCHO，可消化的糖类。

2. AME_n＝AME－R×34.92；R：试验鸡每摄入 1kg 饲料每日沉积的氮量。

（三）饲料原料氨基酸生物利用率的回归模型法预测

Angkanaporn（1994）的研究表明小麦总戊聚糖含量的升高会显著降低粗蛋白表观消化率和氨基酸消化率。RV Nunes（2001）使用逐步回归的方法对 11 种小麦及小麦副产品的氨基酸真消化率（TDC_{aa}）进行回归建模，发现 CP、EE 是建立 Lys TDC_{aa} 预测模型最佳的营养物质指标，CP、NDF 是建立 Met+Cys、Met TDCaa 预测模型的主效因子。Soleimani（2012）对 36 种小麦的 AID 模型建立试验表明：CP 是 AID 最佳预测因子。杜宝华（2018）等采用指示剂法测定小麦氨基酸消化率，并对 SID 与小麦常规养分、纯养分、抗营养物质、物理特性指标做相关分析，使用逐步回归的方法建立 SID 预测模型，结果显示：11～13 日龄的 SID 预测模型的主效因子为可溶性戊聚糖、粗纤维、盐、钙；23～27 日龄的 SID 预测模型的主效因子为 Cys、Ser、葡聚糖、NDF。可溶性戊聚糖是戊聚糖中的最主要抗营养物质，也是影响肠道食糜黏度的主要因素，饲料中可溶性戊聚糖的含量对氨基酸的吸收有很大影响。Soleimani 等（2012）用数学模型预测小麦的代谢能和可消化氨基酸，多元线性回归（多元）、偏最小二乘法（PLS）和人工神经网络（ANN）方法被用来估算基于总的和可溶性非淀粉多糖的小麦谷物样品的 AME 和基于 DM、CP 和灰分的 AME_n。结果表明，ANN 模型可以从其相应的化学成分来准确估计小麦的代谢能和表观回肠可消化氨基酸，该方法可降低家禽饲料配方中能量与氨基酸不平衡的风险。

肉鸡饲料氨基酸生物利用率的典型预测公式见表 10 - 16。

表 10 - 16　肉鸡饲料氨基酸生物利用率的典型预测公式

预测方程式	参考文献
小麦氨基酸 SID（%）：	
14 日龄：	
SID_{Lys}=1.099－0.276×可溶性戊聚糖（R^2=0 677，P=0.044）	
SID_{Thr}=2.140－0.240×可溶性戊聚糖－0.040×非淀粉多糖－0.092×葡聚糖（R^2=0.996，P=0.003）	
SID_{Leu}=1.077－0.104×可溶性戊聚糖－0.004×粗纤维－0.190×盐（R^2=0.999，P=0.002）	
SID_{Val}=1.098－0.219×可溶性戊聚糖（R^2=0.772，P=0.021）	
SID_{Phe}=1.137－0.139×可溶性戊聚糖－0.009×粗纤维（R^2=0.960，P=0.008）	
SID_{Gly}=1.065－0.173×可溶性戊聚糖－0.006×粗纤维（R^2=0.987，P=0.001）	杜宝华（2018）
SID_{Ser}=1.053－0.135×可溶性戊聚糖－0.009×粗纤维（R^2=0.953，P=0.001）	
SID_{Ala}=1.070－0.198×可溶性戊聚糖－0.012×粗纤维（R^2=0.985，P=0.020）	
SID_{Asp}=1.070－0.213×可溶性戊聚糖－0.012×粗纤维（R^2=0.955，P=0.009）	
SID_{Gly}=0.972－0.149×钙（R^2=0.644，P=0.034）	
28 日龄：	
SID_{Val}=1.381+1.737×Cys－0.031×总抗营养物质－0.148×ARg（R^2=0.999，P=0.001）	
SID_{Gly}=0.853+0.01×NDF（R^2=703，P=0.037）	
小麦及小麦副产品的氨基酸真消化率 TID（%）：	
TID_{Lys}=－0.880 5+0.075 5×CP+0.026 8×EE（R^2=0.98）	RV Nunes（2001）
TID_{Met}=－0.037 7+0.018 3×CP－0.002 0×NDF（R^2=0.99）	
TID_M+TID_C=0.098 2+0.027 3×CP－0.002 1×NDF（R^2=0.92）	

（续）

预测方程式	参考文献
小麦 AID（%）： $AID_{Lys}=0.105+0.014\times CP$（$R^2=0.884$） $AID_{Met}=-0.033+0.015\times CP$（$R^2=0.801$） $AID_{Thr}=0.045+0.018\times CP$（$R^2=0.780$） $AID_{Val}=0.110+0.027\times CP$（$R^2=0.791$）	Soleimani（2012）

（四）氨基酸构型与利用率研究进展

蛋氨酸的生物学效价与其构型有一定的关系，但是在黄羽肉鸡上的研究非常有限。林泽玲（2022）报道了黄羽肉鸡 L-蛋氨酸和 DL-蛋氨酸的相对生物学效率，以日增重为指标进行多元非线性曲线拟合，发现在 1～30 日龄阶段 L-蛋氨酸对 DL-蛋氨酸的相对生物学效价为 145.2%，31～60 日龄为 154.1%。Shen 等（2015）以斜率比法在肉仔鸡上通过料重比算出 L-蛋氨酸对 D-蛋氨酸的相对生物学效价为 140.7%。薛佳佳（2018）通过日增重，以斜率法在 1～21 日龄北京鸭得出 L-蛋氨酸对 D-蛋氨酸的相对生物学效价为 134%。Zhang 等（2019）以日增重和料重比为指标，在樱桃谷鸭上 L-蛋氨酸对 DL-蛋氨酸的相对生物学效价为 120%～140%。因此，L-蛋氨酸的添加效果一般优于 D-蛋氨酸或 DL-蛋氨酸。

三、光谱技术

近红外（NIRS）技术是采用化学物质在其近红外光谱区内的光学特征，快速检测物质中的成分及其特性的光谱技术（陆婉珍，2000）。Norris 于 20 世纪 70 年代开发出近红外分析技术，80 年代中后期将其与计算机技术相结合，使得近红外光谱仪器制造技术和评定技术日趋完善，我国从 90 年代开始利用这一技术建立我国饲料数据库（齐小明等，1999）。

NIRS 具有不消耗化学试剂、不损耗样品、不污染环境、通量高、检测速度快且可实现多成分同时分析、维护成本低等优点，因而在违禁添加物、食品和饲料等检测领域得到了成功应用（Nicoletta 等，2010）。王旭峰（2013）应用 NIRS 成功建立了饲料中各组分含量的定量分析模型，能够准确地对饲料的品质进行快速检测，其误差符合国家标准所规定的误差范围，该技术对畜禽饲料原材料的真伪鉴别也具有较大潜力。石光涛等（2009）报道，采用 NIRS 能监测出鱼粉中是否有豆粕存在及其含量。近几年，NIRS 已经逐步被应用在 DDGS 检测及营养价值评定上。牛子青（2009）通过对 70 份 DDGS 样品定标、30 份 DDGS 样品检测，得到水分、粗蛋白、粗脂肪、粗纤维和粗灰分含量的定标模型，其 R^2 均在 0.9 以上，说明可以采用 NIRS 进行定量检测。周良娟等（2011）收集了国内 18 个工厂的 93 份玉米 DDGS 样品，建立了水分、粗蛋白、粗脂肪、粗灰分、总磷、中性洗涤纤维、酸性洗涤纤维和粗纤维含量预测模型，定标 R^2 为 0.94～0.99。郑伟等（2014）研究发现，采用 NIRS 获得的与在实验室检测的 DDGS 的色度学参数之间相关性较高，且符合快速检测、分析效率高的要求，能满足生产过程中实时监控的需求。

早在1991年东北农学院叶继丹等（1991）研究发现，向日葵粕50个定标样品表观代谢能值与NIRS法估测值间呈强的线性相关关系（$R=0.9914$），并提出，采用NIRS法估测AME值，在已有定标软件情况下，最快速，效率最高。每进一次样品可同时估测出多项指标，而所需时间仅几十秒钟。赵佳等（2016）在青脚麻鸡公鸡上对30个玉米样品的试验表明，4种代谢能近红外模型预测值与实测值呈较强的线性相关，也说明所构建的近红外模型可以较好地预测青脚麻肉鸡对玉米的代谢能。但NIRS法定标工作量很大，要求也较为苛刻，而且NIRS仪器价格昂贵。目前近红外技术在我国应用十分普遍，几乎所有大中型饲料企业都采用该技术来评价饲料化学成分和营养价值，作为原料采购和饲料配方设计的重要参考。

第四节 饲料矿物元素生物学利用率评定

一、饲料磷生物学利用率评定

饲料中有三种磷来源：动物性饲料中的磷、植物性饲料中的磷和无机磷源，其中无机磷源（磷酸氢钙、磷酸二氢钙等）是饲粮有效磷的主要部分（李德发，2003）。动物性饲料中的磷利用率很高，但是由于植物性饲料中的磷约2/3以植酸磷存在，因此其利用率很低（佘月，2017）。

关于磷的利用率数据，法国INRA（2005）、美国Feedstuff（2016）均采用有效含量，荷兰CVB（2016）和德国EVONIK（2015）、我国《鸡饲养标准》（NY/T 33—2004）、美国NRC（1994）4个数据库采用植酸磷和非植酸磷含量，《中国饲料成分及营养价值表》第30版（2019）列出了有效磷数据。一般认为，如果以磷酸氢钙的磷相对生物学利用率为100%，以斜率法测定肉仔鸡对动物饲料、矿物饲料和青绿饲料磷相对生物学利用率大约为100%，而谷物类、糠麸类、饼粕类等饲料磷大部分以植酸磷形式存在，其磷相对生物学利用率大约为30%（《黄羽肉鸡营养需要》（NY/T 3645—2020））。《黄羽肉鸡营养需要》（NY/T 3645—2020）饲料原料成分和营养价值表列出了总磷、植酸磷和有效磷数据，参考法国INRA（2005），其他未列出数据的原料用以下公式计算有效磷含量：

$$有效磷含量=(总磷含量-植酸磷含量)+30\%\times植酸磷含量$$

目前，有效磷含量多以非植酸磷含量或磷表观全肠道消化率（ATTD）表示，然而植酸磷并非完全不能被利用，非植酸磷也不能被100%利用（佘月，2017）。有效磷含量更合理的计算方法可能如下：

$$有效磷含量=K\times(总磷含量-植酸磷含量)+A\times植酸磷含量$$

式中，K为非植酸磷利用率；A为植酸磷利用率。

植酸磷和非植酸磷利用率报道数据差异巨大，往往与磷来源、磷水平、家禽类别（肉鸡、蛋鸡）、日龄等密切相关。丁保安（1999）报道植酸磷水平在0.18%时，3周龄和6周龄肉鸡植酸磷表观消化率分别为16%和24%，30周龄蛋鸡高达41%；植酸磷水平在0.24%时，3周龄和6周龄肉鸡植酸磷表观消化率分别为24%和29%，30周龄蛋鸡高达43%。总之，关于植酸磷和非植酸磷利用率仍需大量系统研究。中国农科院佘顺祥等

(1983) 测定得出，鸡有效磷（%）＝［62.1－55.0×植酸磷占总磷的比例（%）］÷100，鸡对植酸磷的利用率仅 7%，猪为 37%。

（一）饲料磷生物学利用率测定方法

磷的生物学利用率主要可分为两大类：绝对生物学利用率和相对生物学利用率。绝对生物学利用率是反映动物对饲料原料中磷利用率的绝对值。绝对磷生物学利用率又可分为表观磷利用率（apparent phosphorus availability，APA）、真磷利用率（true phosphorus availability，TPA）及标准磷利用率（standardized phosphorus availability，SPA）。饲料原料及饲粮表观磷利用率一般通过代谢试验测定，其主要包括全收粪法和指示剂法两种常用方法。真磷利用率的测定方法主要包括强饲排空法、快速平衡试验法、套算法、线性回归法及同位素示踪法等。标准磷利用率测定方法目前正处于探索阶段。相对磷生物学利用率是以一种无机磷源作为标准参照物的某一量化反应与待测磷源该指标量化反应的比值（许振英，1991）。相对磷生物学利用率的测定使用最多的是斜率比法。假设反应指标 y 与饲粮磷含量 x 呈线性关系，即 $y=a+bx$，其中反应指标 y 指试验所测生产性能、骨骼发育或者生理生化指标。对于被测物质 t，饲粮磷含量与反应指标存在 $y=a_t+b_tx$ 的线性关系；对于标准参考物 s，饲粮磷含量与反应指标也存在 $y=a_s+b_sx$ 的线性关系。当被测物质与标准物质在 $x=0$ 相交时，即 $a_t=a_s$，斜率比 b_t/b_s 则为被测物质相对于标准参考物的相对磷生物学利用率（Ammerman et al.，1995）。

（二）磷生物学利用率评定的研究现状

1. 磷表观利用率 磷表观利用率计算公式如下：

$$\text{磷表观利用率（\%）}=\frac{\text{动物磷总摄入量}-\text{总磷排放量}}{\text{动物磷总摄入量}}\times 100\%$$

目前，肉鸡磷需要量及饲料中的利用率都采用非植酸磷表示，但非植酸不能体现出鸡利用磷的真实情况。非植酸磷并不能完全被动物利用，而植酸磷并非完全不能被动物利用。大量磷表观利用率的测定结果都表明，鸡对饲料的表观磷利用率与非植酸磷含量存在较大差异。如 Simons 等（1990）测定肉鸡对玉米-豆粕-菜籽粕-棉籽粕饲粮（总磷含量 0.45%，植酸磷含量 0.30%）的磷表观利用率为 49.8%，而非植酸磷占总磷的比率为 33.3%。Mohammed 等（1991）报道 21～28 日龄肉仔鸡对玉米-豆粕型饲粮（总磷含量 0.69%，植酸磷含量 0.24%）的磷表观利用率为 41.5%，而非植酸磷与总磷的比率为 65.3%。Broz 等（1994）报道 21 日龄肉鸡对玉米-豆粕型饲粮中不添加无机磷酸盐时的磷表观利用率为 44%。Arguelles - Ramos 等（2008）利用指示剂法测定肉鸡对玉米的磷表观利用率为 25%，对普通大麦的磷表观利用率为 29%。以上方法基本都采用 Edwards Jr 和 Gillis（1959）报道的用 Cr_2O_3 作为指示剂的平衡试验法。Van der Klis（1999）报道建立测定肉鸡对饲料原料磷表观利用率的方法，且在荷兰全面使用。该方法可概括如下：以淀粉、葡萄糖、大豆油、脱矿物元素乳清蛋白及纤维素为原料配制基础饲粮，然后加入待测原料使混合饲粮可利用磷含量为 0.18%，钙含量为 0.5%。首先让肉鸡采食相应饲粮适应 10d（10～21 日龄），然后在 21～24 日龄进行平衡试验测定肉鸡对饲料原料的磷表观利用率。通过该程序测定常用饲料如玉米、豆粕（热处理）、骨粉、磷酸氢钙的表观磷利用率分别为 29%、54%、59%及 77%。该结果直接证实非植酸磷并不能完全被鸡利用。

另外，Leske 和 Coon（1999）也采用相似的方法测定肉鸡对豆粕的磷表观利用率为 27%，玉米的磷表观利用率为 34.8%。在饲粮非植酸磷水平为 0.45%时，磷酸氢钙的磷表观利用率为 62.4%（Coon et al.，2007）。但是，磷表观利用率没有考虑动物内源磷排泄量的干扰，如果表观磷利用率通过内源磷的排泄量进行校正得到的估计值将更加准确（Dilger et al.，2006）。表观磷利用率的应用从目前来看主要存在三个问题：一是测定的磷表观利用率数据的变异大，二是磷表观利用率大大低估了动物对磷的真利用情况，三是磷表观利用率在混合饲粮中的可加性较差（Fan 等，2001）。

2. 磷真利用率测定 磷真利用率计算公式如下：

$$磷真利用率（\%）=\frac{动物磷总摄入量-动物磷总排泄量+总内源磷的排泄量}{动物磷总摄入量}\times 100\%$$

磷真利用率在理论上比磷表观利用率更加准确，测定磷真利用率的关键是准确测定肉鸡内源磷的排泄量。综合目前所报道的结果，磷真利用率的测定方法主要包括强饲排空法、快速平衡试验法、套算法、线性回归法及同位素示踪法等。

强饲排空法主要来自 Sibbald（1976）报道利用成年公鸡测定真代谢能的方法，其主要试验程序为：让公鸡绝食 48h，然后强饲，强饲后收集排泄物 48h。侯水生等（1998）采用强饲排空法研究了去盲肠和有盲肠公鸡对豆粕等蛋白饲料原料的磷真利用率。结果表明，利用无磷饲粮估测去盲肠鸡内源磷的排泄量为 49mg/(d·只)，对豆粕的磷真利用率为 31.7%；正常公鸡内源磷的排泄量为 42mg/(d·只)，对豆粕磷真利用率为 34.5%。郑树贵等（2006）利用该方法测定 35 日龄肉鸡对常用饲料原料的磷真利用率，利用无磷饲粮估计肉仔鸡的内源磷排泄量为 44.8mg/(d·只)。玉米、豆粕和麦麸的磷真利用率分别为 16.4%、28.3%和 46.5%。Vasan 等（2008）也报道采用强饲排空法测定正常或去盲肠公鸡对豆粕的磷真利用率约为 19%，如此低的测定值可能与其直接强饲豆粕，而豆粕的磷含量较高有关（总磷含量为 0.75%）。但该方法在动物非正常生理条件下进行可能导致估测值出现一定的偏差（齐智利等，2011）。

快速平衡试验法主要来自 Nwokolo 等（1976）的报道。其主要程序为：首先让鸡只绝食 16h，然后饲喂相应待测饲粮 4h，通过 Marker to Marker（Fe_2O_3）方法收集排泄物，收集排泄物的时间大约为 4h，其中内源磷的排泄量通过以蔗糖、玉米油及纤维素为主要成分的无矿物质饲粮估测。Nwokolo 等（1976）测定的 21 日龄肉仔鸡对豆粕中的磷真利用率为 89.3%。钟茂（2006）利用该方法测得 40 日龄肉仔鸡对玉米、豆粕、棉粕的磷表观利用率分别为 71.5%、83.4%和 60.1%，真磷利用率分别为 74.8%、85.4%和 61.3%。以上测定结果明显偏高，可能与利用 Maker to Maker 方法收集排泄物有关（钟茂，2006）。因为收集排泄物的时间约为 4h，而 4h 内肉鸡消化道的食糜未排空，所以导致测定值较高（钟茂，2006）。Sim 和 Nwokolo（1987）在随后的试验中对原来的收集排泄物方法进行了改进，不再采用 Fe_2O_3 作为标记物进行收集。其试验程序改进为：首先让鸡只绝食 16h，然后饲喂待测饲粮 72h，无矿物元素饲粮 24h，相应的收集排泄物从采食开始到采食结束再后延 12h。其测定豆粕的磷真利用率为 54.7%，明显低于以上的测定结果。

套算法一般分成两组，一组测定基础饲粮的磷真利用率，另一组测定基础饲粮和待测原料组成的混合饲粮的磷真利用率。套算法的前提条件是磷真利用率在混合饲粮中可加。而关于磷真利用率在混合饲粮中的可加性还有待验证。同时，套算的比例可能会影响到测定结果，基础饲粮与待测饲料在营养学上的互补、拮抗关系都可能对测定结果产生较大影响，所以该方法还有待改进完善（钟茂等，2007）。

线性回归法主要原理是在低于动物磷需要量的情况下，动物磷的进食量与磷的排泄量存在线性关系，将动物磷进食量外推至采食量为零时，即可得到动物内源磷的排泄量。Dilger等（2006）利用该方法评定了15～21日龄肉仔鸡对豆粕的磷真利用率。测定肉仔鸡内源磷的排泄约为87.4mg/(d·只)。研究结果表明，豆粕的磷真利用率为59.8%，低植酸豆粕的磷真利用率为76.9%。罗发洪（2007）在随后的试验中也得到了相似的结果。由于线性回归法每次只能测定一种原料，而且要设置多个处理，所以成本较高。同时，对于磷含量低或者适口性较差的饲料原料不能用该方法进行测定。

Al-Masri等（1995）利用同位素稀释技术测定了14～29日龄肉仔公鸡对饲粮的磷真利用率，饲粮钙、磷比为（1～2.5）∶1，肉仔鸡的内源磷排泄量为30～135mg/(d·只)，玉米-豆粕型饲粮的磷真利用率为30%～66%。但一般认为，示踪同位素在动物消化道内的循环速度较快，这极有可能导致内源磷排泄量的测定值偏高，从而使真磷利用率测定值偏高（Fan et al.，2001；Dilger et al.，2006）。

3. 磷标准利用率测定 磷标准利用率计算公式如下：

$$磷标准利用率（\%）=\frac{磷总摄入量-（磷总排泄量-基础内源排泄量）}{磷总摄入量}\times 100\%$$

磷标准消化率（STTD）是由Almeida等（2010）在研究猪对饲料原料的磷消化率时提出的。其概念主要来自氨基酸标准消化率。在测定动物氨基酸标准回肠消化率时，利用无氮饲粮估测动物内源氨基酸的排泄量基本代表动物最小的内源氨基酸排泄量，而且这部分内源氨基酸的排泄量是基本恒定且不受饲粮因素影响的。因此，氨基酸表观消化率通过基础内源氨基酸的校正即得到氨基酸标准消化率，其在饲粮中具有较好的可加性（Stein et al.，2007）。同样对于磷利用率，动物粪磷的排泄量可以如图10-1进行剖分。粪磷主要由未消化的磷和内源磷两部分组成，而内源磷的排泄量又可分为基础内源磷排泄量和其他内源磷排泄量。基础内源磷排泄量基本代表动物最小的内源磷排泄量，它是基本恒定不变的，而其他内源磷排泄量主要受饲粮磷水平、抗营养因子等的影响，它是饲粮依赖性的内源磷排泄量（Petersen et al.，2006）。如果配制能满足动物所需要的能量、氨基酸及维生素等的无磷饲粮，利用无磷饲粮估测的动物内源磷的排泄量基本可以代表动物基础内源磷的排泄量。表观磷消化率（利用率）通过基础内源磷的排泄量校正即可得到标准磷消化率（利用率）（Almeida et al.，2010）。美国伊利诺伊大学Stein研究小组近两年来在猪上进行了大量的研究，发现利用无磷饲粮测定猪基础内源磷排泄量可行，测得的猪对饲料的标准磷消化率在饲料配合时有较好的应用效果（Stein et al.，2006；Almeida et al.，2010）。目前世界各国猪营养需要中，均采用磷标准消化率（STTD），标准磷利用率能否适应于鸡目前仍不清楚，有待研究。

4. 磷体外透析率测定 体外透析法的原理是模拟动物消化的生理特点，在体外条件下研究饲料原料中磷的透析率，同时通过平衡试验测定其磷利用率，建立可透析磷与磷利

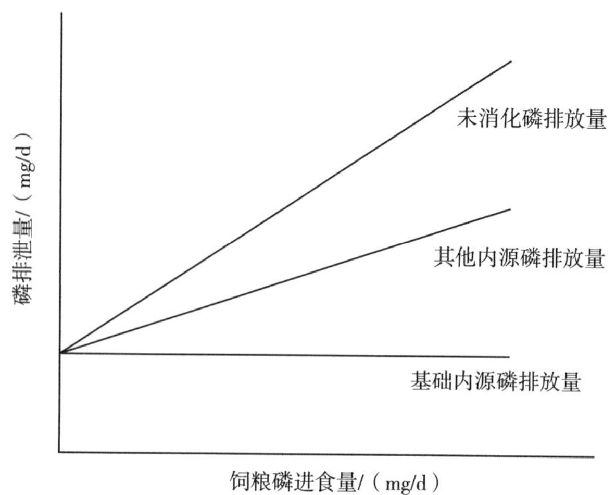

图 10-1　动物粪磷的剖分（Petersen et al.，2006；Almeida et al.，2011）

用率的预测模型，最后根据饲料磷的透析率快速评定饲料原料的磷利用率。Liu 等（1997）用体外透析法预测生长猪对 10 个植物性饲料原料的磷消化率，结果表明磷透析率与磷消化率高度相关（R^2＝0.72～0.88）。

Spencer 等（2000）用胃蛋白酶、胰蛋白酶对不同玉米进行消化透析，发现测得不同玉米的磷透析率与体内用斜率比法测定的结果吻合。方热军等（2003）也报道 19 种植物性饲料的磷透析率与猪体内法测定的利用率相关性较高（R^2＝0.72～0.88）。左建军（2005）利用胃蛋白酶＋胰蛋白酶，胃蛋白酶法＋小肠液及胃液＋小肠液两种不同的透析法建立预测猪对常用饲料原料磷利用率的模型，发现磷透析率与真磷消化率之间建立的模型（R^2＝0.89～0.92）要优于透析率与表观磷消化率之间建立的预测模型（R^2＝0.55～0.60）。在家禽上，Zyla 等（1995）也报道利用体外透析法预测添加植酸酶对饲粮中磷释放的影响，表明磷透析率通过转换后与火鸡体外添加植酸酶获得的磷利用率结果相吻合。但是，体外透析法难以完全模拟动物对饲料磷的消化过程，测定值与体内测定的磷利用率的绝对值差异较大，在目前体内法还待完善的现状下，建立评定动物对饲料的磷利用率的适宜方法更是当务之急，只有积累大量可靠的资料才能建立利用磷透析率预测磷利用率的准确模型（钟茂等，2007）。

5. 相对磷生物学利用率测定　不同饲料原料的相对磷生物学利用率主要通过斜率比法进行测定。磷含量较高的饲料原料如无机矿物质磷源的利用率一般采用该方法进行测定。

斜率比法也用于测定植物性饲料原料的相对磷生物学利用率。例如 Boling 等（2000）报道利用斜率比法测定 8～21 日龄肉仔鸡对常规玉米和低植酸磷玉米的相对磷生物学利用率分别为 30.2%和 95.8%。Lumpkins 等（2004）利用斜率比法估测鸡对含有可溶固形物的干酒糟（distiller's dried grains with solubles，DDGS）（总磷含量为 0.74%）的相对磷生物学利用率为 54%～68%。Karr Lilienthal 等（2005）也利用斜率比法以胫骨灰分作为反应指标，研究了肉仔公鸡（8～21 日龄）对常规处理的大豆粕中磷相对于 KH_2PO_4 中磷的利用率为33.6%。Kim等（2008）报道，利用该方法以胫骨灰分含量作为反应指标，以KH_2PO_4作为标准磷源测得肉仔鸡对普通DDGS的相对磷生物学利用率为60%～66%，高蛋白DDGS的相对磷生物学利用率为58%～63%。

相对磷生物学利用率的测定和应用也存在一定的问题：一是假设标准磷源的利用率为100%，而实际参照标准磷源利用率一般小于100%；二是测定费用高；三是随着待测饲料原料的增加会导致其他营养成分含量的变化；四是饲料原料所测定的结果难以直接用于饲粮配合，且在配合饲粮中的可加性还有待研究（钟茂等，2007）。

二、微量元素的生物学利用率测定

微量元素生物学利用率的研究方法大体可分为3类，即平衡试验法、放射性同位素法、斜率比法。

（一）平衡试验法

平衡试验法通过测定进食量、粪及尿中排出量和内源损失量，以摄入量减去粪中排出量计算表观吸收率，即表观吸收率（%）=（摄入量－粪中排出量）/摄入量×100%。在此基础上再扣除排泄物中排出量计算表观代谢率，即表观代谢率（%）=（摄入量－粪中排出量－尿中排出量）/摄入量×100%。这种方法相对快速、简便，但由于微量元素内源循环的影响，无论表观吸收率还是表观代谢率都不能反映其真正利用率。要测定真利用率就需要使用纯合或半纯合饲粮，不仅成本高，同时环境污染会严重影响测定结果。因此，用这种方法测定不同来源微量元素生物学利用率的试验报道不多。

（二）放射性同位素法

放射性同位素法是通过测定标记矿物元素在体内组织中的贮存浓度来测定矿物元素生物学利用率。这种方法可以反映微量元素在体内的分布情况，从理论上讲最理想，但要求一定的设备成本也高，虽然在测定饲料原料中矿物元素生物学利用率方面应用广泛，但在有机微量元素生物学利用率测定方面应用不多，仅有Hill等（1987）利用肠灌注法测定了蛋氨酸锌对鸡和猪的生物学利用率，这可能与微量元素添加剂在普通饲粮中测吸收率的准确性不高有关。

（三）斜率比法

斜率比法是测定添加微量元素生物利用率最常用的方法，该法假定反映指标y与被测元素在饲粮中的浓度x呈线性关系，则$y=a+bx$，当被测物质与标准物质在$x=0$相交时，即$a_t=a_s$，则b_t/b_s即为被测物质相对于标准物的生物利用率。多种来源同时进行比较时，则多元线性回归方程中相应化合物的斜率与标准物的斜率比，即为该元素源相对于标准物的相对生物学利用率。斜率比法简单易行，适用于各种元素生物学利用率的测定，且多元线性回归法比简单线性回归法更精确（罗绪刚等，1997），但所测定的结果是相对利用率，需要设定一定的浓度梯度，要求试验动物较多。为简化实验规模又出现了三点法、标准曲线法和平均值比法。三点法是当已知某指标在一定范围内与被测元素的饲粮浓度呈线性关系时，取$x=0$和在此范围内的任意点分别测定标准物和待测物的反映量y，由此做出的两条直线的斜率比来计算被测物质的相对生物学利用率。这种方法设定浓度梯度仅为两个，试验简单，但必须有足够的前提条件做保证。标准曲线法是用不同梯度的标准源做标准曲线，选线性回归范围内的一点作为被测样品的试验点，制作被测样品的直线方程，同样根据两条直线的斜率比计算被测源的相对生物学利用率。平均值比法适用于两种或多种微量元素做比较，但缺乏共同的对照点（$x=0$）时，可选用反映指标平均值相比的方法，当添加元素占饲粮中该元素的主要比例时，该法精确度高，如果占的比例很少时，则意义不大（Littell et al.，1995）。

为了提高测定的准确性，研究者对斜率比法进行了一些改进，建立了一种新的斜率比方法，即向含锌足够的实用饲粮中短期添加不同水平的过量但非毒性锌（0～1 200mg/kg），测定有机锌源的相对生物学利用率。新的斜率比法与传统的斜率比法相比，有如下的优点：使用实用饲粮，成本低，且可以使动物生长潜力得以充分发挥，高水平添加可以大大缩小来自饲料、水和样品的污染；研究所需动物的数量减少。不同学者用这种新的斜率比法对不同形式和来源的有机锌的生物学利用率进行了一系列的研究（Schell et al.，1996；Sandoval et al.，1997）。

第五节　饲料维生素的有效性评定

一、维生素 D 的生物学效价评定

（一）生物学方法

生物学方法包括“线谱鉴定”技术、外翻肠囊技术和动物活体试验。“线谱鉴定”技术是通过给患有严重佝偻病的模型动物饲喂维生素 D 饲粮一段时间后，对胫骨近端的钙化程度进行目测评分。此方法很耗时，并且误差达到 30%。外翻肠囊技术一般是通过给维生素 D 缺乏的动物饲喂 1 次维生素 D，待 24h 后测量其肠道内钙转运速率和骨质动员速率的变化情况，以此评定维生素 D 的生物学效价。动物活体试验是在一定的饲养期内，用不同形式的维生素 D（通常以维生素 D_2 或维生素 D_3 作为标准物）补饲相同物质的量水平的活性胆钙化醇到试验饲粮中饲喂试验动物。试验结束后对试验动物的多项敏感生理指标进行测定，然后用多元线性回归求斜率比等方法对数据进行分析整理，计算出不同形式维生素 D 间的相对生物学效价。这种方法简单易行，比较灵敏、准确、客观，但试验要求设定一定的浓度梯度，需使用较多的试验动物，并且所测得的结果只是相对利用率。该方法在使用时动物处于自然生长状态，其试验结果对生产实际具有指导意义，可作为其他研究方法的参照基准。

（二）化学方法

化学方法的实质是将碱性皂化过程中维生素 D 的前体物质含量列为内部标准，通过高效液相色谱、竞争结合试验及放射受体分析等一些现代生化分析方法测定每一种维生素 D 代谢物或类似物的生物学活性，从而达到精确量化维生素 D 的目的。化学方法的误差是 7%～8%，但因其需要经过碱性水解、液-液萃取和固相萃取样品清理等烦琐步骤，故此方法也相当费时。由于近 10 年来对 25-羟基维生素 D_3［25-(OH) D_3］生物学效价的研究越来越多，因此这种新的方法成为估测维生素 D 生物学效价的首选。

二、胆碱的生物学效价评定

饲料中胆碱生物学效价的评估最直接、最可靠的方法就是生物法，即以生长性能、血液和组织中胆碱含量、缺乏症以及相关酶活等为衡量指标，以氯化胆碱为参照物，假定其生物学效价为 100%，用标准曲线或斜率比法测得饲料中的胆碱生物学效价。其中，以生长反应为指标评定饲料胆碱生物学效价最为常见，王吉峰等（2001）以肉鸡生长性能作为评定指标，用斜率比法和标准曲线法测得玉米或不同加工方法的豆粕中的胆碱生物学效价。即使指标相同，所测得的生长与胆碱水平线性关系的范围迥异，而导致的生物学效价的评定结果也不尽相同。

评定饲料原料中胆碱生物学效价时采用何种基础饲粮，将对最后的结果产生重要影响。由于饲粮中蛋白、脂肪、维生素 B_{12}、叶酸等之间的相互关系，试验饲粮的组成差别将使得胆碱生物学效价的评定得出不同结论。Fritz 等（1967）采用含葡萄糖、玉米蛋白粉、脱脂奶粉、豆粕、酪蛋白、明胶以及血粉的饲粮作为基础饲粮，额外添加豆粕以取代玉米蛋白粉或玉米蛋白粉明胶复合物，估测豆粕的胆碱生物学效价接近 100%。Baker 等（1976）以豆粕取代淀粉-氨基酸纯合饲粮中的淀粉，测定豆粕胆碱生物学效价为 60%～75%。Pesti 等（1979，1981）认为，以豆粕取代淀粉后，试鸡生长除了受胆碱影响外，还将受到蛋白以及其他营养物质（尤其是蛋氨酸、半胱氨酸和硫酸盐）的影响。一方面，生长的下降是由于以尿酸为形式的蛋白氮的排泄增加了必需甲基基团的需要量。额外的蛋白由于增加了雏鸡的胆碱需要量，而导致机体对待测原料中胆碱的反应降低。另一方面，当额外的营养物质（如蛋氨酸）在基础饲粮中处于临界值时，会加强机体对待测物的反应。为了避免营养物质间潜在的相互作用，近年的研究中多采用基础饲粮和待测饲粮除了胆碱含量外其他营养含量尽可能相似的方法。饲粮中由于原料种类的差异导致胆碱存在形式的不同，对胆碱生物学效价的评定也产生了重要的影响。研究者认为，以卵磷脂形式存在的胆碱比氯化胆碱更有效。

王斯佳等（2012）采用斜率比法对玉米、豆粕、菜粕和玉米酒精糟（DDGS）中胆碱的生物学效价进行了评估。基础饲粮采用醇提法将玉米、豆粕、菜粕和 DDGS 中的胆碱洗脱后配制而成。在基础饲粮中添加不同剂量的氯化胆碱配制 6 种梯度的标准饲粮；另将 4 种待测原料分别以 10%、20%、40%和 100%的比例替换洗脱过的相应原料配制试验饲粮。分别以 1～21 日龄的平均日增重、肝脂肪含量和全血胆碱浓度为衡量指标，以斜率比法计算待测原料的相对生物学利用率，结果显示：以平均日增重为指标，玉米、豆粕、菜粕和 DDGS 中胆碱生物学效价分别为 63.95%、104.7%、37.98%和 72.09%；以全血胆碱浓度为指标，玉米、豆粕和 DDGS 中胆碱生物学效价分别为 94.73%、184.11%和 134.23%。以日增重和全血胆碱含量为指标衡量饲料原料中胆碱生物学效价是可行的，但由于选择指标的不同，所得数值亦有所差异。4 种参试原料中胆碱的相对生物学利用率从高到低依次排序为：豆粕、DDGS、玉米和菜粕。试验具体数据处理方法如下：

假定氯化胆碱的生物利用率为 100%，采用斜率比法测定参试原料中胆碱的生物学效价。以饲粮胆碱水平为 x，日增重、肝脂率或血液胆碱含量等衡量指标为 y，建立回归方程 $y=a+bx$，并检验方程显著性。以标准氯化胆碱为参照物（s），设其回归的斜率为 b_s，参试原料（t）回归斜率为 b_t，则原料中胆碱生物学效价计算公式如下：

$$\text{原料中胆碱生物学效价（\%）}=\frac{\text{参试原料组回归方程斜率（}b_t\text{）}}{\text{标准曲线回归方程的斜率（}b_s\text{）}}\times 100\%$$

参考文献

班志彬，杨华明，于维，等，2019. 生长期肉鸡玉米和玉米干酒糟及其可溶物的代谢能和净能评定［J］. 动物营养学报，31（2）：792－800.

陈朝江，2005. 鸡、鸭、鹅消化生理的比较研究［D］. 杨凌：西北农林科技大学.

陈亮，2013. 猪常用饲料能量和粗蛋白质消化率仿生评定方法的研究［D］. 北京：中国农业科学院.

陈娴，刘国华，刘宏，2011. 不同方法测定肉鸭内源磷排泄量的比较研究［J］. 动物营养学报.

邓雪娟，蔡辉益，刘国华，等，2009. 肉仔鸡饲料原料代谢能的测定［J］. 中国农学通报，25（6）：5－8.

杜保华，陈思，张相德，等，2018. 肉鸡皮大麦表观代谢能预测模型研究［J］. 畜牧兽医学报，49（10）：123－133.

樊红平，侯水生，黄苇，等，2007. 食糜在鸡、鸭消化道排空速度的比较研究［J］. 中国畜牧兽医，34（4）：7－10.

范梅华，赵旭，朱沛霁，等，2019. 不同产地 DDGS 在黄羽肉鸡上的生物学效价比较研究［J］. 饲料工业，40（7）：21－25.

方热军，王康宁，印遇龙，2003. 尼龙袋技术评定饲料营养价值研究进展［J］. 饲料工业（12）16.

韩友文，吴成坤，1984. 家禽饲料代谢能的研究 Ⅵ鸡和水禽的消化道排空和内源能排量［J］. 东北农学院学报（4）.

侯水生，黄苇，喻俊英，等，1998. 鸡盲肠对饲料磷的消化作用［J］. 畜牧兽医学报（5）：406－411.

侯水生，赵玲，俞俊英，等，1995. 鸡盲肠对饲料氨基酸消化率的影响［J］. 中国农业科学，29（4）：79－84.

胡贵丽，叶小飞，王玉诗，等，2017. 黄羽肉鸡不同来源高粱表观代谢能的评定及其养分消化率的比较［J］. 动物营养学报，29（10）：3781－3786.

桓宗锦，2009. 肉鸡玉米和豆粕净能的测定及其预测模型的建立［D］. 雅安：四川农业大学.

黄世仪，聂青平，周中华，等，1993. 用肉鸭和肉鸡测定饲料代谢能值的对比试验［J］. 饲料工业（12）：14－15.

黄香，罗鲜青，周志扬，等，2018. 广西鸡饲料原料代谢能值测定试验观察［J］. 中国畜牧兽医文摘，34（6）：416－417.

江庆娣，1998. 鸭饲料代谢能的研究［J］. 中国饲料（9）：12－14.

蒋守群，丁发源，林映才，等，2002. 饲粮能量水平对 0～21 日龄黄羽肉鸡生产性能，胴体品质和体组成的影响［J］. 广东饲料，11（3）：7.

蒋守群，林映才，丁发源，等，2002. 黄羽肉鸡饲料代谢能的研究［J］. 中国畜牧杂志，38（5）：26－27.

雷廷，呙于明，杜恩存，等，2013. 4 种植物性蛋白质饲料原料在不同日龄肉仔鸡的标准回肠氨基酸消化率的比较［J］. 动物营养学报，25（12）：2854－2864.

李德发，2003. 猪的营养［M］. 北京：中国农业科学技术出版社.

李再山，贾刚，吴秀群，等，2011. 1～21 日龄艾维茵肉鸡菜籽粕和棉籽粕净能预测模型研究［J］. 动物营养学报，23（10）：1769－1774.

林厦菁，蒋守群，李龙，等，2017. 黄羽肉鸡饲料原料代谢能的测定［J］. 中国饲料，13：24－26.

林泽铃，2022. 蛋氨酸构型及其添加水平对黄羽肉鸡生产性能的影响［D］. 广州：华南农业大学.

陆婉珍，袁洪福，徐广通，等，2000. 现代近红外光谱分析技术［M］. 北京：中国石化出版社.

吕知谦，黄冰冰，李藏兰，等，2017. 饲粮纤维组成对生长猪净能和营养物质消化率的影响［J］. 中国畜牧杂志，53（2）：65－69.

马利青，武秀云，柴沙驼，等，1997. 鸡盲肠切除试验［J］. 青海畜牧兽医杂志（1）：48.

马尹鹏，2016. 不同地区小麦、大麦主要营养成分差异比较及黄羽肉鸡对其代谢率研究［D］. 扬州：扬州大学.

牛子青，2009. 豆粕、DDGS常规化学成分近红外模型的建立［D］. 郑州：河南农业大学.

齐小明，张录达，柴丽娜，等，1999. 主成分-逐步回归-BP算法在近红外光谱定量分析中应用的研究［J］. 北京农学院学报，14（3）：47－52.

齐智利，徐淑静，陈玉洁，等，2011. 肉鸭常用饲料原料磷真利用率及真可利用磷预测模型的研究［J］. 动物营养学报，23（2）：258.

任立芹，2012. 仿生法评定黄羽肉鸡常用饲料代谢能和可消化氨基酸研究［D］. 北京：中国农业科学院.

佘月，2017. 生长猪对蛋白原料钙磷标准全肠道消化率的评价及植酸酶的影响［D］. 北京：中国农业大学.

石光涛，韩鲁佳，杨增玲，等，2009. 鱼粉中掺杂豆粕的可见和近红外反射光谱分析研究［J］. 光谱学与光谱分析（2）：362－366.

石诗影，朱沛霁，王志跃，等，2017. 黄羽肉鸡利用不同产地玉米的生物学效价比较研究［J］. 中国家禽，39（19）：32－36.

宋代军，王康宁，曾静康，等，2000. 肉鸭肉鸡常用植物饲料TME的比较研究［J］. 西南农业大学学报，22（2）：134－136.

孙家发，丁明星，1993. 鸡盲肠切除手术方法的研究［J］. 黑龙江畜牧兽医，000（4）：19－20.

田河山，计成，戎易，等，1995. 常用鸡饲料代谢能的回归法估测［J］. 北京农业大学学报，21（4）：452－457.

王吉峰，霍启光，王宏，等，2001. 玉米、豆粕中胆碱生物学效价的研究.［J］动物营养学报，13（2）：58－64.

王美琴，2013. 用仿生消化系统估测鸡饲料代谢能值评定方法的相关性与灵敏度检验［D］. 成都：四川农业大学.

王跷，贾刚，李霞，等，2010. 套算法测定黄羽肉鸡豆粕净能值和豆粕替代比例的研究［J］. 动物营养学报，22（5）：1434－1439.

王斯佳，2012. 胆碱生物学效价评定及其在肉鸡代谢与需要量的研究［D］. 北京：中国农业科学院.

王旭峰，2013. 近红外光谱分析技术在饲料品质快速检测中的应用研究［D］. 南昌：南昌大学.

王永伟，刘国华，王凤红，等，2011. 14个小麦样品的肉鸡代谢能评定［J］. 中国饲料（6）：13－17.

望丕县，朱月英，1990. 用鸡评定羽毛杆水解蛋白粉的营养价值［J］. 华中农业大学学报（3）：290－295.

武安泉，盛东峰，李志丹，2014. 鹅、鸡对不同饲料原料代谢能值的比较研究［J］. 饲料工业，35（9）：36－38.

夏伦志，吴东，钱坤，等，2013. 小麦型干酒糟及其可溶物在淮南麻黄鸡上能量及氨基酸代谢率的测定［J］. 动物营养学报，25（2）：364－371.

谢秀珍，李龙，2017. 白羽肉鸡和黄羽肉鸡对豆粕表观回肠氨基酸消化率比较研究［J］. 广东饲料，26（7）：22－25.

许振英，1991. 肉仔鸡对磷的需要量综述［J］. 国外畜牧学（猪与禽），000（3）：8－11.

薛佳佳，2018. 不同旋光性蛋氨酸对北京鸭生物学效价及毒性的比较研究［D］. 北京：中国农业科学院.

叶继丹，韩友文，吴成坤，等，1991. 非生物学方法传测向日葵仁粕对鸡的代谢能值［J］. 饲料博览（3）：4－11.

张婵娟，王建萍，丁雪梅，等，2018. 不同来源豆粕对大恒肉鸡的能量和氨基酸营养价值评定［J］. 动物营养学报，30（4）：1320－1332.

张琼莲，2011. 0～3 周龄黄羽肉鸡菜粕、棉粕、麦麸、米糠净能测定及其对生长性能、氮利用率的影响［D］. 成都：四川农业大学．

张正帆，王康宁，贾刚，等，2011. 1～21 日龄黄羽肉鸡豆粕净能预测模型［J］. 动物营养学报（2）：10.

赵峰，李辉，张宏福，2015. 单胃动物仿生消化系统测定鸭饲料酶水解物能值可加性的研究［J］. 动物营养学报，27（2）：495－502.

赵峰，米宝民，任立芹，等，2014. 基于单胃动物仿生消化系统的鸡仿生消化法测定饲料酶水解物能值变异程度的研究［J］. 动物营养学报，26（6）：1535－1544.

赵佳，丁雪梅，王建萍，等，2016. 青脚麻肉鸡对不同来源玉米的代谢能值及近红外预测模型的构建［J］. 动物营养学报，28（11）：3453－3463.

郑树贵，郭东新，曹松屹，等，2006. 不同前处理方法对测定植物性饲料微量元素铜、铁含量的影响［J］. 中国饲料（15）：37－40.

郑伟，杨维旭，孔令新，等，2014. DDGS 饲料色度学参数的近红外光谱分析［J］. 粮食与饲料工业（1）：61－65.

钟茂，吕林，谢和芳，等，2007. 体内法评定鸡饲料原料中矿物元素生物学利用率的研究进展［J］. 中国畜牧杂志（13）：44－48.

钟茂，2006. 肉仔鸡常用饲料原料中矿物元素生物学利用率研究．［D］重庆：西南大学．

周克，刘国华，2015. 家禽饲料有效能值的生物学评定方法［J］. 中国家禽，37（1）：51－54.

周良娟，张丽英，张恩先，等，2011. 近红外光谱快速测定玉米 DDGS 营养成分的研究［J］. 光谱学与光谱分析，31（12）：3241－3244.

邹轶，张小凤，刘松柏，等，2019. 净能体系在肉鸡应用中的研究进展［J］. 中国畜牧兽医，46（11）：3270－3276.

左建军，2005. 非常规植物饲料钙和磷真消化率及预测模型研究［D］. 广州：华南农业大学．

Adedokun S A，Adeola O，Parsons C M，2008. Standardized ileal amino acid digestibility of plant feedstuffs in broiler chickens and turkey poults using a nitrogen－free or casein diet［J］. Poultry Science，87：2535－2548.

Adedokun S A，Parsons C M，Lilburn M S. et al.，2007a. Comparison of ileal endogenous amino acid flows in broiler chicks and turkey poults［J］. Poultry Science，86：1682－1689.

Adedokun S A，Parsons C M，Lilburn M S et al.，2007b. Standardized ileal amino acid digestibility of meat and bone meal from different sources in broiler chicks and turkey poults with a nitrogen－free or casein diet［J］. Poultry Science，86：2598－2607.

Adeola O，Ragland D，King D，1997. Feeding and excreta collection techniques in metabolizable energy assays for ducks.［J］. Poultry Science，76（5）：728.

Al－Masri M R，1995. Absorption and endogenous excretion of phosphorus in growing broiler chicks，as influenced by calcium and phosphorus ratios in feed［J］. British Journal of Nutrition，74（3）：407－415.

Arguelles－Ramos M，Brake J T，Leytem A B，2008. Effect of the inclusion of phytase on low available phosphorus broiler breeder diets on fecal moisture［J］. Poultry Science，87：45.

Avila V S D，Paula A，Brum P A R D，et al.，2006. Effect of total excreta collection period on estimated values of metabolizable energy in broiler chickens［J］. Revista Brasileira de Zootecnia，35（5）：1966－1970.

Boling S D，Douglas M W，Snow J L，et al.，2000. Citric acid does not improve phosphorus utilization in laying hens fed a corn－soybean meal diet［J］. Poultry Science，79（9）：1335.

Borsatti L, Vieira S L, Stefanello C, et al., 2018. Apparent metabolizable energy of by - products from the soybean oil industry for broilers: acidulated soapstock, glycerin, lecithin, and their mixture [J]. Poultry Science, 97: 124 - 130.

Broz J, Oldale P, Perrin - Voltz A H, et al., 1994. Effects of supplemental phytase on performance and phosphorus utilisation in broiler chickens fed a low phosphorus diet without addition of inorganic phosphates. [J]. British Poultry Science, 35 (2): 273 - 280.

Carpenter K J, Clegg K M C, 1956. The metabolizable energy of poultry feeding stuffs in relation to their chemical composition [J]. Journal of the Science of Food & Agriculture, 7 (1): 45 - 51.

Carre B, Lessire M, Juin H, 2014. Prediction of the net energy value of broiler diets [J]. Animal, 8: 1395 - 1401.

Cerrate S, Ekmay R, England J A, et al., 2019. Predicting nutrient digestibility and energy value for broilers [J]. Poultry Science, 98: 3994 - 4007.

Choct M, Hughes R J, Annison G, 1999. Apparent metabolisable energy and chemical composition of Australian wheat in relation to environmental factors [J]. Australian Journal of Agricultural Research, 50 (4): 447 - 451.

Coon C N, Seo S, Manangi M K, 2007. The determination of retainable phosphorus, relative biological availability, and relative biological value of phosphorus sources for broilers. [J]. Poultry Science, 86 (5): 857 - 868.

Dilger R N, Adeola, 2006. Estimation of true phosphorus digestibility and endogenous phosphorus loss in growing pigs fed conventional and low - phytate soybean meals. [J]. Journal of Animal Science, 84 (3): 627 - 634.

Dozier III W A, Kerr B J, Branton S L, 2011. Apparent metabolizable energy of crude glycerin originating from different sources in broiler chickens [J]. Poultry Science, 90: 2528 - 2534.

Edwards H M, Gillis M B, 1959. A chromic oxide balance method for determining phosphate availability [J]. Poultry Science, 38 (3): 569 - 574.

Engster H M, Cave N A, Likuski H, et al., 1985. A collaborative study to evaluate a precision - fed rooster assay for true amino acid availability in feeding redients [J]. Poultry Science, 64: 487 - 498.

Fan M Z, Archbold T, Sauer W C, et al., 2001. Novel methodology allows simultaneous measurement of true phosphorus digestibility and the gastrointestinal endogenous phosphorus outputs in studies with pigs. [J]. Journal of Nutrition, 131 (9): 2388.

Farrell D J, 1978. Rapid determination of metabolisable energy of foods using cockerels [J]. British Poultry Science, 19 (3): 303 - 308.

Garcia A R, Batal A B, Dale N M, 2007. A comparison of methods to determine amino acid digestibility of feed ingredients for chickens. [J]. Poultry Science, 86 (1): 94 - 101.

Groote D G, 1974. A comparison of a new net energy system with the metabolisable energy system in broiler diet formulation, performance and profitability [J]. British Poultry Science, 15 (1): 75 - 95.

Han I K, Hochstetler H W, Scott M L, 1976. Metabolizable energy values of some poultry feeds determined by various methods and their estimation using metabolizability of the dry matter [J]. Poultry Science, 55 (4): 1335 - 1342.

Hill F W, Anderson D L, 1958. Comparison of metabolizable energy and productive energy determinations with growing chicks [J]. Journal of Nutrition, 64 (4): 587 - 603.

Johnson J, 1992. Principle, problems and application of amino acid digestibility in poultry [J]. World's

Poultry Science Journal, 48: 232 - 245.

Just A, Henry J, Fernandez J., et al., 1985. Correlations of protein deposited in growing female pigs to ileal and faecal digestible crude protein and amino acids [J]. Livestock Production Science, 12: 145 - 159.

Kadim I T, Moughan P J, 1997. Development of an ileal amino acid digestibility assay for the growing chicken - effects of time after feeding and site of sampling [J]. British Poultry Science, 38: 89 - 95.

Kadim I T, Moughan P J, Ravindran, V, 2002. Ileal amino acid digestibility assay for the growing meat chicken - comparison of ileal and extreta amino acid digestibility in the chicken [J]. British Poultry Science, 44: 588 - 597.

Karr - Lilienthal L K, Utterback P L, Martinez Amezcua C, et al., 2005. Relative bioavailability of phosphorus and true amino acid digestibility by poultry as affected by soybean extraction time and use of low - phytate soybeans [J]. Poultry Science, 84 (10): 1555 - 1561.

Kim E J, Amezcua C M, Utterback P L, et al., 2008. Phosphorus bioavailability, true metabolizable energy, and amino acid digestibilities of high protein corn distillers dried grains and dehydrated corn germ [J]. Poultry Science, 87 (4): 700.

Kong C, Adeola O, 2014. Evaluation of amino acid and energy utilization in feedstuff for swine [J]. Asian-Australasian Journal of Animal Sciences, 27 (7): 917 - 925.

Kyu - ho Lee, Guang - hai Qi, Sim J S, 1995. Metabolizable energy and amino acid availability of full - fat seeds, meals, and oils of flax and canola [J]. Poultry Science, 74: 1341 - 1348.

Leske, K L, Coon C, 1999. A bioassay to determine the effect of phytase on phytate phosphorus hydrolysis and total phosphorus retention of feed ingredients as determined with broilers and laying hens. [J]. Poultry Science, 78 (8): 1151 - 1157.

Liu J, Ledoux D R, Veum T L, 1997. In vitro procedure for predicting the enzymatic dephosphorylation of phytate in cornSoybean meal diets for growing swine [J]. Journal of Agricultural & Food Chemistry, 45 (7): 2612 - 2617.

Loeffler T, Shim M Y, Beckstead R B, et al., 2013. Amino acid digestibility and metabolizable energy of genetically selected soybean products [J]. Poultry Science, 92: 1790 - 1798.

Lu Pei - yao, Jing Wang, Shu - geng Wu, et al., 2020. Standardized ileal digestible amino acid and metabolizable energy content of wheat from different origins and the effect of exogenous xylanase on their determination in broilers [J]. Poultry Science, 99: 992 - 1000.

Lumpkins B S, Batal A B, Dale N M, 2004. Evaluation of distillers dried grains with solubles as a feed ingredient for broilers [J]. Poultry Science, 83 (11): 1891.

Mohammed A, Gibney M J, Taylor T G, 1991. The effects of dietary levels of inorganic phosphorus, calcium and cholecalciferol on the digestibility of phytate - P by the chick [J]. British Journal of Nutrition, 66 (2): 251 - 259.

Molitoris B A, Baker D H, 1976. Assessment of the quantity of biologically available choline in soybean meal. [J]. Journal of Animal Science, 42 (2): 481 - 489.

Nicoletta S, Lorenzo C, Valentina D E, et al., 2010. Application of near (NIR) infrared and mid (MIR) inftared speeotrscopy as aarpid tool to classify extra virgin olive oil on the basis of fruity attribute intensity [J]. Food Researeh International, 43: 369 - 375.

Noblet J, Fortune H, Dupire C, et al., 1993. Digestible, metabolizable and net energy values of 13 feedstuffs for growing pigs: effect of energy system [J]. Animal Feed Science & Technology, 42 (1 - 2): 131 - 149.

Noblet J, Wu S B, Choct M, 2022. Methodologies for energy evaluation of pig and poultry feeds: A review [J]. Animal Nutrition, 8: 185 - 203.

Nunes R V, Rostagno H S, Albino L F T, et al., 2001. Chemical composition, metabolizable energy and energy prediction equations of wheat grain and wheat by - products for broiler chicks [J]. Revista Brasileira de Zootecnia, 30 (3): 785 - 793.

Payne W L, Combs G F, Kifer R R, et al., 1968. Investigation of protein quality - ileal recovery of amino acids [J]. Federation Proceedings, 27: 1199 - 1203.

Pesti G M, Faust L O, Fuller H L, et al., 1986. Nutritive value of poultry by - product meal. 1. Metabolizable energy values as influenced by method of determination and level of substitution. [J]. Poultry Science, 65 (12): 2258 - 2267.

Pesti G M, Benevenga N J, Harper A E, et al., 1981. Factors influencing the assessment of the availability of choline in feedstuffs [J]. Poultry Science, 60 (1): 188 - 196.

Pesti G M, Harper A E, Sunde M L, 1979. Sulfur amino acid and methyl donor status of corn - soy diets fed to starting broiler chicks and turkey poults [J]. Poultry Science, 58 (6): 1541 - 1547.

Petersen G I, Stein H H, 2006. Novel procedure for estimating endogenous losses and measurement of apparent and true digestibility of phosphorus by growing pigs [J]. Journal of Animal Science, 84 (8): 2126.

Ravindran V, Hew L I, Ravindran G A, 1999. comparison of ileal digesta and excreta analysis for the determination of amino acid digestibility in food ingredient for poultry [J]. British Poultry Science, 40: 266 - 274.

Ravindran V, Hew L I, Ravindran G, et al., 2005. Apparent ileal digestibility of amino acids in dietary ingredients for broiler chickens [J]. Animal Science, 81: 85 - 97.

Revington W H, Acar N, Moran E T, 1991. Cup versus tray excreta collections in metabolizable energy assays [J]. Poultry Science, 70 (5): 1265 - 1268.

Rochell S J, Kerr B J, Dozier W A, 2011. Energy determination of corn co - products fed to broiler chicks from 15 to 24 daysof age, and use of composition analysis to predict nitrogen - corrected apparent metabolizable energy [J]. Poultry Science, 90: 1999 - 2007.

Sandoval M, Henry R P, 1997. Relative bioavailabilty of supplemental inorganic zinc sources for chicks [J]. Journal of Animal Science, 75 (12): 3195.

Schell T C, Kornegay E T, 1996. Zinc concentration in tissues and performance of weanling pigs fed pharmacological levels of zinc from ZnO, Zn - methionine, Zn - lysine, or ZnSO4. [J]. Journal of Animal Science, 74 (7): 1584 - 1593.

Shen Y B, Ferket P, Park I, et al., 2015. Effects of feed grade L-methionine on intestinal redox status, intestinal development, and growth performance of young chickens compared with conventional DL-methionine [J]. Journal of Animal Science, 93 (6): 2977 - 2986.

Sibbald I R, Summers J D, Slinger S J, 1960. Factors affecting the metabolizable energy content of poultry feeds [J]. Poultry Science, 39 (3): 544 - 556.

Sibbald I R, Wolynetz M S, 1986. Comparison of three methods of excreta collection used in estimation of energy and nitrogen excretion [J]. Poultry Science, 65 (1): 78.

Sibbald I R, 1979. A bioassay for available amino acid and true metabolizable energy in Feedingstuffs [J]. Poultry Science, 58: 668 - 673.

Sibbald I R, 1976. A bioassay for true metabolizable energy in feedingstuffs [J]. Poultry Science, 55

(1): 303-308.

Sibbald I R, Wolynetz M S, 1986. Comparison of three methods of excreta collection used in estimation of energy and nitrogen excretion [J]. Poultry Science, 65 (1): 78-84.

Sibbald I R, 1977. A Test of the additivity of true metabolizable energy values of feedingstuffs [J]. Poultry Science, 56 (1): 363-366.

Sibbald I R, 1979. Passage of feed through the adult rooster [J]. Poultry Science, 58 (2): 446-459.

Simons P C M, Versteegh H A J, Jongbloed A W, et al., 1990. Improvement of phosphorus availability by microbial phytase in broilers and pigs [J]. British Journal of Nutrition, 64 (1): 525-540.

Soleimani Roudi P, Golianand A, Sedghi M, 2012. Metabolizable energy and digestible amino acid prediction of wheat using mathematical models [J]. Poultry Science, 91 (8): 2055-2062.

Spencer J D, Allee G, 2000. Phosphorous bioavailability and digestibility of normal and genetically modified low-phytate corn for pigs [J]. Journal of Animal Science, 78 (3): 675.

Stein H H, Fuller M F, Moughan P J, et al., 2007. Definition of apparent, true, and standardized ileal digestibility of amino acids in pigs [J]. Livestock Science, 109 (1-3): 282-285.

Stein H H, Pedersen C, Wirt A R, et al., 2005. Additivity of values for apparent and standardized ileal digestibility of amino acid in mixed diets fed to growing pigs [J]. Journal of Animal Science, 83: 2387-2395.

Vasan P, Dutta N, Mandal A B, et al., 2008. Influence of caecectomy on the bioavailability of minerals from vegetable protein supplements in adult roosters [J]. Asian Australasian Journal of Animal Sciences, 21 (8).

Von S P, Utterback P, Parsons C M, 2019. Further evaluation of a slope-ratio precision-fed rooster assay and a limit-fed broiler chicken growth assay for relative metabolizable energy and relative bioavailable energy values of fats and oils [J]. Poultry Science, 98: 1723-1731.

Wu S B, Swick R A, Noblet J, et al., 2018. Net energy prediction and energy efficiency of feed for broiler chickens [J]. Poultry Science, 98.

Zhang Y N, Xu R S, Min L, et al., 2019. Effects of L-methionine on growth performance, carcass quality, feather traits, and small intestinal morphology of Pekin ducks compared with conventional DL-methionine [J]. Poultry Science, 98 (12): 6866-6872.

Zya K, Ledoux D R, Garcia A, et al., 1995. An in vitro procedure for studying enzymic dephosphorylation of phytate in maize-soyabean feeds for turkey poults [J]. British Journal of Nutrition, 74 (1): 3-17.

第十一章　黄羽肉鸡非常规饲料资源安全高效利用技术

饲料资源短缺问题已成为我国畜牧业可持续发展的瓶颈。开发非常规饲料可以缓解饲料资源不足，是降低饲养成本、提高养殖效益的重要途径。但由于饲料原料中抗营养因子的存在，不加限制地使用会影响肉鸡生长和健康，因而对非常规饲料原料进行科学有效的利用对我国饲料工业与黄羽肉鸡养殖业的发展具有重要意义。

黄羽肉鸡饲粮配制中通常使用的非常规饲料原料有谷实类饲料（如小麦、玉米DDGS、高粱、稻谷副产物等）、块根类饲料（如木薯、甘薯）、饼粕类饲料（如棉籽粕、菜籽粕、花生粕等）、糟渣类饲料（如菇类菌渣、酒糟）、木本类饲料（如桑叶、苜蓿等），以及鱼粉、肉粉、昆虫蛋白粉等动物性饲料。针对非常规饲料原料中抗营养因子的问题，在黄羽肉鸡饲粮配制时除进行限量饲喂外，还有很多高效利用方法可提高其利用效率，如加热、膨化等物理方法，酸、碱处理等化学方法，添加酶制剂等生物学方法。另外，对饲料原料进行生物发酵也是提高常规饲料原料利用率的有效方法。

第一节　谷实类加工副产物

一、玉米加工副产物

（一）玉米干酒糟及其可溶物

1. 概况　玉米干酒糟及其可溶物（distillers dried grams with solubles，DDGS）是指玉米在生产食用酒精、工业酒精、燃料乙醇的过程中经过糖化、发酵、蒸馏除酒精干燥处理后的干酒糟（DDG）及其可溶物（DDS）。由于我国玉米库存条件不佳，导致玉米DDGS中的黄曲霉毒素含量较高，生产技术上的障碍致使国产玉米DDGS无法满足国内需求，只能依靠进口。2019年，我国玉米DDGS进口数量为14.06万t。美国是世界玉米DDGS第一出口大国，我国99%的玉米DDGS都是从美国进口，受美国玉米DDGS行业行情变动影响严重。近两年我国从美国进口的玉米DDGS量大幅下降，这可能主要与美国反倾销调查及DDGS价格高涨有关。此外，我国还有极少数玉米DDGS是从加拿大、越南、瑞典进口。

2. 营养成分　玉米DDGS含有约30%的干酒糟和70%的可溶物，包含了玉米中除淀粉和糖以外的其他营养成分（邱代飞等，2013），具有低淀粉、高蛋白质、高可消化纤维及高有效磷等优点，玉米DDGS的营养成分组成见表11-1。玉米DDGS中氨基酸总量达20.3%，蛋氨酸及含硫氨基酸含量较高，可达0.5%～0.9%，其中半胱氨酸、缬氨酸、蛋氨酸、亮氨酸、苯丙氨酸、组氨酸所占必需氨基酸比例高于玉米，但其氨基酸平衡性较差，赖氨酸相对缺乏，一般为0.65%～0.97%。玉米DDGS的木质素含量非常低，因此其纤维消化率较高。玉米 DDGS 中维生素 B_2、烟酸、叶酸的含量也远高于玉米。由于发酵时微生物的作用，玉米 DDGS 中蛋白质、B 族维生素及氨基酸含量均比玉米高，还含有酵母细胞、核苷酸、谷氨酸等生物活性物质，是一种优质的蛋白质饲料（曹智，2010；李玉鹏等，2018）。有研究报道，玉米 DDGS 的肉鸡真代谢能为 12.14MJ/kg（李羽丰等，2015）。

表 11－1　玉米 DDGS 的营养成分组成（邱代飞等，2013）

营养成分	含量/%
粗蛋白质	26.7～32.9
粗脂肪	8.8～12.4
中性洗涤纤维	33～40
酸性洗涤纤维	7.5～18.5
总磷含量	0.66～0.83
非植酸磷含量（占总磷）	85～98

3. 高效利用技术　玉米 DDGS 氨基酸平衡性差，因而在饲料中应用时必须额外补充合成氨基酸。而且玉米 DDGS 的非淀粉多糖和粗纤维含量高，这些抗营养因子会影响采食量，进而影响生长性能，因此其在肉鸡饲粮中不能大量使用，生产中可使用酶制剂来降低抗营养因子的不利影响。由于玉米 DDGS 中的多不饱和脂肪酸含量较高，不利于饲料的保存，且会导致组织抗氧化能力下降，影响机体的健康，对生产性能和产品质量产生负面影响，因此在肉鸡饲粮中使用高剂量的玉米 DDGS 时，尽量添加适当剂量的抗氧化剂如维生素 C、维生素 E、共轭亚油酸等来缓解氧化酸败等问题。谷物原料易受霉菌毒素的污染，发酵过程中这些毒素会被浓缩并保留在副产品 DDGS 中，极易导致中毒，生产中会在成品玉米 DDGS 中添加防霉剂或吸附剂等解决此类问题（李仲玉等，2015）。国家标准《玉米干全酒糟（玉米 DDGS）》（GB/T 25866—2010）规定，饲料用玉米 DDGS 中黄曲霉毒素 $B_1 \leqslant 50\mu g/kg$、玉米赤霉烯酮$\leqslant 500\mu g/kg$、T－2 毒素$\leqslant 100\mu g/kg$、赭曲霉毒素 A$\leqslant 100\mu g/kg$、霉菌总数$\leqslant 10\times 10^3$ 个/g。

4. 在黄羽肉鸡上的应用　本团队研究表明，1～21 日龄黄羽肉鸡平均日采食量和料重比随着饲粮中玉米 DDGS 占比增加呈线性增加，63 日龄黄羽肉鸡血浆甘油三酯含量和肝丙二醛含量随着玉米 DDGS 占比增加而呈线性增加，肉鸡屠宰后 24h 和 96h 的胸肌滴水损失随着玉米 DDGS 占比增加而呈线性增加。在快大型黄羽肉鸡小鸡、中鸡和大鸡阶段饲粮中分别添加 6%、12%和 18%的玉米 DDGS 不影响肉鸡的生长、机体抗氧化功能和肉品质（Ruan et al.，2017）。农业农村部 2021 年发布《猪鸡饲料玉米豆粕减量替代技术方案》（以下简称《替代方案》）提出，玉米 DDGS 在肉鸡饲料中推荐使用量不宜超过 10%。

（二）其他玉米加工副产物

1. 概况　玉米在加工过程中产生大量的副产物，如玉米胚芽粕（corn germ meal）、玉米蛋白饲料（corn gluten feed）和玉米蛋白粉（corn gluten meal）等，它们的营养价值较为全面，价格低廉。玉米胚芽粕是以玉米胚芽为原料经压榨或浸提后的副产品（葛文华等，2011）。清洗和浸泡的玉米进行碾磨和洗涤后得到糠麸和不含糠麸的产品，糠麸进一步加工成玉米蛋白饲料（又称玉米麸料），其主要成分是由玉米皮混合残留的淀粉、蛋白质、玉米浆和胚芽粕（梁丽萍等，2010）。不含糠麸的产品经过离心分离成面筋和淀粉，面筋部分被加工成玉米蛋白粉（Almeida et al.，2013）。

2. 营养成分 玉米胚芽粕粗蛋白质含量为18%～20%（葛文华等，2011）。玉米蛋白粉中粗蛋白质含量在60%以上，有的高达70%，其蛋白质由68%的玉米醇溶蛋白、27%的谷蛋白和约1.2%的球蛋白组成；玉米蛋白粉中的氨基酸含量不平衡，蛋氨酸含量丰富，而精氨酸、赖氨酸和色氨酸含量非常少；由黄玉米生产的玉米蛋白粉富含亚油酸、叶黄素（200～500mg/kg）和胡萝卜素，因而可以促进鸡的脂质代谢（杨露等，2018）。

3. 高效利用技术 玉米加工副产物是极具开发潜力的蛋白质饲料资源。但由于玉米易被真菌及霉菌毒素污染，特别是被玉米赤霉烯酮污染，因此也造成玉米赤霉烯酮在玉米加工产物中的残留。该物质对动物具有生殖发育毒性、致癌性、免疫毒性以及肝肾毒性等危害性，生产中可采用醇洗法对玉米及其副产物中赤霉烯酮进行脱除（尹惠双等，2018）。

4. 在黄羽肉鸡上的应用 魏炳栋等（2017）发现添加发酵玉米蛋白粉有助于黄羽肉鸡的生长，且能优化肉鸡的肠道菌群结构，提高抗氧化能力。玉米蛋白粉中叶黄素含量丰富，能有效地被鸡肠道吸收或沉积在鸡皮肤表面，着色效果显著。周良娟等（2003）研究发现在黄羽肉鸡日粮中添加5%玉米蛋白粉，与对照组相比其黄羽肉鸡末重增加了5.77%，饲料转化率提高了3.96%，胫色度提高了67.04%。《替代方案》提出，玉米胚芽粕在肉鸡饲料中用量一般不超过15%。

二、小麦及其加工副产物

（一）小麦

1. 概况 小麦（wheat）是一些国家主要的饲料资源，根据硬度指数将其分为硬质小麦（麦粒≥90%、硬度指数≥60%）、软质小麦（麦粒≥90%、硬度指数≤45%）及混合小麦（GB 1351—2008）。中国对这两种小麦均有大量进口，且进口来源地高度集中，进口主要来自欧盟及乌克兰、俄罗斯。2020年小麦全国推广面积前十大品种为百农207、济麦22、百农4199、山农28、山农29、郑麦379、新麦26、烟农19、中麦895、烟农999（根据《中华人民共和国统计法》和农业农村部调查统计制度，基于全国农技中心负责的中国农作物种业统计所得）。

2. 营养成分 小麦的营养成分与玉米有互补作用（龚金龙等，2015）。小麦粗蛋白质含量范围波动很大，为9.0%～17.5%，通常高于玉米；小麦粗纤维含量稍高于玉米，无氮浸出物含量稍低于玉米，能值略低于玉米，粗脂肪含量低于玉米，赖氨酸和总磷含量较玉米高。小麦是很好的自然黏结剂，利于饲料制粒，还具有价格稳定且低廉、易于储存等优势。使用小麦替代玉米可减少豆粕和杂粕的使用量，特别是在豆粕价格较高时，节约成本更明显（陈来生，2003；杜懿婷，2012）。一般而言，硬质小麦营养成分含量高于软小麦。

3. 高效利用技术 影响小麦在家禽养殖中应用的主要原因是抗营养因子非淀粉多糖含量较高，包括纤维素、戊聚糖、β-葡聚糖、果胶多糖、甘露聚糖、阿拉伯聚糖、半乳聚糖和木葡聚糖等。这些非淀粉多糖黏性大，不易分解吸收，在胃肠道中与水形成胶状溶液，逐渐形成大分子，进而与食糜形成大凝胶团，阻碍营养物质与消化液的接触，从而减慢了养分消化吸收的速度。同时，其与消化酶结合，形成复合物，降低消化酶的活性。这些胶状物质不仅降低营养物质的吸收率，而且会使畜禽排泄物较稀较黏，进而降低采食量和生产效率（陈来生，2003；杜懿婷，2012）。降低小麦抗营养因子危害的主要措施是限量使用，生产中建议肉鸡生长前期小麦用量一般不超过总谷实类的 20%，后期不超过 30%～35%；还可以通过添加多糖酶（如木聚糖酶、β-葡聚糖酶）等的方法消除抗营养因子的部分负面作用（吕武兴，2004；张晓云，2013）。

4. 在黄羽肉鸡上的应用　吴东等（2012）研究表明，试验前期 10%～30%小麦替代玉米，后期 20%～40%小麦替代玉米，在添加小麦型饲粮专用复合酶情况下，对于淮南麻黄鸡生产性能、肉品质、肉营养成分和血清生化指标都没有不利影响。小麦胚芽替代三黄鸡饲粮中的豆粕、玉米蛋白粉等蛋白质原料时，其适宜添加量为 5%左右，最大添加量不宜超过 10%（朱厚甜等，2018）。添加木聚糖酶（王修启等，2002）、葡聚糖酶（宋凯等，2004）等酶制剂，可破坏小麦中的抗营养因子，提高代谢能，促进养分消化与吸收。

黄羽肉鸡皮肤黄度被消费者视为营养丰富且品质优良的标志，而小麦中几乎不含叶黄素，着色效果差（田晓红等，2009）。因此，黄羽肉鸡饲粮中使用小麦时需添加合成色素或天然色素含量高的原料，如苜蓿（含叶黄素 198～396mg/kg）、玉米蛋白粉、辣椒红素等（杜懿婷，2012），以达到市场对其产品在色度方面的要求。

（二）麦麸

1. 概况　麦麸（wheat bran）是小麦面粉加工和乙醇生物炼制的主要副产物，由种皮和种子的最外层组织组成，包括糊粉层，含有数量不等的残余淀粉胚乳，约占小麦总重量的 10%。我国麦麸年产约 2 600 万 t。

2. 营养成分　麦麸的粗蛋白质含量较高，为 11.77%～17.02%，粗脂肪含量为 2.33%～3.35%，粗纤维含量约为 8.45%。麦麸维生素 A、维生素 D 含量偏少，维生素 E 及 B 族维生素含量较高；矿物质元素含量丰富，含钙较少而磷偏多，主要为植酸磷，其植酸酶活性很强，所以磷的利用率较高。

3. 高效利用技术　麦麸有轻泻作用，其口感粗糙，有苦涩味。因其结构疏松，在畜禽生产上常用作添加剂预混料、吸附剂与发酵饲料的载体。但麦麸吸水性较强，易霉变（彩图 33），易被呕吐毒素污染，不适合长时间储存。麦麸中的抗营养因子主要有植酸（41.74mg/g）、草酸盐（0.44%）和胰蛋白酶抑制剂（54.25TIU/g）（崔艺燕等，2019）。

麦麸通过霉菌、酵母、乳酸菌、芽孢杆菌等微生物发酵可制成发酵麦麸。发酵麦麸的粗蛋白质含量为 23.67%，相较于发酵前提高 56.56%，粗蛋白质的提高可能是微生物生物量增加，即菌体蛋白增加引起的。发酵麦麸的粗脂肪、粗灰分含量均显著增加，无氮浸出物含量下降，干物质、粗蛋白质的消化率均显著提高（曹香林等，2014）。麦麸的苦涩味经酵母发酵后变为酒芳香味，葡萄糖透析延迟指数提高，阳离子交换能力下降。麦麸经过微生物发酵，部分淀粉、粗纤维等物质被降解为小分子糖、有机酸，部分蛋白质降解为多肽或氨基酸，这些小分子物质被菌体利用，合成类黄酮、烷基间苯二酚等功能成分。有研究表明，麦麸经发酵后，其营养物质如总黄酮（以槲皮素计）、总酚、粗多糖（以葡萄糖计）含量均有较高提升。发酵麦麸稳定性良好，室温存放 1 年后游离氨基酸含量及其他特性变化不明显。另外，特定微生物能够产生胞外植酸酶，降低发酵麦麸中植酸含量（崔艺燕，2019；甄莉娜等，2020）。

（三）次粉

次粉（wheat middlings），也称为黄粉，是小麦磨粉的副产物，由小麦的表皮、糊粉层和胚芽及面粉组成，关于它的定义比较模糊。一般来说，次粉总纤维含量不超过10%。其粗脂肪和粗蛋白质水平分别是3.6%和16.4%（冯艳武等，2019）。农业行业标准《饲料用次粉》（NY/T 211—1992）以粗蛋白质、粗纤维及粗灰分为质量控制指标，按含量分为三级（一级：粗蛋白≥14.0%、粗纤维＜3.5%、粗灰分＜2.0%；二级：粗蛋白≥12.0%、粗纤维＜5.5%、粗灰分＜3.0%；三级：粗蛋白≥10.0%、粗纤维＜7.5%、粗灰分＜4.0%）。法国INRA数据库（2005）表明，成年公鸡对次粉的氮校正代谢能为10.0MJ/kg，肉仔鸡为9.6MJ/kg。次粉灰分为1.4%～4.0%。由于次粉的灰分含量跨度大，很多企业会根据灰分将其进一步分成以下两种：①黄粉。黄粉主要由糊粉层、外层胚乳和部分麸皮组成，其灰分为2.5%～4.0%；②工业粉。工业粉主要由糊粉层、胚乳和少部分细麸皮组成，其灰分为1.4%～2.5%（王晓芳等，2018）。

（四）小麦DDGS

小麦DDGS是小麦生产食用酒精时产生的酿造尾产物，是小麦经特定菌种发酵将淀粉转化为乙醇蒸馏走后的发酵残渣经二次烘干而成的混合物，其赖氨酸、蛋氨酸、胱氨酸等氨基酸含量较高（苟钟勇，2019；夏伦志等，2013）。法国INRA数据库（2005）将小麦酒糟分为淀粉小于7%和淀粉大于7%两种，成年公鸡对前者的氮校正代谢能为7.8MJ/kg，肉仔鸡为7.6MJ/kg；成年公鸡对后者的氮校正代谢能为10.0MJ/kg，肉仔鸡为9.8MJ/kg。

以小麦为原料生产酒精的过程中产生大量酒糟液，这些酒糟液经离心分离、下层沉淀烘干为干酒糟，上清液加入絮凝剂絮凝后过滤得浮渣，浮渣具有酒香味。小麦制酒精浮渣的粗蛋白质和粗纤维含量分别为38.70%和10.17%，浮渣中氨基酸总含量较高，而且组分比例较均衡（张民扬等，2015）。

三、大麦

1. 概况 大麦（barley）是古老的作物之一，具有在高寒、高纬度、盐碱、干旱、迟播和贫瘠等不利条件下产量较为稳定的特点。大麦是世界上产量第四大的谷物，其产量仅次于小麦、水稻和玉米。近年来，中国大麦进口数量逐渐降低，2019年进口数量约600万t，主要来源于乌克兰、加拿大、澳大利亚和欧盟地区。大麦分为皮大麦和裸大麦两类，其中皮大麦为带壳大麦，经常用于饲料中，其在欧洲、大洋洲及澳大利亚等地是常用的家禽饲料原料，目前我国也开始大量进口皮大麦并在家禽饲料中大量使用（龚金龙等，2015）。裸大麦又称脱壳大麦，因其易变质、难以储存，故较少用于饲料生产。

2. 营养成分 大麦淀粉含量通常为52%～60%，普通大麦品种含有约27%的直链淀粉和73%的支链淀粉。大麦中粗蛋白质含量为11.7%～14.2%，在谷类籽实中较高，略高于玉米。大麦中的限制性氨基酸如赖氨酸、苏氨酸、异亮氨酸和色氨酸含量也均比玉米高，其中赖氨酸含量（0.44%）接近为玉米的2倍，但其利用率低于玉米。大麦纤维（中性洗涤纤维、酸性洗涤纤维）含量较高，皮大麦的外壳中含有高浓度的不溶性纤维，因而对鸡的能量供给低于玉米和小麦。法国 INRA 数据库（2005）表明，成年公鸡对大麦的氮校正代谢能为 11.5MJ/kg，肉仔鸡为 10.9MJ/kg。与玉米、燕麦相比，大麦中脂类含量相当低，仅为 2%～3%，其中绝大部分是甘油三酯，其脂肪酸部分主要为软脂酸和不饱和脂肪酸。大麦籽粒中的钙、磷、铁、镁等矿物质元素含量也较为充足，含量比大米高，维生素 A 和维生素 E 也高于其他谷物。大麦还富含 β-葡聚糖、α-生育三烯酚、黄酮类化合物、γ-氨基丁酸等多种功能活性成分（陈文若等，2017；贺建华等，2000；王勇生等，2014）。

3. 高效利用技术　大麦和其他谷物相似，钙含量相对较低，因此在饲粮中使用大麦时有必要补充钙（王勇生，2014）。皮大麦中 60%～70%的磷是以植酸磷的形式存在，这对磷的利用以及钙、氨基酸等营养素的消化吸收也有负面影响，可以在使用大麦时使用外源植酸酶。大麦中的非淀粉多糖含量较高，如 β-葡聚糖和阿拉伯木聚糖，这是限制其在家禽饲料中应用的重要因素（韩正康，2000；徐有良等，1999），生产中可采用添加β-葡聚糖酶（如 0.1%β-葡聚糖酶粗酶制剂、0.05%含 β-葡聚糖酶的复合酶）等酶制剂、加热处理等方法提高鸡对大麦的利用率，从而降低饲养成本（韩正康，2000；刘梅等，2001；王佳丽，2006）。皮大麦的麦芒会引起机械性损伤，导致口腔炎；皮大麦中还含有呕吐毒素等抗营养因子，因而在使用时要做好呕吐毒素的监控，保证皮大麦中的呕吐毒素小于 5mg/kg（刘松柏等，2015）。《替代方案》提出，大麦替代玉米比例一般不超过 80%，同时需要添加油脂补足能量。

四、黑大麦

1. 概况　黑大麦（black barley）在植物学上属于普通大麦种变种，成熟后穗、芒、籽粒、叶、秆等均呈黑色。由于黑大麦生育期短、抗倒伏、病害轻，因此外界条件对其品质影响较小，其质量容易得到保障（王玉凤，1998）。

2. 营养成分　黑大麦与普通大麦在营养成分上有很多共性，同时黑大麦也因强同化力、生物产量积累多、微量元素含量高等特点比普通大麦更具优异的营养特性。黑大麦的蛋白质、维生素、纤维素含量均高于普通大麦，其中黑大麦蛋白质含量比普通大麦高 2.85%，赖氨酸、蛋氨酸含量分别比普通大麦高 7.9%、10.53%。黑大麦粗纤维含量比普通大麦高 31.8%。维生素中的核黄素含量比普通大麦高 34.07%。微量元素中，钙含量比普通大麦高 9.49%，比玉米高 2.5～3 倍；锌含量比小麦和普通大麦均高近 1 倍；铁含量比小麦高 6 倍，比普通大麦高 3 倍；硒含量比普通大麦高 25.00%～34.38%，比小麦高 76.92%～103.85%，比玉米高 3.6 倍（臧慧等，2012）。法国 INRA 数据库（2005）表明，成年公鸡对黑大麦的氮校正代谢能为 11.5MJ/kg，肉仔鸡对黑大麦的氮校正代谢能为 9.8MJ/kg。

五、高粱

1. 概况　高粱（sorghum）耐贫瘠、耐干旱、耐盐碱、耐涝，适合在干旱、半干旱、低洼易涝地区进行种植（田晓红等，2009）。根据高粱中单宁含量，将其划分为低单宁高梁（单宁含量<0.5%）、中单宁高粱（0.5%≤单宁含量<1%）和高单宁高粱（单宁含量≥1%）。我国高粱种植广泛，产量高。近年来中国高粱进口数量明显下降，2019年进口数量为83万t，进口来源于美国、阿根廷、澳大利亚等国。高粱的主要营养成分如可消化蛋白、粗脂肪、无氮浸出物等都相当于玉米，且有较好的适口性，作为能量型饲料原料价格较玉米更低廉（罗峰等，2013）。法国INRA数据库（2005）表明，成年公鸡对高粱的氮校正代谢能为13.8MJ/kg，肉仔鸡为13.5MJ/kg。

2. 高效利用技术 高粱中含有单宁、醇溶蛋白和植酸等抗营养因子，影响营养成分的消化吸收（温永亮和闫益波，2019）。单宁是一种多酚类复合物，作为植物的代谢产物，可抑制动物采食，并与蛋白质形成难以消化的复合物，抑制消化酶活性，高粱中单宁含量可达100g/kg以上。研究发现，粉碎工艺影响高粱在饲料中的利用效率，软高粱发挥最佳利用效率的适宜粉碎粒径为500μm，硬高粱粉碎粒径在300μm时具有最佳的利用效率（高业雷等，2016）。

3. 在黄羽肉鸡上的应用 胡贵丽等（2017）以美国高粱、湖南高粱、内蒙古高粱替代黄羽公鸡基础饲粮中30%或50%的玉米，均获得与玉米相当甚至更好的生长与屠宰性能结果，且综合肠道黏膜形态结构及血清抗氧化指标，以内蒙古高粱替代基础饲粮中50%玉米效果最佳。《替代方案》提出，高粱可代替玉米40%～60%。

六、燕麦

燕麦（oats）主要生长在温带凉爽湿润地区，是抗逆性强的一年生粮饲兼用作物。燕麦中的蛋白质含量在普通谷物之上，因品种和栽培环境产生差异，一般为11.3%～19.9%，多数达到16%，在粮食作物中居首位（张丽萍等，2004），同时，燕麦被公认为是氨基酸最平衡的谷物。燕麦的脂肪结构与小麦、玉米、谷子等谷物相似，但含量远高于它们，约为6.3%。燕麦脂肪多为优质脂肪，含有大量不饱和脂肪酸以及内源性维生素E前体，能够维持燕麦油脂的稳定性，并具有有效清除自由基的功能；燕麦脂质中磷脂含量为2%～26%，其中卵磷脂占45%～51%。燕麦中含有大量的维生素和矿物质，如维生素B_1、维生素B_2、维生素B_3、维生素B_6、维生素E，以及其他谷物缺少的皂苷。燕麦因为富含蛋白质、脂肪、矿物质、维生素、淀粉、膳食纤维和抗氧化物的优点，是各类家畜家禽优质精饲料（刘畅等，2020）。法国INRA数据库（2005）表明，成年公鸡对燕麦的氮校正代谢能为9.8MJ/kg，肉仔鸡为9.3MJ/kg。

七、稻谷及其加工产物

水稻作为我国主要粮食作物，占粮食种植面积的35.6%，我国水稻产量居世界首位，约1.85亿t/年，占世界年总产量的30%左右；2019年，中国水稻进口量为300万t左右，占消费比为1.60%。我国北方水稻以粳稻为主，栽培面积占全国水稻栽培面积的15%左右（刘松柏等，2015），而南方水稻以籼稻为主。籼米食味品质较差，吸水率、膨胀容积值较大，干物质含量相对较少，蛋白质含量较粳米高，其直链淀粉含量较高，整精米率较低，碎米率较高（王伯伦等，2008）。

稻壳是稻米加工过程中数量最大的农副产品，按重量计算约占稻谷的20%。稻壳的营养价值较低，含粗蛋白质 2.5%～3.1%，粗脂肪 0.7%～1.0%，粗纤维 30%～40%，无氮浸出物 20%～27%，粗灰分 17%～19%。稻壳的主要成分是纤维素、木质素和硅化合物，很难被家禽利用，所以不能直接用作饲料（李燕红等，2008）。

（一）糙米

稻谷是指水稻脱粒后的产物，其中糙米（husked rice）占 80%～82%，包括果皮与种皮、胚以及胚乳等。糙米中粗蛋白质含量与玉米相当或高于玉米，粗纤维含量低于玉米，有效能值高于玉米。糙米总氨基酸较玉米平衡，色氨酸含量比玉米高得多。除锌外，糙米中其他几种微量元素含量都相当于或远高于玉米。糙米中烟酸、泛酸含量高于玉米，胆碱含量约为玉米的 2.3 倍（郑艺梅等，2000）。法国 INRA 数据库（2005）表明，成年公鸡和肉仔鸡对糙米的氮校正代谢能分别为 14.6MJ/kg、14.4MJ/kg。《替代方案》提出，糙米在肉鸡日粮中可添加比例为 20%～40%。

（二）碎米

糙米通过去皮和磨光除去糊粉层和胚后的产品为精米，而碎米（broken rice）是指糙米去米糠制成精米时的碎粒。碎米的营养成分与精米基本相同，粗纤维和矿物质含量略高于整米，其水分含量为 12%～14%，粗蛋白质含量为 5%～11%，粗纤维含量为 0.2%～2.7%，无氮浸出物含量为 61%～82%，矿物质含量为 2.3%左右。法国 INRA 数据库（2005）表明，成年公鸡和肉仔鸡对碎米的氮校正代谢能分别为 14.2MJ/kg、13.9MJ/kg。因其营养成分变动较大，所以用碎米作饲料时，要对其养分进行实测。碎米中的氨基酸含量变异较大，但即使氨基酸含量较高的碎米，其中所含氨基酸均不能满足畜禽的需要，需补充蛋白质饲料（高旗等，2006）。

一般说来，碎米粉碎得越细、与其他料混合得越均匀，饲料的消化率越高，饲喂效果就越好。但也不宜粉碎得过细，否则会导致畜禽咀嚼不充分，唾液混合不均匀，反而妨碍消化。鸡的啄食特点为喜食粒料，故可以使其饲料粗细搭配使用。直径在 2mm 以下的碎米可直接以粒状加入其他料中，一起混合后喂鸡（高旗，2006）。《替代方案》提出，碎米在肉鸡日粮中可添加比例为 20%～40%。

（三）米糠

1. 概况　米糠（rice bran）是一种营养丰富的糙米加工副产品，由稻谷脱壳后依附在糙米上的表皮层及米胚、碎米和糊粉层组成，是大米中营养成分含量较高的部分（苟钟勇等，2019），年产量约 1 000 万 t。

2. 营养成分　米糠中含有 11%～17%的粗蛋白质，11%～18%的脂肪，9%的灰分，45%～65%的无氮浸出物，蛋白质和脂肪具有较高的生物学效价。法国 INRA 数据库（2005）表明，成年公鸡和肉仔鸡对米糠的氮校正代谢能分别为 11.9MJ/kg、11.5MJ/kg。米糠中铁和锰含量丰富，并且富含 B 族维生素和生育酚（杜红芳等，2007；林丽珊，2004）。作为次级能量饲料，米糠是玉米的良好替代品。

3. 高效利用技术　将米糠应用于饲料中时存在以下问题：米糠的粗纤维含量较高，适口性差。米糠非淀粉多糖含量高达 40%以上，约为玉米的 4 倍（苟钟勇，2019）。米糠的粗脂肪含量较高，且主要为不饱和脂肪酸，所以极易氧化、酸败、发热和发霉（孙希文，2009），同时米糠含有内源脂肪酶和过氧化酶，能迅速氧化加工过程中所释放出来的脂肪和油类。

米糠作为饲料资源使用时，可对其进行有效处理以降低其中的抗营养因子含量。首先要抑制和钝化米糠脂肪分解酶的活性来使其稳定化，主要有热处理法（湿热、干热）、化学法（加酸、醇等）和挤压法等。米糠中的钙、磷比例是 1∶20，且磷主要是利用率不高的植酸磷，因此利用米糠饲料时应注意添加植酸酶分解植酸磷，以提高有效磷的含量，同时注意补充钙源（王开丽，2012）。米糠中还含有胰蛋白酶和糜蛋白酶抑制剂、植酸盐和血细胞凝集素等抗营养因子，这些都制约了米糠作为饲料原料的应用（林丽珊，2004），可通过添加酶制剂、抗氧化剂等方法提高其利用率（林丽珊，2004；王继强等，2014；王开丽，2012）。研究表明，米糠经一定浓度的醋酸（1%醋酸/20%米糠）浸泡后再在135℃压榨蒸煮，其可用磷含量增加，血凝激素活性由 32HU/mg 下降到 2HU/mg，胰蛋白酶抑制剂的含量从 1.34U/mg 降低到 0U/mg（林丽珊，2004）。

4. 在黄羽肉鸡上的应用 苟钟勇等（2014）研究表明，饲粮添加 20%的新鲜米糠对黄羽肉鸡 1～14 日龄的平均日增重、平均日采食量和料重比均无显著影响，但降低了15～21 日龄肉鸡平均日增重；与添加新米糠组相比，添加氧化米糠组的黄羽肉鸡空肠黏膜中丙二醛含量增加、氧化型谷胱甘肽转移酶活性下降，导致空肠组织氧化损伤、肠道通透性增加、平均日增重显著降低。孙希文等（2009）提出添加 15%米糠替代玉米不影响7～56 日龄的青脚麻鸡生长性能，但当米糠用量增加到 30%时，麻鸡生长受到显著抑制。以上研究结果表明，在黄羽肉鸡小鸡阶段添加米糠首先要保证新鲜度，其次应控制米糠的添加量和饲喂时长。

（四）稻谷 DDGS

稻谷 DDGS 中氨基酸的种类齐全，必需氨基酸的含量约占氨基酸总量的 45%，其中谷氨酸的含量最高，赖氨酸的含量较低（0.64%～0.83%）。稻谷 DDGS 蛋白质中生物蛋白含量明显增加，产生了大量的菌体蛋白，富含多种氨基酸、维生素，有机酸、多酶类和微量元素，能促进消化吸收。经过酒精发酵后，稻谷中的蛋白质、淀粉、粗纤维等物质降解或软化为更利于消化的状态。发酵消除了饲料原料中的抗营养因子，早稻谷酒糟生物蛋白饲料色泽金黄，含有特殊芳香物质，对促进畜禽采食具有重要作用（李洁等，2019；万孝康等，2002）。

第二节　块根类饲料原料

一、木薯与木薯渣

1. 概况 木薯（cassava）是世界三大薯类作物（马铃薯、木薯、甘薯）之一，主要产于热带与亚热带地区，在我国南方地区产量较高，其在饲料中的应用能大大降低生产成本，解决一部分资源短缺问题。近年来，中国木薯进口数量明显下降，2019 年进口量为284 万 t，主要来源于东南亚。

木薯渣是木薯经过加工提取淀粉后剩下的脚料混合物，主要是由木薯的外皮、内部的薄壁组织和大部分有毒的氰苷类物质组成，每年我国木薯经过加工产生的木薯渣可达150 万 t（刘维等，2019）。

2. 营养成分和高效利用技术　木薯块中含大量淀粉（占干物质基础的70%～85%），是一种合适的能量原料。木薯淀粉中83%为支链淀粉，高于玉米，并且其脂肪含量较低，纤维含量也相对较低，因而对动物的消化率相对较高（刘松柏等，2015）。但由于木薯蛋白质含量低，所以在肉鸡饲粮中用高比例木薯替代谷物原料时，一定要平衡蛋白质及氨基酸。同时木薯中也存在抗营养因子氢氰酸，氢氰酸又名氰化氢，可通过消化道被吸收导致机体中毒，因此其在饲料中的添加量受到限制。

木薯渣中含有丰富的营养成分，主要以糖类为主，其中无氮浸出物含量高于60%，但是其粗脂肪和粗蛋白质含量低。木薯渣中粗灰分和粗纤维含量较高，适口性较差，对动物采食量具有很大的影响。同时，新鲜木薯淀粉渣含水量达70%～80%，因而极易滋生霉菌、腐败变质，从而不耐贮存、不易运输。另外，木薯渣中含有亚麻仁苦苷，其在酶或者弱酸的作用下分解出的氢氰酸，是木薯渣中最为主要的抗营养因子（刘维，2019）。通常可通过煮沸、烘烤、酸解、干燥、青贮和微生物发酵等方法降低木薯渣中的氢氰酸含量，也可通过添加蛋氨酸、硫代硫酸钠以及维生素 B_{12} 等降低木薯渣中氢氰酸的毒性。

3. 在黄羽肉鸡上的应用　在华南地区农村采用新鲜木薯喂鸡的情况十分普遍。早在20世纪80年代，就有研究证实了木薯作为能量饲料替代谷物饲喂黄鸡的可行性（梁明振，1988）。欧肇林等（2018）发现，低蛋白饲粮中添加50%木薯替代玉米并不影响1～42日龄雌性新兴黄鸡的生长性能。于向春等（2011）发现，文昌鸡饲粮中使用15%发酵木薯（用米曲霉、枯草芽孢杆菌和酿酒酵母组成的复合菌剂发酵所得）来替代9%的玉米粉、3%的花生粉和3%的麸皮可得到相对较好的增重效果。俸祥仁等（2013）也证明向28～120日龄的广西玉林三黄鸡添加10%～20%发酵木薯，可提高鸡成活率、降低养殖成本，且以添加10%的量效果最佳。《替代方案》提出，木薯在鸡饲料中一般不超过10%。

二、甘薯

甘薯（*Ipomoea batatas* Lam）属一年生或多年生蔓生草本植物，又名红薯、地瓜、番薯、甜薯等，是世界上重要的粮食、饲料和工业原料作物。它稳定高产，抗灾能力强，适应性广，现在我国甘薯年产量约1.2亿t，占世界甘薯总产量的85.9%，是全球重要的甘薯出口国之一。鲜薯块根是甘薯作物生产中的主要产物，其产量大，营养丰富，养分平衡。

鲜甘薯块根中含淀粉28.0%～29.5%、蛋白质1.0%～1.8%，还含有脂肪酸、可溶性糖、多种维生素及钙、磷、铁等矿物质，甘薯中几乎不含脂肪和胆固醇（徐梦瑶等，2017）。我国南方农户采用新鲜甘薯、甘薯叶喂鸡的情况较为普遍。以自由采食生红薯的形式取代5%的基础日粮可提高信都三黄鸡日增重，节约成本，提高生产效率，取得良好的经济效益（陈英姿，2007）。

第三节　饼粕类饲料原料

一、豆粕——发酵豆粕与酶解豆粕

1. 豆粕（soybean meal）的使用限制　豆粕是饲料中应用最广、最重要的植物性蛋白原料，中国2021年大豆进口量为9 652万t，国产大豆1 960万t，全年使用豆粕约7 000

万 t。由于豆粕中存在胰蛋白酶抑制因子、外源凝集素、植酸、抗原蛋白、棉籽糖、水苏糖等多种抗营养因子（其阿拉伯木聚糖含量为 4.0%、甘露聚糖含量为 1.6%），严重影响饲料养分利用率。

2. 高效利用技术 对豆粕抗营养因子的处理可以采用物理、化学和生物学方法。抗胰蛋白酶因子对热比较敏感，适当加热豆粕可以减轻或消除其危害，如 100℃（0MPa）10～15min、112℃（0.05MPa）10min、120℃（0.1MPa）5min 或 128℃（0.15MPa）5min 的热蒸，可使大豆饼中抗胰蛋白酶因子显著下降。在豆粕中加入一些添加剂也可以钝化某些抗营养因子，亚硫酸钠可使抗胰蛋白酶因子的二硫键断裂，从而抑制其活性，但这种方法操作不便，会使饲料成本增加。还可利用生物技术（如酶制剂处理、微生物发酵技术），采用合适的菌株能特异性地降解大豆及其饼粕中抗营养因子（张晓云，2013）。例如非淀粉多糖酶是能够降解植物中阿拉伯木聚糖、β-葡聚糖等非淀粉多糖的一系列酶，主要包括木聚糖酶、β-葡聚糖酶、β-甘露聚糖酶和纤维素酶等。非淀粉多糖酶能够降低动物肠道内食糜黏度，提高饲粮中的代谢能值，从而提高动物的生产性能。研究表明，在玉米-豆粕型饲粮中添加木聚糖酶和β-甘露聚糖酶等非淀粉多糖酶制剂能够提高黄羽肉鸡的生长性能以及饲粮养分和能量的代谢率（张兴等，2013）。

以豆粕为主要原料，以麸皮、玉米皮为辅助原料，使用微生物菌种进行固态发酵可制成发酵豆粕（fermented soybean meal）。发酵豆粕将豆粕原料中的高分子蛋白质分解成中分子、小分子多肽与氨基酸等营养物质，且富含消化酶、维生素等，同时能有效降解抗营养因子，具有抗原性低、易消化、吸收快等特点。有的发酵豆粕利用地衣芽孢杆菌、酵母菌等有益菌发酵，还可促进肉鸡肠道菌群的平衡，有效抑制致病菌的繁殖（王龙昌，2010）。农业行业标准《饲料原料　发酵豆粕》（NY/T 2218—2012）规定，饲料原料发酵豆粕产品的卫生指标应满足黄曲霉毒素 $B_1 \leqslant 10.0\mu g/kg$，大肠菌群＜0.3MPN/g。

酶解豆粕（soybean meal，enzyme treated）是以大豆粕为主要原料，通过蛋白酶如植物蛋白酶、动物蛋白酶、微生物蛋白酶等降解制成可溶性蛋白和小分子多肽的混合物，经过酶解处理的蛋白质与传统大豆相比具有蛋白质更易于吸收、低抗原等特点（张改改等，2019），更利于动物消化吸收。

3. 在黄羽肉鸡上的应用 研究表明，用 7%嗜酸乳杆菌发酵豆粕替代普通豆粕能够显著提高黄羽肉鸡的平均日增重，提高其半净膛率、胸肌率等屠宰性能，表明发酵豆粕饲用效果优于普通豆粕饲料，并可替代抗生素使用（阿布都如苏力·艾尔肯等，2014）。许丽惠等（2013）发现，在黄羽肉鸡生长前期使用 9%发酵豆粕替代部分普通豆粕能够提高体增重、改善料重比，提高血清中碱性磷酸酶活性并降低尿酸含量，同时提高十二指肠绒毛高度，稳定肥大细胞和 sIgA 阳性细胞数量，增强肠道黏膜免疫功能，并降低盲肠大肠杆菌数量，增加乳酸菌数量，改善肠道微生态环境。艾尔肯等（2014）发现，用 7%嗜酸乳杆菌发酵豆粕替代饲粮豆粕对黄羽肉鸡生长性能与屠宰性能有良好作用。林丽花等（2013）的研究也表明，用发酵豆粕替代普通豆粕能够提高 1～4 周龄黄羽肉鸡的消化酶活性、抗氧化能力和免疫力，促进养分的吸收利用，减少氮和粗灰分的排出量，其适宜替代量为 9%。

二、棉籽粕

1. 概述　棉籽粕（cottonseed meal）为棉籽经浸提加工或压榨后的副产物，是除豆粕之外的第二大蛋白类饲料，其富含营养素，而且价格低廉。

2. 营养成分　棉籽粕的蛋白质含量因脱壳程度、棉籽质量和品种，以及加工方式的不同而存在一定差异。脱壳棉籽蛋白含量大约是带壳棉籽的2倍，提油后的棉籽粕中蛋白质含量达到50%，棉粕蛋白质含量高，仅次于豆粕，是优质的饲料蛋白质资源之一。脂肪含量为3.5%～6.5%，粗纤维含量为10%～14%，粗灰分含量为5%～8%，还含有多种维生素和矿物质（如钙、磷、钾、镁等）。棉籽粕含有丰富的氨基酸，但其氨基酸组成不平衡，精氨酸含量高达3.6%～3.8%，赖氨酸含量仅为1.3%～1.5%，蛋氨酸含量仅为0.4%。因此，在动物生产中若是将棉籽粕作为饲料蛋白源，为了保证氨基酸平衡和提高棉粕的利用率，还需再补充一定量的赖氨酸和蛋氨酸（李哲敏等，2017；刘少娟等，2016；周培校等，2009）。法国INRA数据库（2005）表明，对粗纤维含量为7%～14%和14%～20%的棉籽粕，成年公鸡的氮校正代谢能分别为8.6MJ/kg、7.0MJ/kg。

3. 高效利用技术　棉籽粕含有许多抗营养因子，如棉酚、环丙烯类脂肪酸、单宁和植酸。其中，棉酚对动物的危害最大。棉酚按存在形式可分为结合棉酚和游离棉酚。结合棉酚无毒性，大部分不被动物吸收而被排出体外，小部分则会在体内分解成游离棉酚。游离棉酚有毒性，主要由其所含的活性醛基和活性羟基产生毒性，对心脏、肝、肾等实质性器官及神经、血管均有毒害作用，因此严重制约了棉籽粕在配合饲料中的使用（苟钟勇，2019；刘少娟，2016；阮栋等，2012）。国家标准《饲料用棉籽粕》（GB/T 21264—2007）按游离棉酚含量不同，通常将棉籽粕分为低酚棉籽粕（棉酚含量＜300mg/kg）、中酚棉籽粕（棉酚含量300～750mg/kg）和高酚棉籽粕（棉酚含量750～1 200mg/kg）。环丙烯类脂肪酸的毒害作用主要是影响家禽的脂类代谢，从而引起一系列的病理反应，如肝细胞的坏死等。单宁的抗营养作用主要是通过与消化道中的蛋白质和消化酶结合，发生沉淀反应，降低消化酶活性，降低饲料中养分的消化率；单宁还可以在口腔中与唾液蛋白、糖蛋白相互作用产生苦涩味，影响饲料的适口性和采食量。植酸也是棉籽粕中主要的抗营养因子之一，它是一种强螯合剂，在低pH环境下，能与带正电的金属离子和蛋白质分子牢固地黏合在一起，形成难溶的螯合物，阻碍多种矿物质元素的吸收利用，抑制消化酶（如胰酶、淀粉酶、胃蛋白酶等）活性，使动物厌食、生长受阻（刘少娟，2016）。

由于以上抗营养因子的存在，棉籽粕在饲料中的应用受到了极大的制约。长期过量饲喂棉粕饲料，尤其是未经脱毒或调制不当的棉籽粕饲料，易引起中毒，导致尿结石等疾病（周培校，2009）。生产中会通过物理方法、化学方法和生物学方法对棉籽粕进行脱毒处理。

物理方法主要包括：①旋液分离法。此法设备复杂、成本高，不易普及。②挤压膨化法。高温湿热可有效地钝化游离棉酚等抗营养因子，但加热过程中会引起氨基酸和糖类反应，导致蛋白质消化率下降，从而降低饲料的营养价值。③热处理法。此法经过蒸、煮、炒等处理使游离棉酚与蛋白质和氨基酸结合而去毒，但会破坏棉籽粕中的营养成分，同时耗费大量的热能。④混合溶剂萃取法。利用工业己烷萃取棉籽仁中的棉籽油、醇类萃取棉籽仁中的棉酚，可避免蛋白质的热变性和氨基酸与游离棉酚的结合，但溶剂消耗大、成本高，无法形成工业化生产（陈金洁等，2016）。

化学方法主要有：①化学添加剂法。此法加入化学添加剂如硫酸亚铁等，使游离棉酚成为结合棉酚，其优点是操作简便、脱毒效果较好，缺点是棉酚总量不会发生改变，所形成的络合物仍保留在棉粕中，导致棉籽粕的适口性差。②碱中和法。此法使棉酚与碱生成棉酚钠盐沉淀，效率高，同时碱与脂肪酸、磷脂等结合留在饼粕中，可提高饼粕的营养价值，但对碱的浓度精确性要求较高。③吸附法。用含水乙醇从棉籽中浸出棉酚，利用吸附剂吸附浸出液中的棉酚（陈金洁等，2016）。

生物方法有酶解法与发酵法，酶解法利用生物所产生的酶类对棉籽粕中游离棉酚等毒性物质进行分解，但由于酶解棉籽粕呈液体状态，将其转化成固体状态需要耗费较大的成本。发酵棉籽粕（fermented cottonseed meal）是指以棉籽粕为主要原料，利用微生物发酵技术制作而成的一种高蛋白饲料，含有多种营养物质。目前，用于发酵饲料的菌种主要有酵母菌、芽孢杆菌、霉菌、乳酸菌四种，这些菌种还可进行复合发酵。棉籽粕经微生物发酵后，棉酚的脱毒率可达 94.6%，在发酵过程中还可以产生维生素、有机酸、小肽等多种物质，极大地提高了棉籽粕的营养价值（魏莲清等，2019）。

棉籽蛋白（cottonseed protein）是由棉籽或棉籽粕生产的粗蛋白质含量在 50%（干物质基础）以上的产品。脱酚棉籽蛋白是以棉籽为原料，在低温条件下，经软化、轧胚、浸出提油，并将棉酚以游离状态萃取脱除后得到的粗蛋白质含量不低于 50%、游离棉酚含量不高于 400mg/kg、氨基酸占粗蛋白质比例不低于 87%的产品，它是新型棉籽蛋白质饲料。脱酚棉籽蛋白来源丰富，营养价值可与豆粕相近，且与传统工艺生产的棉籽饼粕相比，具有游离棉酚含量低、安全性高、蛋白含量高、氨基酸品质优良等优势（王安平等，2010；王开丽等，2013）。

4. 在黄羽肉鸡上的应用 阮栋等（2012）研究发现，饲粮中添加 5%的低酚棉籽粕（棉酚含量为 235mg/kg）对 1～21 日龄快大型黄羽肉鸡生长无不利影响，组织器官无器质性损伤，且胸肌中无棉酚残留，但添加 5%以上的棉籽粕对肉鸡的氧化还原平衡体系有不利影响。而使用 8%～27%的脱酚棉籽蛋白替代饲粮中 30%、60%和 100%的豆粕时，对 1～49 日龄黄羽肉鸡养分利用率、屠宰性能和肉质风味均无不良影响（王开丽等，2014；王开丽，2013）。《替代方案》提出，普通棉籽饼粕可替代 30%～40%的豆粕，脱酚棉籽蛋白替代比例可达 60%～80%。

微生物发酵处理可以有效消除棉籽粕中游离棉酚，提高棉籽粕营养价值，发酵过程中还能产生益生菌、消化酶、小肽、氨基酸、有机酸、维生素等营养物质，可提高棉籽粕的营养价值，并提高饲料转化率和饲料报酬（孙焕林等，2015）。5%枯草芽孢杆菌发酵棉籽粕可提高黄羽肉鸡的生长性能与生产效益（冯江鑫等，2015），提高黄羽肉鸡免疫功能（孙焕林，2015），添加量为 8%时对肉鸡屠宰性能和肉品质的影响效果最好（王朝阳等，2016）。6%或 9%的嗜酸乳杆菌发酵棉籽粕添加量可改善黄羽肉鸡肌肉的风味特性（王永强等，2017）；嗜酸乳杆菌发酵棉籽粕还可以增强黄羽肉鸡的免疫功能和抗氧化性能（张晓羊等，2017）。6%酵母菌发酵棉籽粕对黄羽肉鸡具有改善肌肉风味以及调节脂类代谢的作用（聂存喜等，2014）。6%益生菌（酵母菌、芽孢杆菌和乳酸菌混合）发酵棉籽粕在提高黄羽肉鸡生长性能、消化吸收能力等方面有较优效果（俸祥仁，2013；闫理东等，2012）。

三、菜籽粕

1. 概述　菜籽粕（rapeseed meal）为油菜籽提取油后的主要副产物，我国菜籽粕产量丰富，每年达 700 万 t，产量居世界首位。2019 年起，我国取消杂粕（菜籽粕、棉籽粕、葵花籽粕、棕榈仁粕）进口关税，2019 年菜籽粕进口量较 2018 年有了明显的增加，进口量达 120 万 t，其中 95%以上来自加拿大。

2. 营养成分　菜籽粕蛋白质含量丰富，粗蛋白质含量约为 39%，接近棉籽粕和豆粕；国家标准《饲料用菜籽粕》（GB/T 23736—2009）主要根据其粗蛋白质含量分为一级（粗蛋白质含量≥41.0%）、二级（粗蛋白质含量≥39.0%）、三级（粗蛋白质含量≥37.0%）和四级（粗蛋白质含量≥35.0%）。菜籽粕还含有丰富的必需氨基酸，其中蛋氨酸、色氨酸和赖氨酸含量较高。菜籽粕中的脂肪是提取油后的残余脂肪，含量为 0.5%～6%。菜籽粕粗纤维含量约为豆粕的 2 倍，无氮浸出物及各种矿物元素含量与大豆相近。其钙、磷含量与比例较合适，且磷含量较其他饼粕类高，不过可利用的有效磷含量不高。此外，菜籽粕中微量元素硒、铁、镁、锰、锌的含量一般高于豆粕。菜籽粕与豆粕相比具有明显的价格优势，所以菜籽粕也是一种较为理想的蛋白饲料原料（刘祥，2006；朱文优，2009）。法国 INRA 数据库（2005）表明，成年公鸡和肉仔鸡对菜籽粕的氮校正代谢能分别为 6.1MJ/kg 和 5.9MJ/kg。

3. 高效利用技术　菜籽粕中含有较多抗营养因子，最主要的是硫代葡萄糖苷（简称硫苷），其在本身芥子酶的分解下可以生成异硫氰酸酯、噁唑烷硫酮、硫氰酸酯、腈等物质，这些物质都有一定毒性，能损害动物的内脏器官，尤其是异硫氰酸酯与噁唑烷硫酮可导致动物的甲状腺肿大、生长速度降低。我国国家标准《饲料用菜籽粕》（GB/T 23736—2009）中菜籽粕产品按照异硫氰酸酯的含量范围分为低异硫氰酸酯菜籽粕（≤750mg/kg）、中含量异硫氰酸酯菜籽粕（750mg/kg＜ITC≤2 000mg/kg）、高异硫氰酸酯菜籽粕（2 000mg/kg＜ITC≤4 000mg/kg）。菜籽粕中的植酸能与菜籽粕中的矿物质离子牢固地结合，形成难溶性的植酸盐络合物，降低矿物质元素的生物效能；植酸还可以与蛋白质结合，形成不溶性的络合物，阻止蛋白质酶解，降低消化利用率。菜籽粕中的单宁可结合动物体内的脂肪酶、胰蛋白酶、淀粉酶而使之失活，影响动物的消化吸收机能，造成动物生长迟滞，同时使肉质具有涩味和辛辣味，影响菜籽粕的适口性和家禽采食量。菜籽粕中含有 1.0%～1.5%的芥子碱，芥子碱是芥子酸和胆碱作用生成的酯类物质，是菜籽粕产生苦味的主要原因之一（金晶等，2009；孙林等，2018）。菜籽粕中的硫苷、芥酸、异硫氰酸酯、噁唑烷硫酮等抗营养因子，限制了其在肉鸡养殖中的应用（苟钟勇，2019）。

对菜籽粕的脱毒方法主要有：①加工工艺改进。通过脱皮低温压榨技术，降低菜籽粕中抗营养物质含量和加工过程中的氨基酸损失。②物理脱毒物法。主要通过物理性的高温加热、挤压膨化或者振荡洗涤等方法杀灭菜籽饼中的微生物，灭活芥子酶与其他酶系，使菜籽粕中硫苷等抗营养因子分解并随蒸气或者水分去除，常用的物理脱毒方法是加热脱毒法、辐射脱毒法、挤压膨化法等。③化学脱毒法。通过添加化学试剂与菜籽粕的有毒成分发生化学反应，进行分解、中和、溶解、结合等，以去除毒性，主要有酸碱溶液处理法、醇类溶液处理法、盐处理法等。④生物脱毒法。通过添加外源酶或添加微生物菌株进行发酵产生的酶系，分解去除菜籽粕中抗营养因子以达到脱毒效果，主要为添加酶制剂法和微生物发酵法（金晶，2009；钮琰星等，2009；孙林，2018）。

4. 双低菜籽饼粕（rapeseed meal，low erucic acid，low sulphur glucoside） 除以上高效利用技术外，还有通过遗传育种等方法选育抗营养因子含量低的油菜新品种，如低芥酸、低硫苷的双低油菜。双低菜籽饼粕指低硫代葡萄糖苷（脱脂饼粕中硫代葡萄糖苷含量低于 30mmol/g）、低芥酸（油脂中芥酸含量低于 2%）的菜籽饼粕。因双低菜籽的品种、生长环境及加工工艺的不同，蛋白质含量会有差别，一般为 34%～38%。粗脂肪含量一般为 1%～3%。双低菜籽粕中的赖氨酸含量较高，达到 1.91%，接近于大豆粕中的含量。菜籽粕中含硫氨基酸（蛋氨酸和胱氨酸）含量达到 1.56%，比大豆粕中的含量高，是一种很好的含硫氨基酸资源。双低菜籽粕中的钙、磷和镁含量是豆粕的 3 倍，硒是豆粕的 8 倍，还含有丰富的铜、铁、锰、锌等微量元素，以及较高含量的胆碱（6 700mg/kg）、生物素、烟酸、维生素 B_1、维生素 B_2。

普通菜籽饼粕因含有大量的硫代葡萄糖苷，所以未经脱毒处理时只能使用 5%～10%，同等条件下，双低菜籽饼粕使用量可提高至 10%～20%（刘文峰等，2019）。值得注意的是，虽然双低菜籽粕中硫苷与芥酸含量较低，但仍存在其他抗营养因子，如约 18%的非淀粉多糖，包括阿拉伯聚糖、半乳原糖、果胶可溶性非淀粉多糖等，影响消化吸收，还含有 2.5%～3.0%的植酸。其植酸磷含量为 0.8%，占总磷含量的 75%～80%，影响磷的吸收利用。提高双低菜籽饼粕利用率的技术措施有：①提高微量元素特别是铜、锌、铁的添加量以拮抗双低菜籽饼粕中植酸、单宁对二价金属离子的螯合作用；②添加合成赖氨酸，克服双低菜籽饼粕的赖氨酸含量和消化率低的缺陷；③加香味剂和甜味剂等，改善双低菜籽饼粕中由于仍含较多的芥子碱、单宁引起的适口性不良问题；④添加酶制剂或将双低菜籽饼粕用酶处理后应用，以提高营养物质的利用（高立海等，2004；易中华等，2007）。

5. 在黄羽肉鸡上的应用 陈兴勇等（2011）研究表明，以 4%菜籽粕（非双低）部分替代豆粕饲喂黄羽肉鸡（120～148 日龄），育肥效果与未替代组相似，但可降低饲料成本。《替代方案》提出，普通菜籽饼粕可替代 40%～50%的豆粕。

生产中有直接用低硫苷、低芥酸的双低菜籽粕作为蛋白饲料添加。笔者团队研究表明，在快大型黄羽肉鸡小鸡（1～21 日龄）、中鸡（22～42 日龄）和大鸡（43～63 日龄）阶段饲粮中分别添加 2.5%、3%和 7%的双低菜籽粕（硫代葡萄糖苷含量 7.01μmol/g）对生长性能、甲状腺激素水平、机体抗氧化功能和肉品质均无显著影响（阮栋等，2016）。殷勤等（2016）发现，在大恒肉种鸡产蛋期饲粮中添加 4%～12%双低菜籽粕部分替代豆粕不影响种鸡产蛋率、蛋重、孵化率及蛋品质。《替代方案》提出，双低菜籽饼粕可替代 60%～80%的豆粕。

另外，目前饲料中常用酶发酵等方式来降低菜籽粕中的抗营养因子，同时，发酵过程中还产生一系列酶及小肽，提高了菜籽粕的饲用价值（吴东等，2015）。饲料中脱毒菜粕

15%及15%以下的使用量对18～48日龄三黄鸡的生长状况无显著影响，且鸡只甲状腺与肝观察均无病变。吴东（2015）研究表明，在23～65日龄黄羽肉鸡饲粮中添加3%～9%的发酵菜籽粕部分替代豆粕不影响其生长性能，但可降低胸肌失水率，从而改善肉品质，以9%发酵菜籽粕效果最好。

四、花生粕

1. 概况　以脱壳花生仁为原料，经过有机溶剂浸提或机榨取油后得到花生粕（peanut meal）。中国花生粕的产量每年高达400万t，花生粕是优质的大宗蛋白质资源。

2. 营养成分　花生粕粗蛋白质含量为45%～50%，与豆粕中蛋白质含量相当（苟钟勇，2019）。花生粕中氨基酸不仅种类齐全，而且含量丰富，谷氨酸（7.52%）、天冬氨酸（4.43%）和精氨酸（4.92%）含量较高（刘庆芳等，2017）。花生粕中粗纤维水平较低，无氮浸出物中大多为淀粉、糖和戊聚糖等，这使得花生粕的代谢能水平为饼粕类饲料中最高。法国INRA数据库（2005）表明，成年公鸡和肉仔鸡对花生粕的氮校正代谢能分别为10.1MJ/kg和10.0MJ/kg。其所含脂肪酸以油酸为主，不饱和脂肪酸占53%～78%。花生粕中含有镁、钾、钙、铁、钠和锌等多种矿质元素。花生粕中胡萝卜素、维生素D和维生素C含量均低，但B族维生素含量丰富，特别是烟酸含量高达174mg/kg，泛酸（52mg/kg）、硫胺素（7.3mg/kg）含量均高于大豆饼粕，但核黄素含量低，胆碱（1 500～2 000mg/kg）含量偏低（李梦桃，2012；梅娜等，2007）。花生粕还含有黄酮类、酚类、鞣质、油脂类、糖类、三萜等，其中总黄酮含量高达1.095mg/g（王安平，2010）。

3. 高效利用技术　与优质蛋白质饲料原料相比，花生粕的饲用品质稍差。花生粕中肽含量低，约为3%，且氨基酸组成不合理。花生饼粕中存在抗胰蛋白酶因子，生产中可通过加热方式减轻或消除其不利作用（张晓云，2013）。花生粕中含有植酸，使得饲料磷的利用率大大降低（任晓静等，2013）。花生粕在加工和储藏环节易受黄曲霉毒素的感染，黄曲霉毒素是某些黄曲霉菌和寄生曲霉菌所产生的剧毒代谢产物，具有致畸、致癌、致突变的毒性，尤其会对肝造成严重毒性损伤（申泽良等，2019）。《饲料卫生标准》（GB 13078—2017）中规定，花生饼粕中黄曲霉毒素限量为50μg/kg。

花生粕经过微生物发酵处理后，气味酸甜芳香，具有良好的适口性，粗蛋白质含量从48.2%提高到52.8%，赖氨酸、蛋氨酸和总氨基酸的含量也相应提高，大分子蛋白明显降解成小分子蛋白，并积累了有益的代谢产物乳酸（蔡国林等，2010）。微生物发酵还可去除其中的黄曲霉毒素B_1，并结合酶制剂的应用以降解抗营养因子，实现花生粕的体外预消化，获得新型的代谢产物型生物饲料，可以较好地实现资源节约化和解决饲料安全性问题（刘庆芳，2017）。研究建议，脱壳花生粕在家禽中后期饲料中使用量为5%～10%，且蛋禽料中的用量大于肉禽料中的用量。另外，为了避免黄曲霉毒素中毒，花生粕在幼禽中最好不要使用（徐运杰，2011）。

4. 在黄羽肉鸡上的应用　彭鹏等（2014）的研究发现，当花生粕使用水平超过8%时，三黄鸡日增重有轻微降低现象，料重比逐渐升高，该研究推荐三黄鸡小鸡阶段（18～36日龄）花生粕替代比为8%，大鸡阶段（36～46日龄）花生粕替代比为6%。笔者团队的研究（Gou et al.，2016）表明，22～42日龄黄羽肉鸡饲粮中可添加约20%花生粕。

《替代方案》提出，花生饼粕在肉鸡饲料中用量前期一般不超过5%，后期不超过10%。

五、葵花籽饼粕

1. 概况 葵花籽是向日葵的果实，由果皮（壳）和种子组成，葵花籽饼粕（sun flower meal）是葵花油生产的加工副产物，通常由60%～65%葵花籽种实和35%～40%葵花籽外壳组成。

2. 营养成分 葵花籽饼粕蛋白质含量高，为28%～34%，依据粗蛋白质含量分为一级、二级、三级葵花籽粕（一级：粗蛋白质含量≥34.0%，二级：粗蛋白质含量≥31.0%，三级：粗蛋白质含量≥8.0%）（GB/T 22463—2000）。与传统蛋白质原料豆粕相比，葵花籽粕粗纤维含量（20.80%）和粗脂肪含量（8.09%）均显著高于豆粕（豆粕中粗纤维含量和粗脂肪含量分别为6.21%、0.55%）（曹冬艳，2019；邹铁等，2018）。法国INRA数据库（2005）表明，成年公鸡对部分脱壳和未脱壳的葵花籽饼粕的氮校正代谢能分别为6.3MJ/kg、5.7MJ/kg，肉仔鸡对两者的氮校正代谢能分别为6.2MJ/kg、5.5MJ/kg。葵花籽饼粕中常量元素钙、磷含量较一般饼粕类饲料高，微量元素中锌、铁、铜含量丰富；B族维生素含量丰富，高于大豆饼粕，其烟酸含量在所有饼粕类饲料中最高（200mg/kg以上），是大豆饼粕的5倍多，硫胺素含量（10mg/kg以上）和胆碱含量（约2 800mg/kg）也很高（伦志国，2017）。

3. 高效利用技术 葵花籽饼粕中的氨基酸比例不平衡，缺乏赖氨酸，且具有低能值、高纤维等特点，这限制了葵花籽饼粕在肉鸡饲粮中高水平使用，因此家禽饲粮中添加葵花籽饼粕超过5%时，即需补充氨基酸以防止其氨基酸不足或失衡（吕武兴，2004）。另外，葵花籽饼粕中还含有0.7%～0.82%的绿原酸，绿原酸经氧化后会变黑，是饼粕色泽灰暗的原因；同时，绿原酸对胰蛋白酶、淀粉酶和脂肪酶活性也有抑制作用，但由于蛋氨酸和氯化胆碱能够部分抵消绿原酸的负面影响，一般对动物生产性能影响不大（伦志国，2017）。另外，纤维状复合物如果胶和阿拉伯木聚糖也是导致葵花籽饼粕蛋白质生物学价值和消化率低的主要抗营养因子（吕武兴，2004）。

利用葵花籽饼粕配制肉鸡饲粮时，在未达到肉鸡的使用上限时，葵花籽饼粕使用量越多对肉鸡生长性能越有利。研究表明，肉鸡饲粮添加10%～15%的葵花籽饼粕对肉鸡生长性能方面没有负面影响；当葵花籽饼粕的使用量超过肉鸡可以消化利用的上限时，其能够给肉鸡平均日增重和饲料利用率等带来显著的负面影响。另外，在葵花籽饼粕饲粮中添加多种外源消化酶，如淀粉酶、蛋白酶、纤维素酶、果胶酶、β-葡聚糖酶和木聚糖酶等也可降低葵花籽饼粕中粗纤维对肉鸡生长性能的影响，提高肉鸡对葵花籽粕的养分利用率（邹铁，2018）。《替代方案》提出，葵花籽粕在肉鸡饲料中用量一般不超过5%。

六、亚麻仁饼粕

1. 概况 亚麻含有34%的油脂，富含亚麻酸、油酸、亚油酸等物质，是较为优质的饲料原料。亚麻仁饼粕（linseed meal）由亚麻籽实制得，中国亚麻仁饼粕年产量超过30万t，西北地区为主产区（金鑫燕等，2017）。

2. 营养成分 亚麻籽富含油脂和蛋白质等营养成分，其油脂含量通常为35%～45%，蛋白质含量为20%～30%，中性洗涤纤维含量约为25.2%。法国INRA数据库（2005）表明，成年公鸡对亚麻籽饼、粕的氮校正代谢能分别为5.7MJ/kg、5.6MJ/kg。亚麻籽的矿物质含量与大豆类似，钙含量略高于大豆，含硒量高于多种饲料，能促进动物胃肠蠕动、改善被毛，提高动物性食品的营养价值（曹冬艳，2019）。亚麻仁饼粕总磷含量高，同时磷利用率较高，是较好的磷源和蛋白质饲料原料（翟双双等，2016）。亚麻仁饼粕还富含黄酮、木酚素等抗氧化物质（郝京京等，2020）。

3. 高效利用技术　亚麻籽饼粕中粗蛋白质与氨基酸含量低、赖氨酸缺乏，饲喂时需配比其他赖氨酸含量高的蛋白质饲料。同时，亚麻仁饼粕中含生氰糖苷（产生有毒的氢氰酸）、亚麻籽胶（主要成分是乙醛糖酸，影响食欲）、植酸、抗维生素B_6因子等抗营养因子，因而在家禽饲粮中应用受到限制（曹冬艳，2019；金鑫燕，2017）。生氰糖苷存在于各种亚麻类产品中，其本身并没有毒性，在动物自身含有的酶的作用下水解产生的氢氰酸会引起动物中毒。亚麻籽及其饼粕中存在的抗维生素B_6因子可能会造成维生素B_6缺乏症，在使用添加亚麻籽产品的饲粮饲喂动物时，应适当添加维生素B_6或者富含维生素B_6的物质。植酸也是限制亚麻籽在饲粮中应用的重要因素，影响机体对于蛋白质和矿物质元素的吸收利用，降低饲料的消化利用率。《替代方案》提出，亚麻籽饼粕在鸡日粮中可添加5%～6%。

除限量饲用、低毒品种培育外，目前亚麻籽脱毒的主要方法有水煮法、溶剂法、微波法、挤压法、烘烤法和酶法等。水煮法可明显降低生氰糖苷含量，但会使亚麻籽中的生物活性物质失去活性并且破坏营养物质。挤压法具有物料作用时间短、营养损失小等优点，但挤压过程会造成油脂浪费。微波法能显著降低亚麻籽粕中生氰糖苷含量，但很难实现产业化。溶剂脱毒法可显著降低亚麻籽中生氰糖苷含量，工艺简单，但存在溶剂残留等食品安全风险。微生物发酵法中微生物在自身代谢过程中可以产生β-葡萄糖苷酶，可以降解生氰糖苷，同时该法具有安全高效、条件温和和成本低的优势（梅莺等，2013）。

七、芝麻饼粕

1. 营养成分　芝麻饼粕（sesame meal）是芝麻籽实榨油后的副产品，主要成分是芝麻蛋白质，芝麻饼粕中粗蛋白质含量为38%～48%（干物质基础），依据粗蛋白质含量分为一级和二级芝麻粕（一级：粗蛋白质含量≥4.0%、二级：粗蛋白质含量≥38.0%）（GB/T 22477—2008）。芝麻饼粕富含多种动物机体必需氨基酸，氨基酸组成类似于等蛋白质含量的豆粕，且蛋氨酸和胱氨酸含量高。普通芝麻饼粕经过微生物固态厌氧发酵制成发酵芝麻饼粕后其粗蛋白质、粗纤维、总磷、缬氨酸、异亮氨酸、亮氨酸、组氨酸、赖氨酸、蛋氨酸等的含量均有所提高，饲用品质显著提高（吴东等，2012）。

2. 高效利用技术　芝麻饼粕中赖氨酸含量较低，在饲料中使用时要注意额外添加赖氨酸。且芝麻饼粕中含有植酸和草酸等抗营养因子，影响蛋白质和矿物质的利用，从而限制了其在家禽中的应用（曹冬艳，2019）。普通芝麻饼粕经过微生物固态厌氧发酵后，在鸡中的表观代谢能、真代谢能、大部分氨基酸代谢率及磷表观代谢率都有一定程度的提高；发酵过程中微生物分解破坏了一部分抗营养因子，并且发酵过程中产生了一系列酶

（植酸酶、蛋白酶等），其中植酸酶能分解芝麻饼粕中的肌醇六磷酸，使被肌醇六磷酸螯合的营养成分（蛋白质、磷等）释放出来，再加上蛋白酶的作用，提高了芝麻饼粕中氨基酸和磷等的消化代谢率。用经酶制剂酶解而成的酶解芝麻饼粕饲喂鸡，其表观代谢能、真代谢能及磷表观代谢率都有一定程度的提高（吴东，2012）。《替代方案》提出，芝麻饼粕在鸡饲料中可添加比例在15%左右。

八、棕榈仁粕

棕榈仁粕（palm kernel mean）的氨基酸组成均衡，且富含亚油酸，具有一定的饲用价值。但棕榈仁粕中甘露聚糖、阿拉伯糖基木聚糖、葡萄糖醛酸木聚糖等抗营养因子阻碍了家禽对蛋白质的消化利用。研究表明，经甘露聚糖酶酶液或甘露聚糖酶和蛋白酶混合酶液酶解后，棕榈仁粕蛋白质和大部分氨基酸的消化率均得到改善。《替代方案》提出，棕榈仁粕在肉鸡饲料中一般不超过6%。

第四节　糟渣类饲料原料

一、啤酒糟

1. 概况　啤酒糟（brewer's grains）主要由麦芽的皮壳、叶芽、不溶性蛋白质、半纤维素、脂肪、灰分及少量未分解的淀粉和未洗出的可溶性浸出物组成。啤酒糟除可直接以鲜啤酒糟的形式加到饲料中外，还可将啤酒糟脱水、干燥、粉碎后所得的产品即啤酒糟干粉作为蛋白质资源应用于饲料中。另外，还可用微生物发酵啤酒糟，得到菌体蛋白质饲料。

2. 营养成分　啤酒糟中粗蛋白质含量为26.6%～28.1%，肉鸡和蛋鸡饲粮中啤酒糟的最佳添加比例分别为4.5%～5.5%、6%～7%。发酵啤酒糟的干物质、代谢能和粗蛋白质的表观消化率分别为62.28%、63.68%和80.76%，各氨基酸的表观消化率为41.41%～87.68%（闫丽红，2017）。

3. 高效利用技术　啤酒糟本身营养不均衡，粗纤维含量过多、限制性氨基酸含量偏低，利用微生物发酵啤酒糟可提高蛋白质和氨基酸含量，而且可降低原料中的纤维、非淀粉多糖和抗营养因子的含量，从而改善原料的营养结构，提高营养价值（闫丽红，2017）。研究表明，饲粮中添加不超过10%的发酵啤酒糟对肉鸡生长无影响（孙丹凤等，2009）。

二、黄酒糟

黄酒又称老酒，是中国古老的酿造酒之一。酒糟成分来自酿酒原料大米和麦曲，二者均含有丰富的蛋白质，酿造后的黄酒糟（yellow wine lees）中含有50%左右（干物质基础）的蛋白质，是丰富的蛋白质资源；黄酒糟无氮浸出物含量偏低，这是由于大量的可溶性糖类发酵变成酒被提取，故其粗蛋白质、粗纤维、粗脂肪与粗灰分等含量相对增多。在糖化发酵过程中产生一系列复杂的生物化学变化，增加了新的代谢产物，如维生素B_1、维生素B_2、谷胱甘肽等，还含有黄酒香味成分及微量矿物质。通过模拟肉鸡体外消化试验发现，黄酒糟残渣蛋白与黄酒糟蛋白的体外消化性接近，均超过40%（舒进，2005）。

三、菇类菌渣

1. 营养成分　食用菌栽培基质中蛋白质含量较低、粗纤维含量过高，因而饲用价值较低。但经过多种微生物的发酵作用和食用菌的分解作用，栽培基质中部分纤维素、半纤维素和木质素被降解，产生一定量的菌体蛋白、多种糖类、有机酸类等，增加了基质中有效营养成分含量，提高了营养物质的消化利用率（韩建东等，2014；张书良等，2016）。例如，杏鲍菇菌渣中的粗蛋白质和总磷含量与玉米粉相当，粗纤维和钙含量高于玉米粉，粗脂肪含量低于玉米（张书良，2016）。栽培金针菇和北虫草的培养基废料称为菌糠，它由有机物（主要成分是糖类、粗蛋白质和粗脂肪）、无机盐（如钙、磷、镁、钠、铜和锌等矿物元素）、菌丝体（含有菌体蛋白、多种氨基酸、菌类多糖、微量元素及活性物质）和水分组成，其营养成分和米糠相似，甚至相当于蘑菇的养分含量（高士友等，2008）。

2. 在黄羽肉鸡上的应用　张书良等（2016）研究发现，饲料中添加20%杏鲍菇菌渣时柴鸡的生长性能最好，在56～77日龄、78～105日龄阶段分别提高柴鸡平均日增重6.8%和13.5%。闫昭明等（2018）试验发现，使用2%金针菇菌渣等量替换饲粮中玉米和豆粕对黄羽肉鸡生长性能无不利影响，并可改善肉品质及营养价值。

四、果渣

1. 概况　我国水果资源丰富，果渣（fruit pomace）产量巨大，种类繁多，年产苹果渣300万t、柑橘渣500万t、菠萝渣80万t、葡萄渣近1 000万t、沙棘果渣几十万吨。

2. 营养成分　果渣含有粗蛋白质、粗纤维、粗脂肪等营养成分及矿物元素，不同种类的果渣，其营养成分各有特点：沙棘果渣和葡萄渣中粗蛋白质、粗脂肪及磷含量较高，具有较高的饲用价值；菠萝渣和葡萄渣中粗纤维含量较高，更适用于反刍动物饲料；柑橘渣及葡萄渣中钙含量较高。果渣除含有钙、磷外，还含有铜、锌、铁等多种矿物元素，其中葡萄渣中铜、锌、铁、钾含量较高，沙棘果渣中富含硒和镁。同时，果渣还富含活性物质，苹果渣含0.9mg/kg维生素B_1、3.8mg/kg维生素B_2；沙棘果渣含维生素A、维生素C、维生素E及B族维生素，其中维生素B_2、维生素C含量分别达93.8mg/kg、53.9mg/kg；柑橘渣主要含柚皮苷、橙皮苷、柚皮素芸香苷、新橙皮苷4种黄酮类物质，菠萝渣以槲皮素为主，沙棘果渣以异鼠李素、槲皮素、山柰酚等黄酮类物质为主，这些活性物质在调节抗氧化能力、动物免疫及生长发育生理机能方面有一定作用。

3. 高效利用技术　果渣含水量高，易发生霉变，不利于运输及贮存。果渣酸度大，pH3.0～5.0，富含纤维素、木质素、果胶、单宁等抗营养物质，存在适口性差、消化率低等缺陷，影响动物消化吸收功能及对饲料的转化率。而微生物发酵可减少果渣中纤维素、木质素、植酸、果胶、单宁等抗营养成分，同时提高其粗蛋白质、氨基酸等营养物质含量，改善果渣的营养结构和营养价值，提高其利用率（田志梅等，2019）。

第五节　木本类饲料原料

一、桑叶粉

1. 概况　桑树抗逆性强，适栽范围广，是目前木本叶用植物中产量最高的树种之一。

中国是传统的种桑养蚕大国，桑树种植面积约 100 万 hm^2，桑叶资源十分丰富（高雨飞等，2015）。

2. 营养成分 桑叶粉（mulberry leaf meal）中的粗纤维含量较低，粗蛋白质含量达 15%～28%，富含多种氨基酸，必需氨基酸在总氨基酸中的质量分数达到 43%，高于甘薯叶和大豆粕；桑叶含有维生素 C、维生素 B_1、维生素 B_2、维生素 A 等多种维生素，还含有丰富的矿物元素，其中钾、钙、铁、锌和锰的含量高于玉米和青绿苜蓿；桑叶中含有多种生物活性物质，如黄酮类、多糖类、植物甾醇、γ-氨基丁酸等，能够增强动物机体新陈代谢，促进蛋白质和酶的合成，提高机体免疫力和生产性能（李有业等，2009）。

3. 在黄羽肉鸡上的应用 吴东等（2013）报道，在 55～135 日龄淮南麻鸡饲粮中加入 3%～7%桑叶对生长性能无不良影响，但在一定程度上降低血清尿素氮。加入 5%桑叶粉对 69～110 日龄仙居鸡的生长性能无显著影响，同时可提高鸡肉中肌苷酸含量，改善鸡肉风味（张雷等，2015）。邱时秀等（2019）也证明，向 102～149 日龄彭县黄鸡饲喂加入 3%～12%桑叶干粉的饲粮，可提高肉色红度值，降低滴水损失与肌内脂肪含量，降低饱和脂肪酸（SFA）、单不饱和脂肪酸（MUFA）含量，改善鸡肉品质。以上研究表明，黄羽肉鸡饲粮中可加入 3%～12%的桑叶粉。

4. 高效利用技术 黄静等（2016）报道，饲粮中加入 5%～20%桑叶粉可抑制 98～126 日龄胡须鸡生长，这可能与桑叶中存在较高含量的单宁、植物凝集素等抗营养因子有关。研究发现，加入 5%发酵桑叶粉则不影响肉鸡的生长性能，与桑叶粉相比，加入发酵桑叶粉对肉鸡生长性能有所改善。此外，桑叶粉和发酵桑叶粉在胡须鸡中均有降低血脂含量、提高抗氧化能力、增强免疫力等作用。邝哲师等（2016）研究发现，在胡须鸡生长后期，饲粮中加入 20%发酵桑叶粉可改善胡须鸡的肉品质。

二、苜蓿

1. 概况 苜蓿（alfalfa）是世界上种植面积比较大的豆科牧草，其适应性强，草质优良，营养丰富，易于消化。

2. 营养成分 苜蓿粗蛋白质含量为 12.0%～26.0%，粗纤维含量为 17.0%～26.0%。法国 INRA 数据库（2005）表明，成年公鸡对脱水苜蓿的氮校正代谢能为 4.3～4.4MJ/kg。苜蓿中的氨基酸组成平衡，赖氨酸含量比玉米高 4.5 倍左右；富含各种维生素，如叶酸、维生素 K、维生素 E、维生素 B_2 等，且是唯一含有维生素 B_{12} 的植物性饲料（孙耀慧，2015）。

3. 在黄羽肉鸡上的应用 对于 43～63 日龄岭南黄羽肉鸡，饲粮中加入 4%的苜蓿粉并不影响其生长性能，可以降低胸肌滴水损失，提高鸡肉感官品尝评价分数，提高鸡肉风味性（Jiang et al.，2018）。雄小文等（2012）发现，饲粮中加入 5%的苜蓿粉可促进崇仁麻鸡母雏生长，减少脂肪的沉积，改善胴体品质，提高生产效益。马丹倩等（2020）研究报道饲粮中加入 5%苜蓿可降低卢氏蛋鸡蛋黄中胆固醇含量，提高亚油酸、α-亚麻酸和二十二碳六烯酸的含量，从而提高蛋品质。《替代方案》提出，苜蓿在肉鸡日粮中添加量一般不超过 5%。

三、辣木叶粉

1. 概况　辣木（*Moringa oleifera* Lam.）属于辣木科辣木属植物，又称鼓槌树、奇树、羊奶树等，原产于印度及非洲，目前在我国云南、广东、广西、海南、贵州、台湾等地均有引种并大量栽培种植。

2. 高效利用技术　作为一种优良的木本蛋白饲料，辣木叶粗蛋白质含量在25%以上，富含钙、铁和维生素C，同时含有大量的磷、钾、镁、锌、铜、锰等矿物元素，还含有多种药用成分，如黄酮、水溶性蛋白、多糖、生物碱等。

3. 在黄羽肉鸡上的应用　辣木叶粉可作为肉鸡的蛋白饲料，并可部分替代商品饲料。研究表明，使用8%辣木叶替代部分花生饼，对42～119日龄肉鸡（塞内加尔地方品种）生长性能无负面影响；在21～105日龄小母鸡（弗里敦当地品种）饲粮中使用10%、20%、25%的辣木叶粉显著提高了小母鸡的增重及鸡群的均匀度，20%辣木叶粉使用组的小母鸡生长性能最好。以上研究表明，肉鸡中辣木叶粉的用量以10%左右为宜，种鸡后备鸡使用量以不超过20%为宜（苟钟勇，2019）。

四、其他木本植物

1. 银杏（*Ginkgo biloba* L.）　银杏叶富含黄酮、生物碱、多糖、氨基酸和维生素等物质，具有多种生物学功能。我国大部分地区都有银杏种植。我国拥有占全世界总量70%以上的银杏，其成本低廉，是饲料添加剂选材的优质原料（张莹，2009）。

2. 川芎（*Ligusticum chuanxiong* Hort.）　川芎是伞形科植物藁本属植物，川芎茎叶含有阿魏酸、内酯类化合物以及总生物碱等活性物质，具有活血行气、祛风止痛等功效（常新亮等，2007）。饲粮中添加川芎茎叶对72～119日龄彭县黄鸡生长发育与健康无不利作用，饲粮中含较高比例（3%～5%）的川芎茎叶可改善鸡末期体重、全净膛率以及法氏囊指数，并且可提高鸡的生产性能和屠宰性能，增强免疫能力（陈亚迎等，2019）。

3. 柚皮粉（grapefruit peel power）　柚皮中含多种生物活性物质如膳食纤维、黄酮类化合物等，具有增强营养物质消化吸收以及机体脂类等合成代谢的作用（李威娜等，2016）。饲料中添加柚皮粉对五华三黄鸡雏鸡的生长发育和屠宰性能没有明显影响，但添加柚皮粉能使肌肉的蛋白质含量提高12.84%、脂肪含量降低46.99%，并可改善肉色，在改善肉质方面起到一定作用（李威娜，2016）。

4. 枸杞（*Lycium* Fruits）　枸杞含有多糖和黄酮，铜、铁、锰、锌等矿物元素以及氨基酸、亚油酸与油酸等，还含有丰富的天然胡萝卜素、维生素C、甜菜碱等营养物质（王启菊等，2017）。添加2%枸杞代替麸皮可以显著提高28～103日龄黄羽肉鸡总增重、肌肉宰后24h的pH和嫩度，还可显著提高肌肉中天门冬氨酸、谷氨酸、丝氨酸、精氨酸、丙氨酸、苯丙氨酸、肉豆蔻油酸、棕榈酸、棕榈油酸、油酸、亚油酸含量；枸杞添加量为1%时可以提高黄羽肉鸡十二指肠、空肠、回肠绒毛高度，增强肉鸡消化吸收能力（王启菊，2017）。

第六节　动物性饲料原料

一、鱼粉

鱼粉（fish meal）是用一种或多种鱼类为原料，经去油、脱水、粉碎加工后的高蛋白质饲料原料。2017—2019 年，我国饲料用鱼粉进口数量基本维持稳定，这 3 年饲料用鱼粉进口数量分别为 157 万 t、146 万 t 和 142 万 t。

鱼粉的总矿物质含量为 18%，其中钙和磷含量较高（含钙 5.5%，含磷 3.2%）。法国 INRA 数据库（2005）表明，成年公鸡对蛋白质含量为 62%、65%和 70%的鱼粉，其氮校正代谢能分别为 12.6MJ/kg、13.5MJ/kg 和 14.6MJ/kg，肉仔鸡与此相同。鱼粉还富含维生素 B_{12} 和其他必需维生素。鱼粉的营养价值变异较大，主要依鱼的种类和加工方法而定。用沙丁鱼、鲱鱼和白鱼加工得到的鱼粉比用红鱼、鲑鱼和金枪鱼加工得到的鱼粉的蛋白质含量更高，品质更好。鱼粉中鱼头的比例是一个关键因素，鱼头比例越高，蛋白质含量越低。此外，加工时加热过度会形成脂肪酸的裂解产品，如乙醛，它会与鱼蛋白中的游离氨基酸反应而降低其生物有效性。家禽饲料中鱼粉的使用量应根据鱼粉质量进行调整，但不应超过 10%，否则肉品或蛋品中可能会有鱼腥味（吕武兴，2004）。

二、肉粉与肉骨粉

各种动物下脚料和废弃物通过高压蒸煮、灭菌、脱脂等工艺生产出的粉状肉骨混合物为肉粉（meat meal）或肉骨粉（meat and bone meal）。2015 年以来，我国肉粉、肉骨粉进口数量逐年攀升，2019 年度进口肉骨粉数量为 20.47 万 t。

肉粉与肉骨粉无严格的区分标准，它们的区别在于含磷量，肉骨粉含磷量高于 4.4%，而肉粉含磷量低于 4.4%。肉粉与肉骨粉的粗蛋白质含量一般在 50%以上，粗脂肪含量较高，可达 10%左右，但其适口性较差，氨基酸的可消化率不高，因此在肉鸡饲料中使用量一般不超过 8%。油渣粉是猪或鸡的内脏脂肪和皮下脂肪提炼油脂后的固形剩余物，属于肉粉类畜禽品加工副产物（周亮，2009）。

三、昆虫蛋白粉

昆虫蛋白粉（insect protein meal）是以昆虫的卵、幼虫、蛹和成虫等为原料加工而成的一种蛋白质原料。昆虫体内粗蛋白质含量高，微量元素铜、铁、锌、硒含量较丰富，氨基酸比例均衡，与豆粕相近，略低于鱼粉。昆虫蛋白的含硫氨基酸含量较低，赖氨酸和苏氨酸含量较高，是良好的蛋白饲料。昆虫蛋白中含有丰富的铁、锌、锰、铜、硒等微量元素，其中铁和锌的含量较高。

（一）黑水虻（*Hermetia illucens*）

1. 概况　黑水虻属双翅目水虻科，又称亮斑扁角水虻，起源于美洲热带、亚热带和温带地区。在我国，黑水虻在华北、华南以及东南沿海地区分布较多。

2. 营养价值　黑水虻预蛹具有较高的营养价值，其粗蛋白质含量约为 42.1%，脂肪含量约为 34.8%，水和灰分含量约为 16.1%。氨基酸组成均衡，必需氨基酸含量较高，其中赖氨酸、苏氨酸和异亮氨酸含量高于豆粕，组氨酸、缬氨酸含量高于豆粕和鱼粉，蛋氨酸、亮氨酸和色氨酸含量与豆粕相近。黑水虻幼虫矿物质含量较丰富，钙、磷含量分别高达4.4%～6.0%、0.80%～0.95%。此外，黑水虻还含有较丰富的脂肪酸（如亚油酸和亚麻酸）、维生素和类胡萝卜素。基于此，黑水虻常用于替代鱼粉和豆粕被添加到肉鸡饲料中，是一种优质的蛋白源饲料（陈继发，2020；萧鸿发等，2020）。

3. 高效利用技术　研究表明，黑水虻能提高家禽生长性能，对家禽机体物质代谢、免疫力、抗氧化性能与肠道健康都具有良好作用。例如，加入15%黑水虻预蛹粉对肉鸡屠宰性能和肉品质有一定的改善作用。

黑水虻含有较高的几丁质。几丁质难以被消化，影响饲料适口性，因而过高添加量的黑水虻一定程度上降低了饲粮养分消化率，所以生产中一般其使用量以不超过15%为宜。另外，因黑水虻不饱和脂肪酸含量高，对其进行脱脂处理可延长饲料保质期（陈继发，2020）。

（二）蝇蛆粉（maggots）

1. 概况　家蝇（musca domestic），属双翅目，蝇科，是昆虫家族中的一大类。家蝇种类多、数量大、分布广。家蝇幼虫俗称蝇蛆，具有繁殖快、易培育和生产周期短的特点。

2. 营养成分　蝇蛆是一种营养丰富的昆虫蛋白质资源，其烘干后制成的蝇蛆粉蛋白质含量高达55.10%～63.99%，粗脂肪含量为4%～32%（Ogunji et al.，2008）。

3. 在黄羽肉鸡上的应用　饲粮中添加蝇蛆粉可显著改善1～42日龄黄羽肉鸡的生长性能，提高血清中免疫球蛋白A和补体C3的含量，提高超氧化物歧化酶、过氧化氢酶和谷胱甘肽过氧化物酶等抗氧化酶的活性；饲粮中蝇蛆粉添加水平为4.7%～6.4%时，生产性能较高，免疫功能和抗氧化性较为良好（张雷等，2015）。

（三）黄粉虫（*Tenebrio motitor* Linnaeus）

黄粉虫俗称面包虫，鞘翅目拟步甲科粉甲族。原属仓库害虫，常蛀食大米、小麦、玉米及其他农副产品等。

黄粉虫幼虫蛋白质含量占干重的54.25%，蛹占干重的58.70%，成虫占干重的64.8%。虫粪的氮、磷、钾含量高，微量元素锌、硼、锰、铁、镁、钙、铜的含量也较高。并且黄粉虫具有食性杂、抗病力强、生长周期短（两个半月为一个周期）、饲养简单等优势。

黄粉虫粉适口性较好，能促进分泌消化液，产生大量的氨基酸，明显提高与改善鸡肉保水性能、肌纤维状态，影响鸡肉嫩度、肉类风味。因黄粉虫味道与鱼粉非常相似，都有鱼腥味，在肉鸡饲料中添加不同比例、不同虫态的黄粉虫粉，与同等营养水平的鱼粉相比，肉仔鸡的生产性能基本相似（马群，2020）。

（四）美洲大蠊粉（*Periplaneta amerieana* L.）

美洲大蠊属昆虫纲，蜚蠊目，蜚蠊科，俗称蟑螂，是室内最常见的蜚蠊之一。其繁殖力强，一头雌成虫一年可繁殖140多头幼虫。美洲大蠊富含蛋白质、脂肪、氨基酸、脂肪酸和微量元素等（李忠荣等，2010）。

李忠荣等（2010）报道，向1～70日龄黄羽肉鸡公鸡饲粮中添加0.5%～2.0%的美洲大蠊虫粉，对肉鸡胸肌pH、滴水损失率、烹饪损失率及剪切力均无显著作用。

（五）蚕蛹（silkworm chrysalis）

我国自古就有养蚕的传统，蚕蛹资源丰富。蚕蛹中的蛋白质含量很高，钙、铁、锌等微量元素含量也非常丰富。蚕蛹所含有的蛋白质多是球蛋白，更有利于动物的吸收、消化，但其不饱和脂肪酸含量较高，易被氧化（侯胜奎等，2017）。

（六）蝗虫（locust）

蝗虫的营养价值非常高，粗蛋白质含量达到 70%，灰分含量为 4.75%。蝗虫含有多种氨基酸，钙和磷的含量比一般同类昆虫高。另外，其胡萝卜素含量为 113mg/kg。研究发现，饲喂蝗虫粉与饲喂鱼粉的肉鸡相比，生长速度提高，料重比降低，抗病力提高（侯胜奎等，2017）。

四、羽毛粉

1. 概述 羽毛占成年家禽体质量的 5%～7%，羽毛粉（feather meal）是以各种家禽屠宰后的副产品羽毛为原料加工而成的，我国养禽业出栏量巨大，具有丰富的羽毛资源。

2. 营养成分 羽毛粉粗蛋白质含量为 85%左右。根据其粗灰分、氨基酸含量与胃蛋白酶消化率分为一级与二级水解羽毛粉（一级：粗灰分≤2.0%，赖氨酸≥1.5%，胃蛋白酶消化率≥80.0%；二级：粗灰分≤5.0%，赖氨酸≥1.2%，胃蛋白酶消化率≥75.0%）（NY/T 915—2017）。除赖氨酸、蛋氨酸、色氨酸含量较低以外，其余氨基酸种类比较齐全。

3. 高效利用技术 羽毛粉含有大量富含二硫键的角蛋白以及纤维蛋白，角蛋白稳定性强，动物体内的胰蛋白酶和胃蛋白酶以及其他的水解酶并不能对其进行很好的水解，直接饲喂可能会导致动物的消化系统出现不良状况（陈明等，2020；高利肖等，2020；孙汝江等，2018）。

目前，我国对于羽毛粉的加工方式主要有酶解、酵解、水解以及膨化加工等，这几种方式可以很好地破坏羽毛蛋白中结构稳定的二硫键，提高粗蛋白质和必需氨基酸消化利用率。陈明等（2020）测定了 4 种不同加工方式（普通加工、水解、酶解、酵解）的羽毛粉胃蛋白酶消化率，发现酵解羽毛粉胃蛋白酶消化率最高（97.17%），水解和酶解羽毛粉胃蛋白酶消化率分别为 95.31%、92.24%，普通羽毛粉胃蛋白酶消化率最低（88.79%），不种加工方式的羽毛粉胃蛋白酶消化率差异显著，经过酵解加工方式处理的羽毛粉品质最好。还有学者指出，加酶条件下的水解羽毛粉蛋白质降解率比普通水解羽毛粉降解率显著提高，水解羽毛粉的最佳酶解条件为：水解温度 65℃，加酶量 0.015g，水解时间 6h，pH 6.86（陈明等，2020）。

参考文献

阿布都如苏力·艾尔肯，张文举，聂存喜，2014. 嗜酸乳杆菌发酵豆粕对黄羽肉鸡生长性能和屠宰性能的影响 [J]. 黑龙江畜牧兽医 (23)：12-16.

阿布都如苏力·艾尔肯，2014. 嗜酸乳杆菌发酵豆粕的营养特性及其对黄羽肉鸡的饲养效果研究 [D]. 石河子：石河子大学.

蔡国林，郑兵兵，王刚，等，2010. 微生物发酵提高花生粕营养价值的初步研究［J］. 中国油脂，35（5）：31-34.
曹冬艳，2019. 家畜常用饼粕类饲料的营养和饲喂要点［J］. 饲料博览（7）：89.
曹香林，陈建军，2014. 混菌固态发酵麸皮条件优化及离体消化研究［J］. 中国畜牧兽医，41（4）：123-127.
曹智，2010. 国产 DDGS 营养成分研究［J］. 粮食与饲料工业（6）：48-51.
常新亮，马云保，张雪梅，等，2007. 川芎化学成分研究［J］. 中国中药杂志（15）：1533-1536.
陈继发，2020. 黑水虻在家禽生产中的应用研究进展［J］. 动物营养学报：1-7.
陈金洁，杨云华，戴玉娇，2016. 浅谈棉粕的脱毒方法［J］. 农业开发与装备（9）：141.
陈来生，2003. 小麦饲用研究与开发利用综述［J］. 青海农林科技（2）：43-45.
陈明，李艳，朱爱萍，等，2020. 水解羽毛粉最佳酶解条件的研究［J］. 饲料博览（2）：6-9.
陈明，朱爱萍，周慧，等，2020. 不同加工方式对羽毛粉品质的影响［J］. 养殖与饲料（2）：18-20.
陈文若，陈银基，贠婷婷，等，2017. 大麦营养与功能组分研究进展［J］. 粮油食品科技，25（1）：1-5.
陈兴勇，刘宗梁，姜润深，等，2011. 菜籽粕替代豆粕对乡鸡育肥期应用效果的研究［J］. 安徽农业大学学报，38（2）：259-262.
陈亚迎，邱时秀，李娟，等，2019. 日粮中添加川芎茎叶对彭县黄鸡生产性能、屠宰性能及器官指数的影响［J］. 中国饲料（13）：109-113.
陈英姿，2007. 红薯代替部分混合精料饲喂三黄鸡的效果试验［J］. 广西畜牧兽医（5）：213-214.
崔艺燕，田志梅，鲁慧杰，等，2019. 糠麸营养价值及其发酵饲料在动物生产中的应用［J］. 中国畜牧兽医，46（10）：2902-2915.
翟双双，李孟孟，冯佩诗，等，2016. 四川白鹅、樱桃谷肉鸭对不同产地亚麻饼粕养分利用率的影响［J］. 动物营养学报，28（7）：2147-2153.
Daniel S，Jean-marc P，2005. INRA（法国）饲料成分与营养价值表［M］. 谯仕彦，等，译. 北京：中国农业大学出版社.
杜红芳，窦爱丽，刁其玉，2007. 米糠的营养及在畜禽饲料中的应用［J］. 饲料广角（6）：38-40.
杜懿婷，2012. 小麦替代玉米在家禽上使用的研究进展［J］. 饲料研究（11）：78-80.
冯江鑫，孙焕林，王朝阳，等，2015. 枯草芽孢杆菌发酵棉籽粕对黄羽肉鸡营养物质代谢率、生产性能的影响［J］. 粮食与饲料工业（7）：43-46.
冯艳武，蔡长柏，赵晓光，2019. 小麦及其副产物在猪营养中的价值［J］. 中国饲料（14）：12-16.
俸祥仁，崔艳莉，庞继达，等，2013. 微生物发酵木薯渣饲料在肉鸡养殖中的应用［J］. 广东农业科学，40（16）：111-112.
高立海，曲悦，2004. 双低菜籽粕在动物生产中的应用［J］. 饲料博览（5）：31-33.
高利肖，冀少波，陈宝江，2020. 饲料中添加羽毛粉对小型成犬适口性、蛋白质表观消化率及体重影响［J］. 饲料研究，43（4）：58-60.
高旗，杨勇，王晓东，2006. 碎米的营养特性及在饲料中的应用［J］. 农村实用科技信息（8）：23.
高士友，高雯，李勇，等，2008. 北虫草和金针菇菌糠饲喂畜禽的应用效果［J］. 饲料研究（4）：27-29.
高业雷，谷环宇，张泽虎，等，2016. 高粱作为饲料原料的营养与应用特性［J］. 饲料工业，37（3）：14-21.
高雨飞，黎力之，欧阳克蕙，等，2015. 桑叶在肉牛生产中的开发利用［J］. 中国牛业科学，41（1）：68-70.
葛文华，张乐乐，王宝维，等，2011. 玉米胚芽粕对鹅营养价值的评定［J］. 中国家禽，33（6）：11-14.
龚金龙，邢志鹏，胡雅杰，等，2015. 籼、粳超级稻主要品质性状和淀粉 RVA 谱特征的差异研究［J］.

核农学报，29（7）：1374-1385.
苟钟勇，崔小燕，李龙，等，2019. 黄羽肉鸡非常规饲料资源利用研究进展［J］. 中国畜牧兽医，46（6）：1685-1694.
韩建东，万鲁长，杨鹏，等，2014. 刺芹侧耳菌渣对肺形侧耳（秀珍菇）生长和营养成分的影响［J］. 菌物学报，33（2）：433-439.
韩正康，2000. 大麦日粮添加酶制剂影响家禽营养生理及改善生产性能的研究［J］. 畜牧与兽医（1）：1-4.
郝京京，李胜利，谢拉准，等，2020. 亚麻籽与亚麻籽饼粕的营养价值及其在畜禽饲粮中的应用［J］. 动物营养学报，32（9）：1-11.
贺建华，徐庆国，黄美华，等，2000. 饲料用稻谷和糙米的营养特性［J］. 中国水稻科学（4）：38-41.
侯胜奎，胡慧艳，刘津，等，2017. 新型可再生动物蛋白饲料资源——昆虫粉的开发和利用［J］. 饲料博览（12）：35-38.
胡贵丽，叶小飞，王玉诗，等，2017. 不同来源高粱替代玉米对黄羽肉鸡生长性能、肠道黏膜形态结构和血清指标的影响［J］. 动物营养学报，29（7）：2325-2334.
黄静，邝哲师，廖森泰，等，2016. 桑叶粉和发酵桑叶粉对胡须鸡生长性能、血清生化指标及抗氧化指标的影响［J］. 动物营养学报，28（6）：1877-1886.
金晶，徐志宏，魏振承，等，2009. 菜籽粕中抗营养因子及其去除方法的研究进展［J］. 中国油脂，34（7）：18-21.
金鑫燕，荆秀芳，吴海玥，等，2017. 亚麻仁饼（粕）在畜禽饲料应用中的研究进展［J］. 中国农业大学学报，22（11）：94-100.
邝哲师，黄静，廖森泰，等，2016. 桑叶粉和发酵桑叶粉对胡须鸡屠宰性能、肉品质及盲肠菌群的影响［J］. 中国畜牧兽医，43（8）：1989-1997.
李洁，孙铁虎，王勇生，等，2019. 稻谷干全酒精糟的营养价值及其在畜禽饲料中的开发利用［J］. 中国饲料（13）：91-95.
李威娜，翁雪，翁茁先，等，2016. 日粮中添加柚皮粉对五华三黄鸡生产性能和肉品质的影响［J］. 河南农业科学，45（3）：144-147.
李燕红，欧阳峰，梁娟，2008. 农业废弃物稻壳的综合利用［J］. 广东农业科学（6）：90-92.
李有业，耿凤琴，2009. 桑叶桑枝在鸡饲料中的应用效果［J］. 当代畜牧（1）：30-31.
李羽丰，龚月生，2015. DDGS营养价值及在家禽饲料中的应用［J］. 畜禽业（8）：22-23.
李玉鹏，钟荣珍，杨鸿雁，等，2018. 玉米酒精糟（DDGS）在猪和牛生产上的应用［J］. 中国饲料（1）：72-76.
李哲敏，田科雄，2017. 棉籽饼粕的营养价值及其在猪生产中的研究进展［J］. 中国猪业，12（2）：69-71.
李忠荣，刘景，王长康，等，2010. 美洲大蠊对肉鸡肉质性状的影响［J］. 福建农业学报，25（1）：14-17.
李仲玉，徐馨，单安山，等，2015. DDGS型日粮在畜禽饲养中的应用［J］. 黑龙江畜牧兽医（12）：47-48.
梁丽萍，李建涛，杨桂芹，等，2010. 玉米麸质饲料在肉仔鸡中的能量和回肠氨基酸表观消化率的研究［J］. 饲料工业，31（10）：31-33.
林丽花，谢丽曲，王长康，等，2013. 发酵豆粕对1～4周龄黄羽肉鸡生长性能、消化酶活性、抗氧化能力和免疫器官指数的影响［J］. 福建农林大学学报（自然科学版），42（4）：403-409.
林丽珊，2004. 用米糠代替玉米的试验研究［J］. 饲料广角（24）：39-40.

刘畅，葛翎，2020. 燕麦化学成分及应用研究进展［J］. 中国野生植物资源，39（2）：56－59.

刘梅，戴亚斌，陈应江，等，2001. 酶制剂提高鸡对大麦利用率的研究［J］. 大麦科学（4）：44－46.

刘庆芳，蒋竹青，贾敏，等，2017. 花生粕综合利用研究进展［J］. 食品研究与开发，38（7）：192－195.

刘少娟，陈家顺，姚康，等，2016. 棉粕的营养组成及其在畜禽生产中的应用［J］. 畜牧与饲料科学，37（9）：45－49.

刘胜洪，粱佳勇，粱红，2012. 银杏叶添加剂对黄羽肉鸡生产性能的影响［J］. 江西农业学报，24（2）：125－127.

刘松柏，谭会泽，彭运智，等，2015. 木薯对家禽的营养价值评估研究进展［J］. 饲料工业，36（S1）：11－16.

刘松柏，谭会泽，彭运智，等，2015. 皮大麦在家禽饲料中营养价值评估研究进展［J］. 饲料工业，36（2）：34－40.

刘维，励飞，聂勇，2019. 木薯渣饲用价值及研究现状［J］. 饲料博览（3）：34－37.

刘文峰，杨海明，刘金河，等，2019. 饼粕在鸡饲粮配制中的应用［J］. 中国饲料（23）：10－13.

刘祥，2006. 菜籽粕的品质鉴定与掺假识别［J］. 河南畜牧兽医（4）：31.

伦志国，2017. 蛋白饲料原料葵花籽粕的应用［J］. 饲料广角（4）：46－47.

罗峰，魏进招，高建明，等，2013. 不同类型饲用高粱粗蛋白含量积累规律研究［J］. 天津农业科学，19（2）：6－8.

吕武兴，2004. 常规和非常规饲料原料在家禽生产中的营养性限制［J］. 饲料广角（10）：29－31.

马丹倩，杨梦瑶，崔亚垒，等，2020. 富硒苜蓿对卢氏鸡生产性能和蛋品质的影响［J］. 中国畜牧杂志（8）：1－13.

马群，2020. 浅析黄粉虫作为鸡饲料蛋白添加的应用［J］. 畜牧业环境（7）：70－71.

梅娜，周文明，胡晓玉，等，2007. 花生粕营养成分分析［J］. 西北农业学报（3）：96－99.

梅莺，黄庆德，邓乾春，等，2013. 亚麻饼粕微生物脱毒工艺［J］. 食品与发酵工业，39（3）：111－114.

聂存喜，张文举，刘艳丰，等，2015. 酵母菌发酵棉粕对黄羽肉鸡肌肉主要脂肪酸组成的影响［J］. 中国家禽，37（7）：25－28.

钮琰星，黄凤洪，倪光远，等，2009. 菜籽粕的饲用现状和饲用改良技术发展趋势［J］. 中国油脂，34（5）：4－7.

欧肇林，翁小芳，黄国京，等，2018. 低蛋白日粮添加木薯替代玉米对肉鸡生长性能、回肠蛋白质消化率和氮排泄的影响［J］. 中国饲料（2）：69－75.

邱代飞，黄家明，2013. 玉米DDGS的品质控制与掺假鉴别［J］. 广东饲料，22（11）：30－32.

邱时秀，陈亚迎，李娟，等，2019. 饲粮中添加桑叶干粉对彭县黄鸡肉质的影响［J］. 中国饲料（15）：102－106.

任晓静，蔡国林，朱德伟，等，2013. 花生粕饲用品质改善的研究［J］. 中国油脂，38（4）：18－22.

阮栋，蒋守群，蒋宗勇，等，2016. 饲粮双低菜粕水平对黄羽肉鸡生长性能、血液指标及肉品质的影响［J］. 中国粮油学报，31（10）：78－84.

申泽良，刘玉兰，马宇翔，等，2019. 花生品质及制油工艺对毛油和饼粕中黄曲霉毒素含量的影响［J］. 中国油脂，44（3）：80－85.

舒进，2005. 黄酒糟蛋白提取及残渣蛋白体外消化性研究［D］. 无锡：江南大学.

宋晶晶，王腾蛟，王田田，等，2020. 辣木、象草混合青贮饲料对三黄鸡生长性能、屠宰性能、肉品质及血液生化指标的影响［J］. 黑龙江畜牧兽医（8）：87－92.

宋凯，单安山，李建平，2004. 不同配伍酶制剂添加于小麦日粮中对肉仔鸡生长和血液生化指标的影响［J］. 动物营养学报（4）：25－29.

孙丹凤，王友炜，王聪，等，2009. 发酵啤酒糟营养价值评定及对肉鸡生长性能的影响［J］. 饲料工业，30（17）：26－28.

孙焕林，孙新文，李洪，等，2015. 枯草芽孢杆菌发酵棉粕对黄羽肉鸡血液生化指标、免疫性能影响的研究［J］. 黑龙江畜牧兽医（17）：5－9.

孙焕林，2015. 枯草芽孢杆菌发酵棉粕对黄羽肉鸡生产性能、免疫性能和肉品质的影响研究［D］. 石河子：石河子大学.

孙林，刘平，曾作财，等，2018. 菜籽粕中抗营养因子去除方法的研究进展［J］. 养猪（5）：13－16.

孙汝江，肖发沂，吕月琴，等，2018. 酶解羽毛粉替代鱼粉对断奶仔猪生长性能及血清生化指标的影响［J］. 饲料研究（3）：44－47.

孙希文，2009. 不同处理方法对米糠稳定性的影响和米糠基础日粮对麻鸡生长性能的研究［D］. 南京：南京农业大学.

田晓红，谭斌，谭洪卓，等，2009. 我国主产区高粱的理化性质分析［J］. 粮食与饲料工业（4）：10－13.

田志梅，马现永，鲁慧杰，等，2019. 果渣营养价值及其发酵饲料在畜禽养殖中的应用［J］. 中国畜牧兽医，46（10）：2955－2963.

万孝康，舒培金，2002. 早籼稻谷酒精糟饲喂育肥猪中间试验报告［J］. 江西饲料（1）：20－23.

王安平，吕云峰，张军民，等，2010. 我国棉粕和棉籽蛋白营养成分和棉酚含量调研［J］. 华北农学报，25（S1）：301－304.

王伯伦，贾宝艳，胡宁，等，2008. 我国北方水稻生产状况的分析［J］. 北方水稻（1）：1－5.

王朝阳，孙焕林，冯江鑫，等，2016. 枯草芽孢杆菌发酵棉粕对黄羽肉鸡屠宰性能和肉品质的影响［J］. 黑龙江畜牧兽医（15）：102－104.

王继强，张波，张宝彤，等，2014. 稻谷加工副产物的营养特点及在养殖业上的应用［J］. 广东饲料，23（6）：38－40.

王佳丽，2006. 大麦日粮的加热处理和加酶处理对于肉仔鸡生产性能影响的研究［J］. 饲料世界（1）：33－35.

王开丽，黄其永，张石蕊，2012. 稻谷加工副产物在饲料中的应用［J］. 广东饲料，21（8）：37－39.

王开丽，张石蕊，陈达图，等，2014. 脱酚棉籽蛋白对肉鸡生产性能、屠宰性能及养分表观利用率的影响［J］. 饲料研究（11）：62－66.

王开丽，张石蕊，贺喜，等，2013. 脱酚棉籽蛋白对黄羽肉鸡生产性能、屠宰性能和血液指标的影响［J］. 中国家禽，35（13）：23－27.

王龙昌，孙亚楠，温超，等，2010. 新型发酵豆粕在肉仔鸡生产中的应用研究［J］. 中国粮油学报，25（6）：81－85.

王启菊，晁生玉，李桂香，等，2017. 枸杞对黄羽肉鸡生产性能和肉品质的影响［J］. 中国家禽，39（22）：28－33.

王晓芳，李林轩，李硕，2018. 浅析小麦制粉副产品分类与管理［J］. 现代面粉工业，32（4）：34－37.

王修启，李春喜，林东康，等，2002. 小麦中的戊聚糖含量及添加木聚糖复酶对鸡表观代谢能值和养分消化率的影响［J］. 动物营养学报（3）：57－59.

王永强，张晓羊，刘建成，等，2017. 嗜酸乳杆菌发酵棉籽粕对黄羽肉鸡肌肉营养成分和风味特性的影响［J］. 动物营养学报，29（12）：4419－4432.

王勇生，王博，雷恒，2014. 大麦的营养价值与提高其畜禽利用率的措施［J］. 中国饲料（4）：18－22.

王玉凤，1998. 黑大麦的营养价值及开发利用［J］. 辽宁农业科学（3）：35－36.

魏炳栋，苗国伟，邱玉朗，等，2017. 发酵玉米蛋白粉对肉仔鸡生长性能、肠道微生物数量和抗氧化能力的影响［J］. 动物营养学报，29（3）：952－950.

魏莲清，牛俊丽，张文举，等，2019. 发酵棉粕的营养特性及其在肉鸡生产中的应用 [J]. 现代畜牧兽医 (12)：22-28.

温永亮，闫益波，2019. 高粱在畜禽生产中的应用 [J]. 湖南饲料 (5)：33-35.

吴东，钱坤，周芬，等，2013. 日粮中添加不同比例桑叶对淮南麻黄鸡生产性能的影响 [J]. 家畜生态学报，34 (10)：39-43.

吴东，钱坤，周芬，等，2012a. 不同处理芝麻粕用作鸡饲料的营养价值评定 [J]. 粮食与饲料工业 (9)：43-46.

吴东，钱坤，周芬，等，2012b. 用小麦部分替代日粮玉米对淮南麻黄鸡生产性能的影响研究 [J]. 家畜生态学报 (6)：44-49.

吴东，徐鑫，杨家军，等，2015. 发酵菜籽粕替代豆粕对肉鸡生长性能、肉品质及血清生化指标的影响 [J]. 中国畜牧兽医，42 (10)：2676-2680.

夏伦志，吴东，钱坤，等，2013. 小麦型干酒糟及其可溶物在淮南麻黄鸡上能量及氨基酸代谢率的测定 [J]. 动物营养学报，25 (2)：364-371.

萧鸿发，王国霞，彭凯，等，2020. 黑水虻生物学特点及其应用研究进展 [J]. 广东畜牧兽医科技，45 (2)：27-33.

徐梦瑶，赵祥颖，张立鹤，等，2017. 甘薯的营养价值及保健作用 [J]. 中国果菜，37 (5)：17-21.

徐有良，蒋守群，1999. 大麦在饲料中的利用 [J]. 中国饲料 (11)：24-26.

徐运杰，2011. 花生粕的营养组成及其在禽料中的应用 [J]. 广东畜牧兽医科技，36 (6)：24-26.

许丽惠，祁瑞雪，王长康，等，2013. 发酵豆粕对黄羽肉鸡生长性能、血清生化指标、肠道黏膜免疫功能及微生物菌群的影响 [J]. 动物营养学报，25 (4)：840-848.

闫理东，张文举，聂存喜，等，2012. 发酵棉粕对黄羽肉鸡生产性能和屠宰性能的影响 [J]. 石河子大学学报（自然科学版），30 (2)：171-176.

闫理东，张文举，聂存喜，等，2012. 发酵棉粕对黄羽肉鸡血液生化指标和免疫性能的影响 [J]. 中国畜牧兽医，39 (10)：95-100.

闫丽红，2017. 啤酒糟在动物生产中的应用研究 [J]. 饲料博览 (7)：37-39.

闫昭明，马杰，段金良，等，2018. 饲粮中添加金针菇菌渣对黄羽肉鸡生长性能、肉品质及肌肉营养成分的影响 [J]. 动物营养学报，30 (5)：1958-1964.

杨露，刘松柏，赵江涛，等，2018. 玉米蛋白粉的营养价值及其在家禽饲料中应用研究进展 [J]. 粮食与饲料工业 (11)：58-61.

易中华，吴兴利，2007. 双低菜籽粕的饲用价值及其在畜禽饲料中的应用 [J]. 饲料与畜牧 (6)：29-34.

殷勤，余丹，2016. 菜籽粕对大恒肉种鸡生产性能和孵化性能的影响研究 [J]. 四川畜牧兽医，43 (7)：29-31.

尹惠双，刘玉兰，刘华敏，等，2018. 醇洗法脱除玉米胚芽粕中玉米赤霉烯酮的研究 [J]. 中国油脂，43 (6)：76-80.

于向春，刘易均，杨志斌，等，2011. 发酵木薯渣粉在文昌鸡日粮中的应用 [J]. 中国农学通报，27 (1)：394-397.

臧慧，陈和，陈健，等，2012. 黑大麦的营养价值及其开发利用前景 [J]. 江苏农业科学，40 (3)：13-14.

张改改，李向，蔡修兵，等，2019. 酶解豆粕替代鱼粉对大口黑鲈的生长性能、消化酶活性、肝脏功能及代谢的影响 [J]. 水生生物学报，43 (5)：1001-1012.

张雷，范京辉，张伟武，等，2015. 仙居鸡日粮中添加桑叶粉对生产性能及鸡肉品质的影响研究 [J]. 浙江畜牧兽医，40 (1)：6-8.

张丽萍，翟爱华，2004. 燕麦的营养功能特性及综合加工利用 [J]. 食品与机械 (2)：55-57.
张民扬，卞宝国，李吕木，等，2015. 小麦制酒精浮渣饲喂鸡的营养价值评定 [J]. 中国饲料 (11)：8-11.
张书良，张玉兰，朱金英，等，2016. 杏鲍菇菌渣饲料对柴鸡和肉鸭增重效果的影响 [J]. 山东农业科学，48 (6)：115-117.
张晓羊，张文举，王永强，等，2017. 嗜酸乳杆菌发酵棉粕对黄羽肉鸡免疫功能和抗氧化性能的影响 [J]. 中国畜牧兽医，44 (8)：2311-2318.
张晓云，2013. 常见饲料原料的抗营养因子及其危害 [J]. 饲料博览 (4)：56-57.
张兴，何仁春，夏中生，等，2013. 玉米-豆粕型饲粮中添加 NSP 酶饲喂黄羽肉鸡的效果研究 [J]. 饲料工业，34 (6)：26-30.
甄莉娜，柴旭旭，李侠，等，2020. 益生菌固态发酵对麦麸营养品质的影响 [J]. 中国饲料 (5)：79-82.
郑奋和，1985. 木薯代替部分玉米喂鸡 [J]. 饲料研究 (4)：22.
郑艺梅，何瑞国，马立保，2000. 稻谷产品在猪鸡饲养中的应用研究 [J]. 粮食与饲料工业 (8)：24-26.
周亮，2009. 油渣粉营养价值的评价及其在肉鸡饲料中的应用效果研究 [D]. 南京：南京农业大学.
周培校，赵飞，潘晓亮，等，2009. 棉粕和棉籽壳饲用的研究进展 [J]. 畜禽业 (8)：52-55.
朱厚甜，吴家林，彭鹏，等，2018. 不同小麦胚芽添加水平对三黄鸡生产性能和经济效益的影响 [J]. 广东饲料，27 (10)：41-43.
朱文优，2009. 菜籽粕的营养价值与毒性 [J]. 江西饲料 (S1)：10-12.
邹轶，刘松柏，彭运智，等，2018. 葵花籽粕在肉鸡饲粮中的应用 [J]. 动物营养学报，30 (8)：2894-2901.
Gou Z Y, Jiang S Q, Jiang Z Y, et al., 2016. Effects of high peanut meal with different crude protein level supplemented with amino acids on performance, carcass traits and nitrogen retention of Chinese Yellow broilers [J]. Journal of Animal Physiology and Animal Nutrition (Berl), 100 (4): 657-664.
Jiang S, Gou Z, Li L, et al., 2018. Growth performance, carcass traits and meat quality of yellow-feathered broilers fed graded levels of alfalfa meal with or without wheat [J]. Animal Science Journal, 89 (3): 561-569.
Ogunji J O, Kioas W, Wirth M, et al., 2008. Effect of housefly maggot meal (magmeal) diets on the performance, concentration of plasma glucose, cortisol and blood characteristics of Oreochromis niloticus fingerlings [J]. Journal of Animal Physiology and Animal Nutrition, 92 (4): 511-518.
Ruan D, Jiang S Q, Hu Y J, et al., 2017. Effects of corn distillers dried grains with solubles on performance, oxidative status, intestinal immunity and meat quality of Chinese Yellow broilers [J]. Journal of Animal Physiology and Animal Nutrition, 101 (6): 1185-1193.

附录一　黄羽肉鸡营养需要量（NY/T 3645—2020）

附表 1-1　快速型黄羽肉鸡饲粮营养需要量（自由采食，以 88%干物质为计算基础）

项　　目	1～21 日龄		22～42 日龄		≥43 日龄	
	公	母	公	母	公	母
氮校正代谢能[a]（ME_n）/[MJ/kg（kcal/kg）]	11.92（2 850）	11.92（2 850）	12.34（2 950）	12.34（2 950）	12.55（3 000）	12.55（3 000）
代谢能[a]（ME）/[MJ/kg（kcal/kg）]	12.38（2 960）	12.38（2 960）	12.81（3 063）	12.81（3 063）	13.20（3 155）	13.20（3 155）
净能[a]（NE）/[MJ/kg（kcal/kg）]	9.41（2 249）	9.41（2 249）	9.74（2 351）	9.74（2 351）	10.03（2 391）	10.03（2 391）
粗蛋白质（CP）/%	21.5	21.5	19.5	19.5	18.0	18.0
粗蛋白质氮校正代谢能比（CP/ME_n）/[g/MJ（g/Mcal）]	17.9（75）	17.9（75）	15.8（66）	15.8（66）	14.3（60）	14.3（60）
总氨基酸（Total AAs）						
赖氨酸氮校正代谢能比（Lys/ME_n）[g/MJ（g/Mcal）]	1.08（4.51）	1.08（4.51）	0.93（3.89）	0.93（3.89）	0.77（3.21）	0.77（3.21）
赖氨酸（Lys）/%	1.29	1.29	1.15	1.15	0.96	0.96
蛋氨酸（Met）/%	0.52	0.52	0.48	0.48	0.40	0.40
蛋氨酸+半胱氨酸（Met+Cys）/%	0.93	0.93	0.85	0.85	0.71	0.71
苏氨酸（Thr）/%	0.86	0.86	0.81	0.81	0.67	0.67
色氨酸（Trp）/%	0.21	0.21	0.20	0.20	0.16	0.16
精氨酸（Arg）/%	1.35	1.35	1.24	1.24	1.04	1.04
亮氨酸（Leu）/%	1.41	1.41	1.25	1.25	1.05	1.05
异亮氨酸（Ile）/%	0.86	0.86	0.79	0.79	0.66	0.66
苯丙氨酸（Phe）/%	0.77	0.77	0.69	0.69	0.58	0.58
苯丙氨酸+酪氨酸（Phe+Tyr）/%	1.35	1.35	1.21	1.21	1.01	1.01
组氨酸（His）/%	0.45	0.45	0.40	0.40	0.34	0.34
脯氨酸（Pro）/%	2.37	2.37	2.12	2.12	1.77	1.77
缬氨酸（Val）/%	0.99	0.99	0.92	0.92	0.77	0.77
甘氨酸+丝氨酸（Gly+Ser）/%	3.16	3.16	2.82	2.82	2.35	2.35
真可利用氨基酸（TA AAs）						
赖氨酸氮校正代谢能比（TA Lys/ME_n）/[g/MJ（g/Mcal）]	0.98（4.10）	0.98（4.10）	0.85（3.56）	0.85（3.56）	0.71（2.93）	0.71（2.93）
赖氨酸净能比（TA Lys/NE）/[g/MJ（g/Mcal）]	1.24（5.20）	1.24（5.20）	1.06（4.47）	1.06（4.47）	0.90（3.68）	0.90（3.68）
赖氨酸（Lys）/%	1.17	1.17	1.04	1.04	0.88	0.88
蛋氨酸（Met）/%	0.47	0.47	0.44	0.44	0.37	0.37
蛋氨酸+半胱氨酸（Met+Cys）/%	0.84	0.84	0.77	0.77	0.65	0.65
苏氨酸（Thr）/%	0.78	0.78	0.73	0.73	0.62	0.62
色氨酸（Trp）/%	0.19	0.19	0.18	0.18	0.15	0.15

（续）

项　目	1～21 日龄		22～42 日龄		≥43 日龄	
	公	母	公	母	公	母
真可利用氨基酸（TA AAs）						
精氨酸（Arg）/%	1.23	1.23	1.12	1.12	0.95	0.95
亮氨酸（Leu）/%	1.28	1.28	1.13	1.13	0.96	0.96
异亮氨酸（Ile）/%	0.78	0.78	0.72	0.72	0.61	0.61
苯丙氨酸（Phe）/%	0.70	0.70	0.62	0.62	0.53	0.53
苯丙氨酸+酪氨酸（Phe+Tyr）/%	1.23	1.23	1.09	1.09	0.92	0.92
组氨酸（His）/%	0.41	0.41	0.36	0.36	0.31	0.31
脯氨酸（Pro）/%	2.15	2.15	1.91	1.91	1.62	1.62
缬氨酸（Val）/%	0.90	0.90	0.83	0.83	0.70	0.70
甘氨酸+丝氨酸（Gly+Ser）/%	2.87	2.87	2.55	2.55	2.16	2.16
矿物质元素[b]（Minerals）						
总钙（Total Ca）/%	1.00	1.00	0.92	0.92	0.84	0.84
总磷（Total P）/%	0.74	0.74	0.67	0.67	0.62	0.62
非植酸磷（NPP）/%	0.47	0.47	0.41	0.41	0.36	0.36
钠（Na）/%	0.22	0.22	0.16	0.16	0.14	0.14
氯（Cl）/%	0.22	0.22	0.16	0.16	0.14	0.14
钾（K）/%	0.50	0.50	0.46	0.46	0.40	0.40
镁（Mg）/%	0.06	0.06	0.06	0.06	0.06	0.06
铁（Fe）/(mg/kg)	80	80	80	80	80	80
铜（Cu）/(mg/kg)	7	7	7	7	7	7
锰（Mn）/(mg/kg)	80	80	60	60	55	55
锌（Zn）/(mg/kg)	85	85	80	80	75	75
碘（I）/(mg/kg)	0.70	0.70	0.60	0.60	0.50	0.50
硒（Se）/(mg/kg)	0.15	0.15	0.15	0.15	0.15	0.15
维生素[c]和脂肪酸（Vitamins and Fatty Acid）						
维生素 A（Vitamin A）/(IU/kg)	12 000	12 000	9 000	9 000	6 000	6 000
维生素 D_3（Vitamin D_3）/(IU/kg)	600	600	500	500	500	500
维生素 E（Vitamin E）/(IU/kg)	45	45	35	35	25	25
维生素 K（Vitamin K）/(mg/kg)	2.5	2.5	2.2	2.2	1.7	1.7
硫胺素（Thiamin）/(mg/kg)	2.4	2.4	2.3	2.3	1.0	1.0
核黄素（Riboflavin）/(mg/kg)	5.0	5.0	5.0	5.0	4.0	4.0
烟酸（Niacin）/(mg/kg)	42	42	35	35	20	20
泛酸（Pantothenic acid）/(mg/kg)	12	12	10	10	8	8
吡哆醇（Pyridoxine）/(mg/kg)	2.8	2.8	2.4	2.4	0.6	0.6
生物素（Biotin）/(mg/kg)	0.12	0.12	0.10	0.10	0.02	0.02
叶酸（Folic acid）/(mg/kg)	1.0	1.0	0.7	0.7	0.3	0.3
维生素 B_{12}（Vitamin B_{12}）/(μg/kg)	16	16	15	15	8	8
胆碱（Choline）/(mg/kg)	1 300	1 300	1 000	1 000	750	750
亚油酸[d]（Linoleic acid）/%	1	1	1	1	1	1

注：氮校正代谢能值换算成代谢能值、净能的转化系数分别为 1.038 和 0.797。

a. 给出的饲粮能量水平是生产中的中等水平。最佳饲粮能量水平可能随着饲料原料的不同而变化，但应保持饲粮营养素含量与能量水平的比值不变。

b. 矿物质元素需要量包括饲料原料中提供的矿物质元素量。

c. 维生素需要量包括饲料原料中提供的维生素量。

d. 亚油酸需要量包括饲料原料中提供的亚油酸量。

附表 1-2　快速型黄羽肉鸡每日营养需要量（自由采食，以 88%干物质为计算基础）

项　　目	1～21 日龄		22～42 日龄		≥43 日龄	
	公	母	公	母	公	母
采食量[a]/（g/d）	30	27	93	93	131	113
氮校正代谢能[b]（ME_n）/[MJ/d（kcal/d）]	0.36 (86)	0.32 (80)	1.15 (274)	1.15 (274)	1.64 (393)	1.42 (339)
代谢能[b]（ME）/[MJ/d（kcal/d）]	0.37 (89)	0.34 (82)	1.20 (285)	1.19 (285)	1.73 (413)	1.49 (357)
净能[b]（NE）/[MJ/d（kcal/d）]	0.28 (67)	0.25 (61)	0.91 (216)	0.91 (216)	1.31 (313)	1.13 (270)
粗蛋白质（CP）/(g/d)	6.45	6.02	18.14	18.14	23.94	20.70
总氨基酸（Total AAs）/(g/d)						
赖氨酸（Lys）	0.39	0.36	1.07	1.07	1.28	1.10
蛋氨酸（Met）	0.15	0.15	0.45	0.45	0.54	0.46
蛋氨酸＋半胱氨酸（Met＋Cys）	0.28	0.26	0.79	0.79	0.94	0.82
苏氨酸（Thr）	0.26	0.24	0.75	0.75	0.89	0.77
色氨酸（Trp）	0.06	0.06	0.18	0.19	0.22	0.19
精氨酸（Arg）	0.41	0.38	1.16	1.15	1.38	1.19
亮氨酸（Leu）	0.42	0.39	1.17	1.16	1.39	1.20
异亮氨酸（Ile）	0.26	0.24	0.74	0.73	0.88	0.76
苯丙氨酸（Phe）	0.23	0.22	0.64	0.64	0.77	0.66
苯丙氨酸＋酪氨酸（Phe＋Tyr）	0.41	0.38	1.12	1.13	1.34	1.16
组氨酸（His）	0.14	0.13	0.37	0.37	0.45	0.39
脯氨酸（Pro）	0.71	0.66	1.97	1.97	2.35	2.03
缬氨酸（Val）	0.30	0.28	0.86	0.86	1.02	0.88
甘氨酸＋丝氨酸（Gly＋Ser）	0.95	0.88	2.62	2.62	3.13	2.70
真可利用氨基酸（TA AAs）/(g/d)						
赖氨酸（Lys）	0.35	0.33	0.97	0.97	1.17	1.01
蛋氨酸（Met）	0.14	0.13	0.41	0.41	0.49	0.43
蛋氨酸＋半胱氨酸（Met＋Cys）	0.25	0.24	0.72	0.72	0.87	0.75
苏氨酸（Thr）	0.24	0.22	0.68	0.68	0.82	0.71
色氨酸（Trp）	0.06	0.05	0.16	0.16	0.20	0.17
精氨酸（Arg）	0.37	0.34	1.04	1.04	1.26	1.09
亮氨酸（Leu）	0.38	0.36	1.05	1.05	1.28	1.10
异亮氨酸（Ile）	0.24	0.22	0.67	0.67	0.81	0.70
苯丙氨酸（Phe）	0.21	0.20	0.58	0.58	0.70	0.61
苯丙氨酸＋酪氨酸（Phe＋Tyr）	0.37	0.34	1.02	1.02	1.23	1.06
组氨酸（His）	0.12	0.11	0.34	0.34	0.41	0.35
脯氨酸（Pro）	0.65	0.60	1.78	1.78	2.15	1.86
缬氨酸（Val）	0.27	0.25	0.77	0.77	0.94	0.81
甘氨酸＋丝氨酸（Gly＋Ser）	0.86	0.80	2.37	2.37	2.87	2.48

（续）

项　　目	1～21 日龄		22～42 日龄		≥43 日龄	
	公	母	公	母	公	母
矿物质元素[c]（Minerals）						
总钙（Total Ca）/(g/d)	0.30	0.28	0.86	0.86	1.12	0.97
总磷（Total P）/(g/d)	0.22	0.21	0.62	0.62	0.82	0.71
非植酸磷（NPP）/(g/d)	0.14	0.13	0.38	0.38	0.48	0.41
钠（Na）/(g/d)	0.07	0.06	0.15	0.15	0.19	0.16
氯（Cl）/(g/d)	0.07	0.06	0.15	0.15	0.19	0.16
钾（K）/(g/d)	0.15	0.14	0.43	0.43	0.53	0.46
镁（Mg）/(mg/d)	18	17	56	56	80	69
铁（Fe）/(mg/d)	2.40	2.24	7.44	7.44	10.64	9.20
铜（Cu）/(mg/d)	0.21	0.20	0.65	0.65	0.93	0.81
锰（Mn）/(mg/d)	2.40	2.24	5.58	5.58	7.32	6.33
锌（Zn）/(mg/d)	2.55	2.38	7.44	7.44	9.98	8.63
碘（I）/(μg/d)	21	20	56	56	67	58
硒（Se）/(μg/d)	5	4	14	14	20	17
维生素[d]和脂肪酸（Vitamins and Fatty Acid）						
维生素 A（Vitamin A）/(IU/d)	360	336	837	837	798	690
维生素 D_3（Vitamin D_3）/(IU/d)	18	17	47	47	67	58
维生素 E（Vitamin E）/(IU/d)	1.35	1.26	3.26	3.26	3.33	2.88
维生素 K（Vitamin K）/(μg/d)	75	70	205	205	226	196
硫胺素（Thiamin）/(mg/d)	0.07	0.07	0.21	0.21	0.13	0.12
核黄素（Riboflavin）/(mg/d)	0.15	0.14	0.47	0.47	0.53	0.46
烟酸（Niacin）/(mg/d)	1.26	1.18	3.26	3.26	2.66	2.30
泛酸（Pantothenic acid）/(mg/d)	0.36	0.34	0.93	0.93	1.06	0.92
吡哆醇（Pyridoxine）/(mg/d)	0.08	0.08	0.22	0.22	0.08	0.07
生物素（Biotin）/(μg/d)	4	3	9	9	3	2
叶酸（Folic acid）/(μg/d)	30	28	65	65	40	35
维生素 B_{12}（Vitamin B_{12}）/(μg/d)	0.48	0.45	1.40	1.40	1.06	0.92
胆碱（Choline）/(mg/d)	39	36	93	93	100	86
亚油酸[e]（Linoleic acid）/(g/d)	0.30	0.28	0.93	0.93	1.33	1.15

注：氮校正代谢能的每日需要量计算模型为氮校正代谢能（MJ/d）$=0.415\times$体重（kg）$^{0.75}+0.001\,85\times$日增重（g/d）$^{1.65}$或氮校正代谢能（kcal/d）$=99.2\times$体重（kg）$^{0.75}+0.443\times$日增重（g/d）$^{1.65}$。

a. 采食量数据是在附表 1-1 给出的饲粮能量水平下得到的。

b. 给出的饲粮能量水平是生产中的中等水平。最佳饲粮能量水平可能随着饲料原料的不同而变化，但应保持饲粮营养素含量与能量水平的比值不变。

c. 矿物质元素需要量包括饲料原料中提供的矿物质元素量。

d. 维生素需要量包括饲料原料中提供的维生素量。

e. 亚油酸需要量包括饲料原料中提供的亚油酸量。

附表 1-3　快速型黄羽肉鸡满足营养需要量时达到的生产性能

（自由采食，以 88%干物质为计算基础）

周龄	体重/g		周耗料量/g		饲料转化比（*F*/*G*）	
	公	母	公	母	公	母
0	44	36	/	/	/	/
1	140	110	105	95	1.09	1.28
2	270	240	210	190	1.62	1.46
3	460	420	360	345	1.89	1.92
4	700	660	510	500	2.13	2.08
5	990	940	670	645	2.31	2.30
6	1 300	1 230	810	740	2.61	2.55
7	1 630	1 520	900	778	2.72	2.68
8	1 960	1 790	946	778	2.87	2.88
9	2 280	2 030	951	783	2.97	3.26

注：1. 耗料量数据是在附表 1-1 给出的饲粮能量水平下得到的。如果饲粮能量水平变化，耗料量值随之变化。
2. “/” 表示不需要给出数据。

附表 1-4　中速型黄羽肉鸡饲粮营养需要量（自由采食，以 88%干物质为计算基础）

项　　目	1～30 日龄		31～60 日龄		≥61 日龄	
	公	母	公	母	公	母
氮校正代谢能[a]（ME_n）/[MJ/kg（kcal/kg）]	11.92（2 850）	11.92（2 850）	12.13（2 900）	12.13（2 900）	12.34（2 950）	12.34（2 950）
代谢能[a]（ME）/[MJ/kg（kcal/kg）]	12.38（2 960）	12.38（2 960）	12.60（3 011）	12.60（3 011）	12.82（3 063）	12.82（3 063）
净能[a]（NE）/[MJ/kg（kcal/kg）]	9.44（2 257）	9.44（2 257）	9.61（2 297）	9.61（2 297）	9.77（2 336）	9.77（2 336）
粗蛋白质（CP）/%	21.0	21.0	17.5	17.5	16.0	16.0
粗蛋白质氮校正代谢能比（CP/ME_n）/[g/MJ（g/Mcal）]	17.62（74）	17.62（74）	14.43（60）	14.43（60）	13.00（54）	13.00（54）
总氨基酸（Total AAs）						
赖氨酸氮校正代谢能比（Lys/ME_n）/[g/MJ（g/Mcal）]	0.92（3.86）	0.92（3.86）	0.80（3.34）	0.80（3.34）	0.67（2.81）	0.67（2.81）
赖氨酸（Lys）/%	1.10	1.10	0.97	0.97	0.83	0.83
蛋氨酸（Met）/%	0.44	0.44	0.41	0.41	0.35	0.35
蛋氨酸+半胱氨酸（Met+Cys）/%	0.79	0.79	0.72	0.72	0.61	0.61
苏氨酸（Thr）/%	0.74	0.74	0.68	0.68	0.58	0.58
色氨酸（Trp）/%	0.18	0.18	0.16	0.16	0.14	0.14
精氨酸（Arg）/%	1.16	1.16	1.05	1.05	0.90	0.90

（续）

项　目	1～30 日龄		31～60 日龄		≥61 日龄	
	公	母	公	母	公	母
总氨基酸（Total AAs）						
亮氨酸（Leu）/%	1.20	1.20	1.06	1.06	0.90	0.90
异亮氨酸（Ile）/%	0.74	0.74	0.67	0.67	0.57	0.57
苯丙氨酸（Phe）/%	0.66	0.66	0.58	0.58	0.50	0.50
苯丙氨酸+酪氨酸（Phe+Tyr）/%	1.16	1.16	1.02	1.02	0.87	0.87
组氨酸（His）/%	0.39	0.39	0.34	0.34	0.29	0.29
脯氨酸（Pro）/%	2.02	2.02	1.78	1.78	1.53	1.53
缬氨酸（Val）/%	0.85	0.85	0.78	0.78	0.66	0.66
甘氨酸+丝氨酸（Gly+Ser）/%	2.70	2.70	2.38	2.38	2.03	2.03
真可利用氨基酸（TA AAs）						
赖氨酸氮校正代谢能比（TA Lys/ME_n）/[g/MJ（g/Mcal）]	0.84 (3.44)	0.84 (3.44)	0.76 (2.90)	0.76 (2.90)	0.62 (2.58)	0.62 (2.58)
赖氨酸净能比（TA Lys/NE）/[g/MJ（g/Mcal）]	1.06 (4.34)	1.06 (4.34)	0.96 (3.66)	0.96 (3.66)	0.78 (3.25)	0.78 (3.25)
赖氨酸（Lys）/%	0.98	0.98	0.84	0.84	0.76	0.76
蛋氨酸（Met）/%	0.39	0.39	0.35	0.35	0.32	0.32
蛋氨酸+半胱氨酸（Met+Cys）/%	0.71	0.71	0.62	0.62	0.56	0.56
苏氨酸（Thr）/%	0.66	0.66	0.59	0.59	0.53	0.53
色氨酸（Trp）/%	0.16	0.16	0.14	0.14	0.13	0.13
精氨酸（Arg）/%	1.03	1.03	0.91	0.91	0.82	0.82
亮氨酸（Leu）/%	1.07	1.07	0.92	0.92	0.83	0.83
异亮氨酸（Ile）/%	0.66	0.66	0.58	0.58	0.52	0.52
苯丙氨酸（Phe）/%	0.59	0.59	0.50	0.50	0.46	0.46
苯丙氨酸+酪氨酸（Phe+Tyr）/%	1.03	1.03	0.88	0.88	0.80	0.80
组氨酸（His）/%	0.34	0.34	0.29	0.29	0.27	0.27
脯氨酸（Pro）/%	1.80	1.80	1.55	1.55	1.40	1.40
缬氨酸（Val）/%	0.75	0.75	0.67	0.67	0.61	0.61
甘氨酸+丝氨酸（Gly+Ser）/%	2.40	2.40	2.06	2.06	1.86	1.86
矿物质元素[b]（Minerals）						
总钙（Total Ca）/%	0.92	0.92	0.76	0.76	0.70	0.70
总磷（Total P）/%	0.67	0.67	0.55	0.55	0.49	0.49
非植酸磷（NPP）/%	0.41	0.41	0.29	0.29	0.25	0.25
钠（Na）/%	0.22	0.22	0.16	0.16	0.14	0.14
氯（Cl）/%	0.22	0.22	0.16	0.16	0.14	0.14
钾（K）/%	0.50	0.50	0.46	0.46	0.40	0.40

（续）

项　　目	1～30 日龄		31～60 日龄		≥61 日龄	
	公	母	公	母	公	母
矿物质元素[b]（Minerals）						
镁（Mg）/%	0.06	0.06	0.06	0.06	0.06	0.06
铁（Fe）/(mg/kg)	80	80	80	80	80	80
铜（Cu）/(mg/kg)	7	7	7	7	7	7
锰（Mn）/(mg/kg)	80	80	60	60	55	55
锌（Zn）/(mg/kg)	85	85	80	80	75	75
碘（I）/(mg/kg)	0.70	0.70	0.60	0.60	0.50	0.50
硒（Se）/(mg/kg)	0.15	0.15	0.15	0.15	0.15	0.15
维生素[c]和脂肪酸（Vitamins and Fatty Acid）						
维生素 A（Vitamin A）/(IU/kg)	12 000	12 000	9 000	9 000	6 000	6 000
维生素 D_3（Vitamin D_3）/(IU/kg)	600	600	500	500	500	500
维生素 E（Vitamin E）/(IU/kg)	45	45	35	35	25	25
维生素 K（Vitamin K）/(mg/kg)	2.5	2.5	2.2	2.2	1.7	1.7
硫胺素（Thiamin）/(mg/kg)	2.4	2.4	2.3	2.3	1.0	1.0
核黄素（Riboflavin）/(mg/kg)	5.0	5.0	5.0	5.0	4.0	4.0
烟酸（Niacin）/(mg/kg)	42	42	35	35	20	20
泛酸（Pantothenic acid）/(mg/kg)	12	12	10	10	8	8
吡哆醇（Pyridoxine）/(mg/kg)	2.8	2.8	2.4	2.4	0.6	0.6
生物素（Biotin）/(mg/kg)	0.12	0.12	0.10	0.10	0.02	0.02
叶酸（Folic acid）/(mg/kg)	1.0	1.0	0.7	0.7	0.3	0.3
维生素 B_{12}（Vitamin B_{12}）/(μg/kg)	16	16	15	15	8	8
胆碱（Choline）/(mg/kg)	1 300	1 300	1 000	1 000	750	750
亚油酸[d]（Linoleic acid）/%	1	1	1	1	1	1

注：氮校正代谢能值换算成代谢能值、净能的转化系数分别为 1.038 和 0.792。

a. 给出的饲粮能量水平是生产中的中等水平。最佳饲粮能量水平可能随着饲料原料的不同而变化，但应保持饲粮营养素含量与能量水平的比值不变。

b. 矿物质元素需要量包括饲料原料中提供的矿物质元素量。

c. 维生素需要量包括饲料原料中提供的维生素量。

d. 亚油酸需要量包括饲料原料中提供的亚油酸量。

附表 1-5　中速型黄羽肉鸡每日营养需要量（自由采食，以88%干物质为计算基础）

项　　目	1～30 日龄		31～60 日龄		≥61 日龄	
	公	母	公	母	公	母
采食量[a]（Feed intake)/(g/d)	27	19	80	50	89	69
氮校正代谢能[b]（ME_n)/[MJ/d (kcal/d)]	0.32 (77)	0.23 (54)	0.97 (232)	0.61 (145)	1.10 (263)	0.85 (204)
代谢能[b]（ME)/[MJ/d (kcal/d)]	0.33 (80)	0.24 (56)	1.01 (241)	0.63 (151)	1.14 (273)	0.88 (211)
净能[b]（NE)/[MJ/d (kcal/d)]	0.25 (61)	0.18 (43)	0.77 (184)	0.48 (115)	0.87 (208)	0.67 (161)
粗蛋白质（CP)/(g/d)	5.67	3.99	14.00	8.75	14.24	11.04
总氨基酸（Total AAs)/(g/d)						
赖氨酸（Lys)	0.30	0.21	0.78	0.49	0.74	0.57
蛋氨酸（Met)	0.12	0.08	0.33	0.20	0.31	0.24
蛋氨酸+半胱氨酸（Met+Cys)	0.21	0.15	0.57	0.36	0.55	0.42
苏氨酸（Thr)	0.20	0.14	0.54	0.34	0.52	0.40
色氨酸（Trp)	0.05	0.03	0.13	0.08	0.13	0.10
精氨酸（Arg)	0.31	0.22	0.84	0.52	0.80	0.62
亮氨酸（Leu)	0.32	0.23	0.85	0.53	0.81	0.62
异亮氨酸（Ile)	0.20	0.14	0.54	0.33	0.51	0.40
苯丙氨酸（Phe)	0.18	0.13	0.47	0.29	0.44	0.34
苯丙氨酸+酪氨酸（Phe+Tyr)	0.31	0.22	0.81	0.51	0.78	0.60
组氨酸（His)	0.10	0.07	0.27	0.17	0.26	0.20
脯氨酸（Pro)	0.55	0.38	1.43	0.89	1.36	1.05
缬氨酸（Val)	0.23	0.16	0.62	0.39	0.59	0.46
甘氨酸+丝氨酸（Gly+Ser)	0.73	0.51	1.90	1.19	1.81	1.40
真可利用氨基酸（TA AAs)/(g/d)						
赖氨酸（Lys)	0.26	0.19	0.67	0.42	0.68	0.52
蛋氨酸（Met)	0.11	0.07	0.28	0.18	0.28	0.22
蛋氨酸+半胱氨酸（Met+Cys)	0.19	0.13	0.50	0.31	0.50	0.39
苏氨酸（Thr)	0.18	0.13	0.47	0.29	0.47	0.37
色氨酸（Trp)	0.04	0.03	0.11	0.07	0.11	0.09
精氨酸（Arg)	0.28	0.20	0.73	0.45	0.73	0.57
亮氨酸（Leu)	0.29	0.20	0.73	0.46	0.74	0.57
异亮氨酸（Ile)	0.18	0.13	0.46	0.29	0.47	0.36
苯丙氨酸（Phe)	0.16	0.11	0.40	0.25	0.41	0.31
苯丙氨酸+酪氨酸（Phe+Tyr)	0.28	0.20	0.71	0.44	0.71	0.55
组氨酸（His)	0.09	0.06	0.24	0.15	0.24	0.18
脯氨酸（Pro)	0.49	0.34	1.24	0.77	1.24	0.96
缬氨酸（Val)	0.20	0.14	0.54	0.34	0.54	0.42
甘氨酸+丝氨酸（Gly+Ser)	0.65	0.46	1.65	1.03	1.66	1.28

（续）

项　　目	1～30 日龄		31～60 日龄		≥61 日龄	
	公	母	公	母	公	母
矿物质元素[c]（Minerals）						
总钙（Total Ca）/(g/d)	0.25	0.17	0.61	0.38	0.62	0.48
总磷（Total P）/(g/d)	0.18	0.13	0.44	0.27	0.44	0.34
非植酸磷（NPP）/(g/d)	0.11	0.08	0.23	0.14	0.22	0.17
钠（Na）/(g/d)	0.06	0.04	0.13	0.08	0.12	0.10
氯（Cl）/(g/d)	0.06	0.04	0.13	0.08	0.12	0.10
钾（K）/(g/d)	0.14	0.10	0.37	0.23	0.36	0.28
镁（Mg）/(mg/d)	16	11	48	30	53	41
铁（Fe）/(mg/d)	2.16	1.52	6.40	4.00	7.12	5.52
铜（Cu）/(mg/d)	0.19	0.13	0.56	0.35	0.62	0.48
锰（Mn）/(mg/d)	2.16	1.52	4.80	3.00	4.90	3.80
锌（Zn）/(mg/d)	2.30	1.62	6.40	4.00	6.68	5.18
碘（I）/(μg/d)	19	13	48	30	45	35
硒（Se）/(μg/d)	4	3	12	8	13	10
维生素[d]和脂肪酸（Vitamins and Fatty Acid）						
维生素 A（Vitamin A）/(IU/d)	324	228	720	450	534	414
维生素 D_3（Vitamin D_3）/(IU/d)	16	11	40	25	45	35
维生素 E（Vitamin E）/(IU/d)	1.22	0.86	2.80	1.75	2.23	1.73
维生素 K（Vitamin K）/(μg/d)	68	48	176	110	151	117
硫胺素（Thiamin）/(mg/d)	0.06	0.05	0.18	0.12	0.09	0.07
核黄素（Riboflavin）/(mg/d)	0.14	0.10	0.40	0.25	0.36	0.28
烟酸（Niacin）/(mg/d)	1.13	0.80	2.80	1.75	1.78	1.38
泛酸（Pantothenic acid）/(mg/d)	0.32	0.23	0.80	0.50	0.71	0.55
吡哆醇（Pyridoxine）/(mg/d)	0.08	0.05	0.19	0.12	0.05	0.04
生物素（Biotin）/(μg/d)	3	2	8	5	2	1
叶酸（Folic acid）/(μg/d)	27	19	56	35	27	21
维生素 B_{12}（Vitamin B_{12}）/(μg/d)	0.43	0.30	1.20	0.75	0.71	0.55
胆碱（Choline）/(mg/d)	35	25	80	50	67	52
亚油酸[e]（Linoleic acid）/(g/d)	0.27	0.19	0.80	0.50	0.89	0.69

注：氮校正代谢能的每日需要量计算模型为氮校正代谢能（MJ/d）$=0.473\times$体重（kg）$^{0.75}+0.00407\times$日增重（g/d）$^{1.40}$或氮校正代谢能（kcal/d）$=113\times$体重（kg）$^{0.75}+0.972\times$日增重（g/d）$^{1.40}$。

a. 采食量数据是在附表 1-4 给出的饲粮能量水平下得到的。

b. 给出的饲粮能量水平是生产中的中等水平。最佳饲粮能量水平可能随着饲料原料的不同而变化，但应保持饲粮营养素含量与能量水平的比值不变。

c. 矿物质元素需要量包括饲料原料中提供的矿物质元素量。

d. 维生素需要量包括饲料原料中提供的维生素量。

e. 亚油酸需要量包括饲料原料中提供的亚油酸量。

附表 1-6　中速型黄羽肉鸡满足营养需要量时达到的生产性能

（自由采食，以 88%干物质为计算基础）

周龄	体重/g		周耗料量/g		饲料转化比（F/G）	
	公	母	公	母	公	母
0	33	31	/	/	/	/
1	90	90	70	65	1.23	1.10
2	160	150	135	105	1.93	1.75
3	280	220	225	155	1.88	2.21
4	430	310	335	195	2.23	2.17
5	610	420	430	255	2.39	2.32
6	820	550	530	320	2.52	2.46
7	1 050	690	610	360	2.65	2.57
8	1 280	830	670	405	2.91	2.89
9	1 510	980	680	445	2.96	2.97
10	1 720	1 120	700	460	3.33	3.29
11	1 920	1 270	700	480	3.50	3.20
12	2 110	1 410	700	490	3.68	3.50
13	—	1 540	—	505	—	3.88

注：1. 耗料量数据是在附表 1-4 给出的饲粮能量水平下得到的。如果饲粮能量水平变化，耗料量值随之变化。
2. "/"表示不需要给出数据。"—"表示没有相关数据。

附表 1-7　慢速型黄羽肉鸡饲粮营养需要量（自由采食，以 88%干物质为计算基础）

项　目	1～30 日龄		31～60 日龄		61～90 日龄		≥91 日龄	
	公	母	公	母	公	母	公	母
氮校正代谢能[a]（ME_n）/[MJ/kg（kcal/kg）]	11.92 (2 850)	11.92 (2 850)	12.13 (2 900)	12.13 (2 900)	12.13 (2 900)	12.13 (2 900)	12.34 (2 950)	12.34 (2 950)
代谢能[a]（ME）/[MJ/kg（kcal/kg）]	12.38 (2 960)	12.38 (2 960)	12.60 (3 011)	12.60 (3 011)	12.60 (3 011)	12.60 (3 011)	12.82 (3 063)	12.82 (3 063)
净能[a]（NE）/[MJ/kg（kcal/kg）]	9.42 (2 252)	9.42 (2 252)	9.59 (2 291)	9.59 (2 291)	9.59 (2 291)	9.59 (2 291)	9.75 (2 331)	9.75 (2 331)
粗蛋白质（CP）/%	21.0	21.0	17.5	17.5	15.0	15.0	14.5	14.5
粗蛋白质氮校正代谢能比（CP/ME_n）/[g/MJ（g/Mcal）]	17.61 (74)	17.61 (74)	14.42 (60)	14.42 (60)	12.36 (52)	12.36 (52)	11.75 (49)	11.75 (49)
总氨基酸（Total AAs）								
赖氨酸氮校正代谢能比（Lys/ME_n）/[g/MJ（g/Mcal）]	0.90 (3.75)	0.90 (3.75)	0.77 (3.21)	0.77 (3.21)	0.67 (2.79)	0.67 (2.79)	0.63 (2.64)	0.63 (2.64)
赖氨酸（Lys）/%	1.07	1.07	0.93	0.93	0.81	0.81	0.78	0.78
蛋氨酸（Met）/%	0.43	0.43	0.39	0.39	0.34	0.34	0.33	0.33

（续）

项　目	1～30 日龄		31～60 日龄		61～90 日龄		≥91 日龄	
	公	母	公	母	公	母	公	母
总氨基酸（Total AAs）								
蛋氨酸+半胱氨酸（Met+Cys）/%	0.77	0.77	0.69	0.69	0.60	0.60	0.58	0.58
苏氨酸（Thr）/%	0.72	0.72	0.65	0.65	0.57	0.57	0.55	0.55
色氨酸（Trp）/%	0.17	0.17	0.16	0.16	0.14	0.14	0.13	0.13
精氨酸（Arg）/%	1.12	1.12	1.00	1.00	0.87	0.87	0.84	0.84
亮氨酸（Leu）/%	1.17	1.17	1.01	1.01	0.88	0.88	0.85	0.85
异亮氨酸（Ile）/%	0.72	0.72	0.64	0.64	0.56	0.56	0.54	0.54
苯丙氨酸（Phe）/%	0.64	0.64	0.56	0.56	0.49	0.49	0.47	0.47
苯丙氨酸+酪氨酸（Phe+Tyr）/%	1.12	1.12	0.98	0.98	0.85	0.85	0.82	0.82
组氨酸（His）/%	0.37	0.37	0.33	0.33	0.28	0.28	0.27	0.27
脯氨酸（Pro）/%	1.97	1.97	1.71	1.71	1.49	1.49	1.44	1.44
缬氨酸（Val）/%	0.82	0.82	0.74	0.74	0.65	0.65	0.62	0.62
甘氨酸+丝氨酸（Gly+Ser）/%	2.62	2.62	2.28	2.28	1.98	1.98	1.91	1.91
真可利用氨基酸（TA AAs）								
赖氨酸氮校正代谢能比（TA Lys/ME_n）/[g/MJ（g/Mcal）]	0.80 (3.33)	0.80 (3.33)	0.68 (2.83)	0.68 (2.83)	0.60 (2.52)	0.60 (2.52)	0.57 (2.37)	0.57 (2.37)
赖氨酸净能比（TA Lys/NE）/[g/MJ（g/Mcal）]	1.01 (4.22)	1.01 (4.22)	0.86 (3.58)	0.86 (3.58)	0.76 (3.19)	0.76 (3.19)	0.72 (3.00)	0.72 (3.00)
赖氨酸（Lys）/%	0.95	0.95	0.82	0.82	0.73	0.73	0.70	0.70
蛋氨酸（Met）/%	0.38	0.38	0.34	0.34	0.31	0.31	0.29	0.29
蛋氨酸+半胱氨酸（Met+Cys）/%	0.68	0.68	0.61	0.61	0.54	0.54	0.52	0.52
苏氨酸（Thr）/%	0.64	0.64	0.57	0.57	0.51	0.51	0.49	0.49
色氨酸（Trp）/%	0.15	0.15	0.14	0.14	0.12	0.12	0.12	0.12
精氨酸（Arg）/%	1.00	1.00	0.89	0.89	0.79	0.79	0.76	0.76
亮氨酸（Leu）/%	1.04	1.04	0.89	0.89	0.80	0.80	0.76	0.76
异亮氨酸（Ile）/%	0.64	0.64	0.57	0.57	0.50	0.50	0.48	0.48
苯丙氨酸（Phe）/%	0.57	0.57	0.49	0.49	0.44	0.44	0.42	0.42
苯丙氨酸+酪氨酸（Phe+Tyr）/%	1.00	1.00	0.86	0.86	0.77	0.77	0.74	0.74
组氨酸（His）/%	0.33	0.33	0.29	0.29	0.26	0.26	0.25	0.25
脯氨酸（Pro）/%	1.75	1.75	1.51	1.51	1.34	1.34	1.29	1.29
缬氨酸（Val）/%	0.73	0.73	0.66	0.66	0.58	0.58	0.56	0.56
甘氨酸+丝氨酸（Gly+Ser）/%	2.33	2.33	2.01	2.01	1.79	1.79	1.72	1.72

（续）

项　目	1～30 日龄		31～60 日龄		61～90 日龄		≥91 日龄	
	公	母	公	母	公	母	公	母
矿物质元素[b]（Minerals）								
总钙（Total Ca）/%	0.85	0.85	0.72	0.72	0.69	0.69	0.64	0.64
总磷（Total P）/%	0.65	0.65	0.50	0.50	0.46	0.46	0.41	0.41
非植酸磷（NPP）/%	0.40	0.40	0.26	0.26	0.22	0.22	0.17	0.17
钠（Na）/%	0.22	0.22	0.16	0.16	0.14	0.14	0.14	0.14
氯（Cl）/%	0.22	0.22	0.16	0.16	0.14	0.14	0.14	0.14
钾（K）/%	0.50	0.50	0.46	0.46	0.40	0.40	0.40	0.40
镁（Mg）/%	0.06	0.06	0.06	0.06	0.06	0.06	0.06	0.06
铁（Fe）/(mg/kg)	80	80	80	80	80	80	80	80
铜（Cu）/(mg/kg)	7	7	7	7	7	7	7	7
锰（Mn）/(mg/kg)	80	80	60	60	55	55	55	55
锌（Zn）/(mg/kg)	85	85	80	80	75	75	75	75
碘（I）/(mg/kg)	0.70	0.70	0.60	0.60	0.50	0.50	0.50	0.50
硒（Se）/(mg/kg)	0.15	0.15	0.15	0.15	0.15	0.15	0.15	0.15
维生素[c]和脂肪酸（Vitamins and Fatty Acid）								
维生素 A（Vitamin A）/(IU/kg)	12 000	12 000	9 000	9 000	6 000	6 000	6 000	6 000
维生素 D_3（Vitamin D_3）/(IU/kg)	600	600	500	500	500	500	500	500
维生素 E（Vitamin E）/(IU/kg)	45	45	35	35	25	25	25	25
维生素 K（Vitamin K）/(mg/kg)	2.5	2.5	2.2	2.2	1.7	1.7	1.7	1.7
硫胺素（Thiamin）/(mg/kg)	2.4	2.4	2.3	2.3	1.0	1.0	1.0	1.0
核黄素（Riboflavin）/(mg/kg)	5.0	5.0	5.0	5.0	4.0	4.0	4.0	4.0
烟酸（Niacin）/(mg/kg)	42	42	35	35	20	20	20	20
泛酸（Pantothenic acid）/(mg/kg)	12	12	10	10	8	8	8	8
吡哆醇（Pyridoxine）/(mg/kg)	2.8	2.8	2.4	2.4	0.6	0.6	0.6	0.6
生物素（Biotin）/(mg/kg)	0.12	0.12	0.10	0.10	0.02	0.02	0.02	0.02
叶酸（Folic acid）/(mg/kg)	1.0	1.0	0.7	0.7	0.3	0.3	0.3	0.3
维生素 B_{12}（Vitamin B_{12}）/(μg/kg)	16	16	15	15	8	8	8	8
胆碱（Choline）/(mg/kg)	1 300	1 300	1 000	1 000	750	750	750	750
亚油酸[d]（Linoleic acid）/%	1	1	1	1	1	1	1	1

注：氮校正代谢能值换算成代谢能值、净能的转化系数分别为 1.038 和 0.790。

a. 给出的饲粮能量水平是生产中的中等水平。最佳饲粮能量水平可能随着饲料原料的不同而变化，但应保持饲粮营养素含量与能量水平的比值不变。

b. 矿物质元素需要量包括饲料原料中提供的矿物质元素量。

c. 维生素需要量包括饲料原料中提供的维生素量。

d. 亚油酸需要量包括饲料原料中提供的亚油酸量。

附表 1-8　慢速型黄羽肉鸡每日营养需要量（自由采食，以88%干物质为计算基础）

项　目	1～30 日龄		31～60 日龄		61～90 日龄		≥91 日龄	
	公	母	公	母	公	母	公	母
采食量[a]（Feed intake）/(g/d)	18	15	52	40	77	57	84	61
氮校正代谢能[b]（ME_n）/[MJ/d（kcal/d）]	0.21 (50)	0.18 (43)	0.66 (151)	0.49 (116)	0.97 (223)	0.69 (165)	1.08 (248)	0.78 (180)
代谢能[b]（ME）/[MJ/d（kcal/d）]	0.22 (51)	0.19 (44)	0.65 (157)	0.50 (120)	0.97 (232)	0.72 (172)	1.07 (257)	0.78 (187)
净能[b]（NE）/[MJ/d（kcal/d）]	0.16 (39)	0.14 (34)	0.50 (119)	0.38 (92)	0.74 (176)	0.55 (131)	0.82 (196)	0.59 (142)
粗蛋白质（CP）/(g/d)	3.78	3.15	9.10	7.00	11.55	8.55	12.18	8.85
总氨基酸（Total AAs）/(g/d)								
赖氨酸（Lys）	0.19	0.16	0.48	0.37	0.62	0.46	0.66	0.48
蛋氨酸（Met）	0.08	0.06	0.20	0.16	0.26	0.19	0.28	0.20
蛋氨酸+半胱氨酸（Met+Cys）	0.14	0.12	0.36	0.28	0.46	0.34	0.48	0.35
苏氨酸（Thr）	0.13	0.11	0.34	0.26	0.44	0.32	0.46	0.33
色氨酸（Trp）	0.03	0.03	0.08	0.06	0.11	0.08	0.11	0.08
精氨酸（Arg）	0.20	0.17	0.52	0.40	0.67	0.50	0.71	0.51
亮氨酸（Leu）	0.21	0.17	0.53	0.41	0.68	0.50	0.71	0.52
异亮氨酸（Ile）	0.13	0.11	0.33	0.26	0.43	0.32	0.45	0.33
苯丙氨酸（Phe）	0.12	0.10	0.29	0.22	0.37	0.28	0.39	0.29
苯丙氨酸+酪氨酸（Phe+Tyr）	0.20	0.17	0.51	0.39	0.65	0.48	0.69	0.50
组氨酸（His）	0.07	0.06	0.17	0.13	0.22	0.16	0.23	0.17
脯氨酸（Pro）	0.35	0.30	0.89	0.68	1.15	0.85	1.21	0.88
缬氨酸（Val）	0.15	0.12	0.39	0.30	0.50	0.37	0.52	0.38
甘氨酸+丝氨酸（Gly+Ser）	0.47	0.39	1.18	0.91	1.53	1.13	1.61	1.17
真可利用氨基酸（TA AAs）/(g/d)								
赖氨酸（Lys）	0.17	0.14	0.43	0.33	0.56	0.42	0.59	0.43
蛋氨酸（Met）	0.07	0.06	0.18	0.14	0.24	0.17	0.25	0.18
蛋氨酸+半胱氨酸（Met+Cys）	0.12	0.10	0.32	0.24	0.42	0.31	0.44	0.32
苏氨酸（Thr）	0.11	0.10	0.30	0.23	0.39	0.29	0.41	0.30
色氨酸（Trp）	0.03	0.02	0.07	0.06	0.10	0.07	0.10	0.07
精氨酸（Arg）	0.18	0.15	0.46	0.35	0.61	0.45	0.64	0.46
亮氨酸（Leu）	0.19	0.16	0.46	0.36	0.61	0.45	0.64	0.47
异亮氨酸（Ile）	0.11	0.10	0.29	0.23	0.39	0.29	0.41	0.29
苯丙氨酸（Phe）	0.10	0.09	0.26	0.20	0.34	0.25	0.35	0.26
苯丙氨酸+酪氨酸（Phe+Tyr）	0.18	0.15	0.45	0.34	0.59	0.44	0.62	0.45
组氨酸（His）	0.06	0.05	0.15	0.11	0.20	0.15	0.21	0.15
脯氨酸（Pro）	0.31	0.26	0.78	0.60	1.03	0.77	1.08	0.79
缬氨酸（Val0）	0.13	0.11	0.34	0.26	0.45	0.33	0.47	0.34
甘氨酸+丝氨酸（Gly+Ser）	0.42	0.35	1.04	0.80	1.38	1.02	1.44	1.05

（续）

项　　目	1～30 日龄		31～60 日龄		61～90 日龄		≥91 日龄	
	公	母	公	母	公	母	公	母
矿物质元素[c]（Minerals）								
总钙（Total Ca）/(g/d)	0.15	0.12	0.37	0.29	0.53	0.39	0.54	0.39
总磷（Total P）/(g/d)	0.12	0.09	0.26	0.20	0.35	0.26	0.34	0.25
非植酸磷（NPP）/(g/d)	0.07	0.06	0.14	0.10	0.17	0.13	0.14	0.10
钠（Na）/(g/d)	0.04	0.03	0.08	0.06	0.11	0.08	0.12	0.09
氯（Cl）/(g/d)	0.04	0.03	0.08	0.06	0.11	0.08	0.12	0.09
钾（k）/(g/d)	0.09	0.07	0.24	0.18	0.31	0.23	0.34	0.24
镁（Mg）/(mg/d)	11	9	31	24	46	34	50	37
铁（Fe）/(mg/d)	1.44	1.20	4.16	3.20	6.16	4.56	6.72	4.88
铜（Cu）/(mg/d)	0.13	0.11	0.36	0.28	0.54	0.40	0.59	0.43
锰（Mn）/(mg/d)	1.44	1.20	3.12	2.40	4.24	3.14	4.62	3.36
锌（Zn）/(mg/d)	1.53	1.28	4.16	3.20	5.78	4.28	6.30	4.58
碘（I）/(μg/d)	13	11	31	24	39	29	42	31
硒（Se）/(μg/d)	3	2	8	6	12	9	13	9
维生素[d]和脂肪酸（Vitamins and Fatty Acid）								
维生素 A（Vitamin A）/(IU/d)	216	180	468	360	462	342	504	366
维生素 D_3（Vitamin D_3）/(IU/d)	11	9	26	20	39	29	42	31
维生素 E（Vitamin E）/(IU/d)	0.81	0.68	1.82	1.40	1.93	1.43	2.10	1.53
维生素 K（Vitamin K）/(μg/d)	45	38	114	88	131	97	143	104
硫胺素（Thiamin）/(mg/d)	0.04	0.04	0.12	0.09	0.08	0.06	0.08	0.06
核黄素（Riboflavin）/(mg/d)	0.09	0.08	0.26	0.20	0.31	0.23	0.34	0.24
烟酸（Niacin）/(mg/d)	0.76	0.63	1.82	1.40	1.54	1.14	1.68	1.22
泛酸（Pantothenic acid）/(mg/d)	0.22	0.18	0.52	0.40	0.62	0.46	0.67	0.49
吡哆醇（Pyridoxine）/(mg/d)	0.05	0.04	0.12	0.10	0.05	0.03	0.05	0.04
生物素（Biotin）/(μg/d)	2	2	5	4	2	1	2	1
叶酸（Folic acid）/(μg/d)	18	15	36	28	23	17	25	18
维生素 B_{12}（Vitamin B_{12}）/(μg/d)	0.29	0.24	0.78	0.60	0.62	0.46	0.67	0.49
胆碱（Choline）/(mg/d)	23	20	52	40	58	43	63	46
亚油酸[e]（Linoleic acid）/(g/d)	0.18	0.15	0.52	0.40	0.77	0.57	0.84	0.61

注：氮校正代谢能的每日需要量计算模型为氮校正代谢能（MJ/d）$=0.515\times$体重（kg）$^{0.75}+0.007\,7\times$日增重（g/d）$^{1.27}$或氮校正代谢能（kcal/d）$=123\times$体重（kg）$^{0.75}+1.84\times$日增重（g/d）$^{1.27}$。

a. 采食量数据是在附表 1－7 给出的饲粮能量水平下得到的。

b. 给出的饲粮能量水平是生产中的中等水平。最佳饲粮能量水平可能随着饲料原料的不同而变化，但应保持饲粮营养素含量与能量水平的比值不变。

c. 矿物质元素需要量包括饲料原料中提供的矿物质元素量。

d. 维生素需要量包括饲料原料中提供的维生素量。

e. 亚油酸需要量包括饲料原料中提供的亚油酸量。

附表 1-9　慢速型黄羽肉鸡满足营养需要量时达到的生产性能

（自由采食，以88%干物质为计算基础）

周龄	体重/g		周耗料量/g		饲料转化比（F/G）	
	公	母	公	母	公	母
0	33	30	/	/	/	/
1	60	60	58	48	2.14	1.61
2	110	90	96	82	1.93	2.73
3	170	140	140	116	2.34	2.32
4	250	210	193	159	2.41	2.28
5	350	290	251	201	2.51	2.52
6	470	380	314	246	2.62	2.73
7	610	480	373	285	2.66	2.85
8	750	590	428	324	3.06	2.95
9	900	700	470	350	3.13	3.18
10	1 060	810	510	375	3.19	3.41
11	1 210	910	540	395	3.60	3.95
12	1 360	1 010	560	410	3.73	4.10
13	1 500	1 110	580	410	4.14	4.10
14	1 630	1 190	580	420	4.46	5.25
15	1 760	1 270	585	425	4.50	5.31
16	1 870	1 340	590	430	5.36	6.14
17	1 980	1 410	595	430	5.41	6.14

注：1. 耗料量数据是在附表1-7给出的饲粮能量水平下得到的。如果饲粮能量水平变化，耗料量值随之变化。
2. “/”表示不需要给出数据。

附录二　饲料添加剂品种目录

《饲料添加剂品种目录（2013）》于2013年12月30日由中华人民共和国农业部公告第2045号发布，2014年2月1日起实施。后经农业农村部多次修订。

现根据农业部第2045号公告及后续发布的修订公告，将《饲料添加剂品种目录》整理汇总如下，并将根据审批及修订情况及时更新，以供各方查阅。

表一　饲料添加剂品种目录（根据2045号公告及后续修订公告汇总，截至2021年9月）

表二　2045号公告附录二所列新饲料和新饲料添加剂品种

表三　2045号公告发布后新批准的新饲料和新饲料添加剂品种

表四　降低含量规格、生产工艺发生重大变化饲料添加剂品种

表一　饲料添加剂品种目录

（根据 2045 号公告及后续修订公告汇总，截至 2021 年 9 月）

类别	通用名称	适用范围
氨基酸、氨基酸盐及其类似物	L-赖氨酸、液体 L-赖氨酸（L-赖氨酸含量不低于 50%）、L-赖氨酸盐酸盐、L-赖氨酸硫酸盐及其发酵副产物（产自谷氨酸棒杆菌、乳糖发酵短杆菌，L-赖氨酸含量不低于 51%）、DL-蛋氨酸、L-苏氨酸、L-色氨酸、L-精氨酸、L-精氨酸盐酸盐、甘氨酸、L-酪氨酸、L-丙氨酸、天（门）冬氨酸、L-亮氨酸、异亮氨酸、L-脯氨酸、苯丙氨酸、丝氨酸、L-半胱氨酸、L-组氨酸、谷氨酸、谷氨酰胺、缬氨酸、胱氨酸、牛磺酸	养殖动物
	半胱胺盐酸盐	畜禽
	L-半胱氨酸盐酸盐	犬[d]、猫[d]
	蛋氨酸羟基类似物	猪、鸡、牛和水产养殖动物、犬[d]、猫[d]、鸭[h]
	蛋氨酸羟基类似物钙盐	猪、鸡、牛和水产养殖动物、犬[d]、猫[d]
	蛋氨酸羟基类似物异丙酯[h]	反刍动物
	N-羟甲基蛋氨酸钙	反刍动物
	α-环丙氨酸	鸡
维生素及类维生素	维生素 A、维生素 A 乙酸酯、维生素 A 棕榈酸酯、β-胡萝卜素、盐酸硫胺（维生素 B_1）、硝酸硫胺（维生素 B_1）、核黄素（维生素 B_2）、盐酸吡哆醇（维生素 B_6）、氰钴胺（维生素 B_{12}）、L-抗坏血酸（维生素 C）、L-抗坏血酸钙、L-抗坏血酸钠、L-抗坏血酸-2-磷酸酯、L-抗坏血酸-6-棕榈酸酯、维生素 D_2、维生素 D_3、天然维生素 E、dl-α-生育酚、dl-α-生育酚乙酸酯、亚硫酸氢钠甲萘醌（维生素 K_3）、二甲基嘧啶醇亚硫酸甲萘醌、亚硫酸氢烟酰胺甲萘醌、烟酸、烟酰胺、D-泛醇、D-泛酸钙、DL-泛酸钙、叶酸、D-生物素、氯化胆碱、肌醇、L-肉碱、L-肉碱盐酸盐、甜菜碱、甜菜碱盐酸盐	养殖动物
	25-羟基胆钙化醇（25-羟基维生素 D_3）	猪、家禽
	L-肉碱酒石酸盐	宠物
	维生素 K_1、酒石酸氢胆碱	犬[d]、猫[d]
矿物元素及其络（螯）合物[1]	氯化钠、硫酸钠、磷酸二氢钠、磷酸氢二钠、磷酸二氢钾、磷酸氢二钾、轻质碳酸钙、氯化钙、磷酸氢钙、磷酸二氢钙、磷酸三钙、乳酸钙、葡萄糖酸钙、硫酸镁、氧化镁、氯化镁、柠檬酸亚铁、富马酸亚铁、乳酸亚铁、硫酸亚铁、氯化亚铁、氯化铁、碳酸亚铁、氯化铜、硫酸铜、碱式氯化铜、氧化锌、氯化锌、碳酸锌、硫酸锌、乙酸锌、碱式氯化锌、氯化锰、氧化锰、硫酸锰、碳酸锰、磷酸氢锰、碘化钾、碘化钠、碘酸钾、碘酸钙、氯化钴、乙酸钴、硫酸钴、亚硒酸钠、钼酸钠、蛋氨酸铜络（螯）合物、蛋氨酸铁络（螯）合物、蛋氨酸锰络（螯）合物、蛋氨酸锌络（螯）合物、赖氨酸铜络（螯）合物、赖氨酸锌络（螯）合物、甘氨酸铜络（螯）合物、甘氨酸铁络（螯）合物、酵母铜、酵母铁、酵母锰、酵母硒、氨基酸铜络合物（氨基酸来源于水解植物蛋白）、氨基酸铁络合物（氨基酸来源于水解植物蛋白）、氨基酸锰络合物（氨基酸来源于水解植物蛋白）、氨基酸锌络合物（氨基酸来源于水解植物蛋白）	养殖动物

（续）

类别	通用名称	适用范围
氨基酸、氨基酸盐及其类似物	赖氨酸和谷氨酸锌络合物[g]	断奶仔猪、肉仔鸡和蛋鸡
	蛋白铜、蛋白铁、蛋白锌、蛋白锰	养殖动物（反刍动物除外）
	羟基蛋氨酸类似物络（螯）合锌、羟基蛋氨酸类似物络（螯）合锰、羟基蛋氨酸类似物络（螯）合铜	奶牛、肉牛、家禽和猪
	烟酸铬、酵母铬、蛋氨酸铬、吡啶甲酸铬	猪、犬[d]、猫[d]
	丙酸铬	猪、奶牛[b]、犬[d]、猫[d]
	甘氨酸锌	猪、犬[d]、猫[d]
	丙酸锌	猪、牛和家禽
	硫酸钾	反刍动物、畜禽[e]
	三氧化二铁、氧化铜	反刍动物
	碳酸钴	反刍动物、猫、狗
	稀土（铈和镧）壳糖胺螯合盐	畜禽、鱼和虾
	乳酸锌（α-羟基丙酸锌）	生长育肥猪、家禽、犬[d]、猫[d]
	葡萄糖酸铜、葡萄糖酸锰、葡萄糖酸锌、葡萄糖酸亚铁、焦磷酸铁、碳酸镁、甘氨酸钙、二氢碘酸乙二胺（EDDI）	犬[d]、猫[d]
酶制剂[2]	淀粉酶（产自黑曲霉、解淀粉芽孢杆菌、地衣芽孢杆菌、枯草芽孢杆菌、长柄木霉3、米曲霉、大麦芽、酸解支链淀粉芽孢杆菌）	青贮玉米、玉米、玉米蛋白粉、豆粕、小麦、次粉、大麦、高粱、燕麦、豌豆、木薯、小米、大米
	α-半乳糖苷酶（产自黑曲霉）	豆粕
	纤维素酶（产自长柄木霉3、黑曲霉、孤独腐质霉、绳状青霉）	玉米、大麦、小麦、麦麸、黑麦、高粱
	β-葡聚糖酶（产自黑曲霉、枯草芽孢杆菌、长柄木霉[3]、绳状青霉、解淀粉芽孢杆菌、棘孢曲霉）	小麦、大麦、菜籽粕、小麦副产物、去壳燕麦、黑麦、黑小麦、高粱
	葡萄糖氧化酶（产自特异青霉、黑曲霉）	葡萄糖
	脂肪酶（产自黑曲霉、米曲霉）	动物或植物源性油脂或脂肪
	麦芽糖酶（产自枯草芽孢杆菌）	麦芽糖
	β-甘露聚糖酶（产自迟缓芽孢杆菌、黑曲霉、长柄木霉[3]）	玉米、豆粕、椰子粕
	β-半乳糖苷酶（产自黑曲霉）、菠萝蛋白酶（源自菠萝）、木瓜蛋白酶（源自木瓜）、胃蛋白酶（源自猪、小牛、小羊、禽类的胃组织）、胰蛋白酶（源自猪或牛的胰腺）	犬[d]、猫[d]
	果胶酶（产自黑曲霉、棘孢曲霉）	玉米、小麦
	植酸酶（产自黑曲霉、米曲霉、长柄木霉[3]、毕赤酵母）	玉米、豆粕等含有植酸的植物籽实及其加工副产品类饲料原料

（续）

类别	通用名称	适用范围
酶制剂[2]	蛋白酶（产自黑曲霉、米曲霉、枯草芽孢杆菌、长柄木霉[3]）	植物和动物蛋白
	角蛋白酶（产自地衣芽孢杆菌）	植物和动物蛋白
	木聚糖酶（产自米曲霉、孤独腐质霉、长柄木霉3、枯草芽孢杆菌、绳状青霉、黑曲霉、毕赤酵母）	玉米、大麦、黑麦、小麦、高粱、黑小麦、燕麦
微生物	地衣芽孢杆菌、枯草芽孢杆菌、两歧双歧杆菌、粪肠球菌、屎肠球菌、乳酸肠球菌、嗜酸乳杆菌、干酪乳杆菌、德式乳杆菌乳酸亚种（原名：乳酸乳杆菌）、植物乳杆菌、乳酸片球菌、戊糖片球菌、产朊假丝酵母、酿酒酵母、沼泽红假单胞菌、婴儿双歧杆菌、长双歧杆菌、短双歧杆菌、青春双歧杆菌、嗜热链球菌、罗伊氏乳杆菌、动物双歧杆菌、黑曲霉、米曲霉、迟缓芽孢杆菌、短小芽孢杆菌、纤维二糖乳杆菌、发酵乳杆菌、德氏乳杆菌保加利亚亚种（原名：保加利亚乳杆菌）	养殖动物
	产丙酸丙酸杆菌、布氏乳杆菌	青贮饲料、牛饲料
	副干酪乳杆菌	青贮饲料
	凝结芽孢杆菌	肉鸡、生长育肥猪和水产养殖动物、犬[d]、猫[d]
	侧孢短芽孢杆菌（原名：侧孢芽孢杆菌）	肉鸡、肉鸭、猪、虾
非蛋白氮	尿素、碳酸氢铵、硫酸铵、液氨、磷酸二氢铵、磷酸氢二铵、异丁叉二脲、磷酸脲、氯化铵、氨水	反刍动物
抗氧化剂	乙氧基喹啉、丁基羟基茴香醚（BHA）、二丁基羟基甲苯（BHT）、没食子酸丙酯、特丁基对苯二酚（TBHQ）、茶多酚、维生素 E、L-抗坏血酸-6-棕榈酸酯	养殖动物
	迷迭香提取物	宠物
	硫代二丙酸二月桂酯、甘草抗氧化物、D-异抗坏血酸、D-异抗坏血酸钠、植酸（肌醇六磷酸）	犬[d]、猫[d]
	L-抗坏血酸钠[h]	养殖动物
防腐剂、防霉剂和调节剂	甲酸、甲酸铵、甲酸钙、乙酸、双乙酸钠、丙酸、丙酸铵、丙酸钠、丙酸钙、丁酸、丁酸钠、乳酸、苯甲酸、苯甲酸钠、山梨酸、山梨酸钠、山梨酸钾、富马酸、柠檬酸、柠檬酸钾、柠檬酸钠、柠檬酸钙、酒石酸、苹果酸、磷酸、氢氧化钠、碳酸氢钠、氯化钾、碳酸钠	养殖动物
	乙酸钙	畜禽
	焦磷酸钠、三聚磷酸钠、六偏磷酸钠、焦磷酸一氢三钠	宠物
	焦亚硫酸钠	宠物、猪[c]
	二甲酸钾	猪
	氯化铵	反刍动物
	亚硫酸钠	青贮饲料
	亚硝酸钠6、氢氧化钙、乙二胺四乙酸二钠、乳酸钠、乳酸钙、乳酸链球菌素、ε-聚赖氨酸盐酸盐、脱氢乙酸、脱氢乙酸钠、琥珀酸、碳酸钾、焦磷酸二氢二钠、谷氨酰胺转氨酶、磷酸三钠、葡萄糖酸钠	犬[d]、猫[d]

（续）

类别		通用名称	适用范围
着色剂		辣椒红、β-阿朴-8′-胡萝卜素醛、β-阿朴-8′-胡萝卜素酸乙酯、β，β-胡萝卜素-4，4-二酮（斑蝥黄）	家禽
		β-胡萝卜素	家禽、犬[d]、猫[d]
		天然叶黄素（源自万寿菊）	家禽、水产养殖动物、犬[d]、猫[d]
		红法夫酵母	水产养殖动物、观赏鱼
		虾青素	水产养殖动物、观赏鱼、犬[d]、猫[d]
		柠檬黄、日落黄、诱惑红、胭脂红、靛蓝、二氧化钛、焦糖色（亚硫酸铵法、普通法[i]、氨法[i]）、赤藓红	宠物
		胭脂虫红、氧化铁红、高粱红、红曲红、红曲米、叶绿素铜钠（钾）盐、栀子蓝、栀子黄、新红、酸性红、萝卜红、番茄红素	犬[d]、猫[d]
		苋菜红、亮蓝	宠物和观赏鱼
调味和诱食物质[4]	甜味物质	糖精、糖精钙、新甲基橙皮苷二氢查耳酮	猪
		索马甜[a]	养殖动物
		海藻糖、琥珀酸二钠、甜菊糖苷、5′-呈味核苷酸二钠	犬[d]、猫[d]
		糖精钠、山梨糖醇	养殖动物
	香味物质	食品用香料5、牛至香酚	
	其他	谷氨酸钠、5′-肌苷酸二钠、5′-鸟苷酸二钠、大蒜素	
粘结剂、抗结块剂、稳定剂和乳化剂		α-淀粉、三氧化二铝、可食脂肪酸钙盐、可食用脂肪酸单/双甘油酯、硅酸钙、硅铝酸钠、硫酸钙、硬脂酸钙、甘油脂肪酸酯、聚丙烯酸树脂Ⅱ、山梨醇酐单硬脂酸酯、聚氧乙烯20山梨醇酐单油酸酯、丙二醇、卵磷脂、海藻酸钠、海藻酸钾、海藻酸铵、琼脂、瓜尔胶、阿拉伯树胶、黄原胶、甘露糖醇、木质素磺酸盐、羧甲基纤维素钠、聚丙烯酸钠、山梨醇酐脂肪酸酯、蔗糖脂肪酸酯、焦磷酸二钠、单硬脂酸甘油酯、聚乙二醇400、磷脂、聚乙二醇甘油蓖麻酸酯	养殖动物
		二氧化硅（沉淀并经干燥的硅酸）[a]	养殖动物
		丙三醇	猪、鸡和鱼、犬[d]、猫[d]
		硬脂酸	猪、牛和家禽、犬[d]、猫[d]
		卡拉胶、决明胶、刺槐豆胶、果胶、微晶纤维素	宠物
		羟丙基纤维素、硬脂酸镁、不溶性聚乙烯聚吡咯烷酮（PVPP）、羧甲基淀粉钠、结冷胶、醋酸酯淀粉、葡萄糖酸-δ-内酯、羟丙基二淀粉磷酸酯、羟丙基淀粉、酪蛋白酸钠、丙二醇脂肪酸酯、中链甘油三酯、亚麻籽胶、乙酰化二淀粉磷酸酯、麦芽糖醇、可得然胶、聚葡萄糖	犬[d]、猫[d]
		辛烯基琥珀酸淀粉钠[a]	养殖动物
		乙基纤维素[f]、聚乙烯醇[f]	养殖动物
		紫胶[h]	养殖动物
		羟丙基甲基纤维素[c]	养殖动物[h]
多糖和寡糖		低聚木糖（木寡糖）	鸡、猪、水产养殖动物、犬[c]、猫[c]

（续）

类别	通用名称	适用范围
多糖和寡糖	低聚壳聚糖	猪、鸡和水产养殖动物、犬[c]、猫[c]
	半乳甘露寡糖	猪、肉鸡、兔和水产养殖动物
	果寡糖、甘露寡糖、低聚半乳糖	养殖动物
	壳寡糖（寡聚β-（1-4）-2-氨基-2-脱氧-D-葡萄糖）（n=2～10）	猪、鸡、肉鸭、虹鳟鱼、犬[c]、猫[c]
	β-1，3-D-葡聚糖（源自酿酒酵母）	水产养殖动物、犬[c]、猫[c]
	N，O-羧甲基壳聚糖	猪、鸡
其他	天然类固醇萨洒皂角苷（源自丝兰）、天然三萜烯皂角苷（源自可来雅皂角树）、二十二碳六烯酸（DHA）	养殖动物
	糖萜素（源自山茶籽饼）	猪和家禽
	乙酰氧肟酸	反刍动物
	苜蓿提取物（有效成分为苜蓿多糖、苜蓿黄酮、苜蓿皂甙）	仔猪、生长育肥猪、肉鸡、犬[d]、猫[d]
	杜仲叶提取物（有效成分为绿原酸、杜仲多糖、杜仲黄酮）	生长育肥猪、鱼、虾
	淫羊藿提取物（有效成分为淫羊藿苷）	鸡、猪、绵羊、奶牛
	共轭亚油酸	仔猪、蛋鸡、犬[d]、猫[d]
	4，7-二羟基异黄酮（大豆黄酮）	猪、产蛋家禽
	地顶孢霉培养物	猪、鸡
	紫苏籽提取物（有效成分为α-亚油酸、亚麻酸、黄酮）	猪、肉鸡和鱼、犬[d]、猫[d]
	硫酸软骨素	猫、狗
	植物甾醇（源于大豆油/菜籽油，有效成分为β-谷甾醇、菜油甾醇、豆甾醇）	家禽、生长育肥猪、犬[d]、猫[d]
	透明质酸、透明质酸钠、乳铁蛋白、酪蛋白磷酸肽（CPP）、酪蛋白钙肽（CCP）、二十碳五烯酸（EPA）、二甲基砜（MSM）、硫酸软骨素钠	犬[d]、猫[d]

注：1. 所列物质包括无水和结晶水形态。

2. 酶制剂的适用范围为典型底物，仅作为推荐，并不包括所有可用底物。

3. 目录中所列长柄木霉亦可称为长枝木霉或李氏木霉。

4. 以一种或多种调味物质或诱食物质添加载体等复配而成的产品可称为调味剂或诱食剂，其中：以一种或多种甜味物质添加载体等复配而成的产品可称为甜味剂；以一种或多种香味物质添加载体等复配而成的产品可称为香味剂。

5. 食品用香料见《食品安全国家标准 食品添加剂使用卫生标准》（GB 2760）中食品用香料名单。

6. 农业农村部 21 号公告规定，亚硝酸钠仅限用于水分含量≥20％的宠物饲料，最高限量为 100mg/kg。

a. 2014 年 7 月 24 日中华人民共和国农业部公告第 2134 号修订。

b. 2015 年 6 月 3 日中华人民共和国农业部公告第 2264 号批准进口饲料添加剂丙酸铬用于奶牛。

c. 2017 年 12 月 28 日中华人民共和国农业部公告第 2634 号修订。

d. 2018 年 4 月 27 日中华人民共和国农业农村部公告第 21 号修订。

e. 2018 年 8 月 17 日中华人民共和国农业农村部公告第 53 号修订。

f. 2019 年 11 月 18 日中华人民共和国农业农村部公告第 231 号修订。

g. 2020 年 8 月 26 日中华人民共和国农业农村部公告第 325 号修订。

h. 2020 年 11 月 16 日中华人民共和国农业农村部公告第 356 号修订。

i. 2021 年 8 月 17 日中华人民共和国农业农村部公告第 459 号修订。

表二　2045 号公告附录二所列新饲料和新饲料添加剂品种

序号	产品名称	英文名称	申请单位	适用范围	批准时间
1	藤茶黄酮	Total Flavones of *Ampelosis grossedentata*	北京伟嘉人生物技术有限公司	鸡	2008 年 12 月
2	溶菌酶（源自鸡蛋清）	Lysozyme（Source：Egg－whites）	上海艾魁英生物科技有限公司	仔猪、肉鸡、犬[b]、猫[b]	2008 年 12 月
3	丁酸梭菌	*Clostridium butyricum*	杭州惠嘉丰牧科技有限公司	断奶仔猪、肉仔鸡	2009 年 7 月
4	苏氨酸锌螯合物	Zinc Threoninate Chelate	江西民和科技有限公司	猪	2009 年 12 月
5	饲用黄曲霉毒素 B_1 分解酶（产自发光假蜜环菌）	Aflatoxin B_1－detoxifizyme（*from Armillariella tabescens*）	广州科仁生物工程有限公司	肉鸡、仔猪	2010 年 12 月
6	褐藻酸寡糖	Alginate Oligosaccharides（AOS）	大连中科格莱克生物科技有限公司	肉鸡、蛋鸡	2011 年 12 月
7	低聚异麦芽糖	Isomaltooligosaccharide（IMO）	保龄宝生物股份有限公司	蛋鸡、断奶仔猪[a]、犬[b]、猫[b]	2012 年 7 月

注：a. 2014 年 7 月 24 日中华人民共和国农业部公告第 2134 号扩大适用范围至断奶仔猪。
b. 2018 年 4 月 27 日中华人民共和国农业农村部公告第 21 号扩大适用范围至犬、猫。

表三　2045 号公告发布后新批准的新饲料和新饲料添加剂品种

序号	新产品证书编号	产品名称	英文名称	申请单位	适用动物	新产品公告号	批准时间
1	新饲证字〔2014〕01 号	N－氨甲酰谷氨酸	N－Carbamylglutamate	亚太兴牧（北京）亚太兴牧（北京）科技有限公司	妊娠母猪、花鲈和泌乳奶牛[c]	农业部公告第 2091 号	2014 年 4 月
2	新饲证字〔2014〕02 号	姜黄素	Curcumin	广州市科虎生物技术研究开发中心	淡水鱼类、肉仔鸡[b]	农业部公告第 2131 号	2014 年 7 月
3	新饲证字〔2014〕03 号	胆汁酸	Bile Acids	山东龙昌动物保健品有限公司	肉仔鸡、断奶仔猪[d]、淡水鱼类[d]	农业部公告第 2131 号	2014 年 7 月
4	新饲证字〔2014〕04 号	胍基乙酸	Guanidinoacetic Acid	北京君德同创农牧科技股份有限公司	肉仔鸡、生长育肥猪[a]	农业部公告第 2167 号	2014 年 10 月
5	新饲证字〔2015〕01 号	纽甜	Neotame	青岛诚汇双达生物科技有限公司、山东诚创医药技术开发有限公司	断奶仔猪	农业部公告第 2309 号	2015 年 10 月

（续）

序号	新产品证书编号	产品名称	英文名称	申请单位	适用动物	新产品公告号	批准时间
6	新饲证字〔2015〕02 号	L-硒代蛋氨酸	L-Selenomethionine	绵阳市新一美化工有限公司	肉仔鸡	农业部公告第 2309 号	2015 年 10 月
7	新饲证字〔2015〕03 号	约氏乳杆菌	*Lactobacillus johnsonii*	北京大北农科技集团股份有限公司	断奶仔猪、蛋雏鸡	农业部公告第 2309 号	2015 年 10 月
8	新饲证字〔2017〕01 号	（2-羧乙基）二甲基溴化锍	（2-Carboxyethyl）dimethylsulfoniumbromide	广州市科虎生物技术研究开发中心	淡水鱼	农业部公告第 2519 号	2017 年 4 月
9	新饲证字〔2019〕01 号	柠檬酸铜	Cupric citrate	四川省畜科饲料有限公司	断奶仔猪	农业农村部公告第 162 号	2019 年 4 月
10	新饲证字〔2019〕02 号	绿原酸（源自山银花，原植物为灰毡毛忍冬）	Chlorogenicacid（from Loniceraeflos，theoriginal plant is Lonicera *macranthoides* Hand. -Mazz.）	北京生泰尔科技股份有限公司、爱迪森（北京）生物科技有限公司	肉仔鸡	农业农村部公告第 217 号	2019 年 9 月
11	新饲证字〔2020〕01 号	植物炭黑	Plant Carbon	福建省顺昌碳娃娃生物科技有限公司、福建省百草霜生物科技有限公司	仔猪	农业农村部公告第 258 号	2020 年 1 月
12	新饲证字〔2021〕02 号	吡咯并喹啉醌二钠	Pyrroloquinoline Quinone Disodium salt	常茂生物化学工程股份有限公司、上海医学生命科学研究中心有限公司	肉仔鸡	农业农村部公告第 465 号	

注：a. 2017 年 8 月 31 日农业部第 2572 号公告扩大胍基乙酸适用范围至生长育肥猪。

b. 2019 年 1 月 15 日农业农村部公告第 123 号公告扩大姜黄素适用范围至肉仔鸡。

c. 2019 年 4 月 16 日农业农村部公告第 163 号公告扩大 N-氨甲酰谷氨酸适用范围至花鲈和泌乳奶牛。

d. 2020 农业农村部公告第 257 号扩大其适用范围至淡水鱼和断奶仔猪。

表四　降低含量规格、生产工艺发生重大变化饲料添加剂品种

序号	通用名称	含量规格	申请单位	适用动物	产品公告号	批准时间
1	一水硫酸锌	硫酸锌含量（以 Zn 计）≥33.0%	杭州富阳新兴实业有限公司	养殖动物	农业部公告第 2426 号	2016 年 7 月
2	氯化钠（源于甜菜碱/甜菜碱盐酸盐联产）		山东祥维斯生物科技股份有限公司	养殖动物	农业部公告第 2596 号	2017 年 10 月

图书在版编目（CIP）数据

黄羽肉鸡的营养 / 蒋守群，蒋宗勇主编. —北京：中国农业出版社，2022.12
ISBN 978-7-109-29216-1

Ⅰ.①黄… Ⅱ.①蒋… ②蒋… Ⅲ.①肉鸡—合理营养②鸡—饲料—配制 Ⅳ.①S831.92

中国版本图书馆 CIP 数据核字（2022）第 040805 号

黄羽肉鸡的营养
HUANGYUROUJI DE YINGYANG

中国农业出版社出版
地址：北京市朝阳区麦子店街 18 号楼
邮编：100125
责任编辑：闫保荣　　文字编辑：徐志平
版式设计：王　晨　　责任校对：吴丽婷
印刷：中农印务有限公司
版次：2022 年 12 月第 1 版
印次：2022 年 12 月北京第 1 次印刷
发行：新华书店北京发行所
开本：787mm×1092mm　1/16
印张：25.25　　插页：6
字数：605 千字
定价：160.00 元

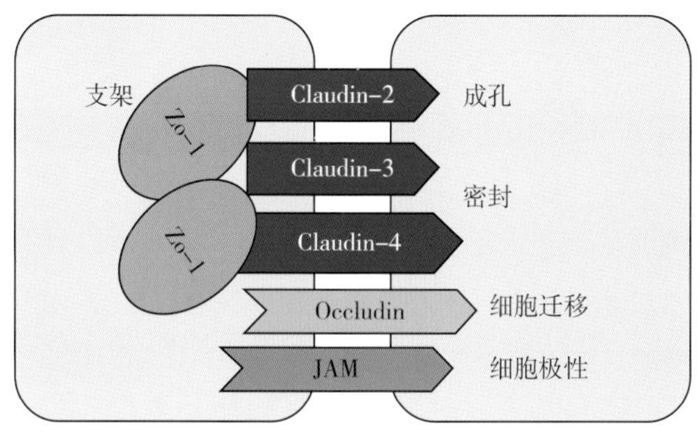

彩图 1　肠道紧密连接蛋白结构与功能示意图

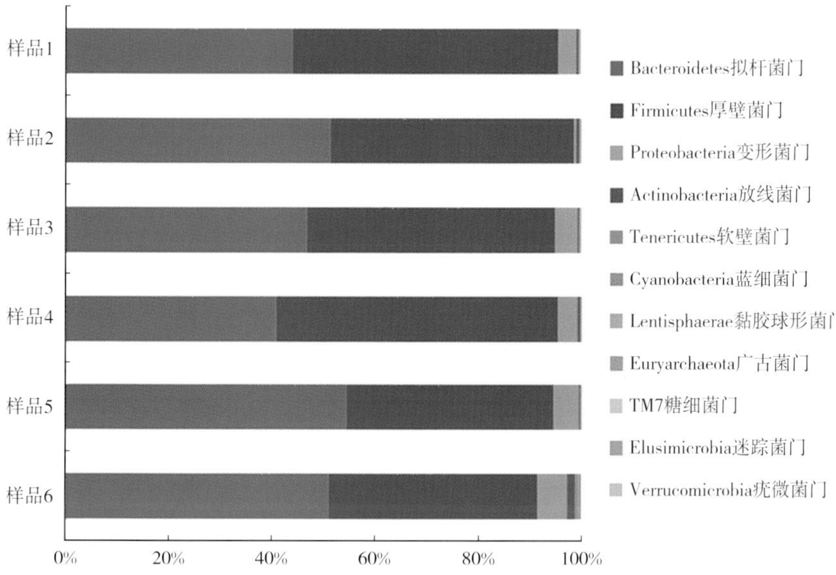

彩图 2　快大型黄羽肉鸡盲肠微生物群落结构（门水平）

彩图 3　饮水槽（小鸡）

彩图 4　饮水乳头

彩图 5　饮水箱

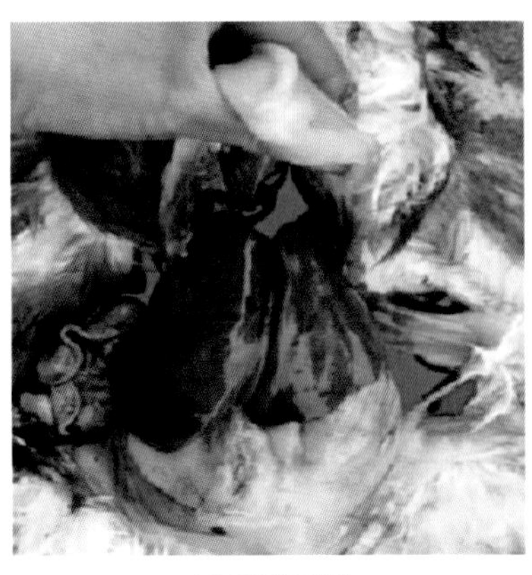

FLS肉鸡剖检

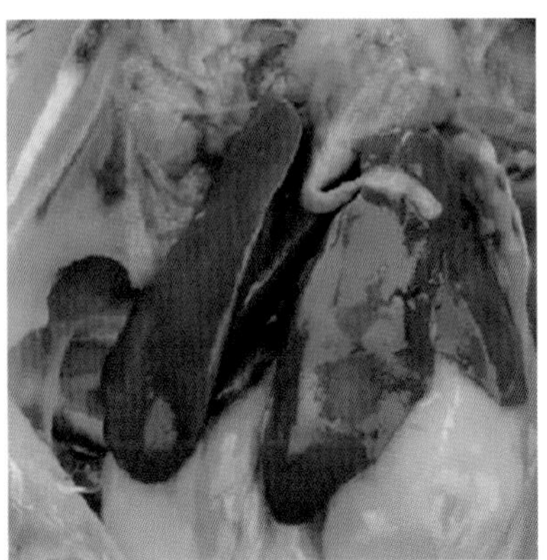

正常肉鸡剖检

彩图 6　患有 FLS 肉鸡与正常肉鸡剖检

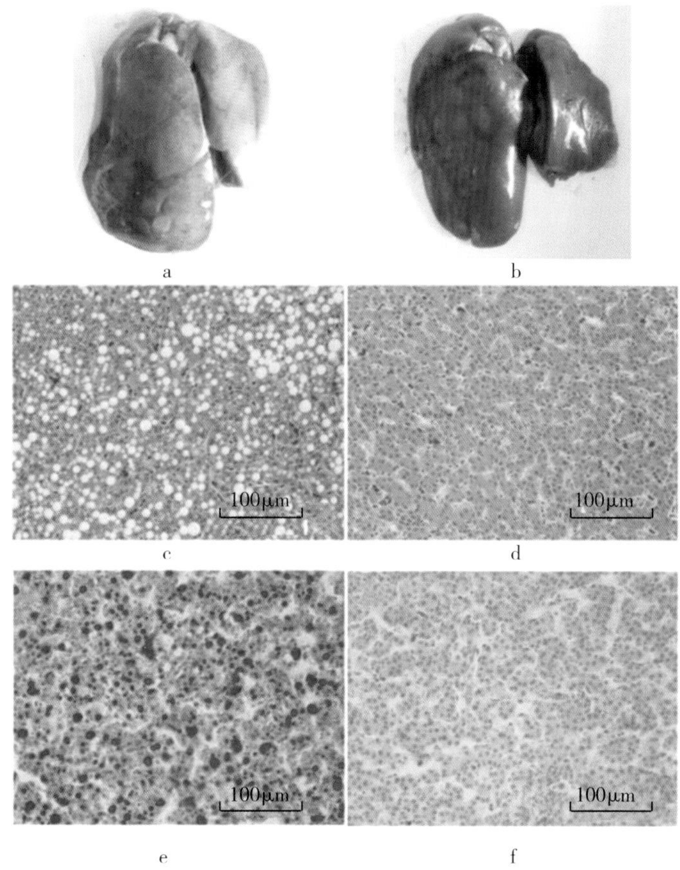

彩图 7　饲喂高脂肪饲粮（HFD）的京星黄鸡（a/c/e）与饲喂基础饲粮的京星黄鸡（b/d/f）肝的典型特征（Zhang et al.，2018）

a. 饲喂高脂肪饲粮的京星黄鸡的肝外观；b. 饲喂基础饲粮的京星黄鸡的肝外观；c. 饲喂高脂肪饲粮的京星黄鸡的肝组织切片 HE 染色；d. 饲喂基础饲粮的京星黄鸡的肝组织切片 HE 染色；e. 饲喂高脂肪饲粮的京星黄鸡的肝组织切片油红 O 染色；f. 饲喂基础饲粮的京星黄鸡的肝组织切片油红 O 染色。标尺 :100 μ m。

彩图 8　维生素 D_3 缺乏症一

彩图 9　维生素 D_3 缺乏症二

彩图 10　维生素 E 缺乏症

彩图 11　硫胺素缺乏症

彩图 12　核黄素缺乏症

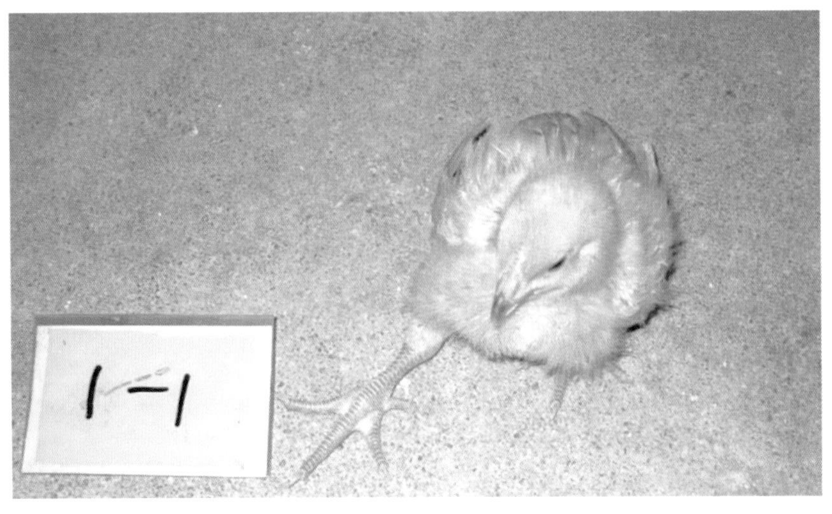

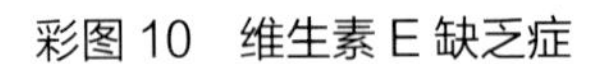

彩图 13　烟酸缺乏症

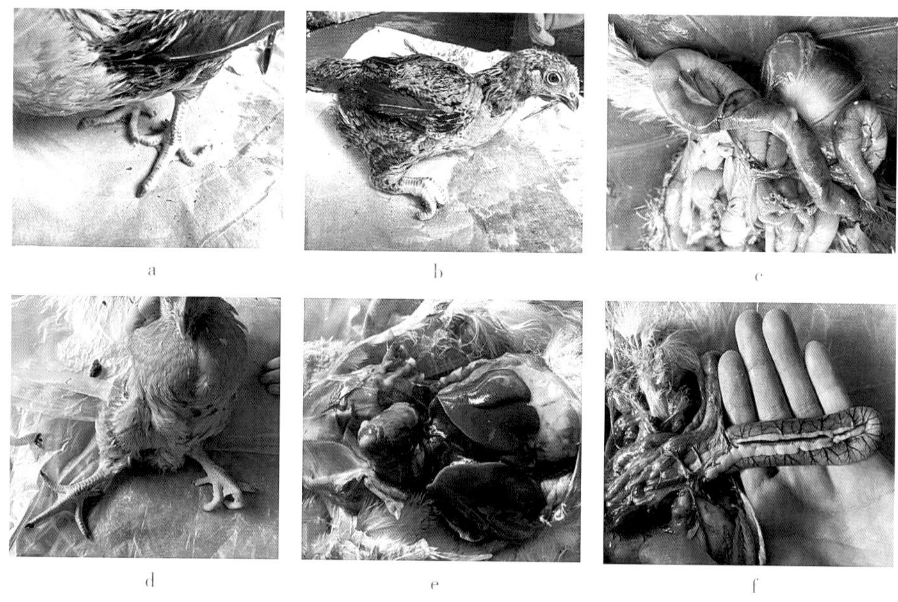

彩图 14　钙、磷缺乏症

a、b. 缺钙导致趾骨弯曲，站立不稳　c. 缺钙导致空肠充血　d. 缺磷导致趾骨弯曲　e. 缺磷解剖可见心肿大　f. 缺磷解剖可见十二指肠充血严重

彩图 15　不同钠、氯水平组垫料对比

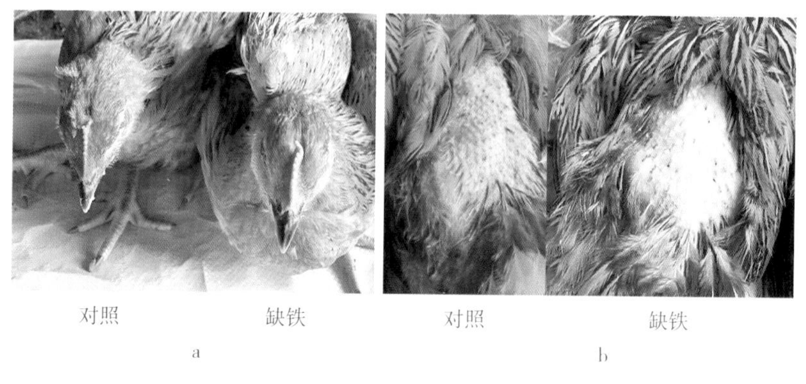

彩图 16　铁缺乏症

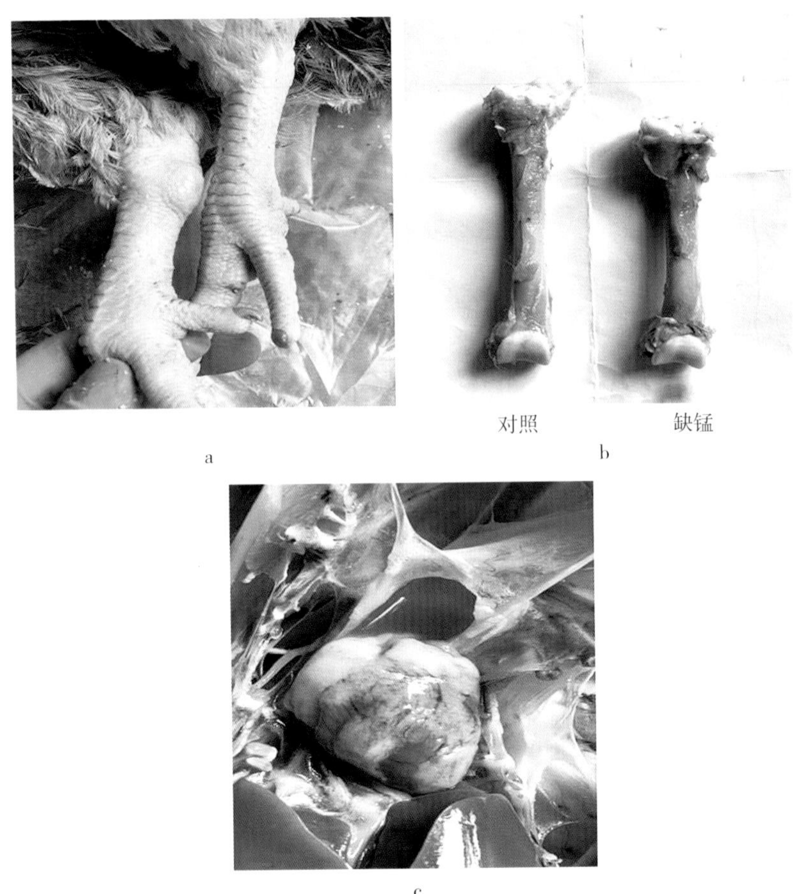

a b

c

彩图 17　锰缺乏症

a. 缺锰导致胫骨近端关节肿大　b. 与正常锰对照组相比，缺锰导致胫骨变短　c. 缺锰解剖可见心脏积水严重

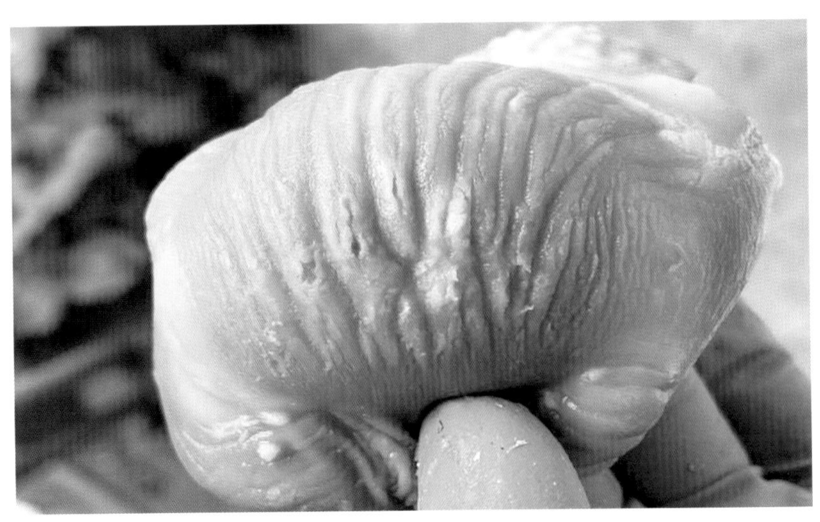

彩图 18　缺锌导致肌胃角质层溃疡

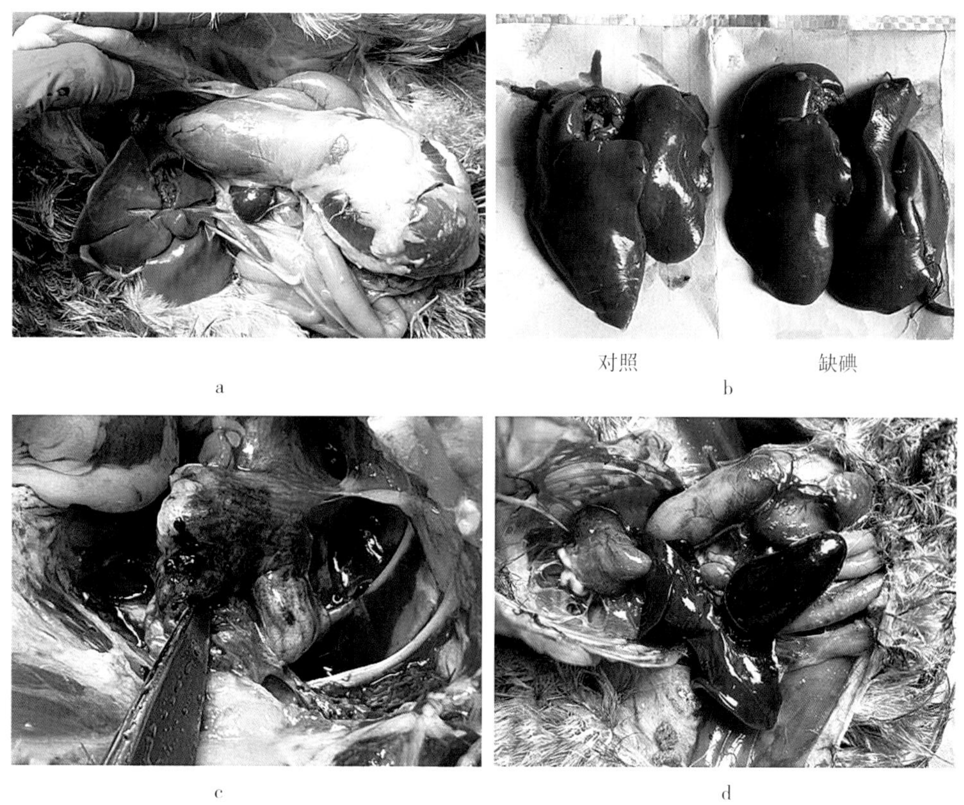

彩图 19　碘缺乏症

a. 缺碘导致肌胃腺胃肿大　b. 与正常碘组相比，缺碘导致肝肿大　c. 缺碘导致肺水肿充血严重　d. 缺碘导致胆肿大

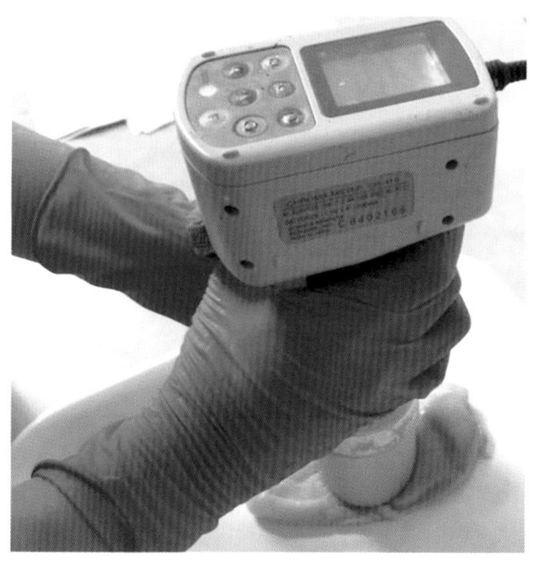

彩图 20　胸肌肉色亮度 ***L****值、红度 ***a****值和黄度 ***b****值测定

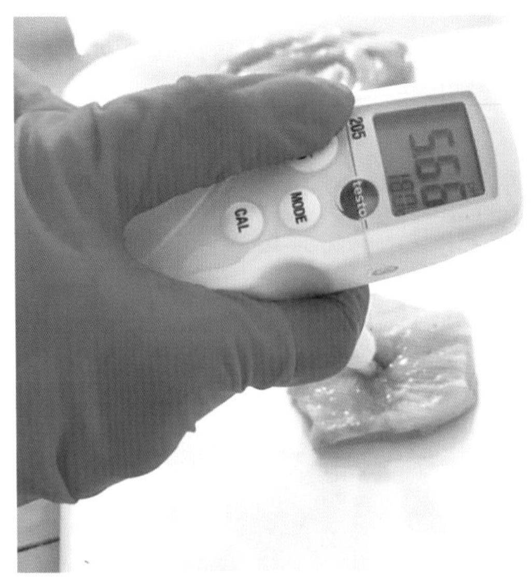

彩图 21　便携式 pH 计测定胸肌 pH

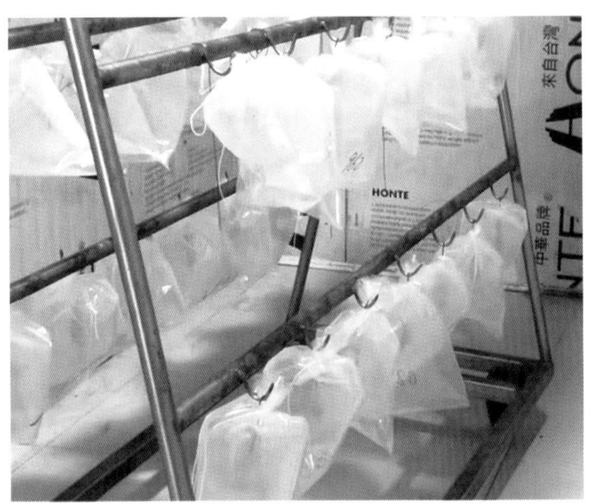

彩图 22　胸肌滴水损失率测定

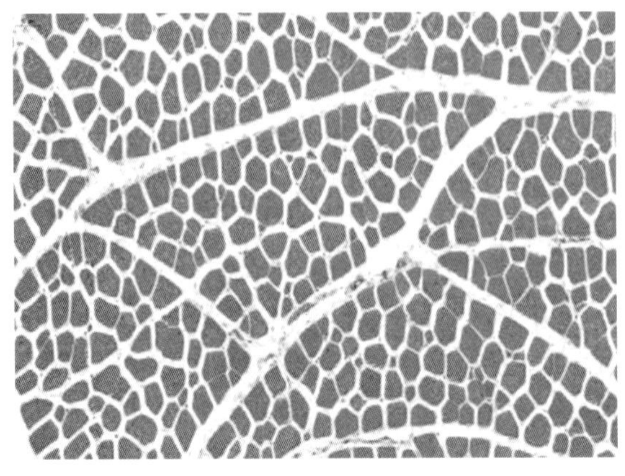

彩图 23　126 日龄胡须鸡胸肌肌纤维组织切片（×400 倍）

舍内地面平养

网上平养

笼养

林下养殖

山地放养

彩图 24　黄羽肉鸡饲养方式

彩图 25　家常白切鸡

彩图 26　水蒸鸡

彩图 27　手撕鸡（原材料清远麻鸡）

彩图 28　豉油鸡

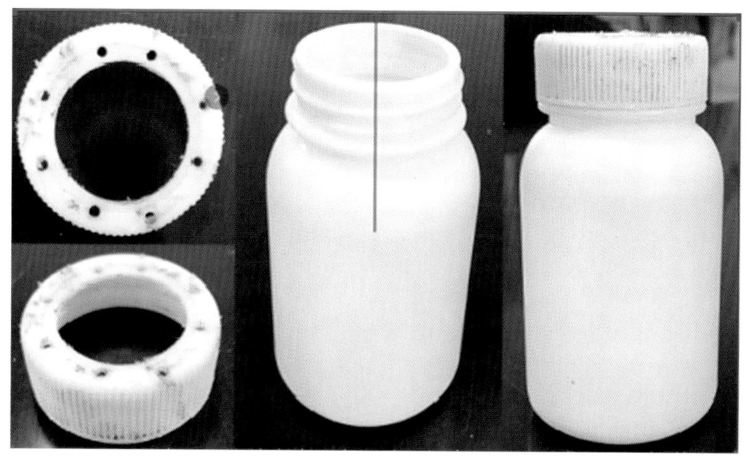

彩图 29　收粪瓶

彩图 30　鸡用消化代谢笼

彩图 31　瓶盖缝肛收粪瓶 + 强饲器

彩图 32　禽用 6 室并联开放回流式呼吸测热装置（班志彬等，2019）

彩图 33　发霉麦麸